“十二五”国家重点出版规划项目
雷达与探测前沿技术丛书

雷达信号处理芯片技术

Chip Design Technology for Digital Signal Processor

洪一　陈伯孝　等著

国防工業出版社
·北京·

内容简介

高效软件实现信号处理算法是现代数字阵列雷达发展的基本趋势，实现这个目标的技术基础是拥有一个高效能、高性能的高速数字信号处理器（DSP）。本书系统介绍"魂芯一号"高性能通用浮点数字信号处理器（BWDSP100）芯片结构及其特点、存储器与寄存器、I/O资源及外设、指令系统、软件编程、集成开发环境、硬件设计等内容，给出一些常用数字信号处理和雷达信号处理函数库，并通过实际系统设计案例，介绍"魂芯一号"数字信号处理器的设计过程和解决方法。内容新颖，系统性强，理论联系实际，突出工程实现和应用。

本书的读者对象是各领域从事信号处理的科研和工程技术人员；本书也可以作为高等学校电子工程相关专业研究生和高年级本科生的参考用书。

图书在版编目（CIP）数据

雷达信号处理芯片技术／洪一等著．—北京：国防工业出版社，2017.12
（雷达与探测前沿技术丛书）
ISBN 978-7-118-11528-4

Ⅰ．①雷… Ⅱ．①洪… Ⅲ．①雷达信号处理-芯片-研究 Ⅳ．①TN957.51

中国版本图书馆CIP数据核字（2018）第014595号

※

国防工業出版社出版发行
（北京市海淀区紫竹院南路23号　邮政编码100048）
天津嘉恒印务有限公司印刷
新华书店经售

*

开本 710×1000　1/16　**印张** 34¼　**字数** 622千字
2017年12月第1版第1次印刷　**印数** 1—3000册　**定价** 136.00元

国防书店：（010）88540777　　发行邮购：（010）88540776
发行传真：（010）88540755　　发行业务：（010）88540717

“雷达与探测前沿技术丛书”
编审委员会

编辑委员会

总　序

雷达在第二次世界大战中初露头角。战后,美国麻省理工学院辐射实验室集合各方面的专家,总结战争期间的经验,于1950年前后出版了一套雷达丛书,共28个分册,对雷达技术做了全面总结,几乎成为当时雷达设计者的必备读物。我国的雷达研制也从那时开始,经过几十年的发展,到21世纪初,我国雷达技术在很多方面已进入国际先进行列。为总结这一时期的经验,中国电子科技集团公司曾经组织老一代专家撰著了"雷达技术丛书",全面总结他们的工作经验,给雷达领域的工程技术人员留下了宝贵的知识财富。

电子技术的迅猛发展,促使雷达在内涵、技术和形态上快速更新,应用不断扩展。为了探索雷达领域前沿技术,我们又组织编写了本套"雷达与探测前沿技术丛书"。与以往雷达相关丛书显著不同的是,本套丛书并不完全是作者成熟的经验总结,大部分是专家根据国内外技术发展,对雷达前沿技术的探索性研究。内容主要依托雷达与探测一线专业技术人员的最新研究成果、发明专利、学术论文等,对现代雷达与探测技术的国内外进展、相关理论、工程应用等进行了广泛深入研究和总结,展示近十年来我国在雷达前沿技术方面的研制成果。本套丛书的出版力求能促进从事雷达与探测相关领域研究的科研人员及相关产品的使用人员更好地进行学术探索和创新实践。

本套丛书保持了每一个分册的相对独立性和完整性,重点是对前沿技术的介绍,读者可选择感兴趣的分册阅读。丛书共41个分册,内容包括频率扩展、协同探测、新技术体制、合成孔径雷达、新雷达应用、目标与环境、数字技术、微电子技术八个方面。

(一) 雷达频率迅速扩展是近年来表现出的明显趋势,新频段的开发、带宽的剧增使雷达的应用更加广泛。本套丛书遴选的频率扩展内容的著作共4个分册:

(1)《毫米波辐射无源探测技术》分册中没有讨论传统的毫米波雷达技术,而是着重介绍毫米波热辐射效应的无源成像技术。该书特别采用了平方千米阵的技术概念,这一概念在用干涉式阵列基线的测量结果来获得等效大口径阵列效果的孔径综合技术方面具有重要的意义。

(2)《太赫兹雷达》分册是一本较全面介绍太赫兹雷达的著作,主要包括太赫兹雷达系统的基本组成和技术特点、太赫兹雷达目标检测以及微动目标检测技术,同时也讨论了太赫兹雷达成像处理。

(3)《机载远程红外预警雷达系统》分册考虑到红外成像和告警是红外探测的传统应用,但是能否作为全空域远距离的搜索监视雷达,尚有诸多争议。该书主要讨论用监视雷达的概念如何解决红外极窄波束、全空域、远距离和数据率的矛盾,并介绍组成红外监视雷达的工程问题。

(4)《多脉冲激光雷达》分册从实际工程应用角度出发,较详细地阐述了多脉冲激光测距及单光子测距两种体制下的系统组成、工作原理、测距方程、激光目标信号模型、回波信号处理技术及目标探测算法等关键技术,通过对两种远程激光目标探测体制的探讨,力争让读者对基于脉冲测距的激光雷达探测有直观的认识和理解。

(二) 传输带宽的急剧提高,赋予雷达协同探测新的使命。协同探测会导致雷达形态和应用发生巨大的变化,是当前雷达研究的热点。本套丛书遴选出协同探测内容的著作共10个分册:

(1)《雷达组网技术》分册从雷达组网使用的效能出发,重点讨论点迹融合、资源管控、预案设计、闭环控制、参数调整、建模仿真、试验评估等雷达组网新技术的工程化,是把多传感器统一为系统的开始。

(2)《多传感器分布式信号检测理论与方法》分册主要介绍检测级、位置级(点迹和航迹)、属性级、态势评估与威胁估计五个层次中的检测级融合技术,是雷达组网的基础。该书主要给出各类分布式信号检测的最优化理论和算法,介绍考虑到网络和通信质量时的联合分布式信号检测准则和方法,并研究多输入多输出雷达目标检测的若干优化问题。

(3)《分布孔径雷达》分册所描述的雷达实现了多个单元孔径的射频相参合成,获得等效于大孔径天线雷达的探测性能。该书在概述分布孔径雷达基本原理的基础上,分别从系统设计、波形设计与处理、合成参数估计与控制、稀疏孔径布阵与测角、时频相同步等方面做了较为系统和全面的论述。

(4)《MIMO雷达》分册所介绍的雷达相对于相控阵雷达,可以同时获得波形分集和空域分集,有更加灵活的信号形式,单元间距不受$\lambda/2$的限制,间距拉开后,可组成各类分布式雷达。该书比较系统地描述多输入多输出(MIMO)雷达。详细分析了波形设计、积累补偿、目标检测、参数估计等关键技术。

(5)《MIMO 雷达参数估计技术》分册更加侧重讨论各类 MIMO 雷达的算法。从 MIMO 雷达的基本知识出发,介绍均匀线阵,非圆信号,快速估计,相干目标,分布式目标,基于高阶累计量的、基于张量的、基于阵列误差的、特殊阵列结构的 MIMO 雷达目标参数估计的算法。

(6)《机载分布式相参射频探测系统》分册介绍的是 MIMO 技术的一种工程应用。该书针对分布式孔径采用正交信号接收相参的体制,分析和描述系统处理架构及性能、运动目标回波信号建模技术,并更加深入地分析和描述实现分布式相参雷达杂波抑制、能量积累、布阵等关键技术的解决方法。

(7)《机会阵雷达》分册介绍的是分布式雷达体制在移动平台上的典型应用。机会阵雷达强调根据平台的外形,天线单元共形随遇而布。该书详尽地描述系统设计、天线波束形成方法和算法、传输同步与单元定位等关键技术,分析了美国海军提出的用于弹道导弹防御和反隐身的机会阵雷达的工程应用问题。

(8)《无源探测定位技术》分册探讨的技术是基于现代雷达对抗的需求应运而生,并在实战应用需求越来越大的背景下快速拓展。随着知识层面上认知能力的提升以及技术层面上带宽和传输能力的增加,无源侦察已从单一的测向技术逐步转向多维定位。该书通过充分利用时间、空间、频移、相移等多维度信息,寻求无源定位的解,对雷达向无源发展有着重要的参考价值。

(9)《多波束凝视雷达》分册介绍的是通过多波束技术提高雷达发射信号能量利用效率以及在空、时、频域中减小处理损失,提高雷达探测性能;同时,运用相位中心凝视方法改进杂波中目标检测概率。分册还涉及短基线雷达如何利用多阵面提高发射信号能量利用效率的方法;针对长基线,阐述了多站雷达发射信号可形成凝视探测网格,提高雷达发射信号能量的使用效率;而合成孔径雷达(SAR)系统应用多波束凝视可降低发射功率,缓解宽幅成像与高分辨之间的矛盾。

(10)《外辐射源雷达》分册重点讨论以电视和广播信号为辐射源的无源雷达。详细描述调频广播模拟电视和各种数字电视的信号,减弱直达波的对消和滤波的技术;同时介绍了利用 GPS(全球定位系统)卫星信号和 GSM/CDMA(两种手机制式)移动电话作为辐射源的探测方法。各种外辐射源雷达,要得到定位参数和形成所需的空域,必须多站协同。

(三) 以新技术为牵引,产生出新的雷达系统概念,这对雷达的发展具有里程碑的意义。本套丛书遴选了涉及新技术体制雷达内容的6个分册:

(1)《宽带雷达》分册介绍的雷达打破了经典雷达5MHz带宽的极限,同时雷达分辨力的提高带来了高识别率和低杂波的优点。该书详尽地讨论宽带信号的设计、产生和检测方法。特别是对极窄脉冲检测进行有益的探索,为雷达的进一步发展提供了良好的开端。

(2)《数字阵列雷达》分册介绍的雷达是用数字处理的方法来控制空间波束,并能形成同时多波束,比用移相器灵活多变,已得到了广泛应用。该书全面系统地描述数字阵列雷达的系统和各分系统的组成。对总体设计、波束校准和补偿、收/发模块、信号处理等关键技术都进行了详细描述,是一本工程性较强的著作。

(3)《雷达数字波束形成技术》分册更加深入地描述数字阵列雷达中的波束形成技术,给出数字波束形成的理论基础、方法和实现技术。对灵巧干扰抑制、非均匀杂波抑制、波束保形等进行了深入的讨论,是一本理论性较强的专著。

(4)《电磁矢量传感器阵列信号处理》分册讨论在同一空间位置具有三个磁场和三个电场分量的电磁矢量传感器,比传统只用一个分量的标量阵列处理能获得更多的信息,六分量可完备地表征电磁波的极化特性。该书从几何代数、张量等数学基础到阵列分析、综合、参数估计、波束形成、布阵和校正等问题进行详细讨论,为进一步应用奠定了基础。

(5)《认知雷达导论》分册介绍的雷达可根据环境、目标和任务的感知,选择最优化的参数和处理方法。它使得雷达数据处理及反馈从粗犷到精细,彰显了新体制雷达的智能化。

(6)《量子雷达》分册的作者团队搜集了大量的国外资料,经探索和研究,介绍从基本理论到传输、散射、检测、发射、接收的完整内容。量子雷达探测具有极高的灵敏度,更高的信息维度,在反隐身和抗干扰方面优势明显。经典和非经典的量子雷达,很可能走在各种量子技术应用的前列。

(四) 合成孔径雷达(SAR)技术发展较快,已有大量的著作。本套丛书遴选了有一定特点和前景的5个分册:

(1)《数字阵列合成孔径雷达》分册系统阐述数字阵列技术在SAR中的应用,由于数字阵列天线具有灵活性并能在空间产生同时多波束,雷达采集的同一组回波数据,可处理出不同模式的成像结果,比常规SAR具备更多的新能力。该书着重研究基于数字阵列SAR的高分辨力宽测绘带SAR成像、极化层析 SAR 三维成像和前视 SAR 成像技术三种新能力。

(2)《双基合成孔径雷达》分册介绍的雷达配置灵活，具有隐蔽性好、抗干扰能力强、能够实现前视成像等优点，是 SAR 技术的热点之一。该书较为系统地描述了双基 SAR 理论方法、回波模型、成像算法、运动补偿、同步技术、试验验证等诸多方面，形成了实现技术和试验验证的研究成果。

(3)《三维合成孔径雷达》分册描述曲线合成孔径雷达、层析合成孔径雷达和线阵合成孔径雷达等三维成像技术。重点讨论各种三维成像处理算法，包括距离多普勒、变尺度、后向投影成像、线阵成像、自聚焦成像等算法。最后介绍三维 MIMO-SAR 系统。

(4)《雷达图像解译技术》分册介绍的技术是指从大量的 SAR 图像中提取与挖掘有用的目标信息，实现图像的自动解译。该书描述高分辨 SAR 和极化 SAR 的成像机理及相应的相干斑抑制、噪声抑制、地物分割与分类等技术，并介绍舰船、飞机等目标的 SAR 图像检测方法。

(5)《极化合成孔径雷达图像解译技术》分册对极化合成孔径雷达图像统计建模和参数估计方法及其在目标检测中的应用进行了深入研究。该书研究内容为统计建模和参数估计及其国防科技应用三大部分。

(五) 雷达的应用也在扩展和变化，不同的领域对雷达有不同的要求，本套丛书在雷达前沿应用方面遴选了 6 个分册：

(1)《天基预警雷达》分册介绍的雷达不同于星载 SAR，它主要观测陆海空天中的各种运动目标，获取这些目标的位置信息和运动趋势，是难度更大、更为复杂的天基雷达。该书介绍天基预警雷达的星星、星空、MIMO、卫星编队等双/多基地体制。重点描述了轨道覆盖、杂波与目标特性、系统设计、天线设计、接收处理、信号处理技术。

(2)《战略预警雷达信号处理新技术》分册系统地阐述相关信号处理技术的理论和算法，并有仿真和试验数据验证。主要包括反导和飞机目标的分类识别、低截获波形、高速高机动和低速慢机动小目标检测、检测识别一体化、机动目标成像、反投影成像、分布式和多波段雷达的联合检测等新技术。

(3)《空间目标监视和测量雷达技术》分册论述雷达探测空间轨道目标的特色技术。首先涉及空间编目批量目标监视探测技术，包括空间目标监视相控阵雷达技术及空间目标监视伪码连续波雷达信号处理技术。其次涉及空间目标精密测量、增程信号处理和成像技术，包括空间目标雷达精密测量技术、中高轨目标雷达探测技术、空间目标雷达成像技术等。

(4)《平流层预警探测飞艇》分册讲述在海拔约20km的平流层，由于相对风速低、风向稳定，从而适合大型飞艇的长期驻空，定点飞行，并进行空中预警探测，可对半径500km区域内的地面目标进行长时间凝视观察。该书主要介绍预警飞艇的空间环境、总体设计、空气动力、飞行载荷、载荷强度、动力推进、能源与配电以及飞艇雷达等技术，特别介绍了几种飞艇结构载荷一体化的形式。

(5)《现代气象雷达》分册分析了非均匀大气对电磁波的折射、散射、吸收和衰减等气象雷达的基础，重点介绍了常规天气雷达、多普勒天气雷达、双偏振全相参多普勒天气雷达、高空气象探测雷达、风廓线雷达等现代气象雷达，同时还介绍了气象雷达新技术、相控阵天气雷达、双/多基地天气雷达、声波雷达、中频探测雷达、毫米波测云雷达、激光测风雷达。

(6)《空管监视技术》分册阐述了一次雷达、二次雷达、应答机编码分配、S模式、多雷达监视的原理。重点讨论广播式自动相关监视(ADS-B)数据链技术、飞机通信寻址报告系统(ACARS)、多点定位技术(MLAT)、先进场面监视设备(A-SMGCS)、空管多源协同监视技术、低空空域监视技术、空管技术。介绍空管监视技术的发展趋势和民航大国的前瞻性规划。

(六) 目标和环境特性，是雷达设计的基础。该方向的研究对雷达匹配目标和环境的智能设计有重要的参考价值。本套丛书对此专题遴选了4个分册：

(1)《雷达目标散射特性测量与处理新技术》分册全面介绍有关雷达散射截面积(RCS)测量的各个方面，包括RCS的基本概念、测试场地与雷达、低散射目标支架、目标RCS定标、背景提取与抵消、高分辨力RCS诊断成像与图像理解、极化测量与校准、RCS数据的处理等技术，对其他微波测量也具有参考价值。

(2)《雷达地海杂波测量与建模》分册首先介绍国内外地海面环境的分类和特征，给出地海杂波的基本理论，然后介绍测量、定标和建库的方法。该书用较大的篇幅，重点阐述地海杂波特性与建模。杂波是雷达的重要环境，随着地形、地貌、海况、风力等条件而不同。雷达的杂波抑制，正根据实时的变化，从粗犷走向精细的匹配，该书是现代雷达设计师的重要参考文献。

(3)《雷达目标识别理论》分册是一本理论性较强的专著。以特征、规律及知识的识别认知为指引，奠定该书的知识体系。首先介绍雷达目标识别的物理与数学基础，较为详细地阐述雷达目标特征提取与分类识别、知识辅助的雷达目标识别、基于压缩感知的目标识别等技术。

(4)《雷达目标识别原理与实验技术》分册是一本工程性较强的专著。该书主要针对目标特征提取与分类识别的模式,从工程上阐述了目标识别的方法。重点讨论特征提取技术、空中目标识别技术、地面目标识别技术、舰船目标识别及弹道导弹识别技术。

(七) 数字技术的发展,使雷达的设计和评估更加方便,该技术涉及雷达系统设计和使用等。本套丛书遴选了3个分册:

(1)《雷达系统建模与仿真》分册所介绍的是现代雷达设计不可缺少的工具和方法。随着雷达的复杂度增加,用数字仿真的方法来检验设计的效果,可收到事半功倍的效果。该书首先介绍最基本的随机数的产生、统计实验、抽样技术等与雷达仿真有关的基本概念和方法,然后给出雷达目标与杂波模型、雷达系统仿真模型和仿真对系统的性能评价。

(2)《雷达标校技术》分册所介绍的内容是实现雷达精度指标的基础。该书重点介绍常规标校、微光电视角度标校、球载BD/GPS(BD为北斗导航简称)标校、射电星角度标校、基于民航机的雷达精度标校、卫星标校、三角交会标校、雷达自动化标校等技术。

(3)《雷达电子战系统建模与仿真》分册以工程实践为取材背景,介绍雷达电子战系统建模的主要方法、仿真模型设计、仿真系统设计和典型仿真应用实例。该书从雷达电子战系统数学建模和仿真系统设计的实用性出发,着重论述雷达电子战系统基于信号/数据流处理的细粒度建模仿真的核心思想和技术实现途径。

(八) 微电子的发展使得现代雷达的接收、发射和处理都发生了巨大的变化。本套丛书遴选出涉及微电子技术与雷达关联最紧密的3个分册:

(1)《雷达信号处理芯片技术》分册主要讲述一款自主架构的数字信号处理(DSP)器件,详细介绍该款雷达信号处理器的架构、存储器、寄存器、指令系统、I/O资源以及相应的开发工具、硬件设计,给雷达设计师使用该处理器提供有益的参考。

(2)《雷达收发组件芯片技术》分册以雷达收发组件用芯片套片的形式,系统介绍发射芯片、接收芯片、幅相控制芯片、波速控制驱动器芯片、电源管理芯片的设计和测试技术及与之相关的平台技术、实验技术和应用技术。

(3)《宽禁带半导体高频及微波功率器件与电路》分册的背景是,宽禁带材料可使微波毫米波功率器件的功率密度比Si和GaAs等同类产品高10倍,可产生开关频率更高、关断电压更高的新一代电力电子器件,将对雷达产生更新换代的影响。分册首先介绍第三代半导体的应用和基本知识,然后详细介绍两大类各种器件的原理、类别特征、进展和应用：SiC 器件有功率二极管、MOSFET、JFET、BJT、IBJT、GTO 等；GaN 器件有 HEMT、MMIC、E 模 HEMT、N 极化 HEMT、功率开关器件与微功率变换等。最后展望固态太赫兹、金刚石等新兴材料器件。

本套丛书是国内众多相关研究领域的大专院校、科研院所专家集体智慧的结晶。具体参与单位包括中国电子科技集团公司、中国航天科工集团公司、中国电子科学研究院、南京电子技术研究所、华东电子工程研究所、北京无线电测量研究所、电子科技大学、西安电子科技大学、国防科技大学、北京理工大学、北京航空航天大学、哈尔滨工业大学、西北工业大学等近 30 家。在此对参与编写及审校工作的各单位专家和领导的大力支持表示衷心感谢。

王小谟

2017 年 9 月

前　言

数字信号处理器（DSP），是针对实时数字信号处理算法而专门设计的一类微处理器，其体系结构、指令系统、存储器结构、指令控制、寻址方式和数据输入输出等均依据实时信号处理要求而展开，相对于常规 CPU 来说，除具备普通微处理器的控制和编程外，高效能执行信号处理算法是 DSP 最典型的特征。正是由于 DSP 提供了系统实现信号处理算法的可靠的硬件基础设施，提升了系统处理性能，因此推动了数字技术在系统设备中快速有效的发展。自 20 世纪 80 年代 TI 公司推出第一款 DSP 芯片以来，DSP 发展大致经历了单核时代、单核多运算部件时代、同构多核时代和异构多核时代。如 TI 公司在 28nm 工艺下推出的 6 款 DSP 器件均为 DSP + CPU 的异构多核器件，其中 DSP 核为 TI 公司推出的 C66x 核，而 CPU 采用 ARM 提供的 A15。

中国电子科技集团公司第三十八研究所在国家重大专项支持下，构建了市场上运算性能最高的自主架构的通用 DSP 核 eC104，并在这个核的基础上研制了一款自主高性能 DSP“魂芯一号”。这是一款多个运算部件按照一定并行结构构建的高性能 DSP，在 DSP 发展过程中属于第二个层次，即单核多运算部件时代。该处理器主要应用于雷达、电子对抗、精确制导、通信、图像处理等领域的数字信号处理计算。本书主要对“魂芯一号”处理器加以详述。

全书共分 9 章。第 1 章概述，综述雷达信号处理的发展、特点，介绍 DSP 的发展概况，以及现代雷达信号处理对高速 DSP 的要求。

第 2 章处理器体系架构，重点介绍“魂芯一号”处理器内部的 eC104 内核结构和组成，处理器内部总线和存储器结构及其外部接口设备。

第 3 章存储器与寄存器，重点介绍“魂芯一号”处理器的地址空间分配，存储器的内部存储组织、存储器数据总线的读写操作及其与其他部件的数据交换方式，内部地址发生器产生及其寻址方式，地址冲突与总线仲裁以及其内部寄存器的组成和使用方法。

第 4 章处理器指令系统，重点介绍 eC104 指令集组成，包括 ALU 指令、MUL 指令、SPU 指令、SHF 指令、数据传输指令、双字指令、非运算类指令等结构、规则及其特点和使用方法以及编程过程中对资源的约束。

第 5 章处理器 I/O 资源及外设，重点介绍“魂芯一号”中断类型、组成、中断控制寄存器的设置和中断响应过程，DMA 控制器工作过程，链路口通信接口、协议，链路口 DMA 控制寄存器配置和工作方式，并口结构、控制寄存器及其使用，

UART 控制器,GPIO 接口,定时器,DDR2 接口等的工作原理与过程。

第 6 章处理器开发工具,重点介绍处理器集成开发环境 ECS、"魂芯一号"C 编译器(BWCC)、宏预处理器、汇编器、链接器、反汇编器、库函数生成器等的使用方法。

第 7 章基于处理器的硬件设计,介绍 DSP 系统的外部电路设计方法、多片 DSP 构成复杂系统的设计方法,以及硬件系统调试方法。给出"魂芯一号"处理器的硬件设计实例。

第 8 章信号处理应用程序设计,结合"魂芯一号"处理器,介绍雷达信号处理过程中常用的 FFT、FIR、脉冲压缩等 DSP 实现方法,以及向量与矩阵常用运算,给出一些雷达信号处理函数库的使用方法。

第 9 章系统设计实例,介绍利用"魂芯一号"处理器的 Demo 板设计的两个雷达信号处理系统实例,给出其信号处理流程和详细设计程序。读者开发程序时可以参考。

本书的主要特点可以概括为:

(1) 系统全面,由浅入深,适合不同层次的读者;

(2) 图文并茂,全书给出了 300 多幅插图,直观生动,便于读者更好地理解;

(3) 理论联系实际,将大量工程实践融入其中;

(4) 给出了一些常用信号处理函数库和 DSP 源程序(包括有关的 Matlab 源程序),便于读者学习掌握,并开展应用程序的设计。

本书第 1、2、4 章由洪一、陈伯孝撰写,第 3、5、6、7 章由洪一、刘小明、黄光红撰写,第 8、9 章由陈伯孝撰写。全书由洪一策划并统稿。本书在撰写过程中,得到了中国电子科技集团公司第三十八研究所集成电路设计中心各位专家的大力支持与帮助,他们提出了宝贵的修改意见。本书还得到西安电子科技大学研究生潘孟冠、张泽祥等的大力支持和帮助。在此我们一并表示衷心的感谢。

本书作者一直从事雷达信号处理及其专用信号处理芯片的设计、研究,过去 30 多年里设计了 38 个系列多款专用集成电路,具有相当的专业知识和丰富的实际经验。"魂芯一号"的成功开发,为推动我国雷达数字化技术的快速发展奠定了很好的基础。

由于作者的水平有限,难免存在错误和不足之处,敬请广大读者批评指正。

感谢中国电子科技集团公司第三十八研究所、西安电子科技大学雷达信号处理国防科技重点实验室和国防工业出版社的支持以及责任编辑对本书编辑出版付出的辛勤劳动。

洪一　陈伯孝

2017 年 10 月

目　录

第 1 章　概述 …… 001

1.1　雷达信号处理概述 …… 001

1.1.1　雷达信号处理的发展 …… 001

1.1.2　雷达信号处理的特点 …… 002

1.2　数字信号处理器 …… 004

1.2.1　数字信号处理器概述 …… 004

1.2.2　数字信号处理器的发展 …… 011

1.2.3　“魂芯一号”高速数字信号处理器概述 …… 013

第 2 章　处理器体系架构 …… 020

2.1　体系架构 …… 020

2.2　eC104 内核结构 …… 023

2.2.1　运算单元执行宏(Macro) …… 023

2.2.2　运算部件 …… 026

2.2.3　程序控制器 …… 039

2.3　总线 …… 044

2.4　内部存储器 …… 045

2.5　外设 …… 046

第 3 章　存储器与寄存器 …… 049

3.1　地址空间 …… 049

3.2　存储器 …… 051

3.2.1　存储器的组织结构 …… 051

3.2.2　存储器数据总线操作 …… 052

3.2.3　存储器与其他部件的数据交换 …… 054

3.3　地址发生运算器部件 …… 054

3.4　寻址方式 …… 056

3.5　地址冲突与地址非法 …… 061

3.5.1　地址冲突 …… 061

3.5.2　地址非法 …… 062

3.6　总线仲裁 …… 062

3.7 寄存器 …… 063
3.7.1 全局控制寄存器 GCSR …… 063
3.7.2 内核执行单元控制与标志寄存器 …… 064
3.7.3 DMA 控制寄存器 …… 072
3.7.4 中断控制寄存器 …… 085
3.7.5 定时器控制寄存器 …… 088
3.7.6 通用 I/O 控制寄存器 …… 089
3.7.7 并口配置寄存器 …… 091
3.7.8 UART 控制寄存器 …… 092
3.7.9 DDR2 控制器的配置寄存器 …… 094
3.7.10 数据存储器读写冲突标志寄存器 …… 111
第 4 章 处理器指令体系 …… 113
4.1 指令结构与特点 …… 113
4.1.1 指令基本语法规制 …… 114
4.1.2 指令语法约定 …… 115
4.1.3 指令速查 …… 117
4.2 ALU 指令 …… 129
4.3 MUL 指令 …… 164
4.4 SPU 指令 …… 174
4.5 SHF 指令 …… 178
4.6 数据传输指令 …… 185
4.7 双字指令 …… 193
4.8 非运算类指令 …… 209
4.9 编程资源约束 …… 213
4.9.1 编程资源 …… 213
4.9.2 并行指令的约束规则 …… 214
4.9.3 数据相关 …… 215
第 5 章 处理器 I/O 资源及外设 …… 217
5.1 中断及异常 …… 217
5.1.1 中断类型 …… 217
5.1.2 中断控制寄存器 …… 220
5.1.3 中断响应过程 …… 222
5.1.4 异常现象 …… 224
5.2 DMA 控制器 …… 225
5.2.1 DMA 控制器基本结构 …… 225

5.2.2 DMA 总线仲裁 …… 227
5.3 链路口 …… 228
5.3.1 链路通信接口 …… 229
5.3.2 链路口 DMA 控制寄存器 …… 235
5.3.3 链路口配置例程 …… 238
5.4 并口 …… 241
5.4.1 并口接口信号 …… 241
5.4.2 并口地址线位宽说明 …… 244
5.4.3 并口控制寄存器 …… 246
5.4.4 并口配置例程 …… 248
5.5 UART 控制器 …… 251
5.5.1 UART 接口信号 …… 251
5.5.2 波特率 …… 252
5.5.3 UART 收发实现 …… 252
5.5.4 UART 状态与异常处理 …… 253
5.5.5 UART 配置例程 …… 254
5.6 GPIO 口 …… 256
5.6.1 GPIO 功能说明 …… 256
5.6.2 GPIO 口配置例程 …… 257
5.7 定时器 …… 257
5.7.1 定时器控制寄存器 …… 257
5.7.2 定时器复位与计数 …… 257
5.7.3 定时器脉冲产生 …… 258
5.7.4 定时器说明 …… 259
5.7.5 定时器配置例程 …… 260
5.8 DDR2 接口 …… 261
5.8.1 DDR2 接口信号 …… 262
5.8.2 DDR2 控制器 …… 262
5.8.3 PHY 接口 …… 266
5.8.4 DDR2 配置举例 …… 270
第 6 章 处理器开发工具 …… 277
6.1 “魂芯一号”应用开发流程 …… 277
6.2 “魂芯一号”在线调试系统 …… 278
6.2.1 “魂芯一号”的功能模式 …… 279
6.2.2 “魂芯一号”的在线调试资源 …… 280

6.3 “魂芯一号”的集成开发环境 …… 280
6.3.1 工程管理和编辑器 …… 280
6.3.2 调试器 …… 281
6.3.3 统计分析功能 …… 281
6.3.4 支持混合编程和调试 …… 282
6.3.5 丰富的帮助文档 …… 282
6.4 编译器 …… 282
6.4.1 编译器命令行参数 …… 283
6.4.2 运行环境与模型 …… 286
6.4.3 编码器对ISO C90标准的扩展 …… 295
6.5 宏预处理器 …… 303
6.5.1 宏预处理器的命令行形式 …… 303
6.5.2 标识符 …… 304
6.5.3 表达式 …… 304
6.5.4 宏命令 …… 305
6.6 规则检查器 …… 307
6.6.1 规则检查器的命令行形式 …… 307
6.6.2 错误和警告提示信息格式 …… 308
6.6.3 错误信息列表 …… 309
6.6.4 警告信息列表 …… 313
6.7 汇编器 …… 314
6.7.1 汇编器命令行形式 …… 315
6.7.2 汇编文件格式 …… 316
6.7.3 标识符(symbol) …… 316
6.7.4 表达式 …… 317
6.7.5 汇编伪指令 …… 317
6.8 链接器 …… 325
6.8.1 链接器命令行形式 …… 326
6.8.2 链接器命令文件的编写 …… 327
6.9 反汇编器 …… 329
6.10 库生成器 …… 330
第7章 基于处理器的硬件设计 …… 332
7.1 硬件设计概述 …… 332
7.2 DSP系统的基础设计 …… 332
7.2.1 电源电路设计 …… 332

7.2.2 复位电路设计 …… 335
7.2.3 时钟设计 …… 335
7.3 DSP 外设引脚及布局布线指导 …… 337
7.3.1 并口引脚 …… 337
7.3.2 Link 端口引脚 …… 338
7.3.3 LVDS 的 PCB 布线指导 …… 339
7.3.4 DDR2 端口的 PCB 设计 …… 342
7.4 多处理器耦合 …… 351
7.4.1 通过链路口进行多处理器耦合 …… 351
7.4.2 通过并口进行多处理器耦合 …… 352
7.4.3 通过飞越传输方式进行多处理器耦合 …… 352
7.4.4 通过 UART 进行多处理器耦合 …… 353
7.4.5 通过 GPIO 进行多处理器耦合 …… 353
7.5 调试系统设计 …… 354
7.6 引导系统设计 …… 355
7.6.1 FLASH 编程 …… 355
7.6.2 主片引导 …… 356
7.6.3 从片引导 …… 357
7.7 硬件设计实例 …… 358
7.7.1 整体架构图 …… 358
7.7.2 电源 …… 358
7.7.3 程序加载 …… 359
7.7.4 DSP 设置 …… 360
第 8 章 信号处理应用程序设计 …… 361
8.1 FFT 的 DSP 实现 …… 361
8.1.1 FFT 的基本原理 …… 361
8.1.2 FFT 设计方法 …… 362
8.1.3 FFT 的 DSP 实现 …… 366
8.1.4 FFT 应用举例 …… 370
8.2 FIR 的 DSP 实现 …… 376
8.2.1 FIR 滤波器的基本结构 …… 376
8.2.2 FIR 滤波器设计方法 …… 378
8.2.3 FIR 滤波器的 DSP 实现 …… 380
8.2.4 FIR 滤波器应用举例 …… 382

8.3 脉冲压缩 DSP 实现 …… 387
8.3.1 脉冲压缩的基本原理 …… 387
8.3.2 脉冲压缩设计方法 …… 388
8.3.3 脉冲压缩 DSP 实现 …… 390
8.4 向量运算的库函数 …… 391
8.5 矩阵运算的库函数 …… 392
8.6 常用的窗函数 …… 401
8.7 信号产生的库函数 …… 403
8.8 雷达信号处理的库函数 …… 407
8.8.1 抽取比可变的低通滤波器 …… 407
8.8.2 脉冲相关处理 …… 408
8.8.3 动目标显示 MTI …… 408
8.8.4 自适应动目标显示 AMTI …… 409
8.8.5 多通道恒虚警检测(CFAR) …… 409
8.8.6 统计数组中正数的个数 …… 410
8.8.7 DOA 估计 …… 410
第 9 章 系统设计实例 …… 411
9.1 “魂芯一号”Demo 板简介 …… 411
9.2 案例一:某阵列雷达实测数据处理 …… 412
9.2.1 数据处理流程 …… 412
9.2.2 “魂芯一号”Demo 实验平台上处理过程实现 …… 413
9.3 案例二:雷达系统演示平台 …… 435
9.3.1 系统整体架构 …… 435
9.3.2 终端软件演示平台 …… 436
9.3.3 FPGA 模拟产生目标回波信号 …… 437
9.3.4 DSP 雷达信号处理程序设计 …… 438
9.3.5 系统联调结果 …… 447
附录 A “魂芯一号”指令集资源约束表 …… 451
附录 B 32 位浮点 FFT 汇编源程序 …… 472
参考文献 …… 488
主要符号表 …… 489
缩略语 …… 492

第1章 概述

1.1 雷达信号处理概述

1.1.1 雷达信号处理的发展

雷达作为一种全天时、全天候、远距离工作的传感器,在军事和民用等领域发挥着巨大作用,具有重要的应用价值。特别是近二三十年来,随着微电子工业的快速发展,系统设备处理能力大幅度提高,实现手段和方法大幅度提升,各种自适应处理算法大面积普遍应用和推广,雷达性能得到大幅度增强,探测距离和精度大幅度提高,探测数千千米外小型目标的超远距离战略预警成为现实[1-7]。作为战争环境条件下指挥员“千里眼”的雷达,威胁其生存和发展的挑战一直形影相随,且随着技术手段的不断提高而得以强化,在敌我双方军事斗争不断演变的过程中,人们对技术的追求达到无以复加的程度。正是在这现实需求的推动下,现代雷达处理技术和实现手段得到空前发展和壮大。雷达面临的威胁主要表现在四个方面。一是隐身技术。隐身技术是指通过一定的技术手段使反射回雷达的(飞机)目标散射截面积(RCS)大幅度降低,雷达接收到的目标散射回波信号强度急剧下降,以至于目标被雷达发现的距离大大压缩,极大影响雷达作用的正常发挥,甚至有可能使雷达失效[8]。二是综合电子干扰(ECM)技术。由于现代电子侦察快速定位和识别等能力的提升,电子对抗装备快速识别出雷达各种技术参数以准确定位雷达固有特性,有针对性、有目的地施放出各种有效电子干扰或假目标,使雷达有效作用距离大为缩短,甚至难以发现和跟踪。三是反辐射导弹(ARM)技术 。敌方根据侦察到的雷达参数,实时确定雷达具体物理坐标,随之发射反辐射导弹予以摧毁。在现代战争环境中,雷达只要一开机,就很容易遭到敌方攻击,高速反辐射导弹是雷达的真正克星。四是低空突防技术。现代飞行器由于配备了丰富的传感器,使其具备超强的掠地、掠海能力,受视距因素限制,对于低空、超低空飞行的飞机和巡航导弹,雷达一般都难以发现,除非雷达被置于空中或者空间。正是在与这些威胁反复较量的过程中,系统、体系、处理等方面的性能得到不断提升和强化，推动雷达技术快速有效地向前发展，雷达信号处理运算能力伴随着这些要求已在快速攀升。

受微电子技术的推动，雷达技术在近几十年得到了快速发展，主要表现在[6,7]：空间波束调度已经从传统的集中式单波束发射、单波束接收，或单波束发射、堆积多波束接收，发展到根据外部环境需要，采用多波束分布式发射、分布式多波束接收，或利用外部辐射源作为发射源，如调频广播、通信基站等作为辐射源，多波束分布式接收；发射信号形式从简单的连续波或调频波，发展到多种复杂的波形组合，如正交波形，或智能识别出面对的复杂环境来选择合适的组合波形；处理方式已从简单、固定，或者事先设定、用户在使用过程中进行选择，发展到复杂的、根据外部环境自适应调整和选择最佳的处理方式，处理空间已从二维扩展到多维；硬件实现方式从中、小规模集成电路构成的固定工作模式，发展到大规模、可编程、可重构处理器件组成的灵活多变的统一的软件化处理平台，用户根据实际需求在这个统一的硬件平台上通过改变软件随时调整和修改其系统实现的功能，甚至通过远程加载来改变和调整其系统功能；电路实现方式从模拟电路实现为主、数字电路实现为辅，发展到甚至涵盖从射频接收、调制、波形产生到后端信息处理全过程的全数字化处理系统；系统功能从单一模式发展到集多种功能于一体，同一部雷达具备搜索、跟踪、识别等多种功能，甚至将雷达、通信、电子战等一体化。

1.1.2 雷达信号处理的特点

雷达信号处理的主要任务是对接收到的回波进行分析、变换、综合等处理，增强有用信号、抑制非期望的干扰和杂波，提取回波中有用的目标信号，并从接收到的回波中提取出各种有用的目标特征参数，进行目标分类和识别等，为指挥员指挥决策提供判断依据。实现上述目标的基本思路是，信号和干扰在一个空间维上混叠在一起，但必然能够在其他维度上相互之间能够被分离，即信号、杂波和干扰之间在多维空间上，有一个维度上特性存在一定的差异，空间维度如时域、空域、频域、编码域等，通过将回波在一定的处理域间进行变换，使得信号和干扰在特定域内的差异尽可能显性化，从而可以用简单方式分离有用信号和无用干扰，达到抑制干扰和杂波的目的。因此，信号域之间变换是信号处理的基本算法，高效变换算法是信号处理硬件具备的基本能力，如时间和频域之间快速转换算法——快速傅里叶变换（FFT），就是衡量 DSP 硬件的一个基本指标。

在信号数字域上进行处理，存储和传输具有便利、安全和可靠等特点。微电子技术按照摩尔（Moore）定律迅速向前推进，使得电路的集成度每 18 个月提升 1 倍、性能提高 1 倍，其提升的能力主要还是在数字电路，以至于经过近 30 年的发展，单片数字电路器件的运算性能提升已达几十万倍，价格和体积却低至几千分之一，而模拟电路并没有遵从 Moore 定律变化规律，这样系统硬件实现相应就强化了数字处理的特质，信号处理硬件实现从模拟域转向数字域已是大势所趋，成为现代信息处理的一个基本态势。随着运算能力的不断增强，大有向软件化方向发展的趋势，即信号处理系统硬件统一，功能实现为在这个硬件平台下的软件编程，并以此形成一个通用的数字化处理平台。随着模拟和数字相互间转换速度的提升，数字处理已经扩展到模拟传统领域的射频电路中，即射频信号数字化，在数字域上完成信号解调、变换、滤波等工作。

数字信号处理方法主要有数字卷积（时域处理）、数字谱分析（频域处理）、数字滤波（包括有限冲击响应滤波器（FIR）和无限冲击响应滤波器（IIR））、数字波束形成（空域处理）、自适应滤波器、空时频多维处理、各种复杂波形产生、各种协议的编解码等。

根据雷达任务及其工作环境要求，现代雷达信号处理具有如下特点：

（1）信息量大。除提供目标四维（含时间、空间位置）等常规特征信息参数外，还提供目标属性或图像等其他特征信息参数。

（2）实时性强。在完整处理所接收到的数据时，设备量尽可能小，功耗在可接受范围内，处理结果在限制时间范围内送达相关执行机构。

（3）鲁棒性好。在各种复杂电磁环境下（特别是强电磁干扰环境）能够正常提取有用目标，即系统具有各种抗干扰措施和手段。

实现上述目标，雷达信号处理取决于五种能力[6,7]：

（1）对杂波和各种干扰的有效抑制能力；

（2）对目标回波能量的有效收集能力；

（3）对探测空域的高效搜索能力；

（4）对探测目标良好的空间分辨能力，

（5）对探测空域环境良好的适应能力。

雷达信号处理分类方法较多：

（1）按处理域分有：时域、空域、频域、极化域、码域以及多个联合域等。

（2）按实现方式有：基于通用 DSP 软件编程，基于专用集成电路（ASIC）设计全硬件处理，基于 DSP、FPGA（现场可编程门阵列）或 ASIC 混合架构处理模式等。

信号处理算法基本任务为进行各种域之间的变换，然后在变换域中寻找到一个相互之间分离区域比较大的区块，通过增强一定区域信号，抑制一定区域干扰，实现其基本任务。因此复数乘法及累加运算是信号处理的一个典型的基本运算，表 1.1 列出雷达信号处理过程中一些常用信号处理方法[2,3]。信号处理运算量随着阵列雷达单元数增多、通道并行数增加以及信号带宽扩大而大幅度提升。

表 1.1　雷达常用信号处理方法

信号处理方法	作　用
数字正交采样	得到数字基带 I、Q 信号
脉冲压缩	提高信噪比(SNR),压缩信号时宽,提高目标距离分辨力
相干积累,非相干积累	提高 SNR
动目标显示(MTI)	抑制杂波,提高信杂比(SCR)
动目标检测(MTD)	抑制杂波,提高 SNR 和 SCR,提供目标模糊多普勒信息
旁瓣相消(SLC)	干扰对消,降低干噪比(JNR)
数字波束形成(DBF)	空域滤波,提高 SNR
自适应数字波束形成(ADBF)	空域滤波,提高信干噪比(SJNR)
恒虚警检测(CFAR)	自动目标检测

1.2　数字信号处理器

1.2.1　数字信号处理器概述

相对于模拟信号处理,数字信号处理具有控制精度高、灵活性好、可靠性强、易于远距离传输、便于大规模集成等优点。而基于冯·偌依曼体系架构的中央处理器(CPU)比较接近于人们的思维习惯,且经过多年使用积累,构建了良好的生态环境,形成非常好的应用基础和习惯,成为当前信息系统硬件实现的基本方式和主流形态。

实时信号处理系统是指在规定时间内完成前端传送过来的数据进行信号处理各种算法处理任务,并将处理结果及时上报到最需要的地方,不容许出现数据堆积,且系统设备体积和功耗接近最佳。信号处理主要任务涉及变换和滤波处理,因此,乘法或者乘法累加是信号处理运算过程中的基本运算,且前后数据之间具有一定的流水结构特征。受器件规模限制,早期冯·偌依曼 CPU 结构中控制运算部件运行的程序和计算的数据均放在同一个存储体内,即程序总线和数据总线合二为一,这种存放方式的优点在于数据和程序可以简单按同一模式进行管理。运算部件只有一个算术逻辑单元(ALU),没有专用硬件乘法器,乘法累加运算通过 CPU 多次迭代实现,造成 CPU 在进行信号处理时,实际运算性能与实时信号处理所需要的运算能力之间产生相当大的差距,实时性无法得到满足。为了提高处理器在进行信号处理算法时的处理速度,在原有 CPU 基础上根据信号处理特点进行改造,成为人们的一个自然选择。随着集成电路发展,容纳的器件规模不断扩大,在 CPU 内 ALU 基础上再增加一个硬件乘法器,以保证乘法累加运算可以在一个时间节拍内完成,同时,运算部件增多意味着需要提供更多的数据,以保证运算部件内部运算效能能够得到充分发挥,此时程序总线和数据总线合二为一状态就无法满足处理器内部数据调度要求,须将处理器内部的程序总线和数据总线分开,形成有别于传统 CPU 处理器的哈佛结构则成为处理器体系架构的必然选择。程序总线和数据总线分开可以保证处理器内部存储体能够及时将数据提供给运算部件,同时运算部件的运算结果能够及时送出。为了不增加运算部件的处理负担,提高处理器数据吞吐率,数字信号处理器内部还特别增加了具有一定运算能力的硬件地址发生器,用于提供给内部存储体数据的读/写地址的寻址。为提高存储数据调度灵活性,增加处理器运行效能,处理器内部设置了多种与信号处理算法紧密结合的寻址方式,如循环寻址、位翻转寻址(FFT 运算用)等,以提高处理器在进行信号处理算法实现时的运算效率,尽可能满足实时信号处理的需求。因此,数字信号处理器(DSP)可以看成是从 CPU 分离出来的专门用于实现数字信号处理算法的处理器件,或者说 DSP 是一种特殊 CPU。这两者之间既有相同之处,也有不同点。相同点在于两者均通过软件编程实现其算法,设计师不需要关心硬件内部的时序关系;不同点在于 DSP 主要强调在进行信号处理算法实现时的高性能计算,CPU 除了强调计算能力外,主要着重于编程和调度的灵活性。

在 DSP 发展进程中,还必须了解与 DSP 同期发展的信息系统硬件实现的其他两种方式:ASIC 和 FPGA 器件。

DSP 运算能力早期还相当有限,无法满足多数实时处理系统信号处理对计算任务的运算要求,用硬件电路搭建实时处理系统是当时能够实现信号处理算法唯一的途径,由于器件集成度不高,以中小规模器件为主,即使系统运算量要求不大,实时完成系统信号处理算法也需要相当庞大的设备量来支撑。降低现实系统设备量,尽可能将若干功能集成在一个器件上成为人们的一个现实追求,而集成电路工艺的发展为这种需求提供强大的支撑,故在 20 世纪 80 年代,为特定用户定制的 ASIC 应运而生,此时可以将更多算法功能集成进一个电路中,从而减小设备体积,降低系统功耗,提高设备可靠性和性能,为厂家占得市场先机提供很好的基础条件。如中国电子科技集团公司第三十八研究所 1987 年将雷达显示器内部处理电路分解成三个大的功能电路,并将这三个电路分别做成三款专用 ASIC(GA3801、GA3802 和 GA3804),这是国内第一个雷达用 ASIC。这三款 ASIC 器件研制成功,统一了各种尺寸雷达显示器机芯,使雷达设备量和调试工作量都得到极大的简化,并统一了全国雷达阴极扫描显示器。ASIC 是针对特定算法进行设计的,不管是成本还是性能,ASIC 都具有相当大的优势。但设计和加工均存在一个固有的成本,随着集成电路工艺不断进步,这种固有成本不断攀升,导致批量小的芯片分摊费用较高。同时由于 ASIC 算法固化,不易修改,若对系统方案进行调整,涉及技术方案大的修改,ASIC 无法及时更新,因此受到极大的约束,限制了 ASIC 的发展和推广,小众市场逐渐被 FPGA 所取代,大众市场逐渐被片上系统(SOC)取代。

FPGA 是美国人 Ross Freeman、Brmie Vonderschmitt 和 Jim Barnett 于 1985 年提出的一种标准的晶体管阵列结构设想。产生这一想法的基本思路是,Moore 定理快速发展会导致晶体管越来越便宜,如果将晶体管阵列按照信号处理算法基本运算构建成一种通用模式结构体,这些结构体内部的变化关系和相互之间的连接关系设计成开关,开关选择用静态随机存取存储器(SRAM)来控制,通过修改 SRAM 内容就可改变器件内部结构体之间的连接关系,实现系统内部的不同算法。此时设计师设计电路的主要工作就简化为根据所实现的算法,确定晶体管阵列之间具体的连接关系,这样就为用户电路设计节省了很多时间,加快了系统设备的上市时间。同时通过修改现场 SRAM 内容即改变系统实现算法,满足了人们现场随时修改设计这一基本要求。尽管 FPGA 在功耗和价格上与 ASIC 相比并不占优势,但其应用的便利性和可现场修改还是深受设计师欢迎和喜爱,特别适合小批量使用场合。全球第一款 FPGA 产品 XC2064 采用 2μm 工艺,逻辑模块为 64 个,晶体管数 85000 个,性能虽然有限,但却满足了人们对可编程器件的渴望,一经推出即得到全社会的热烈反响,产品在各个领域得到广泛的应用,在市场推动下,器件本身不断得到推进和演化,逐步发展成为实时信号处理硬件实现的主力器件。FPGA 器件性能随着集成电路工艺的进步和人们广泛使用而得到大幅度提升。经过 30 多年的市场洗礼,FPGA 市场由百花齐放逐渐走向成熟,市场已被两家美国公司 Xilinx 和 Altera 瓜分。

FPGA 由于具有一定的通用编程能力,适用面相当宽泛,其应用数量也相当巨大,导致世界 FPGA 两大巨头紧跟半导体最新工艺技术发展,不断推出市场上性能更高的系列产品,如 2001 年采用 150nm 工艺,2002 年采用 130nm 工艺,2003 年采用 90nm 工艺,2006 年采用 65nm 工艺,2009 年采用 40nm 工艺,2012 年采用 28nm 工艺,2014 年采用 20nm 工艺,2016 年采用 16nm 工艺等。正由于 FPGA 紧跟集成电路 Moore 定律的发展,使得 FPGA 运算能力在一个时间段内成为器件计算性能的标志。FPGA 也在其发展过程中不断丰富和完善其内部处理器架构和外部 I/O 吞吐能力,内部嵌入乘法器数量越来越多、运算能力越来越强、接口越来越丰富等,如 Xilinx 在 28nm 工艺上推出 XC7V690T 器件达到 3600 个25 × 18 乘法器,这为 FPGA 发展奠定了非常好的基础。同时将各种其他处理器和硬核嵌入到 FPGA 中,已成为当前发展的一大趋势,如 16nm 的 FPGA 内包含 11904 个乘法器、PCIE 4.0、100G Ethernet w/RS – FEC。

FPGA 追求电路层面上的通用性,基本形态是电路硬件设计,这意味着设计师在进行电路设计时,不仅需要考虑电路之间的逻辑关系,还需要考虑电路相互之间的时序。由于每一次将设计电路映射成实际电路之间的相互连接关系时,同样电路设计不同时刻映射，其结果都有可能不一样，不同工艺制作的电路，其电路映射的结果也是不一样的，这样的结构给器件升级维护造成非常大的麻烦。FPGA 电路编程方式采用的是并行工作模式，与人们的思维方式不完全一致，设计师在进行电路设计时需要将算法进行一定的转换，这给设计师进行复杂算法编程带来一定难度，因此，对设计师的要求相对要高。

为了延续 FPGA 的生命，将 CPU、DSP 及其他知识产权（IP）不断融入到 FPGA 上，形成可编程片上系统（SOPC），SOPC 是 FPGA 发展到一定阶段上的产物。受内部结构参数限制，FPGA 器件的运算速度随工艺提升增加并不多，但内部可以放置更多运算部件。因此，FPGA 性能随工艺的提升是按照线性关系增加的。

DSP 和 CPU 为数据驱动器件，这意味着设计师实现特定信号处理算法时，只需要考虑算法的逻辑关系，不需要考虑实现这些算法的时序关系，对设计师的电路设计能力要求不高。因此，从用户使用便利性和产品维护性角度上看，DSP 和 CPU 是设计师的首选，但从运算能力和 I/O 接口上看，FPGA 占据一定优势。

为了比较 FPGA 和 DSP 这两类器件的运算性能，我们选择了制作这两类器件的典型公司最具代表性的器件进行对比。DSP 选取市场占有率第一的 TI 公司，FPGA 选取市场占有率前两名的 Altera 公司，器件选取的基本原则为这两家公司在同一工艺下性能最高的器件，比较标准是将其统一到乘法累加运算次数每秒（MACS），其中 DSP 为 16×16bit，FPGA 为 18×18bit。

表 1.2 中所给出的性能比值是处理器所标注的理论值，器件在实际应用过程中还需要考虑其计算效能。在不考虑功耗的情况下，FPGA 基本上能够充分发挥其固有的运算能力，而 DSP 则受到内部相关因素和数据传输影响，其效能与实际所给值之间存在一定差异，特别是 TI 公司的 DSP 器件。比值 1 为同一家公司产品随着工艺进步所带来的性能提升倍数，比值 2 为两家公司在同一种工艺下性能相差的倍数。

表 1.2 同工艺 TI DSP 和 Altera FPGA 器件性能对比（FPGA 频率取 250MHz）

工艺/nm	DSP			FPGA			比值2/倍
	TI	GMACS	比值 1/倍	Altera	GMACS	比值 1/倍	
130	320C6418	2.4		EP1S80	22		9.2
90	320C6455	9.6	4	EP2S180	96	4.36	10
65	320C6474	28.8	3	EP3SL260	160	1.6	5.6
40	320C6678	320	11	EP4S530	322	2.01	1.0
28	66AK2H12	352	1.1	5SGSD8	981	3.04	2.78

从表1.2中可以看到:65nm之前的工艺,FPGA性能至少高同工艺DSP 1个数量级,这意味着大型运算系统,如果在单片器件运算能力不能满足系统要求的情况下,采用FPGA比用DSP硬件实现信息处理系统,所用设备量要小得多,对应的体积、功耗和价格也大幅度下降,这也是FPGA在嵌入式系统硬件实现中受到广大设计师欢迎的主要原因;当工艺进入28nm时,DSP的理论计算能力已达到3000亿次,理论上的差距从1个数量级缩小到1/3个数量级,集成电路工艺进入14nm,DSP计算能力达万亿次可预期,此时两者之间的理论性能差距将进一步缩小。万亿次运算能力可以覆盖很大一个应用领域,此时用单个DSP器件或者不多DSP就可满足信息系统计算要求,当这一条件满足时,FPGA所呈现优势就不突出,缺点却被放大,而数据流驱动的DSP的优势将凸显,信息系统硬件实现平台将会出现大逆转,此时用DSP构建信息系统硬件实现平台方法将展现在人们面前。

DSP主要用于实时处理系统,实时性是其考量的第一要务。为了实现这一目标,DSP内部的体系结构、指令系统、存储器结构、指令控制、数据寻址和数据输入输出等均按照实时处理要求来设计,相对于常规CPU来说,除具备普通微处理器控制和软件编程的能力外,其基本形态和硬件结构上有下列固有的特征:

1)向量化、单指令流多数据流(SIMD)及多指令流多数据流(MIMD)及相互融合成为处理器基本形态

运算性能一直是DSP关注的重点。时频转换、空时转换等是信号处理的基本变换,FIR滤波、IIR滤波等是信号处理的基本运算,实现这些运算的基本部件是乘法器及乘法累加器等。单指令周期完成乘法及乘法累加是DSP的一个基本要求,因此,硬件乘法累加器自始至终是DSP内部的一个基本运算部件,这也是早期DSP有别于CPU的一个典型特征。处理器内部由于安排了硬件乘法器,故同级别DSP运算时钟比CPU要低得多。

提高处理器运算性能最重要的手段是提高乘法器的运算能力,其基本措施是提高运算部件的工作频率,或者增加处理器内部运算部件的数量。提升DSP频率来提高处理性能的好处在于,软件可以很好地兼容,这是DSP在发展的初级阶段提高性能的主要手段。随着集成电路工艺的不断提升,大幅提升器件的工作频率是一个很好的实现途径。器件工作频率随工艺提升是相当有限的,而集成电路工艺提升意味着在同样面积情况下可以放置更多的器件,即器件规模相应可以扩大,而器件规模扩大带来器件性能提升效果是相当明显的。因此增加乘法器等运算部件个数是集成电路发展到一定阶段,人们为扩大器件性能而进行的一种必然选择。但更多运算部件参与就涉及如何更好协调和控制好这些运算部件,以便使其运算性能得到更有效的发挥,这是处理器体系结构必须要关注的第一要务。简单、高效、便利是人们构建处理器架构的基本思路。处理器面对的应用背景相当复杂,单一体系结构无法面对各种情况,多运算部件之间的多

种体系结构相应被提出。

向量化运算形式可以显著提升大型矩阵复数运算的运行效率，具体实现形式有多种多样，一般将其作为主处理器的一个协处理器形式来体现，如TI公司推出的高性能处理器核C66x就是在C674x核基础上，安排一个向量化运算部件作为处理器的协处理器，Freescale公司DSP核Starcore，则按向量化来构建运算单元。向量化针对矩阵运算具有比较高的运算效能，但对于其他类型运算，则效能下降比较多，且控制灵活性较差。

将各个运算部件按照统一的样式进行分组，组之间各个运算单元在统一指令下同步工作，即各个运算部件接收的控制指令相同，其输入输出数据来自于不同之处，形成一种独特的SIMD工作模式。这种结构适合于并行度比较高的算法，优点是一套程序可控制更多运算部件进行运算，在完成同样操作的情况下，所用程序代码量最少，此时各个运算部件进行着相同操作，所不同的是提供的数据不一样。

相对于SIMD体系架构，MIMD更适合各个运算部件进行不同的操作，相当于多核运算。MIMD灵活性高，但要求程序控制量比较大。在处理器发展初期，这些体系结构均独立存在，随着技术的发展及规模的进一步扩大，相互间融合成为其发展的流行趋势。

2）哈佛结构、超级流水线和超长指令字

DSP编程灵活性不如CPU，实时处理高效能却是其独有的典型特征，如何发挥DSP内部多运算部件的运行效能，是考量DSP性能的一个重要指标。为了提高运算单元的数据存取速率，减少运算部件的等待时间，确保处理器运算部件不会出现由于数据供给或者等待输出导致运行效率下降，DSP最早将程序总线和数据总线分开，形成早期DSP特有的哈佛结构，后来CPU和大型服务器等都普遍将哈佛结构引入其内部结构。随着器件规模增大，运算部件增多，单个数据总线已不能满足多运算部件数据带宽要求，将输入输出总线、程序总线和数据总线分开，增加总线宽度，增多数据总线数量等成为处理器体系结构发展的必然趋势，以此形成所谓的超级哈佛结构（SHAC）。TI公司C6000系列内部安排一条256bit宽度程序总线、2条32bit宽数据总线和1条32bit宽I/O总线。ADI公司的SHARC系列DSP内部将程序总线、数据总线和I/O总线分开，其中128bit宽度的数据总线安排两条。“魂芯一号”处理器内部程序总线、数据总线和I/O总线分开，其中程序总线字宽为512bit，数据总线为3条256bit总线宽度，I/O为3条256bit总线宽度。

数字信号处理算法前后级逻辑之间存在一定的关系，这为构建多级流水、提高处理器速度奠定一定的基础和条件。所谓流水就是指将处理器指令操作步骤细分成若干操作步骤，每一个时间节拍完成处理指令的一个细分操作步骤。从时间维度上看，一条指令需要用多个步骤来完成；从空间维度上看，同一个时刻可以处理若干条指令在不同细分时刻的操作步骤，也就是说，每一条指令并不需要等上一条指令执行完后再开始进行操作，而只需要执行完一条指令细分操作的一个操作即可开始进行，这种操作方式无疑等效提升了处理器指令执行效能，提高了处理器的运算速度；从执行效果上看，等效于每个周期均能完成一条指令操作，器件运算速度得到极大提高。若流水线不被打断，则流水线级数越多，意味着相互间重叠执行的数目就越多，效率就越高，运算能力也越强；但若流水线在运行过程中被打断，意味着原先进行的一些操作无效，此时为保证后续指令执行正确，需要重新建立流水线，已进入流水线还没有被执行的指令需要被清除，在此种状态下，流水线级数越多，意味着废除的流水线级数就越多，运算效率下降就越大，因此，流水线级数的设置需要按照应用背景加以合理选择。早期受器件规模限制，DSP 流水线级数一般为 3 ~ 5 级，随着处理器速度提升和器件规模扩大，DSP 流水线级数普遍被加大，如 ADI 推出的 TS201 流水线达 10 级，"魂芯一号"处理器流水线为 11 级。

增加运算部件意味着需要有更多数量的控制信号才能使处理器控制更加灵活，超常指令字（VLIW）应运而生，由美国 Yale 大学教授 Fisher 提出。VLIW 可以确保每个时间节拍内能控制一个或者多个不同运算部件的运行，具有控制灵活等特点，因此，现已成为 DSP 多运算部件控制的基本手段，如 Freescale 公司的 Starcore 采用的是 256bit 固定字宽的超长指令来控制内部各个运算部件。在实际实现过程中，各种变种 VLIW 成为当今处理器内部的一种基本形态，即将一个超长指令拆成多条相同字宽的短指令字并同时并行发射，这样处理同样可以达到 VLIW 效果。如 TI 公司的 C66x 核支持 8 发射指令，ADI TS201 支持 4 发射指令，"魂芯一号"核支持 16 发射指令。

3）专用的存储器地址发生器

运算部件与存储器之间在计算过程中需要进行大量的数据访问操作，每个节拍均存在大量的数据交换，一方面需要将存储在存储器的数据调入与运算部件紧密相连的通用寄存器组单元中，以便于运算部件取数参与运算，同时需要将运算部件寄存到相对应的通用寄存器组上的运算结果存回到存储器当中。DSP 内部采用哈佛结构，数据总线和程序总线是分开的，这就意味着处理器需要为数据存储器提供面向与运算部件紧密相连的通用寄存器组单元进行数据传输所需要的地址，以满足高密集型计算过程中数据频繁访问和交换的需要。这个地址产生器需要独立存在，以便更好地将数据从运算部件调入和调出。从应用的便利性角度上看，这个地址发生器自身需具备一定的计算功能，其地址的修改和更新不需要动用内核运算单元部件，而是利用自身的运算功能即可完成。这也是早期 DSP 有别于 CPU 的一种特有结构。地址发生器可以支持直接寻址、间接寻址、位反序寻址(用于 FFT 算法)和循环寻址(用于数字滤波算法)等,这个地址发生器也称为地址发生运算器。随着处理器内部数据总线的增多,地址发生运算部件的数量也在增多,如 TS201 内部安排了两个地址发生运算器,“魂芯一号”安排了三个地址发生运算器。

4)特殊的指令体系

从提高处理器运行效率角度来说,针对各种特殊数字信号处理密集运算要求,DSP 设计了若干特殊的并得到硬件电路支持的指令,如低开销或零开销循环及程序跳转,快速中断处理,以及针对 FFT 运算、编解码运算而设计的特殊 DSP 指令,如位反序寻址指令、迭代运算指令、字符位操作指令、定点数同时加减并除 2 指令(防止数据溢出)等,正是这些指令,使得处理器运算时具有较高的运算效率。

1.2.2　数字信号处理器的发展

DSP 第一款产品 TMS32010 由 TI 公司 1982 年推出后,由于编程和微处理器单元(MPU)相类似,计算能力远强于 MPU,因而深受广大信号处理设计师的欢迎,在雷达、电子对抗等高密集计算军事电子领域,以及音视频等民用领域得到了广泛应用,吸引了众多生产厂家参与。DSP 产品品种众多,呈现出百花齐放局面,如日本 NEC 公司推出的 μPD7720,Fujitsu 公司推出的 MB8764,Hitachi 公司推出的 SH_DSP,美国 AT&T 公司推出的 DSP32,Motorola 公司推出的 MC56001,模拟器件公司(AD)推出的 ADSP2101/2103/2105[9],Lucent 公司推出的 DSP1609 等。这些 DSP 器件相继推出,繁荣了 DSP 处理器市场,推动了信号处理算法在实际设备上的广泛应用,普及了信号处理算法知识,加深了人们对信号处理算法提高系统设备性能的认识。

DSP 器件的性能随着集成电路工艺技术的发展不断向前推进,按照其体系结构特点,其发展历程大致分为四个阶段:

第一个阶段:单核、单运算部件阶段,时间跨度约 15 年,集成电路加工工艺约在 0.25μm 及以上,时间延续到 1997 年。此时受器件规模限制以及对 DSP 体系架构的有限认识,这一阶段主要围绕一个硬件乘法器和一个 ALU 展开,提高乘法器和 ALU 的运行效率,逐步建立器件调试手段,建立器件开发的生态环境等是这一阶段的主要任务,如增加内部存储器的容量、提供存储器各种寻址方式、增加数据吞吐效率、采用哈佛总线结构等。硬件的主要特征是构件为一个专用硬件乘法器、一个 ALU 运算器、一个具有简单运算能力且可根据信号处理特点提供循环、位反序等寻址方式的地址发生器,有些处理器增加桶形移位运算部件等;在指令设计方面,增加与信号处理相关的运算指令,如重复运算指令、乘法累加指令等。DSP 器件初期软件环境方面只提供简单的汇编工具链,后续开始提供调试器。TI 公司推出的第一代 DSP 芯片 TMS32010 及其系列产品 TMS32011、TMS320C10/

C14/C15/C16/C17 等，第二代 TMS32020、TMS320C25/C26/C28，第三代 TMS320C30/C31/C32，第四代 TMS320C40/C44，第五代 TMS320C5X/C54X；Motorola公司推出了 DSP56001、DSP56301；AT&T 公司的 DSP16A，ADI 的ADSP－2100、ADSP－2180、ADSP－2106X 等均属于这个阶段的产品。TMS320C1x 采用的是 3μm NMOS 工艺，器件规模为 5 万个晶体管，机器周期为 200ns。

第二个阶段：多运算部件阶段，集成电路制作工艺在 250～90nm 之间，此时器件容许的规模已经有一个较大幅度的提升。随着 DSP 应用的不断深入，人们对信号处理运算能力的要求快速提高，如何提高 DSP 器件的运算能力一直是 DSP 器件的主要追求。由于乘法累加运算是信号处理的一个基本运算，要求在一个时钟周期内完成，而乘法是通过多次加法才能完成，这就限制了器件工作频率随工艺提升增加的程度，提高器件运算能力最有效、最直接的方法就是增加器件运算部件数，如 TI 公司 TMS320C6201 内部包含 8 个运算部件，ADI 的 TS101 内部包含 6 个运算部件。增加运算部件的同时，需要同步增加相关辅助部件，如存储器个数、数据宽度、I/O 数据带宽等。这一阶段已初步形成了一个比较好的软件生态环境，器件内部提供一个相对较为完整的调试工具用于辅助设计师的调试。

第三个阶段：同构多核阶段，集成电路制作工艺提升到 90～40nm。经过市场大浪淘沙的洗礼，DSP 厂家已经缩减到有限的几家，器件均已建立起良好的生态环境。器件厂家在提高器件性能的同时，基本原则是不破坏器件原有的生态环境，此时最经济、最可靠的方法是在原有处理器核的基础上，通过增加处理器核数来提升处理器运算能力。原有的软件环境均不改变，原先编制的基础函数库、用户编制的应用程序等均可直接使用，这对用户具有非常大的吸引力，同时各个处理核可以完成不同任务，增加了处理器应用方面的灵活性。如 TI 公司推出的 TMS320C6678 内部放置了 8 个处理器核，Freescale 公司推出的 MSC8156 内部放置了 6 个处理器核等。当然，从用户角度出发，希望多核处理器能够达到单核处理的效果，操作系统任务调度成为这一时期的一个基本特征。

第四个阶段：异构多核阶段。工艺技术进一步提升，处理能力得到加强，处理器的效能成为人们关注的焦点，单个芯片上集成更多功能不同处理器成为实现这个目标的基本途径。DSP 和 CPU 虽然起点相同，但两者关注点不一样，DSP 侧重于数据高密集计算，CPU 更强调通用处理，这种差异在后续发展过程中得到了强化，形成了不同的结构形态，使得这两种处理器在运行相同任务时，发挥的效率大相径庭，将 DSP 核和 CPU 核等不同核放置在一个平台上，用户可以根据任务性质不同，安排用不同处理器完成，可达到更高的计算效能。故根据各种不同应用领域需要，通过配置不同数量的 CPU 核和 DSP 核构建成一个系列化的处理平台成为这一时期典型的特征。市场上 28nm 工艺推出的处理器均是这种体系架构，如 TI 公司推出的 6 款 28nm 处理器，66AK2E012 内部包含 8 个 C66x

DSP 核和 4 个 A15 CPU 核,C66x 核是 TI 公司推出的最高性能 DSP 核,A15 是 ARM 公司推出的嵌入式 CPU 核。如 Freescale 公司推出的 B4860 包含 6 个 SC3900 DSP 核和 4 个 e6500 CPU 核,SC3900 为 Freescale 公司推出的最高性能 DSP 核,e6500 为 Power PC 处理器核。

DSP 是一个可编程的通用处理器,用户在实际应用过程中,需要在厂家提供的开发平台上进行应用程序的开发,因此,研制厂家提供的开发平台好坏直接决定处理器的生存和发展,处理器汇编工具链和开发环境一直伴随着处理器的发展并不断加以改进和完善。早期 DSP 开发平台主要使用简单命令行形式,采用汇编语言编程,调试工具缺乏,器件开发难度比较大、开发周期比较长。随着技术的不断发展和快速进步,可视化窗口的开发平台开始出现,软件开发环境和硬件仿真调试工具不断丰富,很多第三方开始加入并提供相应的开发工具和应用软件,丰富了 DSP 的生态环境。如 TI 公司的 Code Composer 系列(CC2000,CC5000,CC6000),ADI 的 Visual DSP ++ 等,BWDSP 提供的高效编码工作室软件(ECS)等属于此序列产品,JTAG 扫描方式被处理器引入到硬件系统中,逐渐成为处理器调试工具的标准,在线调试、多处理器调试等成为基本要求。正是由于软件和硬件调试工具的丰富和完善,使得 DSP 编制程序的开发过程变得相对容易。C 编译器的使用简化了整个开发过程。

随着集成电路技术的发展,DSP 处理器运算能力成数量级地提高,TI 公司推出的第一代处理器 TMS32010 运算能力为 5MIPS(16bit)①(百万条指令/s),最新工艺 28nm 的高性能 DSP 处理器 66AK2E012 运算能力达到 352GFLOPS(千兆次浮点运算/s),性能提升了 5 个数量级。经过 30 多年市场洗礼,DSP 处理器市场逐渐被三家公司(TI、Freescale 和 ADI)所瓜分,图 1.1 给出 2011 年 DSP 市场占有情况,TI 公司占据了近一半市场份额。

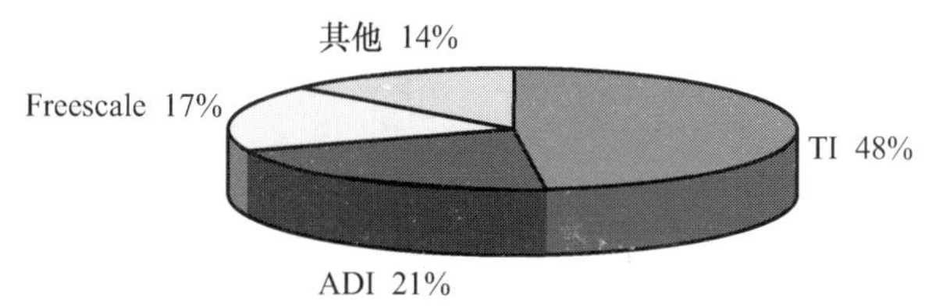

图 1.1 2011 年中国 DSP 市场品牌结构

1.2.3 “魂芯一号”高速数字信号处理器概述

“魂芯一号”是中国电子科技集团公司第三十八研究所设计的一款体系结构和指令体系均自主的 32 位高性能浮点 DSP。处理器内核的体系架构为 VLIW +

① 本书中 1bit 为 1 位。具体视情况采用“bit”或“位”的表述方法。

SIMD，指令体系为BW32v1。

“魂芯一号”体系架构是基于55nm工艺设计的，处理器内部安排了32个ALU（算术逻辑单元）、16个MUL（乘法器运算部件）、8个SHIFT（移位字符运算）和4个SPU（超越函数运算部件，亦称超算器）共60个运算部件，这就构成“魂芯一号”DSP所拥有的全部计算资源，这些计算资源和工作频率相结合，构成“魂芯一号”理论上的计算能力。“魂芯一号”DSP功能框图见图1.2，芯片正面照片见图1.3。

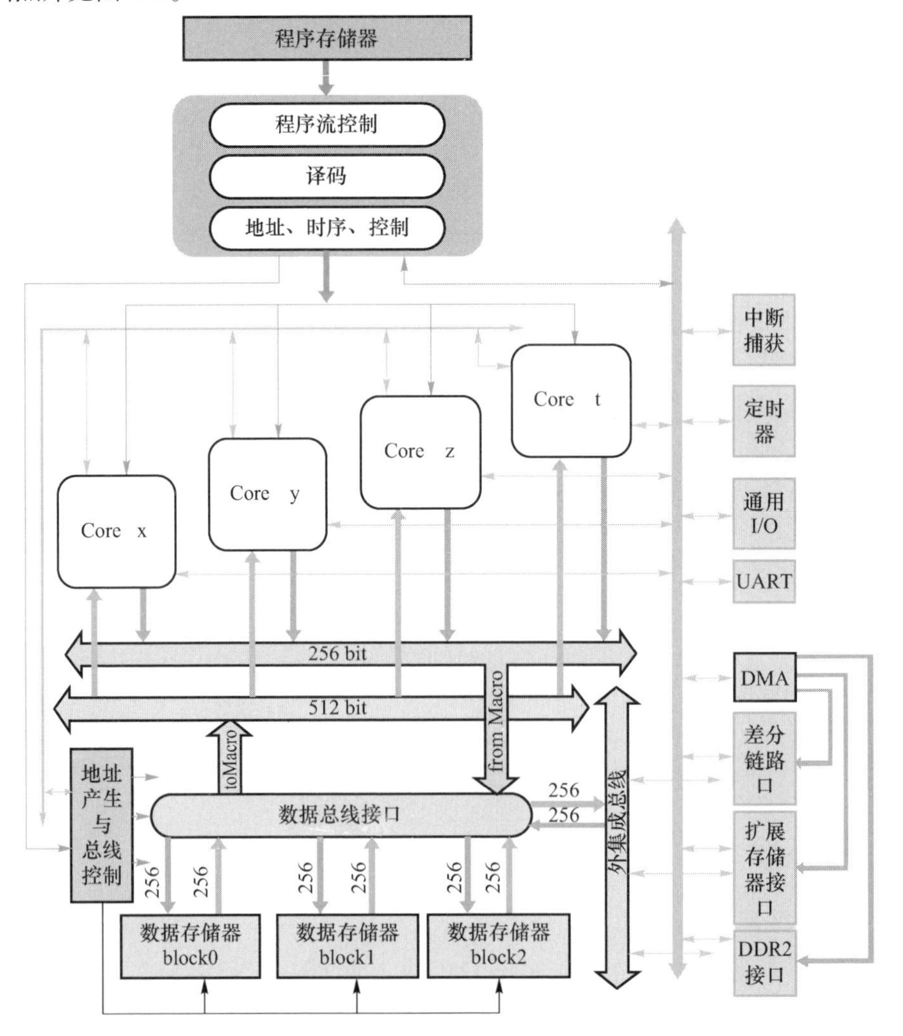

图1.2 “魂芯一号”功能框图

为了灵活调度和控制这些运算部件，充分发挥内部运算部件的工作效能，这些运算部件被均分到4个运算宏中，即每个运算宏安排了8个ALU、4个MUL、2

图 1.3 “魂芯一号”正面图

个 SHIFT、1 个 SPU。每个运算宏内多个运算部件按照 VLIW 结构来安排，运算宏之间体系架构按 SIMD 安排，即一条指令可以控制各个运算宏的同种运算部件进行相同的操作，而每个宏内运算部件则受其指令控制。处理器指令字宽有两种：32bit/64bit。若指令按 32bit 字宽来确立，每一条指令占据一个指令发射槽，处理器内部安排了 16 个可同时发射的指令槽，则处理器内部最大可同时发射 16 条 32bit 指令。若指令字宽为 64bit，按处理器内部确定的设计规则，一个时间节拍内最多只能发射 4 条 64bit 指令，剩下的指令发射槽用 32bit 指令去填充。如果 16 个指令发射槽没有被填满，则表明有些指令槽不需要发射指令。处理器内部 60 个运算单元按照这种模式受 16 个指令发射槽控制，形成可变长度指令方式。每个运算宏安排一个 64 × 32bit 的通用寄存器组，运算部件需要的数据均来自于这个通用寄存器组，运算结果也被送到这个通用寄存器组，各个运算部件只与其对应的通用寄存器组进行数据交互，它本身不与器件内部的存储器和 I/O 进行数据交换，这里通用寄存器组作为运算部件与存储单元之间的数据中转站，存储器的数据只有通过这个中转站才能送到运算单元，运算单元的运算结果只有通过这个中转站才能送到存储器单元。

每个运算宏内运算部件在每一个时刻是否参与运算由用户通过程序来安排。一条指令可以控制各个运算宏进行相同操作，相互之间的差异在于各个运算部件取出的数据和将运算结果送到各自不同通用寄存器组，这条指令可以同时确定运算宏是否参与运算。

为了保证运算部件的运算数据及时存储和交换，器件内部安排了 24Mbit 存储容量的双口 SRAM（静态随机存取存储器），这些 SRAM 被分成 3 组，每组容量为 8Mbit，每组又被分成 8 块（bank），每个 bank 为 32k × 32bit，因此每组数据最大字宽为 256bit，内部总线最大宽度确定为 256bit。数据读取方式相当灵活，具体形式通过指令来确定，数据读取的最小单位为32bit。同一时刻或者读取1块数据，或者读取2块数据，或者读取4块数据，或者读取8块数据。各个存储器块读取地址可以一样，也可以不一样。3组存储器形成3个读总线和3个写总线，存储器与运算部件之间安排2个读总线和1个写总线，或者2个写总线和1个读总线，其余总线被安排给存储器与I/O之间的数据交换。为了保证数据存储器与运算部件数据交换及时，器件内部安排了3个地址发生运算部件，以保证存储器和运算单元之间能够同时进行两读一写或者两写一读操作。

基于上述结构，“魂芯一号”主要性能指标如下。

(1) 工作频率：300MHz。

(2) 运算能力：15.6 GFLOPS。

(3) 乘法运算：4.8 GFMAC（十亿次浮点乘法累加）/19.2GMAC（十亿次乘法累加）(16bit)。

(4) 存储容量：28Mbit（程序存储器4Mbit，数据存储器24Mbit）。

(5) 外部存储：内置64bit DDR2 SDRAM控制器。

(6) 数据传输：4个发射/4个接收高速串行链路口，每个传输速率为2.4Gbit/s。

(7) 并行接口：1个64 bit。

(8) UART接口：1个。定时器：5个32bit。GPIO：1个8bit。外部中断：5个。

体系架构是处理器的骨架，内部运行的指令是处理器的灵魂，而开发环境则是处理器的脸面。处理器的运行效率是由处理器架构和指令体系共同决定的。“魂芯一号”是针对雷达信号处理设计的，根据雷达信号处理特点而设计的“魂芯”指令集体系BW32v1包含八大类，下面分别列出各类中的一些指令：

(1) 乘法指令：

CFRs+1:s=CFRm+1:m*FRn;	浮点复数与浮点实数相乘
Rs=Rm*Rn;	2个32bit实数相乘
CHRs=CHRm*CHRn;	2个16bit复数相乘
QMACC +=CRm+1:m*CRn+1:n;	2个32bit复数4个分量的相乘累加

(2) ALU/逻辑指令：

CFRs+1:s=CFRm+1:m+CFRn+1:n;	2个浮点复数相加
Rm_n=Rm+/-Rn	2个32bit实数同时相加/相减
CRs+1:s=CRm+1:m+jCRn+1:n	1个浮点复数与另1个浮点复数实虚交替相加
Rs=Rm&!Rn	1个32bit实数与1个32bit实数与非

（3）移位/裁减指令：

FRs = Rm pos1 Rn;	按 Rn 给定的方式确定 Rm‘1’处置
Rs = FIX(FRm,C)	浮点到定点转换
CRs + 1: s = Permute CRm + 1: m	复数实虚部交换
Rs - Rm mask C	Rm 屏蔽一些数据位

（4）非线性运算指令：

Rs = ln(abs Rm) {C};	对数运算
HRs = cos HRm	余弦运算
LHRs = arctg Rm	反正切运算
FRs = SQRT(abs FRm)	浮点开方运算

（5）大小选择及判别指令：

Rs = max(Rm,Rn);	取 2 个 32 位定点大值
FRs = min(FRm,FRn);	取 2 个 32 位浮点小值
FRm_n = max_min(FRm,FRn);	同时获得 2 个 32 位浮点大值和小值
Rm = Rm > = Rn? (Rm - Rn):0{U,k}	2 个比较,大于 0 目标寄存器赋差值,否则赋 0

（6）数据传输指令：

Rs + 1: s = [Un + = Um,Uk]	存储器调数到核,存储器地址修改
Rs + 1: s = [Vn + Vm,Uk]	存储器调数到核,存储器地址不修改
{y',z',t'} Rs + 1: s = {x} Rm + 1: m	核间数据传输
{x,y,z,t} Rs + 1: s = Br(C)[Un + = Um,Uk]	反序寻址

（7）赋值指令：

Rs + = C	寄存器自增一个常数
[ADDR] = xRn	核与某控制寄存器数据交换
CHRs = C1 + jC2	复数赋值
Uk = C	地址发生器赋值

（8）程序控制指令：

If {x,y,z,t} Rm > Rn{U} B <pro>	根据结果跳转
Clr {x,y,z,t} SF	清标志寄存器标志位
B <label>	直接跳转
CALL label	子程序调用

BW32v1 指令体系特点如下：

（1）单周期标量运算提升到单周期向量运算；

（2）单周期实现常规的超越函数运算；

（3）一条指令实现多运算单元参与；

（4）强化信号检测方面能力；

（5）具有向量寻址和倒序寻址；

（6）提供块浮点运算（定点运算）。

为便于程序员记忆和理解，汇编语言语法按照代数形式来编排。例如，Rs = Rm + Rn 表示加法运算，CRs + 1∶s = CRm + 1∶m * CRn + 1∶n 表示复数乘法运算，Rs = ln（Rm）表示取对数运算。

处理器体系结构的运算效率的衡量标准多种多样，也有各种测试数据代码，国际公认的处理器性能测试是 Berkeley 的 BDTI 测试，它是采用一组标准的测试数据进行综合评判。图 1.4 给出一组各种 DSP 的 BDTI 分数，这里给出的分数是测试的绝对值。可以看到，TI C66x 核的运算能力高于 TS201 运算能力 3 倍多。

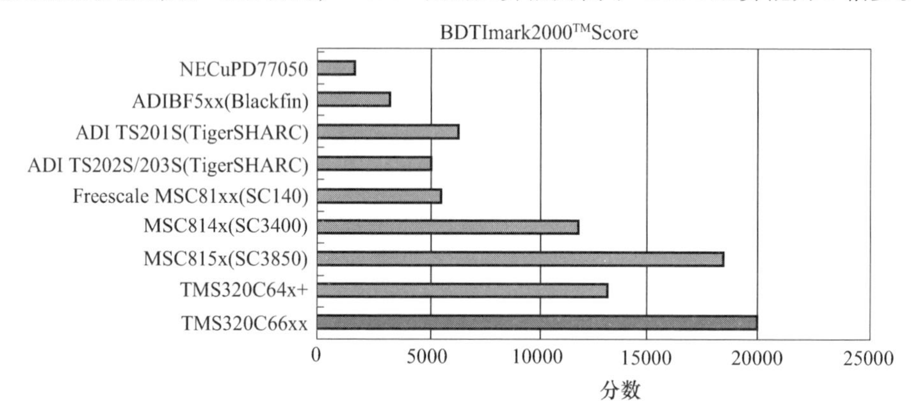

图 1.4　BDTI DSP 测试分数

实际上，可以用一个简单的方式大致估计其信号处理的计算效能。因为 DSP 主要用于数字信号处理领域，FFT 运算是信号处理经常用到的基本算法，因此用 DSP 完成 FFT 运算时间，可以初步估算出 DSP 的性能，同时，可以根据其理论估值和实际完成 FFT 运算时间，给出这个处理器的计算效能。表 1.3 给出各个处理器理论计算时间，FFT 运算时间以及 FFT 运算时间与理论计算时间的乘积，其中 FFT 运算时间与理论计算时间的乘积作为衡量处理器效能的一种参数。

从表 1.3 中可以得出几个结论：

（1）C66x 核相对于 TS201 的计算性能，BDTI 测试结果为高 3 倍多一点，用 FFT 运算时间测试的结果为 2.8 倍，两者测试结果相差不大。因此，BDTI 测试结果虽全面，但用 FFT 运算时间来衡量比较简单。

表 1.3　DSP 处理器单核性能参数对比

性能 \ 芯片	“魂芯一号”	320C66x	TS201	ADSP21469	ADSP21060
时钟频率	300MHz	1.25GHz	600MHz	450MHz	40MHz
标称运算	15.6GFOPS（十亿次浮点操作数/s）	20GFOPS	2.4GFOPS	2.7GFOPS	0.12
片内存储	28Mbit	48Mbit	24Mbit	5Mbit	4Mbit
1K 点复 FFT 时间/μs	3.3	5.6	15.7	20.44	460
FFT 与标称运算乘积	51.48	112	56.52	55.18	55.2
工艺	55nm	40nm	90nm	65nm	250nm
注:标称运算指处理器根据运算部件和工作频率计算出来的理想运算能力					

（2）DSP 的效能是直接反映处理器架构优劣程度。如果用处理器所给定的理论值来归一化 FFT 运算时间来衡量处理器效能，则可以更好反映其固有效能，这可以作为一个很好的衡量处理器效能的参数值。从表 1.3 中可以看到，ADI 的各个处理器（TS201，ADSP21469，ADSP21060）的效能基本相当，它的效能比 C66x 核效能高接近 1 倍，“魂芯一号”核的计算效能比 C66x 核高 1 倍，且也超过 TS201 处理器核。

通用 DSP 研制厂家并不直接提供系统信号处理实现算法，它构建的是信号处理计算平台，用户根据系统要求的处理算法，在这个计算平台上进行应用程序的编制，这就需要给设计师提供一个良好的、易于使用的软件开发环境，使设计师能够自觉自愿地在“魂芯一号”设计平台上开发其应用软件，这是自主处理器能否成功最为关键的要素。开发环境是处理器的脸面，如果脸面不好，则设计师没有兴趣深入了解，性能再好也得不到设计师的认可，此时处理器就是一个废物。“魂芯一号”DSP 提供一个基于 Linux/Windows 操作系统的环境友好的“魂芯”统一开发平台，它包含有：

（1）C 编译器；

（2）汇编器/反汇编器；

（3）静态/动态链接器；

（4）仿真器；

（5）错误诊断（DEBUG）；

（6）调试环境；

（7）信号处理应用库。

第2章 处理器体系架构

“魂芯一号”是一款 32bit 浮点 DSP，它同时也支持 16bit 和 32bit 定点数据格式计算。处理器内部是由 60 个运算部件构成的 VLIW 架构，形成强大的并行计算能力，满足高速实时信号处理应用要求。

本章主要介绍“魂芯一号”处理器的体系架构。其中，重点介绍处理器的内核结构和程序控制器。从体系架构完整性角度，本章简单论述内部存储器、I/O 资源及外部设备。详细内容将在后续的章节中介绍。

2.1 体系架构

“魂芯一号”处理器是一款 32bit 静态超标量处理器，内部共有 60 个运算部件，分散在 4 个运算单元执行宏中，每个执行宏包含 15 个运算部件，其中乘法器 4 个、ALU 8 个、SHIFT 2 个、SPU 1 个。处理器采用 SIMD + VLIW 相结合、改进型多总线超级哈佛结构（程序总线、数据总线和 I/O 总线相互独立）的体系架构。“魂芯一号”处理器内部组织结构如图 2.1 所示。用于控制各运算部件运行的指令位宽为 32bit 或 64bit，处理器内部设置的程序总线最大宽度为 512bit，分 16 个 32bit 指令发射槽，即最多可同时发射 16 条 32bit 指令。如果指令字宽为 32bit，则 1 条指令占据 1 个指令发射槽；如果字宽为 64bit，则 1 条指令需占据两个指令发射槽。“魂芯一号”规定，同一时刻占据 2 个指令发射槽的 64bit 字宽的指令最多为 4 条且放在指令发射槽的最前面，剩下的指令槽由 32bit 指令来填充。运算部件和存储部件之间的数据总线采用非对称结构，256bit 位宽总线有 3 条，其中读总线 2 条，写总线 1 条。用于存放指令的存储器称为程序存储器，存储容量为 4Mbit；用于存放数据的存储器称为数据存储器，存储容量为 24Mbit。

“魂芯一号”处理器主要特点：

（1）高性能浮点通用数字信号处理器：

① 300MHz 时钟频率；

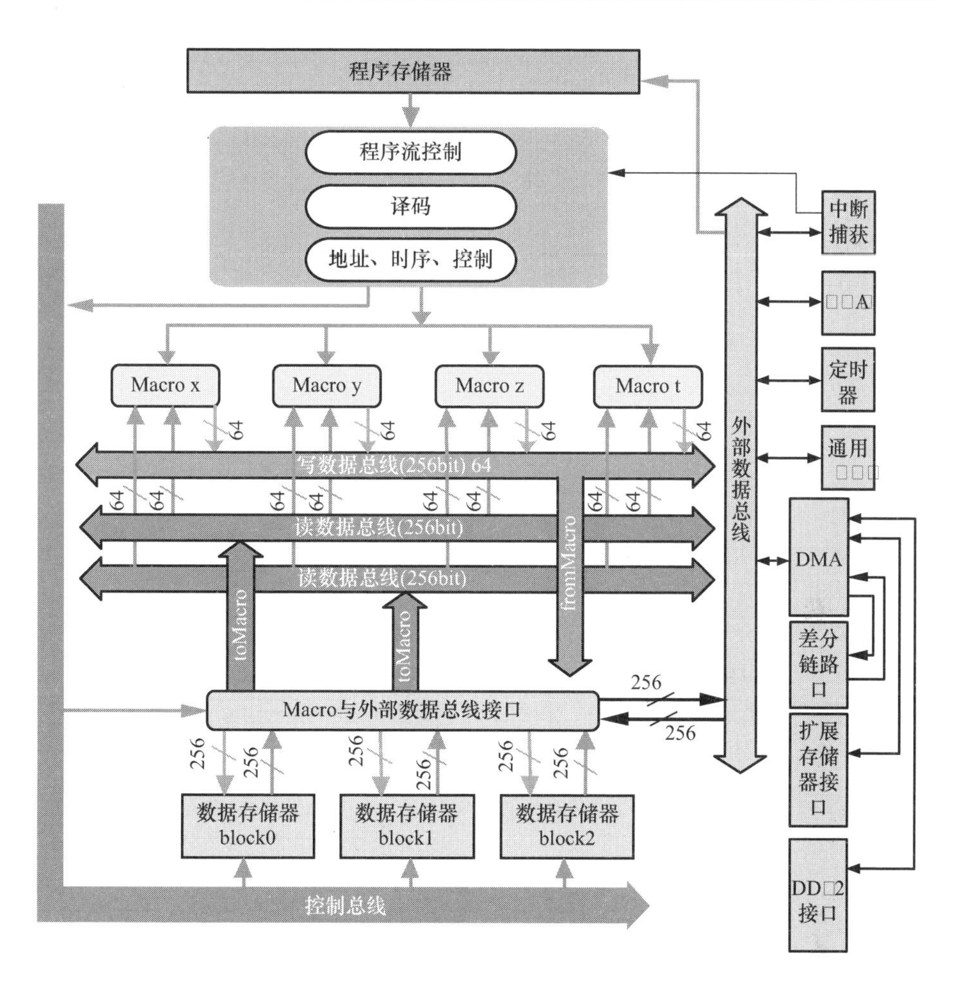

图 2.1　“魂芯一号”处理器组织结构图

② 15.6GFLOPS 运算能力；

③ 4.8GFMACS 运算能力。

(2) 基于 VLIW + SIMD 架构的 Efficiency Core 技术：

① 内含 4 个执行宏。

② 每个执行宏包含：

——8 个加法器、4 个乘法器、2 个移位器、1 个超算器；

——64 × 32bit 寄存器组成数据寄存器组。

(3) 28Mbit 片内 SRAM：

① 4Mbit 程序存储器，最大字宽为 512bit；

② 24Mbit 数据存储器，分 3 组，每组分为 8 块。

(4) 存储器与运算单元之间非对称数据总线:

2 ×256bit 读总线,1 ×256bit 写总线。

(5) 64bit DDR2 接口/64bit 并口。

(6) 1 个 UART 接口、5 个 32bit 定时器、8 个 GPIO、5 个外部中断。

(7) 4 个全双工高速 LINK 口。

(8) FC - CBGA729 封装。

(9) BW32v1 指令集。

(10) 基于 Windows/Linux 操作系统的统一开发平台:

① C 编译器;

② 汇编器、反汇编器、仿真器、调试器;

③ 静态/动态链接器;

④ 信号处理函数库。

“魂芯一号”DSP 具有非常强大的数字信号处理能力,为了解其计算性能,选取 ADI 的 TS201 作为对比,两者均用完成浮点复数 FFT 和浮点矩阵求逆所用周期数来比较。表 2.1 为两者实现 32bit 浮点复数 FFT 的性能对比,表 2.2 为两者实现 32bit 浮点矩阵求逆的性能对比。由表中可以看到,采用 Efficiency Core 技术构成的“魂芯一号”处理器,其周期数约为 TS201 的 6 ~8 倍,因为“魂芯一号”DSP 工作频率为 300MHz,而 TS201 工作频率为 600MHz,两者实际相差 2 倍,但即使这样,两者之间的性能差异已达 3 ~4 倍,因此“魂芯一号”具有强大的运算能力。

表 2.1 32bit 浮点复数 FFT 的性能对比

输入点数	“魂芯一号”运行周期数	TS201 运行周期数	周期值对比
256	306	1963	6.45
1024	1186	9419	8.00
4096	5630	69924	12.04
16384	26256	303119	11.62
65536	117923	4343676	36.83

表 2.2 32bit 浮点矩阵求逆的性能对比

阶数	“魂芯一号”运行周期数	TS201 运行周期数	周期值对比
3	773	4288	5.85
4	1215	8672	7.13
5	2128	14529	6.82
8	6774	50049	7.39
9	7374	69165	9.38

2.2　eC104 内核结构

“魂芯一号”处理器内核称为 eC104(Efficient Core 104,其中 1 表示第 1 代处理器结构,4 表示这个处理器核内部包含 4 个运算单元执行宏)。

4 个运算单元执行宏分别使用 x、y、z 和 t 表示。每个宏包含 64 个通用寄存器,从 R0 到 R63,用于保存指令的源操作数和计算结果。如 xR0 就表示 x 宏第 0 号通用寄存器,其他同理。

为了有效控制程序的运作,内核还提供了零开销循环寄存器 LC0 和 LC1,用于保存循环计数;子程序指针寄存器 SR,用于保存子程序的地址;分支地址寄存器 BA,用于保存分支程序目的地址。

2.2.1　运算单元执行宏(Macro)

2.2.1.1　概述

eC104 核内部包含 4 个运算单元执行宏,简称宏。每个宏由 8 个算术逻辑单元(ALU)、4 个乘法器运算部件(MUL)、2 个移位器运算部件(SHF)、1 个 SPU 以及 1 个数据寄存器组组成,各个宏之间拥有专门的数据通道,以保证宏内数据寄存器组之间可以相互传输数据,增加这个通道间接提高了每一个宏对外数据通道吞吐率。运算部件并不直接与器件内部的存储器或者 I/O 进行数据交换,外部数据与宏之间的数据交换主要通过数据寄存器组进行,运算部件所有的输入输出均来自于宏内的数据寄存器组。1 个宏内可以送出 1 个或 2 个 32bit 数据到其他宏中,其他 3 个宏均可同时接收从该宏送出的 1 个或 2 个数据,这就意味着每个宏最多可接收其他宏传送过来的 6 个数据。运算部件支持的数据格式符合 IEEE754 标准,支持 16bit 定点、32bit 定点、32bit 浮点、16bit 及 32bit 定点复数和 32bit 浮点复数等数据格式。

2.2.1.2　数据格式

“魂芯一号”支持 IEEE 标准 754/854 的 32bit 单精度浮点数据格式,定点数据格式只支持定点整数,不支持定点小数格式,即小数点位于第 0bit 的右边,定点数据格式可以是有符号数(以补码表示)或无符号数。

浮点数据格式如图 2.2 所示,32bit 单精度浮点数据格式包含一个符号位 s、一个 24bit 的尾数 f 和 8bit 无符号指数 e。

在标准化数据中,尾数部分由一个 23bit 小数 $f_{22}\sim f_0$(共 23 位)和一个隐含位 1 组成。该隐含位默认在尾数位 f_{22} 之前。二进制小数点默认在隐含位和 f_{22}

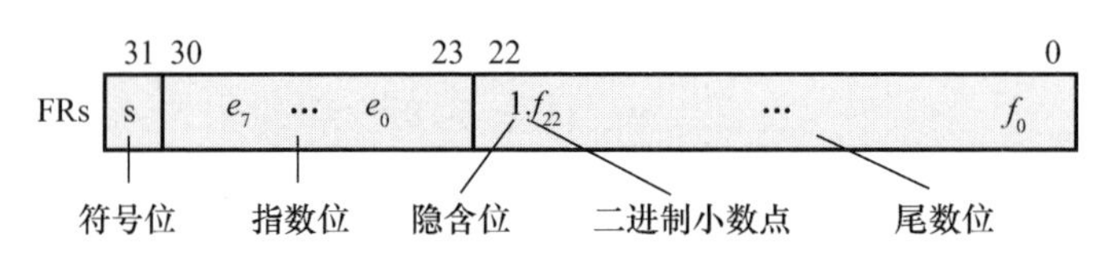

图 2.2　浮点数据格式

之间。最低有效位(LSB)是f_0。

隐含位产生的原因是:二进制数表示成小数形式时,其小数点前一位必为1。例如二进制数01011101B用浮点形式表示时,先要化为1.011101B。隐含位有效提高了浮点尾数的精度,在实际数据存储格式中,用23位就表示了24位数据。隐含位也保证了IEEE标准化数据格式中任何浮点尾数总是大于或等于1而小于2。在单精度浮点数据格式中,无符号指数e的范围是[1,254]。这个指数值比实际值偏移了+127。实际无偏指数计算时需要从e中减去127。例如,某个32位单精度浮点数据的每一位为

31	30　　23	22　　0
1	10000010	10000000000000000000000

读数符号位为1,可知数据为负数。指数部分转换成十进制为130,减去127,结果为3。尾数部分,由于包含隐含位,所以为1.1。指数位为3,所以小数点后移三位为1100。因此该数据为-12.000000。

“魂芯一号”支持IEEE 754/854标准中提供的几种特殊的单精度浮点格式的数据类型,IEEE 754/854标准中特殊的数据类型如表2.3所列,包括:

(1) 指数值为255(全1)、尾数值为非零小数的浮点数不是一个正常数(NAN)。NAN通常作为数据流控制、未初始化数和无效数运算操作结果(如∞)的标志。

(2) 无穷可用一个指数为255、尾数为0的浮点数表示。因为小数是有符号数,正、负无穷大都能被表示。

(3) 最大值时,指数部分为254(而非255),尾数部分全为1。

(4) 零分正零和负零,都可以被表示。

表 2.3　IEEE 单精度浮点数据格式

类型	指数	尾数	数值
NAN	255	非0	无效数
正负无穷	255	0	$(-1)^s$ · 无穷数值
正常值	$1 \leqslant e \leqslant 254$	任意数	$(-1)^s \cdot (1.f_{22} \sim f_0) \cdot 2^{e-127}$
正负零	0	0	$(-1)^s$ · 零(s=0或1)
最大值	254	1	$(-1)^s$ · 最大值

“魂芯一号”支持 16/32bit 定点数据格式，16bit 数据格式的数据被打包在位宽为 32bit 的寄存器中，即一个 32bit 寄存器可存放 2 个 16bit 的数据。

相同格式和位宽的数据在计算过程中，由于存在相加增益，会导致结果数据位数扩展，此时数据精度依据计算结果的数据格式来确定。如累加过程中，累加器扩大到 40bit，此时确定的最大数据精度为 40bit。

由于数据寄存器组为固定的 32bit，运算部件在计算过程中得到的数据有可能超过 32bit，此时无法将运算结果送到相对应的数据寄存器组中，如果想完整寄存这个数据，则需要将这个数据分为两个部分并分别加以寄存，一般用相邻两个寄存器寄存为宜。如果仍然想用 32bit 寄存，则需要先将计算结果值进行截位处理使其变成 32bit 后再寄存到数据寄存器组，截位不要的数据位相应作为无效数据丢弃。对于 16bit 数据（一个 32bit 寄存器高低 16bit 各自寄存一个数据），若计算过程中数据超出 16bit 且希望保留全部有效位，则处理方式为将这个 16bit 扩展到 32bit 进行表示；如果仍然想用 16bit 寄存，则需要先将计算结果值进行截位处理使其变成 16bit 后再按高低 16bit 寄存到数据寄存器组，截位不要的数据位相应作为无效数据丢弃。“魂芯一号”操作数只支持同为有符号或无符号数，不支持有符号数和无符号数混合运算。定点有符号数据的格式如图 2.3(a)和图 2.4(a)所示，定点无符号数据格式如图 2.3(b)和图 2.4(b)所示，无符号定点数据没有符号位。

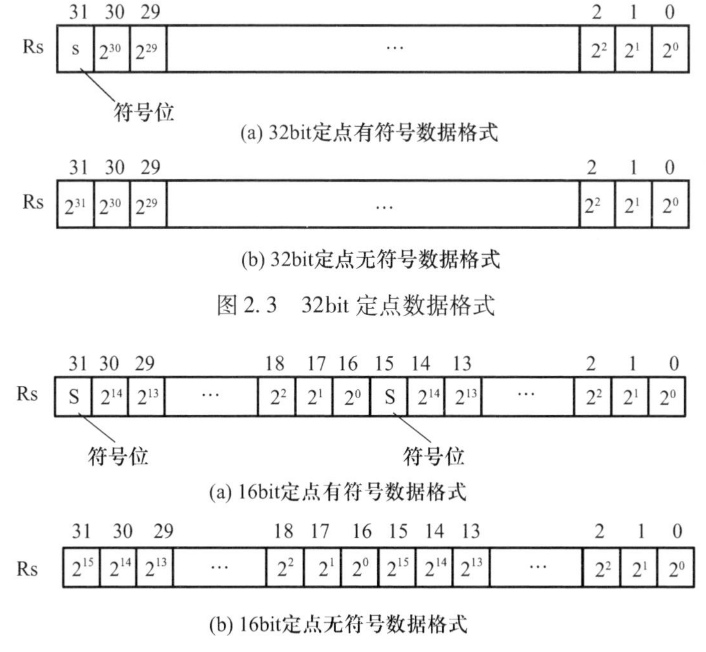

图 2.3　32bit 定点数据格式

图 2.4　16bit 定点数据格式

2.2.2 运算部件

“魂芯一号”内核 eC104 有 4 个结构完全相同的宏,分别命名为 Macro x、Macro y、Macro z 和 Macro t。每个宏内包含 8 个 ALU、4 个 MUL、2 个 SHF、1 个 SPU 及 1 个 64 × 32bit 数据寄存器组。这些运算部件在处理器内部被分别标注,用于区分各个运算部件,如 ALU 的标号为 0 ~ 7、MUL 的标号为 0 ~ 3、SHF 的标号为 0 ~ 1,数据寄存器组的标号为 0 ~ 63。宏内运算部件的输入数据来自于对应数据寄存器组,运算部件的运算结果全部送到对应数据寄存器组。运算部件不直接同外部进行数据交换,与外部的数据交换全部通过数据寄存器组。

每个宏中运算部件在各自指令控制下独立运行,有些指令单个运算部件即可完成,有些指令需要多个运算部件参与,如复数加指令就需要两个 ALU 运算部件同时参与,32bit 复数乘指令需要 4 个 MUL 运算部件同时参与。在设计这些运算指令时,有些指令需要指定特定运算部件进行运算,有些指令根据有效分配而安排的运算部件进行运算。宏数据寄存器组相互之间可以进行数据传输,传输的基本原则为,一个宏送出 1 个或者 2 个 32 位数,其他宏可以同时接收,这意味着每个宏可以同时接收 3 个或者 6 个从其他宏传送过来的数据。eC104 宏结构及内部各运算单元与数据寄存器组之间的数据传输位宽如图 2.5 所示。

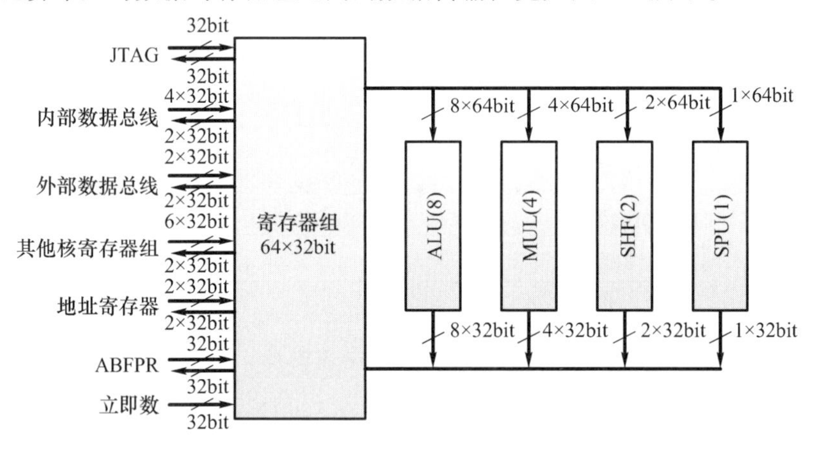

图 2.5 eC104 执行宏内部结构

2.2.2.1 算术逻辑单元(ALU)

ALU 主要完成各种算术和逻辑运算。ALU 数据来自于宏内的数据寄存器组,输出结果返回到宏内的数据寄存器组,数据寄存器组与 ALU 计算部件之间数据传输宽度为输入 8 × 64bit,输出 8 × 32bit。ALU 支持 32bit 定点数、双 16bit 定点数及 32bit 浮点数据类型,同时也支持复数运算。一个 16bit 复数据寄存在一个32bit数据寄存器中,其中高16bit为复数据的实部、低16bit为复数据的虚部,故若运算为16bit复数运算,则运算过程在一个ALU内部即可解决;如果为32bit复数运算,则需要两个ALU运算部件共同参与。

1）ALU操作

ALU对定点和浮点数据均可执行算术操作,逻辑操作只对定点数。输入/输出数据一般取自/保存于所在宏数据寄存器组。数据在流水线操作过程中,从数据寄存器组取出数据参与计算,到计算结果送到数据寄存器组,两者之间相差两个时间节拍。如果后一个时间节拍从数据寄存器取出的数据为上一个时间节拍的计算结果,则后一个时间节拍计算若想取出正确结果,必须等待上一个时间节拍的计算结果已送到数据寄存器组之后,即处理器整个流水线必须暂停两个时间节拍,这样必将使处理器的效能降低。为了降低处理器流水线暂停时间,提高处理运算效能,处理器内部采用了前推技术手段,此时运算部件的运算结果直接送到相应的运算单元中参与运算,从而可以节省一个时钟节拍周期。即如果存在数据前推,则其运算部件需要的运算数据来自于本宏其他运算部件的输出。每个宏数据寄存器组包含64个寄存器,编号x/y/z/tR0～x/y/z/tR63(“魂芯一号”的指令不区分大小写,也可表示成X/Y/Z/T)。ALU主要完成以下操作:

(1）定点和浮点算术操作:加、减、累加、累减、受控累加、受控累减、取绝对值、选大/选小操作等。

(2）逻辑操作:与、或、非、异或等。

(3）数据类型相互转换:定点转浮点、浮点转定点。

ALU逻辑操作全部按定点数来执行,与、或、非等逻辑运算均按定点数据格式进行。ALU不支持64bit数据格式运算,定点算术操作最大位宽为32bit,浮点数据用32bit格式来表征。

如果数据运算格式为16bit,一个32bit寄存器可以存放2个16bit数据,即高16bit为一个数据,低16bit为另一个数据,运算器运算时实际上是将2个16bit数据分别进行运算,即同一个时刻完成两个16bit的数据运算,结果按照两个16个数据分别进行存回。如果数据为复数,则一个32bit寄存器存放的是一个复数据,其中高16bit为复数据的实部,低16bit为复数据的虚部,如指令YHR2 = HR0 - HR1,表明在Y宏中进行两个16bit数据减运算,其源数据来自于数据寄存器的第0和1个寄存器,运算结果存放到数据寄存器的第2个寄存器,其中高16bit和低16bit分开运算,运算部件标志位也分开寄存,运算流程如图2.6所示。

2）ALU指令选项

各个运算部件的运行模式均受指令控制,从指令设计的灵活性角度上看,指令增加可选项,可以适应更大的应用范围,故包含可选项的指令是一个常态。控制运算部件的指令选项均出现在指令段末端的圆括号中,控制宏选择的指令可

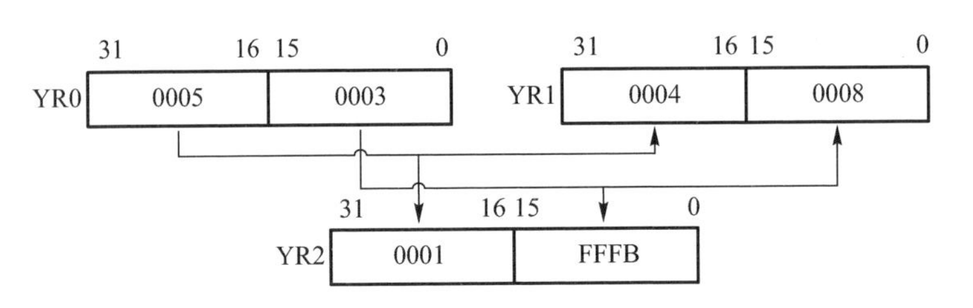

图 2.6　操作数为 16bit 的并行减法运算

选项则出现在指令段的前端。

ALU 的指令包括以下操作选项：

（1）（U），有/无符号操作选项。带后缀“（U）”（Unsigned）表示无符号运算，不带后缀“（U）”表示有符号运算。有符号运算时，加减运算的源操作数和目的操作数均以补码表示，无符号运算则是原码操作。

（2）{x/y/z/t}，单宏或多宏操作选项。位于指令前端，那个字符出现，表明相应宏运算单元参与运算，不出现表明不参与运算，4 个字符均出现，表明 4 个宏都参与运算。为了简化标记符，4 个均出现作为一个常态而加以省略，即不出现表示 4 个宏都参与运算。如 xR2 = R1 + R0，表示宏 x 中将 R1 寄存器中的数据和 R0 寄存器中的数据相加，结果存回到 R2 寄存器中；xyR2 = R1 + R0，表示宏 x 和宏 y 对应的 R1 寄存器和 R0 寄存器数据进行同样的相加操作，结果存回到相对应的 R2 寄存器；R2 = R1 + R0，表示 x、y、z、t 4 个宏对应的寄存器和运算部件均进行同样相加操作。

当运算结果超出目的操作数所能表示的最大范围时，会发生溢出。一旦发生溢出，运算部件处理的方式有两种：饱和处理或者不饱和处理。ALU 运算部件选择何种处理方式则根据内部控制寄存器饱和控制位（ALUCR[1]）的状态确定，这个饱和控制位寄存器的状态可由程序来设置，默认状态为饱和处理。

一个运算单元宏共有 8 个 ALU，理论上每一个 ALU 饱和运算控制均可各自独立进行，但这种设置意义不大，这里采用简单化处理模式，即一个宏内所有 ALU 的运算单元的饱和控制均相同，即在每一个执行节拍内，每一个宏内 ALU 或者全部进行饱和处理，或者全部进行不饱和处理。

溢出：运算结果超出数据的表示范围。当运算过程出现溢出时，是否进行饱和处理，得到结果是有差异的。运算数据一旦发生溢出，运算部件相应的标志位需要根据实际结果，将其静态或动态溢出标志位置位。每个运算部件设置一个静态和动态溢出标志位，每个宏存在一个将 8 个运算部件静态相的标志位和一个将动态溢出相或的标志位。

饱和处理：当运算数据出现溢出时，定点运算时的运算结果数据被赋予最大值，32bit 有符号数正最大值是 0x7fffffff，负最大值是 0x80000000；16bit 有符号数正最大值是 0x7fff,负最大值是 0x8000;32bit 无符号数正最大值是 0xffffffff;16bit 无符号数正最大值是 0xffff;对于浮点运算,其运算结果数据被赋予无穷大。

不饱和处理:当运算结果出现溢出时,只保留数据溢出后的尾数数据,溢出位丢掉。

3)ALU 执行状态

所有 ALU 指令在执行时都会产生状态标志,状态标志用来指示指令运算结果的状态。状态标志位储存于专门的状态标志寄存器(ALUFR)中,当同一时刻多个同类型运算部件操作均产生相应的状态时,这个类型运算部件的状态标志最终结果为所有标志状态结果的"或"运算。

状态标志寄存器的值可以作为控制程序流的判断依据,即通过判断这些状态标志的值确定未来程序流的走向。状态标志位可以保存到相对应宏的数据寄存器组中,依此可以进行其他操作,但数据寄存器组中的数据不能送到这些状态标志寄存器中。因此,状态标志寄存器中的状态一旦遭到破坏就无法进行状态恢复。如果以这个状态作为条件判断的依据且有中断等处理过程,则这些状态有可能在中断处理程序中发生变化,一旦这个状态标志位发生改变,就可能导致整个程序流发生紊乱,出现不需要的结果。所以,标志位一般应用于程序调试过程,不建议用于程序流控制。溢出标志位依据运算类型结果来设定,分为浮点数据标志位和定点数据标志位。数据一旦出现溢出,依据定点、浮点等操作设定相应溢出标志。

运算结果输出标志分为两种类型:一种是动态标志,另一种为静态标志。动态标志是指当前运算指令所产生的标识,这个标志只对当前运算指令有效。静态标志是指一段时间内产生的标识,此标志一旦产生就会一直保留下去,直到有专门的标志位清零指令才可以将其清除。ALU 的状态标志如表 2.4 所列。

表 2.4　ALU 状态标志

标志名称	定义	更新操作
ALU_OverFlow	动态定点溢出标志位	所有 ALU 定点操作
ALU_AOS	静态定点溢出标志位	
ALU_FOverFlow	浮点上溢标志位	所有 ALU 浮点操作
ALU_UnderFlow	浮点下溢出标志位	
ALU_Invalid	浮点无效操作	
ALU_AVS	静态浮点上溢出标志位	
ALU_AUS	静态浮点下溢出标志位	
ALU_AIS	静态浮点无效操作	

4)ALU 运算部件的分配

每个宏内有 8 个 ALU 运算部件,这 8 个 ALU 相互之间的地位是平等的。根据使用习惯,为其配上 0 ~7 的标号,是否参与运算取决于 16 个指令发射槽中设定的指令。在指令设计中,有些指令需要用指定运算器来运算,如累加指令必须指定一个运算部件,否则前后累加结果会由于运算部件的错位而出现不正常结果;有些指令需要多个运算部件配对使用,如复数运算类指令,此时需要多个运算部件同时参与对同一组数据的运算。因此,ALU 运算部件是否参与运算,是由 16 个指令发射槽且需要 ALU 进行运算的指令来确定,一般首先确定指令需要的指定运算部件,再确定需要配对的运算部件,除此之外其余 ALU 运算由处理器内部硬件自动分配。

2.2.2.2 乘法器(MUL)

MUL 运算部件主要执行定点或浮点数据的乘法操作,以及定点数据的乘法累加操作和定点数据的复数乘法操作。乘法器运算部件由 4 个独立的 32bitMUL 组成,每一个 MUL 配备一个定点累加器。因此,乘法运算部件可以完成 4 个独立的实数乘法及乘法累加运算,如果运算数据为 32bit 复数,则这个运算需要 4 个乘法器同时参与。MUL 支持的数据类型包括实数、复数,数据格式包括 16bit 定点、32bit 定点以及 32bit 浮点。

1) MUL 操作

一个 32bit 定点 MUL 可分解为 4 个 16bitMUL。当进行 16bit 实数运算时,由于运算器输入端只提供 4 个 16bit 实数据,故一个 32bitMUL 只能进行 2 个 16bit 数据的乘法及累加,其中高位与高位相乘,低位与低位相乘;如果一个 32bit 输入数据提供的是一个 16bit 复数据,则 2 个 32bit 输入等效于提供 2 个复数据输入,一个复数乘法运算需要 4 个实数乘法运算来支撑,故一个 32bitMUL 可以完成一个定点 16bit 复数运算,乘法结果可以进行累加,也可以不进行累加。在复数运算过程中,还需要考虑复数的共轭运算。32bit 复数乘法运算是通过 4 个 MUL 来完成的。

乘法器支持的操作如下:

(1) 定点实数乘及乘累加运算。

① 2 个双 16bit 数据乘法,结果为 2 个 16bit 数据;

② 2 个双 16bit 数据乘法累加,结果为 2 个 40bit 数据;

③ 2 个 32bit 实数数据相乘,结果为 1 个 64bit 数据或者一个 32bit 数据;

④ 2 个 32bit 实数数据乘法累加,结果为 1 个 72bit 数据。

如果两个数据直接相乘,则乘法结果直接被送到数据寄存器组中,如果进行的是乘法累加,则乘法运算结果存放在乘法器内部的乘累加寄存器中。

2 个 32bit 无符号数相乘后的结果为一个 64bit 数,有符号数相乘后的结果为一个 63bit 数,如果将这个乘法结果直接送到 32bit 数据寄存器组上,则这两者之间的数据结果宽度不完全匹配,无法将运算结果送到数据寄存器组,需要对运算结果数据位宽加以处理。处理的方式就是将 64bit 运算结果截成 32bit 输出。一个运算单元宏共有 4 个 MUL,理论上每一个 MUL 截位控制可以各自独立进行,但这种设置意义不大,这里采用简单化处理模式,即一个宏内所有 MUL 截位控制均相同,即在每一个执行节拍内,每一个宏内所有 MUL 的截取控制均相同,不同宏内 MUL 的截位可以不一样。

如果运算结果送到累加结果寄存器,乘法累加结果寄存器位宽设置为 72bit,即提供 8bit 有效增益位,保证至少累加 256 次不会产生数据溢出,若数据寄存器组提供的 32bit 源操作数不是满刻度值,累加次数还可以相应增加。累加结果寄存器寄存的结果通过指令可以送到数据寄存器组中,数据寄存器组上的数据也可以传送到累加结果寄存器。由于这两组寄存器字宽不匹配,累加结果寄存器字宽远大于数据寄存器组,累加结果寄存器上的数据要送到数据寄存器组必须进行截位处理,这个截位是由指令来控制的,因此,每一乘法器的截位操作可以不一样。

32bit 运算截位控制分以下两种情况:

① 指令计算的 64bit 乘法结果截成 32bit 送到数据寄存器组,截位控制由乘法控制寄存器 MULCR 确定;

② 乘法累加寄存器结果送到数据寄存器组上,截位控制由运算指令确定。

16bit 运算截位控制同样分两种情况:

① 2 个 16bit 乘法器运算结果直接送到数据寄存器组,截位控制由乘法器控制寄存器 MULCR 确定,其中高低位截位方式相同;

② 乘法累加寄存器结果送到数据寄存器组,截位控制由指令确定,其中高低位截位方式相同;

(2) 浮点实数乘法及乘累加操作。乘法器只做 2 个 32bit 数的浮点乘法运算,输入数据来自于数据寄存器组,运算结果送回到数据寄存器组中,不做浮点乘法累加运算。浮点乘法累加运算是通过两个运算部件组合完成的,浮点乘法运算用乘法器完成,浮点累加运算由 ALU 完成。即从数据寄存器组中取出 2 个 32bit 浮点操作数,通过 MUL 计算后的结果仍然是一个 32bit 浮点数,这个结果被送回到数据寄存器组。

(3) 复数乘及乘累加操作。复数乘法累加运算只针对定点数据,因此,复数乘法累加只涉及两种定点运算形式:32bit 和 16bit。浮点复数乘法只涉及一个浮点复数与一个浮点实数运算,其结果直接送到数据寄存器组,或者两个浮点复数相乘产生 4 个没有复数合成的数据。

复数乘法及其累加运算类型如下:

① 16bit 复数运算。运算数据来自 2 个 32bit 寄存器(假设为 Rm 和 Rn),每

个寄存器的高16bit存放复数据的实部,低16bit存放复数据的虚部。寄存器的低16bit(LHRm,LHRn)表示2个复数的虚部,高16bit(HHRm,HHRn)表示两个复数的实部。复数运算结果放置在一个32bit寄存器上。如CHRs = CHRm * CHRn指令,其运算结果为

HHRs实部结果 = (实HHRm * 实HHRn) - (虚LHRm * 虚LHRn)

LHRs虚部结果 = (实HHRm * 虚LHRn) + (虚LHRm * 实HHRn)

Rs寄存器的高16bit放置计算结果实部,Rs寄存器的低16bit放置计算结果虚部,截位按照控制寄存器MULCR来确定。

② 16bit复数共轭运算。即一个复数乘以另一个复数共轭,指令中conj表示复数共轭,其指令形式为:CHRs = CHRm * conj(CHRn),其复数运算结果为:

HHRs实部结果 = (实HHRm * 实HRn) + (虚LHRm * 虚LHRn)

LHRs虚部结果 = (实HHRm * 虚LRn) - (虚LHRm * 实HHRn)

同样,计算结果的实部和虚部分别放置在Rs寄存器的高16bit和低16bit上,截位按照控制寄存器MULCR来确定。

③ 16bit复数乘法累加运算。运算数据来自于2个寄存器,每个寄存器的高16bit存放复数据的实部,低16bit存放复数据的虚部。复数运算结果放置在乘法累加结果寄存器MACC中。累加结果寄存器为2个40bit寄存器,其中高40bit存放运算结果的实部,低40bit存放运算结果的虚部。如CHMACCs + = CHRm * CHRn指令,运算结果为

HHMACCs实部结果 = 实部结果 + (实HHRm * 实HHRn) - (虚LHRm * 虚LHRn)

LHMACCs虚部结果 = 虚部结果 + (实HHRm * 虚LHRn) + (虚LHRm * 实HHRn)

复数计算结果的实部与累加结果寄存器高40bit数相加,结果放置在累加结果寄存器的高40bit。复数计算结果的虚部与累加结果寄存器中低40bit数相加,结果放置在累加结果寄存器的低40bit。

④ 32bit复数乘运算。这类运算需要动用4个乘法器。数据来自于4个寄存器,其中,每两个相邻序号寄存器为一组,其中奇序号寄存器放入实部,偶序号寄存器放入虚部。如CRs + 1: s = CRm + 1: m * CRn + 1: n指令,运算结果为:

Rs + 1实部结果 = (Rm + 1(实) * Rn + 1(实)) - (Rm(虚) * Rn(虚))

Rs虚部结果 = (Rm + 1(实) * Rn(虚)) + (Rm(虚) * Rn + 1(实))

计算结果截位按照控制寄存器MULCR来确定。

⑤ 32bit复数的共轭乘运算。其指令形式为:CRs + 1: s = CRm + 1: m * conj(CRn + 1: n),其复数运算结果为

Rs + 1(实部结果) = (Rm + 1(实) * Rn + 1 (实)) + (Rm(虚) * Rn(虚))

Rs(虚部结果) = (Rm + 1(实) * Rn(虚)) - (Rm(虚) * Rn + 1(实))

计算结果截位按照控制寄存器 MULCR 来确定。

⑥ 32bit 复数乘法累加运算。这类运算需动用 4 个 MUL 单元,其乘法累加结果寄存器存放的是两个复数运算产生的 4 个相乘分量与自身相加的结果。从严格意义上说,此时累加结果寄存器寄存的数据并不是最终的结果,最终结果需要进一步合成,即将相邻两个乘法累加寄存器进行相加/相减运算,乘法累加寄存器位宽为 72bit。如 QMACC + = CRm + 1:m * CRn + 1:n 指令,则运算结果为

MACC0 = MACC0 + (Rm + 1(实) * Rn + 1(实))

MACC1 = MACC1 + (Rm(虚) * Rn(虚))

MACC2 = MACC2 + (Rm + 1(实) * Rn(虚))

MACC3 = MACC3 + (Rm(虚) * Rn + 1(实))

⑦ 浮点复数乘法运算。需动用 4 个 MUL 单元,它提供两个复数相乘交叉项,浮点复数乘法最终结果复数合成通过 ALU 完成。如 FRm + 1: m_n + 1: n = CFRm + 1: m *CFRn + 1: n 指令,则运算结果为

FRm + 1 = FRm + 1(实) * FRn + 1(实)

FRm = FRm(虚) * FRn(虚)

FRn + 1 = FRm + 1(实) * FRn(虚)

FRn = FRm(虚) * FRn + 1(实)

定点数乘法,有符号数按补码计算,无符号数按原码计算。浮点数相乘时,指数相加,尾数相乘。MUL 数据乘法操作流程如图 2.7 所示,其中,图 2.7(a)是定点乘法运算,图 2.7(b)是浮点乘法运算。

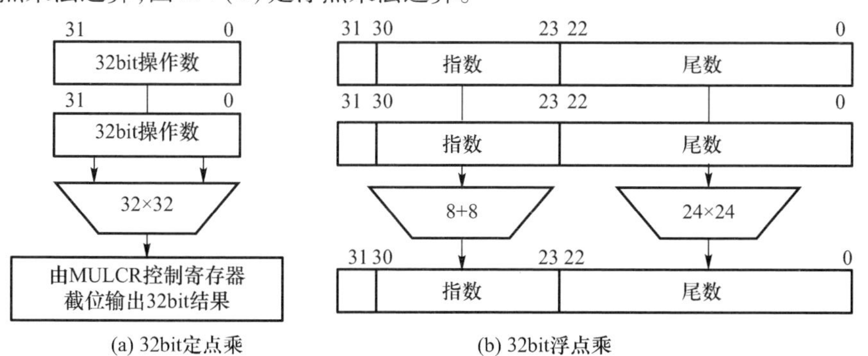

图 2.7　数据乘法操作

MUL 指令选项与 ALU 指令选项类似,包括位于指令后的有/无符号操作选项(U)和位于指令前面的单宏或多宏操作{x/y/z/t}。

在乘法运算部件中,数据截位存在两种形式:一种是乘法运算结果直接送到数据寄存器组时的截位,另一个是乘法累加结果寄存器中的数据送到数据寄存

器组时的截位。如果截位处理不当,这两种数据均会出现溢出问题。因此,乘法运算部件溢出分两种情况,一种是乘法运算结果直接送到数据寄存器组时的溢出,另一种则是乘法累加结果寄存器中的数据送到数据寄存器组时的溢出。

截位溢出:当过程出现溢出时,根据控制位确定是否进行饱和处理,同时将静态或动态溢出标志位进行置位。

饱和处理:当运算数据出现溢出时,对于定点运算,其运算结果数据将被赋以最大值,32bit 有符号数正最大值是 0x7fffffff,负最大值是 0x80000000;16bit 有符号数正最大值是 0x7fff,负最大值是 0x8000;32bit 无符号数正最大值是 0xffffffff;16bit 无符号数正最大值是 0xffff;对于浮点运算,其运算结果数据将被赋予无穷大。

不饱和处理:当运算结果出现溢出时,只保留数据溢出后的尾数数据,溢出位丢掉。

2) MUL 执行状态

所有 MUL 指令在执行时都产生状态标志,用来指示操作结果状态。标志分为浮点数据标志和定点数据标志。数据溢出时,依据定点、浮点的操作数设定溢出(上溢出、下溢出和浮点无效)标志,动态标志只对当前运算指令有效,静态标志则一直保留,直到执行专门的标志位清零指令才可以将其清掉。

状态标志位设置在专门的标志位寄存器中,对并行指令的多个操作,状态标志的最终结果采用所有标志“或”运算结果。程序可以通过判断这些状态标志,控制程序流的执行。MUL 的状态标志如表 2.5 所列。

表 2.5　MUL 状态标志

标志名称	定义	更新操作
MUL_OverFlow	动态定点溢出标志位	所有 MUL 定点操作
MUL_MOS	静态定点溢出标志位	
MUL_FOverFlow	浮点上溢出标志位	所有 MUL 浮点操作
MUL_UnderFlow	浮点下溢出标志位	
MUL_Invalid	浮点无效操作标志位	
MUL_MVS	静态浮点上溢出标志位	
MUL_MUS	静态浮点下溢出标志位	
MUL_MIS	静态浮点无效操作标志位	

2.2.2.3　移位器(SHF)

每个宏有 2 个 32 位移位寄存器 SHF,一个处理器内共有 8 个 SHF。

移位器的作用在于对源操作数进行裁减、分解、移位和拼接等,其主要功能如下:

（1）数据移位功能：实现 32 位寄存器中数据整体搬移，如算术移位、逻辑移位、循环移位等。

（2）数据压缩/扩展：实现 16 位定点数与 32 位定点数之间相互转换，浮点与定点数之间相互转换等。

（3）数据裁减：两个数据相互拼接，将源操作数的某一段数据截取下来放在目的寄存器某一特定位置上（放置区），非放置区按照指令或不变、或清零、或符号位扩展等。

（4）位域操作：将源操作数若干位取反、清零、置 1 或置换等。

（5）数据传输：实现数据寄存器组中各个寄存器之间数据传输等。

（6）数据计数：寄存器内部“1”或“0”个数及“1”所处最高位置等。

1）SHF 操作

移位器的操作按照 16 位或 32 位数据进行。移位控制值可以由特定寄存器设定的值确定，也可以通过指令给出的立即数来确定。如果移位控制值来自于数据寄存器组的 Rn，则一般取 Rn 寄存器的低若干位作为其移位控制值。对于 32 位数据的移位指令，控制值取 Rn 的低 6 位，其中低 5 位决定具体移位大小，第 6 位决定是左移还是右移；对于两个 16 位数据的移位指令，控制值取 Rn 的低 5 位，其中低 4 位决定具体移位大小，低端第 5 位决定是左移还是右移。如果移位值来自于立即数，则对于 32 位数据的移位指令，其控制值取立即数模 64 后（即低 6 位）的值，对 16 位移位指令，控制值取立即数模 32 后（即低 5 位）的值，其中最高位为符号位，控制值为正数时表明进行左移位，控制值为负数时表明进行右移位。移位器执行的操作包括算术移位、逻辑移位、位域操作、数据扩展和压缩及数据转换等。移位操作有以下具体形式。

（1）逻辑移位操作。逻辑移位是指将数据寄存器组某一个寄存器上的数据看成是一组“0”和“1”的组合进行数据移位，移位后留下的寄存器空位置上补零。如指令 XR5 = R4 lshift R3，操作过程如图 2.8 所示，该指令将 x 宏数据寄存器组中的 XR4 寄存器的数据按照数据寄存器组中 XR3 寄存器低 6 位的内容进行移位，移位后的结果放置在 XR5 寄存器中。XR3 寄存器低 6 位是一个按补码

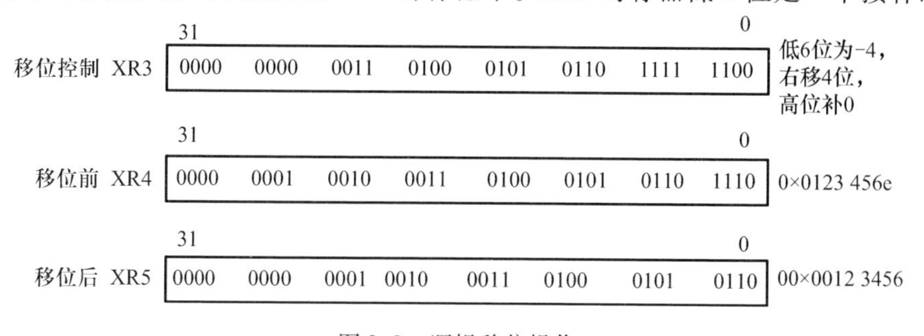

图 2.8　逻辑移位操作

表示的数据,最高位为符号位。如果 XR3 中的移位值为正,表示 XR4 寄存器的数据进行逻辑左移,低位移入零;如果 XR3 中的移位值为负,表示 XR4 寄存器的数据进行逻辑右移,高位移入零。

(2) 算术移位操作。算术移位是指将数据寄存器组寄存的数看成一个有符号数进行移位操作。与逻辑移位相比,左移低位补零,右移高位补符号位。移位多少受数据寄存器组上指定寄存器的低 6 位数或指令中 6 位立即数控制。这 6 位数用补码来表示,最高位为符号位。如果移位值为正,表示算术左移,低位移入零;如果移位值为负,表示算术右移,高位补符号位。如 XR5 = R4 ashift R3,操作过程见图 2.9,该指令将 XR4 寄存器上的值按照 XR3 寄存器上低 6 位数进行移位,XR3 寄存器上低 6 位数是补码表示的,最高位为符号位,移位后的结果放置在数据寄存器组 xR5 寄存器中。如 XR3 寄存器低 6 位为 -4,则表明将 XR4 寄存器的内容进行算术右移,高位进行符号位扩展。

	31							0	
移位控制 XR3	0000	0000	0011	0100	0101	0110	1111	1100	低6位为-4,右移4位,高位补符号位
移位前 XR4	1000	0001	0010	0011	0100	0101	0110	1110	0×8123 456e
移位后 XR5	1111	1000	0001	0010	0011	0100	0101	0110	0×F812 3456

图 2.9 算术移位操作

(3) 位域操作。移位器支持位域操作,包括对数据寄存器组中寄存器上的特定位进行清零、置位、位取反等操作。支持按照数据寄存器组上某个特定寄存器确定的方式,从一个寄存器上取出一段数据放置在另一个寄存器指定的位置上,放置之后该寄存器其他位置根据需要设置成“0”、“1”或保持不变,结果送到数据寄存器组特定寄存器上。如 XR5 = R4 fext(3:6,8)(z)指令,其指令含义为:从 x 宏数据寄存器组中 XR4 的第 3 位开始向高位取出 6 位数据,放置到数据寄存器组中 XR5 中第 8 位到第 14 位上,XR5 寄存器其余位上按照指令要求全部补上“0”。操作过程如图 2.10 所示。

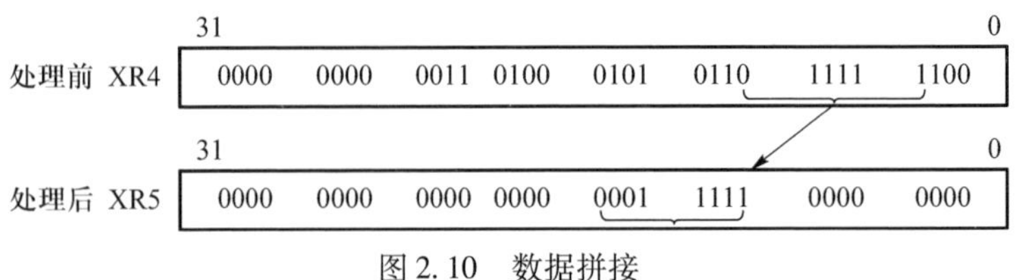

图 2.10 数据拼接

(4) 数据压缩与扩展操作。移位器可以实现数据位扩展、压缩等操作,这些指令主要进行 16 位和 32 位定点、32 位浮点之间的数据格式转换,这种操作可以按照复数形式进行。当数据由 32 位字宽压缩到 16 位字宽时，涉及如何从 32 位数中截取 16 位数的问题，当 16 位字宽扩展到 32 位字宽时，涉及 16 位数放置在 32 位数的何处的问题。因此，在指令构建时，从灵活性角度考虑，指令安排了数据增益扩展。如指令 XR3 = EXPAND(LHR3,3)(U)(此处注意，源寄存器与目的寄存器序号必须相同)，其含义为：将数据寄存器组中的 XR3 寄存器的第 16 位数据左移 3 位扩展到 32 位，扩展数据前后均补零。操作过程如图 2.11 所示。

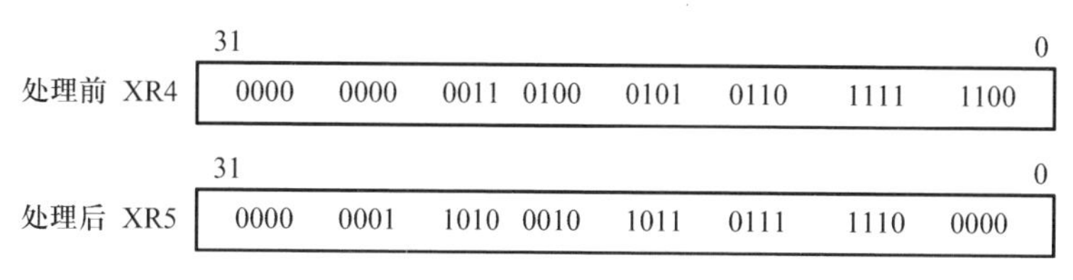

图 2.11　数据扩展

2）SHF 执行状态

所有的 SHF 指令在执行时都产生状态标志，用来指示运行结果状态。状态标志位设置在专门的标志位寄存器中，对并行指令的多个操作，状态标志的最终结果采用所有标志“或”的运算结果。程序可以通过判断这些状态标志，控制程序流的执行。

标志位分为浮点数据标志和定点数据标志。数据溢出时，依据定点、浮点的操作数设定溢出标志，动态标志只对当前的运算指令有效，静态标志则会一直保留，直至专门的标志位清零指令才可以将其清掉。SHF 的状态标志如表 2.6 所列。

表 2.6　SHF 状态标志

标志名称	定义	更新操作
SHF_OverFlow	动态定点溢出标志位	所有 SHF 定点操作
Shifter_SSHO	静态定点溢出标志位	所有 SHF 浮点操作

2.2.2.4　超算器(SPU)

在信号处理计算过程中，常常会遇到一些超越函数运算，如三角函数运算、对数函数运算等，这类函数一般为非线性运算，如果用 ALU 或 MUL 来计算这类函数，则需要花费大量的计算时间和运算资源。为了加快这类函数的计算速度，“魂芯一号”在每个宏中定制了一个 SPU。SPU 的主要功能是负责正弦/余弦、反正切、自然对数、倒数、开方等特殊函数的计算。

1）SPU 操作

SPU 操作可以按照 16 或 32 位定点数，或者浮点数进行计算。主要运算可分为如下几类：

(1) 正余弦函数:这个指令操作只针对16位数据。此时这个16位数据表示的是若干个弧度单位,每个弧度单位为(2π/2^16),即将0~2π分解成16位精度,每一位代表相应的弧度。然后将这个弧度送到SPU运算器,计算结果为16位精度的sin/cos值,可以使用联合输出,也可以单独输出。由于16位数据是寄存在32位数据寄存器组的高16位或低16位,故此指令主要针对32位的高16位或者低16位。如指令HR3 = cos_sin HHR4,含义为将数据寄存器组R4寄存器的高16位数据表示的角度值转化成一个完整的cos和sin输出值,其中cos值放置在数据寄存器组R3寄存器的高16位,sin值放置在R3的低16位。

(2) 反正切函数:这个指令源操作数为16位或32位数,结果为16位表示的弧度值。此时这个16位输出数表示的是将0~2π分解成16位精度所表示的弧度。指令LHR3 = arctg LHR4,其含义为将数据寄存器组R4的低16位数表示的数转化成一个弧度值,结果放置在数据寄存器组R3的低16位。

(3) 自然对数:这个指令源操作数为32位浮点数,结果为32位定点数。如R3 = ln(ABS FR4) {C},这个指令将数据寄存器组R4的浮点数求取绝对值后求取对数,结果用一个32位定点数来表示,结果放置在数据寄存器组R3中。

(4) 倒数:这个指令源操作数为32位浮点数,结果仍为32位浮点数。如指令FR3 = 1/FR4,这个指令将数据寄存器组R4的浮点数取倒数后放置在数据寄存器组R3中。

(5) 开方:这个指令源操作数为32位浮点数,结果仍为32位浮点数。如指令FR3 = SQRT(abs FR4),这个指令将数据寄存器组R4的浮点数取绝对值开方后放置在数据寄存器组R3中。

2) SPU执行状态

SPU指令在执行过程中会产生状态标志,这种状态标志主要用来指示运行结果的状态。状态标志位设置有专门的标志位寄存器。程序可以通过判断这些状态标志,控制程序流的执行。

标志位分为浮点数据标志和定点数据标志。数据溢出时,依据定点、浮点的操作数设定溢出标志。动态标志只是对当前的运算指令有效,静态标志则会一直保留,直至专门的标志位清零指令才可以将其清掉。SPU的状态标志如表2.7所列。

表2.7 SPU状态标志

标志名称	定义	更新操作
SPU_SO	动态定点溢出标志位	所有SPU定点操作
SPU_SSO	静态定点溢出标志位	

(续)

标志名称	定义	更新操作
SPU_SFO	浮点上溢出标志位	所有SPU浮点操作
SPU_SFU	浮点下溢出标志位	
SPU_SI	浮点无效操作	
SPU_SSFO	静态浮点上溢出标志位	
SPU_SSFU	静态浮点下溢出标志位	
SPU_SSI	静态浮点无效操作	

2.2.2.5 数据寄存器组

运算部件本身与存储器以及外设之间没有数据传输通道,其源操作数和运算结果均存到数据寄存器组上,存储器和外设通过这个数据寄存器组与运算部件进行数据交换。运算部分与外部被数据寄存器组所隔离,这样做是为了提高器件的工作频率。

“魂芯一号”共有4个宏,每个宏包含15个独立运算部件,每个运算部件运算时需要2个源操作数,最后产生一个运算结果。这些运算部件若全部参与运算,则需要数据寄存器组提供多达30个数据,同时还需要接收15个从运算部件计算后的结果。数据寄存器组在送出一组数据进入运算部件进行计算的同时,需要准备下一组需要进行计算的数据,为了保证运算部件的运算效率,防止由于数据提供不上而导致运算效率的下降,处理器内部为每一个宏都安排了由64个32bit寄存器构成的数据寄存器组。

为了增强数据间的交换能力,4个宏之间数据寄存器组上的数据可以直接进行交换,一个宏在一个时刻可以发送2个32bit数据,其他3个宏均可以同时接收这两个32bit数据,这间接增加了存储器与运算单元之间的数据吞吐率。

处理器内部设计了三个地址发生运算器(U/V/W),每一个地址发生运算器拥有16个32bit地址寄存器组,用于寄存存储器所需要的地址基数、地址变化量等。这个地址发生运算器本身具有一定的运算能力,一些简单的地址调整运算是由地址发生运算器自行调整的。由于这个地址发生运算器的地址寄存器组与宏中数据寄存器组之间可以进行数据交换,因此一些非常复杂的地址调整,可以通过ALU或者MUL计算得到。

2.2.3 程序控制器

eC104内核共有60个运算部件,运算过程完全受程序员编写的指令控制。程序员根据算法要求确定各个运算单元的运算过程和顺序,并将这个过程和顺序编排在程序中。60个运算部件在每一个时间均需由程序员控制,如何合理、有效地保证各个运算部件的运算效率，同时还需要减轻程序员在算法编写过程中的压力，程序编排和控制成为处理器设计的关键。因此可以说，处理器体系架构和程序控制器的设计是保证处理器有效运转的灵魂。

为了减轻程序员编程压力，“魂芯一号”采用了多宏的处理架构，即 4 个宏执行同样一条指令，这样就将程序员需要面向 60 个运算部件的编程转化为主要面向 60/4 = 15 个运算部件的编程。为了提高芯片编程的灵活性，芯片内部设计了 16 个可同时发射指令槽，即同一时刻可以用 16 条不同的指令去控制各运算部件有效运行。各个发射槽发射的指令根据需要可以控制一个或者多个宏相同运算部件进行运算，即如果各个宏运算类型相同，则可以用同一条指令去控制。由于每个宏都配置了一个数据寄存器组，因此各个宏源操作数均来自于各自数据寄存器组中同一标号寄存器，运算结果存回到各自数据寄存器组同一标号寄存器中，以保证同一条指令，对每个宏来说，其运算过程完全一致，差别在于运算数据不一样。因此如果各个宏执行操作类型相同，则可以纳入同一条指令控制，否则各个宏采用不同运算指令。由于“魂芯一号”同一时刻可以发射 16 条指令，因此有足够多的指令去控制各个运算部件有效执行。

16 个发射槽带来了指令控制的灵活性，使得各个宏既可执行相同操作，也可执行不同操作，但如此庞大的指令数也带来处理器代码量过大的问题。在实际编程过程中，由于各种原因，同一时刻实际有效运行的指令往往无法填满设定的 16 个发射槽，极端情况可能只有一条指令在使用，此时若仍然采用固定的 16 个发射槽指令，必然造成器件内部程序存储器存储空间的极大浪费。虽然随着集成电路工艺不断提升，器件内部允许放置的存储器容量可以扩大，但随着器件运算能力的提升，需要完成的任务在不断增多，需要的存储容量不断加大，即任务提升导致内部存储容量的扩展速度远远超过器件内部由于工艺增长带来的容量扩大。如何去掉程序中多余项，提高处理器核的存储效率，这是处理器在设计时必须要考虑的一个问题。

为了解决这个问题，器件内部采用了将指令程序行和指令执行行相互分开的策略，指令程序行是指将程序员编写的程序按照前后顺序以 16 条指令为一组重新编排放在程序存储器中的指令集合，指令执行行是指由程序员确定的在同一个时刻需要执行的指令集合。程序员编写程序时是按照指令执行行进行的，工具链将程序写到器件内部程序存储器时，按照指令程序行的格式进行排列和存放，器件内部从程序存储器读出程序后，通过一定的变换再还原成程序员编写的指令执行行，这样可以较好地解决程序容量和内部有效程序存储器之间的矛盾。

由于程序存储器存储的是指令程序行，而实际执行的则是程序员编写的指令执行行，因此，程序存储器存储的程序是不能直接用于执行的，而是需要进行一定的转换才能真正用于译码和控制,即器件内部硬件电路必须支持这一程序转换功能,提供将指令程序行变成指令执行行的硬件电路。这个硬件电路在“魂芯一号”处理器中,是通过程序控制器中的指令缓冲池完成的,指令缓冲池之前的指令为指令程序行,指令缓冲池之后的指令被调整为指令执行行。

程序控制器用于控制整个指令流执行,为了提高处理器的运行速度,采用流水工作方式是处理器的一种基本态势。程序控制器是由 7 个部分所组成:PC 产生器、分支预测器、指令缓冲池、指令分配、指令译码和指令执行以及 PC 保护堆栈等。分支预测器是确保当程序出现跳转时,跳转的方向能够事先预确定,以尽可能降低当程序出现跳转时引起的流水线中断导致工作效能下降。信号处理大部分工作都是按照预先设定的顺序进行的,从提高器件工作效率上看,程序 PC 产生、程序读出、指令缓冲、指令分配、指令译码和指令执行等都可以并行执行,相互之间通过执行不同指令在不同阶段的工作,达到提高器件工作效率的目的,形成所谓的流水工作。在流水工作过程中,各个部分还可以根据速度要求进一步分解,以尽可能提高器件运行速度,如指令缓存可以是 3 级流水、译码可以用 2 级或者 3 级流水完成等。流水线增多带来的问题是,当程序出现跳转且预测出现错误,当这种错误要等到流水线快要结束的执行级才能确定且发现程序跳转判断有错,此时紧跟其后的各级指令均已占满流水线。程序出现判断错误,意味着需要的后续程序并没有进入流水线,而进入流水线的指令全部是不需要的,若想正确的工作,必须重新将跳转后的指令安排进流水线并建立起相应工作流程,原先进入流水线的指令操作全部清零,造成许多无效的工作,计算效能相应下降。流水线越长,意味着需要用更长的时间才能将中断后的流水线建立起来,因此一旦出现跳转,DSP 的效能就下降。因此,流水线长短的选取需要综合考虑各方面的因素。

2.2.3.1　流水线

如果将 DSP 操作过程分解成一系列分动作,每个分动作用不同的执行单元来完成,或者说同一时刻由若干个不同执行单元在执行着指令的不同分动作,则对于一个顺序执行的指令来说,等效于每一个时间节拍,每一个运算单元均在处理不同指令的不同单元,形成一种“流水线”工作方式,每个时钟周期完成指令的一个操作。因此,流水线是当前处理器的一个基本处理模式。

“魂芯一号”共设置了 11 级流水线,分别为取指 3 级、指令缓冲池 3 级、译码 2 级、取操作数 1 级、执行 1 级、写回 1 级。为了降低流水线跳转时的性能开销,流水线在取指级采用分支预测,用于支持判断取指跳转。流水线的基本结构如图 2.12 所示,以指令对齐缓冲池为界,流水线可以分成指令程序行和指令执行行两部分。指令程序行有两级流水:取指一级(FE1)和取指二级(FE2),它们是由内存驱动完成的,即只要指令缓存为空,FE1 和 FE2 就执行,否则按照流水线方式阻塞。指令执行行分为六级流水:FE3(取指三级)、DC1(译码一级)、DC2(译码二级)、AC(取操作数级)、EX(执行级)和 WB(写回级),这六级流水是受指令驱动的,它们是否执行取决于流水线中具体指令在执行过程中各个运算部件是否存在气泡等操作,包括一个指令程序行中可能包含的多个指令执行行运行完毕。前端流水线需要后端所要求的全部运算工作完成后才能进行,否则会出现运算结果错误,这在处理器设计中是不允许出现的。这两者中间包含 3 级指令缓存池,主要作用为指令对齐和拼接,将指令程序行中一个时间节拍执行的指令执行行挑出来用于下面的译码和执行。流水线功能见表 2.8。

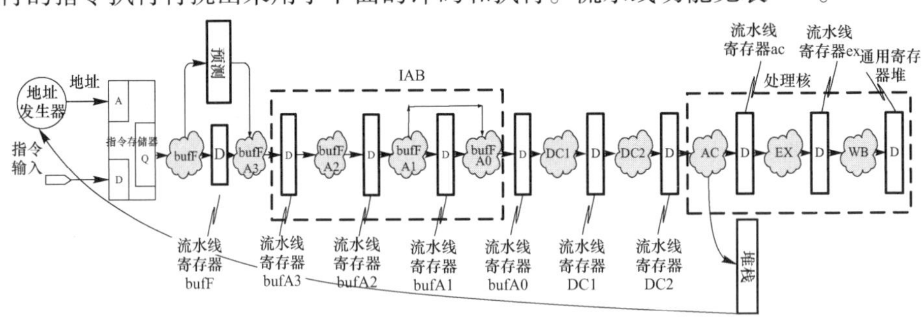

图 2.12 “魂芯一号”流水线示意图

表 2.8 “魂芯一号”流水线的功能

流水线	主要功能或操作
取指一级(FE1)	根据来自分支预取、指令缓冲及中断控制逻辑的信息,决定取指程序计数器(FPC,即指令存储器读地址)是否更新,以及如何更新,也即决定指令流的方向
取指二级(FE2)	负责更新分支预测缓冲 BPB
指令缓冲级(IA1、IA2、IA3)	共三级,对取指得到的指令进行缓冲,并从中组成可以并行执行的指令,形成一个执行行,交给取指三级。执行行是可同时发送或并行处理的指令行,一个执行行的最大长度是 16 个字
取指三级(FE1、FE2、FE3)	负责从指令缓冲中获得一个完整的执行行,并送给译码单元
译码一级(DC1) 译码二级(DC2)	从取指三级得到一个指令执行行,决定每一条指令所需的执行资源,将每条指令翻译为一个或多个微操作,把这些微操作发送给对应的执行资源去执行
取源操作数级(AC)	执行资源从译码级获得它们的微操作,并开始为每个微操作准备源操作数

（续）

流水线	主要功能或操作
执行级(EX)	微操作在这一级流水得以真实执行。对于运算类的指令来说，运算在本流水级执行；对于数据传输类型的指令来说，待传输的数据已放到总线
写回级(WB)	本流水将执行级的生成结果写入目的寄存器

2.2.3.2 取指PC产生器

取指PC产生器主要完成用户模式下产生程序存储器读地址任务，确定即将执行的指令来自程序存储器何处。PC地址产生器的长度取决于内部放置的存储器大小，一个时间节拍从内部程序存储器读出的指令长度为512bit，内部存储器总容量为4Mbit，因此，PC指令地址发生器设定的长度为13bit。分支跳转、循环以及中断都可能影响到取指PC产生器的工作状态。

2.2.3.3 分支预测器

“魂芯一号”处理器的指令采用11级流水，这就意味着一条指令至少需要经过11个时钟节拍才能得到最终结果，前后指令之间需要相互交叠10个时钟节拍。如果前后之间的指令就是需要执行的指令，那么这种流水线工作方式可以在不影响程序执行情况下获得最快运算结果。如果在流水过程中，下一条执行的指令并不是我们所需要的执行指令，且这条指令是否执行需要等到运算结果出来之前才能得到，这就意味着需要重新从程序存储器中读取即将要执行的指令并将其送入流水线，这条指令执行的结果需要再等若干个时钟节拍才能得到，两条指令之间将白白浪费若干个时钟周期，从而造成处理器效能的下降。这种情况一般出现在程序发生转移时，如程序跳转。按照“魂芯一号”处理器内部结构安排，如果程序发生这种转移且给出的程序跳转方向出现偏差，则需要重新调整处理器的流水线，两条指令之间调整流水线达到正常工作状态需要花费7个时钟周期。

为了减少程序发生转移时对程序流向出现的误判，降低流水线中断出现的概率，程序控制器内部增加了分支预测器部件。分支预测器为一个深度为512bit的预测表，表中分支预测信息根据分支预测算法实时更新。当分支语句流经图2.12中取指二级时，会根据其对应的PC值查找该预测表，程序控制器根据预测结果更改程序流的执行方向。如果最终的分支判断结果与预测不符，则意味着预测出现错误，此前根据错误预测进入流水线的指令会被清除，否则表明预测结果是正确的，进入流水线的指令按照正常方式执行。因此，一旦预测出现错误，则需要消耗7个时钟周期才能恢复流水线操作，否则程序跳转不增加指令运算时间。

为了提高指令分支转移时的运算效率，处理器内部设置两个全局计数寄存器 LC0 和 LC1。这两个寄存器用于控制程序条件转移。基于 LC0、LC1 寄存器的分支指令的预测机制较为特殊,该类指令在流经取指二级时读取 LC0、LC1 寄存器的值,并以此作为是否分支的判断依据:

对于指令 IfLC0 B label、If LC1 B label,当预取值不等于 1 时,预测转移;

对于指令 IfNLC0 B label、IfNLC1 B label,当预取值等于 1 时,预测转移。

若该类指令在取指二级预取的值与其到达 AC 级时 LC0、LC1 寄存器的值相同,则分支预测正确,否则预测可能失败。

2.2.3.4 指令缓冲池

在整个程序流水中,"魂芯一号"将指令分为指令程序行和指令执行行,指令程序行用于内部存储器存放指令,指令执行行为每一个时间节拍实际执行的指令。指令执行行也是程序员实际书写的指令。这两者之间的转换通过指令缓冲池(IAB)完成,指令缓冲池是这两者之间的分界线,指令缓冲池之前的为从程序存储器读出的指令,这时的指令按照前后顺序串成 512bit 为一组构成的字,从一个地址读出 512bit 的指令执行代码是不能在处理器内部直接执行的。指令缓冲池之后为将 512bit 指令按照程序员编写的时间节拍转换可以执行的指令。因此,指令缓冲池在"魂芯一号"处理器中起到承上启下的作用。

为了实现指令形式的转换,"魂芯一号"内部的指令缓冲池设置了三级寄存器组,每级为 16 个 32bit。处理器将指令程序行放置到这个指令缓冲池中,由于指令缓冲池具有足够的深度,因而指令缓冲池可以拼接出一个完整的指令执行行,一个完整的指令执行行一旦获得,即可送到下一级去处理,指令缓冲池输出结果被送到图 2.12 中的取指三级。指令缓冲池主要可以实现以下功能:

(1) 缓存取指单元输出的指令。保证指令缓冲池之后的流水线因为某种原因被停止时,取指单元仍然可以运行;

(2) 指令拼接,为后续指令译码、指令执行等部件提供一个完整的指令执行行;

(3) 废弃气泡指令行。在分支、绝对跳转等指令执行过程中产生的气泡指令,在合适的情况下在指令缓冲池中可以被废弃。通过废弃气泡指令行的操作可以有效提高指令的执行效率。

2.3 总　　线

"魂芯一号"内部数据存储器容量为 24Mbit,若按 32bit 为一个存储单元,共有 768k 个存储单元。这些存储器单元被分为三组,每一组为 256k 个存储单元,每一组又分为 8 个相互独立的 Bank,每一组在同一个时刻最多可以读/写 8 个

32bit 数。存储器是读写分开的双口存储器，故数据存储器内部共有六组数据总线，其中 3 组为读总线，3 组为写总线，对应的总线字宽为 256bit。

从高效运算角度来看，这 6 组总线按如下方式来安排：存储器与运算单元之间安排两读一写或者两写一读，此时存储器所需要的地址由处理器内部提供，因此处理器内部相应设置了 3 组地址发生运算器（U/V/W），存储器其余总线安排用于存储器与 I/O 之间的数据交换。在实际运行过程中，如果运算部件与存储器之间用到的数据总线小于上述给定的数，则多余的数据总线可以全部用于存储器与 I/O 之间的数据交换。因此，存储器与 I/O 之间最少可以拥有两读一写或者两写一读的数据总线。

虽然存储器采用双口 SRAM，存储器的读/写可以分开，但存储器读/写数据的来源或者去向均为多头，存在总线抢占问题。另外，总线位宽为 256bit，这个宽度是由 8 个存储器 Bank 构成的，即我们获得的 256bit 数是同一个时刻通过读取 8 个 32bitBank 存储器获得。在实际读取过程中，为了增加数据读取的灵活性，这 8 个 Bank 存储器的地址可以灵活改变。对用户来说，所有存储器是按照 32bit 宽地址进行统一地址空间编制的，256bit 意味着需要从 8 个不同地址上读取数据。如果这 8 个地址对应的存储器分别为 8 个独立的 Bank 存储器，则一个节拍可以读取全部 256bit 数据。如果这 8 个地址对应的存储器不是 8 个独立的 Bank 存储器，而是有多个地址落在同一个 Bank 存储器上，极端情况是 8 个地址都位于同一个 Bank 存储器，由于一个存储器在一个时刻只能读/写一个地址上的数据，多个地址无法同时从一个存储器上进行数据读/写操作，同一个 Bank 存储器读出多个数据只能通过多个节拍分时完成，即需要多个时间节拍，导致存在读数顺序问题，即所谓的总线数据仲裁，以保证每次均能正确地从 Bank 存储器上读取所需数据。比如一个时间节拍内有 4 个地址均需要从一个 Bank 存储器上读取数据，处理器就需要花费 4 个时钟节拍才能实现这个目标，由于处理器内部是同步工作的，故整个流水线在此期间必须停顿 4 个节拍，等待这 4 个数据从 Bank 存储器全部完成读取为止。

2.4　内部存储器

“魂芯一号”内部存储器包括指令存储器和数据存储器两种。

指令存储器容量为 8k ×512bit（4Mbit），一次取指操作可以获取 16 条 32bit 字指令。

数据存储器容量为 768k ×32bit（24Mbit），分为三组，分别称为 B0、B1、B2，每组对应容量为 256k ×32bit，每一组由 8 个独立存储器 Bank 组成，每个存储器 Bank 的存储容量为 32k × 32bit。所有存储器按照 32bit 地址位宽进行统一编址。这样安排可以保证存储单元在数据传输高峰情况下能够同时提供两组256bit数给执行宏，同时接收一组从宏送过来的256bit数。为了便于数据传输，数据总线中256bit对应的这8个数被分成4组，每一组包括两个数据，分别对应一个宏，故在具体传输过程中，一个宏在一个时刻通过一条总线能够得到的数据只有两个。为了解决传输带宽问题，宏间构建了数据传输通道，使得同一时刻传输到各个宏上的数据通过宏间传输汇聚到一个宏中。

器件内部地址位宽为32bit，每一组Block的地址对应32bit的低18bit，其中最低3bit地址用于每个Block内Bank存储器选择，处理器内部存储器对应的统一地址空间的高9bit地址为“0x000”，剩余中间5bit地址用于区分不同存储器组Block及程序存储器对应的空间。

关于内部存储器的详细介绍见第3章。

2.5 外　　设

“魂芯一号”的I/O资源包括链路(Link)口、并口、DDR2口、UART、定时器、GPIO、DMA控制器等。本章只给出I/O资源的简单介绍，详细内容将在第5章介绍。

1) Link口

“魂芯一号”有8个8bit位宽的链路口，其中4个为发送口，4个为接收口。这8个链路口之间完全独立。链路口有以下特点：

(1) 链路时钟速率可选定为内核时钟速率的1/8、1/6、1/4或1/2；

(2) 链路口以DMA方式按32bit字为最小传输单位进行数据传输；

(3) 链路口传输请求由发送端发起；

(4) 链路发送口的数据源是片内数据存储器或片外DDR2 SDRAM(飞越传输模式)，目标是外部其他链路口；

(5) 链路接收口的数据源是外部其他链路口，目标则是片内数据存储器或片外DDR2 SDRAM(飞越传输模式)。

2) 并口

“魂芯一号”处理器的并口支持位宽为8bit、16bit、32bit和64bit的外设，这为与不同位宽的外部存储器接口连接提供了很大的便利。当“魂芯一号”处理器内部存储空间有限时，可以利用并口扩展外部存储空间。外部存储器可以选择RAM、FLASH、EPROM等器件。利用并口外接FLASH或EPROM器件，还可以存放DSP的加载程序，实现系统的引导加载。

3) DDR2

DDR2接口控制器是连接芯片内部逻辑和DDR2 SDRAM的桥梁，实现“魂芯一号”处理器对外部 DDR2 SDRAM 的读写操作，保证数据的正确传输。

对外部 DDR2 SDRAM，在工作时需要多个命令相互结合才能正确完成各种方式的读写操作。DDR2 接口承担了管理复杂时序关系的任务，用户只需要通过 DDR2 的 DMA 通道发送读写命令、数据和地址就可以实现对 DDR2 控制器的读写操作。DDR2 接口会在必要的时序关系中自动执行所需的其他 DDR2 控制命令，并保证控制命令之间满足时序约束。

4）UART

UART 是一种通用异步串行收发器。“魂芯一号”的 UART 链路层协议兼容 RS232 标准。UART 可工作于全双工模式，与 DSP 内核采用中断方式交互。

5）定时器

“魂芯一号”内部集成有 5 个 32bit 可编程定时器，可以用于事件定时、事件计数、产生周期脉冲信号、处理器间同步等。

定时器可以采用内部时钟，也可以使用外部提供的时钟源。每个定时器相互独立，都具有一个输入引脚和一个输出引脚，输入和输出引脚可以用做定时器时钟输入和定时脉冲输出，其中输出引脚与 GPIO 引脚复用。

6）GPIO

通用目的输入输出（GPIO）包括 GP0 ~ GP7 共 7 个引脚，引脚间相互独立，可以配置为输入或输出。当配置为输出引脚时，用户可以写一个内部寄存器以控制输出引脚上的驱动状态。当配置为输入引脚时，用户可以通过读 GPVR 的状态检测输入状态。

GPIO 的 GP0 ~ GP4 引脚与定时器输出引脚是复用的，可通过设置寄存器 GPOTR 进行选择。

7）DMA 控制器

“魂芯一号”内部集成有 18 个 DMA 控制器。DMA 控制器独立于处理器内核工作，能够在处理器内核不介入的情况下进行数据传输。“魂芯一号”包含的 18 个 DMA 传输通道分为 6 种类型：

（1）并口 DMA 通道：1 个，连接内部存储器和并口。

（2）Link 口接收 DMA 通道：4 个，连接内部存储器和 Link 口接收端。

（3）Link 口发送 DMA 通道：4 个，连接内部存储器和 Link 口发送端。

（4）DDR2 DMA 通道：1 个，连接内部存储器和 DDR2 存储器接口。

（5）飞越传输 Link 口至 DDR2DMA 通道：4 个，连接 Link 口接收端和 DDR2 存储器接口。

（6）飞越传输 DDR2 至 Link 口 DMA 通道：4 个，连接 DDR2 存储器接口和 Link 口发送端。

“魂芯一号”处理器提供 10 个 DMA 通道用于外部端口传送数据。其中 8

个用于链路口数据传送，一个用于与片外 DDR2 SDRAM 的数据传送，一个用于并口与片外设备的数据传输。

DMA 还具备飞越传输功能（仅用于链路口与 DDR2 之间）以及支持链式 DMA 操作，可自动连接若干个 DMA 飞越传输过程。

第3章 存储器与寄存器

“魂芯一号”地址总线为32bit,从控制和应用灵活性考虑,片内和片外存储器及片内寄存器均按照统一地址映射空间来编址,每一个存储器或者寄存器在处理器空间中都具有唯一地址。在调试过程中,设计师通过指定地址来明确具体存储器和位置。按照处理器内部存储器或者寄存器特性不同,存储映射空间被分为3个部分:程序地址空间、数据地址空间和专用地址空间,其中数据地址空间又分内部数据地址空间和外部数据地址空间。

3.1 地址空间

32bit地址理论上可提供4G字寻址空间。“魂芯一号”处理器本身安排可用寻址空间1.75G字,剩余寻址空间被保留。除少数地址指令的存储空间位宽有特殊规定外,其余每个地址均对应32bit。外部地址空间分为6个区间(即CE0~CE4和DDR2存储空间);内部存储空间包括1块指令存储区和3块内部数据存储区,其具体地址定义如图3.1所示。

“魂芯一号”内部安排了128K字(128K×32bit=4Mbit)RAM存储空间作为内部程序存储器空间,其余存储空间保留。由于地址空间采用字编址(本书中对DSP的字存储空间均指32bit),内部程序地址空间(包括硬件堆栈空间)安排了2M字,便于后续进行程序空间扩展,需要说明的是,保留的程序地址空间不可访问,一旦访问,将会引起程序地址异常。

3块内部数据存储器的每一块数据存储区域的地址空间都安排了2M字。“魂芯一号”内部实际数据存储器空间只安排了其中256K字,其余1792K字RAM空间被保留。保留的数据存储空间地址不可访问,访存指令在其访存地址产生之后,处理器自动对数据地址作合法性检查,如果发现访存指令的地址不在所要求区域,处理器会给出异常警告,并且该访存指令不能成功执行,无法取得所需要的数据。

内部寄存器可以看成一个特殊存储器。它与存储器一起,按统一地址空间安排,当器件处于调试状态时,从寄存器读取数据或者写入数据就像从存储器读

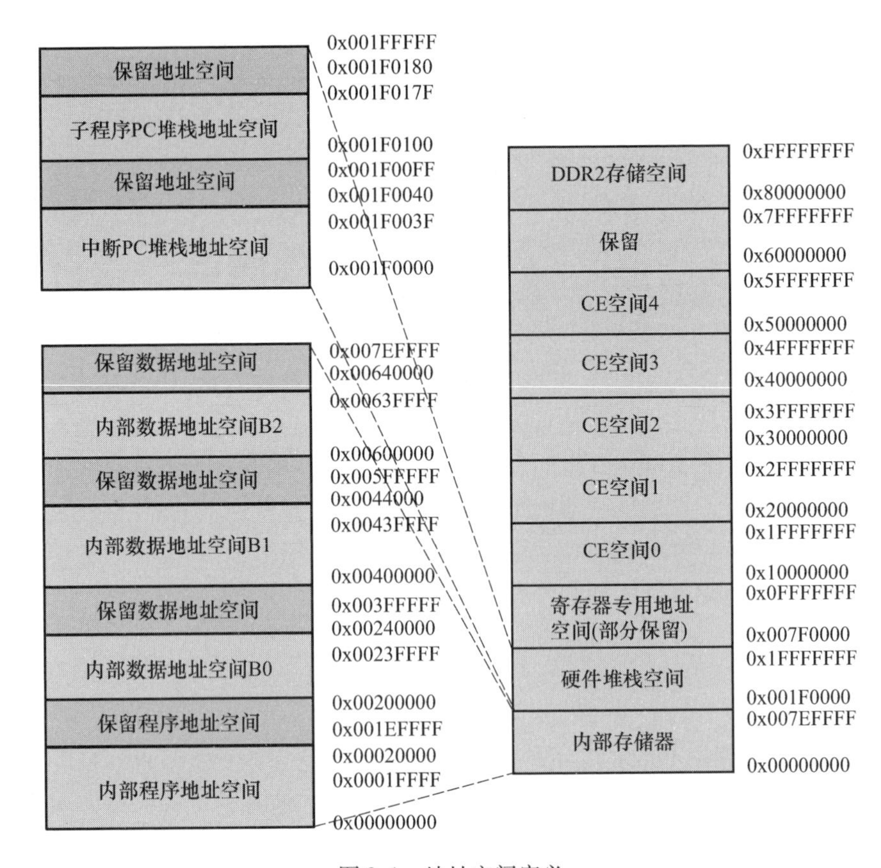

图 3.1　地址空间定义

取数据或者写入数据一样方便。地址空间被安排在 0x007F0000 ~ 0x0FFFFFFF,这里包含被保留的寄存器空间位置。

外部存储器位置被安排在 32bit 地址最高位为“1”的状态,此时蕴含的空间为 31 位,因此,处理器对外提供的存储空间为 2G × 32bit = 64Gbit(8GB),其中最高 2 位被安排给 DDR2,即 DDR2 所蕴含空间为 30 位,最大寻址空间为 1G × 32bit = 4GB。外部地址空间中,CE0 一般用于程序加载,即 DSP 一旦复位,器件就自动从 CE0 空间对应的存储器最低端读取程序和数据,放入到片内对应的指令存储空间和数据存储空间。CE1 ~ CE4 一般用于地址扩展异步存储区。访问 DDR2 需要通过 DDR2 控制器。

DSP 内部存储空间的访问方式分为 3 种:

(1) 指令访问;

(2) DMA 直接访问;

(3) 专用寄存器指令访问。

内部存储空间依据访问方式不同,将地址空间分为:

(1) 内部程序存储空间,存储地址范围是:0x00000000 ~ 0x001FFFFF,其中 0x00020000 ~ 0x001FFFFF 是保留的程序地址空间,不可以通过指令或 DMA 方式访问。

(2) 内部数据存储空间,存储地址范围是:0x00200000 ~ 0x007EFFFF,其中 0x00240000 ~ 0x003FFFFF,0x00440000 ~ 0x005FFFFF,0x00640000 ~ 0x007EFFFF 是保留的数据地址空间,不可以通过指令或 DMA 方式访问。

(3) 专用存储空间,存储地址范围是 0x007F0000 ~ 0x0FFFFFFF,用于一些专用的寄存器访问,如全局空间寄存器、DMA 寄存器与状态标志寄存器等。

(4) 保留地址空间,存储地址范围:0x60000000 ~ 0x7FFFFFFF,保留不可用。

需要注意的是,外部配备的 SRAM 是异步 SRAM 存储器。

3.2 存 储 器

处理器内部各个运算部件的运行都是在指令控制下完成的。从有效运行角度考虑,控制内部运行的指令需要存放在处理器内部,用于存放程序指令的存储器称为程序存储器。处理器各个运算部件在运算过程中需要提供的原始数据、运算结果以及运算过程中中间结果等暂时存放的存储器为数据存储器。哈佛结构是 DSP 处理器的一种基本形态,这就意味着 DSP 处理器内部的程序存储器和数据存储器在物理上是分开的,两者按照各自存储方式、读取方式工作。

处理器体系结构确定同时发射的指令为 16 条,即程序存储器在同一时刻需要对外提供位宽为 16 ×32bit =512bit 的数据,而数据总线位宽为 256bit。因此,程序存储器和数据存储器两者的位宽不一致。

3.2.1 存储器的组织结构

程序指令位宽为 32bit,内部程序存储器安排的总容量为 128k × 32bit (4Mbit)。处理器要求从存储器一次读取数据字宽为 512bit,以便一次取指指令操作就能够获取将要执行的 16 条指令,此时对应的实际所需要的程序存储器地址为 13 位,对应的 32bit 字宽的理论上地址为 17bit,这意味着程序指令在一个时刻是从 16 个存储器中并行读出 16 个 32bit 数据,各个存储器之间是不存在读数冲突的。

处理器内部数据存储器的容量设计为 768K ×32bit(24Mbit),这些存储器被分成三大块,分别称为 B0,B1,B2。每个数据存储块由 8 个独立的存储器构成,每个独立的存储器称为 Bank,每个 Bank 数据字宽为 32bit,对应存储容量为 32k ×32bit(1Mbit),对应地址 15 位,故 8 个 Bank 构成的每个 Block 数据块提供的数据字宽为256bit。每个 Block 对应 18 位地址,其中最低 3 位译码后作为区分 Bank 的选择信号,各 Block 之间保留了一定的存储器空间,便于处理器后续升级时进行存储器扩展。对用户来说,如果外部提供的两个地址低 3 位不同,则意味着这两个地址对应的是不同存储器。如果这两个地址高位不同,低 3 位相同,则意味着这两个地址对应同一个存储器。

内部程序存储器和数据存储器占据处理器地址空间的低 23 位。其中高 7 位用于区分程序存储区和数据存储器区,高 7 位地址全为零时,对应的存储空间为程序存储器,否则为数据存储区。数据存储器的每个 Bank 均为双端口 SRAM,一个读数据端口(32bit)和一个写数据端口(32bit)。每个 Block 存储块中的 Bank 排列方式见图 3. 2,其中每个 Bank 地址均接到同一个地址总线上。

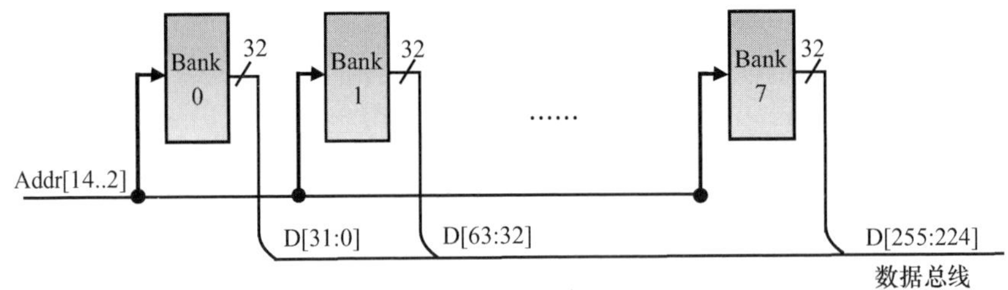

图 3. 2　存储块的 Bank 排列

每个 Block 由 8 个存储器构成,从数据读取灵活性角度上看,需要同时提供 8 个读/写地址才能同时得到 8 个数据,且这 8 个地址相互之间是独立的,这就意味着有可能需要从一个存储器同时读/写多个数据,最多需要读取 8 个数据。一个存储器一个时刻只能读/写一个地址上的数据,读/写多个地址只能采用分时方式进行,即用多个时钟节拍分别从一个存储器的多个地址上读/写数据。为避免多个地址同时读/写同一个存储器的现象,“魂芯一号”专门设置了一种寻址方式:模 8 寻址,以保证在向量化矩阵数据读/写情况下,避免多个地址同时读/写一个存储器的情况发生。

3. 2. 2　存储器数据总线操作

处理器内部被分为三个存储器区域,运算单元宏有 4 个,这三个存储器块和运算宏之间通过交换开关实现相互间的数据交换和传输。存储器区域与运算单元宏之间拥有 2 条读数据总线和一条写数据总线,总线字宽为 256bit,这表明在一个时间节拍内,存储器可以将 16 个 32bit 数据传送到运算部件中,同时接收运算部件送过来的 8 个 32bit 数据。

3. 2. 2. 1　读存储器操作

读数据总线是指将 Block 上的数据送到宏(Macro)内数据寄存器组之间的

一组总线,总线字宽为 256bit,其中每个宏接收 2 个 32bit,即 64bit。存储器与运算单元之间读数的基本架构见图 3.3(a),其中 Block0/Block1/Block2/对应存储器三个存储器块,Corex/Corey/Corez/Coret 对应运算单元的 4 个宏,两者之间通过交叉开关相互连接,实现三个存储块上数据被送到 4 个宏内数据寄存器组中。两条读总线相互独立,理论上两者均可以同时从这三个存储块的任意一个读取数据。如果两条总线同一个时刻从同一个存储块上读取数据,则意味着同一个存储器在同一个时刻至少需要读取两次以上,一个存储器在一个时刻只能读取一个数据,要正确地读出完整数据,两个 Block 必须分时读出,即至少需要两个及以上时钟节拍才能完成数据读取。由于处理器是基于时钟节拍同步工作,如果需要两个或两个以上时钟节拍读取数据,则意味着处理器需要等待若干时钟周期等待数据完全读出后才继续下面的工作。因此,若两条数据总线在同一时间节拍需要同时读取同一个存储器数据,处理器的工作效率会下降。因此,提高处理器工作效率的根本措施是避免这种情况出现,这就需要程序员在实际编程

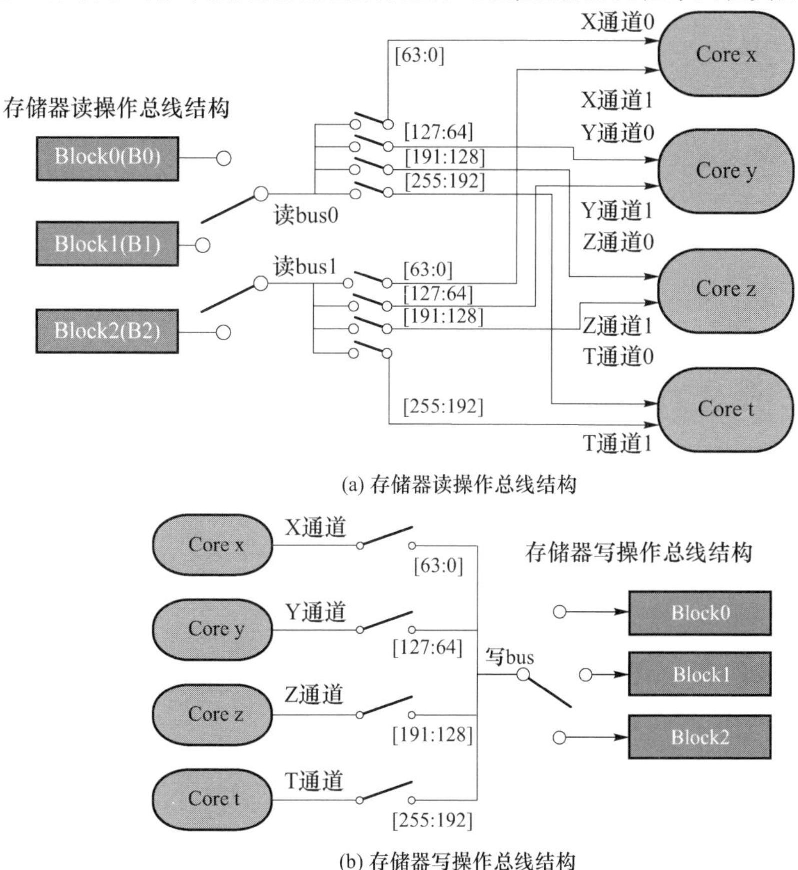

(a) 存储器读操作总线结构

(b) 存储器写操作总线结构

图 3.3　存储器读、写操作的总线结构

过程中,尽可能让两条数据总线分别从两个不同 Block 中读取数据,即图中“读 bus0”和“读 bus1”不要在同一时钟节拍连接到同一个 Block,这样可以避免引入不必要的时间消耗。

从数据读取有效性上考虑,256bit 数据读总线被拆分为 4 个 64bit 字宽数据,每一个数据字宽分别与4 个宏相连,即读总线0 的[63:0]连到 Core x 的通道0 上;读总线0 的[127:64]连到 Core y 的通道0 上;读总线0 的[191:128]连到 Core z 的通道 0 上;读总线 0 的[255:192]连到 Core t 的通道 0 上;读总线 1 的[63:0]连到 Core x 的通道 1 上;读总线 1 的[127:64]连到 Core y 的通道 1;读总线 1 的[191:128]连到 Core z 的通道 1 上;读总线 1 的[255:192]连到 Core t 的通道 1 上。

3.2.2.2 写存储器操作

写数据总线是指从宏内数据寄存器组输出到数据存储器 Block 的一组总线,总线字宽同样为 4 ×64bit。运算单元与存储器之间只安排一条 256bit 写总线,写操作总线结构如图 3.3(b)所示。与读存储器操作类似,256bit 字宽存储器写总线与 4 个 Macro 按如下关系进行连接,Core x 通道连到写总线的[63:0];Core y 通道连到写总线的 [127:64]上;Core z 通道连到写总线的 [191:128]上;Core t 通道连到写总线的[255:192]上。在另一端,存储器写总线通过“选择开关”确定与 3 个 Block 的其中之一相连。

数据存储器为双口 SRAM,读/写两个端口分开,故存储器读/写之间不存在数据仲裁,两者之间不存在时间等待问题。

3.2.3 存储器与其他部件的数据交换

存储器同其他部件之间的数据交换主要分为两类:一类为存储器同内部宏之间的数据交换,另一类则是存储器同外部设备之间的数据交换。存储器和内部宏之间的数据交换所需要的存储器地址主要由内部地址发生运算器提供,同外部设备之间的数据交换主要通过 DMA 方式进行,此时存储器所需要的地址主要由 DMA 控制器提供。

存储器同宏之间的数据交换通道包括 2 个输出通道和 1 个输入通道,每个通道的数据位宽最大为 256bit。存储器和运算单元在每一个时间节拍内随时都需要进行全速交换,故处理器内部设定了三组地址发生运算器,分别称为 U/V/W。

3.3 地址发生运算器部件

处理器内部设置 3 个标记 U、V、W 的地址发生运算器,作用就是在存储器与宏之间进行数据传输时,提供存储器读/写所需要的地址。这三个地址发生运算器的内部结构完全相同,相互之间独立工作,每一个时间节拍由指令来确定具体选用哪个地址发生运算器及地址发生运算器工作方式。在运算过程中,数据交换和访问随时进行,从访存灵活性考虑,存储器地址在每个时间节拍均有可能进行调整。如果地址发生运算器本身具有一定运算能力,则当地址需要按一定工作模式进行变换和调整时,通过自身运算部件就可以解决,有效减轻了处理器内部运算部件压力。

地址发生运算器由三部分构成:16 个寄存器构成的地址寄存器组、地址更新运算器和瞬时地址运算器。其中地址寄存器组主要寄存存储器在数据传输时需要的初始地址、地址增量等各种参数;地址更新运算器主要用于按指令确定的变化规律计算出下一次地址基础值;瞬时地址运算器主要完成按指令确定的变化规律计算出同一个时刻多个存储器需要的各个地址,地址寄存器组的每个寄存器位宽为 32bit。

地址发生运算器接口如图 3.4 所示。由于每一个数据总线均需要从 8 个存储器位置上读取数据,因此,地址发生运算器需要提供存储器同一时刻需要的 8 个地址,且每个时刻均有可能进行调整和改变。为了增加数据读/写灵活性,同时也为了简化地址产生的复杂性,"魂芯一号"处理器确定,同一时刻提供的这 8 个存储器地址之间的关系虽然并不一定固定,但相互之间还是具有一定关系的。由于每个时间节拍的地址均有可能调整,从数据传输灵活性考虑,这 8 个地址的源头必须来自于指令,便于程序员根据实际情况进行调整。指令字宽只有 32bit,无法同时给出存储器总线读取所需要的 8 个随机地址,只能提供具有一定约束条件下同一时刻的 8 个不同地址,即对同时提供地址的随机性进行一定的限制。

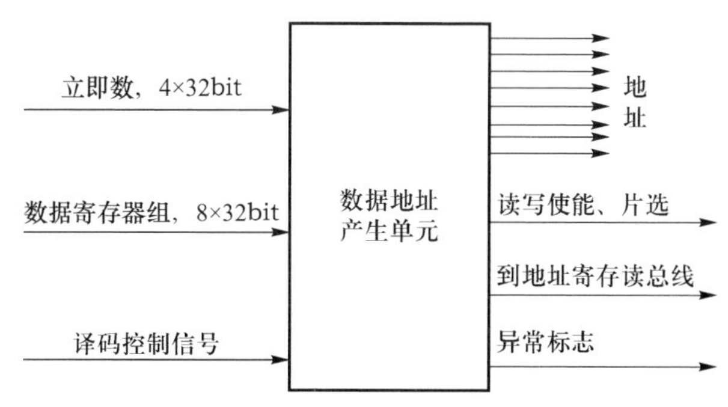

图 3.4　地址发生器接口框图

为此,采用如下的简化方式,即认为同一时刻读出的 8 个存储器地址之间的变化关系是线性的,在这一限制条件下,指令只要给出每个时刻存储器的首地址(基础地址)、地址增量(地址变化量)以及地址变化方式,则所需要的 8 个地址就可以通过地址发生运算器中的运算部件进行计算得到,即可以根据指令的基础地址、地址变化量以及地址变化方式,计算出同一时刻这8个瞬时地址值,并将其送到对应存储单元上。地址发生运算器在给出同一时刻8个存储器地址值时,还需要为下一时刻的地址作准备。下一时刻所需要的地址变化关系同样遵循线性变化关系,所不同的是3个地址变化参数值可能不同,故只需瞬时改变这3个地址变化参数值,即可达到为下一个地址变化做准备的目的。因此,地址发生运算器在给出8个存储器地址值时,还需要根据指令上给出的值修改基础地址值,给下一时刻计算地址提供依据。如果地址增量方式发生改变,则其值需要单独重新计算。

地址寄存器组上数据初始化和更新一般有3个途径:①由指令给出立即数;②调用通用数据寄存器组上某一个寄存器数来填充;③利用地址发生器内运算部件按照指令确定的方式进行计算产生的数据。采用何种方式由程序员通过指令来决定。

地址发生器内运算器通过计算得到需要同时提供的8个地址。由于计算过程没有任何限制,导致产生的8个存储器地址有可能指向同一个存储器。如果同一时刻给出的8个地址指向同一个存储器,由于一个存储器在一个时刻只能读出一个数据,故这组数据要完成读/写动作就需要8个时钟节拍,处理器其他部分为了同步整个状态就必须处于等待状态,造成处理器运算效能降低。故程序员在实际编写代码过程中,应尽量避免这种情况出现,以减小处理器空等时间,提高处理器运算效率。

因为内部存储器容量有限,且存储器地址空间同一编址,即内部存储器和外部存储器均在一个确定的地址空间内,所以各个存储块之间安排的地址空间并不连续。地址发生器同时产生地址没有进行任何限制,因此,计算过程产生的地址有可能不在实际存储器地址范围内,形成所谓地址越界问题。如果地址发生器给出的地址不在内部存储器或者外部存储器确定的地址空间内,将造成数据无法正确地读/写。为了辨识这个情况,处理器内部地址发生器设置了一个地址越界标志寄存器,一旦地址发生运算器出现地址越界,处理器越界标志寄存器就被置位。

3.4 寻址方式

处理器设计了3种寻址方式:线性寻址、模8寻址和位反序寻址。其中,线性寻址和模8寻址支持单字和双字操作,而位反序寻址只支持双字操作。

1) 线性寻址

线性寻址是处理器内部最直接的一种寻址方式。在这种寻址方式中,指令给出其首地址(基础地址)、地址增量和变化方式,运算部件在基础地址上通过地址增量计算出同一时刻多个存储器所需要的地址。如:xytRs + 1:Rs = [U0 + U1,U2]指令,其指令的含义为,选用 U 单元地址寄存器组中的 U0、U1、U2 作为地址计算相关参数提供单元,其中 U0 + U1 表明 U 单元第 0 个寄存器存放存储器的基础地址,第 1 个寄存器存放的是基础地址调整量,这两个寄存器上内容相加后的值为这个时刻存储器寻址的基础地址;第 2 个寄存器存放的是当前地址变化的增量,在基础地址上通过不断增加地址变化增量值即可获得当前所需要的同时多个存储器地址;Rs + 1:Rs 表明同一时刻需要给每个宏提供一个 64bit 数据,或者两个 32bit 数据,xyt 表明同一时刻需要给三个宏提供数据,故 U 单元在同一时刻需要给存储器提供 6 个地址值,其中每个宏对应的两个存储器地址相邻,即 U0 + U1 和 U0 + U1 + 1 为一对地址,读出的 2 个 32bit 数据被送到 x 宏;U0 + U1 + U2、U0 + U1 + U2 + 1 为第二对地址,读出的数据被送到 y 宏;U0 + U1 + 2 × U2、U0 + U1 + 2 × U2 + 1 作为第三对地址,读出的数据被送到 t 宏。这条指令在执行过程中,不改变 U0 寄存器上的基础地址值。

当然,地址发生运算器在产生同一时刻存储器所需要的多个地址时,可以随时修改寄存器上的基础地址值。受指令位数字宽限制,修改基础地址值和产生基础地址修正值不能同时进行,两者只能选其一。如 xytRs + 1:Rs = [U0 + = U1,U2]指令,这条指令的含义同上述指令基本相同,两者之间的差异在于基础地址的修改,即在获得同一时刻 8 个地址时,基础地址不能被调整,只能由 U0 提供,在这条指令执行后,基础地址值被 U1 寄存器上的寄存内容修改。

2）模 8 寻址

由于存储器总线字宽为 256bit,以此表明总线上最大可同时传输 8 个数据。如果这 8 个地址位于同一个存储器,意味着处理器工作效率的降低。考虑到在信号处理计算过程中,大量遇到的是向量型数据组,即需要成批地将存储器中一大块数据调到宏中进行计算,这为我们提高处理器数据传输效率提供一种选择途径,即不追求一个时刻的运算数据,而是考虑在一段时间内的数据传输情况。为此"魂芯一号"处理器针对矩阵运算专门设计一种寻址方式:模 8 寻址。其目标是尽可能减小同一个时刻从同一个存储器(Bank)读出多组数据的概率,提高处理器运算效率。实现这种数据传输的基本条件在于宏内有足够寄存器寄存一组矩阵数据。"魂芯一号"数据寄存器组内有 64 ×4 个 32bit 寄存器,可以满足上述所设定的要求。

图 3.5 中给出内部某一存储块(Block)地址排列,其中每一列代表一个存储器(Bank)。由于存储器地址按统一地址空间来设定,每个存储块按照 Bank 来编排,故每一个存储器的地址公式为 $8m + n$,其中 m、n 均为大于零的整数且 $n < 8$,这里 n 代表 Bank,m 代表同一个存储器地址。因此 n 相同,表明对应同一存储器;n 不同,表明对应不同存储器。若希望同一时刻产生的地址不要出现在同

Bank: 0	1	2	3	4	5	6	7
0	1	2	3	4	5	6	7
8	9	10	11	12	13	14	15
16	17	18	19	20	21	22	23
24	25	26	27	28	29	30	31
32	33	34	35	36	37	38	39
40	41	42	43	44	45	46	47

图 3.5　存储块地址排列示意图

一个 bank 上,则就要求同一时刻产生地址的低 3 位 n 不同。由于地址是一个线性地址产生,故只要选择合适的地址增量值,即可做到这一点。但此时地址对应的存储器数据与我们在同一时刻所需要的存储器数据之间不一定完全匹配。由于宏内寄存器比较多,可以缓存多组数据,一个时间段内需要调入的数据通过合理的分配,利用多个时间节拍从存储器调入到宏中,每一个时间节拍调入的数据并不全部是当前数据,只要保证在一个时间段内将所需要的数据调入到宏内,或者将宏内数据写入存储器即可。利用这种思路可以保证矩阵数据读/写数据的高效。

若将提供给存储器的地址高位和低 3 位分开,两者各自进行独立运算,相互之间不产生进位,即低 3 位和低 3 位地址相加,高位和高位地址相加,低 3 位产生的溢出位丢弃,再将两个地址进行合成作为最终地址送给存储器,则只要增量地址选择合适,就可避免同一时刻产生的地址对应同一个存储器上,同时可以将一组数据完整地从存储器中读出。图 3.5 给出增量地址为 9 时产生最终地址变化的示意图(即 $m = n = 1$,增量为 9),此时从存储器中读取 64 个数据送到宏中只需 8 个时钟节拍,即按照时钟节拍读出地址分别为{0、9、18、27、36、45、54、63}、{1、10、19、28、37、46、55、56}、{2、11、20、29、38、47、48、57}、{3、12、21、30、39、40、49、58}、{4、13、22、31、32、41、50、59}、{5、14、23、24、33、42、51、60}、{6、15、16、25、34、43、52、61}和{7、8、17、26、35、44、53、62}。这种读取方式的特点是,将 8 个时刻节拍读取的数据按每一个时刻读取一个数据方式重新进行整合,在 8 个时间节拍内完成数据读取任务,这样可以保证每一个时间节拍都能从 8 个独立的存储器中读取有效数据,确保存储器高效读取数据到宏内。这种读取方式的缺点是,由于数据采用的是组读取形式,故读到宏内数据只有等到这组数据全部读到宏内才能开始计算。在上述读取数据地址中,{0、9、18、27、36、45、54、63}是分别在 8 个时间节拍参与计算的数据。

"魂芯一号"具体进行模 8 寻址的方式有两种,一种是双字寻址,即一个宏提供两个 32bit 数据，一个是单字寻址，即一个宏提供 1 个 32bit 数据。如果为双字寻址，则意味着地址发生器最大提供 8 个地址给存储器。双字寻址提供给一个宏的是相邻两个存储器地址提供的数据，故地址发生运算器实际上只需要产生 4 个地址即可，另外 4 个地址为相应地址加 1。在这个条件下，为保证 8 个地址分别落在不同的存储器上，这里采取将基地址的低 3 位和偏移量值乘上 2 后的低 3 位模相加形成 3 位数据，产生的进位丢掉，基地址的高位和偏移量值乘上 2 后的高位相加，形成一个高位地址，两个地址合成后形成地址作为实际寻址。如果寻址为单字操作，则意味着提供的地址只有 4 个，此时存储器与宏之间的数据交换只有 4 个，每个宏提供一个 32bit 数据。

例如，单字数据操作，基础地址值为 20，表 3.1 给出各种地址偏移量下模 8 寻址地址的变化关系，其中第一列地址对应的存储单元的数据被送到宏 x 的寄存器中，第二列地址对应的存储单元内容送到宏 y 的寄存器中，第三列地址对应的存储器内容送到宏 z 的寄存器中，第四列地址对应的存储器内容送到宏 t 的寄存器中。程序员在实际编程过程中，获得完整的数据组是通过调整基础地址得到的，而地址调整量一旦确定之后，整个数据传输过程中并不需要改变。

表 3.1　单字数据操作时的模 8 寻址地址变化关系

地址偏移量	变化地址			
1	20	21	22	23
2	20	22	16	18
3	20	23	18	21
4	20	16	20	16
5	20	17	22	19
6	20	18	16	22
7	20	19	18	17
8	20	28	36	44
9	20	29	38	47
10	20	30	32	42

如果数据为双字操作，基础地址值仍然为 20，则模 8 寻址模式下各种地址偏移量的地址变化关系见表 3.2，其中第一列两地址对应的存储单元的数据被送到宏 x 的 2 个对应寄存器中，第二列两地址对应的存储单元数据被送到宏 y 的 2 个对应寄存器中，第三列两地址对应的存储单元的数据被送到宏 z 的 2 个对应寄存器中，第四列两地址对应的存储单元的数据被送到宏 t 的 2 个对应寄存器中。同样，程序员在实际编程过程中，完整的数据组只需通过调整基础地址即可，而地址调整量一旦确定，整个数据传输过程并不需要改变。

表 3.2 双字数据操作时的模 8 寻址地址变化关系

地址偏移量	变化地址			
1	20/21	22/23	16/17	18/19
2	20/21	16/17	20/21	16/17
3	20/21	18/19	16/17	22/23
4	20/21	28/29	36/37	44/45
5	20/21	30/31	32/33	42/43
6	20/21	24/25	36/37	40/41
7	20/21	26/27	32/33	46/47
8	20/21	36/37	52/53	68/69
9	20/21	38/39	48/49	66/67
10	20/21	32/33	52/53	64/65

通过表 3.2 可以看到,模 8 寻址可以高效地实现从阵列存储的不同存储单元中快速读出数据的目的。不采用这些措施,按照正常形式传输,所需要的时间有可能加长 8 倍。

3）位反序寻址

位反序寻址是专门为 FFT 运算设定的一种寻址方式。这种寻址方式是通过将发出的存储器地址按照预先设定的若干有效位进行前后颠倒,形成的数据作为存储器实际地址。考虑到 FFT 运算过程中不同运算点数需要,这种位反序地址需要根据运算长度进行一定选择。如运算点数为 2^n,则存储器存储数据位数需要 n 位,则地址反序是指把地址数据的第[$n-1$]位与第[0]位互换、地址第[$n-2$]位与第[1]位互换,以此类推,形成最后有效地址。

例如,把基地址 0x002000F0 的低 8 位反序,该基地址就变成了 0x0020000F。把基地址 0x002000F0 的低 7 位反序,它就变成了 0x00200087,地址变化如图 3.6所示。

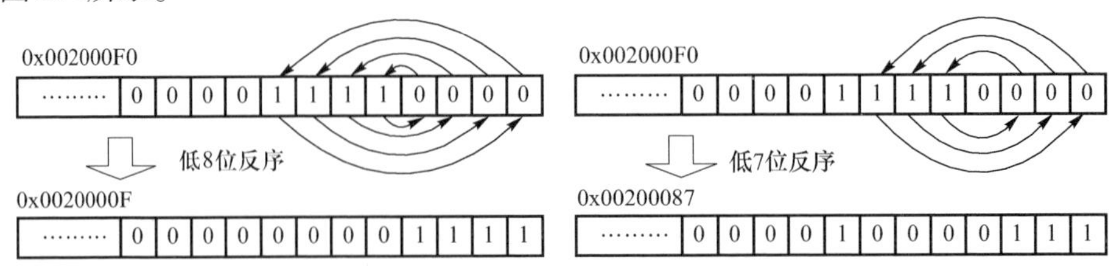

图 3.6 位反序寻址方式示意图

位反序只存在于双字寻址模式中,反序控制参数的值表明是从哪一位开始反序,例如,反序控制参数值为 6,表明将地址的[6:0]位进行反序操作。另外需要特别指出的是,反序操作仅仅是指对基础地址进行反序操作,而增量地址并不做反序操作。

3.5　地址冲突与地址非法

地址冲突主要指多个外部请求源同时需要从内存中同一个存储地址或者存储部件读出或写入数据。由于每一个存储器读地址或者写地址只有一个数据口,因此无法满足多个数据口同时读入或者写出要求,从而引发相互冲突。根据处理器内部存储器模块构成机理,存储器地址出现冲突一般表现为 2 种形式:Block 冲突和 Bank 冲突。当存储器出现冲突时,必须采用一定的有效措施,以保证各个端口发送过来的地址都能够正确读/写。

地址非法是指处理器提供的地址指向了非法或内部实际不存在的存储空间,此时将导致处理器无法正确读出或写入数据。程序员编写时需要尽量避免这种情况的发生,但在程序出错或者程序员没有注意时,这种情况时常会发生,为此,这里将处理器这种情况按照异常信息来编报,意在提醒程序员注意。

3.5.1　地址冲突

3.5.1.1　Block 冲突

处理器内部有两条独立的读总线,如果这两个独立的读总线对应的存储器地址指向同一个数据 Block,将造成 Block 冲突。而写总线只有一条,故 Block 写不会产生数据冲突。若 2 条读访存指令出现 Block 冲突,则流水线暂停,等两条总线上的数据全部读出后,流水线才继续工作,处理器在处理这个过程中,采用的策略是先满足数据读总线 0 访问要求,再满足数据读总线 1 访问要求。

3.5.1.2　Bank 冲突

同一条读/写访存指令中,有两个或两个以上有效地址同时访问同一个 Bank 存储器造成的冲突。

Bank 冲突分两种情况:一是读地址冲突,二是写地址冲突。读地址冲突发生在同一条读访存指令产生的若干个地址中,有两个或两个以上的地址访问了同一个 Bank 存储器。写地址冲突发生在同一条写访存指令产生的若干个地址中,有两个或两个以上地址访问同一个 Bank 存储器。由于内部 SRAM 为双口 SRAM,故读写之间不会出现冲突问题。

同一个 Bank 产生冲突属于合法操作。Bank 一旦出现冲突,整个流水线就被停顿,按照存储器地址升序排列,在流水线停顿的指令周期内依次分时访问,直到所有数据被正确读出或写入为止,恢复流水线工作。因此,从提高程序运行效率角度考虑,程序员在进行程序设计时,尽可能利用处理器提供的其他寻址方式,避免 Bank 冲突现象的出现。

对于读 Bank 冲突,有一种特殊情况值得注意,当两个读地址完全相同时,此时处理器是作为一个地址来处理,即只需一个指令周期读出,所需要做的是将该数据分别送至数据读总线缓冲、数据读总线对应位域,和其他 Bank 冲突不一样的地方不做延迟处理。而当写存储器操作的地址完全相同时,不作 Bank 冲突处理,而是作为异常处理。

3.5.2 地址非法

地址非法是指送到数据存储器的地址不能够从存储器读/写数据,发生访存失败。地址非法的情况分为三种:

(1) 地址越界:指数据地址落在了保留的数据地址空间、程序地址空间、寄存器组地址空间或其他非法地址空间,此时访存失败,引发异常。

(2) 同一指令的地址跨 Block:如果同一条访存指令,其若干个地址落在了2个或2个以上的数据 Block 上,那么这种情况定义为非法,访存失败,引发异常。

(3) 读-写/写-写冲突:如果同时有读/写地址完全相同,称为读-写冲突;如果同时有2个或2个以上写地址相同,称为写-写冲突。出现此种冲突时访存失败,引发异常。

一般情况下,访存异常大部分出现在程序运行过程中,程序出现异常,或者程序员没有注意到,特别是动态情况,由于编译器只做静态检查,动态处理编译器是无法给出错误标识的。为了给程序员提供检查的依据,这里采用的方式是,一旦访存出现地址非法,就引发异常,给出相应的标志位进行标示。

地址的冲突与越界分如下一些情况:

地址越界:内部存储器的数据读/写地址超出了存储器的有效地址范围,或到达保留地址。造成这种情况的原因是基地址或偏移量设置不当,导致地址越界。

写地址和写地址冲突:同一个指令周期,写地址相同。造成这种情况的原因是写地址字间偏移量为零,导致若干个写地址相同。

读地址和写地址冲突:同一个执行行,有两条访存指令,一条读,一条写,但是读地址和写地址相同。

3.6 总线仲裁

对于每一个 Bank 存储器来说,其读写地址各有一个,当多个数据端口都需要在同一个存储器进行读/写数据时,就存在一个将当前地址交给哪个端口进行控制的问题,即存在一个总线仲裁问题。总线仲裁形式可以有多种,仲裁的基本原则是尽量发挥存储器的吞吐工作效率。每个存储器块(Block)总线字宽为 256bit,它是由 8 个 32bit 的 Bank 存储器构成,如果将此总线看成一个完整的存储单元,8 个 Bank 存储器安排一个总线仲裁电路,硬件仲裁电路得到了简化,但各个存储器之间独立性降低,存储效率也随之降低,因为同一时刻 8 个 Bank 存储器不一定都需要读/写数据。因此处理器给每个 Bank 存储器读写均单独安排一个数据总线仲裁电路,以有效地提高效率。这样,24 个 Bank 存储器设置了 24x2 个独立的读/写总线仲裁电路,对数据读写进行有效仲裁。

3.7 寄存器

寄存器是 DSP 重要组成部分,主要包括控制寄存器和标志寄存器。控制寄存器是用来控制程序运行时相关功能的开/关,标志寄存器主要用于记录指令运行过程中所留下的标志。大部分寄存器位宽为 32bit,只有少数寄存器位宽为双字或多字。

大部分控制寄存器的值需由程序员根据程序功能进行设定,但 DMA 传输时涉及的寄存器的部分位值则是由 DMA 控制器自动设置和清除的,不需要程序员通过指令设置。本节主要介绍全局控制寄存器、内核执行单元控制与标志寄存器、DMA 控制寄存器、中断控制寄存器、定时器控制寄存器、通用 I/O 控制寄存器、并口控制寄存器、UART 控制寄存器、DDR2 控制器的配置寄存器等。

在本节中,如无特别说明,保留位均为写无效,读出为 0。

3.7.1 全局控制寄存器 GCSR

全局控制寄存器 GCSR 如图 3.7 所示,用于编程时对指定型号和版本的 DSP 进行标识,开启或关闭中断嵌套以及全局中断。寄存器各个位的表示意义如表 3.3 所列。

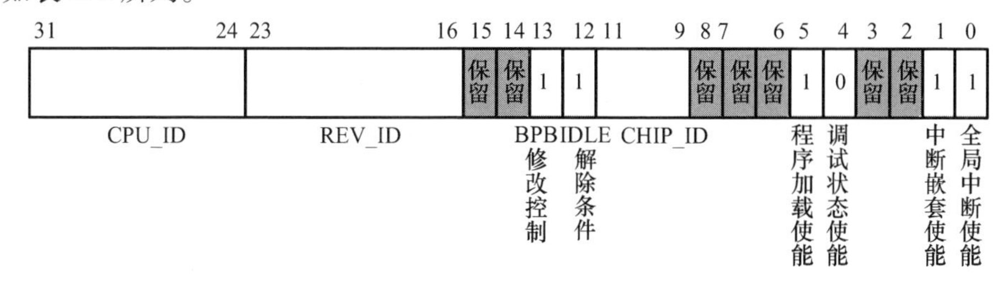

图 3.7　全局控制寄存器

表 3.3　全局控制寄存器的各位标示

位号	位名称/功能	位说明
31:24	CPU_ID	
23:16	REV_ID:Revision ID	版本号
15:14		保留
13	BPBEN,分支预测表修改控制位	0 = BPB 不可修改;1 = BPB 可修改。当预测的分支指令到达 EX 级时,根据分支预测的结果和运算所得的真实分支方向,对 BPB 作相应的更新。该位上电初始化为 0,通过指令可向该位写 1,但是无法向该位写 0
12	IDLEST,IDLE 状态解除条件	用于控制解除 IDLE 状态条件。0 = IDLE 解除条件是未被屏蔽中断产生;1 = IDLE 解除条件是任何中断产生。这一控制位可通过控制寄存器访问指令设置,但指令只能置 1,写 0 无效。中断一旦产生,该位将自动清 0,如果置位指令和中断同时到达,则置位指令生效,该位会被置 1
11:9	CHIP_ID,各芯片的 ID 号	处理器标志号。该 CHIP_ID 通过外部引脚接入,在 reset 信号下降沿,写入本寄存器[11:9]位域。如果单片工作,则对应的外部引脚应该下拉到地,接为全零
8:6		保留
5	BTEN,程序加载使能	0 = 运行状态;1 = 加载状态。该位用于区分并口和 Link 口接收 DMA 的目的地址范围,以及是否执行 Bank 仲裁。0 为内部程序地址空间 0x00000000 ~ 0x0001FFFF 不可访问,访问此空间将导致异常;1 表示可以访问程序地址空间 0x00000000 ~ 0x0001FFFF,以便进行程序加载。该位上电初始化后为 1,允许指令或 JTAG 对其写 0,写 1 无效
4	DBGEN,调试状态使能	0 = 正常工作状态;1 = 调试状态
3:2		保留
1	INEN,中断嵌套使能	0 = 屏蔽,不可中断嵌套;1 = 使能,允许中断嵌套
0	GIEN,全局中断使能	0 = 屏蔽;1 = 使能

3.7.2　内核执行单元控制与标志寄存器

处理器每个内核执行单元主要包括 8 个算术逻辑单元(ALU)、4 个乘法器(MUL)、2 个移位器(SHF)和 1 个超算器(SPU)。每类运算部件都有对应控制寄存器和标志寄存器,如 ALU、MUL、SHF 和 SPU 都有单独控制器和标志寄存器,但这里控制寄存器并不针对单个运算部件,而是针对一种类型的,其结果是同类型运算部件控制方式相同。控制寄存器主要用于运算过程的控制,标志寄存器主要用于运算结果溢出、非数等标示。

3.7.2.1　ALU 控制寄存器 ALUCR

ALU 控制寄存器 ALUCR 主要用于算术逻辑运算过程中的饱和控制。其中第 1 位用于饱和控制，第 3 位用于块浮点标志更新控制，其他各位为保留位。各个位域含义如表 3.4 所列。

表 3.4　ALU 控制寄存器的各位标示

位号	位名称/功能	位说明
31:4		保留
3	BFPFEN，块浮点标志更新使能	0 = 屏蔽；1 = 使能。上电默认为 0
2		保留
1	SATEN，饱和控制	0 = 不饱和；1 = 饱和。上电默认为 1
0		保留

3.7.2.2　乘法器控制寄存器 MULCR

乘法器控制寄存器 MULCR 主要用于乘法运算过程中的饱和控制、定点乘法截位控制。该寄存器在 AC 级更新、AC 级读取、AC 级可用。除饱和控制位 MULCR[1]上电默认为 1 外，其他位上电均默认为 0。其位域定义如表 3.5 所列。

表 3.5　乘法器控制寄存器的各位标示

位号	位名称/功能	位说明
31:18		保留
17:12	TCMUL32，32bit 定点乘法截位控制	该段值为0x0，截位[31 ~ 0]； 0x1，截位[32 ~ 1]； 0x2，截位[33 ~ 2]； ⋮ 0x20，截位[63 ~ 32]
11:9		保留
8:4	TCMUL16，16bit 定点乘法截位控制	该段值为0x0，截位[15 ~ 0]； 0x1，截位[16 ~ 1]； 0x2，截位[17 ~ 2]； ⋮ 0x10，截位[31 ~ 16]
3:2		保留
1	SATEN，饱和控制	0 = 不饱和；1 = 饱和。上电默认为 1
0		保留

3.7.2.3 超算器控制寄存器 SPUCR

超算器控制寄存器 SPUCR 用于 SPU 指令中的饱和控制。SPUCR 为 32bit 寄存器,其中,只有 SPUCR[1]有效,其他位为保留位,有效位用于表示饱和控制:0 = 不饱和,1 = 饱和,上电默认为 1。

3.7.2.4 移位器控制寄存器 SHFCR

移位器控制寄存器 SHFCR 用于 SHF 指令中的饱和控制。SHFCR 为 32bit 寄存器,其中,SHFCR[1]为饱和控制,其他位为保留位,0 = 不饱和,1 = 饱和,上电默认为 1。

3.7.2.5 ALU 标志寄存器 ALUFR7 ~ ALUFR0

ALU 标志寄存器用于表示算术逻辑运算结果的非数和溢出,如图 3.8 所示。标志寄存器分为静态和动态两种。静态标志寄存器一旦置位,除非用户特意更改,否则就不会再变动。动态标志是否更改,则受控于对应控制寄存器中的"标志是否更改"控制位。上电初始化时,寄存器的各个标志位设置为 0。

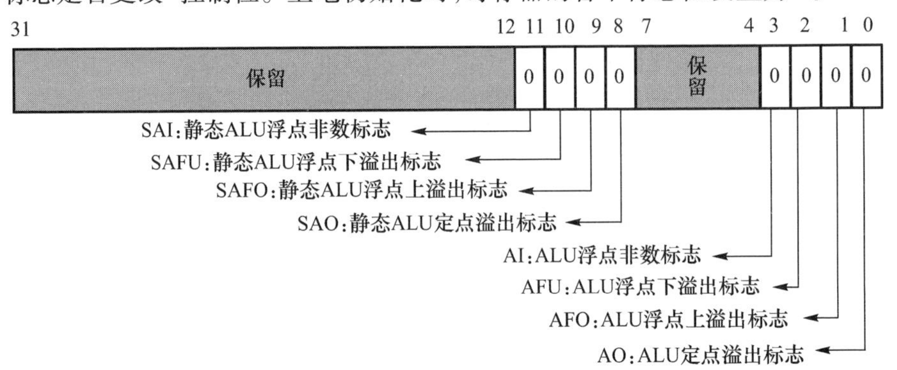

图 3.8 ALU 标志寄存器

每个执行宏中的 8 个 ALU 均有各自独立的标志寄存器 ALUFR7 ~ ALUFR0,使用时需在寄存器前加宏标志(x/y/t/z),在寄存器后加序号(0 ~ 7)。例如 xALUFR0 表示 x 执行宏的第一个 ALU 标志寄存器。

3.7.2.6 乘法器标志寄存器 MULFR3 ~ MULFR0

乘法器标志寄存器用于表示乘法器运算结果的非数和溢出。标志分静态标志和动态标志,静态标志寄存器一旦置位,除非用户特意更改,否则就不会再变动。动态标志是否更改,则受控于对应控制寄存器中"标志是否更改"控制位。上电初始化时,寄存器各个标志位设置为 0。各位表示意义如图 3.9 所示。每个执行宏中的4个MUL均有各自独立的标志寄存器，使用时需在寄存器前加宏标志(x/y/t/z)，在寄存器后加序号(0~3)。

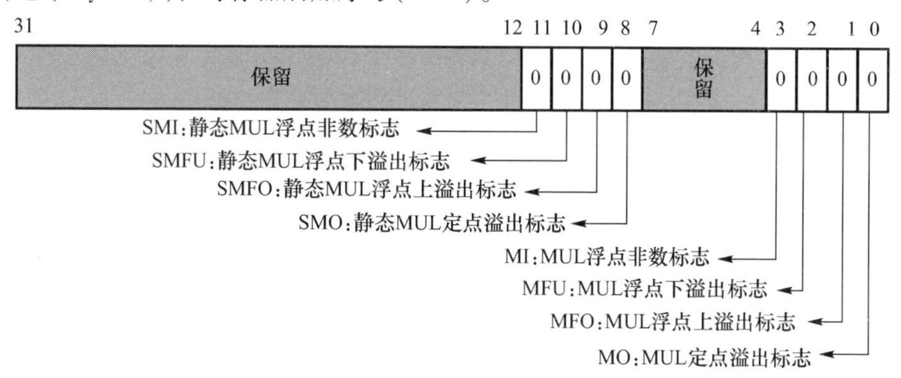

图3.9　乘法器标志寄存器

3.7.2.7　超算器标志寄存器SPUFR

超算器标志寄存器用于表示超算器运算结果的非数和溢出。标志分静态标志和动态标志，静态标志寄存器一旦置位，除非用户特意更改，否则就不会再变动。动态标志是否更改，则受控于对应控制寄存器中的“标志是否更改”控制位。上电初始化时，寄存器的各个标志位设置为0。各个位表示意义如图3.10所示。

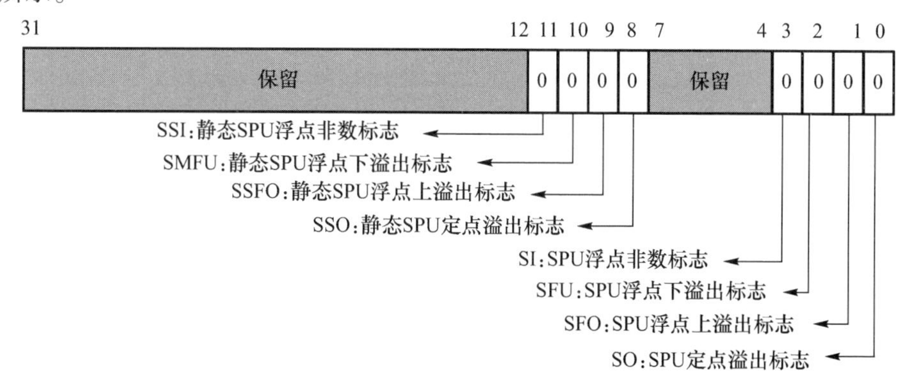

图3.10　超算器标志寄存器

3.7.2.8　移位器标志寄存器SHFFR1~SHFFR0

移位器标志寄存器SHFFR1~SHFFR0用于指示移位器运算时结果是否溢出。SHFFR是32bit寄存器。其中，第0位为移位器动态溢出标志；第8位为移位器静态溢出标志；其余位保留。上电初始化时，寄存器的各个标志位设置为0。

3.7.2.9 ALU 标志按位与寄存器 ALUFAR

将一个 Macro 内的 8 个 ALU 标志寄存器对应位做与运算,结果存入该寄存器。上电初始化各标志位设置为0。各个位表示意义如图 3.11 所示。

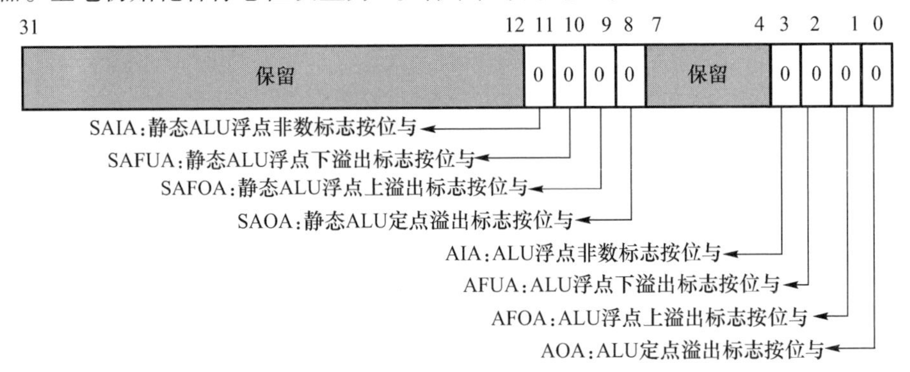

图 3.11 ALU 标志位按位与寄存器

3.7.2.10 乘法器标志按位与寄存器 MULFAR

将一个 Macro 内的 4 个乘法器标志寄存器对应位做与运算,结果存入该寄存器。上电初始化各标志位设置为0。各个位表示意义如图 3.12 所示。

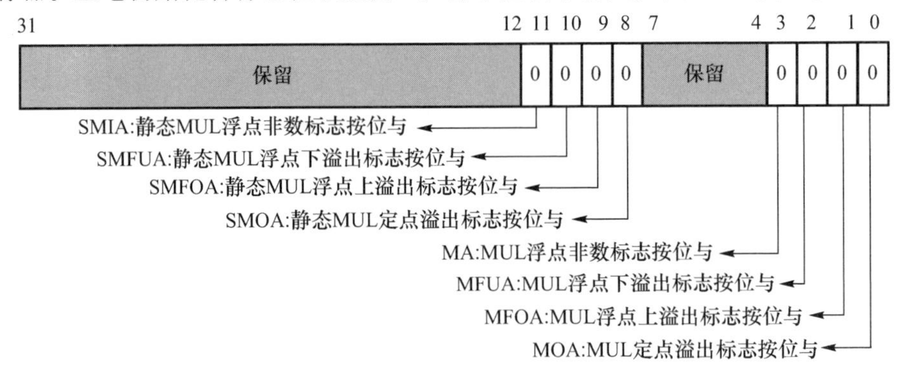

图 3.12 乘法器标志按位与寄存器

3.7.2.11 移位器标志按位与寄存器 SHFFAR

将一个 Macro 内的两个移位器标志寄存器对应位按位与,结果存入该寄存器。SHFFAR 是一个 32bit 寄存器,其中,第 0 位为 SHOA(移位器溢出标志按位与);第 8 位为 SSHOA(静态移位器溢出标志按位与);其余位保留。上电初始化时,寄存器的各个标志位设置为 0。

3.7.2.12　ALU 标志按位或寄存器 ALUFOR

将一个 Macro 内的 8 个 ALU 标志寄存器对应位按位或,结果存入该寄存器。上电初始化各标志位设置为 0。各个位表示意义如图 3.13 所示。

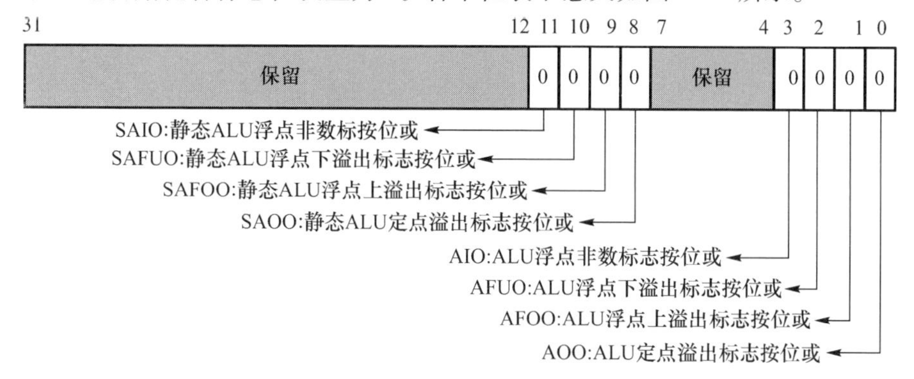

图 3.13　ALU 标志按位或寄存器

3.7.2.13　乘法器标志按位或寄存器 MULFOR

将一个 Macro 内的 4 个乘法器标志寄存器对应位按位或,结果存入该寄存器。上电初始化各标志位设置为 0。各个位表示意义如图 3.14 所示。

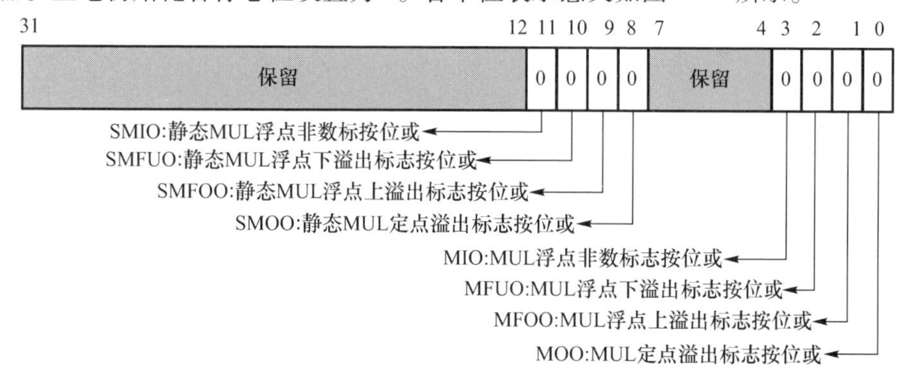

图 3.14　乘法器标志按位或寄存器

3.7.2.14　移位器标志按位或寄存器 SHFFOR

将一个 Macro 内的两个移位器标志寄存器对应位按位或,结果存入该寄存器。SHFFOR 为 32bit 寄存器,其中,第 0 位为移位器溢出标志按位或;第 8 位为静态移位器溢出标志按位或;其余位保留。上电初始化时,寄存器的各个标志位设置为0。

3.7.2.15 累加控制寄存器CON7～CON0

累加控制寄存器CON用于控制ALU累加/累减运算，这是一个32bit专用寄存器。受控信息来自于该寄存器的最高位，0为累加运算；1为累减运算。每执行一次累加操作，CON内容左移一位，因此CON可以连续控制32次累加/减运算。CON可以用数据寄存器组更新，也可以将CON读到数据寄存器组，上电初始化为0。

3.7.2.16 ALU比较标志寄存器ACF7～ACF0

ALU比较标志寄存器ACF是一个32bit专用寄存器。比较标志位受比较指令影响，例如32bit定点实数比较指令{Macro} Rm = Rm > Rn？(Rm - Rn)：0(U,k)，如果Rm > Rn，则Rm - Rn的值赋给目的寄存器Rm，同时比较标志寄存器最低位置1；否则，0赋给目的寄存器Rm，同时比较标志寄存器最低位置0。比较标志位可以读到数据寄存器组，也可以用数据寄存器组更新。上电初始化为0。

3.7.2.17 累加寄存器ACC

每个ALU对应一个48bit位宽的累加寄存器，这个48bit寄存器在统一地址空间中占据3个地址。即低32bitACC[31:0]占地址Addr；ACC[39:32]占地址Addr + 1；ACC[47:40]占地址Addr + 2。因此一个宏中8个ALU占据24个地址。由于ALU中ACC最高8位代表浮点累加时的指数，而在定点累加时没有任何意义，定点累加只有ACC[39:0]有意义，所以最高8位ACC[47:40]被单独列出。上电初始化时累加寄存器ACC为0。

3.7.2.18 乘法累加寄存器MACC

每个MUL有一个位宽为80bit的乘法累加寄存器MACC，这个累加器在统一地址空间中占用3个地址。MACC[31:0]占用地址Addr；MACC[63:32]占用地址Addr + 1；MACC[79:64]占用地址Addr + 2。一个宏中4个MACC占据12个统一地址空间。上电初始化时累加寄存器MACC为0。

3.7.2.19 ALU块浮点标志寄存器ABFPR

x/y/z/t每个执行宏都定义有一个ALU块浮点标志寄存器ABFPR，用于保存该核内ALU的块浮点标志。ABFPR是一个32bit专用寄存器，ABFPR[0]、ABFPR[1]为ALU块浮点标志，其余位保留。其更新受控于本核内的ALUCR

[3]位,1为ABFPR更新;0为ABFPR保持。

与其他标志寄存器一样,ABFPR更新在WB级,ABFPR可以读到数据寄存器组中,读操作同样在WB级进行。清除静态标志指令"clr SF"对块浮点标志寄存器无效,各标志位上电初始化设置为0。能够更改ABFPR的指令如表3.6所列。

表3.6　可更改ABFPR的指令

Rm_n = Rm +/ − Rn	HHRs = HHRm +/ − LHRm	CRm + 1 : m_n + 1 : n = CRm + 1 : m +/ − CRn + 1 : n
Rm_n = (Rm +/ − Rn)/2	LHRs = HHRm +/ − LHRm	CRm + 1 : m_n + 1 : n = (CRm + 1 : m +/ − CRn + 1 : n)/2
HRm_n = HRm +/ − HRn	HHRs = (HHRm +/ − LHRm)/2	CRm + 1 : m_n + 1 : n = CRm + 1 : m +/ − jCRn + 1 : n
HRm_n = (HRm +/ − HRn)/2	LHRs = (HHRm +/ − LHRm)/2	CRm + 1 : m_n + 1 : n = (CRm + 1 : m +/ − jCRn + 1 : n)/2
CHRm_n = CHRm +/ − CHRn	CHRm_n = (CHRm +/ − CHRn)/2	CHRm_n = CHRm +/ − jCHRn
ABFPR = Rm	ABFPR = C	CHRm_n = (CHRm +/ − jCHRn)/2

ABFPR进行32bit运算的更新过程:

(1) 如表3.7所列,根据ALU计算结果的第31~28位,判断结果增益。

表3.7　ALU计算结果

计算结果的第31~28位	增益值
0000,1111	00
0001,1110	01
001x,110x	10
01xx,10xx	11
注:x代表0或者1	

(2) 在同一执行宏中,取8个ALU计算结果增益与原ABFPR中的大值更新ABFPR。

ABFPR进行16bit运算的更新过程:

(1) 如表3.8所列,根据ALU计算结果的第31~28位及第15~12位,判断结果增益。

(2) 在同一执行宏中,取8个ALU产生的16个计算结果(高16bit及低16bit)增益及原ABFPR中大值更新ABFPR。

表 3.8 ALU 计算结果

计算结果的第 31 ~ 28 位及第 15 ~ 12 位	增益值
0000,1111	00
0001,1110	01
001x,110x	10
01xx,10xx	11
* 注:x 代表 0 或者 1	

3.7.3 DMA 控制寄存器

直接存储器访问(DMA)是不需要处理器核干预的数据传输机制。DMA 功能的启动和数据传输受控于 DMA 控制寄存器。通过 DMA 标志寄存器,可以判断 DMA 的操作情况,确定数据传输是否正确,DMA 控制寄存器配置由指令完成。

DMA 控制器负责 DMA 传输,其主要任务为:

(1) 产生各个 DMA 通道需要的数据读写地址;

(2) 管理各个通道数据传输长度和传输模式;

(3) 控制各个通道数据传输速率。

“魂芯一号”DMA 在进行各种类型通道传输时,对应的 DMA 控制寄存器都需要进行相应配置。

本节主要介绍 Link 口 DMA 发端控制寄存器、Link 口 DMA 收端控制寄存器、DDR2 的 DMA 控制寄存器、并口 DMA 控制寄存器和飞越传输类控制寄存器。

3.7.3.1 Link 口 DMA 发端控制寄存器

处理器拥有 4 个 Link 口发送 DMA 通道,连接内部存储器和 Link 口发送端。通道在发端控制寄存器的控制下进行数据传输。发端控制寄存器共有 6 类:起始地址寄存器、步进值寄存器、X 维计数控制寄存器、模式寄存器、过程寄存器和 Y 维计数控制寄存器,主要用于设置发送数据起始地址、步进值、X/Y 维地址步进值、数据发送模式等并记录数据发送通道的工作状态。

1) 起始地址寄存器 LTAR3 ~ LTAR0

发端起始地址寄存器 LTAR 位宽 32bit,用于设置所发送数据起始地址,LTAR3 ~ LTAR 0 的取值范围应是合法的片上数据地址空间。

2) 步进值寄存器 LTSR3 ~ LTSR0

发端步进值寄存器 LTSR 位宽 32bit,其中,LTSRx[31:16]为 Y 维发送数据地址的步进量,LTSRx[15:0]为 X 维发送数据地址的步进量。

3) X 维计数控制寄存器 LTCCXR3 ~ LTCCXR0

发端 X 维计数控制寄存器 LTCCXR 位宽 32bit。其中,LTCCXRx[17:0]为 X

维传输长度，以 32bit 字为基本传输单位。无论一维还是两维 DMA 传输，一次传输总字数要大于等于 16。其余位保留。

3）模式寄存器 LTMR3 ~ LTMR0

如图 3.15 所示，发端模式寄存器 LTMR 位宽为 32bit，主要用于设置 Link 口时钟频率、奇偶校验、传输位宽等。表 3.9 对 LTMR 各位做了详细说明。

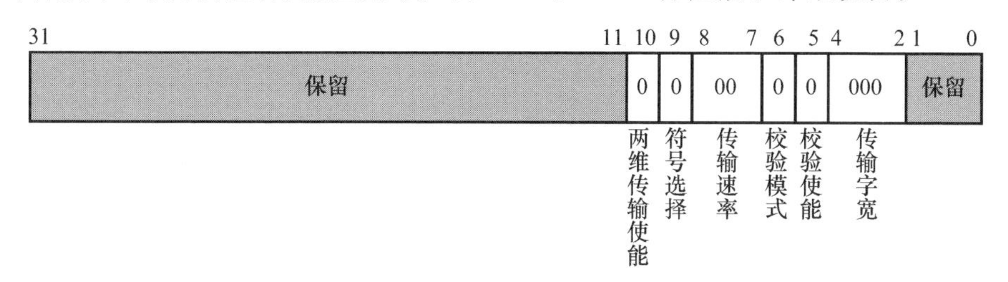

图 3.15　寄存器 LTMRx

表 3.9　Link 口 DMA 发端模式寄存器 LTMRx 的各位标示

位号	位名称/功能	位说明
31:11		保留
10	2D，两维传输使能	0 = 无效，1 = 使能
9	S/U，有/无符号数选择	0 = 有符号数，1 = 无符号数
8:7	SPD(Transfer Speed)，传输速率	00 = 1/2 主频，01 = 1/4 主频 10 = 1/6 主频，11 = 1/8 主频
6	PM(Parity Mode)，校验模式	0 = 偶校验，1 = 奇校验
5	PE(Parity Enable)，校验使能	0 = 禁止，1 = 校验使能
4:2	LEN(Operand Length)，传输位宽	100 = 2 个 16bit 数分别放置在 32bit 高低 16bit。111 = 32bit 字。注意，数均按完整的 32bit 字进行传输
1:0		保留

4）过程寄存器 LTPR3 ~ LTPR0

如图 3.16 所示，Link 口发端过程寄存器 LTPR 位宽为 32bit，主要用于传输使能的控制和工作状态的标示。表 3.10 对 LTPR 各位做了详细说明。

图 3.16　寄存器 LTPRx

表 3.10 Link 口发端过程寄存器 LTPRx 的各位标示

位号	位名称/功能	位说明
31:5		保留
4	PI,参数非法标志	标志为 1,表明 DMA 某些参数设置非法
3	XF,传输异常标志	在传输过程中,如果内部地址超过了内部数据存储器允许的地址范围,则引发“DMA 传输地址异常”。一旦检测到某个通道发生“DMA 传输地址异常”,就立即停止 DMA 传输。等到该异常到达 WB 级,DSP 内核停止运行
2	EN,传输使能	0 = 禁止,1 = 使能。可被指令或调试模式下 JTAG 逻辑置位,并被 DMA 控制器自动清零,复位时清零
1	TS,传输起始	0 = 无效,1 = 开始。该位由指令或调试模式下 JTAG 逻辑置位,置位后表明 DMA 传输开始。DMA 传输启动之后,该位被清零。复位时置 0
0	CF,传输完成标志	0 = 传输正在进行,1 = 传输完成。该标志由 DMA 控制器置 1,表明传输结束。由指令或调试模式下 JTAG 逻辑置 LTPRx[1]时自动清零,在复位时置 1

6) Y 维计数控制寄存器 LTCCYR3 ~ LTCCYR0

发端 Y 维计数控制寄存器 LTCCY 位宽 32bit。其中 LTCCYRx[17:0]表示 Y 维传输长度,以 32bit 字为基本传输单位。无论一维还是两维 DMA 传输,一次传输总数据字数要大于等于 16。其余位保留。

3.7.3.2 Link 口 DMA 接收端控制寄存器

“魂芯一号”拥有 4 个 Link 口 DMA 接收通道,连接内部存储器和 Link 口接收端。通道在收端控制寄存器的控制下进行数据接收。收端控制寄存器共有 4 类,包括接收端起始地址寄存器、接收端步进控制寄存器、接收端过程控制寄存器和接收端模式寄存器,主要用于设置接收数据的起始地址、步进值、数据接收模式等,并记录数据接收通道的工作状态。

1) 起始地址寄存器 LRAR3 ~ LRAR0

收端起始地址寄存器 LRAR 位宽 32bit。用于设置接收数据起始地址,LRAR3 ~ LRAR0 取值范围应是合法的片上数据地址空间。

2) 步进控制寄存器 LRSR3 ~ LRSR0

接收端步进控制寄存器 LRSR 位宽 32bit。其中 LRSRx[15:0]表示 Link 口 DMA 接收端地址步进控制,默认值为 0x0001,其余位保留。

3) 过程控制寄存器 LRPR3 ~ LRPR0

如图 3.17 所示,接收端过程控制寄存器 LRPR 主要用于接收使能控制并对接收状态和结果进行标示。表 3.11 对 LRPR 各位做了详细说明。

图 3.17　寄存器 LRPRx

表 3.11　Link 口 DMA 接收端过程寄存器 LRPRx 的各位标示

位号	位名称/功能	位说明
31:4		保留
3	EN,接收端传输使能	为 1 时,接收数据;为 0 时,不接收数据。可被指令或调试模式下 JTAG 逻辑置位,并被 DMA 控制器清零,复位时置 0
2	XF,传输异常标志	在传输过程中,如果内部地址超过了合法地址范围,则引发“DMA 传输地址异常”。该异常由 DMA 传输控制逻辑检测、送出。DMA 控制逻辑一旦检测到某个通道发生“DMA 传输地址异常”,立即停止 DMA 传输。等到该异常到达 WB 级,DSP 内核停止运行
1	ERF,传输校验错误标志	若奇偶校验出错,该位为 1,否则为 0
0	CF,传输完成标志	为 1,传输完成;为 0,正在进行。该位由 DMA 控制器置位和清零

4）模式寄存器 LRMR3 ~ LRMR0

如图 3.18 所示,接收端模式寄存器 LRMR 主要用于设置 Link 口的传输速率、校验模式、传输位宽、传输长度等。表 3.12 对 LRMR 各位做了详细说明。

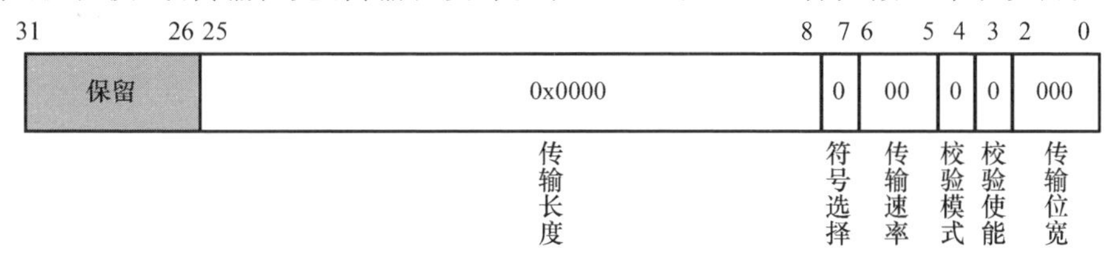

图 3.18　寄存器 LRMRx

3.7.3.3　DDR2 的 DMA 控制寄存器

DDR2 的 DMA 控制寄存器共有 7 类:片上存储空间起始地址寄存器、片外存储空间起始地址寄存器、片上存储空间步进控制寄存器、模式控制寄存器、

表 3.12　Link 口 DMA 接收端模式寄存器 LRMR3 ~ LRMR0

位号	位名称/功能	位说明
31:26		保留
25:8	TC,DMA 传输长度	由发端传输至收端,收端 DMA 控制器自动设置
7	S/U,传输数据符号选择	0 = 有符号数;1 = 无符号数。由发端传输至收端,收端 DMA 控制器自动设置
6:5	SPD,传输速率	Link 口时钟速率,由发端传输至收端,收端 DMA 控制器自动设置。00 = 1/2 主频,01 = 1/4 主频,10 = 1/6 主频,11 = 1/8 主频
4	PM,奇偶校验模式	0 = 偶校验;1 = 奇校验。由收端 DSP 通过指令或调试模式下 JTAG 逻辑置位或清零
3	PE,奇偶校验使能	0 = 校验关闭;1 = 校验使能。由收端 DSP 通过指令或调试模式下 JTAG 逻辑置位或清零
2:0	LEN,传输位宽	100 = 两个 16bit 数分别放置在 32 位寄存器上高、低 16bit;111 = 32bit 数据。取其他值时,一律按照 32bit 数据传输。由发端传输至收端,收端 DMA 控制器自动设置

X 维长度寄存器、Y 维长度寄存器、过程寄存器,主要用于设置数据的起始地址、步进值、数据接收模式等,并记录下数据传输过程的状态。

1) 片上存储空间起始地址寄存器 DOAR

DOAR 位宽 32bit,设置片上存储空间起始地址,取值为合法片上地址空间。

2) 片上存储空间步进控制寄存器 DOSR

DOSR 位宽 32bit,其中 DOSR[31:16]用来设置 Y 维地址步进值,DOSR[15:0]用来设置 X 维地址步进值。

3) 片外存储空间起始地址寄存器 DFAR

DFAR 位宽 32bit,设置片外存储空间的起始地址,取值为合法片外地址空间。

4) 模式控制寄存器 DMCR

如图 3.19 所示,模式控制寄存器 DMCR 用于设置数据传输时的工作模式,如片外地址步进、内部通道宽度等。表 3.13 对 DMCR 各位做了详细说明。

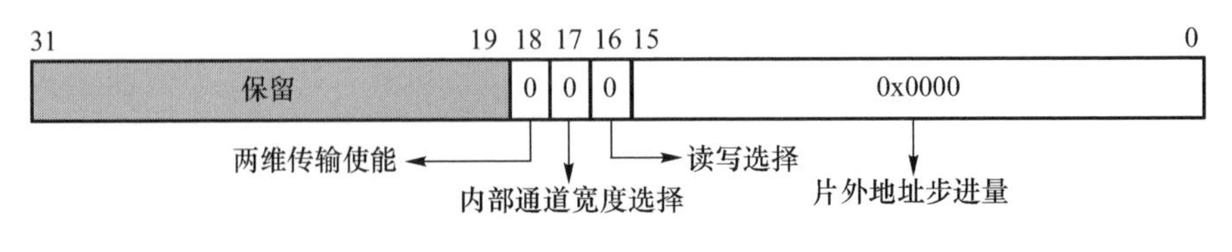

图 3.19　寄存器 DMCR

表 3.13　DDR2 接口 DMA 模式控制寄存器 DMCR 各位标示

位号	位名称/功能	位说明
31:19		保留
18	2D,两维传输使能	0 = 一维传输,1 = 两维传输
17	ICHW,内部通道宽度选择	0 = 32bit,1 = 64 位
16	R/W(Read or Write),读写选择	1 = 写,向 DDR2 写数据;0 = 读,从 DDR2 读数据
15:0	STPF:片外 DDR2 传输地址步进量	

5）片上传输 X 维长度寄存器 DDXR

DDXR 位宽 32bit。其中,DDXR [17:0]用于设置片上 X 维传输长度,其余位为保留位。

6）片上传输 Y 维长度寄存器 DDYR

DDYR 位宽 32bit。其中,DDYR [17:0]用于设置片上 Y 维传输长度,其余位为保留位。

7）过程寄存器 DPR

如图 3.20 所示,用于数据传输过程中的状态标示,如传输开始、传输完成等。表 3.14 对 DMCR 各位做了详细说明。

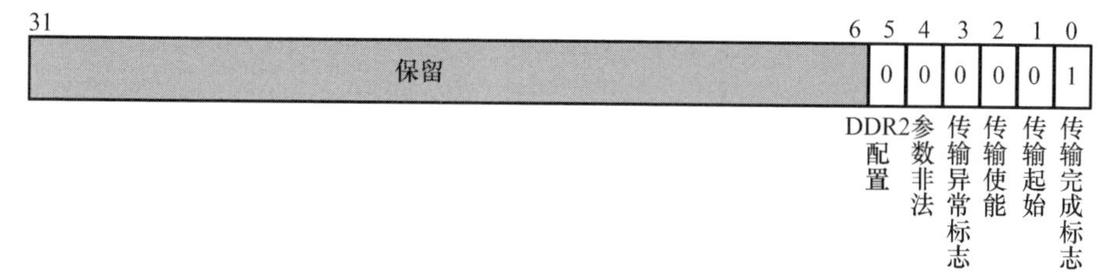

图 3.20　寄存器 DPR

表 3.14　DDR2 接口 DMA 过程寄存器 DPR 各位标示

位号	位名称/功能	位说明
31:6		保留
5	CC,端口配置状态	0 = 配置完成,1 = 正在配置。只有在配置完成后,才能对 DDR2 端口进行操作
4	PI,参数非法	0 = 参数设置合法,1 = 参数设置非法
3	XF,传输异常标志	若通道传输出现异常,则该标志位为 1;否则该标志为 0
2	EN,传输使能	0 = 禁止,1 = 使能。置位由程序设置,并被 DMA 控制器清零,复位时都置 0
1	TS,传输起始	0 = 无效,1 = 开始。指令或调试模式下 JTAG 逻辑置位,置位后表明 DMA 传输开始。传输启动后,该位由 DMA 控制器清除
0	CF,传输完成标志	DMA 传输完成,该位为 1;若 DMA 传输正在进行,该位为 0。置位 DPR[1]时自动清零,在复位时置 1

3.7.3.4 并口 DMA 控制寄存器

并口 DMA 控制寄存器共有 7 类:片上存储空间起始地址寄存器、片上存储空间步进控制寄存器、片外存储空间起始地址寄存器、模式控制寄存器、X 维长度寄存器、Y 维长度寄存器和过程寄存器,主要为设置数据传输时起始地址、步进值、X/Y 维地址步进、数据发送模式等并记录数据传输状态。

1）片上存储空间起始地址寄存器 POAR

POAR 位宽为 32bit,设置片上存储空间起始地址,其取值为合法片上地址空间。

2）片上存储空间步进控制寄存器 POSR

POSR 位宽为 32bit,其中 POSR[31:16]设置 Y 维地址步进值,POSR[15:0]设置 X 维地址步进值。

3）片外存储空间起始地址寄存器 PFAR

PFAR 位宽为 32bit,设置片外存储空间起始地址,其取值为合法片外地址空间。

4）模式控制寄存器 PMCR

如图 3.21 所示,设置数据传输时的工作模式,如片外地址步进、内部通道宽度等。表 3.15 对 PMCR 各位做了详细说明。

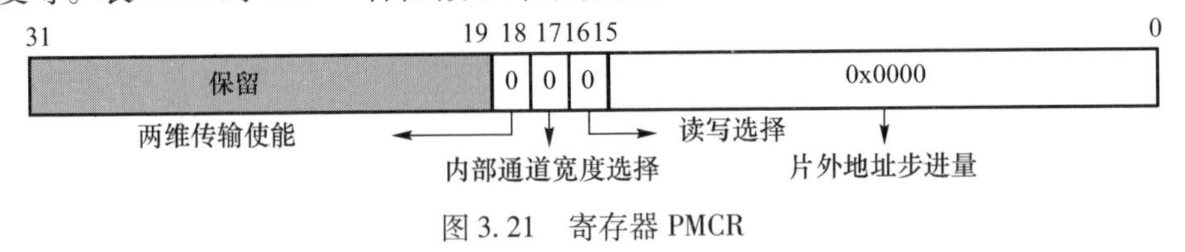

图 3.21 寄存器 PMCR

表 3.15 并口 DMA 模式控制寄存器 PMCR 的各位标示

位号	位名称/功能	位说明
31:19		保留
18	2D,传输模式使能	0 = 一维传输模式,1 = 二维传输模式
17	ICHW,模式选择	0 =32bit 模式,1 =64 位模式
16	R/W,读写选择	0 = 从片外存储器读入,1 = 写到片外存储器
15:0	STPF:片外地址步进量	

5）片上传输 X 维长度寄存器 PDXR

PDXR 位宽为 32bit,其中 PDXR [17:0]设置片上 X 维传输长度。默认值为 0x01FF。其他位为保留位。

6）片上传输 Y 维长度寄存器 PDYR

PDYR 位宽为 32bit,其中 PDYR[17:0]设置片上 Y 维传输长度。其他位为保留位。

7）过程寄存器 PPR

如图 3.22 所示，用于数据传输过程中状态标示，如传输开始、传输完成等。表 3.16 对 PPR 各位做了详细说明。

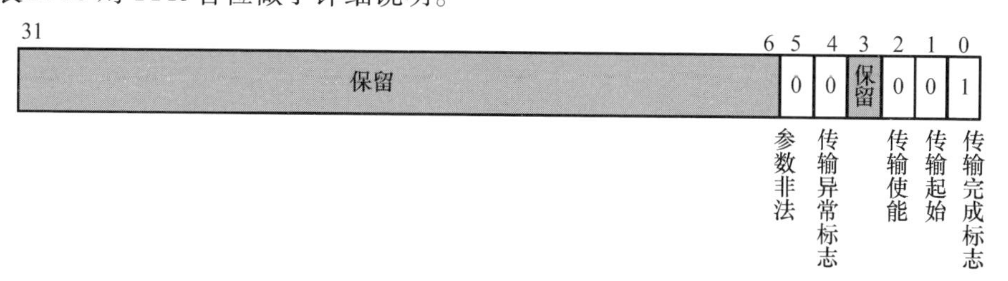

图 3.22　寄存器 PPR

表 3.16　并口 DMA 过程寄存器 PPR 的各位标示

位号	位名称/功能	位说明
31:6		保留
5	PI，参数非法	若并口控制寄存器配置，或与并口 DMA 传输有关的控制寄存器配置组合出现非法，该位为 1，否则该位为 0
4	XF，传输异常标志	若并口通道 DMA 传输出现异常，该位为 1；否则该位为 0
3		保留
2	EN，传输使能	0 = 禁止，1 = 使能。可被指令或调试模式下 JTAG 逻辑置位，并被 DMA 控制器清除，在复位时置 0
1	TS，传输起始	0 = 无效，1 = 开始。该位由指令或调试模式下的 JTAG 逻辑置位，置位后表明 DMA 传输开始。DMA 传输启动之后该位由 DMA 控制器清除。复位时置 0
0	CF，传输完成	DMA 传输完成，该位为 1；传输正在进行，该位为 0。置 PPR[1]时自动清 0，复位时置 1

3.7.3.5　飞越传输 DMA 全局控制寄存器

DDR2 与 Link 口之间的数据传输可以不经过内部存储器，只在 DMA 控制器参与下进行，这种数据传输方式称为飞越传输。飞越传输仅限于 Link 口和 DDR2 之间。

使用 DMA 飞越传输功能时，首先要配置飞越传输 DMA 全局控制寄存器 FDGCR，如图 3.23 所示，FDGCR 主要用于配置飞越方式、链路端口号、飞越传输使能等，表 3.17 给出了 FDGCR 各位的详细说明。

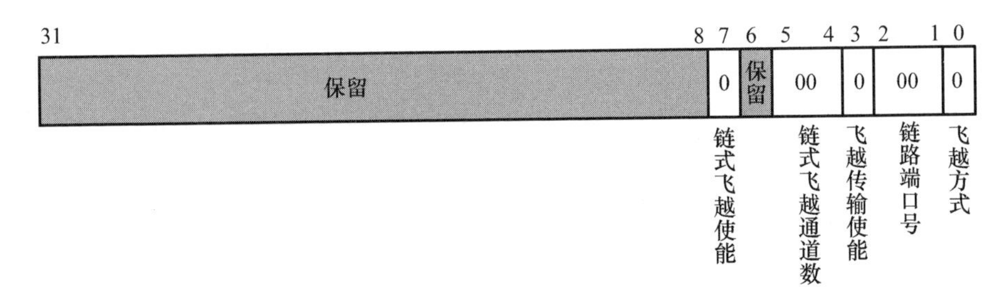

图 3.23　寄存器 FDGCR

表 3.17　飞跃传输 DMA 全局控制寄存器的各位标示

位号	位名称/功能	位说明
31:8		保留
7	CHEN,链式飞越传输使能	0 = 链式飞越传输禁止,1 = 链式飞越传输使能
6		保留
5:4	MNCH,通道数选择	一轮链式传输最大链接的通道数,最大值 3,最小值 0。当一轮链式飞越传输达到通道总数后,DDR2 自动回到普通 DMA 通道状态,控制逻辑自动将 FDGCR[7]和 FDGCR[0]位清除
3	FEN,飞越传输使能	为 0 时,DDR2 服务于普通 DMA 通道;为 1 时,服务于飞越 DMA 通道
2:1	ICH,链路端口号	飞越传输 Link 口:00 = Link0,01 = Link1,10 = Link2,11 = Link3
0	FM,飞越传输方式	0 = DDR2 到 Link 口传输,1 = Link 口到 DDR2 接口

3.7.3.6　飞越传输从 DDR2 接口到 Link 口通道的控制寄存器

“魂芯一号”拥有 4 个飞越传输 DDR2 至 Link 口 DMA 通道,连接 DDR2 存储器接口和 Link 口接收端。使用该功能时,需要配置 5 类寄存器:起始地址寄存器、地址步进寄存器、数据传输长度寄存器、过程寄存器和模式寄存器。

1) 起始地址寄存器 DLDAR3 ~ DLDAR0

DLDAR 位宽为 32bit,用于设置 DDR2 存储器中所发送数据的起始地址,其取值为 DDR2 合法的片内地址空间。

2) 地址步进寄存器 DLDSR3 ~ DLDSR0

DLDSR 位宽为 32bit,其中,DLDSRx[15:0]用于配置飞越传输地址步进值,其余位为保留位。

3) 长度寄存器 DLDDR3 ~ DLDDR0

DLDDR 位宽为 32bit,其中,DLDDRx [27:0]用于配置飞越传输长度,其余位为保留位。

4）DDR2 过程寄存器 DLDPR3 ~ DLDPR0

如图 3.24 所示，主要用于数据传输过程配置和传输状态标示。表 3.18 给出了 DLDPR 各位详细说明。

图 3.24　寄存器 DLDPRx

表 3.18　DLDPRx 的各位标示

位号	位名称/功能	位说明
31:4		保留
3	XF，传输异常标志	若 DMA 传输出现异常，该标志为 1；否则该标志为 0
2	EN，传输使能	0 = 禁止，1 = 使能
1	TS，传输起始	0 = 无效，1 = 开始。该位由指令或调试模式下 JTAG 逻辑置位，置位后表明 DMA 传输开始。DMA 传输启动后，该位由 DMA 控制器自动清零
0	CF，传输完成标志	DMA 传输完成，该位为 1；DMA 传输正在进行，为 0

5）模式寄存器 DLLMR3 ~ DLLMR0

如图 3.25 所示，DLLMR 主要用于配置数据传输模式，如传输速率、校验使能等。表 3.19 给出了 DLLMR 各位的详细说明。

图 3.25　寄存器 DLLMRx

表 3.19　DLLMRx 的各位标示

位号	位名称/功能	位说明
31:10		保留
9	S/U，符号选择	0 = 有符号数，1 = 无符号数

（续）

位号	位名称/功能	位说明
8:7	SPD，传输速率	00 = 1/2 主频，01 = 1/4 主频，10 = 1/6 主频，11 = 1/8 主频
6	PM，奇偶校验模式	0 = 偶校验，1 = 奇校验
5	PE，校验使能	0 = 校验关闭，1 = 校验使能
4:2	LEN，Link 口传输字宽	100 = 2 个 16bit，放置在 32bit 寄存器中的高低 16bit；111 = 32bit 数据
1:0	INCH，链式飞越传输下一端口号	一个 DMA 通道飞越传输完成之后，会自动发起下一个 DMA 通道的飞越传输，该端口号就是指定链中紧接着本 DMA 通道之后的下一个飞越传输 DMA 的 Link 口端口号。00 = Link0 发端，01 = Link1 发端，10 = Link2 发端，11 = Link3 发端

6）Link 口过程寄存器 DLLPR3 ~ DLLPR0

如图 3.26 所示，DLLPR 为 Link 口过程寄存器（注意与图 3.24 所示的 DDR2 过程寄存器 DLDPR 区分开）。对 DLLPR 各位的详细说明，见表 3.20。

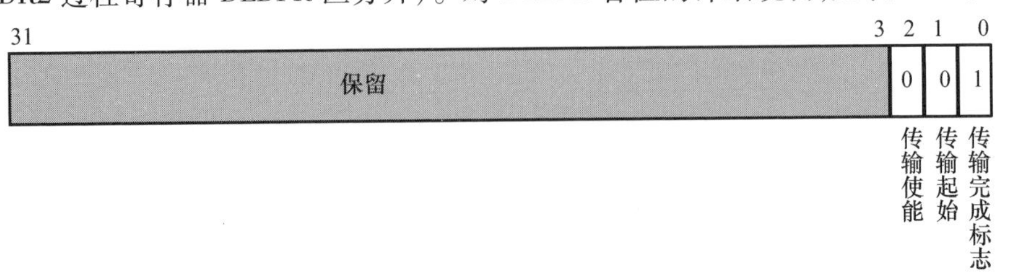

图 3.26 寄存器 DLLPRx

表 3.20 DLLPRx 的各位标示

位号	位名称/功能	位说明
31:3		保留
2	EN，传输使能	由飞越传输 DMA 控制器自动置位和清除。发起 DDR2 到 Link 口的飞越传输时，置位 DLDPRx 的使能位和起始位，此后飞越传输控制器会自动将 DLLPR[2] 和 DLLPR[1] 置位
1	TS，传输起始	
0	CF，传输完成标志	由飞越传输 DMA 控制寄存器自动完成置位和清除。当从 DDR2 到 Link 口飞越传输正在进行时，该位为 0，否则为 1

3.7.3.7 飞越传输从 Link 口到 DDR2 接口通道的控制寄存器

“魂芯一号”拥有 4 个飞越传输 Link 口至 DDR2 通道，连接 Link 口发送端和 DDR2 存储器接口。寄存器类型的配置与上述“从 DDR2 接口到 Link 口通道的控制寄存器”内容相同。

1）起始地址寄存器 LDDAR3～LDDAR0

LDDAR 位宽为 32bit，设置发送数据起始地址，取值为合法片内地址空间。

2）地址步进寄存器 LDDSR3～LDDSR0

LDDSR 位宽为 32bit，其中 LDDSRx[15:0]用于配置地址步进，其余位为保留位。

3）长度寄存器 LDDDR3～LDDDR0

LDDDR 与上述“DDR2 至 Link 口飞越传输长度寄存器 DLDDR”有不同之处，读者应当注意区分。表 3.21 给出了其各位的说明。

表 3.21　寄存器 LDDDRx 的各位标示

位号	位名称/功能	位说明
31:30	INCH，链式飞越传输下一端口号	链式飞越传输模式中，一个 DMA 传输完成后会自动发起下一个 DMA 飞越传输，该端口号就是指定链中紧接着本 DMA 通道后 Link 口端口号。00，Link0；01，Link1；10，Link2；11，Link3
29:28		保留
27:0	TC，Link 口至 DDR2 飞越传输长度	

4）过程寄存器 LDDPR3～LDDPR0

如图 3.27 所示，LDDPR 寄存器用于配置传输起始和传输使能，并对传输过程进行标示。表 3.22 给出了各位的详细说明。

图 3.27　寄存器 LDDPRx

表 3.22　寄存器 LDDPRx 的各位标示

位号	位名称/功能	位说明
31:4		保留
3	XF，传输异常标志	若飞越传输出现异常，则该标志位为 1，否则为 0
2	EN，传输使能	由指令或调试模式下 JTAG 逻辑置位，控制飞越传输是否使能。0，禁止；1，使能

（续）

位号	位名称/功能	位说明
1	TS,传输起始	由飞越传输 DMA 控制器自动置位和清除。在 LDDPR[2]有效情况下,若与本通道 Link 口收端相连的 Link 口发端发起了 DMA 传输,则在收到传输请求之后,LDDPR[1]自动置位;在数据传输开始之后,该位自动清除
0	CF,传输完成标志	由飞越传输 DMA 控制寄存器自动完成置位和清除。当从 Link 口到 DDR2 飞越传输正在进行时,该位为 0,否则为 1

5）模式寄存器 LDLMR3 ~ LDLMR0

飞越传输开始前要对其工作模式进行配置。表 3.23 给出了模式寄存器 LDLMR 各位的详细说明。

表 3.23　寄存器 LDLMRx 的各位标示

位号	位名称/功能	位说明
31:26		保留
25:8	TC,传输长度	Link 口至 DDR2 飞越传输的传输长度
7	S/U,符号选择	0 = 有符号,1 = 无符号
6:5	SPD,传输速率	00 = 1/2 主频,01 = 1/4 主频,10 = 1/6 主频,11 = 1/8 主频
4	PM,校验模式	0 = 偶校验,1 = 奇校验
3	PE,校验使能	0 = 禁止,1 = 使能
2:0	LEN,传输字宽	100 = 2 个 16bit 数据放置在 32bit 高低 16bit 中;111 = 32bit;其他值时,一律按照 32bit 数据进行传输

6）过程寄存器 LDLPR3 ~ LDLPR0

Link 口至 DDR2 飞越传输过程寄存器共 2 个,此处为 Link 口过程寄存器 LDLPR,注意与(4)中的 DDR2 端口过程寄存器区分。表 3.24 给出了 LDLPR 各位的详细说明。

表 3.24　寄存器 LDLPRx 的各位标示

位号	位名称/功能	位说明
31:3		保留
2	EN,收端使能	1 = 使能,0 = 屏蔽。在使能状态下,Link 口的收端才能接收来自其他 Link 口发端数据;否则即使与之相连 Link 口发端发送数据,收端也不会接收
1	ERF,校验错误标志	该位上电初始化为 0,并且每次接收到发送端送来的字头之后,接收端 DMA 控制器将之清除。如果接收过程中校验出错,则该位置为 1,否则保持为 0
0	CF,传输完成标志	传输过程中,为 0;传输完成后,该位被 DMA 控制器置 1

3.7.4 中断控制寄存器

中断是控制程序执行的一种重要方式。中断可以使处理器内核与外部事件同步工作以及同步一些非处理器内核操作,也可以用于故障检测、系统调试,以及作为整个处理器系统的外部控制手段。“魂芯一号”含5类共36种中断,包括DMA传输完成中断、外部中断、软件中断、定时器中断及串口中断等。每个中断在中断向量表(IVT)中都对应一个向量寄存器,同时在中断标志和中断屏蔽寄存器中都有一位与之对应。

本节介绍涉及中断的控制寄存器:中断锁存寄存器、中断屏蔽寄存器、中断指针屏蔽寄存器、中断设置寄存器、中断清除寄存器。

3.7.4.1 中断锁存寄存器ILATRh、ILATRl

中断锁存寄存器如图3.28所示,是只读寄存器(但可以通过ISR和ICR设置),寄存器每一位对应一种类型中断。中断一旦产生,该寄存器就对应位置1。ILATRh和ILATRl两个寄存器,从高到低共64位,除保留位之外,中断优先级对应从高到低的每一位过程。

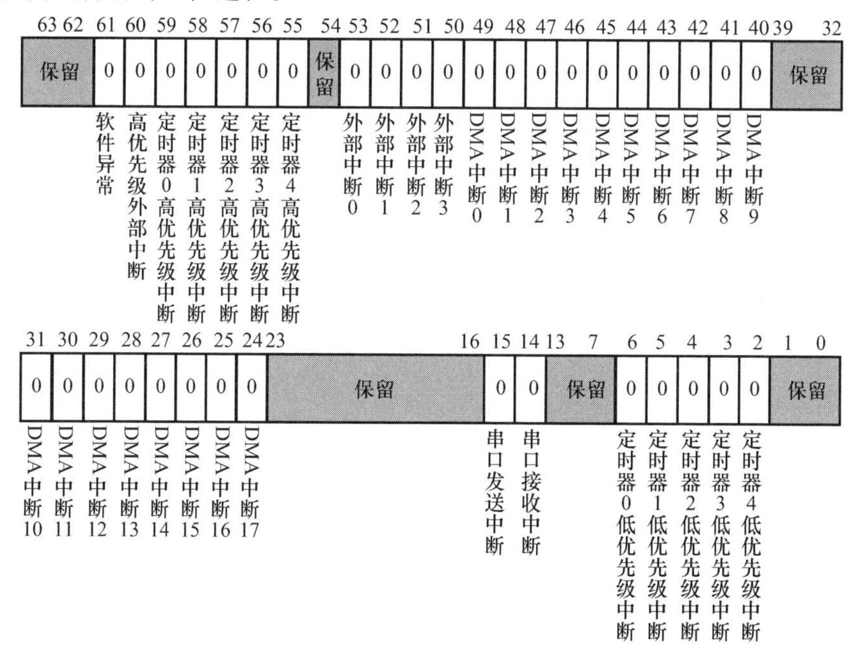

图3.28 寄存器ILATRh、ILATRl

对于中断设置和清除,可以通过ISR和ICR来进行。如果要手动触发某个或某几个中断,可以对ISR某位或某几位写1,ISR会与ILATR按位相或,之后写入 ILATR,这样 ILATR 中就被手动设置了中断。如果要手动清除某个或某几个中断,则可以向 ICR 寄存器某位或某几位写 1,ICR 会与 ILATR 按位相与,之后写入 ILATR,这样 ILATR 中对应位就被清除。如果将 ILATRh 和 ILATRl 两个寄存器看作一个 64 位寄存器,则各位域定义如表 3.25 所示。

表 3.25 中断锁存寄存器的各位标示

位号	位名称	位说明
63:62		保留
61	SOF(software interrupt),软件中断	0 = 无中断产生, 1 = 有中断产生
60	HINT(high priority external interrupt),高优先级外部中断	
59	TIMER0HP(Timer 0 high priority interrupt),定时器 0 高优先级中断	
58	TIMER1HP(Timer 1 high priority interrupt),定时器 1 高优先级中断	
57	TIMER2HP(Timer 2 high priority interrupt),定时器 2 高优先级中断	
56	TIMER3HP(Timer 3 high priority interrupt),定时器 3 高优先级中断	
55	TIMER4HP(Timer 4 high priority interrupt),定时器 4 高优先级中断	
54		保留
53	INT0(external interrupt0),外部中断 0	0 = 无中断产生, 1 = 有中断产生
52	INT1(external interrupt1),外部中断 1	
51	INT2(external interrupt2),外部中断 2	
50	INT3(external interrupt3),外部中断 3	
49	RXLINK0(Rx Link port0 DMA interrupt),DMA 中断 0	
48	RXLINK1(Rx Link port1 DMA interrupt),DMA 中断 1	
47	RXLINK2(Rx Link port2 DMA interrupt),DMA 中断 2	
46	RXLINK3(Rx Link port3 DMA interrupt),DMA 中断 3	
45	TXLINK0(Tx Link port0 DMA interrupt),DMA 中断 4	
44	TXLINK1(Tx Link port1 DMA interrupt),DMA 中断 5	
43	TXLINK2(Tx Link port2 DMA interrupt),DMA 中断 6	
42	TXLINK3(Tx Link port3 DMA interrupt),DMA 中断 7	
41	PAR(parallel port DMA interrupt),DMA 中断 8	
40	DDR(DDR2 DMA interrupt),DMA 中断 9	
39:32		保留
31	DDR2TX0,Flyby DMA0 interrupt(DDR2 to Tx Link port0),DMA 中断 10	0 = 无中断产生, 1 = 有中断产生
30	DDR2TX1,Flyby DMA1 interrupt(DDR2 to Tx Link port0),DMA 中断 11	
29	DDR2TX2,Flyby DMA2 interrupt(DDR2 to Tx Link port0),DMA 中断 12	
28	DDR2TX3,Flyby DMA3 interrupt(DDR2 to Tx Link port0),DMA 中断 13	

（续）

位号	位名称	位说明
27	RX02DDR,Flyby DMA4 interrupt(Rx Link port0 to DDR2),DMA 中断 14	
26	RX12DDR,Flyby DMA5 interrupt(Rx Link port1 to DDR2),DMA 中断 15	
25	RX22DDR,Flyby DMA6 interrupt(Rx Link port2 to DDR2),DMA 中断 16	
24	RX32DDR,Flyby DMA7 interrupt(Rx Link port0 to DDR2),DMA 中断 17	
23:16		保留
15	SRX(serial Rx port DMA interrupt),串口接收中断	0=无中断产生, 1=有中断产生
14	STX(serial Tx port DMA interrupt),串口发送中断	
13:7		保留
6	TIMER0LP(Timer 0 low priority interrupt),定时器 0 低优先级中断	0=无中断产生, 1=有中断产生
5	TIMER1LP(Timer 1 low priority interrupt),定时器 1 低优先级中断	
4	TIMER2LP(Timer 2 low priority interrupt),定时器 2 低优先级中断	
3	TIMER3LP(Timer 3 low priority interrupt),定时器 3 低优先级中断	
2	TIMER4LP(Timer 4 low priority interrupt),定时器 4 低优先级中断	
1:0		保留

3.7.4.2　中断屏蔽寄存器 IMASKRh、IMASKRl

中断屏蔽寄存器决定处理器是否响应中断。如果中断屏蔽寄存器中对应位为 0,则即使中断发生,也不响应。只有中断屏蔽寄存器中相应位开放(为 1),处理器才会响应该中断。将 IMASKRh 和 IMASKRl 两个寄存器看作一个 64 位寄存器。

每一位屏蔽中断类型与表 3.25 表述中断类型相同。不同的是,当寄存器的某一位取 0 时,屏蔽中断,取 1 时,开放中断。寄存器图示与 3.27 相同,在此不再赘述。

3.7.4.3　中断指针屏蔽寄存器 PMASKRh、PMASKRl

中断指针屏蔽寄存器,用于记录当前处理器正在响应或正在处理的中断类型。如果 GCSR[1]=1(中断嵌套使能),则处理器在处理某个中断过程中,又发生其他中断,则只有优先级高于当前处理中断的中断才能获得响应,对于优先级低于当前正在处理中断的中断,将不予响应。将 PMASKRh、PMASKRl 两个寄存器看作一个 64 位的寄存器。

其每一位记录中断响应类型与表 3.25 表述的中断类型相同。不同的是,当寄存器的某一位取 0 时,中断未被响应;取 1 时,中断正在被响应或者挂起。寄存器图示与图3.27相同。

3.7.4.4 中断设置寄存器ISRh、ISRl

中断设置寄存器允许指令或调试模式下JTAG逻辑设置ILATR中可屏蔽中断位。对ISR相应位写1会使ILATR对应位置位,但是对ISR写0不会影响ILATR。同上所述,将ISRh、ISRl两个寄存器看作一个64位寄存器。

其每一位设置的中断类型与表3.25表述的中断类型相同。不同的是,当该寄存器某一位写0时,不影响ILATR,写1时会使ILATR对应位置位(写1)。寄存器图示与图3.27相同。

3.7.4.5 中断清除寄存器ICRh、ICRl

中断清除寄存器允许清除ILATR寄存器中可屏蔽中断位(ILATR[2]~ILAT[15])。对ICR相应位写1会使ILATR对应位清除,但是对ICR写0无效,不会影响ILATR。来自中断源的中断有优先权,会覆盖任何对ICR写操作。可以将ICRh、ICRl两个寄存器看作一个64位寄存器。

其每一位清除的中断类型与表3.25表述的中断类型相同。不同的是,当该寄存器某一位写0时,不影响ILATR;写1时会使ILATR对应位清除(写0)。寄存器图示与图3.27相同。

3.7.5 定时器控制寄存器

"魂芯一号"内部集成了5个32bit可编程定时器,用于事件定时、事件计数、产生周期脉冲信号和处理器间同步。

本节介绍定时器的控制寄存器,每个定时器具有3个控制/标志寄存器,包括定时器控制寄存器、定时器周期计数器、定时器计数器。

3.7.5.1 定时器控制寄存器TCR4~TCR0

定时器控制寄存器TCRx (x=0~4),用于控制定时器的各种工作状态和工作模式。各位详细说明见表3.26所列。

表3.26 寄存器TCRx的各位标示

位号	位名称/功能	位说明
31:12	脉冲宽度控制	在脉冲输出模式下,控制输出的时钟脉冲宽度。配置为0和1,输出均为1个时钟计数宽度脉冲。上电初始化为0x00001
11:10		保留
9	CLKSRC,计数时钟源选择	0=选择内部时钟,1=选择外部时钟

（续）

位号	位名称/功能	位说明
8	CLKINV,计数时钟是否反向	0＝不反向,1＝反向。上电初始化为0
7:6		保留
5	RST,计数器重置	0＝对计数器没有影响,1＝在第[4]位为1(允许计数)时,计数器寄存器重置,并在下一计数周期开始计数。上电初始化为0
4	EN,计数使能	0＝保持计数器当前值,1＝计数。上电初始化为0
3	OINV,定时器输出取反	定时器状态位取反输出,操作不影响定时器本身,只是输出取反。0＝不取反,1＝取反。上电初始化为0
2		保留
1	EXRST,片外复位使能	0＝不接受,1＝接受。外部对定时器进行复位控制,该复位信号可同时作用于其中一个或几个,这取决于每个定时TCRx[1]位设置。上电初始化为0
0	OM,定时器输出状态	0＝脉冲模式,定时器输出正脉冲,1＝时钟模式,定时器输出50%占空比信号。上电初始化为0

3.7.5.2 定时器周期寄存器 TPR4～TPR0

定时器周期寄存器用于设置定时器一轮计数的周期数。位宽为32bit,32bit值为将要计数的定时器时钟数,并且用于重载定时器计数器TCNTx。

3.7.5.3 定时器计数器 TCNT4～TCNT0

定时计数器用于实时反映定时器的计数数值。位宽为32bit,32bit值为主计数器当前值,每个计数时钟周期结束,该值减1。

3.7.6 通用I/O控制寄存器

通用输入输出(GPIO)为片内外设备提供专用的通用目的引脚,可以配置为输入或输出。当配置为输出时,用户可以通过写一个内部寄存器值以控制输出引脚上的驱动状态。当配置为输入引脚时,用户可以通过读GPVR、GPPR、GPNR等寄存器的状态检测到输入引脚值及其状态变化。

本节介绍通用I/O控制寄存器:方向寄存器、值寄存器、上升/下降沿寄存器、上升/下降沿屏蔽寄存器、输出引脚类型寄存器。

3.7.6.1 通用I/O方向寄存器GPDR

通用I/O方向寄存器GPDR位宽为32bit。其中,GPDR[7:0](记为GPD7～

GPD0)用于控制 8 个通用 I/O 的方向。0 = 输入,1 = 输出。各位上电初始化为 0。其余位为保留位。

3.7.6.2 通用 I/O 值寄存器 GPVR

通用 I/O 值寄存器 GPVR 位宽为 32bit,其中寄存的是通用 I/O 值。当通用 I/O 配置为输出时,GPVR[7:0](记 GPV7 ~ GPV0)各位上的值用做通用 I/O 引脚输出值;当通用 I/O 配置为输入时,GPVR[7:0]各位上的值表示在通用 I/O 引脚上捕获的外部输入值,各位上电初始化为 0。当配置为输出时,允许通过指令设置、清除。其余位保留。

3.7.6.3 通用 I/O 上升沿寄存器 GPPR

通用 I/O 上升沿寄存器位宽为 32bit,在通用 I/O 被配置为输入时,GPPR[7:0](记为 GPP7 ~ GPP0)用于寄存通用 I/O 引脚上的电平变化。如果一个输入通用 I/O 引脚上捕获到上升沿跳变,则对应上升沿寄存器被置位。上升沿寄存器可以由指令或调试模式下 JTAG 逻辑清除,各位上电初始化为 0。配置为输入时,捕获输入上升沿,由 GPIO 控制逻辑置位;允许手动清除,手动置位无效。其余位保留。

3.7.6.4 通用 I/O 下降沿寄存器 GPNR

下降沿寄存器与上升沿寄存器作用相同。如果在一个输入的通用 I/O 引脚上捕获下降沿跳变,则对应下降沿寄存器位被置位。下降沿寄存器可以由指令或调试模式下 JTAG 逻辑清除,各位上电初始化为 0。配置为输入时,捕获输入下降沿,由 GPIO 控制逻辑置位;允许手动清除,手动置位无效。其余位保留。

3.7.6.5 通用 I/O 上升沿屏蔽寄存器 GPPMR

上升沿屏蔽寄存器用于上升沿事件屏蔽。如果 GPPMR[x](x = 0 ~ 7)位使能(不屏蔽),并且 GPDR[x]被配置为输入,则发生在对应通用 I/O 引脚上的上升沿会被捕获到 GPPR 寄存器相应位,即某个 GP 引脚上出现上升沿,则引脚对应的 GPPR 位被置 1。GPPR 一旦被置位,除非有指令或 JTAG 逻辑对其清除,否则保持 1(只允许通过指令或 JTAG 清除。指令或 JTAG 置位无效)。GPPMR[7:0]位为上升沿屏蔽寄存器,0 = 屏蔽,1 = 使能(不屏蔽)。其余位保留。

3.7.6.6 通用 I/O 下降沿屏蔽寄存器 GPNMR

下降沿屏蔽寄存器用于下降沿事件屏蔽。如果 GPNMR[x](x = 0 ~ 7)位使能,并且 GPDR[x]被配置为输入,则发生在通用 I/O 引脚上的下降沿会被捕获到 GPNR 寄存器中。即某个 GP 引脚上出现下降沿，则对应 GPNR 位被置位。GPNR 一旦置位，除非有指令或 JTAG 对其清除，否则保持 1。如果 GPNMRx 位不使能，则即使有下降沿出现也不会被捕获到 GPNR 中（只允许通过指令或 JTAG 清除。指令或 JTAG 置位无效）。GPNMR[7:0]位为下降沿屏蔽寄存器。0 = 屏蔽，1 = 使能（不屏蔽），其余位保留。

3.7.6.7　GPIO 输出引脚类型寄存器 GPOTR

GPIO 的第 0 至第 4 引脚（记为 GPOT0 ~ GPOT4），与定时器 0 至定时器 4 的输出引脚共用，本寄存器就是用来选择 GP0 ~ GP4 这 5 个引脚是用于 GPIO 还是用于定时器。GPOTR[4:0]为 0 用于 GPIO，为 1 用于定时器，其余位保留。

特别说明，当本寄存器 GPOTR[4] ~ GPOTR[0]配置为定时器输出类型时，无论通用 I/O 方向寄存器 GPDR[4] ~ GPDR[0]为何值，都将引脚 GP4 ~ GP0 强制配置为输出方向。此时对应的 GPIO 引脚只用于服务定时器的输出，而对应 GPIO 的控制寄存器位并不受 GPIO 引脚是否为定时器服务的影响。换言之，GP 引脚是否为 GPIO 逻辑功能服务，并不影响 GPIO 模块本身的逻辑功能。

例如，如果 GPOTR[0]为 1，GPDR[0]为 0，那么 GPVR[0]仍然会被 GP0 引脚上的值实时更新，虽然这时 GP0 引脚上的值被定时器更新，但这种更新仍然会影响 GPVR[0]，因为 GPDR[0]被配置为输入，那么 GPIO 模块的逻辑功能就按照 GPDR[0]的配置动作。

3.7.7　并口配置寄存器

通用并行口承担着外接 SRAM、FLASH、EPROM 等慢速外设以扩展存储空间任务，同时上电程序加载也需要利用通用并行口完成。统一地址空间编址为 0x1000 0000 ~ 0x5FFF FFFF，这个空间被划分为 5 个独立的外部地址空间 CE0 ~ CE4。每个 CE 空间有一个配置寄存器，用于配置该 CE 空间接口的时序、位宽等信息。这 5 个并口配置寄存器分别为 CFGCE0 ~ CFGCE4（Configure CE Register），其含义见表 3.27。

表 3.27　CFGCEx 的各位标示

位号	位名称/功能	位说明
31:28	SET，并口 CE 建立时间	在写该 CE 空间时，表征建立时间时钟周期数在数值上等于 CFGCE[31:28] +1
27:26		保留
25:20	STRB，并口 CE 空间的窗口时间	在写该 CE 空间时，表征窗口时间的时钟周期数在数值上等于 CFGCE[25:20] +1。最小有效值是 2，即使用户通过指令或 JTAG 将该位域值设置小于 2，并口模块仍然将其作为 2 使用

（续）

位号	位名称/功能	位说明
19:16	HOLD,并口 CE 空间的保持时间	在写该 CE 空间时,表征保持时间的时钟周期数在数值上等于 CFGCE[25:20] +1
15:10		保留
9:8	LEN,并口 CE 空间的位宽选择	00 =64bit,01 =32bit,10 =16bit,11 =8bit
7:0		保留

特别说明,在写并口时,一次并口访问的时序为:地址/数据首先建立,经过“建立时间”规定的周期之后,写使能有效;再经过“窗口时间”规定的周期后,写使能撤销;继而再经过“保持时间”规定的周期后,地址/数据撤销。在读并口时,读地址维持的周期数为“建立时间 + 窗口时间 + 保持时间”。

3.7.8 UART 控制寄存器

UART 是各种设备之间实现通信的常用手段,用来处理数据总线和串口之间串 - 并和并 - 串转换工作。“魂芯一号”的 UART 链路层协议兼容 RS232 标准。UART 可工作于全双工模式,与 DSP 内核采用中断方式通信,收/发缓冲容量分别为一个字(32bit),当收/发缓冲收满/发空时,会分别触发串口接收中断和串口发送中断。

本节介绍 UART 控制寄存器,包括串口接收数据寄存器、串口发送数据寄存器、串口配置寄存器、串口波特率配置寄存器、串口标志寄存器 5 类。

3.7.8.1 串口接收数据寄存器 SRDR

SRDR 用于串口数据接收缓冲,位宽为 32bit,可接收 4B 数据,收满之后产生串口接收中断。

3.7.8.2 串口发送数据寄存器 STDR

STDR 用于串口数据发送缓冲,位宽为 32bit,可发送 4B 数据。当有指令向 STDR 执行写操作之后,就启动了串口发送。串口发送完成之后产生串口发送中断。

3.7.8.3 串口配置寄存器 SCFGR

串口配置寄存器 SCFGR,用于配置串口的传输控制参数,对其各位说明如表 3.28 所示。

表3.28 SCFGR的各位标示

位号	位名称/功能	位说明
31:18		保留
17:16	PM(Parity Mode),校验模式	0 = 不校验,1 = 奇校验,2 = 偶校验
15:13		保留
12	STPB(Stop Bit),配置停止位的位数	0 = 一位停止位,1 = 两位停止位
11:10		保留
9:8	LEN(Operand Length),配置传输位宽	00 = 5bit,01 = 6bit,10 = 7bit,11 = 8bit
7:0		保留

3.7.8.4 串口波特率配置寄存器SRCR

串口波特率配置寄存器SRCR用于配置串口传输的波特率。根据该寄存器的值,对主频时钟分频计数,得到串口传输的时钟,即串口波特率。波特率配置寄存器上电默认为0x0019 6E6A,即主频的0x0019 6E6A分频。若主频是300MHz,则默认值是180Hz。

3.7.8.5 串口标志寄存器SFR

串口标志寄存器SFR用于标记串口传输过程的错误或状态,各位的含义见表3.29。

表3.29 串口标志寄存器SFR各位的含义

位号	位名称/功能	位说明
31:9		保留
8	ERF,校验错误标志	在使能奇偶校验时,如果传输过程发现奇偶校验错误,则该位置位。校验错误会导致本标志置位,但并不影响串口传输,也不影响内核其他指令执行
7:5		保留
4	PI,串口配置错误标志	如果串口处于忙状态,又有指令试图配置串口控制寄存器,则引发串口配置错诶标志置位。配置错误会导致本标志置位,并且配置指令无效,但并不影响串口传输,也不影响内核其他指令执行
3:2		保留
1:0	ST,串口状态标志	表明UART串口处于空闲状态还是传输状态。00 = 串口空闲,01 = 串口处于仅发送状态,10 = 串口处于仅接收状态,11 = 串口处于收/发全部工作状态

3.7.9 DDR2控制器的配置寄存器

DDR2 内部控制寄存器共有 48 个,用一个 6 位地址线,32 位数据线来控制,用户可以对这些控制寄存器进行读写操作。所有控制寄存器初始化时恢复默认值,用户需要根据使用需求对相应寄存器的内容进行重新设置,其中 DRCCR 寄存器要最后一个设置,且把 DRCCR[30]设置为 1 来进行数据训练(Data Training)操作,以保证后续读写操作顺利进行。

寄存器参数设置时,标有"固定为 1"只能设置为 1,标有"固定为 0"只能设置为 0,标有"保留位"设置为 0,否则控制器工作状态会出错。DDR2 控制器只能通过芯片的外部管脚 RESET_N 进行复位,通过调试环境对 DDR2 控制器软复位操作无效。

3.7.9.1 DDR2 控制器配置寄存器 DRCCR

DDR2 控制器配置寄存器 DRCCR 如图 3.29 所示,用于对整个 DDR2 控制器进行工作配置,表 3.30 给出了 DRCCR 各位的说明。

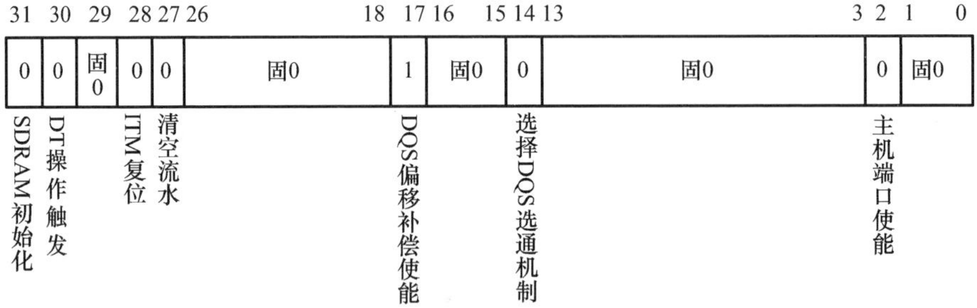

31	30	29	28	27	26～18	17	16～15	14	13～3	2	1～0
0	0	固0	0	0	固0	1	固0	0	固0	0	固0
SDRAM初始化	DT操作触发		ITM复位	清空流水		DQS偏移补偿使能		选择DQS选通机制		主机端口使能	

注: "固定为0"简写"固0","固定为1"简写"固1"。若无特别说明,都默认为此。

图 3.29 寄存器 DRCCR

表 3.30 DRCCR 的各位标示

位号	位名称/功能	位说明
0:1		固定为 0
2	HOSTEN, 主机端口使能	1 = 使能主机端口,主机端口可以接收命令,执行 DDR2 传输操作。0 = 关闭主机端口,主机端口无法接收命令,不执行 DDR2 传输操作。复位之后,主机端口为关闭状态,正常工作时要将该位设置为 1,使能主机端口。默认值:0
13:3		固定为 0
14	DQSCFG, 选择 DQS 选通机制	0 = 有源加窗模式,1 = 无源加窗模式。默认值:0

（续）

位号	位名称/功能	位说明
16:15		固定为 0
17	DFTCMP,DQS 偏移补偿使能信号	为 1 时使能此功能,该功能只有在 DRCCR[14]为 0 时才能使用。默认值:1
26:18		固定为 0,读操作时返回 0 值
27	FLUSH	该位为 1 时,将关闭主机端口,清空控制器中所有流水线,清空后重新使能主机端口,该位会自动清零。默认值:0
28	ITMRST,ITM 复位	该位为 1 时将复位 ITM 模块。默认值:0
29		固定为 0
30	DTT,数据训练操作的触发信号	为 1 时,控制器自动执行数据训练过程,为 DQS 寻找最合适的相位,过程结束后才能进行正常的 DDR2 传输操作。其他寄存器设置完毕后,必须将该位设置为 1,触发数据训练操作。该信号会自动清零。默认值:0
31	IT,初始化	为 1 时会对 DDR2 SDRAM 进行初始化,动作完成后, 该信号会自动清零。默认值:0

3.7.9.2　DDR2 SDRAM 配置寄存器 DRDCR

DDR2 SDRAM 配置寄存器如图 3.30 所示,用于配置所用 DDR2 SDRAM 颗粒的相关信息,并可以通过配置来执行 precharge – all 和 SDRAM_NOP 等 DDR2 命令,寄存器各位标示如表 3.31 所列。

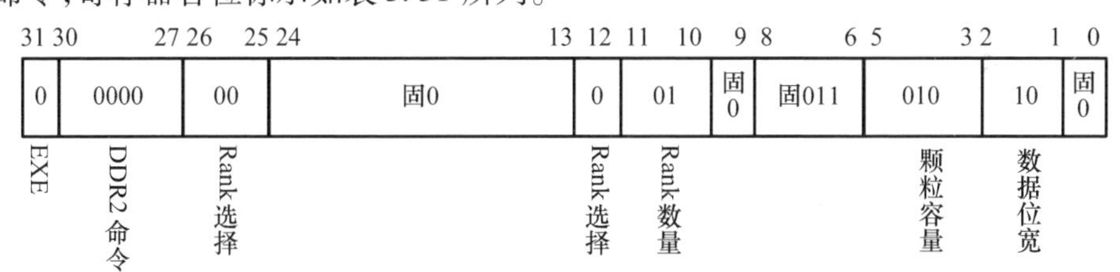

图 3.30　寄存器 DRDCR

表 3.31　DRDCR 各位标示

位号	位名称/功能	位说明
0		固定为 0
2:1	DIO,所用 DDR2 SDRAM 颗粒的数据位宽	00 = x4,01 = x8,10 = x16,11 = 保留。默认值:10。注:不建议使用 x4 的 DDR2 SDRAM
5:3	DSIZE, 所 用 DDR2 SDRAM 颗粒容量	000 = 256Mbit,001 = 512Mbit,010 = 1Gbit,011 = 2Gbit,100 = 4Gbit,101 = 8Gbit,110,111 = 保留。默认值:010

（续）

位号	位名称/功能	位说明
8:6	SIO,通道位数选择	固定为011,控制器与DDR2 SDRAM存储系统连接的数据通道为64bit
9		固定为0
11:10	RANKS, DDR2 SDRAM存储系统包含的Rank数量	每个Rank对应64bit DDR2数据通道:00 = 1Rank,01 = 2Ranks,10 = 3Ranks,11 = 4Ranks,默认值:01
12	RNKALL,所有Rank选择	该位为1时,通过配置端口发送的DDR2命令对所有Rank执行;否则,只在DRDCR[26:25]定义的Rank里执行。在执行precharge – all、SDRAM_NOP命令时该位要设置为1。默认值:0
24:13		固定为0
26:25	RANK,Rank选择	在DRDCR[12]没有设置情况下,选择对哪个Rank执行DRDCR[30:27]所定义的DDR2命令。默认值:00
30:27	CMD,可执行的DDR2命令	可通过配置端口执行DDR2命令,这些命令只在[31] = 1时才执行。0000 = NOP,0101 = Precharge All,1111 = SDRAM NOP,在配置过程中只需要使用precharge – all、SDRAM_NOP命令,其他配置值禁止使用。默认值:0000
31	EXE,DDR2命令发送	该位为1时将发送[30:27]定义的DDR2命令,命令发送后将自动清零。默认值:0

3.7.9.3 I/O端口配置寄存器DRIOCR

I/O端口配置寄存器对PHY接口中的SSTL I/O的功能进行设置。寄存器各位标示如表3.32所列。

表3.32 DRIOCR各位标示

位号	位名称/功能	位说明
1:0	ODT,SSTL I/O的ODT使能信号	ODT[0]控制DQ信号引脚,ODT[1]控制DQS信号引脚。0 = 关闭引脚的ODT功能,1 = 使能引脚的ODT功能。默认值:00
2	TESTEN,SSTL测试输出引脚的使能信号	DQ信号引脚,ODT[1]控制DQS信号引脚,0 = 关闭引脚的ODT功能,1 = 使能引脚的ODT功能。默认值:00
28:26	RTTOH,RTT输出保持时间	使用动态RTT控制后,RTT在读操作之后仍保持IOCR[1:0]所设置的时间(1 ~8时钟周期)。RTT在读操作完成1 + RTTOH个时钟周期后关闭。默认值:000

（续）

位号	位名称/功能	位说明
29	RTTOE	读周期中,ODT 在读操作前多久设置为 IOCR[1:0]的值。0 = ODT 在读操作之前 2 + max(RSLR)个周期设置成 IOCR[1:0]值。1 = ODT 在读操作之前 2 + max(RSLR) + CL + AL 个周期设置成 IOCR[1:0]值。默认值:0
30	DQRTT, DQ 信号 RTT 的动态控制	置 1,在读过程中 DQ 信号 ODT 动态设置为 IOCR[0]的值,在其他时钟周期则设置为 0。置 0,DQ 信号的 ODT 始终设置为 IOCR[0]的值。默认值:0
31	DQSRTT,DQS 信号 RTT 的动态控制	置 1,读过程中 DQS 信号 ODT 动态设置为 IOCR[1]的值,其他时钟周期设置为 0。置 0,DQS 信号 ODT 始终设置为 IOCR[1]的值。默认值:0
25:3		固定为 0

3.7.9.4　控制器状态寄存器 DRCSR

控制器状态寄存器 DRCSR 如图 3.31 所示,该控制器为只读寄存器,读取控制器的状态,用户不可设置。详细说明见表 3.33。

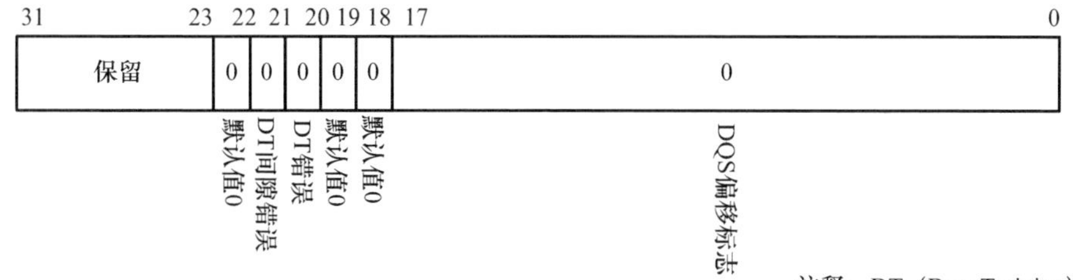

图 3.31　寄存器 DRCSR

表 3.33　DRCSR 各位标示

位号	位名称/功能	位说明
17:0	DRIFT,DQS 偏移标志	报告读操作时数据通道中 DQS 信号的偏移情况,每 2 位报告 1 个数据字节的偏移情况。DRIFT[17:16]保留不用。00 = 无偏移,01 = 90°偏移,10 = 180°偏移,11 = 270°偏移。默认值:0
20	DTERR,数据训练错误	如果为 1,表明数据训练过程失败,无法为 DQS 找到 1 个合适的相位。默认值:0

（续）

位号	位名称/功能	位说明
21	DTIERR,数据训练间歇错误	如果为1,表明在数据训练过程中有间歇错误发生,如一个pass状态后是fail状态,接着又是一个pass状态。正确数据训练过程应该经历fail状态→pass状态→fail状态。pass状态表示可以找到正确相位,fail状态表示找不到正确相位。默认值:0
18,19,22		默认值为0
31:23		保留,读时返回0值

3.7.9.5 DDR2 刷新控制寄存器 DRDRR

DDR2 刷新控制寄存器 DRDRR 如图 3.32 所示,用来设置控制器如何自动对 DDR2 SDRAM 执行刷新命令。寄存器各位标示见表 3.34。

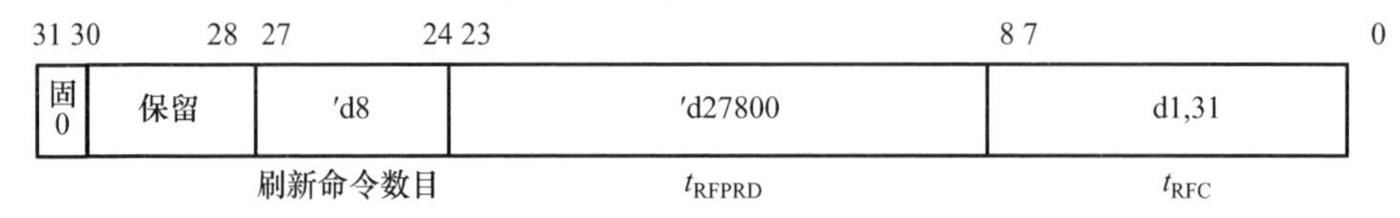

图 3.32 寄存器 DRDRR

表 3.34 DRDRR 各位标示

位号	位名称/功能	位说明
7:0	t_{RFC},刷新命令之间或者刷新命令与激活命令之间的最小时间间隔	用时钟周期数表示。该值与 DDR2 SDRAM 的 $t_{RFC(min)}$ 参数有关,t_{RFC} 计算公式为:$t_{RFC} = t_{RFC(DDR2)}/t_{clock}$,$t_{clock}$ 为时钟周期。默认值是在 400MHz 使用 JEDEC 定义最大 $t_{RFC(min)}$ 得到的值。默认值为'd131
23:8	t_{RFPRD},DDR2 控制器必须发送刷新命令的最大时间间隔	用时钟周期数来表示。该值与 DDR2 SDRAM 颗粒的 t_{REFI} 参数和 RFBURST 有关,RFBURST 由 DRDRR[27:24]配置,得到的数值还要再减去 200 个周期,保证等待 DDR2 控制器内部不可打断的操作执行完毕后再发送刷新命令。默认值适用于 400MHz 1Gbit × 16 的 DDR2 SDRAM。t_{RFPRD} 计算为:$t_{RFPRD} = \frac{t_{REFI}}{t_{clock}} \times (\text{REFBURST} + 1) - 200$ 默认值为'd27800
27:24	RFBURST,控制器在执行刷新操作时连续发送的刷新命令数目(RFBURST + 1)	默认情况下,DDR2 控制器利用 JEDEC DDR2 SDRAM 所允许的最大刷新延迟个数的优势,选择一次发送 9 个刷新命令。用户设置比 8 大的数值时,要确保所用的 DDR2 SDRAM 支持这种刷新延迟。默认值为'd8

（续）

位号	位名称/功能	位说明
30:28		保留位，在读的时候返回 0 值
31		固定为 0

3.7.9.6　时序参数寄存器 0 DRTPR0

如图 3.33 所示，时序参数寄存器 DRTPR0 主要用于 DDR2 控制器中时间间隔、时间延迟等时序参数的配置。表 3.35 给出了各位的说明。

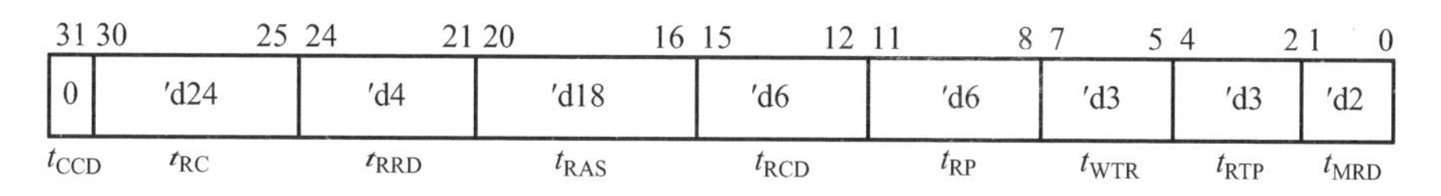

图 3.33　寄存器 DRTPR0

表 3.35　DRTPR0 各位标示

位号	位名称/功能	位说明
1:0	t_{MRD}，模式寄存器命令与其他 DDR2 命令之间的最小时间间隔	有效范围 2～3，默认值：d2
4:2	t_{RTP}，读命令到 precharge 命令的延迟	有效范围 2～6，默认值：'d3
7:5	t_{WTR}，写命令到读命令之间的延迟	有效范围 1～6，默认值：'d3
11:8	t_{RP}，precharge 命令周期	有效范围 2～11，默认值：' d6
15:12	t_{RCD}，active 命令到读或写命令的延迟	有效值 2～11，默认值：'d6
20:16	t_{RAS}，active 到 precharge 的延迟	有效范围 2～31，默认值：'d18
24:21	t_{RRD}，active 命令与 active 命令之间延迟（不同 bank 之间）	有效值 1～8，默认值：'d4
30:25	t_{RC}，active 与 active 命令之间延迟（同一 bank）	有效值 2～42，默认值：'d24
31	t_{CCD}，读到读或者写到写命令之间的延迟	0 = BL/2，1 = BL/2 + 1，BL = 4，默认值：0
注：以上各参数设置值都以时钟周期为单位		

3.7.9.7　时序参数寄存器 1 DRTPR1

时序参数寄存器 1 如图 3.34 所示，与 DRTPTR0 功能相似，也用于 DDR2 控制器中时间间隔、时间延迟等时序参数的配置。表 3.36 给出了其各位的说明。

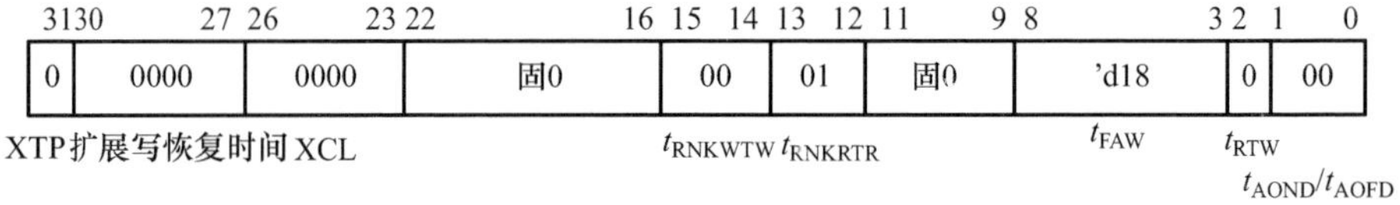

31	30~27	26~23	22~16	15~14	13~12	11~9	8~3	2	1~0
0	0000	0000	固0	00	01	固0	'd18	0	00
XTP	扩展写恢复时间	XCL		t_{RNKWTW}	t_{RNKRTR}		t_{FAW}	t_{RTW}	t_{AOND}/t_{AOFD}

图 3.34　寄存器 DRTPR1

表 3.36　DRTPR1 各位标示

位号	位名称/功能	位说明
1:0	t_{AOND}/t_{AOFD}，ODT 开启/关断延迟	以时钟周期为单位，有效值可以为 00 = 2/2.5，01 = 3/3.5，10 = 4/4.5，11 = 5/5.5，大部分 DDR2 SDRAM 颗粒都使用 2/2.5 这个值。默认值为 00
2	t_{RTW}，读命令到写命令间最短延迟	0 = 标准总线延迟，1 = 标准总线延迟 + 1 周期，默认值为 0
8:3	t_{FAW}4 bank 有效周期	在 t_{FAW}时间内发送的 bank 激活命令不能超过 4 个，该参数只对有 8 个 bank 的 DDR2 SDRAM 颗粒有效，有效值为 2 ~ 31。默认值为'd18
11:9	—	固定为 0
13:12	t_{RNKRTR}，不同 Rank 之间读命令最短时序间隔	00 = 1，01 = 2，10 = 3，11 = 保留。默认值为 01
15:14	t_{RNKWTW}，不同 Rank 之间写命令的最短时序间隔	00 = 0，01 = 1，10 = 2，11 = 保留。默认值为 00
22:16	—	固定为 0x0
26:23	XCL，扩展 CAS 延迟，从读命令执行到有效数据出现之间的延迟	当 DREMR0 中 CL 的最大值不能满足要求时，需通过配置 XCL 来满足所用的 DDR2 SDRAM 颗粒。0010 = 2，0011 = 3，0100 = 4，0101 = 5，0110 = 6，0111 = 7，1000 = 8，1001 = 9，1010 = 10，1011 = 11。其他数值保留且不能使用。默认值为 0000
30:27	XWR，扩展写恢复时间	以时钟周期为单位，当 DREMR0 中 WR 的最大值不能满足要求时，需通过配置 XWR 来满足所用的 DDR2 SDRAM 颗粒。0001 = 2，0010 = 3，0011 = 4，0100 = 5，0101 = 6，0110 = 7，0111 = 8，1000 = 9，1001 = 10，1010 = 11，1011 = 12。其他数值保留且不能使用。默认值为 0000
31	XTP，扩展计时参数	为 1 时，将使用 DRTPR1[26:23]、DRTPR1[30:27]的值代替 DREMR0[6:4]和 DREMR0[11:9]的值。默认值为 0

3.7.9.8　时序参数寄存器 2 DRTPR2

时序参数寄存器 2 如图 3.35 所示，与 DRTPTR0、DRTPTR1 功能相似，也用于 DDR2 控制器中时间间隔、时间延迟等时序参数的配置。表 3.37 给出了其各位的说明。

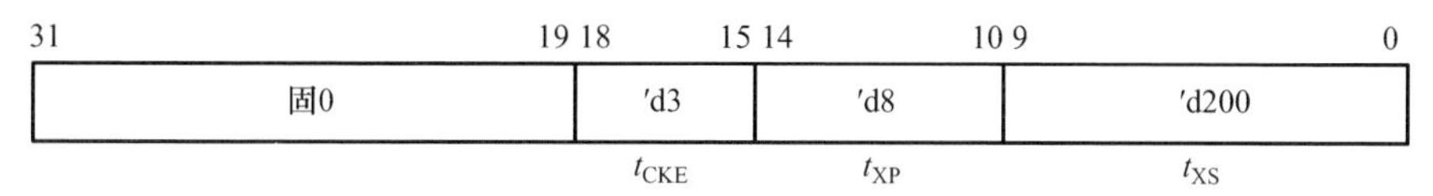

图 3.35　寄存器 DRTPR2

表 3.37　DRTPR2 各位标示

位号	位名称/功能	位说明
9:0	t_{XS}，自更新退出命令与其他命令之间的最小时序间隔	有效范围 2 ~ 1023，默认值为'd200
14:10	t_{XP}，掉电退出命令与其他命令之间最小时序间隔	有效范围 2 ~ 31，默认值为'd8
18:15	t_{CKE}，CKE 最小脉冲宽度，是 DDR2 SDRAM 维持在掉电和自更新模式下的最短时间	有效范围：2 ~ 15，默认值为'd3
31:19		固定为 0

3.7.9.9　DLL 全局控制寄存器 DRDLLGCR

DDL 全局控制寄存器对 PHY 接口内的所有 DDL 进行整体配置及测试控制。表 3.38 给出了其各位的说明。

表 3.38　DRDLLGCR 各位标示

位号	位名称/功能	位说明
1:0		固定为 00
4:2	IPUMP，内部电路控制位	必须设置为“000”，否则会出现不可预料的结果。默认值为 000
5	TESTEN，测试使能信号	使能数字和模拟测试输出，通过 DTC 和 ATC 来选择。默认值为 0
8:6	DTC，数字测试控制	在 TESTEN = 1 时选择 DDL 数字信号测试输出。根据 TESTSW 的值，分别将主、从 DDL 的不同数字测试信号输出至数字测试端口。厂方调试专用，该功能对用户屏蔽
10:9	ATC，模拟测试控制	在 TESTEN = 1 时选择将模拟测试信号输出至模拟测试端口，根据 TESTSW 的值，分别将主、从 DDL 的模拟测试信号输出至测试端口。厂方调试专用，该功能对用户屏蔽

(续)

位号	位名称/功能	位说明
11	TESTSW,测试选择信号	选择测试信号来自主 DLL(0)还是从 DLL(1),默认值为 0
19:12	MBIAS,内部电路控制位	必须设置为“0x37”,否则会出现不可预料的结果。默认值为“0x37”
27:20	SBIAS,内部电路控制位	必须设置为“0x37”,否则会出现不可预料的结果。默认值为“0x37”
28:27		保留,读时返回 0 值
29	LOCKDET,DLL 相位锁定探测模块使能信号	默认值为 0
31:30	- -	保留,读时返回 0 值

3.7.9.10 DLL 控制寄存器 DRDLLCR0 ~ DRDLLCR9

DLL 控制寄存器共 10 个,结构相同,如图 3.36 所示,主要用于相位修正、模拟测试使能和 DLL 的使能等。表 3.39 给出了 DRDLLCRx 各位的详细说明。

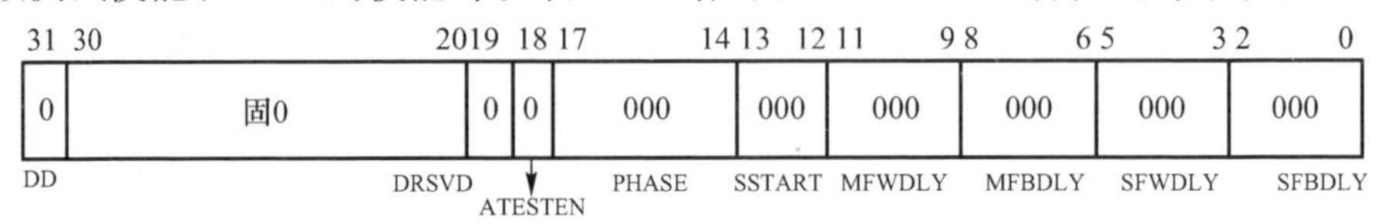

图 3.36 寄存器 DRDLLCR x(x=0~9)

表 3.39 DRDLLCRx 各位标示

位号	位名称/功能	位说明
2:0	SFBDLY 从反馈延时修正	内部电路控制位,必须设置为 000,否则会出现不可预料的结果。默认值为 000
5:3	SFWDLY 从前馈延时修正	
8:6	MFBDLY	
11:9	MFWDLY 主反馈延时修正	
13:12	SSTART 从自动开始	
17:14	PHASE,从 DLL 相位修正	选择从 DLL 的输入时钟和相应的输出时钟相位差。0000 = 90°,0001 = 72°,0010 = 54°,0011 = 36°,0100 = 108°,0101 = 90°,0110 = 72°,0111 = 54°,1000 = 126°,1001 = 108°,1010 = 90°,1011 = 72°,1100 = 144°,1101 = 126°,1110 = 108°,1111 = 90°。默认值为 0000

（续）

位号	位名称/功能	位说明
18	ATESTEN,模拟测试使能	使模拟测试信号输出到模拟测试输出端口 test - out - a,如果该位为0,则模拟测试端口呈高阻态。默认值为0
19	DRSVD,DLL 保留位	接 DLL 控制总线保留到以后用。默认值为0
30:20		固定为0x0
31	DD(DLL disable),旁路 DLL	该位为0时使能 DLL。默认值为0

3.7.9.11 Rank 系统延迟寄存器 DRRSLR0 ~ DRRSLR3

Rank 系统延迟寄存器共4个,结构相同,如图3.37所示。Rankx(x=0~3)匹配 PCB 板的延迟和其他的系统延迟,在读回的数据上最多可增加5个时钟周期的额外延迟。上电时缺省值为000(无需额外时钟周期)。此寄存器在数据训练时被控制器初始化,也可以通过写此寄存器改变其值。寄存器的每三位控制一个数据通道,最多可控制8个数据通道,每个数据通道有8位数据。三位为000时,无额外延迟;001~101时,增加1~5个时钟周期延迟;110~111时保留。SL0 控制 DQ[7:0]的延迟,SL1 控制 DQ[15:8]的延迟,等等。SL8 只设置为默认值“000”。

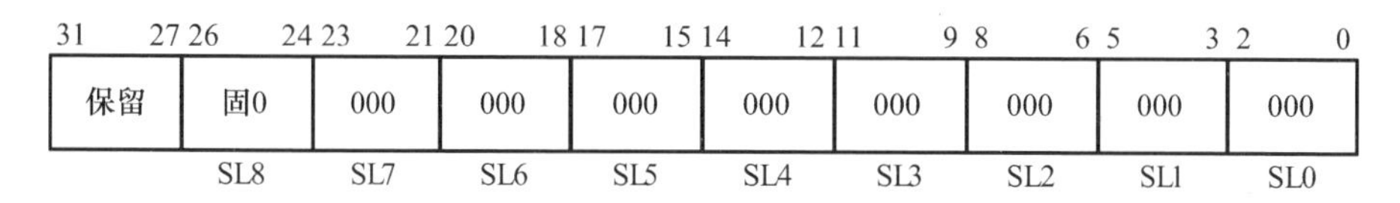

图3.37 寄存器 DRRSLRx(x=0~3)

3.7.9.12 Rank0 ~ Rank3 的 DQS 选择寄存器 DRRDGR0 ~ DRRDGR3

DQS 选择寄存器共4个,结构相同,如图3.38所示。用于 Rank0 ~ Rank3 的 DQS 使能选择:选择适当的时钟使能 DQS,以保证 DQS 正确触发数据。此寄存器在 DQS 数据训练的时候被初始化,在数据触发漂移补偿(Data Strobe Drift Compensation)时更新,也可通过设置 DRCCR 寄存器屏蔽此自动更新。自动更新被屏蔽后,可以直接写寄存器更改数据。寄存器里每两位控制一个数据通道,最多可控制8个数据通道。DQSSEL0 控制 DQ[7:0]的 DQS,DQSSEL1 控制 DQ[15:8]的 DQS,等等。DQSSEL8 固定设置为01。每2位有效设置可以为:00 = 90° clock(clk90)、10 = 270° clock(clk270)、01 = 180° clock(clk180)、11 = 360° clock(clk0)。每2位默认值均为“01”。

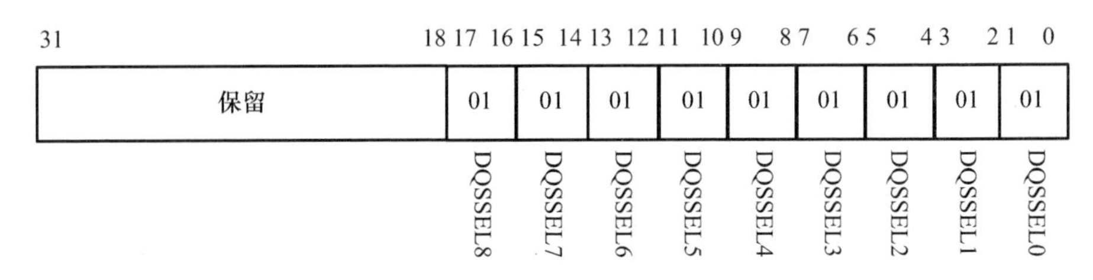

图 3.38　寄存器 DRRDGRx(x=0~3)

3.7.9.13　DQ 时序寄存器 DRDQTR0~DRDQTR7

DQ 时序寄存器共 8 个,结构相同,如图 3.39 所示,用于数据通道 0~7 的 DQ 延迟控制。此寄存器用来调节读操作中数据 DQ 在 ITM 中的延迟,即在正常电路产生的延迟基础上增加额外延迟来匹配 DQS 的延迟。用户可以通过改变该寄存器值来微调 DQ 的延迟,使 DQ 和 DQS 的时序更好地匹配。如果用户改变了寄存器,必须重新启动数据训练过程。寄存器的每 4 位控制一个数据通道里的一位数据。DQDLY0 控制 bit[0]的数据延迟,DQDLY1 控制 bit[1]的数据延迟,依次类推。每 4 位中较低的两位控制被 DQS 触发的数据延迟,高两位控制被 DQS_b 触发的数据延迟。00、01、10、11 分别表示正常延迟 +[0,1,2,3]个系统时钟周期。默认值为“1111”。

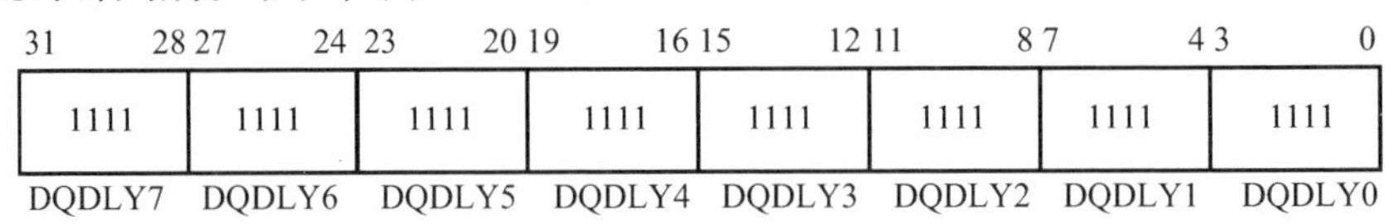

图 3.39　寄存器 DRDQTRx(x=0~7)

3.7.9.14　DQS 时序寄存器 DRDQSTR

DQS 时序寄存器如图 3.40 所示,用于读数据时调整 ITMs 里的 DQS 的延迟以得到最大的眼图。改变此寄存器的默认值可微调 DQS 的延迟,使 DQ 和 DQS 的时序更好地匹配。如果用户改变了寄存器,必须重新启动数据训练过程。寄存器里每 3 位控制一个数据通道里的 DQS。DQSDLY0 控制 DQS[0]的延迟,DQSDLY1 控制 DQS[1]的延迟,等等。DQSDLY8 固定设置为 011。000~111 分别表示正常延迟 +[-3,-2,-1,0,1,2,3,4]个系统时钟周期。默认值为“011”。

31　27	26　24	23　21	20　18	17　15	14　12	11　9	8　6	5　3	2　0
保留	固 011	011	011	011	011	011	011	011	011
	DWSDLY8	DWSDLY7	DWSDLY6	DWSDLY5	DWSDLY4	DWSDLY3	DWSDLY2	DWSDLY1	DWSDLY0

图 3.40　寄存器 DRDQSTR

3.7.9.15　DQS_b 时序寄存器 DRDQSBTR

DQS_b 时序寄存器如图 3.41 所示，用于读数据时调整 ITMs 里的 DQS_b 的延迟以得到最大的眼图。改变此寄存器的默认值可微调 DQS_b 的延迟，使 DQ 和 DQS_b 的时序更好地匹配。如果用户改变了寄存器，必须重新启动数据训练过程。寄存器里每 3 位控制一个数据通道里的 DQS_b。DQSDLY0 控制 DQS_b[0]的延迟，DQSDLY1 控制 DQS_b[1]的延迟等。DQSDLY8 固定设置为 011。000～111 分别表示正常延迟 +[-3，-2，-1，0，1，2，3，4]个系统时钟周期。默认值均为“011”。

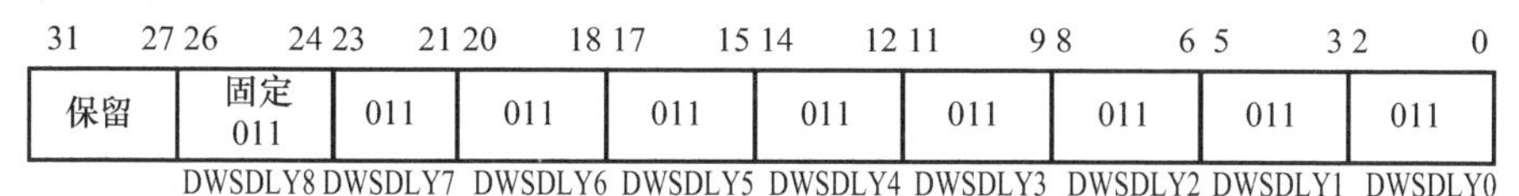

图 3.41　寄存器 DRDQSBTR

3.7.9.16　ODT 配置寄存器 DRODTCR

ODT 配置寄存器如图 3.42 所示，用于设置当对某个 Rank 的 DDR2 SDRAM 进行读写操作时，该 Rank 及其他 Rank 的 ODT 功能应该如何控制。

RDODT0～RDODT3 是读操作 ODT 控制，表明在对 Rankn 进行读操作时，各个 Rank 的 ODT 功能是开启（设置为 1）还是关闭（设置为 0）。RDODT0、RDODT1、RDODT2、RDODT3 分别表示对 Rank0、Rank1、Rank2、Rank3 进行读操作时的 ODT 设置。每个域中的 4 个 bit 分别描述一个 Rank，最低位描述 Rank0，最高位描述 Rank3。默认设置是关闭读操作中的所有 ODT 功能。

WRODT0～WRODT3 是写操作 ODT 控制，表明在对 Rankn 进行写操作时，各个 Rank 的 ODT 功能是开启（设置为 1）还是关闭（设置为 0）。图 3.42 中 WRODT0、WRODT1、WRODT2、WRODT3 分别表示对 Rank0、Rank1、Rank2、Rank3 进行写操作时的 ODT 设置。每个域的 4 个 bit 分别描述一个 Rank，最低位描述 Rank0，最高位描述 Rank3。默认设置是只开启发生写操作的 Rank 的 ODT 功能。默认值在图 3.42 中给出。

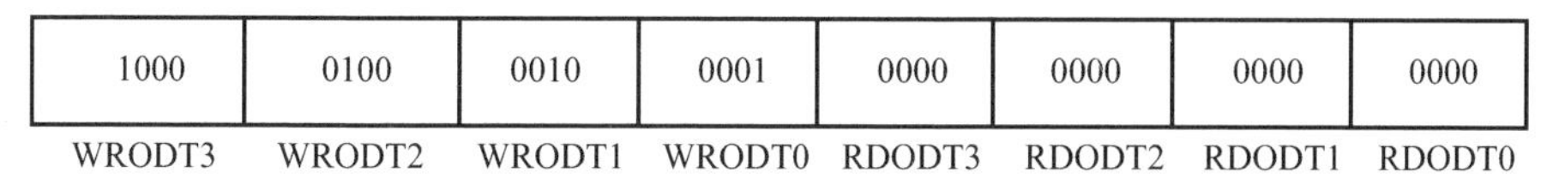

图 3.42　寄存器 DRODTCR

例如，在使用 2 个 Rank 的 DDR2 SDRAM 存储系统时，如果用户希望在读操作中始终开启不发生读操作的那个 Rank 的 ODT 功能，则要将 RDODT0 设置为

"0010",将 RDODT1 设置为"0001"。

3.7.9.17　阻抗匹配控制寄存器 0 DRZQCR0

上拉、下拉电阻是调节输出驱动和阻抗匹配的,可根据实际板级设计及实际工作情况调节其值。阻抗匹配控制寄存器 0 如图 3.43 所示,用于 DDR2 阻抗配置,如阻抗匹配控制、阻抗划分比例控制等。表 3.40 给出了各位的详细说明。

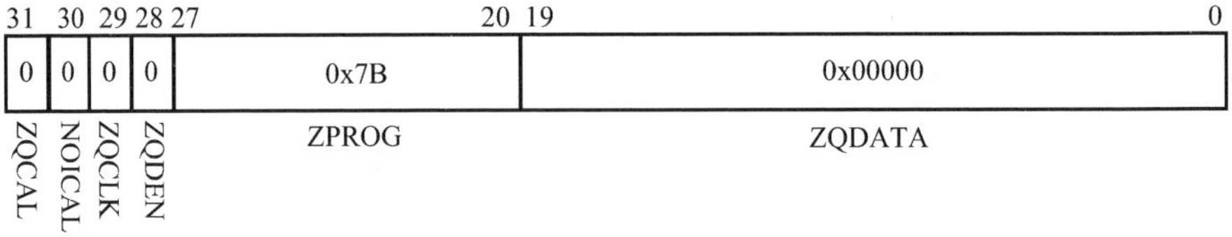

31	30	29	28	27～20	19～0
0	0	0	0	0x7B	0x00000
ZQCAL	NOICAL	ZQCLK	ZQDEN	ZPROG	ZQDATA

图 3.43　寄存器 DRZQCR0

表 3.40　DRZQCR0 各位标示

位号	位名称/功能	位说明
19:0	ZQDATA,阻抗匹配控制	DRZQCR0[19:15]选择上拉终端电阻,DRZQCR0[14:10]选择下拉终端电阻,DRZQCR0[9:5]选择上拉输出阻抗,DRZQCR0[4:0]选择下拉输出阻抗。默认值为 0x00000
27:20	ZPROG,阻抗划分比例控制	根据实际阻抗匹配情况,选择 DDR2 阻抗的大小,所选阻抗的值由 240Ω 精准参考电阻按比例划分后的值确定。阻抗划分比例控制选择:ZPROG[7:4] = 片上终端电阻划分比例控制,ZPROG[3:0] = 输出阻抗划分比例控制。默认值为 0x7B
28	ZQDEN,用户直接写寄存器控制阻抗匹使能	当该位置 1 时,允许用户使用 ZQDATA 设置的值去直接驱动阻抗控制,否则,阻抗控制由阻抗控制逻辑自动生成。默认值为 0
29	ZQCLK,阻抗匹配控制器的时钟分频控制	选择适当的比例对 DDR2 系统时钟分频,分频后的时钟作为阻抗匹配控制器的时钟。0 = 32 分频,1 = 64 分频。默认值为 0
30	NOICAL,初始化时阻抗校准控制	当该位置 1 时,则 DDR2 控制器在初始化的时候不执行自动阻抗匹配操作,否则,控制器在初始化时会自动执行阻抗匹配操作。默认值为 0
31	ZQCAL,阻抗校准触发	如果设置为 1,则阻抗控制逻辑会执行一次阻抗匹配校准操作,当匹配过程结束后,该位会自动复位为 0。默认值为 0

3.7.9.18 阻抗匹配控制寄存器 1 DRZQCR1

阻抗匹配控制寄存器 1 如图 3.44 所示，与 DRZQCR0 功能相似，用于 DDR2 阻抗配置，如设置阻抗匹配的校准周期、校准类型等。表 3.41 给出了各位的详细说明。

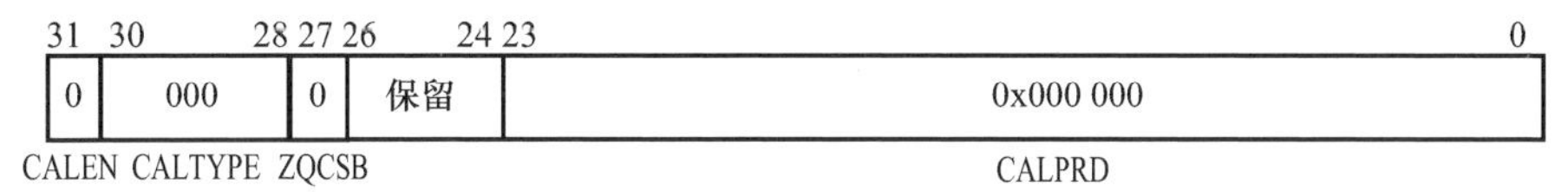

图 3.44 寄存器 DRZQCR1

表 3.41 DRZQCR1 各位标示

位号	位名称/功能	位说明
23:0	CALPRD，阻抗匹配校准周期	表示控制器执行阻抗匹配校准的周期，该功能只在使能设置 CALEN 和周期性校准类型设置 CALTYPE 有效时才有效。默认值为 0x0000
26:24		保留
27	ZQCSB，命令发送选择	决定在周期性的阻抗匹配校准中是否向 SDRAM 发送 ZQCS 命令。0 = 每个阻抗匹配校准周期都向 SDRAM 发送 ZQCS 命令，1 = 在阻抗匹配校准时不向 SDRAM 发 ZQCS 命令。默认值为 0
30:28	CALTYPE，阻抗校准类型	此设置决定 DDR2 控制器执行周期性阻抗匹配的时间和频率。有效设置有：000 = 执行阻抗校准的周期由 CALPRD 设置决定，001 = 自动刷新时执行校准，其他值保留且禁止使用。默认值为 000
31	CALEN，阻抗匹配校准使能	置 1 时，控制器会周期性地执行阻抗匹配校准操作，周期性校准的方式由 CALTYPE 设置的值决定

3.7.9.19 阻抗匹配状态寄存器(只读寄存器)DRZQSR

阻抗匹配状态寄存器如图 3.45 所示，为只读寄存器，用于标示阻抗的匹配状态。表 3.42 给出了各位的详细说明。

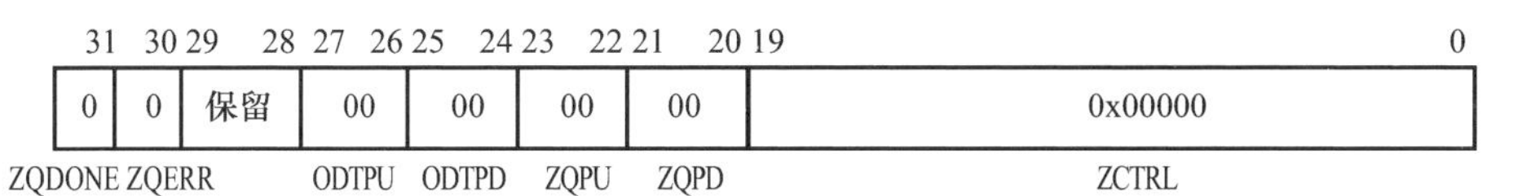

图 3.45 寄存器 DRZQSR

表 3.42　DRZQSR 各位标示

位号	位名称/功能	位说明
19:0	ZCTRL,阻抗控制值	默认值:0x0000
21:20	ZQPD,输出阻抗下拉校准状态	00 = 校准正确完成,01 = 校准出现上溢错误,10 = 校准出现下溢错误,11 = 校准还在进行中。默认值为 00
23:22	ZQPU,输出阻抗上拉校准状态	
25:24	ODTPD,ODT 下拉校准状态	
27:26	ODTPU,ODT 上拉校准状态	
29:28		保留,读时返回 0
30	ZQERR,阻抗校准错误标识	该位为 1 时,表明在阻抗校准时有错误,默认值为 0
31	ZQDONE,阻抗校准完成标识	表明阻抗校准过程结束,默认值为 0

3.7.9.20　DDR2 模式寄存器 0 DREMR0

DDR2 模式寄存器 0 如图 3.46 所示,模式寄存器用于配置 DDR2 的工作模式,DDR2 共有 4 个模式寄存器。表 3.43 给出了 DREMR0 各位的说明。

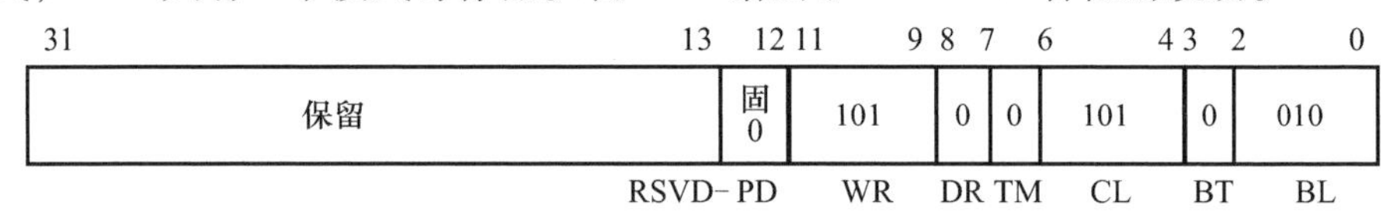

图 3.46　寄存器 DREMR0

表 3.43　DREMR0 各位标示

位号	位名称/功能	位说明
2:0	BL,突发长度	固定为 010,表明突发长度为 4
3	BT,顺序突发方式	固定为 0,选择顺序突发方式
6:4	CL,CAS 延迟	DDR2 SDRAM 接收到读命令到有效数据出现的时钟周期数,有效值为:010 = 2,011 = 3,100 = 4,101 = 5,110 = 6,其他值保留且不使用,默认值为 101
7		固定为 0
8	DR,DLL 复位控制	该位置 1 时将复位 DDR2 SDRAM 中的 DLL,DLL 复位结束后自动清零,默认值为 0
11:9	WR,写恢复时间	用时钟周期数表示的写恢复时间,用 DDR2 SDRAM 颗粒的 t_{WR}(ns)除以时钟周期得到,设置值≥计算值。有效设置如下:001 = 2,010 = 3,011 = 4,100 = 5,101 = 6。其他值保留不用,默认值为 101
12		固定为 0
31:13		保留位,固定为 0x0

3.7.9.21　DDR2 模式寄存器 1 DREMR1

DDR2 模式寄存器 1 如图 3.47 所示，功能与 DREMR0 相似，同样用于配置 DDR2 的工作模式。表 3.44 给出了 DREMR1 各位的说明。

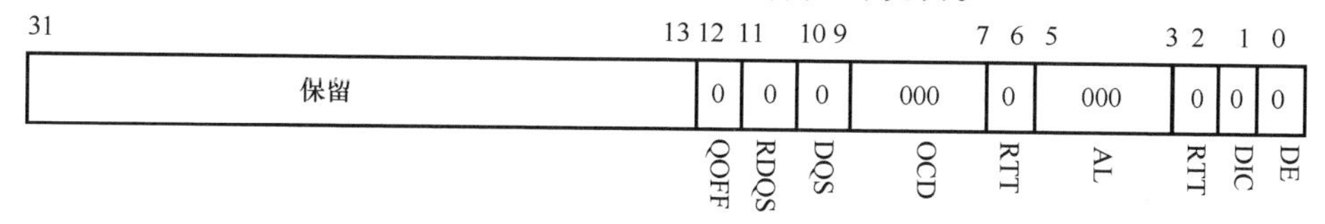

图 3.47　寄存器 DREMR1

表 3.44　DREMR1 各位标示

位号	位名称/功能	位说明
0	DE，DLL 使能/关闭控制	0 = 使能，1 = 关闭。正常操作时 DLL 必须使能。默认值为 0
1	DIC，输出驱动强度控制	0 = 全驱动强度，1 = 弱驱动强度。默认值为 0
6，2	RTT，为 ODT 选择有效的电阻	00 = 关闭 ODT，01 = 75Ω，10 = 150Ω，11 = 50Ω。默认值为 00
5:3	AL，附加延迟	000 = 0，001 = 1，010 = 2，011 = 3，100 = 4，101 = 5。其他值禁止使用，最大允许值为 $t_{RCD}-1$。默认值为 000
9:7	OCD，片外驱动阻抗校准	000 = 退出 OCD 校准模式，001 = 上拉，010 = 下拉， 100 = OCD 进入调节模式， 111 = OCD 默认校准模式。默认值为 000
10	DQS，DQS_b 使能/关闭	0 = DQS_b 为 DQS 信号的差分信号，1 = 只用 DQS 信号，失效 DQS_b 信号。实际使用时，必须使能 DQS_b。默认值为 0
11	RDQS，输出使能/关闭	0 = DDR2 SDRAM 颗粒所有输出信号正常工作，1 = DDR2 SDRAM 颗粒所有输出信号关闭。正常工作时必须设置为 0。默认值为 0
12	QOFF，输出使能/关闭	0 = DDR2 SDRAM 颗粒所有输出信号正常工作，1 = DDR2 SDRAM 颗粒所有输出信号关闭。正常工作时必须设置为 0。默认值为 0
31:13		保留位，固定为 0x0

3.7.9.22　DDR2 模式寄存器 2 DREMR2

DDR2 模式寄存器 2 如图 3.48 所示，用于部分阵列刷新信号、使能 DCC、使能高温度自刷新速率等。详细说明见表 3.45。

31	8	7	6 4	3	2 0
保留		0	000	0	000
		SRF	RSVD	DCC	PASR

图 3.48 寄存器 DREMR2

表 3.45 DREMR2 各位标示

位号	位名称/功能	位说明
2:0	PASR,部分 阵列刷新信号	在自刷新时,定义阵列范围之外存储的数据会丢失,只刷新定义区域内数据。4 个 bankDDR2 SDRAM 有效设置:000 =4 个 bank,001 =2 个 bank(bank 地址为 BA[1:0] =00&01),010 =1 个 bank(bank 地址为 BA[1:0] =00),011 =保留不用,100 =3 个 bank(bank 地址为 BA[1:0] =01,10&11),101 =2 个 bank(bank 地址为 BA[1:0] =10&11),110 =1 个 bank(bank 地址为 BA[1:0] =11);111 =保留不用; 8 个 bank 的 DDR2 SDRAM 有效设置:000 =8 个 bank,001 =4 个 bank (bank 地址为 BA[2:0] =000,001,010&011),010 =2 个 bank(bank 地址为 BA[2:0] =000,001),011 =1 个 bank (bank 地址为 BA[2:0] =000),100 =6 个 bank (bank 地址为 BA[2:0] =010,011,100,101,110&111),101 =4 个 bank(bank 地址为 BA[2:0] =100,101,110&111),110 =2 个 bank(bank 地址为 BA[2:0] =110&111),111 =1 个 bank(bank 地址为 BA[2:0] =111)。默认值:000
3	DCC,使能 DCC	使能 DDR2 SDRAM 的 DCC(时钟占空比修正)功能,如果所用的 DDR2 SDRAM 颗粒不支持 DCC,则该位必须设置为 0。0 =关闭,1 =使能。默认值:0
6:4		保留位,固定为 0,默认值:0
7	SRF,使能高温度自刷新速率	0 =关闭,1 =使能。默认值:0
31:8		保留位,固定为 0

3.7.9.23 DDR2 模式寄存器 3 DREMR3

DDR2 模式寄存器 3 位宽为 32bit,与 DREMR0 ~ DREMR2 不同,DREMR3 各位均为保留位,固定为 0。

3.7.9.24 主机端口配置寄存器 0 DRHPCR0

DRHPCR0 位宽为 32bit,其中,DRHPCR0[7:0](HPBL)用于记录内部仲裁

在主机端口 0 执行多少个命令后转去执行其他主机端口的命令。因为目前只有 1 个主机端口，所以只使用默认值就可以了，默认值：0x00。其他位为保留位。

3.7.9.25　权限配置寄存器 DRPQCR0

权限配置寄存器如图 3.49 所示，其中，DRPQCR0[7:0]（TOUT，time out）用于表示低权限队列等待被执行的最长时限，以时钟周期数为单位，有效值为 0 ~ 255，目前只使用 1 个权限队列，所以只需要使用默认值 0x0；DRPQCR0[9:8]（TOUTX）表示增加 TOUT 最长时限的乘法因子，可以增加最长时限，目前只使用默认值 00。

DRPQCR0 [28:10] 目前只能使用图 3.49 中的默认值，其余位保留。

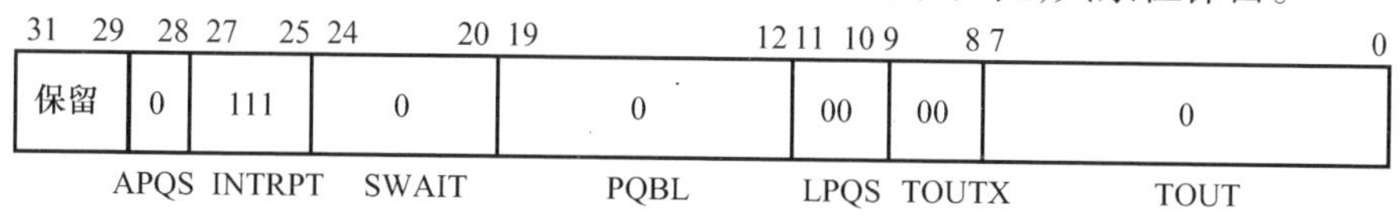

图 3.49　寄存器 DRPQCR0

3.7.9.26　端口管理寄存器 DRMMGCR

端口管理寄存器位宽为 32bit，其中 DRMMGCR[1:0]（UHPP）用于设置主机端口 0 的优先级，目前只有 1 个主机端口，使用默认值 0。其余位保留，固定为 0x0。

3.7.10　数据存储器读写冲突标志寄存器

图 3.50 为数据存储器读写冲突标志寄存器 DMRWCFR0 ~ DMRWCFR23。

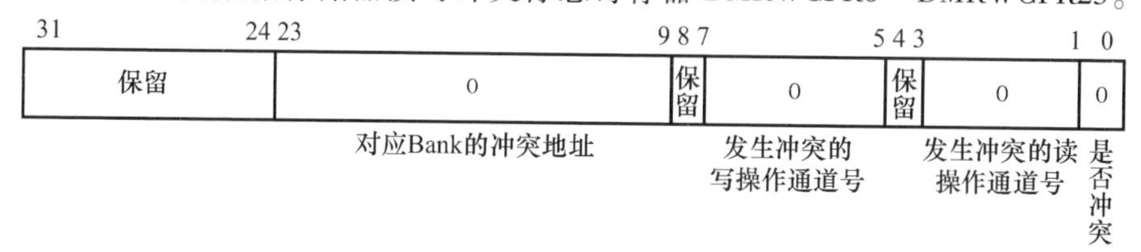

图 3.50　寄存器 DMRWCFRx

DMA 各个通道之间、访存指令与 DMA 各个通道之间都有可能发生对同一个地址的读写冲突。数据存储器共 24 个 Bank，本类型寄存器共 24 个，用于记录每个 Bank 发生的读写冲突情况。其中，DMRWCFR0 ~ DMRWCFR7 记录 Block0 的 Bank0 ~ Bank7；DMRWCFR8 ~ DMRWCFR15 记录 Block1 的 Bank0 ~ Bank7；DMRWCFR16 ~ DMRWCFR23 记录 Block2 的 Bank0 ~ Bank7。这组寄存器不可用指令访问，仅 JTAG 可见。各位说明见表 3.46。

表 3.46 DMRWCFRx 各位标示

位号	位名称/功能	位说明
0	读写冲突标志	0 = Bank 无读写冲突,1 = Bank 有读写冲突
3:1	Bank 读操作通道号	000 = 无读操作,001 = CPU 发起读操作,010 = Link0 发起读操作,011 = Link1 发起读操作,100 = Link2 发起读操作,101 = Link3 发起读操作,110 = DDR2 发起读操作,111 = PAR 并口发起读操作
7:5	Bank 写操作通道号	000 = 无写操作,001 = CPU 发起写操作,010 = Link0 发起写操作,011 = Link1 发起写操作,100 = Link2 发起写操作,101 = Link3 发起写操作,110 = DDR2 发起写操作,111 = PAR 并口发起写操作
23:9	Bank 的冲突地址	对应 Bank 的冲突地址
31:24		保留

第4章 处理器指令体系

DSP芯片主要应用于实时处理领域,强调的是处理器的实时性和计算效能。处理器的计算效能取决于两个方面:体系架构和指令体系,体系架构是处理器的骨架,指令体系是处理器的血液。指令是指将各种需要实现的处理算法分解成若干可以用硬件实现的基本运算步骤,即指令是指用硬件堆砌起来的一组基本硬件组合。如果算法运算步骤分解过于粗放,则硬件构建的基本单元普适性就不够,实现某一个算法可能有比较高的效能,但在更大的应用范围内,这条指令可能难以应用,通用DSP需要面对更多算法应用。如何合理地整合内部各个硬件资源,使其在更大应用范围内都能发挥其最大效能,即具有一定的普适性,这是处理器设计最为关键的要素。处理器的指令及其编排与处理器应用领域密切相关,直接决定了处理器运算部件的规模,也影响处理器未来发展和生存。指令多意味着处理器在更大应用领域可以获得更好的效能,但也意味着需要有更多硬件资源甫　支撑;指令设计既要考虑特定领域应用,也要考虑普适性应用,更需要考虑未来发展,如集成电路工艺升级、应用面扩展和软件生态环境等因素。因此,合理地选择指令大小和规模,构建完善的指令体系,涉及方方面面。

“魂芯一号”内部硬件架构采用多指令字并发,最多可同时执行16条32bit字宽指令,或者4条64bit字宽指令加8条32bit字宽指令。按照基本信号处理和雷达信号处理算法来进行指令体系设计,可以在雷达信号处理上具有比较好的运行效能。为简化指令的学习难度,增强可读性,汇编指令的表达形式采用数学标记符。

本章主要介绍“魂芯一号”的指令体系,包括指令的结构与特点、指令集和编程资源约束。其中,指令集以归类的形式给出,部分指令给出了范例,供读者学习参考。

4.1 指令结构与特点

“魂芯一号”运算部件共有60个,均匀分布在4个宏内,每个宏包含8个

ALU、4 个 MUL、2 个 SHF 和 1 个 SPU。每个宏 15 个部件可以同时进行不同的数据运算与操作,这些运算部件是否参与运算受指令控制。处理器内部设置 16 个发射槽,一次时刻能够并行执行的最大指令数为 16 条,实际执行指令可以小于 16。由于处理器内部同一时刻具有庞大的发射槽,给处理器内部运算部件运算控制提供了极大的灵活性。每条指令均可控制一个或多个宏中同类型运算部件工作,每个宏中同类型运算部件可以执行相同运算,也可以执行不同运算。同一条指令执行的是同样操作,不同操作运算需要用不同指令。

BW32v1 是“魂芯一号”处理器第一代 32bit 指令集。指令集采用代数表达形式,易学易用,可读性强。指令集主要由运算部件数据运算、存储器同运算部件之间的数据调用/传输、寄存器之间数据调用/传输、数据输入输出及程序控制指令等组成。

BW32v1 指令集的主要特点:

(1) 支持 16bit 定点、32bit 定/浮点数据类型;

(2) 单指令控制多运算部件;

(3) 单周期完成向量运算/复数运算;

(4) 具有模 8 和位反序寻址,支持向量数据调用;

(5) 指令跳转预测,实现零消耗循环;

(6) 提供块浮点运算(定点运算)。

4.1.1 指令基本语法规制

我们将在同一个时刻执行的指令构成的行称为指令执行行。程序员由于其思维习惯,一般按同一个时刻编写程序代码,即按照指令执行行进行编写。理论上同一个时刻可以执行 16 条指令,即一个执行行中最大可以编排 16 条指令。由于实际算法千变万化,程序员在实际编程过程中,常常无法填满这 16 个发射槽,最极端情况是只有一条指令,此时 15 个发射槽只能用空操作来填充,如果不做处理,则处理器内部大量宝贵的存储空间就会被许多无效的程序所占据。为了充分利用处理器内部宝贵的存储容量,“魂芯一号”提出指令程序行的概念,即将程序员编写的指令执行行按照 16 字指令为一组,指令前后头尾相连构成一指令串,按 512bit 位宽进行有效截取,形成的指令行被称为指令程序行。处理器内部程序存储器存储的指令为指令程序行,这样处理可以极大提高处理器内部程序存储器存储指令效能。因此每个指令程序行就是由多个指令执行行所构成。

程序员编写的是指令执行行,编程工具链中工具自动将指令执行行转换为程序执行行,并将这个程序执行行存储在内部程序存储器。处理器实际操作时,取指阶段从程序存储器取出的是指令程序行,指令程序行并不能直接用于处理器内部的译码电路进行指令分解和控制,译码之前必须将其转换成指令执行行,即处理器内部需要设计一套硬件电路,其作用就是将程序执行行变回到程序员编写的指令执行行,以便译码电路能够根据指令执行行进行正确译码和控制。"魂芯一号"处理器内部完成这个转换的硬件电路就是内部的指令缓冲池(IAB),它的作用就是将从程序存储器一次取出的 16 条指令转换成需要同一时刻执行的指令,即指令缓冲池输入端为指令程序行,输出端为指令执行行。

指令程序行和指令执行行两者的含义由较大差异,在具体执行过程中,两者的驱动因素有所区别。指令执行行依据指令在实际运行过程中,前面的指令是否已经被执行来确定指令是否前行,指令程序行则看指令缓冲池是否空闲来决定是否从指令存储器上取出指令。为了减少分支程序在流水线中的开销,处理器内部增加了分支预测机制,如果预测正确,可实现零开销分支转移。

为便于处理器内部更加有效地将处理器指令程序行变成指令执行行,在编写过程中须遵循以下语法规则:

(1) 每个指令执行行由 1 ~ 16 个指令字组成;

(2) 同一指令执行行内的指令用"||"分隔;

(3) 每一个指令执行行中双字指令最多 4 条,且放置在指令执行行的最前面;

(4) 指令执行行中指令字需要满足资源约束,且可以同时执行;

(5) 指令行末尾没有终止符号;

(6) 分支语句放置在执行行的第一条。

4.1.2　指令语法约定

指令语法是处理器基本语言,程序员若想正确编写出机器能够识别的指令,则必须遵循一定的规则。

处理器指令内需要包含以下方面的内容:指令想干什么,数据来自哪里,运算的结果送到何处,数据格式是什么样形式,如果是运算类指令,则需要确定控制几个运算宏来参与,如果是非运算类指令,则需要确定由哪些部件参与处理。

对于运算类指令,由于数据基本上来自于寄存器,且运算结果也送往寄存器,故数据的输入和输出基本为寄存器,指令给出寄存器相应标号即可。有些运算指令数据来自于运算单元本身的累加结果寄存器 ACC,或者运算结果送往运算单元本身累加结果寄存器 ACC,此时只要给出累加结果寄存器的标号。为了便于程序员识别,采用代数形式直接表明指令想干什么,同时用后缀来表明参与运算的数据类型,每个寄存器的前缀用于表明参与运算的数据格式,整个指令的前缀则用于表明哪些宏参与运算。

运算类指令,指令形式为

{Macro}{H|L}{H}{C}{F}Rs = {H|L}{H}Rm + {H|L}{H}Rn{(U)}

其中

{}——写在花括号“{}”中的选项为选项列表，表示是一个可选项，花括号“{}”在实际指令中不出现；

()——圆括号及其内部内容是必选项，必须出现在语法中，若圆括号中的内容为空，圆括号在指令中不出现；

Rs——目的寄存器，s 表示具体寄存器标号，取值范围是 0～63；

Rm——单源寄存器，m 表示具体寄存器标号，取值范围是 0～63；

Rm_n——双源寄存器，m、n 表示具体两个寄存器标号，取值范围 0～63；

Rs+1:s，Rm+1:m，Rn+1:n——复数寄存器对，其中 s、m、n 是 0～62 之间的偶数标号；

Rm+1:m_n+1:n——4个定点或浮点 32bit 寄存器对，m、n 是 0～62 之间的偶数标号；

前缀 Macro——表示内核宏 x、y、z、t 组合。如果 x、y、z、t 出现在指令前缀，表明该宏参与这条指令操作，不出现就表明该宏不参与这条指令操作，如果 4 个宏标记符均出现在指令左边前缀{Macro}，则表明该指令需要 4 个宏同时进行数据运算，为了简化程序员编写，此时可以将宏标记符前缀{Macro}省略，即加上 xyzt 前缀和没有写前缀效果相同。

例如：XR3 = R2 + R1 //表示 x 宏寄存器 R2 值和 R1 值相加后存储到 R3 寄存器中。

R3 = R2 + R1//表示 x/y/z/t 4 个宏各自寄存器 R2 值和 R1 值分别相加，结果存回到各自 R3 寄存器。

前缀 H——定点 16bit 操作数。如 HR1，表示 R1 存放的是两个 16bit 数据。没有该前缀表示操作数位宽是 32bit。

前缀 H|L——高低 16bit 选项。32bit 寄存器表示 2 个 16bit 定点数，H 表示选择高 16bit，L 表示选择低 16bit。由于这个前缀是在 16bit 数据时才有效，故使用前缀 H|L 时，必须同时使用前缀 H。例如，HHRm 表示 Rm[31:16]，LHRm 表示 Rm[15:0]。

前缀 C——复数运算选项。有 C 表示复数运算，没有该前缀表示实数运算。

前缀 F——浮点数据选项。有 F 表示浮点数据，没有该前缀表示定点数据。

后缀(U)——有无符号选项。U 为 Unsigned 首字母。有“U”表示无符号运算，无“U”表示有符号运算。

ACC 为 ALU 中累加结果寄存器，位宽 40bit，ACC 需要给出其下标号，以表明此为第几个 ALU 上的累加结果寄存器，一般来说，ACC 用于指定 ALU。ACC 也区分 32bit 还是 16bit，如果为 16bit 运算，则 40bit 累加结果寄存器被分为两个高低20位,其中HACC表示高20位ACC[39:20],LACC表示低20位ACC[19:0];用H前缀表明为16bit累加结果寄存器,没有前缀表明为32bit数据。MACC为MUL中累加结果寄存器,位宽为80位,MACC需要给出其下标号,以表明为第几个MUL上累加结果寄存器,MACC也区分32bit还是16bit,如果为16bit运算,则80位累加结果寄存器被分为两个高低40bit,其中HMACC表示高40bitACC[79:40],LMACC表示低40bitACC[39:0];用H前缀表明为16bit累加结果寄存器,没有前缀表明为32bit数据。

存储器指令,指令形式为

{Macro}{H|L}{H}{C}{F}Rs = {br}[{U/V/W}n + = {U/V/W}m,{U/V/W}k]

前后缀表达的意义同运算类基本相同,需要说明的是,其方括号内U/V/W用于表明地址发生器中相对应的三组寄存器,下面的数据为对应的寄存器标号,方括号表明本身的值并不是我们所需要的值,其值为相应存储器地址,该地址存储器的内容才是我们所需要的值。(注:指令中的字母不区分大小写。)

4.1.3 指令速查

1) ALU定、浮点加/减运算操作指令

	语法	功能
32位定点加减	{Macro} Rs = Rm + Rn{(U)}	有/无符号32位定点加
	{Macro} Rs = Rm - Rn{(U)}	有/无符号32位定点减
	{Macro} Rm_n = Rm +/- Rn{(U)}	有/无符号32位定点加/减法同时运算
	{Macro} Rm_n = (Rm +/- Rn)/2{(U)}	有/无符号32位定点加/减法除2同时运算
	{Macro} Rs = (Rm + Rn)/2{(U)}	有/无符号32位定点加后除2运算
	{Macro} Rs = (Rm - Rn)/2{(U)}	有/无符号32位定点减后除2运算
双16位定点加减	{Macro} HRs = HRm + HRn{(U)}	有/无符号16位定点加
	{Macro} HRs = HRm - HRn{(U)}	有/无符号16位定点减
	{Macro} HRm_n = HRm +/- HRn{(U)}	有/无符号16位定点加/减法同时运算
	{Macro} HRm_n = (HRm +/- HRn)/2{(U)}	有/无符号16位定点加/减法处2同时运算
	{Macro} HRs = (HRm + HRn)/2{(U)}	有/无符号16位定点加后除2运算
	{Macro} HRs = (HRm - HRn)/2{(U)}	有/无符号16位定点减后除2运算
高低16位定点加减	{Macro} HHRs = HHRm + LHRm{(U)}	有/无符号高低16位加运算
	{Macro} HHRs = HHRm - LHRm{(U)}	有/无符号高低16位减运算
	{Macro} LHRs = HHRm + LHRm{(U)}	有/无符号高低16位加运算
	{Macro} LHRs = HHRm - LHRm{(U)}	有/无符号高低16位减运算
	{Macro} HHRs = HHRm +/- LHRm{(U)}	有/无符号高低16位加减运算
	{Macro} LHRs = HHRm +/- LHRm{(U)}	有/无符号高低16位加减运算

（续）

	语法	功能
高低16位定点加减	{Macro} HHRs = (HHRm + LHRm)/2{(U)}	有/无符号高低 16 位加以及除 2 运算
	{Macro} HHRs = (HHRm - LHRm)/2{(U)}	有/无符号高低 16 位减以及除 2 运算
	{Macro} LHRs = (HHRm + LHRm)/2{(U)}	有/无符号高低 16 位加以及除 2 运算
	{Macro} LHRs = (HHRm - LHRm)/2{(U)}	有/无符号高低 16 位减以及除 2 运算
	{Macro} HHRs = (HHRm +/- LHRm)/2{(U)}	有/无符号高低 16 位加减以及除 2 运算
	{Macro} LHRs = (HHRm +/- LHRm)/2{(U)}	有/无符号高低 16 位加减以及除 2 运算
寄存器与ACC赋值	{Macro} ACCs[47:40] = Rm	寄存器对 ACC 赋值
	{Macro} ACCs[39:32] = Rm	
	{Macro} ACCs[31:0] = Rm	
	{Macro} Rm = ACCs[47:40]	ACC 对寄存器赋值
	{Macro} Rm = ACCs[39:32]	
	{Macro} Rm = ACCs[31:0]	
32位浮点加减	{Macro} FRs = FRm + FRn	有符号 32 位浮点加运算
	{Macro} FRs = FRm - FRn	有符号 32 位浮点减运算
	{Macro} FRs = (FRm + FRn)/2	有符号 32 位浮点甫 及除 2 运算
	{Macro} FRs = (FRm - FRn)/2	有符号 32 位浮点减以及除 2 运算
	{Macro} FRm_n = FRm +/- FRn	有符号 32 位浮点同时加减运算
	{Macro} FRm_n = (FRm +/- FRn)/2	有符号 32 位浮点同时加减运算以及除 2
截位累加	{Macro} Rs = ACCm({(U)},cut = C)	累加结果带截位输出
	{Macro} HRs = ACCm({(U)},cut = C)	
32位累加	{Macro} ACCs = Rn{(U)}	32 位累加运算
	{Macro} ACCs = Rn ({(U)},CON = Rm)	受控 32 位累加运算
	{Macro} ACCs + = Rn(U)	32 位累加运算
	{Macro} ACCs + = Rn({(U)},CON = Rm)	受控 32 位累加运算
	{Macro} ACCs - = Rn(U)	32 位累加运算
	{Macro} ACCs - = Rn({(U)},CON = Rm)	受控 32 位累加运算
	{Macro} ACCs + = Rn({(U)},CONC)	32 位累加运算
	{Macro} ACCs + = Rn({(U)},CONC,CON = Rm)	受控 32 位累加运算
双16位累加	{Macro} HACCs = HRn{(U)}	16 位累加运算
	{Macro} HACCs = HRn ({(U)},CON = Rm)	受控 16 位累加运算
	{Macro} HACCs + = HRn{(U)}	16 位累加运算
	{Macro} HACCs + = HRn({(U)},CON = Rm)	受控 16 位累加运算
	{Macro} HACCs - = HRn{(U)}	16 位累加运算
	{Macro} HACCs - = HRn({(U)},CON = Rm)	受控 16 位累加运算
	{Macro} HACCs + = HRn({(U)},CONC)	16 位累加运算
	{Macro} HACCs + = HRn({(U)},CONC,CON = Rm)	受控 16 位累加运算

（续）

	语法	功能
32位浮点累加	{Macro} FACCs = FRn	32 位浮点有符号累加赋值运算
	{Macro} FACCs = FRn (CON = Rm)	受控 32 位浮点有符号累加赋值运算
	{Macro} FACCs + = FRn	32 位浮点有符号累加运算
	{Macro} FACCs + = FRn(CON = Rm)	受控 32 位浮点有符号累加运算
	{Macro} FACCs − = FRn	32 位浮点有符号累加运算(减)
	{Macro} FACCs − = FRn(CON = Rm)	受控 32 位浮点有符号累加运算(减)
	{Macro} FACCs + = FRn(CONC)	32 位浮点有符号累加运算(加)
	{Macro} FACCs + = FRn(CONC,CON = Rm)	受控 32 位浮点有符号累加运算(加)
16位定点复数累加	{Macro} CHACCs = CHRn	16 位定点复数累加运算
	{Macro} CHACCs = CHRn (CON = Rm)	受控 16 位定点复数累加运算
	{Macro} CHACCs + = CHRn	16 位定点复数累加运算
	{Macro} CHACCs + = CHRn(CON = Rm)	受控 16 位定点复数累加运算
	{Macro} CHACCs − = CHRn	16 位定点复数累减运算
	{Macro} CHACCs − = CHRn(CON = Rm)	受控 16 位定点复数累减运算
	{Macro} CHACCs + = CHRn(CONC)	16 位定点复数累减运算
	{Macro} CHACCs + = CHRn(CONC,CON = Rm)	受控 16 位定点复数累减运算
32位定点复数累加	{Macro} CACCs + 1 : s = CRn + 1 : n	32 位定点复数累加运算
	{Macro} CACCs + 1 : s = CRn + 1 : n(CON = Rm)	受控 32 位定点复数累加运算
	{Macro} CACCs + 1 : s + = CRn + 1 : n	32 位定点复数累加运算
	{Macro} CACCs + 1 : s + = CRn + 1 : n(CON = Rm)	受控 32 位定点复数累加运算
	{Macro} CACCs + 1 : s − = CRn + 1 : n	32 位定点复数累减运算
	{Macro} CACCs + 1 : s − = CRn + 1 : n(CON = Rm)	受控 32 位定点复数累减运算
	{Macro} CACCs + 1 : s + = CRn + 1 : n(CONC)	32 位定点复数累加运算
	{Macro} CACCs + 1 : s + = CRn + 1 : n(CONC,CON = Rm)	受控 32 位定点复数累加运算
32位浮点复数累加	{Macro} CFACCs + 1 : s = CFRn + 1 : n	32 位浮点复数累加运算
	{Macro} CFACCs + 1 : s = CFRn + 1 : n(CON = Rm)	受控 32 位浮点复数累加运算
	{Macro} CFACCs + 1 : s + = CFRn + 1 : n	32 位浮点复数累加运算
	{Macro} CFACCs + 1 : s + = CFRn + 1 : n(CON = Rm)	受控 32 位浮点复数累加运算
	{Macro} CFACCs + 1 : s − = CFRn + 1 : n	32 位浮点复数累减运算
	{Macro} CFACCs + 1 : s − = CFRn + 1 : n(CON = Rm)	受控 32 位浮点复数累减运算
	{Macro} CFACCs + 1 : s + = CFRn + 1 : n(CONC)	32 位浮点复数累加运算
	{Macro} CFACCs + 1 : s + = CFRn + 1 : n(CONC,CON = Rm)	受控 32 位浮点复数累加运算

（续）

	语法	功能
32位定点复数加减	{Macro} CRs+1:s = CRm+1:m + CRn+1:n	32 位定点复数加
	{Macro} CRs+1:s = CRm+1:m − CRn+1:n	32 位定点复数减
	{Macro} CRs+1:s = (CRm+1:m + CRn+1:n)/2	32 位定点复数加以及除 2
	{Macro} CRs+1:s = (CRm+1:m − CRn+1:n)/2	32 位定点复数减以及除 2
	{Macro} CRs+1:s = CRm+1:m + jCRn+1:n	32 位定点复数乘 j 加
	{Macro} CRs+1:s = CRm+1:m − jCRn+1:n	32 位定点复数乘 j 减
	{Macro} CRs+1:s = (CRm+1:m + jCRn+1:n)/2	32 位定点复数乘 j 甫　及除 2
	{Macro} CRs+1:s = (CRm+1:m − jCRn+1:n)/2	32 位定点复数乘 j 减以及除 2
	{Macro} CRm+1:m_n+1:n = CRm+1:m +/− CRn+1:n	32 位定点复数同时做加/减
	{Macro} CRm+1:m_n+1:n = (CRm+1:m +/− CRn+1:n)/2	32 位定点复数同时做加/减以及除 2
	{Macro} CRm+1:m_n+1:n = CRm+1:m +/− jCRn+1:n	32 位定点复数乘 j 后加减
	{Macro} CRm+1:m_n+1:n = (CRm+1:m +/− jCRn+1:n)/2	32 位定点复数乘 j 后加减以及除 2
16位定点复数加减	{Macro} CHRs = CHRm + CHRn	16 位定点复数加
	{Macro} CHRs = CHRm − CHRn	16 位定点复数减
	{Macro} CHRs = (CRm + CRn)/2	16 位定点复数加除 2
	{Macro} CHRs = (CRm − CRn)/2	16 位定点复数减除 2
	{Macro} CHRs = CHRm + jCHRn	16 位定点复数乘 j 后加
	{Macro} CHRs = CRHm − jCHRn	16 位定点复数乘 j 后减
	{Macro} CHRs = (CHRm + jCHRn)/2	16 位定点复数乘 j 后甫　及除 2
	{Macro} CHRs = (CHRm − jCHRn)/2	16 位定点复数乘 j 后减以及除 2
	{Macro} CHRm_n = CHRm +/− CHRn	16 位定点复数同时做加/减
	{Macro} CHRm_n = (CHRm +/− CHRn)/2	16 位定点复数同时做加/减以及除 2
	{Macro} CHRm_n = CHRm +/− jCHRn	16 位定点复数乘 j 后加减
	{Macro} CHRm_n = (CHRm +/− jCHRn)/2	16 位定点复数乘 j 后加减以及除 2
32位浮点复数加减	{Macro} CFRs+1:s = CFRm+1:m + CFRn+1:n	32 位浮点复数加
	{Macro} CFRs+1:s = CFRm+1:m − CFRn+1:n	32 位浮点复数减
	{Macro} CFRs+1:s = (CFRm+1:m + CFRn+1:n)/2	32 位浮点复数加除 2
	{Macro} CFRs+1:s = (CFRm+1:m − CFRn+1:n)/2	32 位浮点复数减除 2
	{Macro} CFRs+1:s = CFRm+1:m + jCFRn+1:n	32 位浮点复数乘 j 加
	{Macro} CFRs+1:s = CFRm+1:m − jCFRn+1:n	32 位浮点复数乘 j 减
	{Macro} CFRs+1:s = (CFRm+1:m + jCFRn+1:n)/2	32 位浮点复数乘 j 加除 2
	{Macro} CFRs+1:s = (CFRm+1:m − jCFRn+1:n)/2	32 位浮点复数乘 j 减除 2
	{Macro} CFRm+1:m_n+1:n = CFRm+1:m +/− CFRn+1:n	32 位浮点复数同时加减

（续）

	语法	功能
32位浮点复数加减	{Macro} CFRm + 1 : m_n + 1 : n = (CFRm + 1 : m +/- CFRn + 1 : n)/2	32 位浮点复数同时加减除 2
	{Macro} CFRm + 1 : m_n + 1 : n = CFRm + 1 : m +/- jCFRn + 1 : n	32 位浮点复数同时乘 j 加减
	{Macro} CFRm + 1 : m_n + 1 : n = (CFRm + 1 : m +/- jCFRn + 1 : n)/2	32 位浮点复数同时乘 j 加减除 2
其他	{Macro} Rs = ALUFRn	读标志寄存器
	{Macro} FRs = ACCm	累加结果带输出
	Clr{Macro} ACC	累加结果清零
	{Macro} CONs = Rm	累加控制寄存器装载
	{Macro} Rs = CONm	累加控制寄存器输出
	{Macro} ACFs = Rm	比较标志寄存器装载
	{Macro} Rs = ACFm	比较标志寄存器输出
	Clr{Macro} CON	累加控制寄存器清零
	Clr{Macro} ACF	比较标志寄存器清零
	{Macro} Rs + = C{(U)}	有/无符号立即数加
	{Macro} Rs - = C{(U)}	有/无符号立即数减
	{Macro} ABFPR = C	块浮点寄存器赋值操作
	{Macro} ABFPR = Rm	块浮点寄存器赋值操作
	{Macro} Rs = ABFP	块浮点寄存器赋值操作
	{Macro} Rs = ABS Rn	取绝对值
	{Macro} HRs = ABS HRn	取绝对值
	{Macro} FRs = ABS FRn	取绝对值

2）ALU 逻辑与赋值运算

0 1 计数	{Macro} Rs = Rm cnt0 Rn {Macro} HRs = HRm cnt0 Rn {Macro} Rs = Rm cnt0 {Macro} HRs = HRm cnt0 {Macro} Rs = Rm cnt0 a {Macro} HRs = HRm cnt0 a	32bit/16bit 数据寄存器组 0 计数
	{Macro} Rs = Rm cnt1 Rn {Macro} HRs = HRm cnt1 Rn {Macro} Rs = Rm cnt1 {Macro} HRs = HRm cnt1 {Macro} Rs = Rm cnt1 a {Macro} HRs = HRm cnt1 a	32bit/16bit 数据寄存器组 1 计数

（续）

<table>
<tr><td rowspan="3">复数赋值</td><td>{Macro} CRs + 1 : s = CRn + 1 : n</td><td>32bit 定点复数赋值</td></tr>
<tr><td>{Macro} CHRs = CHRn</td><td>16bit 定点复数赋值</td></tr>
<tr><td>{Macro} CFRs + 1 : s = CFRn + 1 : n</td><td>32bit 浮点复数赋值</td></tr>
<tr><td rowspan="6">与或非类运算</td><td>{Macro} Rs = Rm & Rn</td><td>与运算</td></tr>
<tr><td>{Macro} Rs = Rm | Rn</td><td>或运算</td></tr>
<tr><td>{Macro} Rs = Rm &! Rn</td><td>与非运算</td></tr>
<tr><td>{Macro} Rs = Rm |! Rn</td><td>或非运算</td></tr>
<tr><td>{Macro} Rs = Rm^Rn</td><td>异或</td></tr>
<tr><td>{Macro} Rs = ! Rn</td><td>位非</td></tr>
<tr><td rowspan="14">共轭、取反、IQ交换</td><td>{Macro} CRs + 1 : s = − CRn + 1 : n</td><td>复数取反</td></tr>
<tr><td>{Macro} CRs + 1 : s = CONj CRn + 1 : n</td><td>求共轭运算</td></tr>
<tr><td>{Macro} CRs + 1 : s = − (CONj CRn + 1 : n)</td><td>求共轭相反数运算</td></tr>
<tr><td>{Macro} CRs + 1 : s = permute CRn + 1 : n</td><td>IQ 交换</td></tr>
<tr><td>{Macro} CRs + 1 : s = − (permute CRn + 1 : n)</td><td>IQ 交换后求相反数</td></tr>
<tr><td>{Macro} CHRs = CONj CHRn</td><td>求共轭</td></tr>
<tr><td>{Macro} CHRs = − (CONj CHRn)</td><td>求共轭后取反</td></tr>
<tr><td>{Macro} CHRs = permute CHRn</td><td>IQ 交换</td></tr>
<tr><td>{Macro} CHRs = − (permute CHRn)</td><td>IQ 交换后取反</td></tr>
<tr><td>{Macro} CFRs + 1 : s = − CFRn + 1 : n</td><td>取相反数</td></tr>
<tr><td>{Macro} CFRs + 1 : s = CONj CFRn + 1 : n</td><td>求共轭</td></tr>
<tr><td>{Macro} CFRs + 1 : s = − (CONj CFRn + 1 : n)</td><td>求共轭后取反</td></tr>
<tr><td>{Macro} CFRs + 1 : s = permute CFRn + 1 : n</td><td>IQ 交换</td></tr>
<tr><td>{Macro} CFRs + 1 : s = − (permute CFRn + 1 : n)</td><td>IQ 交换后取反</td></tr>
<tr><td rowspan="2">确定1所在最高位</td><td>{Macro} Rs = Rm pos1
{Macro} Rs = Rm pos1 a
{Macro} Rs = Rm pos1 Rn</td><td>确定 32bit 数据寄存器组中 1 所在最高位置</td></tr>
<tr><td>{Macro} HRs = HRm pos1
{Macro} HRs = HRm pos1 a
{Macro} HRs = HRm pos1 Rn</td><td>确定 16bit 数据寄存器组中 1 所在最高位置</td></tr>
<tr><td rowspan="11">定浮点转换</td><td>{Macro} Rs = FIX FRs</td><td>浮点转换为定点</td></tr>
<tr><td>{Macro} Rs = FIX (FRs, C)</td><td>浮点转换为定点</td></tr>
<tr><td>{Macro} CRs + 1 : s = FIXCFRs + 1 : s</td><td>浮点复数转定点复数</td></tr>
<tr><td>{Macro} CRs + 1 : s = FIXC(FRs + 1 : s, C)</td><td>浮点复数转定点复数</td></tr>
<tr><td>{Macro} FRs = Float HHRm</td><td>高 16 位定点数转换为 32 位浮点数</td></tr>
<tr><td>{Macro} FRs = Float LHRm</td><td>低 16 位定点数转换为 32 位浮点数</td></tr>
<tr><td>{Macro} CFRs + 1 : s = Float CHRm</td><td>16 位定点复数转换为 32 位浮点复数</td></tr>
<tr><td>{Macro} FRs = Float Rs</td><td>定点转换为浮点</td></tr>
<tr><td>{Macro} FRs = Float (Rs, C)</td><td>定点数转浮点数</td></tr>
<tr><td>{Macro} CFRs + 1 : s = Float CRs + 1 : s</td><td>定点复数转浮点复数</td></tr>
<tr><td>{Macro} CFRs + 1 : s = Float (CRs + 1 : s, C)</td><td>定点复数转浮点复数</td></tr>
</table>

3）ALU选大或选小处理

类别	指令	说明
求最大最小值	{Macro} Rs = MAX(Rm,Rn){(U)}	有/无符号求最大值
	{Macro} HRs = MAX(HRm,HRn){(U)}	有/无符号求最大值
	{Macro} FRs = MAX(FRm,FRn)	有符号求最大值
	{Macro} Rs = MIN(Rm,Rn) {(U)}	有/无符号求最小值
	{Macro} HRs = MIN(HRm,HRn) {(U)}	有/无符号求最小值
	{Macro} FRs = MIN(FRm,FRn)	有符号求最小值
同时求最大最小值	{Macro} Rs+1:s = MAX_MIN(Rm,Rn){(U)} {Macro} HRs+1:s = MAX_MIN(HRm,HRn){(U)} {Macro} Rm_n = MAX_MIN(Rm,Rn){(U)} {Macro} Rn_m = MAX_MIN(Rm,Rn){(U)} {Macro} HRm_n = MAX_MIN(HRm,HRn){(U)} {Macro} HRn_m = MAX_MIN(HRm,HRn) {(U)} {Macro} HHRs = MAX_MIN(HRm){(U)} {Macro} LHRs = MAX_MIN(HRm){(U)}	有/无符号同时求最大最小值
	{Macro} FRs+1:s = MAX_MIN(FRm,FRn) {Macro} FRm_n = MAX_MIN(FRm,FRn)	有符号同时求最大最小值
条件选择类运算	{Macro} Rm = Rm > Rn? (Rm − Rn):0({(U)},k)	32bit定点实数比较
	{Macro} HRm = HRm > HRn? (HRm − HRn):0({(U)},k)	双16bit定点实数比较
	{Macro} FRm = FRm > FRn? (FRm − FRn):0(k)	32bit浮点实数比较
	{Macro} Rm = Rm > = Rn? Rm:Rn ({(U)},k)	32bit定点实数比较
	{Macro} HRm = HRm > = HRn? HRm:HRn ({(U)},k)	双16bit定点实数比较
	{Macro} FRm = FRm > FRn? FRm:FRn (k)	32bit浮点实数比较
	{Macro} HHRs = HHRm > = LHRm? HHRm : LHRm ({(U)},k) {Macro} HHRs = LHRm > = HHRm? LHRm : HHRm ({(U)},k) {Macro} LHRs = HHRm > = LHRm? HHRm : LHRm ({(U)},k) {Macro} LHRs = LHRm > = HHRm? LHRm : HHRm ({(U)},k) {Macro} HHRs = HHRm > LHRm? (HHRm − LHRm) : 0 ({(U)},k) {Macro} HHRs = LHRm > HHRm? (LHRm − HHRm) : 0 ({(U)},k) {Macro} LHRs = HHRm > LHRm? (HHRm − LHRm) : 0 ({(U)},k) {Macro} LHRs = LHRm > HHRm? (LHRm − HHRm) : 0 ({(U)},k)	同一寄存器内部高低16bit数据比较

4）MUL 指令

定浮点乘法	{Macro} Rs = Rm * Rn{(U)}	有/无符号 32 位定点乘
	{Macro} HRs = HRm * HRn{(U)}	有/无符号 16 位定点乘
	{Macro} FRs = FRm * FRn	有符号 32 位浮点乘
定浮点复数乘法	{Macro} CRs + 1 : s = CRm + 1 : m * Rn	32 位定点复数乘
	{Macro} CHRs = CHRm * HHRn	16 位定点复数乘
	{Macro} CHRs = CHRm * LHRn	16 位定点复数乘
	{Macro} CFRs + 1 : s = CFRm + 1 : m * FRn	32 位浮点复数乘
	{Macro} CRs + 1 : s = CRm + 1 : m * CRn + 1 : n	32 位浮点复数乘
	{Macro} CRs + 1 : s = CRm + 1 : m * CONj(CRn + 1 : n)	32 位浮点复数乘
	{Macro} CRs + 1 : s = CONj (CRm + 1 : m) * CONj(CRn + 1 : n)	32 位浮点复数乘
	{Macro} CHRs = CHRm * CHRn	16 位浮点复数乘
	{Macro} CHRs = CHRm * CONj(CHRn)	16 位浮点复数乘
MACC 运算	{Macro} Rs = MACCn({(U)}, cut = C)	定点乘累加结果截位输出
	{Macro} HRs = HMACCn({(U)}, cut = C)	定点乘累加结果截位输出
	{Macro} MACCs = Rm	有符号乘法累加寄存器加载
	{Macro} HMACCs = HRm{(U)}	有/无符号乘法累加寄存器加载
	{Macro} Clr{Macro} MACC	乘法累加寄存器清零
	{Macro} MACCs = Rm * Rn{(U)}	有/无符号定点实数乘法
	{Macro} MACCs + = Rm * Rn{(U)}	有/无符号定点实数乘法累加
	{Macro} HMACCs = HRm * HRn{(U)}	16 位定点复数乘法累加
	{Macro} HMACCs + = HRm * HRn{(U)}	16 位定点复数乘法累加
	{Macro} CHMACC s + = CHRm * CHRn	16 位定点复数乘法累加
	{Macro} QMACCs + = CRm + 1 : m * CHRn + 1 : n	32 位定点复数乘法累加
	{Macro} CHMACC s = CHRm * CHRn	16 位定点复数乘法
	{Macro} QMACCs = CRm + 1 : m * CHRn + 1 : n	32 位定点复数乘法
	{Macro} MACCs[31 : 0] = Rm	数据寄存器组堆装载数据到乘法累加寄存器 MACC 的特定位域
	{Macro} MACCs[63 : 32] = Rm	
	{Macro} MACCs[79 : 64] = Rm	
	{Macro} Rs = MACCm[31 : 0]	乘法累加寄存器 MACC 的特定位域传输到数据寄存器组
	{Macro} Rs = MACCm[63 : 32]	
	{Macro} Rs = MACCm[79 : 64]	
其他	{Macro} QFRm + 1 : m_n + 1 : n = CFRm + 1 : m * CFRn + 1 : n	浮点复数乘法运算
	{Macro} Rs = MULFRn	乘法器标志位读出
	{Macro} CRm + 1 : m_n + 1 : n = CRm + 1 : m * DCONj(CRn + 1 : n)	定点复数乘法运算
	{Macro} CRm + 1 : m_n + 1 : n = CONj(CRm + 1 : m) * DCONj(CRn + 1 : n)	定点复数乘法运算
	{Macro} Rs = Rm * Rm + Rn * Rn{(U)}	有/无符号平方和运算
	{Macro} Rs = HHRm * HHRm + LLRn * LLRn{(U)}	有/无符号平方和运算

5）SPU 指令

正余弦运算	{Macro} HRs = cos HRm {Macro} HRs = sin HRm	求余弦 求正弦
	{Macro} HRs = cos_sin HHRm {Macro} HRs = cos_sin LHRm	高低 16 位定点数同时求正弦或余弦
	{Macro} Rs = cos HHRm {Macro} Rs = cos LHRm	16 位定点数求余弦输出 32bit 定点数
	{Macro} Rs = sin HHRm {Macro} Rs = sin LHRm	16 位定点数求正弦输出 32bit 定点数
定点反正切	{Macro} LHRs = arctg Rm {Macro} HHRs = arctg Rm {Macro} LHRs = arctg LHRm {Macro} HHRs = arctg LHRm {Macro} LHRs = arctg HHRm {Macro} HHRs = arctg HHRm	定点数的反正切运算
其他	{Macro} FR s = 1 /FRn {Macro} FRs = Ln(abs FRm(c)) {Macro} FRs = sqrt(abs FRm) {Macro} Rs = SPUFR	32bit 浮点求倒数 32bit 浮点对数运算 浮点数的绝对值开方运算 读取 SPU 标志位

6）SHF 指令

移位类操作	{Macro} Rs = Rm ashift Rn {Macro} Rs = Rm lshift Rn {Macro} Rs = Rm lshift Rn(1) {Macro} Rs = Rm rot Rn {Macro} CRs + 1 : S = CRm + 1 : m ashift Rn {Macro} CHRS = CHRm ashift Rn {Macro} Rs = Rm ashift a {Macro} Rs = Rm lshift a (1) {Macro} Rs = Rm lshift a {Macro} Rs = Rm rot a {Macro} CRs + 1 : S = CRm + 1 : m ashift a	32 位算术移位 32 位逻辑移位 32 位逻辑移位 循环移位 32 位定点复数算术移位运算 16 位定点复数算术移位运算 32 位算术移位 32 位逻辑移位 32 位逻辑移位 32 位定点数循环移位运算 复数移位

（续）

数据扩展	{Macro} Rm = EXPAND(LHRm,a) {(U)} {Macro} Rm = EXPAND(HHRm,a) {(U)}	16 位定点数扩展成 32 位定点数
	{Macro} CRs + 1 : s = EXPAND(CHRm,a) {Macro} CRs + 1 : s = EXPAND(CHRm,Rn)	16 位定点复数扩展成 32 位复数 16 位定点复数扩展成 32 位复数
	{Macro} Rm = EXPAND(HHRm,Rn) {(U)} {Macro} Rm = EXPAND(LHRm,Rn) {(U)}	16 位定点数扩展成 32 位定点数
数据压缩	{Macro} LHRm = COMPACT(Rm,a) {(U)} {Macro} HHRm = COMPACT (Rm,a) {(U)} {Macro} LHRm = COMPACT(Rm,Rn) {(U)} {Macro} HHRm = COMPACT (Rm,Rn) {(U)}	32 位定点实数压缩成 16 位实数
	{Macro} CHRs = COMPACT(CRm + 1 : m,a) {Macro} CHRs = COMPACT(CRm + 1 : m,Rn)	32 位定点复数压缩成 16 位复数
制寄存器更新	[addr] = xRn [addr] = yRn [addr] = zRn [addr] = tRn	控制寄存器的更新 控制寄存器的更新 控制寄存器的更新 控制寄存器的更新
	{Macro} Rs = [addr]	控制/标志寄存器读出
位操作	{Macro} Rs = Rm bclr a {Macro} Rs = Rm bclr {Macro} Rs = Rm bset a {Macro} Rs = Rm bset {Macro} Rs = Rm binv a {Macro} Rs = Rm binv {Macro} Rs = Rm LXOR Rn {Macro} Rs = Rm RXOR Rn {Macro} Rs + 1 : s = Rm + 1 : m LXOR Rn + 1 : n {Macro} Rs + 1 : s = Rm + 1 : m RXOR Rn + 1 : n	清零操作 清零操作 置1操作 置 1 操作 取反操作 取反操作 异或运算 异或运算 寄存器对异或运算 寄存器对异或运算
其他	{Macro} Rs = SHFRn {Macro} Rs = Rm mclr Rn {Macro} Rs = Rm mset Rn {Macro} FRs = c(exp) {Macro} Rs = exp FRm {Macro} Rs = mant FRm {Macro} Rs = Rm {Macro} Rs + 1 : s = Rm + 1 : m	读取 SHF 标志寄存器 32 位定点实数数据屏清零 32 位定点实数数据屏置 1 浮点指数赋值 取浮点数指数 取浮点数尾数 寄存器赋值 寄存器赋值

7）数据传输指令

类别	指令	说明
数据读取与存储	{Macro} Rs + 1 : s = [Pn + = Pm, Pk] {Macro} Rs + 1 : s = [Pn + Pm, Pk]	双字寻址及数据读取，其中 P 取 U/V/W 之一
	{Macro} Rs = [Pn + = Pm, Pk] {Macro} Rs = [Pn + Pm, Pk]	单字寻址及数据读取，其中 P 取 U/V/W 之一
	[Pn + = Pm, Pk] = {Macro} Rs + 1 : s [Pn + Pm, Pk] = {Macro} Rs + 1 : s	双字寻址及数据存储，其中 P 取 U/V/W 之一
	[Pn + = Pm, Pk] = {Macro} Rs [Pn + Pm, Pk] = {Macro} Rs	单字寻址及数据存储，其中 P 取 U/V/W 之一
宏字间传输	{y, z, t} Rs = {x} Rm {x, z, t} Rs = {y} Rm {x, y, t} Rs = {z} Rm {x, y, z} Rs = {t} Rm	宏间单字传输
	{y, z, t} Rs + 1 : s = {x} Rm + 1 : m {x, z, t} Rs + 1 : s = {y} Rm + 1 : m {x, y, t} Rs + 1 : s = {z} Rm + 1 : m {x, y, z} Rs + 1 : s = {t} Rm + 1 : m	宏间双字传输
其他	{Macro} Rs = Pn	将 U/V/W 寄存器调入到数据寄存器组，P 取 U/V/W 之一
	Pn = {Macro} Rs	将数据寄存器组调入到 U/V/W 寄存器，P 取 U/V/W 之一

8）双字指令

类别	指令	说明
数据寄存器组赋值类	Rs = C HHRs = C LHRs = C	Rs 被赋以定点数
	CHRs = C1 + jC2 CHRs = C1 − jC2 HRs = (C1, C2)	Rs 被赋以定点复数
	FRs = C	Rs 被赋以浮点数
模 8 读/写访存指令	xRa + 1 : ayRb + 1 : bzRc + 1 : ctRd + 1 : d = m[Pn + = Um, Pk] m[Pn + = Pm, Uk]) = xRa + 1 : ayRb + 1 : bzRc + 1 : ctRd + 1 : d	模8双字读/写访存指令其中 P 取 U/V/W 之一
	xRayRbzRctRd = m[Pn + = Pm, Pk] m[Pn + = Pm, Pk] = xRayRbzRctRd	模 8 单字读/写访存指令其中 P 取 U/V/W 之一

（续）

跳转指令	If {Macro} Rm? Rn(U) B <pro> If {Macro} LHRm? LHRn(U) B <pro> If {Macro} HHRm? HHRn(U) B <pro> If {Macro} Rm? Rn B <pro> If {Macro} LHRm? LHRn B <pro> If {Macro} HHRm? HHRn B <pro> If {Macro} FRm? FRn B <pro>	跳转指令，其中？可取>、>=、==或！=
位反序	{Macro} Rs+1:s=br(C)[Pn+=Pm,Pk] br(C)[Pn+=Pm,Pk]={Macro} Rs+1:s	位反序寻址双字读、写访存指令，其中P取U/V/W之一
数据读取	{Macro} Rs+1:s=[Pn+=C,Pk] {Macro} Rs+1:s=[Pn+C,Pk] {Macro} Rs+1:s=[Pn+=Pm,C] {Macro} Rs+1:s=[Pn+Pm,C] {Macro} Rs+1:s=[Pn+=C0,C1] {Macro} Rs+1:s=[Pn+C0,C1]	双字立即数偏移寻址及数据读取，其中P取U/V/W之一
	{Macro} Rs=[Pn+=C,Pk] {Macro} Rs=[Pn+C,Pk] {Macro} Rs=[Pn+=Pm,C] {Macro} Rs=[Pn+Pm,C] {Macro} Rs=[Pn+=C0,C1] {Macro} Rs=[Pn+C0,C1]	单字立即数偏移寻址及数据读取，其中P取U/V/W之一
数据存储	[Pn+=C,Pk]={Macro} Rs+1:s [Pn+C,Pk]={Macro} Rs+1:s [Pn+=Pm,C]={Macro} Rs+1:s [Pn+Pm,C]={Macro} Rs+1:s [Pn+=C0,C1]={Macro} Rs+1:s [Pn+C0,C1]={Macro} Rs+1:s	双字立即数偏移寻址及数据存储，其中P取U/V/W之一
	[Pn+=C,Pk]={Macro} Rs [Pn+C,Pk]={Macro} Rs [Pn+=Pm,C]={Macro} Rs [Pn+Pm,C]={Macro} Rs [Pn+=C0,C1]={Macro} Rs [Pn+C0,C1]={Macro} Rs	单字立即数偏移寻址及数据存储，其中P取U/V/W之一
其他	Rs=Rm mask C	数据屏蔽
	Rs=Rm fext (p:q,f) Rs=Rm fext (p:q,f)(z) Rs=Rm fext (p:q,f)(s)	数据存放
	[addr]=C	寄存器被赋予立即数
	Pk=C	地址寄存器组赋32bit立即数，其中P取U/V/W之一

9）非运算类指令

算术移位	Us = Um ashift a Vs = Vm ashift a Ws = Wm ashift a Us = Um ashift Un Vs = Vm ashift Vn Ws = Wm ashiftWn	算术移位
辅助寄存器	Us = Um + Un Vs = Vm + Vn Ws = Wm + Wn	地址产生单元的辅助寄存器之间进行加/减运算
	Us = Um + C Vs = Vm + C Ws = Wm + C	地址产生单元的辅助寄存器与立即数进行加/减运算
跳转指令	If nLC0 B label If nLC1 B label If LC0 B label If LC1 B label	零开销循环/条件跳转
其他	NOP IDLE Clr {Macro} SF Set[addr][bit] clr[addr][bit] CALL SR B <label> CALL label RET RETI B BA Strap	空指令 停止指令 清除标志寄存器静态标志位 寄存器的某位置 1 寄存器的某位清零 间接调用子程序 FE2 级绝对跳转 子程序调用 子程序返回指令 中断返回指令 绝对跳转 软件陷阱

指令速查表中给出了“魂芯一号”的指令集，本节对给出的指令集做详细介绍，部分指令给出例程，读者可自行在 ECS 集成开发环境下运行例程，以便更好地理解对应的指令。

4.2　ALU 指令

ALU 指令是指驱动 ALU 运算模块完成相应运算的指令，包括 32bit 定点/浮点的加/减法运算、自增/自减、块浮点、取绝对值、ACC 赋值及标志位操作、累加及复数累加、复数加减等运算。其中,若后缀为{(U)},则表示有无符号运算,这是可选项;若没有后缀,则表示有符号运算。其他后缀再单独做说明。

各标志位含义如表4.1所列,供读者查阅。

表4.1 各标志位含义

AO:动态 ALU 定点溢出标志	AFU:动态 ALU 浮点下溢出标志
SAO:静态 ALU 定点溢出标志	SAFU:静态 ALU 浮点下溢出标志
AFO:动态 ALU 浮点上溢出标志	AI:动态 ALU 浮点无效标志
SAFO:静态 ALU 浮点上溢出标志	SAI:静态 ALU 浮点无效标志
ACF:比较标志寄存器	

ALU 模块定点计算过程中若出现溢出,则有两种处理方式:

饱和运算:输出结果按照是正数还是负数被赋予正最大值或者负最大值。

不饱和运算:输出结果取出溢出后的尾数值,溢出位被丢弃。

如果运算过程中没有发生溢出,则饱和运算和不饱和运算的结果是没有区别的。例4.1给出一个32bit定点加法指令在进行饱和/不饱和处理时的差别。

例4.1:

```
/* * * * * * * * * *饱和处理* * * * * * * * /
XALUCR =0x2
XR0 =0xfffffffe||XR1 =0x3
XR2 =R0 +R1(U) //结果:XR2 =0xffffffff
XR3 =0x7fffffff||XR4 =0x2
XR5 =R3 +R4   //结果:XR5 =0x7fffffff
/* * * * * * * * *不饱和处理* * * * * * * /
XALUCR =0x0
XR0 =0xfffffffe||XR1 =0x3
XR2 =R0 +R1(U) //结果:XR2 =0x1
XR3 =0x7fffffff||XR4 =0x2
XR5 =R3 +R4   //结果:XR5 =0x80000001
```

感兴趣的读者可以在ECS开发环境中,通过单步运行上述程序,观察饱和处理/不饱和处理的差别。

1)定点数加/减/除2类运算

"魂芯一号"定点数加/减运算包括加、减、同时加减及加/减除2等,指令见表4.2,按照数据类型划分,定点数加/减运算指令包括:

(1)32bit定点加/减/同时加减/除2运算,即表中第1~6行;

(2)双16bit定点加/减/同时加减/除2运算,即表中第7~12行;

(3)高、低16bit定点加/减/同时加减/除2运算,即表中第13~24行。

两个32bit数相加,结果有可能超过32bit,这对于仍然用32bit定点数来表示的数据来说,在具体操作过程中就有可能产生溢出。定点数运算所能采用的办法就是,当运算过程中产生溢出,能够做的就是给出溢出标志位,以表明有溢出产生,至于溢出后如何处理则由程序员考虑。另一种方式,则是将两个数相加后直接除以 2,这时就不会产生溢出,除以 2 带来的问题是数据精度降低。实际选择何种方式,需要程序员根据实际情况来设定。加减运算将影响状态标志位 AO/SAO。

双 16bit 寄存器定点加/减或加/减除 2 运算指令是双 16bit 定点数操作,即一个 32bit 寄存器寄存了 2 个 16bit 定点数,源寄存器的高 16bit 运算结果送至目的寄存器的高 16bit,源寄存器的低 16bit 运算结果送至目的寄存器的低 16bit。是否做饱和运算由 ALU 控制寄存器控制,高低位受同一个控制位控制。标志寄存器结果取两个 16bit 数操作标志结果的或运算。

高、低 16bit 定点加/减/同时加减/除 2 运算仅在同一个寄存器内部高、低 16bit 上进行,即 32bit 寄存器高 16bit 定点数据和低 16bit 定点数据进行加/减/除 2 等运算,结果放到目的寄存器 Rs 的高 16bit 或低 16bit 或高/低 16bit。

表 4.2 32bit 定点加/减/除 2 类运算

序号	语 法	功 能
1	{Macro} Rs = Rm + Rn {(U)}	将第 m 个数据寄存器组 32bit 定点数和第 n 个数据寄存器组 32bit 定点数相加,结果送到第 s 个数据寄存器组,s/m/n = [0 ~ 63]
2	{Macro} Rs = Rm - Rn {(U)}	将第 m 个数据寄存器组 32bit 定点数和第 n 个数据寄存器组 32bit 定点数相减,结果送到第 s 个数据寄存器组,s/m/n = [0 ~ 63]
3	{Macro} Rm_n = Rm +/- Rn{(U)}	将第 m 个数据寄存器组 32bit 定点数和第 n 个数据寄存器组 32bit 定点数同时相加减,结果送到第 m 个和第 n 个数据寄存器组,s/m/n = [0 ~ 63],即 Rm = Rm + Rn,Rn = Rm - Rn
4	{Macro} Rs = (Rm + Rn)/2{(U)}	将第 m 个数据寄存器组 32bit 定点数和第 n 个数据寄存器组 32bit 定点数相加后除以 2,结果送到第 s 个数据寄存器组,s/m/n = [0 ~ 63]
5	{Macro} Rs = (Rm - Rn)/2{(U)}	将第 m 个数据寄存器组 32bit 定点数和第 n 个数据寄存器组 32bit 定点数相减后除以 2,结果送到第 s 个数据寄存器组,s/m/n = [0 ~ 63]
6	{Macro} Rm_n = (Rm +/- Rn)/2{(U)}	将第 m 个数据寄存器组 32bit 定点数和第 n 个数据寄存器组 32bit 定点数同时相加减后除以 2,结果送到第 m 个和第 n 个数据寄存器组,s/m/n = [0 ~ 63],即 Rm = (Rm + Rn)/2,Rn = (Rm - Rn)/2
7	{Macro} HRs = HRm + HRn{(U)}	将第 m 个数据寄存器组两个 16bit 定点数和第 n 个数据寄存器组两个 16bit 定点数分别相加,结果送到第 s 个数据寄存器组,s/m/n = [0 ~ 63],即 HHRs = HHRm + HHRn,LHRs = LHRm + LHRn

（续）

序号	语法	功能
8	{Macro} HRs = HRm - HRn{(U)}	将第 m 个数据寄存器组两个 16bit 定点数和第 n 个数据寄存器组两个 16bit 定点数分别相减，结果送到第 s 个数据寄存器组，s/m/n = [0 ~ 63]，即 HHRs = HHRm - HHRn，LHRs = LHRm - LHRn
9	{Macro} HRs = (HRm + HRn)/2{(U)}	将第 m 个数据寄存器组两个 16bit 定点数和第 n 个数据寄存器组两个 16bit 定点数分别相加后除以 2，结果送到第 s 个数据寄存器组，s/m/n = [0 ~ 63]，即 HHRs = (HHRm + HHRn)/2，LHRs = (LHRm + LHRn)/2
10	{Macro} HRs = (HRm - HRn)/2{(U)}	将第 m 个数据寄存器组两个 16bit 定点数和第 n 个数据寄存器组两个 16bit 定点数分别相减后除以 2，结果送到第 s 个数据寄存器组，s/m/n = [0 ~ 63]，即 HHRs = (HHRm - HHRn)/2，LHRs = (LHRm - HLRn)/2
11	{Macro} HRm_n = HRm +/- HRn{(U)}	将第 m 个数据寄存器组两个 16bit 定点数和第 n 个数据寄存器组两个 16bit 定点数同时相加减，结果送回到源数据寄存器组位置，m/n = [0 ~ 63]，即 HHRm = HHRm + HHRn，LHRm = LHRm + LHRn；HHRn = HHRm - HHRn，LHRn = LHRm - LHRn
12	{Macro} HRm_n = (HRm +/- HRn)/2{(U)}	将第 m 个数据寄存器组两个 16bit 定点数和第 n 个数据寄存器组两个 16bit 定点数同时相加减后除以 2，结果送回到源数据寄存器组位置，m/n = [0 ~ 63]，即 HHRm = (HHRm + HHRn)/2，LHRm = (LHRm + LHRn)/2；HHRn = (HRm - HRn)/2，LRn = (LHRm - LHRn)/2
13	{Macro} HHRs = HHRm + LHRm{(U)}	将第 m 个数据寄存器组高低 16bit 定点数进行相加，结果送到第 s 个数据寄存器组高 16bit，s/m = [0 ~ 63]，即 Rs[31:16] = Rm[31:16] + Rm[15:0]
14	{Macro} HHRs = HHRm - LHRm{(U)}	将第 m 个数据寄存器组高 16bit 定点数减去低 16bit，结果送到第 s 个数据寄存器组高 16bit，s/m = [0 ~ 63]，即 Rs[31:16] = Rm[31:16] - Rm[15:0]
15	{Macro} LHRs = HHRm + LHRm{(U)}	将第 m 个数据寄存器组高低 16bit 定点数进行相加，结果送到第 s 个数据寄存器组低 16bit，s/m = [0 ~ 63]，即 Rs[15:0] = Rm[31:16] + Rm[15:0]
16	{Macro} LHRs = HHRm - LHRm{(U)}	将第 m 个数据寄存器组高 16bit 定点数减去低 16bit，结果送到第 s 个数据寄存器组低 16bit，s/m = [0 ~ 63]，即 Rs[15:0] = Rm[31:16] - Rm[15:0]

（续）

序号	语 法	功 能
17	{Macro} HHRs = HHRm +/－LHRm{(U)}	将第 m 个数据寄存器组高低 16bit 定点数同时进行相加减，加送到第 s 个数据寄存器组高 16bit，减送到第 s 个数据寄存器组低 16bit，s/m = [0～63]，即 Rs[31:16] = Rm[31:16] + Rm[15:0]，Rs[15:0] = Rm[31:16] － Rm[15:0]
18	{Macro} LHRs = HHRm +/－LHRm{(U)}	将第 m 个数据寄存器组高低 16bit 定点数同时进行相加减，加送到第 s 个数据寄存器组低 16bit，减送到第 s 个数据寄存器组高 16bit，s/m = [0～63]，即 Rs[15:0] = Rm[31:16] + Rm[15:0]，Rs[31:16] = Rm[31:16] － Rm[15:0]
19	{Macro} HHRs = (HHRm +LHRm)/2{(U)}	将第 m 个数据寄存器组高低 16bit 定点数进行相加后除以 2，结果送到第 s 个数据寄存器组高 16bit，s/m = [0～63]，即 Rs[31:16] = (Rm[31:16] + Rm[15:0])/2
20	{Macro} HHRs = (HHRm －LHRm)/2{(U)}	将第 m 个数据寄存器组高低 16bit 定点数相减后除以 2，结果送到第 s 个数据寄存器组高 16bit，s/m = [0～63]，即 Rs[31:16] = (Rm[31:16] － Rm[15:0])/2
21	{Macro} LHRs = (HHRm +LHRm)/2{(U)}	将第 m 个数据寄存器组高低 16bit 定点数相加后除以 2，结果送到第 s 个数据寄存器组低 16bit，s/m = [0～63]，即 Rs[15:0] = (Rm[31:16] + Rm[15:0])/2
22	{Macro} LHRs = (HHRm －LHRm)/2{(U)}	将第 m 个数据寄存器组高低 16bit 定点数相减后除以 2，结果送到第 s 个数据寄存器组低 16bit，s/m = [0～63]，即 Rs[15:0] = (Rm[31:16] － Rm[15:0])/2
23	{Macro} HHRs = (HHRm +/－LHRm)/2{(U)}	将第 m 个数据寄存器组高低 16bit 定点数同时相加减后除以 2，结果送到第 s 个数据寄存器组高低 16bit，s/m = [0～63]，即 Rs[31:16] = (Rm[31:16] + Rn[15:0])/2，Rs[15:0] = (Rm[31:16] － Rm[15:0])/2
24	{Macro} LHRs = (HHRm +/－LHRm)/2{(U)}	将第 m 个数据寄存器组高低 16bit 定点数同时相加减后除以 2，结果送到第 s 个数据寄存器组高低 16bit，s/m = [0～63]，即 Rs[15:0] = (Rm[31:16] + Rn[15:0])/2，Rs[31:16] = (Rm[31:16] － Rm[15:0])/2

例 4.2：

```
XALUCR = 0x2             //饱和处理
XR0 = 1 ||XR1 = 7
XR3 = R1 - R0            //结果：XR3 = 6
XR4 = R1 + R0            //结果：XR4 = 8
XR4_3 = R4 + /- R3       //结果：XR4 = 14,XR3 = 2.
```

```
XR7 = (R1 - R0) /2            //结果:XR7 = 3
XR7 = 4
XR8 = (R1 + R0) /2            //结果:XR8 = 4
XR8_7 = (R8 + /- R7) /2       //结果:XR8 = 3,XR7 = 0.
```

计算结果如果产生溢出,则状态标志位寄存器的定点溢出标志置 1。运算结果是否做饱和处理,依据控制寄存器饱和控制位所设状态,具体实例参考例 4.1。

例 4.3:

```
XALUCR = 0x0                  //不饱和处理
XR0 = 0x0002ffff ||XR1 = 0x00040005
XHR2 = HR1 + HR0(U)          //低 16bit 相加溢出,所以 AO /SAO 位置 1.
/* 结果:XR2 = 0x00060004,低 16bit 溢出,做不饱和处理 . * /
XR3 = 0x00020003 ||XR4 = 0x00040005
XR4_3 = (R4 + /- R3) /2      //结果:XR4 = 0x00030004,XR3 = 0x00010001.
```

例 4.4:高、低 16bit 加/减运算举例

```
XALUCR = 0x2                 //饱和处理
XR0 = 0x00030002
XHHR2 = HHR0 + LHR0          //结果:XR2 = 0x00050000
XHHR3 = HHR0 + /- LHR0       //结果:XR3 = 0x00050001
XLHR4 = HHR0 + /- LHR0       //结果:XR4 = 0x00010005. 注意 XR3 与 XR4 结果的区别 .
```

2) 有/无符号数自增

语法:{Macro} Rs + = C{(U)}

{Macro} Rs - = C{(U)}

功能:有/无符号数自增指令,寄存器 Rs 自增加一个立即数 C(有符号运算时 C 的范围:$-2^{11} \sim 2^{11}$;无符号运算时 C 的范围:$0 \sim 2^{12}$),是否做饱和处理由 ALU 控制寄存器设置。影响状态标志位 AO 和 SAO。资源占用 1 个 ALU。

例 4.5:

```
XR9 + = 0x2    //有符号自增运算
```

运算过程及结果如图 4.1 所示。

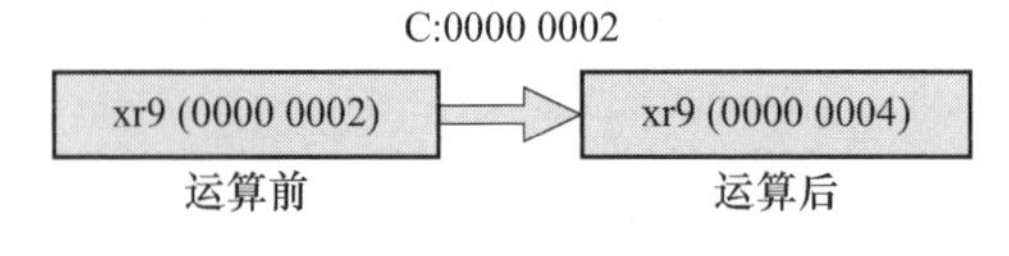

图 4.1　自增运算示意图

3) 块浮点操作指令

语法:{Macro} ABFPR = C

{Macro} ABFPR = Rm

{Macro} Rs = ABFPR

功能:ALU 块浮点操作指令。主要作用是保持定位运算时一个数据块的运算精度。如定点大点数 FFT 运算需要经过多次迭代,每一次迭代结果都存在增益,为确保精度,希望尽可能利用寄存器所给的字宽进行运算,同时确保运算过程不会出现数据溢出导致数据计算错误。故每次迭代运算,根据存放在 ABFPR 寄存器上的值确定 ALU 是直接加/减运算,还是加/减除 2 运算。ABFPR 具体更新操作参见 ABFPR 寄存器说明。

这种运算的精度介于定点运算和浮点运算之间,其速度也是介于这两者之间。块浮点操作相关设置由用户确定。属于同一执行宏的 ABFPR = C 与 ABFPR = Rm 指令不可同时进行,在"ABFPR = C"指令中,C 的取值范围是 0 ~ 3,指令中出现大于 3 或小于 0 的立即数,截取最低两位送给 ABFPR,并且在汇编规则检查时给出警告。截取最低两位操作时,不影响标志位。

4) 求实数绝对值

语法:{Macro} Rs = ABS Rn

{Macro} HRs = ABS HRn　// HHRs = abs(HHRn),LHRs = abs(LHRn)

{Macro} FRs = ABS FRn

功能:对 Rn 寄存器 16bit/32bit 定/浮点数求绝对值运算,结果放在 Rs 目标寄存器中。影响状态标志位 AO 和 SAO。资源占用 1 个 ALU。

5) 累加器 ACC 装载、读取、清零

"魂芯一号"每个宏有 8 个 ALU,每个 ALU 有一个 48 位的累加寄存器 ACC,其中每个累加寄存器 ACC 被分为 3 个位域:ACC[47:40]寄存浮点数累加指数,ACC[39:32]寄存定点数累加高 8 位,ACC[31:0]代表定/浮点数累加尾数低 32bit。累加寄存器 ACC 的装载、读取、清零指令见表 4.3。ACC 的读、写操作必

表 4.3　累加器 ACC 的装载、读取、清零指令

语 法	功 能
{Macro} ACCs[47:40] = Rm {Macro} ACCs[39:32] = Rm {Macro} ACCs[31:0] = Rm	将第 m 个数据寄存器组数赋给第 s 个 ALU 上 ACC 最高 8 位,中间 8 位或低 32bit,赋高 8 位和中间 8 位为数据寄存器组低 8 位,m = 0 ~ 63,s = 0 ~ 7
{Macro} Rm = ACCs[47:40] {Macro} Rm = ACCs[39:32] {Macro} Rm = ACCs[31:0]	将第 s 个 ALU 上 ACC 最高 8 位,中间 8 位或低 32bit 送到第 m 个数据寄存器组,高 8 位和中间 8 位均送到数据寄存器组低 8 位,m = 0 ~ 63,s = 0 ~ 7
Clr{Macro} ACC	所有累加器 ACC 清零,资源占用 8 个 ALU
{Macro} FRs = ACCm	将第 *m* 个 ALU 的 ACC 上浮点数送到数据寄存器组第 *s* 上,*s* = 0 ~ 63,*m* = 0 ~ 7

须指在特定 ALU 上的操作,故涉及到 ACC 操作均需指明用宏中哪个 ALU,否则无法得到正确结果。

例 4.6:

```
XACC3[31:0] = R9   //X 执行宏上 R9 寄存器上 32bit 定点数被赋予第 3 个 ALU 上
                     ACC 累加寄存器 [31:0]位上
clr XACC           //将 x 执行宏中所有 ACC 清零
XFR9 = ACC3        //x 执行宏第 3 个 ALU 中的 ACC 的浮点数送到 R9 寄存器
```

6) 读标志寄存器指令

语法:{x ,y ,z ,t } Rs = ALUFRn

功能:将 ALU 标志寄存器 ALUFR 值读出送数据寄存器组。n 取值范围为 0~7,对应执行宏中 8 个 ALU 标号。资源占用:1 ALU。

例 4.7:

```
XALUCR = 0x0   //不饱和处理
XR0 = 0xfffffffe||XR1 = 0x3
XR2 = R0 + R1(U) //结果:XR2 = 0x1
XR3 = ALUFR0   //结果:XR3 = 0x101
//此时观测 XALUFR0 的值为 0x100,因为动态标志 AO 会随时变化.
```

7) 浮点加/减/除 2 运算指令

32bit 浮点数加或减运算指令见表 4.4,其中"/2"表示加减运算同时除以 2,影响标志位 AFO/SAFO/AFU/SAFU/AI/SAI。资源占用 1 个 ALU 或 2 个 ALU。

表 4.4 累加器 ACC 的装载、读取、清零指令

语法	功能
{Macro} FRs = FRm + FRn	第 m 个数据寄存器组浮点数和第 n 个数据寄存器组浮点数相加,结果送到第 s 个数据寄存器,s/m/n = [0~63]
{Macro} FRs = FRm - FRn	第 m 个数据寄存器组浮点数和第 n 个数据寄存器组浮点数相减,结果送到第 s 个数据寄存器,s/m/n = [0~63]
{Macro} FRs = (FRm + FRn)/2	第 m 个数据寄存器组浮点数和第 n 个数据寄存器组浮点数相加后除以 2,结果送到第 s 个数据寄存器,s/m/n = [0~63]
{Macro} FRs = (FRm - FRn)/2	第 m 个数据寄存器组浮点数和第 n 个数据寄存器组浮点数相减后除以 2,结果送到第 s 个数据寄存器,s/m/n = [0~63]
{Macro} FRm_n = FRm +/- FRn	第 m 个数据寄存器组浮点数和第 n 个数据寄存器组浮点数同时相加减,结果送到第 m 个和第 n 个数据寄存器,m/n = [0~63]
{Macro} FRm_n = (FRm +/- FRn)/2	第 m 个数据寄存器组浮点数和第 n 个数据寄存器组浮点数同时相加减后除以 2,结果送到第 m 个和第 n 个数据寄存器,m/n = [0~63]

和定点运算类似,ALU 模块在运算过程中,如果出现溢出,分两种情况来处理:

饱和运算:计算结果按照最大值处理,如果数据为正数,则输出结果为正最大;如果结果为负数,则输出结果为负最大。

不饱和运算:结果被赋为无穷大(无穷用一个指数为255、尾数为0的浮点数表示)。

如果运算过程没有发生溢出,则饱和运算和不饱和运算结果没有区别。本书中涉及浮点运算的饱和及不饱和处理均以此为依据。

例4.8:

```
XALUCR = 0x2   //饱和运算
XR2 = 0x7f7f687f
XR8 = 0x7f7fffee
XFR9 = FR8 + FR2          //结果:XR9 = 0x7F7FFFFF
XALUCR = 0x0              //不饱和运算
XFR9 = FR8 + FR2          //结果:XR9 = 0x7F800000
```

32bit 浮点数 0x7f7f687f 与 0x7f7fffee 相加时,发生了溢出,饱和处理结果取最大值是0x7F7FFFFF,指数部分为254(而非255),尾数部分为全1。不饱和处理结果取最大值是0x7F800000。浮点运算不饱和运算发生溢出时,并不是“结果是什么值就是什么值”,因为指数值为255(全1)、尾数值为非零小数时的浮点数不是一个(正常)数(NAN);

至此,对定/浮点饱和/不饱和运算都做了说明,总结如图4.2所示。

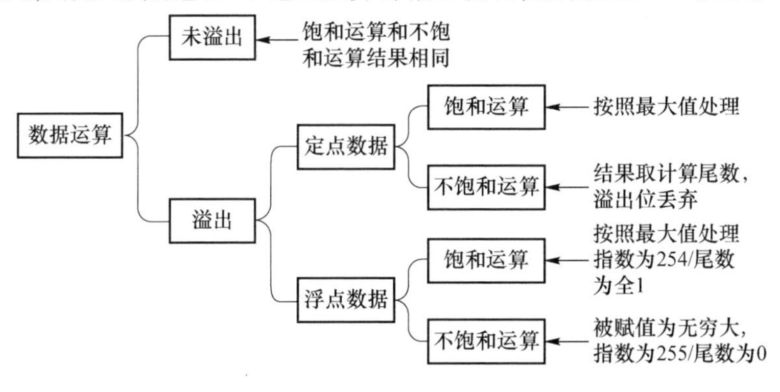

图4.2 数据运算小结

8)累加控制寄存器CON、比较标志寄存器ACF相关指令

CON主要作用是可以根据需要进行混合累加/累减操作。这是一个32bit专用累加控制寄存器,这个寄存器寄存的是ALU做累加还是累减操作的控制信号,由于控制信号是寄存在寄存器内,故累加/累减操作可以在一个时间节拍内

改变。每个 ALU 配置一个这样的寄存器，每个 ALU 均可进行不一样的累加/累减操作，8 个 ALU 意味着 8 个 CON，故一个宏可以进行 256 字长的不一样累加/累减操作，4 个宏对应长度为 1024。

在实际操作过程中，这条指令执行一次，累加结果寄存器会根据这个控制寄存器的最高位是 0 还是 1 确定是做累加还是做累减操作，同时 CON 整体左移一位，最低位补零，即 CON 可以控制连续做 32 次累加/减运算。CON 可以被数据寄存器组更新，也可以通过双字指令更新 CON，CON 内容可以读到数据寄存器组。

比较标志寄存器 ACF0 ~ ACF7 的作用是放置 ALU 运算结果后的比较标志，一般是根据比较指令的比较结果置位相应标志，指令如 Rm > Rn 或 Rm > = Rn，Rm - Rn 等。这些指令一方面将其运算结果赋给目的寄存器 Rs，另一方面比较标志寄存器左移一位，产生的比较标志赋予标志寄存器最低位，即如果条件成立，则 1 赋予寄存器最低位，否则 0 赋予寄存器最低位，同时比较标志寄存器左移一位。比较标志寄存器与数据寄存器组之间可以相互更新。每个 ALU 均对应一个标志寄存器，故这条指令需指定 ALU，取值范围 0 ~ 7 为对应指定 ALU 标号。不影响状态标志 XALUCR = 0x0// 不饱和处理位。

CON 或 ACF 相关指令见表 4.5。

表 4.5　CON、ACF 的清零、装载、读取指令

语法	功能
Clr{Macro}CON	对 Macro 内的所有 CON 清零
Clr{Macro}ACF	对 Macro 内的所有 ACF 清零
{Macro}CONs = Rm	将第 m 个数据寄存器组上定点数赋给第 s 个 ALU 上 CON 控制器，m = 0 ~ 63，s = 0 ~ 7
{Macro}ACFs = Rm	将第 m 个数据寄存器组上定点数赋给第 s 个 ALU 上 ACF 控制器，m = 0 ~ 63，s = 0 ~ 7
{Macro}Rs = CONm	将第 m 个 ALU 上 CON 控制器组上定点数读到第 s 个数据寄存器，s = 0 ~ 63，m = 0 ~ 7
{Macro}Rs = ACFm	将第 m 个 ALU 上 ACF 控制器组上定点数读到第 s 个数据寄存器，s = 0 ~ 63，m = 0 ~ 7

例 4.9：

```
XR0 = 0x00000001
XALUCR = 0x0          //不饱和运算
XCON0 =  R0
clr XCON              //结果：XCON = 0x00000000
YR0 = 0x00000001
```

```
YALUCR = 0x0          //不饱和运算
YCON0 = R0            //结果:YCON0 = 0x00000001
```

9）累加结果截位输出到目标寄存器

语法:{Macro} Rs = ACCm({(U)},cut = C)

{Macro} HRs = ACCm({(U)},cut = C)

功能:将 40 位定点累加结果寄存器上的数截取成 32 位定点数送到数据寄存器组,或者将两个 20 位定点累加结果寄存器上的数截取成两个 16 位定点数送到数据寄存器组。宏内每个 ALU 均有一个累加结果寄存器,故每个宏有 8 个累加结果寄存器,要将 ALU 累加结果寄存器上的数据送到数据寄存器组,必须指定具体 ALU,否则处理器无法识别,这里 m 即指定 ALU 序号,C 为 40 位累加器输取 32 位时所给的截位常数。

(1) 32 位定点运算时,C 的取值范围是 0 ~ 8,大于 8 视同等于 8。C 为 0,输出 ACC[31:0];C 为 1,输出结果 ACC[32:1],依此类推;当 C≥8 时,输出结果为 ACC[39:8]。

(2) 16 位定点运算时,C 的取值范围是 0 ~ 4,大于 4 视同等于 4。C 为 0,输出 ACC[15:0]。C 为 1,输出结果 ACC[16:1],依此类推。当 C 为 4 时,输出结果ACC[19:4],其中累加结果寄存器的高低位操作方式相同。资源占用:1 ALU。相关指令见表 4.6。

例 4.10:

```
//如果 ACC6 = 0x0000000F
XALUCR = 0x0                    //不饱和运算
XR9 = ACC6(U,cut = 0x1)  //ACC 按照截位给定的值(0x1)赋值于 R9
//结果:XR9 = 0x00000001
```

10）实数累加/减运算

按数据类型分有:32 位定点数、32 位浮点数、双 16 位定点数、按照 CON 控制寄存器累加减等操作。32 位定点数累加或累减直接按指令进行,运算结果寄存到 ALU 对应的累加结果寄存器 ACC 上,定点累加/累减均存在一定的运算增益,为保证中间运算结果正确,ACC 位数扩展到 40 位,即设计了 8 位数据增益位,这样可以保证 32 位满刻度数据运算,256 次累加不会出现饱和。32 浮点数累加或累减直接依据指令进行,运算结果直接寄存到 ALU 对应的累加结果寄存器 ACC 上,32 位浮点累加/累减得到的仍然是一个 32 位浮点数。双 16 位定点数累加或者累减由指令确定,此时 32 位 ALU 分为高低两个 16 位分别进行累加/累减,结果寄存到 ALU 两个 20 位累加结果寄存器 ACC 上,定点累加结果增益扩展 4 位,即 16 位满刻度运算,进行 16 次累加运算不会出现饱和。按累加控制寄存器(CON)寄存的内容进行累加或累减操作是该处理器特有的一种累加方式,即以实现混合累加减运算,用 CONC 指令表示。其操作方式为,根据 CON 寄存器最高位确定累加还是累减操作,如果寄存器寄存的结果为 0,则进行累加操作,否则进行累减操作,与此同时 CON 寄存器左移 1 位,低位补零,运算结果放在对应 ALU 累加结果寄存器 ACC 上。CON 是一个 32 位专用寄存器,其内容在运算过程中可随时更新,即在累加的同时,数据寄存器组 Rm 可以同时更新 CON 寄存器。双 16 位定点控制寄存器 CON 累加减运算与此相类似,不同点在于,32 位 CON 被分为两个 16 位,其中 CON[31]控制高 16 位累加/累减计算,CON[15]控制低 16 位累加/累减计算。每进行一次受控累加/累减运算,CON 高/低 16 位分别左移一位,同时 CON[0]和 CON[16]分别被置 0。定点运算影响状态标志位 AO 和 SAO,浮点运算影响标志位 AFO/SAFO/AFU/SAFU/AI/SAI 相关指令见表 4.6。

表 4.6　32 位定点数、32 位浮点数、双 16 位定点数累加/减运算指令

语 法	功　能
{Macro} ACCs = Rn {(U)}	将第 n 个数据寄存器组上的定点数赋给第 s 个 ALU 上的 ACC
{Macro} ACCs + = Rn {(U)}	将第 n 数据寄存器组上的定点数与第 s 个 ALU 上的 ACC 数相加,结果送回原 ACC 上,ACCs = ACCs + Rn
{Macro} ACCs - = Rn {(U)}	将第 n 个数据寄存器组上的定点数与第 s 个 ALU 上的 ACC 数相减,结果送回原 ACC 上,ACCs = ACCs - Rn
{Macro} ACCs + = Rn({(U)},CONC)	将第 n 个数据寄存器组上定点数与第 s 个 ALU 上 ACC 数按 CON[31]控制相加减,结果送回原 ACC,CON[31]为 0 时,ACCs = ACCs + Rn;CON[31]为 1 时,ACCs = ACCs - Rn,CON 左移 1 位,低位补零
{Macro} ACCs = Rn ({(U)},CON = Rm)	将第 n 个数据寄存器组上的定点数送到第 s 个 ALU 上的 ACC 上,同时将第 m 个数据寄存器组上的数据送到 CON 寄存器上,ACCs = Rn,CON = Rm
{Macro} ACCs + = Rn({(U)},CON = Rm)	将第 n 个数据寄存器组上定点数与第 s 个 ALU 上 ACC 数相加,结果送回原 ACC,同时将第 m 个数据寄存器组上数送到 CON 寄存器,ACCs = ACCs + Rn,CON = Rm
{Macro} ACCs - = Rn({(U)},CON = Rm)	将第 n 个数据寄存器组上定点数与第 s 个 ALU 上 ACC 数相减,结果送回原 ACC,同时将第 m 个数据寄存器组上数送到 CON 寄存器,ACCs = ACCs - Rn,CON = Rm
{Macro} ACCs + = Rn({(U)},CONC,CON = Rm)	将第 n 个数据寄存器组上定点数与第 s 个 ALU 上 ACC 数按 CON[31]控制位相加减,结果送回原 ACC,同时将第 m 个数据寄存器组上数送到 CON 寄存器,CON[31]为 0,ACCs = ACCs + Rn,CON = Rm;CON[31]为 1,ACCs = ACCs - Rn,CON = Rm

(续)

语 法	功 能
{Macro} FACCs = FRn	将第 n 个数据寄存器组上的浮点数赋给第 s 个 ALU 上 FACC, FACCs = FRn
{Macro} FACCs + = FRn	将第 n 数据寄存器组上的浮点数与第 s 个 ALU 上的 FACC 数相加,结果送回原 FACC 上,FACCs = FACCs + FRn
{Macro} FACCs - = FRn	将第 n 个数据寄存器组上的浮点数与第 s 个 ALU 上的 FACC 数相减,结果送回原 FACC 上,FACCs = FACCs - FRn
{Macro} FACCs + = FRn(CONC)	将第 n 个数据寄存器组上的浮点数与第 s 个 ALU 上的 FACC 数按 CON[31]控制相加减,结果送回原 FACC 上,CON[31]为 0 时,FACCs = FACCs + FRn;CON[31]为 1 时,FACCs = FACCs - FRn. CON 左移 1 位,低位补零
{Macro} FACCs = FRn (CON = Rm)	将第 n 个数据寄存器组上的浮点数送到第 s 个 ALU 上的 ACC 上,同时将第 m 个数据寄存器组上的数据送到 CON 寄存器上,FACCs = FRn,CON = Rm
{Macro} FACCs + = FRn(CON = Rm)	将第 n 个数据寄存器组上的浮点数与第 s 个 ALU 上的 ACC 数相加,结果送回原 FACC 上,同时将第 m 个数据寄存器组上的数据送到 CON 寄存器上,FACCs = FACCs + Rn,CON = Rm
{Macro} FACCs - = FRn(CON = Rm)	将第 n 个数据寄存器组上的浮点数与第 s 个 ALU 上的 ACC 数相减,结果送回原 ACC 上,同时将第 m 个数据寄存器组上的数据送到 CON 寄存器上,FACCs = FACCs - Rn,CON = Rm
{Macro} FACCs + = FRn (CONC,CON = Rm)	将第 n 个数据寄存器组上的浮点数与第 s 个 ALU 上的 ACC 数按 CON[31]控制相加减,结果送回原 FACC 上,同时将第 m 个数据寄存器组上数据送到 CON 寄存器,CON[31]为 0,FACCs = FACCs + Rn,CON = Rm;CON[31]为 1,FACCs = FACCs - Rn,CON = Rm
{Macro} HACCs = HRn {(U)}	将第 n 个数据寄存器组上的两个 16 位定点数赋给第 s 个 ALU 上的两个 ACC,ACCs[39:20] = HHRn,ACCs[19:0] = LHRn
{Macro} HACCs + = HRn{(U)}	将第 n 数据寄存器组上的两个 16 位定点数与第 s 个 ALU 上的两个 ACC 数相加,结果送回原 ACC 上,ACCs[39:20] = ACCs[39:20] + HHRn,ACCs[19:0] = ACCs[19:0] + LHRn
{Macro} HACCs - = HRn{(U)}	将第 n 个数据寄存器组上的两个 16 位定点数与第 s 个 ALU 上的两个 ACC 数相减,结果送回原 ACC 上,ACCs[39:20] = ACCs[39:20] - HHRn,ACCs[19:0] = ACCs[19:0] - LHRn

（续）

语法	功　　能
{Macro}HACCs + = HRn({(U)},CONC)	将第n个数据寄存器组上两个16位定点数与第s个ALU上ACC数按CON[31]控制相加减,结果送回原ACC,CON[31]为0时,ACCs[39:20] = ACCs[39:20] + HHRn;CON[31]为1时,ACCs[39:20] = ACCs[39:20] - HHRn. CON[31:16]左移1位。CON[15]为0时,ACCs[19:0] = ACCs[19:0] + LHRn;CON[15]为1时,ACCs[19:0] = ACCs[19:0] - LHRn. CON[15:0]左移1位
{Macro}HACCs = HRn ({(U)},CON = Rm)	将第n个数据寄存器组上的两个16位定点数送到第s个ALU上的两个ACC上,同时将第m个数据寄存器组上的数据送到CON寄存器上,ACCs[39:20] = HHRn,ACCs[19:0] = LHRn,CON = Rm
{Macro}HACCs + = HRn({(U)},CON = Rm)	将第n个数据寄存器组上的两个16位定点数与第s个ALU上的两个ACC数相加,结果送回原ACC上,同时将第m个数据寄存器组上的数据送到CON寄存器上,ACCs[39:20] = ACCs[39:20] + HHRn,ACCs[19:0] = ACCs[19:0] + LHRn;CON = Rm
{Macro}HACCs - = HRn ({(U)},CON = Rm)	将第n个数据寄存器组上的两个16位定点数与第s个ALU上的两个ACC数相减,结果送回原ACC上,同时将第m个数据寄存器组上的数据送到CON寄存器上,ACCs[39:20] = ACCs[31:16] - HHRn,ACCs[19:0] = ACCs[19:0] - LHRn;CON = Rm
{Macro}HACCs + = HRn ({(U)},CONC,CON = Rm)	将第n个数据寄存器组上的两个16位定点数与第s个ALU上的两个ACC数按CON[31]控制相加减,结果送回原ACC上,同时将第m个数据寄存器组上的数据送到CON寄存器上,CON[31]为0时,ACCs[39:20] = ACCs[39:20] + HHRn;CON[31]为1时,ACCs[39:20] = ACCs[39:20] - HHRn. CON[15]为0时,ACCs[19:0] = ACCs[19:0] + LHRn;CON[15]为1时,ACCs[19:0] = ACCs[19:0] - LHRn. CON = Rm.
标注:表中n、m取值范围[0~63],s取值范围[0~7]	

例4.11:

```
XR2 = 0x7
XACC0 = R2 | |XR1 = 0x4          //寄存器赋初值
XR0 = 0xad000001                 //高8位为10101101B
XACC0 + = R1(CON = R0)           //结果:XACC0 = 0xB,XCON0 = 0xad000001
```

/* CON赋初值,但不控制本条指令的运算;只有后缀为(CONC)时. CON才控制指令运算,该条指令(CON = R0)的作用可以理解为下次出现的(CONC)做CON初始化. * /

```
XR9 = 0x8
LC0 = XR9                        //循环次数
__LEIJIAJIAN:                    //循环开始
```

```
XACC0 + = R1(CONC)
/* 该指令按照当前 CON[31]的值进行累加/减运算,即 CON[31]为 1,累减,XACC0 =
XACC0 - R1; CON[31]为 0,累加,XACC0 = XACC0 + R1. 执行后 CON 左移一位. * /
.code_align 16
if LC0 b __LEIJIAJIAN
```

感兴趣的读者可以自己在 ECS 环境下观测 XACC0 的值,便于理解。

11）复数加/减运算

复数是指由一个实部和一个虚部构成的一个数据对,因此复数运算意味着需要用两个运算器,其中一个用于实部运算,一个用于虚部计算。对于一个 32 位复数据(定点和浮点相同)来说,则需要用两个 32 位的 ALU 运算才能完成运算,而我们的 ALU 是 32 位,故一个 32 位复数运算需要用宏中两个 ALU 运算部件,受指令字宽限制,这两个运算部件取自于相邻,即指令给出第一个运算部件的标号,另一个运算部件的标号自动加 1。数据寄存器组用相邻两个寄存器标号来表示,其中 C 作为复数据标识符,即 CRn + 1∶n 的含义为(Rn + 1,j * Rn),其中 Rn + 1 为实部,Rn 为虚部,需要说明的是,复数据要求 n 为偶数。复数运算也需要支持复数规则运算,如 jCRn + 1∶n = (j * Rn + 1,j * j * Rn) = (- Rn,j * Rn + 1)。

16 个复数据同样需要两个 16 位 ALU 来完成。由于一个 32 位 ALU 可以完成两个 16 位运算,故一个 16 位复数据运算只需要宏中一个 ALU 运算部件即可,其中高 16 位完成复数实部运算,低 16 位完成复数虚部运算。复数 ALU 运算包含 32 位定/浮点加/减运算、16 位定点复数加/减运算,指令见表 4.7。饱和运算由 ALU 控制寄存器控制,影响标志位 AO 和 SAO。表中第 25 ~ 36 行为 16 位定点复数的加/减/除 2 运算指令。

表 4.7　复数的加/减运算指令

序号	语 法	功 能
1	{Macro} CRs + 1∶s = CRm + 1∶m + CRn + 1∶n	第 m + 1个和第 m 个数据寄存器组构成定点复数和第 n + 1 个和第 n 个数据寄存器组构成定点复数相加,结果送到第 s + 1 个和第 s 个数据寄存器组构成定点复数,s/m/n = [0 ~ 63],Rs = Rm + Rn,$Rs_{+1} = Rm_{+1} + Rn_{+1}$
2	{Macro} CRs + 1∶s = CRm + 1∶m - CRn + 1∶n	第 m + 1个和第 m 个数据寄存器组构成定点复数和第 n + 1 个和第 n 个数据寄存器组构成定点复数相减,结果送到第 s + 1 个和第 s 个数据寄存器组构成一个定点复数,s/m/n = [0 ~ 63],Rs = Rm - Rn,$Rs_{+1} = Rm_{+1} - Rn_{+1}$
3	{Macro} CRs + 1∶s = (CRm + 1∶m + CRn + 1∶n)/2	第 m + 1 和第 m 个数据寄存器组构成定点复数和第 n + 1 和第 n 个数据寄存器组构成定点复数相加后除以 2,结果送到第 s + 1 和第 s 个数据寄存器组构成定点复数,s/m/n = [0 ~ 63],Rs = (Rm + Rn)/2,$Rs_{+1} = (Rm_{+1} + Rn_{+1})/2$

（续）

序号	语 法	功 能
4	{Macro} CRs+1:s=(CRm+1:m-CRn+1:n)/2	第 m+1 和第 m 个数据寄存器组构成定点复数和第 n+1 和第 n 个数据寄存器组构成定点复数相减后除以 2，结果送到第 s+1 和第 s 个数据寄存器组构成定点复数，s/m/n=[0～63]，Rs=(Rm-Rn)/2，$Rs_{+1}=(Rm_{+1}-Rn_{+1})/2$
5	{Macro} CRs+1:s=CRm+1:m+jCRn+1:n	第 m+1和第 m 个数据寄存器组构成定点复数和第 n+1 和第 n 个数据寄存器组构成定点复数乘 j 后再相加，结果送到第 s+1 和第 s 个数据寄存器组，s/m/n=[0～63]，(虚部) Rs=Rm+Rn_{+1}，(实部) $Rs_{+1}=Rm_{+1}-Rn$
6	{Macro} CRs+1:s=CRm+1:m-jCRn+1:n	第 m+1和第 m 个数据寄存器组构成定点复数和第 n+1 和第 n 个数据寄存器组构成定点复数乘 j 后再相减，结果送到第 s+1 和第 s 个数据寄存器组，s/m/n=[0～63]，(虚部) Rs=Rm-Rn_{+1}，(实部) $Rs_{+1}=Rm_{+1}+Rn$
7	{Macro} CRs+1:s=(CRm+1:m+jCRn+1:n)/2	第 m+1 和第 m 个数据寄存器组构成定点复数和第 n+1 和第 n 个数据寄存器组构成定点复数乘 j 后再相加除以 2，结果送到第 s+1 个和第 s 个数据寄存器组，s/m/n=[0～63]，Rs=(Rm+Rn_{+1})/2，$Rs_{+1}=(Rm_{+1}-Rn)/2$
8	{Macro} CRs+1:s=(CRm+1:m-jCRn+1:n)/2	第 m+1 和第 m 个数据寄存器组构成定点复数和第 n+1 和第 n 个数据寄存器组构成定点复数乘 j 后再相减除以 2，结果送到第 s+1 和第 s 个数据寄存器组，s/m/n=[0～63]，Rs=(Rm-Rn_{+1})/2，$Rs_{+1}=(Rm_{+1}+Rn)/2$
9	{Macro} CRm+1:m_n+1:n=CRm+1:m+/-CRn+1:n	第 m+1和第 m 个数据寄存器组构成定点复数和第 n+1 和第 n 个数据寄存器组构成定点复数同时相加减，结果送到原数据寄存器组，m/n=[0～63]，Rm=Rm+Rn，$Rm_{+1}=Rm_{+1}+Rn_{+1}$，Rn=Rm-Rn，$Rn_{+1}=Rm_{+1}-Rn_{+1}$
10	{Macro} CRm+1:m_n+1:n=(CRm+1:m+/-CRn+1:n)/2	第 m+1 和第 m 个数据寄存器组构成定点复数和第 n+1 和第 n 个数据寄存器组构成定点复数同时相加减后除以 2，结果送到原数据寄存器组，m/n=[0～63]，Rm=(Rm+Rn)/2，$Rm_{+1}=(Rm_{+1}+Rn_{+1})/2$，Rn=(Rm-Rn)/2，$Rn_{+1}=(Rm_{+1}-Rn_{+1})/2$
11	{Macro} CRm+1:m_n+1:n=CRm+1:m+/-jCRn+1:n	第 m+1和第 m 个数据寄存器组构成定点复数和第 n+1 和第 n 个数据寄存器组构成定点复数乘 j 后同时相加减，结果送到原数据寄存器组，m/n=[0～63]，Rm=Rm+Rn_{+1}，$Rm_{+1}=Rm_{+1}-Rn$，Rn=Rm-Rn_{+1}，$Rn_{+1}=Rm_{+1}+Rn$

（续）

序号	语 法	功 能
12	{Macro} CRm + 1 : m_n + 1 : n = (CRm + 1 : m + / − jCRn + 1 : n)/2	第 m + 1 和第 m 个数据寄存器组构成定点复数和第 n + 1 和第 n 个数据寄存器组构成定点复数乘 j 后同时相加减再除以 2，结果送到原数据寄存器组，m/n = [0 ~ 63]，$Rm = (Rm + Rn_{+1})/2$，$Rm_{+1} = (Rm_{+1} - Rn)/2$，$Rn = (Rm - Rn_{+1})/2$，$Rn_{+1} = (Rm_{+1} + Rn)/2$
13	{Macro} CFRs + 1 : s = CFRm + 1 : m + CFRn + 1 : n	这 4 行与上面第 1 ~ 4 行 32 位定点数加/减相对应，只是这里是浮点数的加/减运算
14	{Macro} CFRs + 1 : s = CFRm + 1 : m − CFRn + 1 : n	
15	{Macro} CFRs + 1 : s = (CFRm + 1 : m + CFRn + 1 : n)/2	
16	{Macro} CFRs + 1 : s = (CFRm + 1: − CFRn + 1 : n)/2	
17	{Macro} CRs + 1 : s = CRm + 1 : m + jCRn + 1 : n	这 4 行与上面第 5 ~ 8 行 32 位定点数加/减相对应，只是这里是浮点数的加/减运算
18	{Macro} CRs + 1 : s = CFRm + 1 : m − jCRn + 1 : n	
19	{Macro} CRs + 1 : s = (CRm + 1 : m + jCRn + 1 : n)/2	
20	{Macro} CRs + 1 : s = (CFRm + 1 : m − jCRn + 1 : n)/2	
21	{Macro} CFRm + 1 : m_n + 1 : n = CFRm + 1 : m + / − CFRn + 1 : n	这 4 行与上面第 9 ~ 12 行 32 位定点数加/减相对应，只是这里是浮点数的加/减运算
22	{Macro} CFRm + 1 : m_n + 1 : n = (CFRm + 1 : m + / − CFRn + 1 : n)/2	
23	{Macro} CFRm + 1 : m_n + 1 : n = CFRm + 1 : m + / − jCFRn + 1 : n	
24	{Macro} CFRm + 1 : m_n + 1 : n = (CFRm + 1 : m + / − jCFRn + 1 : n)/2	

(续)

序号	语法	功能
25	{Macro} CHRs = CHRm + CHRn	16 位定点复数的加/减/除 2 运算指令,功能与前述类似
26	{Macro} CHRs = CHRm - CHRn	
27	{Macro} CHRs = (CHRm + CHRn)/2	
28	{Macro} CHRs = (CHRm - CHRn)/2	
29	{Macro} CHRs = CHRm + jCHRn	
30	{Macro} CHRs = (CHRm + jCHRn)/2	
31	{Macro} CHRs = CHRm - jCHRn	
32	{Macro} CHRs = (CHRm - jCHRn)/2	
33	{Macro} CHRm_n = CHRm +/ - CHRn	
34	{Macro} CHRm_n = (CHRm +/ - CHRn)/2	
35	{Macro} CHRm_n = CHRm +/ - jCHRn	
36	{Macro} CHRm_n = (CHRm +/ - jCHRn)/2	

例 4.12:复数加/减运算举例

```
XR3 = 0x00000001 || XR2 = 0x00000002
XR1 = 0x00000003 || XR0 = 0x00000005
XALUCR = 0x0   //不饱和运算
XCR5:4 = CR3:2 + CR1:0      //结果:XR5 = 0x00000004,XR4 = 0x00000007,
ALUFR = 0.
XALUCR = 0x0   //不饱和运算
XCR5:4 = CR 3:2 + jCR1:0   //结果:XR1 = 0x00000005,XR0 = 0x00000006,
ALUFR = 0.
XR3 = 0x00000003 || XR2 = 0x00000002
XR1 = 0x00000001 || XR0 = 0x00000000
XALUCR = 0x0   //不饱和运算
CR3:2_1:0 = CR3:2 +/- jCR1:0
/* 结果: XR3 = 0x00000003, XR2 = 0x00000003, XR1 = 0x00000003, R0
= 0x00000001,
ALUFR = 0. */
```

```
XfR3 = 1 ||XfR2 = 4
XfR1 = 6 ||XfR0 = 8
XALUCR = 0x0   //不饱和运算
XCFR1:0 = CFR3:2 + jCFR1:0   //通过寄存器窗口观察时,改用 float 格式.
/* 结果:XR1 = -7.000000,XR0 = 10.000000(float 格式显示),ALUFR = 0. */
```

本类指令功能和应用有很大相似性,因此范例中并没有对每条指令都举出实例,读者可以自己在 ECS 开发环境下编程练习。

例 4.13:16 位定点复数加/减运算举例

```
XR3 = 0x00010001 ||XR4 = 0x00020003
XALUCR = 0x0          //不饱和运算
XCHR1 = CHR3 + CHR4   //结果:XR1 = 0x00030004,ALUFR = 0.
XR1 = 0x00030002
XR0 = 0x00010000
XALUCR = 0x0          //不饱和运算
CHR1_0 = CHR1 + /- jCHR0     //结果:XR1 = 0x00030003,XR0 = 0x00030001,
ALUFR = 0.
```

12)复数累加/减运算

复数累加/减按数据类型分 16 位/32 位定点复数、32 位浮点复数的累加/减,指令语法及其说明见表 4.8,其中第 1 ~ 8 行是 16 位定点复数累加/减运算,第 9 ~ 16 行是 32 位定点复数累加/减运算,第 17 ~ 24 行是 32 位浮点复数累加/减运算。

一个 16 位定点复数据是寄存在一个 32 位数据寄存器组上,其中实部用高 16 位表示,虚部用低 16 位表示,一个 32 位 ALU 可以完成一个复数据运算,故 16 位复数据累加/减运算用一个 ALU 即可,累加/减操需要指定 ALU 标号。32 位定点复数据或 32 位浮点复数据需要两个 ALU 才能完成其运算,累加/减运算需要指定 ALU,为简单计,一般选用相邻两个 ALU,指令给出第一个 ALU 标号,另一个 ALU 标号自动加 1。

表 4.8　复数累加/减运算指令

序号	语 法	功 能
1	{Macro} CHACCs = CHRn	将第 n 个数据寄存器组上的 16 位定点复数据赋给第 s 个 ALU 的 ACC 上,ACCs = Rn,s = [0 ~ 7],n = [0 ~ 63]
2	{Macro} CHACCs + = CHRn	将第 n 个数据寄存器组 16 位定点复数与第 s 个 ALU 上 ACC 高低 16 位分别对应加,结果存回原 ACC,ACCs[39:20] = ACCs[39:20] + HHRn,CCs[19:0] = ACCs[19:0] + LHRn,s = [0 ~ 7],n = [0 ~ 63]

（续）

序号	语法	功能
3	{Macro}CHACCs－＝CHRn	将第n个数据寄存器组16位定点复数与第s个ALU上ACC高低16位分别对应减，结果存回原ACC，ACCs[39:20]＝ACCs[39:20]－HHRn，ACCs[19:0]＝ACCs[19:0]－LHRn，s＝[0～7]，n＝[0～63]
4	{Macro}CHACCs＋＝CHRn(CONC)	将第n个数据寄存器组16位定点复数与第s个ALU上ACC高低16位按CON(31)进行加减，结果存回原ACC，CON[31]为0时，ACCs[39:20]＝ACCs[39:20]＋HHRn，ACCs[19:0]＝ACCs[19:0]＋LHRn；CON[31]为1时，ACCs[39:20]＝ACCs[39:20]－HHRn，ACCs[19:0]＝ACCs[19:0]－LHRn. CON左移1位，s＝[0～7]，n＝[0～63]
5	{Macro}CHACCs＝CHRn（CON＝Rm）	将第n个数据寄存器组上16位定点复数赋给第s个ALU的ACC上，同时将第m个数据寄存器组上定点数赋给第s个ALU的CON上，ACCs＝Rn，CON＝Rm. ，s＝[0～7]，n＝[0～63]
6	{Macro}CHACCs＋＝CHRn(CON＝Rm)	将第n个数据寄存器组上16位定点复数与第s个ALU上ACC高低16位分别对应进行加，结果存回原ACC，同时将第m个数据寄存器组上数赋给第s个ALU的CON，ACCs[39:20]＝ACCs[39:20]＋HHRn，ACCs[19:0]＝ACCs[19:0]＋LHRn；CON＝Rm，s＝[0～7]，n＝[0～63]
7	{Macro}CHACCs－＝CHRn(CON＝Rm)	将第n个数据寄存器组上16位定点复数与第s个ALU上ACC高低16位分别对应减操作，结果存回原ACC，同时将第m个数据寄存器组上数赋给第s个ALU的CON，ACCs[39:20]＝ACCs[39:20]－HHRn，ACCs[19:0]＝ACCs[19:0]－LHRn；CON＝Rm，s＝[0～7]，n＝[0～63]
8	{Macro}CHACCs＋＝CHRn(CONC，CON＝Rm)	将第n个数据寄存器组16位定点复数与第s个ALU上ACC高低16位按照CON(31)进行加减操作，结果存回原ACC，同时将第m个数据寄存器组数赋给第s个ALU上CON，CON[31]为0，ACCs[39:20]＝ACCs[39:20]＋HHRn，CCs[19:0]＝ACCs[19:0]＋LHRn；CON[31]为1时，ACCs[39:20]＝ACCs[39:20]－HHRn，ACCs[19:0]＝ACCs[19:0]－LHRn. CON＝Rm，s＝[0～7]，n＝[0～63]
9	{Macro}CACCs＋1:s＝CRn＋1:n	将第n个数据寄存器组上的32位数据赋给第s个ALU的ACC上，将第n＋1个数据寄存器组上的32位数据赋给第s＋1个ALU的ACC上，ACCs＝Rn，$ACCs_{+1}$＝Rn_{+1}，s＝[0～7]，n＝[0～63]

（续）

序号	语法	功能
10	{Macro} CACCs + 1 : s + = CRn + 1 : n	将第 n 个数据寄存器组上的32 位定点数据与第 s 个 ALU 上的 ACC 进行加操作，将第 n + 1 个数据寄存器组上的 32 位定点数据与第 s + 1 个 ALU 上的 ACC 进行加操作，结果存回到各自对应的 ACC 上，ACCs = ACCs + Rn，$ACCs_{+1}$ = $ACCs_{+1}$ + Rn_{+1}，s = [0 ~ 7]，n = [0 ~ 63]
11	{Macro} CACCs + 1 : s - = CRn + 1 : n	将第 n 个数据寄存器组上的32 位定点数据与第 s 个 ALU 上的 ACC 进行减操作，将第 n + 1 个数据寄存器组上的 32 位定点数据与第 s + 1 个 ALU 上的 ACC 进行减操作，结果存回到各自对应的 ACC 上，ACCs = ACCs - Rn，$ACCs_{+1}$ = $ACCs_{+1}$ - Rn_{+1}，s = [0 ~ 7]，n = [0 ~ 63]
12	{Macro} CACCs + 1 : s + = CRn + 1 : n(CONC)	将第 n 个数据寄存器组上的 32 位定点数据与第 s 个 ALU 上的 ACC 按照 CON 控制器上控制位进行加减操作，将第 n + 1 个数据寄存器组上的 32 位定点数据与第 s + 1 个 ALU 上的 ACC 按照 CON 控制器上控制位进行加减操作，结果存回到各自对应的 ACC 上，即 CON[31]为 0 时，ACCs = ACCs + Rn，$ACCs_{+1}$ = $ACCs_{+1}$ + Rn_{+1}；CON[31]为 1 时，ACCs = ACCs - Rn，$ACCs_{+1}$ = $ACCs_{+1}$ - Rn_{+1}. CON 左移 1 位，s = [0 ~ 7]，n = [0 ~ 63]
13	{Macro} CACCs + 1 : s = CRn + 1 : n(CON = Rm)	将第 n 个数据寄存器组上的 32 位数据赋给第 s 个 ALU 的 ACC 上，将第 n + 1 个数据寄存器组上的 32 位数据赋给第 s + 1 个 ALU 的 ACC 上，同时将第 m 个数据寄存器组上的定点数据赋给第 s 个和 s + 1 个 ALU 的 CON 上，ACCs = Rn，$ACCs_{+1}$ = Rn_{+1}；CON = Rm，s = [0 ~ 7]，n = [0 ~ 63]
14	{Macro} CACCs + 1 : s + = CRn + 1 : n(CON = Rm)	将第 n 个数据寄存器组上 32 位定点数与第 s 个 ALU 上 ACC 进行加，将第 n + 1 个数据寄存器组上 32 位定点数与第 s + 1 个 ALU 上 ACC 进行加，结果存回原 ACC，同时将第 m 个数据寄存器组上数赋给第 s 个和 s + 1 个 ALU 的 CON，ACCs = ACCs + Rn，$ACCs_{+1}$ = $ACCs_{+1}$ + Rn_{+1}；CON = Rm，s = [0 ~ 7]，n = [0 ~ 63]
15	{Macro} CACCs + 1 : s - = CRn + 1 : n(CON = Rm)	将第 n 个数据寄存器组上 32 位定点数与第 s 个 ALU 上 ACC 进行减操作，将第 n + 1 个数据寄存器组上 32 位定点数与第 s + 1 个 ALU 上的 ACC 进行减操作，结果存回原 ACC，同时将第 m 个数据寄存器组上数赋给第 s 个和 s + 1 个 ALU 的 CON，ACCs = ACCs - Rn，$ACCs_{+1}$ = $ACCs_{+1}$ - Rn_{+1}；CON = Rm，s = [0 ~ 7]，n = [0 ~ 63]

（续）

序号	语 法	功 能
16	{Macro} CACCs + 1 : s + = CRn + 1 : n(CONC, CON = Rm)	将第 n 个数据寄存器组上 32 位定点数与第 s 个 ALU 上 ACC 按 CON 控制位进行操作，将第 n + 1 个数据寄存器组上 32 位定点数与第 s + 1 个 ALU 上 ACC 按 CON 控制位进行操作，结果存回原 ACC，同时将第 m 个数据寄存器组数赋给第 s 个和 s + 1 个 ALU 的 CON，即 CON[31]为 0 时，ACCs = ACCs + Rn，$ACCs_{+1}$ = $ACCs_{+1}$ + Rn_{+1}；CON[31]为 1 时，ACCs = ACCs − Rn，$ACCs_{+1}$ = $ACCs_{+1}$ − Rn_{+1}. CON = Rm，s = [0 ~ 7]，n = [0 ~ 63]
17	{Macro} CFACCs + 1 : s = CFRn + 1 : n	这 4 行与上面第 9 ~ 12 行 32 位定点数累加/减相对应，只是这里是浮点数的累加/减运算
18	{Macro} CFACCs + 1 : s + = CFRn + 1 : n	
19	{Macro} CFACCs + 1 : s − = CFRn + 1 : n	
20	{Macro} CFACCs + 1 : s + = CFRn + 1 : n(CONC)	
21	{Macro} CFACCs + 1 : s = CFRn + 1 : n(CON = Rm)	这 4 行与上面第 13 ~ 16 行 32 位定点数累加/减相对应，只是这里是浮点数的累加/减运算
22	{Macro} CFACCs + 1 : s + = CFRn + 1 : n(CON = Rm)	
23	{Macro} CFACCs + 1 : s − = CFRn + 1 : n(CON = Rm)	
24	{Macro} CFACCs + 1 : s + = CFRn + 1 : n(CONC, CON = Rm)	

例 4.13：

```
clr XACC
XR2 = 0x13562480
XR3 = 0x0006ffff
XALUCR = 0x0    //不饱和运算
XCHACC0 + = CHR2    //结果:XACC0 = 0x13562480,ALUFR = 0.
XCHACC0 + = CHR3    //结果:XACC0 = 0x13622479,ALUFR = 0.
clr YACC
YR3 = 0x00000002
```

```
YR2 = 0x00000001
YALUCR = 0x0   //不饱和运算
YCACC1 :0 + = CR 3 :2   /* 结果 : YACC1 = 0x00000002,YACC0 = 0x00000001,
ALUFR = 0. (实际观测时,结果为 YACC00 = 1,YACC10 = 2). */
XFR3 = 0x13572468
XFR2 = 0x24681357
XALUCR = 0x0   //不饱和运算
XCFACC1 :0 + = CFR3 :2
/* 结果:XACC0 = 0x00E81357,XACC1 = 0x00D72468,ALUFR = 0. */
```

13）定点数与浮点数之间的转换

定点数与浮点数之间的数据格式转换涉及 16 位数转换成浮点,32 位定点与 32 位浮点之间的数据转换,具体指令见表 4.9。16 位定点数转换为 32 位浮点数时,将右操作数作为定点整数对待。例如,若 CHRm 为 N + jM,则转换之后的浮点数为 N. 0 + jM. 0。不影响标志位。

32 位定点数转为 32 位浮点数时,将右操作数中的定点数转换成浮点数,再存回右操作数。指令中立即数 C 是转换时的一个有符号参数,表示定点数转换为浮点数时的变化量,取值范围为[-128,127]。它可以保证数据在运算过程中有足够的动态范围。一旦使用了不为 0 的参数 C,那么转换后的浮点数与转换之前的定点数在数值上就不在相等,而是增大(或缩小)了 2^C 倍。无参数时默认参数 C 为 0。在“魂芯一号”的数据类型中,定点数默认为定点整数,小数点总是位于最低有效位的右边。影响标志位 AFO/SAFO/AFU/SAFU/AI/SAI。

浮点数转换为 32 位定点数,与 32 位定点数转为 32 位浮点数类似,结果存回右操作数。立即数 C 是有符号数,取值范围[-128,127],用做转换过程中的参数。右操作数是浮点数,用常数 C 作为基准修正右操作数指数,即用右操作数指数减去 C 的差作为基准指数,将浮点数转换为定点数,结果是定点整数。一旦使用了不为 0 的参数 C,那么转换后的浮点数与转换之前的定点数在数值上就不再相等,而是增大(或缩小)了 2^C 倍。

表 4.9　定点数与浮点数之间的指令

行号	语 法	功 能
1	{Macro} FRs = Float HHRm	将第 m 个数据寄存器组上的高 16 位定点数转换为浮点数,结果送回第 s 个数据寄存器组上,m/s = [0 ~ 63]
2	{Macro} FRs = Float LHRm	将第 m 个数据寄存器组上的低 16 位定点数转换为浮点数,结果送回第 s 个数据寄存器组上,m/s = [0 ~ 63]
3	{Macro} CFRs + 1 : s = Float CHRm	将第 m 个数据寄存器组上16 位定点复数转换为浮点数,高位转换后的数据送回第 s + 1 个数据寄存器组上,低位转换后的数据送回第 s 个数据寄存器组上,m/s = [0 ~ 63]

（续）

行号	语法	功能
4	{Macro} FRs = Float Rs	将第 s 个数据寄存器组上的 32 位定点数转换为浮点数，结果送回第 s 个数据寄存器组上，s = [0 ~ 63]
5	{Macro} FRs = Float (Rs, C)	将第 s 个数据寄存器组上的 32 位定点数增大（或缩小）2^C 倍后再转换为浮点数，结果送回第 s 个数据寄存器组上，s = [0 ~ 63]
6	{Macro} CFRs + 1 : s = Float CRs + 1 : s	将第 s + 1个数据寄存器组和第 s 个数据寄存器组构成的一对定点复数转换为浮点数，结果送回原数据寄存器组上，s = [0 ~ 63]
7	{Macro} CFRs + 1 : s = Float (CRs + 1 : s, C)	将第 s + 1 个数据寄存器组和第 s 个数据寄存器组构成的一对定点复数增大（或缩小）2^C 倍后转换为浮点数，结果送回原数据寄存器组上，s = [0 ~ 63]
8	{Macro} Rs = FIX FRs	将第 s 个数据寄存器组上的 32 位浮点数转换为定点数，结果送回第 s 个数据寄存器组上，s = [0 ~ 63]
9	{Macro} Rs = FIX (FRs, C)	将第 s 个数据寄存器组上的 32 位浮点数增大（或缩小）2^C 倍后再转换为定点数，结果送回第 s 个数据寄存器组上，s = [0 ~ 63]
10	{Macro} CRs + 1 : s = FIX CFRs + 1 : s	将第 s + 1个数据寄存器组和第 s 个数据寄存器组构成的一对浮点复数转换为定点数，结果送回原数据寄存器组上，s = [0 ~ 63]
11	{Macro} CRs + 1 : s = FIX (CFRs + 1 : s, C)	将第 s + 1 个数据寄存器组和第 s 个数据寄存器组构成的一对浮点复数增大（或缩小）2^C 倍后转换为定点数，结果送回原数据寄存器组上，s = [0 ~ 63]

例 4.14：定点数与浮点数之间的转换举例

```
XHHR5 = 0x8c81
XALUCR = 0x0
XFR6 = floatHHR5      //结果：XR1 = 0xc6e6fe00,ALUFR = 0.
XR0 = 0x8c8186ef
XALUCR = 0x0   //不饱和运算
XCFR1:0 = float CHR0//结果：XR1 = 0xc6e6fe00,XR0 = 0xc6f22200,ALUFR = 0.

XR0 = 5
XFR0 = float(R0,3)  //结果：XR0 = 40,即 5 * 2^3 = 40；当 C = -3 时，结果为 5 *
2^3 = 0.625.
```

```
XR3 =4 ||XR2 =3
XCFR3:2 = float(CR3:2, -2)  //结果:XR2 =0.75,XR3 =1.
XFR0 =1.7
XR0 = fix(FR0, -4)  //结果:XR0 =27. 即1.7*2^-4,并舍掉小数位.
```

14）对复数赋值/取相反数/求共轭/IQ交换操作

复数据是一个数据对,故在实际应用过程中,存在数据对之间的位置变化,如相互之间数据对调、正负对调,其中某一个数正负对调等。涉及的运算有32位定点/浮点复数,16位定点复数等。复数均为有符号数,此时涉及数据均为补码。这个运算不影响标志位。32位复数操作占用2 ALU资源,16位复数操作占用1 ALU资源。

表4.10 复数据内部交换操作

序号	语法	功能
1	{Macro} CRs+1:s = CRn+1:n	将第n+1个和第n个数据寄存器组构成的定点复数赋给第s+1个和第s个数据寄存器组,s/n=[0~63]
2	{Macro} CRs+1:s = -CRn+1:n	将第n+1个和第n个数据寄存器组构成的定点复数乘上(-1)后赋给第s+1个和第s个数据寄存器组,s/n=[0~63]
3	{Macro} CRs+1:s = CONj CRn+1:n	将第n+1个和第n个数据寄存器组构成定点复数做共轭运算后赋给第s+1个和第s个数据寄存器组,s/n=[0~63]
4	{Macro} CRs+1:s = -(CONj CRn+1:n)	将第n+1个和第n个数据寄存器组构成的定点复数做共轭运算后乘上(-1)赋给第s+1个和第s个数据寄存器组,s/n=[0~63]
5	{Macro} CRs+1:s = permute CRn+1:n	将第n+1个和第n个数据寄存器组构成定点复数的实部和虚部交换后赋给第s+1个和第s个数据寄存器组,s/n=[0~63]
6	{Macro} CRs+1:s = -(permute CRn+1:n)	将第n+1个和第n个数据寄存器组构成的定点复数实部和虚部交换后乘上(-1)赋给第s+1个和第s个数据寄存器组,s/n=[0~63]
7	{Macro} CHRs = CHRn	将第n个数据寄存器组16位定点复数赋给第s个数据寄存器组,s/n=[0~63]
8	{Macro} CHRs = -CHRn	将第n个数据寄存器组16位定点复数乘上(-1)赋给第s个数据寄存器组,s/n=[0~63]
9	{Macro} CHRs = CONj CHRn	将第n个数据寄存器组16位定点复数做共轭处理后赋给第s个数据寄存器组,s/n=[0~63]
10	{Macro} CHRs = -(CONj CHRn)	将第n个数据寄存器组16位定点复数做共轭处理乘上(-1)后赋给第s个数据寄存器组,s/n=[0~63]

（续）

序号	语法	功 能
11	{Macro} CHRs = permute CHRn	将第 n 个数据寄存器组 16 位定点复数实部和虚部交换后赋给第 s 个数据寄存器组，s/n = [0 ~ 63]
12	{Macro} CHRs = −(permute CHRn)	将第 n 个数据寄存器组 16 位定点复数实部和虚部交换后乘上(−1)赋给第 s 个数据寄存器组，s/n = [0 ~ 63]
13	{Macro} CFRs + 1 : s = CFRn + 1 : n	将第 n + 1个和第 n 个数据寄存器组构成的浮点复数赋给第 s + 1 个和第 s 个数据寄存器组，s/n = [0 ~ 63]
14	{Macro} CFRs + 1 : s = −CFRn + 1 : n	将第 n + 1个和第 n 个数据寄存器组构成的浮点复数乘上(−1)赋给第 s + 1 个和第 s 个数据寄存器组，s/n = [0 ~ 63]
15	{Macro} CFRs + 1 : s = CONj CFRn + 1 : n	将第 n + 1个和第 n 个数据寄存器组构成的浮点复数做共轭处理后赋给第 s + 1 个和第 s 个数据寄存器组，s/n = [0 ~ 63]
16	{Macro} CFRs + 1 : s = −(CONj CFRn + 1 : n)	将第 n + 1 个和第 n 个数据寄存器组构成的浮点复数做共轭处理后乘上(−1)赋给第 s + 1 个和第 s 个数据寄存器组，s/n = [0 ~ 63]
17	{Macro} CFRs + 1 : s = permute CFRn + 1 : n	将第 n + 1个和第 n 个数据寄存器组构成的浮点复数做实部和虚部交换处理后赋给第 s + 1 个和第 s 个数据寄存器组，s/n = [0 ~ 63]
18	{Macro} CFRs + 1 : s = −(permute CFRn + 1 : n)	将第 n + 1 个和第 n 个数据寄存器组构成的浮点复数做实部和虚部交换处理后乘上(−1)赋给第 s + 1 个和第 s 个数据寄存器组，s/n = [0 ~ 63]

例 4.15：

```
XR3 = 0x00000003 || XR2 = 0x00000002
XALUCR = 0x0    //不饱和运算
XCR1:0 = CONj CR3:2    //求共轭
/* 结果：XR1 = 0x00000003,XR0 = 0xfffffffe,数以补码表示. */
XR2 = 0x00030002
XALUCR = 0x0    //不饱和运算
XCHR1 = CONj CHR2    //结果：XR1 = 0x0003fffe,数以补码表示.
XR3 = 0x11000003 || XR2 = 0x11000002
XALUCR = 0x0    //不饱和运算
XCFR1:0 = CONj CFR3:2    //结果：XR1 = 0x11000003,XR0 = 0x91000002 数以补码表示.
```

15）数据寄存器组 0/1 计数

在很多数据处理中，需要对 32bit 数据寄存器上的字符进行操作，如寄存器中包含“0”或“1”的个数统计等。从控制灵活角度考虑，可以对一个 32 位寄存器上任意长度进行统计，长度大小或者由寄存器 Rn 内部数据来定，即根据 Rn 低 5 位数据值确定 Rm 寄存器中从低到高的若干数据位中 0/1 的个数。也可以用立即数来表示所取的位数。指令中 cnt0 表示对 0 计数，即 0 的个数，cnt1 表示对 1 计数，即 1 的个数。该操作不影响标志位。例如，若 Rn = 4，则指 Rm 寄存器第 0 ~ 4 这五位中 0/1 的总数。如果数据为 16 位，则根据 Rn 的低 4 位确定双 16 位 HRm 寄存器中从低到高若干数据位中 0/1 的个数，HHRm 统计出来的数值送到 HHRs，LHRm 统计出来的数值送到 LHRs，不影响标志位，占用 1 ALU 资源，相关指令见表 4.11。

表 4.11 数据寄存器 0/1 计数操作

序号	语法	功能
1	{Macro} Rs = Rm cnt0 Rn	根据第 n 个数据寄存器组上数据的低 5 位数字确定第 m 个数据寄存器组中从低到高若干数据位中 0 的个数，结果送到第 s 个数据寄存器组上，s/m/n = [0 ~ 63]
2	{Macro} Rs = Rm cnt1 Rn	根据第 n 个数据寄存器组上数据的低 5 位数字确定第 m 个数据寄存器组中从低到高若干数据位中 1 的个数，结果送到第 s 个数据寄存器组上，s/m/n = [0 ~ 63]
3	{Macro} HRs = HRm cnt0 Rn	根据第 n 个数据寄存器组上数据的低 5 位数字确定第 m 个数据寄存器组中两个 16 位数据分别从低到高若干数据位中 0 的个数，结果送到第 s 个数据寄存器组上，s/m/n = [0 ~ 63]
4	{Macro} HRs = HRm cnt1 Rn	根据第 n 个数据寄存器组上数据的低 5 位数字确定第 m 个数据寄存器组中两个 16 位数据分别从低到高若干数据位中 1 的个数，结果送到第 s 个数据寄存器组上，s/m/n = [0 ~ 63]
5	{Macro} Rs = Rm cnt0 a	根据立即数 a 确定第 m 个数据寄存器组中数据从低到高若干数据位中 0 的个数，结果送到第 s 个数据寄存器组上，s/m/n = [0 ~ 63]，如果 a = 31 可以忽略不写
6	{Macro} Rs = Rm cnt1 a	根据立即数 a 确定第 m 个数据寄存器组中数据从低到高若干数据位中 1 的个数，结果送到第 s 个数据寄存器组上，s/m/n = [0 ~ 63]，如果 a = 31 可以忽略不写
7	{Macro} HRs = HRm cnt0 a	根据立即数 a 确定第 m 个数据寄存器组中两个 16 位数据分别从低到高若干数据位中 0 的个数，结果送到第 s 个数据寄存器组上，s/m/n = [0 ~ 63]，如果 a = 15 可以忽略不写

（续）

序号	语法	功能
8	{Macro} HRs = HRm cnt1 a	根据立即数 a 确定第 m 个数据寄存器组中两个 16 位数据分别从低到高若干数据位中 1 的个数，结果送到第 s 个数据寄存器组上，s/m/n = [0 ~ 63]，如果 a = 15 可以忽略不写

例 4.16：

```
XR0 =0x00000003
XR1 =0x0000000F
XALUCR =0x0        //不饱和运算
XR3 = R1 cnt0 R0   //计算 R1 第 0 ~3 共四位中 0 的个数，结果：XR3 =0.
XR0 =0x00000003
XR1 =0x000f0003
XALUCR =0x0        //不饱和运算
XHR3 = HR1 cnt1 R0   //统计 R1 高 16 位和低 16 位 1 的个数，结果：XR3 =
0x00040002.
```

例 4.17：

```
XR1 =0x0000000F
XALUCR =0x0   //不饱和运算
XR3 = R1 cnt0   //默认统计 32 位，即 a 默认值为 31，结果：XR3 =0x 0000001C
```

16）寄存器中 1 对应的最高位置

这条指令用于寻找数据寄存器组中寄存器数据中 1 所在的最高位置，并将该位置以数值编码形式加以表示。数据查找是从最低位开始向最高位延伸，从控制灵活性角度考虑，希望查找的数据长度可以控制，这里第二个参数用于确定查找的数据长度，即在第二个参数确定的长度范围内寻找“1”所在最高位置，这时查找的目标并不是整个寄存器的 32 位数据。第二个参数可以是立即数，也可以是寄存器。如果没有第二个参数，则意味着对整个 32 位数据查找。如果是双 16 位指令，则高低 16 位分开查找，结果也分开存储，高位查找的数据存在高 16 位，低位查找的结果存在低 16 位。不影响标志位。占用 1 个 ALU 资源。相关指令见表 4.12。

表 4.12　数据寄存器 1 对应的最高位置操作

序号	语法	功能
1	{Macro} Rs = Rm pos1	确定第 m 个数据寄存器组上 32 位数据最高“1”的位置，并将这个位置进行编码存放在第 s 个数据寄存器组上，s/m = [0 ~ 63]

（续）

序号	语法	功能
2	{Macro} HRs = HRm pos1	确定第 m 个数据寄存器组上两个 16 位数据的最高"1"分别所在的位置,并将这个位置进行编码分别存放在第 s 个数据寄存器组高低 16 位,s/m = [0 ~ 63]
3	{Macro} Rs = Rm pos1 a	按照从低向高截取第 m 个数据寄存器组上长度为立即数 a 的数据,确定这个数据中"1"的最高位置,并将这个位置进行编码存放在第 s 个数据寄存器组上,这里 a 为取模 32 的一个数,s/m = [0 ~ 63]
4	{Macro} HRs = HRm pos1 a	按照从低向高分别截取第 m 个数据寄存器组高低 16 位数据上长度为立即数 a 的数据,确定这两个数据中"1"的最高位置,并将这个位置进行编码存放在第 s 个数据寄存器组高低 16 位位置上,这里 a 为取模 16 的一个数,s/m = [0 ~ 63]
5	{Macro} Rs = Rm pos1 Rn	按照从低向高截取第 m 个数据寄存器组上长度为第 n 个数据寄存器上低 5 位所给的数据,按照这个数据确定截取数据中"1"的最高位置,并将这个位置进行编码存放在第 s 个数据寄存器组上,这里 a 为取模 32 的一个数,s/m = [0 ~ 63]
6	{Macro} HRs = HRm pos1 Rn	按照从低向高分别截取第 m 个数据寄存器组上长度为第 n 个数据寄存器上低 4 位所给的数据,按照这个数据确定截取的两个数据中"1"的最高位置,并将这个位置进行编码存放在第 s 个数据寄存器组高低 16 位位置上,这里 a 为取模 16 的一个数,s/m = [0 ~ 63]

例 4.18：

```
XR1 =0x0000000F
XR3 = R1 pos1
XALUCR =0x0    //不饱和运算
//结果：XR3 =0x00000003. 注：最低位从零开始数,故 1 所在最高位为第 3 位.
XR0 =31          //Rn 低五位恰好能表示 32 位寄存器的所有位,即从第 0 位 ~ 第 31 位.
XR1 =0x0100000F
XR4 = R1 pos1 R0
XALUCR =0x0    //不饱和运算
//结果：XR4 =24. 注：最低位从零开始数,故 1 所在最高位为第 24 位.
XR0 =0x00030005
XR1 =0x0030000F
XALUCR =0x2    //饱和运算
XHR3 =HR1 pos1 R0    //结果：XR3 =0x00050003
```

17）位运算（与/或/非/与非/或非/异或）

将两个 32 位定点数按对应位进行相关位逻辑运算。不影响标志位。占用 1 个 ALU 资源。相关指令见表 4.13。

表 4.13　位运算

<table>
<tr><th>序号</th><th>语法</th><th>功能</th></tr>
<tr><td>1</td><td>{Macro} Rs = Rm & Rn</td><td>将第 m 个数据寄存器组数据和第 n 个数据寄存器组数据按位进行与操作，结果存放在第 s 个数据寄存器组上，s/m/n = [0 ~ 63]</td></tr>
<tr><td>2</td><td>{Macro} Rs = Rm |! Rn</td><td>将第 m 个数据寄存器组数据和第 n 个数据寄存器组数据按位取反后再进行或操作，结果存放在第 s 个数据寄存器组上，s/m/n = [0 ~ 63]</td></tr>
<tr><td>3</td><td>{Macro} Rs = Rm | Rn</td><td>将第 m 个数据寄存器组数据和第 n 个数据寄存器组数据按位进行或操作，结果存放在第 s 个数据寄存器组上，s/m/n = [0 ~ 63]</td></tr>
<tr><td>4</td><td>{Macro} Rs = Rm^Rn</td><td>将第 m 个数据寄存器组数据和第 n 个数据寄存器组数据按位进行异或操作，结果存放在第 s 个数据寄存器组上，s/m/n = [0 ~ 63]</td></tr>
<tr><td>5</td><td>{Macro} Rs = Rm &! Rn</td><td>将第 m 个数据寄存器组数据和第 n 个数据寄存器组数据按位取反后再进行与操作，结果存放在第 s 个数据寄存器组上，s/m/n = [0 ~ 63]</td></tr>
<tr><td>6</td><td>{Macro} Rs = ! Rn</td><td>将第 n 个数据寄存器组数据按位取反后存放在第 s 个数据寄存器组上，s/n = [0 ~ 63]</td></tr>
</table>

例 4.19：

```
XR0 = 0x00000003 ||XR1 = 0x0000000F
XALUCR = 0x0    //不饱和运算
XR3 = R1 & R0   //位与运算，结果：XR3 = 0x00000003.
XR0 = 0x00000003 ||XR1 = 0x0000000F
XR3 = R1^R0   //位异或运算，结果：XR3 = 0x0000000C.
```

18）最大值/最小值运算

"魂芯一号"提供求两个操作数的最大值/最小值，或者同时求最大值/最小值，见表 4.14。数据运算分 32 位定点/浮点数、16 位定点数。如果为双 16 位定点数，则高 16 位和低 16 位分别进行最大值/最小值运算，结果也分开存储。不影响标志位。

表 4.14　最大值/最小值指令

序号	语法	功能
1	{Macro} Rs = MAX(Rm,Rn) {(U)}	取第 m 个和第 n 个数据寄存器组中 32 位定点数大值存放在第 s 个数据寄存器组上，s/m/n = [0 ~ 63]

（续）

序号	语法	功能
2	{Macro}Rs = MIN(Rm,Rn){(U)}	取第 m 个和第 n 个数据寄存器组中 32 位定点数的小值存放在第 s 个数据寄存器组上，s/m/n = [0 ~ 63]
3	{Macro} HRs = MAX (HRm, HRn) {(U)}	各自取第 m 个和第 n 个数据寄存器组高低两个 16 位定点数中大值存放在第 s 个数据寄存器组高低 16 位上，s/m/n = [0 ~ 63]
4	{Macro} HRs = MIN (HRm, HRn) {(U)}	各自取第 m 个和第 n 个数据寄存器组高低两个 16 位定点数中小值存放在第 s 个数据寄存器组高低 16 位上，s/m/n = [0 ~ 63]
5	{Macro}FRs = MAX(FRm,FRn)	取第 m 个和第 n 个数据寄存器组中 32 位浮点数的大值存放在第 s 个数据寄存器组上，s/m/n = [0 ~ 63]
6	{Macro}FRs = MIN(FRm,FRn)	取第 m 个和第 n 个数据寄存器组中 32 位浮点数的小值存放在第 s 个数据寄存器组上，s/m/n = [0 ~ 63]
7	{Macro}Rs + 1 : s = MAX_MIN(Rm, Rn) {(U)}	取第 m 个和第 n 个数据寄存器组中 32 位定点数大值存放在第 s + 1 个数据寄存器组上，小值存放在第 s 个数据寄存器组上，s/m/n = [0 ~ 63]
8	{Macro} HRs + 1 : s = MAX _ MIN (HRm,HRn) {(U)}	同时取第 m 个和第 n 个数据寄存器组高低两个 16 位定点数中各自的大值和小值，其中两个大值分别存放在第 s + 1 个数据寄存器组上的高低 16 位上，小值存放在第 s 个数据寄存器组上的高低 16 位上，s/m/n = [0 ~ 63]
9	{Macro} FRs + 1 : s = MAX _ MIN (FRm,FRn)	取第 m 个和第 n 个数据寄存器组中 32 位浮点数的大值存放在第 s + 1 个数据寄存器组上，小值存放在第 s 个数据寄存器组上，s/m/n = [0 ~ 63]
10	{Macro} HHRs = MAX_MIN(HRm) {(U)}	同时取第 m 个数据寄存器组高低两个 16 位定点数中的大值和小值，其中大值存放在第 s 个数据寄存器组上的高 16 位上，小值存放在第 s 个数据寄存器组上的低 16 位上，s/m = [0 ~ 63]
11	{Macro} LHRs = MAX_MIN(HRm) {(U)}	同时取第 m 个数据寄存器组高低两个 16 位定点数中的大值和小值，其中大值存放在第 s 个数据寄存器组上的低 16 位上，小值存放在第 s 个数据寄存器组上的高 16 位上，s/m = [0 ~ 63]

例 4.20：

```
XR1 = 0x00000001 || XR0 = 0x00000002
XALUCR = 0x0   //不饱和运算
```

```
XR3 = MAX(R1,R0)   //32 位定点实数求最大值,结果:XR3 =0x00000002.
XR1 =0x00030001 ||XR0 =0x00020005
XALUCR =0x0   //不饱和运算
XHR3 = MAX(HR1,HR0)   //双 16 位定点实数求最大值,结果:XR3 =0x00030005.
XR1 =0x11030001 ||XR0 =0x11020002
XALUCR =0x0   //不饱和运算
XFR3 = MAX(FR1,FR0)   //32 浮点实数求最大值,结果:XR3 =0x11030001.
XR1 =0x00030001 ||XR0 =0x00020002
XALUCR =0x0   //不饱和运算
XHR3 = MIN(HR1,HR0)   //双 16 位定点实数求最小值,结果:XR3 =0x00020001.
XR1 =0x11030001 ||XR0 =0x11020002
XALUCR =0x0   //不饱和运算
XFR3 = MIN(FR1,FR0)   //浮点实数最小值,结果:XR3 =0x11020002.
XR1 =0x00000001 ||XR0 =0x00000002
XALUCR =0x0   //不饱和运算
XR3:2 = MAX_MIN(R1,R0)   //结果:XR3 =0x00000002,XR2 =0x00000001.
XR1 =0x00050001 ||XR0 =0x00030004
XALUCR =0x0   //不饱和运算
XHR3:2 = MAX_MIN(HR1,HR0)   //结果:XR3 =0x00050004,XR2 =0x00030001.
XR1 =0x11000001 ||XR0 =0x11000002
XALUCR =0x0   //不饱和运算
XFR3:2 = MAX_MIN(FR1,FR0)   //结果:XR3 =0x11000002,XR2 =0x11000001.
XR0 =0x00010002
XHHR3 = MAX_MIN(HR0)
XALUCR =0x0   //不饱和运算,结果:XR3 =0x00020001.
```

19)实数比较

两个定点数或者浮点数比较,如果比较结果表达式成立,则将一个结果赋给目的寄存器,否则另一个结果赋给目的寄存器。这种比较运算将影响标志寄存器 ACF,故其参与运算的 ALU 是需指定的,资源占用 1 个 ALU。如果为 16 位且为两个不同寄存器,则意味着高低位分别进行运算,运算结果分别存储,高低位标志寄存器也分别各自寄存,若运算数据为同一个寄存器高低位,则运算结果由指令确定是存放在低位还是在高位,标志寄存器运算结果与 32 位数据运算相同。具体指令见表 4.15。

需要说明的是,双 16 位比较时,高位、低位分别进行,控制寄存器相应分高 16 位和低 16 位,即 HHRm 同 HHRn 比较时,标志在控制寄存器 ACF[31:16]位域进行。LHRm 同 LHRn 比较时,标志在控制比较寄存器 ACF[15:0]位域进行。溢出、饱和与普通 ALU 指令相同,影响比较标志寄存器 ACF,占用 1 个 ALU 资源。k 用于指定 ALU。

表 4.15 实数比较指令

序号	语法	功能
1	{Macro}Rm = Rm > Rn? (Rm - Rn):0({(U)},k)	将第 m 个数据寄存器组 Rm 定点数和第 n 个数据寄存器组 Rn 定点数在第 k 个 ALU 上进行比较,如果 Rm > Rn,则 Rm 存放两者相减结果,同时第 k 个 ALU 上标志寄存器 ACF 左移一位,移位空出的最低位置 1,否则 Rm 被赋予零值,ACF 左移一位,最低位置 0,s/m/n = [0 ~ 63]
2	{Macro} FRm = FRm > FRn? (FRm - FRn):0(k)	将第 m 个数据寄存器组 FRm 浮点数和第 n 个数据寄存器组 FRn 浮点数在第 k 个 ALU 上进行比较,如果 Rm > Rn,则 Rm 存放两者相减结果,同时第 k 个 ALU 上标志寄存器 ACF 左移一位,移位空出的最低位置 1,否则 Rm 被赋予零值,ACF 左移一位,最低位置 0,s/m/n = [0 ~ 63]
3	{Macro}Rm = Rm > = Rn? Rm: Rn ({(U)},k)	将第 m 个数据寄存器组 Rm 定点数和第 n 个数据寄存器组 Rn 定点数在第 k 个 ALU 上进行比较,如果 Rm > Rn,则 Rm 值维持不变,而第 k 个 ALU 上标志寄存器 ACF 右移一位,移位空出最高位置 1,否则 Rn 被赋予 Rm,ACF 右移一位,最高位置 0,s/m/n = [0 ~ 63]
4	{Macro} FRm = FRm > = FRn? FRm:FRn (k)	将第 m 个数据寄存器组 FRm 浮点数和第 n 个数据寄存器组 FRn 浮点数在第 k 个 ALU 上进行比较,如果 Rm > Rn,则 Rm 值维持不变,第 k 个 ALU 上标志寄存器 ACF 右移一位,移位空出最高位置 1,否则 Rn 被赋予 Rm,ACF 右移一位,最高位置 0,s/m/n = [0 ~ 63]
5	{Macro} HRm = HRm > HRn? (HRm - HRn):0({(U)},k)	将第 m 个数据寄存器组 HRm 和第 n 个数据寄存器组 HRn 高低两个 16 位数在第 k 个 ALU 上各自独立进行比较,如果 HRm > HRn,则 HRm 存放两者各自相减结果,否则 HRm 被赋予零值,同时第 k 个 ALU 上标志寄存器 ACF 高低两个 16 位各自独立左移一位,移位空出的最低位,成立置 1,不成立置 0,s/m/n = [0 ~ 63]
6	{Macro} HRm = HRm > = HRn? HRm:HRn ({(U)},k)	将第 m 个数据寄存器组 HRm 和第 n 个数据寄存器组 HRn 高低两个 16 位数在第 k 个 ALU 上各自独立进行比较,如果 HRm > HRn,则 HRm 值维持不变,否则 HRn 被赋予 HRm,同时第 k 个 ALU 上标志寄存器 ACF 高低两个 16 位各自独立右移一位,移位空出的最高位,成立置 1,不成立置 0,s/m/n = [0 ~ 63]

（续）

序号	语法	功能
7	{Macro} HHRs = HHRm > = LHRm? HHRm: LHRm({(U)}, k)	将第 m 个数据寄存器组高低两个 16 位数在第 k 个 ALU 上进行比较，如果高 16 位 > 低 16 位，则高 16 位赋予第 s 个数据寄存器组的高 16 位 HHRs，否则低 16 位赋予 HHRs，同时第 k 个 ALU 上 32 位标志寄存器 ACF 右移一位，移位空出的最高位，成立置 1，不成立置 0，s/m/n = [0 ~ 63]
8	{Macro} HHRs = LHRm > = HHRm? LHRm: HHRm ({(U)}, k)	将第 m 个数据寄存器组高低两个 16 位数在第 k 个 ALU 上进行比较，如果低 16 位 > 高 16 位，则低 16 位赋予第 s 个数据寄存器组的高 16 位 HHRs，否则高 16 位赋予 HHRs，同时第 k 个 ALU 上 32 位标志寄存器 ACF 右移一位，移位空出的最高位，成立置 1，不成立置 0，s/m/n = [0 ~ 63]
9	{Macro} LHRs = HHRm > = LHRm? HHRm: LHRm({(U)}, k)	将第 m 个数据寄存器组高低两个 16 位数在第 k 个 ALU 上进行比较，如果高 16 位 > 低 16 位，则高 16 位赋予第 s 个数据寄存器组的低 16 位 LHRs，否则低 16 位赋予 LHRs，同时第 k 个 ALU 上 32 位标志寄存器 ACF 右移一位，移位空出的最高位，成立置 1，不成立置 0，s/m/n = [0 ~ 63]
10	{Macro} LHRs = LHRm > = HHRm? LHRm: HHRm ({(U)}, k)	将第 m 个数据寄存器组高低两个 16 位数在第 k 个 ALU 上进行比较，如果低 16 位 > 高 16 位，则低 16 位赋予第 s 个数据寄存器组的低 16 位 LHRs，否则高 16 位赋予 LHRs，同时第 k 个 ALU 上 32 位标志寄存器 ACF 右移一位，移位空出的最高位，成立置 1，不成立置 0，s/m/n = [0 ~ 63]
11	{Macro} HHRs = HHRm > LHRm? (HHRm - LHRm) : 0 ({(U)}, k)	将第 m 个数据寄存器组高低两个 16 位数在第 k 个 ALU 上进行比较，如果高 16 位 > 低 16 位，则两者相减结果被赋予第 s 个数据寄存器组的高 16 位 HHRs，否则零赋予 HHRs，同时第 k 个 ALU 上 32 位标志寄存器 ACF 左移一位，移位空出的最低位，成立置 1，不成立置 0，s/m/n = [0 ~ 63]
12	{Macro} HHRs = LHRm > HHRm? (LHRm - HHRm) : 0 ({(U)}, k)	将第 m 个数据寄存器组高低两个 16 位数在第 k 个 ALU 上进行比较，如果低 16 位 > 高 16 位，则两者相减结果被赋予第 s 个数据寄存器组的高 16 位 HHRs，否则零被赋予 HHRs，同时第 k 个 ALU 上 32 位标志寄存器 ACF 左移一位，移位空出的最低位，成立置 1，不成立置 0，s/m/n = [0 ~ 63]
13	{Macro} LHRs = HHRm > LHRm? (HHRm - LHRm) : 0 ({(U)}, k)	将第 m 个数据寄存器组高低两个 16 位数在第 k 个 ALU 上进行比较，如果高 16 位 > 低 16 位，则两者相减结果被赋予第 s 个数据寄存器组的低 16 位 LHRs，否则零被赋予 LHRs，同时第 k 个 ALU 上 32 位标志寄存器 ACF 左移一位，移位空出的最低位，成立置 1，不成立置 0，s/m/n = [0 ~ 63]

（续）

序号	语法	功能
14	{Macro} LHRs = LHRm > HHRm? (LHRm - HHRm) : 0 ({(U)},k)	第 m 个数据寄存器组高低两个 16 位数在第 k 个 ALU 上进行比较，如果低 16 位 > 高 16 位，则两者相减结果被赋予第 s 个数据寄存器组的低 16 位 LHRs，否则零赋予 LHRs，同时第 k 个 ALU 上 32 位标志寄存器 ACF 左移一位，移位空出的最低位，成立置 1，不成立置 0，s/m/n = [0 ~ 63]

例 4.21：

```
XR0 = 0x3
XACF0 = R0            //为了方便观察移位，我们将 ACF 第一、二位设为 1.
XR2 = 0x11000002 || XR3 = 0x11000001
XALUCR = 0x0   //不饱和运算
XFR3 = FR3 > FR2? (FR3 - FR2) :0(0)
```

/* 结果：XR3 = 0x00000000，XACF0 = 0X6. 即 R3 < R2 时，R3 赋值为 0，XACF0 左移一位，因移位空出的最低位置为 0. */

```
XR0 = 0x3
XACF0 = R0
XR2 = 0x000001 || XR3 = 0x000002
XALUCR = 0x0   //不饱和运算
XR3 = R3 > = R2? R3 :R2 (0)
```

/* 结果：XR3 = 2，XACF0 最高位、最低位为 1，其余位为 0. 即表达式成立时，XACF0 右移一位，因移位空出的最高位置 1. */

例 4.22：双 16 位定点实数比较举例

```
XR2 = 0x00030001 || XR3 = 0x00040002
XALUCR = 0x0   //不饱和运算
XHR3 = HR3 > HR2? (HR3 - HR2) :0(0)   //结果：XR3 = 0x00010001，XACF0 = 0x00010001.
clrXACF
XR2 = 0x11000003 || XR3 = 0x11010002
XALUCR = 0x0   //不饱和运算
XHR3 = HR3 > = HR2? HR3 :HR2 (0)   //双 16 位定点实数比较
//结果：XR3 = 0x11010003，XACF0 = 0x80000000
```

例 4.23：

```
clrXACF
XR2 = 0x11000001
XALUCR = 0x0   //不饱和运算
XHHR3 = HHR2 > = LHR2? HHR2 :LHR2(U,0)   //16 位定点实数比较
//结果：XR3 = 0x11000000，XACF0 = 0x80000000.
clrXACF
```

```
XR3 = 0x0 | |XR2 = 0x11000001
XALUCR = 0x    //不饱和运算
XLHR3 = HHR2 > = LHR2? HHR2 :LHR2(U,0)   //16 位定点实数比较
//结果：XR3 = 0x00001100,ACF0 = 0x80000000.
clrXACF
XR5 = 0x0 | |XR3 = 0x00020001
XALUCR = 0x0   //不饱和运算
XHHR5 = HHR3 > LHR3? (HHR3 - LHR3) :0(U,0)   //16 位定点实数比较
//结果：XR5 = 0x00010000,ACF0 = 0x00000001
clrXACF
XR5 = 0 | |XR3 = 0x00020001
XALUCR = 0x0   //不饱和运算
XHHR5 = HHR3 > LHR3? (HHR3 - LHR3) :0(U,0)   //16 位定点实数比较
//结果：XR5 = 0x00010000,ACF0 = 0x00000001.
```

4.3 MUL 指令

MUL 指令是指驱动运算部件 MUL 模块完成相关运算的指令,包括定点乘法、浮点乘法、复数乘法和乘法累加等运算。与 ALU 指令一样,{}表示后缀可以选择,若后缀为{(U)},则选(U)代表无符号运算,不选(U)代表有符号运算。若没有后缀,表示有符号运算。其他后缀单独做说明。

各标志位含义如表 4.16 所列,供读者查阅。

表 4.16　各标志位含义

MO:动态 MUL 定点上溢出标志	SMO:静态 MUL 定点上溢出标志
MFO:动态 MUL 浮点上溢出标志	MFU:动态 MUL 浮点下溢出标志
MI:动态 MUL 浮点无效标志	SMFO:静态 MUL 浮点上溢出标志
SMFU:静态 MUL 浮点下溢出标志	SMI:静态 MUL 浮点无效标志

MUL 类指令主要包括实数乘法、复数乘法、实数定点乘累加、平方和、复数定点乘累加等运算以及有关寄存器的读写指令。下面分别进行介绍。

1）实数乘法运算

实数乘法运算是指将两个数直接进行相乘运算,数据包括 32bit 定点/浮点乘法、双 16bit 定点乘法等。两个 32bit 定点实数相乘,得到的结果为 64bit 定点实数,32bit 定点数相乘后若仍想取 32bit 数,就存在从 64bit 数中如何截取 32bit 有效数据问题,使得在硬件资源可承受范围内能够确保数据运算精度。因此定点乘法运算必然涉及运算结果的数据截位。由于处理器面对的应用多种多样,截取方式需要根据实际应用场景来确定,没有最佳截取方式。处理器提供一种

灵活的数据截位方式即可，即截位控制应该可控，具体如何截位由程序员来确定。每一个MUL都设置一个乘法控制寄存器(MULCR)，即以确定乘法器的有效截位。两个32bit浮点数相乘得到的仍然是一个32bit浮点数，浮点运算数据截位是按照浮点数标准确定的，不需要程序员设定。

两个32bit数相乘意味着可以构成4个16bit数相乘，其中包含高位数与高位数相乘、低位数与低位数相乘，另外还包含高位数与低位数之间的交叉乘，考虑到相互交叉乘意义不是非常大，故这里只选取两个各自独立乘，交叉乘被忽略。故两个16bit数相乘，只取高16bit与高16bit数相乘、低16bit与低16bit数相乘，结果送到数据寄存器组。两个16bit数相乘为32bit，若想将高低位相乘结果同时送到一个32bit送到数据寄存器组，则同样存在数据截位问题，截位方式同32bit定点运算相同。高低16bit各自相乘后的数据截取控制位是一个，即两者按统一截位方式截取各自结果，并分别送到Rs寄存器高16bit和低16bit。定点乘法运算结果影响定点标志位MO/SMO，浮点乘法运算结果影响浮点标志位MFO/MFU/MI/SMFO/SMFU/SMI。MULFR(乘法器标志寄存器)标志位按照对应关系改变。截位处理涉及有可能选取不当造成数据饱和，是否做饱和运算由MULCR控制位决定。

实数乘法有关指令如表4.17。

表4.17 实数乘法指令

序号	语法	功能
1	{Macro} Rs = Rm * Rn {(U)}	将第m个数据寄存器组32位定点数和第n个数据寄存器组32位定点数相乘，依据MULCR控制器上数据截位码确定截位方式获得32位数据，结果送到第s个数据寄存器组，s/m/n = [0~63]
2	{Macro} FRs = FRm * FRn {(U)}	将第m个数据寄存器组32位浮点数和第n个数据寄存器组32位浮点数相乘，计算32位浮点结果送到第s个数据寄存器组，s/m/n = [0~63]
3	{Macro} HRs = HRm * HRn {(U)}	将第m个数据寄存器组两个16位定点数和第n个数据寄存器组两个16位定点数分别按照高位对高位、低位对低位相乘，依据MULCR控制器上数据截位码确定截位方式获得两个16位数据，结果送到第s个数据寄存器组，s/m/n = [0~63]，HHRs = HHRm * HHRn，LHRs = LHRm * LHRn

例4.24：

```
XR2 =0x00000003 ||XR8 =0x00000002
XMULCR =0x0   //有符号不饱和运算，截最低32位.
XR9 =R2 * R8   //有符号32乘法运算
//结果：XR9 =0x00000006，截位无溢出，XMULFRx =0(x是0/1/2/3中的一个数).
XFR2 =0.5 ||XFR8 =0.5
```

```
XMULCR = 0x0
XFR9 = FR2 * FR8   //结果:XR9 = 0.25
XR2 = 0x00010003
XR8 = 0x00030002
XMULCR = 0x0   //有符号不饱和运算,截最低16 位.
XHR9 = HR2 * HR8   //有符号16 位乘法运算
//结果:XR9 = 0x00030006,截位无溢出,XMULFRx = 0(x 是0/1/2/3 中的一个数).
```

2) 复数乘法运算

复数乘法是指两个复数据相乘。一个复数包含一对数据,故复数相乘对应4 个实数乘法,即 $x = a + jb$,$y = c + jd$,则 $x * y = (ac - bd) + j(bc + ad)$。因此,一个32 位复数运算需要4 个 MUL 参与,而一个16 位定点复数乘法所需的4 个乘法在一个 MUL 内即可完成,一个复数乘上一个实数需要两个 MUL。每个宏内有4 个乘法器,故一个宏只能完成一个32 位复数乘法,或两个复数与实数相乘,或4 个16 位复数乘法运算。定点运算涉及运算后截位,截位处理方式同实数,这里不再多述。由于32 位复数运算涉及多个 MUL,为保持各个运算结果相一致,32 位复数运算时要求各个 MUL 截位控制方式和饱和控制方式相同。32 位复数与实数运算时,至少完成同一个运算的两个 MUL 截位控制和饱和处理方式要一致。16 位运算是在一个 MUL 内完成的,故此时各个 MUL 的截位控制方式和饱和控制方式可以不一样。定点乘法影响定点标志位 MO/SMO,浮点乘法影响浮点标志位 MFO/MFU/MI/SMFO/SMFU/SMI。MULFR(乘法器标志寄存器)标志位按照对应关系改变。截位处理有可能选取不当造成数据饱和,此时是否做饱和运算则由 MULCR 控制位决定。具体指令见表4.18。

表4.18　复数乘法指令

序号	语 法	功 能
1	{Macro} CRs + 1:s = CRm + 1:m *Rn	将第 m + 1 和第 m 个数据寄存器组构成的32 位定点复数和第 n 个数据寄存器组32 位定点实数相乘,依据 MULCR 控制器数据截位码进行截位,获得32 位复数送第 s + 1 和第 s 个数据寄存器组,s/m/n = [0 ~ 63],动用两个 MUL
2	{Macro} CFRs + 1:s = CFRm + 1:m *FRn	将第 m + 1 和第 m 个数据寄存器组构成的32 位浮点复数和第 n 个数据寄存器组32 位浮点数相乘,依据 MULCR 控制器数据截位码进行截位,得到32 位浮点复数送第 s + 1 和第 s 个数据寄存器组,s/m/n = [0 ~ 63],动用两个 MUL
3	{Macro} CRs + 1:s = CRm + 1:m *CRn + 1:n	将第 m + 1和第 m 个数据寄存器组构成的32 位定点复数和第 n + 1 和第 n 个数据寄存器组构成的32 位定点复数相乘,依据 MULCR 控制器数据截位码进行截位,获得32 位定点复数送第 s + 1 和第 s 个数据寄存器组,s/m/n = [0 ~ 63],动用4 个 MUL

（续）

序号	语法	功能
4	{Macro} CRs + 1 : s = CRm + 1 : m *CONj(CRn + 1 : n)	将第 m + 1 和第 m 个数据寄存器组构成 32 位定点复数和第 n + 1 和第 n 个数据寄存器组构成 32 位定点共轭复数相乘，依据 MULCR 控制器数据截位码进行截位，获得 32 位定点复数送到第 s + 1 和第 s 个数据寄存器组，s/m/n = [0 ~ 63]，动用 4 个 MUL
5	{Macro} CRs + 1 : s = CONj(CRm + 1 : m) * CONj(CRn + 1 : n)	将第 m + 1 和第 m 个数据寄存器组构成 32 位定点共轭复数和第 n + 1 和第 n 个数据寄存器组构成 32 位定点共轭复数相乘，依据 MULCR 控制器数据截位码进行截位，获得 32 位定点复数送第 s + 1 个和第 s 个数据寄存器组，s/m/n = [0 ~ 63]，动用 4 个 MUL
6	{Macro} CHRs = CHRm * HHRn	将第 m 个数据寄存器组 16 位定点复数和第 n 个数据寄存器组高 16 位定点数相乘，依据 MULCR 控制器数据截位码进行截位，获得 16 位定点复数送第 s 个数据寄存器组，s/m/n = [0 ~ 63]，动用 1 个 MUL
7	{Macro} CHRs = CHRm * LHRn	将第 m 个数据寄存器组 16 位定点复数和第 n 个数据寄存器组低 16 位定点数相乘，依据 MULCR 控制器数据截位码进行截位，获得 16 位定点复数送第 s 个数据寄存器组，s/m/n = [0 ~ 63]，动用 1 个 MUL
8	{Macro} CHRs = CHRm * CHRn	将第 m 个数据寄存器组 16 位定点复数和第 n 个数据寄存器组 16 位定点复数相乘，依据 MULCR 控制器数据截位码进行截位获得 16 位定点复数送到第 s 个数据寄存器组，s/m/n = [0 ~ 63]，动用 1 个 MUL
9	{Macro} CHRs = CHRm * CONj(CHRn)	将第 m 个数据寄存器组 16 位定点复数和第 n 个数据寄存器组 16 位定点共轭复数相乘，依据 MULCR 控制器数据截位码截位，获得 16 位定点复数送第 s 个数据寄存器组，s/m/n = [0 ~ 63]，动用 1 个 MUL
10	{Macro} CHRs = CONj(CHRm) * CONj(CHRn)	将第 m 个和第 n 个数据寄存器组上两个 16 位定点共轭复数相乘，依据 MULCR 控制器数据截位码进行截位，获得 16 位定点复数送到第 s 个数据寄存器组，s/m/n = [0 ~ 63]，动用 1 个 MUL
11	{Macro} QFRm + 1 : m_n + 1 : n = CFRm + 1 : m *CFRn + 1 : n	将第 m + 1和第 m 个数据寄存器组 32 位浮点复数和第 n + 1 和第 n 个数据寄存器组 32 位浮点复数相乘，得到 32 位复数相乘 4 个中间分量，结果送回原数据寄存器组，m/n = [0 ~ 63]，FRm + 1 = FRm + 1 * FRn + 1，FRm = FRm + 1 * FRn；FRn + 1 = FRm * FRn，FRn = FRm * FRn + 1，动用4 个 MUL

（续）

序号	语 法	功 能
12	{Macro} CRm+1:m_n+1:n = CRm+1:m*DCONj(CRn+1:n)	将第 m+1 和第 m 个数据寄存器组 32 位定点复数和第 n+1 和第 n 个数据寄存器组 32 位定点复数同时相乘和其复数共轭相乘，结果放在 Rm+1:m 寄存器对和 Rn+1:n 寄存器对，其中：Rm+1=(Rm+1*Rn+1)-(Rm*Rn)；Rm=(Rm*Rn+1)+(Rm+1*Rn)；Rn+1=(Rm+1*Rn+1)+(Rm*Rn)；Rn=(Rm*Rn+1)-(Rm+1*Rn)。动用 4 个 MUL
13	{Macro} CRm+1:m_n+1:n = CONj(CRm+1:m)*DCONj(CRn+1:n)	将第 m+1 和第 m 个数据寄存器组 32 位定点共轭复数和第 n+1 和第 n 个数据寄存器组 32 位定点复数同时相乘和其复数共轭相乘，结果放在 Rm+1:m 和 Rn+1:n，其中：Rm+1=(Rm+1*Rn+1)-(Rm*Rn)；Rm=(Rm*Rn+1)+(Rm+1*Rn)；Rn+1=(Rm+1*Rn+1)+(Rm*Rn)；Rn=(Rm*Rn+1)-(Rm+1*Rn)。动用 4 个 MUL

例 4.25：

```
XR1 = 0x11000001 | |XR2 = 0x11000002
XR3 = 0x11000003
XMULCR = 0x0
XCR5:4 = CR3:2 * R1   /* 结果：XR5 = 0x44000003，XR4 = 0x33000002，截位有溢出，XMULFR0 = 0x00000101. XMULFR1 = 0x00000101. */
XFR1 = 2 | |XFR2 = 2
XFR3 = 3
XMULCR = 0x0   //有符号不饱和运算，截最低 32 位.
XCFR5:4 = CFR3:2 * FR1 //有符号 32 位乘法运算
/* 结果：XR5 = 6.000000，XR4 = 4.000000，截位无溢出，XMULFRx1 = 0，XMULFRx2 = 0.（x1、x2 是 0/1/2/3 中的 2 个不相同的数）. */
XR0 = 0x00000001 | |XR1 = 0x00000002
XR2 = 0x00000003
XR3 = 0x00000004
XMULCR = 0x0   //不饱和运算
XCR5:4 = CR3:2 * CR1:0
//结果：XR5 = 0x5，XR4 = 0xA，截位无溢出，XMULFRx = 0(x:0 ~ 3).
XR0 = 0x00000001 | |XR1 = 0x00000002
XR2 = 0x00000003 | |XR3 = 0x00000004
XMULCR = 0x0   //不饱和运算
XCR5:4 = CR3:2 * CONj(CR1:0)
```

//结果：XR5 = 0xB, XR4 = 0x2,截位无溢出,XMULFRx = 0(x:0 ~3).

XR0 = 0x00000001 ||XR1 = 0x00000002

XR2 = 0x00000003 ||XR3 = 0x00000004

XMULCR = 0x0　//有符号不饱和运算,截最低 32 位.

XCR5:4 = CONj(CR3:2) * CONj(CR1:0)

//结果：XR5 = 0x5, XR4 = 0xFFFFFFF6,截位无溢出,XMULFRx = 0(x:0 ~3).

例 4.26：

XR1 = 0x00020001 ||XR2 = 0x00020001

XMULCR = 0x0　//有符号不饱和运算,截位取最低 16 位.

XCHR3 = CHR2 * HHR1　//结果：XR3 = 0x00040002

/* 截位无溢出,XMULFRx1 = 0.（x1、x2 是 0/1/2/3 中的 2 个不相同的数）. */

XR0 = 0x00020001 ||XR1 = 0x00040003

XMULCR = 0x0　//有符号不饱和运算,截最低 16 位.

XCHR2 = CHR1 * CHR0

//结果：XR2 = 0x0005000A,截位无溢出,XMULFRx = 0,x 为 0/1/2/3 中一个数.

XR0 = 0x00020001 ||XR1 = 0x00040003

XMULCR = 0x0　//有符号不饱和运算,截最低 16 位.

XCHR2 = CHR1 * CONj(CHR0)　/* 结果：XR2 = 0x000B0002,截位无溢出,XMULFRx = 0（x 为 0/1/2/3 中一个数）. */

XR0 = 0x00020001 ||XR1 = 0x00040003

XMULCR = 0x0　//有符号不饱和运算,截最低 16 位.

XCHR2 = CONj(CHR1) * CONj(CHR0)　/* 结果：XR2 = 0x0005FFF6,截位无溢出,XMULFRx = 0（x 为 0/1/2/3 中一个数）. */

例 4.27：

XFR4 = 1 ||XFR5 = 2

XFR6 = 3 ||XFR7 = 4

XMULCR = 0x0　//不饱和运算

XQFR7:6_5:4 = CFR7:6 * CFR5:4　/* 结果：XR7 = 8.000000, XR6 = 4.000000, XR5 = 3.000000, XR4 = 6.000000. 无溢出 XMULFRx = 0, x:0 ~3. */

例 4.28：

XR4 = 0x00000001 ||XR5 = 0x00000002

XR6 = 0x00000003 ||XR7 = 0x00000004

XMULCR = 0x0　//不饱和运算

XCR7:6_5:4 = CR7:6 * DCONj(CR5:4)

//结果：XR7 = 0x5, XR6 = 0xA, XR5 = 0xB, XR4 = 0x2,无溢出,XMULFRx = 0, x:0 ~3.

XR4 = 0x00000001 ||XR5 = 0x00000002

XR6 = 0x00000003 ||XR7 = 0x00000004

XMULCR = 0x0　//不饱和运算

```
XCR7 :6_5 :4 = CONj(CR7 :6) * DCONj(CR5 :4)
/* 结果: XR7 = 0xB,XR6 = 0xFFFFFFFE,XR5 = 0x00000005,XR4 = 0xFFFFFFF6.
无溢出,XMULFRx = 0,x :0 ~3. * /
```

3) 平方和运算

在单指令周期完成两个32bit或16bit定点数的平方和运算。

语法:{Macro} Rs = Rm * Rm + Rn * Rn{(U)} // 32bit定点数的平方和运算。

功能:将Rm和Rn寄存器上的32bit定点有/无符号数自身相乘后再相加,结果取32bit送Rs寄存器。数据截位按照MULCR(乘法器控制寄存器)中控制码进行。影响标志位MO/SMO。MULFR(乘法器标志寄存器)标志位按对应关系改变。是否做饱和运算由MULCR控制位决定。

需要说明的是,这条指令需要2个32bit乘法器来完成,这两个乘法器采用[0,1]或[2,3]配对,如果[0,1]配对,则结果从1号乘法器输出,如果[2,3]配对,则结果从3号乘法器输出。资源占用:2 MUL。

语法:{Macro} Rs = HHRm * HHRm + LHRm * LHRm{(U)} // 16bit定点数的平方和运算

功能:Rm中高16bit和低16bit定点数进行平方和运算,结果取32bit数据送到目的寄存器Rs中。有无符号由乘法器控制寄存器(MULCR)控制。影响标志位MO/SMO。资源占用:1MUL。

例4.29:

```
XR1 = 0x00000001 ||XR2 = 0x00000002
XMULCR = 0x0   //不饱和,截最低32bit.
XR3 = R1 * R1 + R2 * R2   //有符号32bit定点数平方和运算
//结果: XR3 = 0x00000005,XMULFRx = 0(x为0/1/2/3 中的某个数).
XR1 = 0x00010002
XMULCR = 0x0   //不饱和,截最低16bit.
XR3 = HHR1 * HHR1 + LHR1 * LHR1   //有符号16bit定点数平方和运算.
//结果: XR3 = 0x5,XMULFRx = 0(x为0/1/2/3 中的某个数).
```

4) 乘法器标志位读取

语法:{Macro} Rs = MULFRn

功能:将第n个乘法器上的标志寄存器MULFR读出送到第s个数据寄存器组Rs上,不影响标志位,n取值为0~3,资源占用:1MUL。

5) 乘法累加寄存器加载、读取

两个32bit数相乘得到64bit结果,考虑到数据累加过程中数据增益,配置了72bit乘法累加寄存器MACC,两个16bit数相乘得到32bit结果,考虑到数据累加过程中数据增益,配置了40bit乘法累加寄存器MACC,故每个MUL配备一个

80bit 乘法累加寄存器 MACC，其中 32bit 定点数乘法累加取 72bit，16bit 定点数乘法累加各取 40bit。MACC 在统一地址空间内按 32bit 字宽被分为 3 个位域，其中 MACCm[79:64]为 MACC 最高 16bit；MACCm[63:32]为 MACC 中间 32bit；MACC[31:0]为 MACC 最低 32bit。具体指令见表 4.19。

乘法累加寄存器与数据寄存器组间数据可相互调用。由于一个宏有 4 个乘法器，相互调用需指定具体乘法器。影响标志位 MFO/MFU/MI/SMFO/SMFU/SMI/MO/SMO，资源占用：1MUL。

表 4.19　乘法累加器加载、读取

序号	语 法	功 能
1	{Macro} MACCs = Rm{(U)}	将第 m 个数据寄存器组上的 32bit 定点数送到第 s 个 MUL 的累加结果寄存器的低 32bit 上，按是否为符号位进行数据其他位扩展。m = 0 ~ 63，s = 0 ~ 3
2	{Macro} HMACCs = HRm{(U)}	将第 m 个数据寄存器组上的两个 16bit 定点数送到第 s 个 MUL 的两个 40 位累加结果寄存器的低 32bit 上，按是否为符号位进行数据其他位扩展。m = 0 ~ 63，s = 0 ~ 3
3	{Macro} MACCs[31:0] = Rm	将第 m 个数据寄存器组上的 32bit 定点数送到第 s 个 MUL 累加结果寄存器的低 32bit 上，其他位保持不变。m = 0 ~ 63，s = 0 ~ 3
4	{Macro} MACCs[63:32] = Rm	将第 m 个数据寄存器组上的 32bit 定点数送到第 s 个 MUL 累加结果寄存器的上，其他位保持不变。m = 0 ~ 63，s = 0 ~ 3
5	{Macro} MACCs[79:64] = Rm	将第 m 个数据寄存器中间 32bit 组上的 32bit 定点数的低 16bit 送到第 s 个 MUL 累加结果寄存器的最高 16 位上，其他位保持不变。m = 0 ~ 63，s = 0 ~ 3
6	{Macro} Rs = MACCm[31:0]	将第 s 个 MUL 累加结果寄存器的低 32bit 送到第 m 个数据寄存器组上，其他位保持不变。m = 0 ~ 63，s = 0 ~ 3
7	{Macro} Rs = MACCm[63:32]	将第 s 个 MUL 累加结果寄存器的中间 32bit 送到第 m 个数据寄存器组上，其他位保持不变。m = 0 ~ 63，s = 0 ~ 3
8	{Macro} Rs = MACCm[79:64]	将第 s 个 MUL 累加结果寄存器的最高 16bit 送到第 m 个数据寄存器组上，其他位保持不变。m = 0 ~ 63，s = 0 ~ 3
9	Clr{Macro} MACC	将宏中所有 MACC 清零

例 4.30

```
//如果 XMACC1 = 0xFFFFFFFFFFFFFFFFFFFF(共 20 个,每个 MACC 是 80bit).
XR0 = 0x0000000F
XMULCR = 0x0    //不饱和运算,截最低 32 位.
XMACC1 = R0   //有符号 32 位定点复数相乘运算,结果：XMACC1 = 0xF.
```

6）乘法累加运算

乘法累加运算包括32bit定点、双16bit定点、16bit定点复数、32bit定点复数等。乘法累加运算指令中用“+=”表示右边乘法结果与MACC之前的值做累加，结果存放在MACC中。32bit定点乘法运算，累加运算位数扩展到72bit，而16bit定点乘法运算，则累加运算位数扩展到40bit，两个40bit构成一个80bit结果，这类指令的语法和功能见表4.20。在累加过程中如果数据出现饱和，则按照MULCR中饱和控制位处理，如果需要做饱和处理且出现饱和，按正最大或负最大来处理，否则溢出位丢弃，仅保留尾数。s为选用乘法器编号[0,1,2,3]。影响标志位MO/SMO。资源占用1个或多个MUL。

表4.20　乘法累加运算类指令

序号	语法	功能
1	{Macro} MACCs = Rm * Rn {(U)}	将第m个和第n个数据寄存器组上32bit定点实数相乘，结果送到第s个ALU的MACC，累加字宽为72bit。m/n = 0 ~ 63，s = 0 ~ 3，占用1个MUL
2	{Macro} MACCs += Rm * Rn {(U)}	将第m个和第n个数据寄存器组上32bit定点实数相乘，再与第s个MUL上MACC值累加，结果送回原MACC，累加字宽为72bit。m/n = 0 ~ 63，s = 0 ~ 3，占用1个MUL
3	{Macro} HMACCs = HRm * HRn{(U)}	将第m个和第n个数据寄存器组上两个16bit定点实数分别进行相乘，结果送回第s个MUL上MACC，累加字宽为40bit。m/n = 0 ~ 63，s = 0 ~ 3，占用1个MUL
4	{Macro} HMACCs += HRm * HRn{(U)}	将第m个和第n个数据寄存器组上两个16bit定点实数分别进行相乘，再与第s个MUL上两个MACC值累加，结果送回原MACC，累加字宽为40bit。m/n = 0 ~ 63，s = 0 ~ 3，占用1个MUL
5	{Macro} CHMACCs = CHRm * CHRn	将第m个和第n个数据寄存器组上16bit定点复数相乘，结果送第s个MUL上MACC，累加字宽40bit。m/n = 0 ~ 63，s = 0 ~ 3，占用1个MUL
6	{Macro} CHMACCs += CHRm * CHRn	将第m个和第n个数据寄存器组上16bit定点复数相乘，结果与第s个MUL上MACC复数进行累加，结果送回原MACC，实部和虚部累加字宽为40bit。m/n = 0 ~ 63，s = 0 ~ 3，占用1个MUL
7	Macro} QMACC = CRm + 1 : m * CHRn + 1 : n	将第m+1与m个数据寄存器组32bit定点复数和第n+1与第n个数据寄存器组32bit定点复数相乘，相乘四个分量Rm+1 * Rn+1、Rm * Rn、Rm * Rn+1、Rm+1 * Rn存到4个MACC。m/n = 0 ~ 63，s = 0 ~ 3，占用4个MUL

（续）

序号	语法	功能
8	{Macro} QMACC += CRm+1:m *CRn+1:n	将第m+1与m个数据寄存器组32bit定点复数和第n+1与第n个数据寄存器组32bit定点复数相乘，相乘四个分量Rm+1*Rn+1、Rm*Rn、Rm*Rn+1、Rm+1*Rn与对应MACC进行累加，结果存回原MACC。m/n=0~63，s=0~3，占用4个MUL
9	{Macro} Rs=MACCn ({(U)},cut=C)	将第n个MUL上72bit MACC数截取为32bit输出到第s个数据寄存器组，C为数据截取位置范围指示，即Rs[31:0]=MACC[C+31,C]，截取后按是否为符号数进行符号扩展
10	{Macro} HRs=HMACCn ({(U)},cut=C)	将第n个MUL上两个40bit数截取为两个16bit结果输出到第s个数据寄存器组。C为数据截取位置指示，即Rs[31:16]=HHMACC[C+15,C]，HRs[15:0]=LHMACC[C+15,C]，截取后数按是否有符号数进行符号扩展

例4.31：

```
clr XMACC  //累加器结果清零
XR0 =0x00000001 ||XR1 =0x00000002
XMULCR =0x0  //不饱和运算
XMACC1 += R1 * R0(U)
```

/* 结果：XMACC1 = 0x00000002（实际观测时为：XMACC10 = 0x0000000F），XMULFRx = 0（x为0/1/2/3中的某个数）. */

例4.32：

```
clr XMACC  //双16bit定点乘法累加运算
XR0 =0x00010001 ||XR1 =0x00030002
XMULCR =0x0  //不饱和
XHMACC0 += HR1 * HR0 (U)  //HMACC表示将80bit分为两个40bit
```

/* 结果：运行结果为0x30000000002，在ECS上运行的结果实际上是3个32bit寄存器的表示，xMACC00 = 0x2，xMACC01 = 0x300，xMACC02 = 0x0. XMULFRx = 0（x为0/1/2/3的某个数）. */

例4.33：16bit定点复数乘法累加

```
clrXMACC
XR0 =0x00030001 ||XR1 =0x00020001
XMULCR =0x0
XCHMACC0 +=CHR1 * CHR0  //相乘的结果：5 + j5
```

/* 运行结果：XCHMACC0 = 0x50000000005，在ECS环境下用3个32bit寄存器表示xMACC00 = 0x5，xMACC01 = 0x500，xMACC02 = 0. XMULFRx = 0（x为0/1/2/3中的某个数）. */

```
clrXMACC
XR0 = 0x00030001 || XR1 = 0x00020001
XMULCR = 0x0
XCHMACC0 = CHR1 * CHR0
//结果：XCHMACC0 = 0x50000000005,XMULFRx = 0(x 为 0/1/2/3 中的某个数).
```

例 4.34：32bit 定点复数乘法累加

```
XR0 = 0x00000001 || XR1 = 0x00000002
XR2 = 0x00000003 || XR3 = 0x00000004
clr XMACC   //MACC 清零
XMULCR = 0x0   //不饱和运算
QMACC + = CR3 :2  * CR1 :0   /* 结果：XMACC0 = 0x8,XMACC1 = 0x3,XMACC2 = 0x6,XMACC3 = 0x4,无溢出 . */
```

说明：在 ECS 的 Register 窗口中观察时，实际结果为 xMACC00 = 0x8，xMACC10 = 0x3，xMACC20 = 0x6，xMACC30 = 0x4。MACC 的命名方式为 xMACCmn，m 代表第几个 MACC 寄存器，n 代表寄存器的哪一段。

例 4.35：32bit 定点乘法累加结果输出

```
//如果 XMACC = 0x1
XMULCR = 0x0   //不饱和
XR1 = MACC0(U,cut = 0x0)   //无符号,截最低 32bit 定点数乘累加输出运算 .
//结果：XR1 = 0x000000001,XMULFRx = 0(x 为 0 / 1 / 2 / 3 中的某个数).
```

例 4.36：双 16bit 定点乘累加结果输出运算

```
//如果 XMACC = 0x1
XMULCR = 0x0   //不饱和
XHR1 = HMACC0(U,cut = 0x0)   //无符号,截最低 16bit 定点数乘累加输出运算 .
//结果：XR1 = 0x000000001,XMULFRx = 0(x 为 0 / 1 / 2 / 3 中的某个数).
```

例 4.37：32bit 定点复数乘法运算

```
XR0 = 0x00000001 || XR1 = 0x00000002
XR2 = 0x00000003 || XR3 = 0x00000004
clrXMACC   //MACC 清零
XMULCR = 0x0   //不饱和运算
QMACC = CR3 :2  * CR1 :0   /* 结果：XMACC0 = 0x8,XMACC1 = 0x3,XMACC2 = 0x6,XMACC3 = 0x4 ,无溢出,XMULFRx = 0(x :0 ~3). */
```

4.4 SPU 指令

SPU 指令是指驱动运算部件 SPU 模块完成相关运算的指令，主要包括 32 位浮点求倒数、32 位浮点对数、定点数的反正切等运算。与 ALU 指令一样，若后缀为{(U)},{}表示内容可以选择的,选(U)代表无符号运算,不选(U)代表有符号运算;若没有后缀,表示有符号运算。其他后缀单独做说明。

各标志位含义如表4.21所列,供读者查阅。

表4.21　各标志位含义

SO:动态 SPU 定点溢出标志	SSO:静态 SPU 定点溢出标志
SFO:动态 SPU 浮点上溢出标志	SFU:动态 SPU 浮点下溢出标志
SI:动态 SPU 浮点无效标志	SSFO:静态 SPU 浮点上溢出标志
SSFU:静态 SPU 浮点下溢出标志	SSI:静态 SPU 浮点无效标志

1) 读取 SPU 标志位

语法:{Macro} Rs = SPUFR

功能:将 SPU 标志寄存器 SPUFR 送到第 s 个数据寄存器组上。不影响标志位。资源占用:1 SPU。

2) 32bit 浮点倒数运算

语法:{Macro} FRs = 1/FRn

功能:求 32bit 浮点复数 FRn 的倒数,求第 n 个数据寄存器上的倒数值,结果送到回到第 s 个数据寄存器上。是否受饱和控制由控制寄存器决定。影响标志位 SFO/SFU/SI/SSFO/SSFU/SSI。资源占用:1 SPU。

例4.38:

```
XSPUCR = 0x1 //饱和运算
XR0 = 0x8c8186ef
XFR1 = 1 / FR0
//结果:XR1 = 0xF27CFC4F,XSPUFR = 0.
```

3) 双 16bit 定点数求正弦或余弦

语法:{Macro} HRs = cosHRm

{Macro} HRs = sinHRm

功能:求双 16bit 数正弦或余弦,对数据第 m 个数据寄存器组 Rm 上的低 16bit 和高 16bit 数分别求正弦或余弦值,得到的两个正弦或者余弦数值送到第 s 个数据寄存器组 Rs 上。源操作数 Rm 的低 16bit(LHRm)或高 16bit 数据(HHRm)按无符号数处理,取值范围为[0,65536),而 Rs 高/低 16(HRs/ LRs) bit 数为有符号数,取值范围为区间[-32768,32767)。

本指令与实际求三角函数时存在一定的映射关系,输入整数量化区间[0,65536)按照线性关系映射到弧度区间[0,2π),输出结果整数量化区间[-32768,32767)按照线性映射到实际结果区间[-1,1),本指令运算结果小数点定在有效位的右边。

例如,求一个弧度 Φ 的正弦值 sin Φ,应把 Φ * (65536/2π)作为本指令的高/低 16bit(HHRm/ LHRm)输入参数,指令输出实际结果 Rs 为 sin Φ 输出结果乘上 32768 倍。不影响标志位。资源占用:1 SPU。

例 4.39:

```
XSPUCR = 0x1          //饱和运算
XR0 = 0 | |XR1 = 0    //初始化
XR0 = 0x1555          //5461 对应的弧度为 2π * 5461 /65536 = (π/6)
XHR1 = sin HR0        /* 结果:XR1 = 0x00003FFF,XSPUFR = 0. 实际结果为 XR1/
32768 = 0.4999≈0.5. */
```

4) 高低 16bit 定点数同时求正弦或余弦

语法:{Macro} HRs = cos_sin HHRm

{Macro} HRs = cos_sin LHRm

功能:对第 m 个数据寄存器组上 Rm 的高 16bit 数或低 16bit 数同时求正弦和余弦,其结果送回到第 s 个数据寄存器组上,其中余弦结果放在高 16bit,正弦结果放在低 16bit。这里源操作数的低 16bit 或高 16bit 数被映射到区间[0,2π),如输入弧度为 Φ,则 Φ * (65536/2π) 为寄存器寄存的源操作数,运算结果区间 Rs 范围为[-32768,32767),Rs/32768 为实际弧度的正弦和余弦值,其区间为[-1,1)上。运算结果小数点定在有效位的右边。影响标志位 SO/SSO。资源占用:1 SPU。

例 4.40:

```
XSPUCR = 0x1          //饱和运算
XR0 = 0x8c8186ef
XHR1 = cos_sin HHR0   //结果:XR1 = 0x85FBD955,XSPUFR = 0.
```

5) 16bit 定点数求正弦或余弦,输出一个 32 位定点数

语法:{Macro} Rs = cos HHRm

{Macro} Rs = cos LHRm

{Macro} Rs = sin HHRm

{Macro} Rs = sin LHRm

功能:对第 m 个数据寄存器组 Rm 上的高 16bit 数或低 16bit 数求正弦或者余弦值,结果取 32bit 放到第 s 个数据寄存器组 Rs 上。如输入弧度为 Φ,Φ * (65536/2π) 为寄存器寄存的源操作数值。运算结果 Rs 区间为[-2147483648,2147483648),Rs/2147483648 为实际弧度的运算结果,区间范围为[-1,1)。运算结果小数点定在有效位的右边。影响标志位 SO/SSO。资源占用:1 SPU。

例 4.41:

```
XSPUCR = 0x1
XR0 = 0x8c8186ef
XR1 = cos HHR0   //结果:XR1 = 0x 85FAFB46,XSPUFR = 0.
```

6）32bit 定点数的反正切

语法：{Macro} LHRs = arctg Rm

{Macro} HHRs = arctg Rm

功能：对第 m 个数据寄存器组 Rm 上的 32bit 定点数 Rm 求反正切运算，计算结果取 16bit 定点数，或送到第 m 个数据寄存器组 Rs 的高 16bit，或低 16bit。32bit 源操作数 Rm 区间为[-2147483648，2147483648]，实际映射到区间[-1，1]，输出结果对应区间为[-π/4，π/4）。LHRs *（2π/65536）作为输出结果送到寄存器寄存，影响标志位 SO/SSO。资源占用：1 SPU。

例 4.42：

```
XSPUCR = 0x1
XR0 = 0x8C8186EF
XLHR1 = arctg R0   //结果：XR1 = 0x0060E217，XSPUFR = 0.
```

7）16bit 定点数的反正切

语法：{Macro} LHRs = arctg LHRm

{Macro} HHRs = arctg LHRm

{Macro} LHRs = arctg HHRm

{Macro} HHRs = arctg HHRm

功能：对 16bit 定点数高位或者低位求反正切运算，计算结果取 16bit 定点数，送到第 s 个数据寄存器组 Rs 上的高 16bit，或低 16bit。Rm 区间为[-32768，32768）按线性关系映射到区间[-1，1]，输出结果则对应区间为[-π/4，π/4），按照 Φ *（65536/2π）获得值寄存到寄存器上。影响标志位 SO/SSO。资源占用：1 SPU。

例 4.43：

```
XSPUCR = 0x1   //饱和运算
XR0 = 0x000086EF
XLHR1 = arctg LHR0   //截位为 0，结果：XR1 = 0x0060E122，XSPUFR = 0.
```

8）32bit 浮点对数

语法：{Macro} Rs = ln(ABS FRm)（C）

功能：对第 m 个数据寄存器组 Rm 上的 32bit 浮点数 FRm 做自然对数运算，运算结果用定点数表示，送到第 s 个数据寄存器组 Rs 上的。C 控制对数运算结果小数点后的位数，是对其精度的控制，取值范围：0 ~ 15。输出的数据为：运算结果的整数部分 + C 位的小数部分。如 C = 0，仅输出结果整数部分；C = 1，输出整数部分以及一位小数。是否饱和由 SPU 控制寄存器（SPUCR）决定。影响标志位 SFO/SFU/SI/SSFO/ SSFU/SSI。资源占用：1 SPU。

例 4.44：

```
XSPUCR = 0x1   //饱和运算
XFR0 = 3.5
XR1 = ln(ABS FR0)(4)   //结果：XR1 = 0x14
```

说明：实际计算时，结果约为 1.25(1.01000B)。当 C = 0 时，只取整数部分，即 xr1 = 1；C = 4 时，结果扩大 2^4 倍，即小数点后移四位，变为 10100B，所以 xr0 = 0x14(20D)。即 1.25 * 2^4。上述结果是用定点数表示的，如想直接查看浮点表示的结果，用下面的指令将结果转换为浮点格式：

```
XFR1 = float (R1, -4)   //XR1 = 1.25
```

9) 32bit 浮点数的绝对值开方

语法：{Macro} FRs = SQRT(abs FRm)

功能：对第 m 个数据寄存器组 Rm 上的 32bit 浮点数的绝对值进行开方运算，结果送到第 s 个数据寄存器组 Rs 上。是否饱和由 SPU 控制寄存器(SPUCR)决定。影响标志位 SFO/SFU/SI/SSFO/SSFU/SSI。资源占用：1 SPU。

例 4.45：

```
XSPUCR = 0x1   //饱和运算
XFR0 = 4.0
XFR1 = SQRT(abs FR0)   //截位为 0，结果：XR1 = 2.0，XSPUFR = 0.
```

4.5 SHF 指令

SHF 指令是指驱动运算部件 SHF 模块完成相关运算的指令，包括常用的移位运算(算术移位、逻辑移位、循环移位)、扩展运算、压缩运算等。与 ALU 指令一样，若后缀为{(U)}，{}表示可以选择，选(U)代表无符号运算，不选(U)代表有符号运算。若没有后缀，表示有符号运算。其他后缀单独做说明。

SHF 影响的标志位及其含义：

(1) SHO：移位器溢出标志；

(2) SSHO：静态移位器溢出标志。

1) 32bit 定点数算术移位运算

语法：{Macro} Rs = Rm ashift Rn// s/m/n = 0 ~ 63

{Macro} Rs = Rm ashift a

功能：32bit 定点算术移位。将第 m 个数据寄存器组 Rm 上数进行算术移位，移位值由第 n 个数据寄存器组 Rn 低 6bit 确定，或者由指令中给定的 6bita 值确定，这 6bit 是有符号数，正数表示左移，负数表示右移。移位不移符号位，右移符号位扩展；左移低位补零。出现溢出符号位不变，即最高符号位拷贝，剩下

31bit 进行移位，移位之后再拷贝符号位致最高位。结果存回第 s 个数据寄存器组 Rs，影响状态标志位 SHO 和 SSHO。占用 1 SHF 资源。

例 4.46：

```
XSHFCR = 0x1   //饱和运算
XR0 = 0x00000002   //左移 2 位
XR1 = 0x00000003
XR2 = R1 ashift R0   //32bit 定点算术移位运算，结果：XR2 = 0x0000000C，XSH-
FFR = 0.
XSHFCR = 0x1   //32bit 定点数算术移位运算
XR0 = -3   //正的表示左移，负的表示右移.
XR1 = 0x8000000f   //XR1 = 10000000000000000000000000001111B
XR2 = R1 ashift R0
/32bit 定点算术移位运算，结果：XR2 = 11110000000000000000000000000001B.
右移时，符号位不动，其他位右移三位，并将符号位扩展 3 位./
```

2）32bit 定点数逻辑移位运算

语法：{Macro} Rs = Rm lshift Rn{(1)}// s/m/n = 0 ~ 63

{Macro} Rs = Rm lshift a{(1)}

功能：32bit 定点逻辑移位。将第 m 个数据寄存器组 Rm 上数进行逻辑移位。移位值由第 n 个数据寄存器组 Rn 低 6bit 确定，或者由指令中给定的 6bit a 值确定，这 6bit 数是有符号数，正数表示左移，负数表示右移。右移最高位根据指令右端“( )”控制符号位确定补 1 还是补 0，左移最低位根据( )控制符号位确定补 1 还是补 0。指令省略( )按 0 处理，结果存回第 s 个数据寄存器组 Rs。影响状态标志位 SHO 和 SSHO。占用 1 SHF 资源。

例 4.47：

```
XSHFCR = 0x1        //饱和运算
XR0 = 0x00000002    //左移 2bit
XR1 = 0x00000003
XR2 = R1 lshift R0  //结果：XR2 = 0x0000000C，XSHFFR = 0.
XSHFCR = 0x1        //饱和运算
XR0 = 3             //正数表示左移，负数表示右移.
XR1 = 0x8000000f    //10000000000000000000000000001111B
XR2 = R1 lshift R0  //1111000B，结果：XR2 = 0x00000078. 左移时，符号位也被移除.
```

3）32bit 定点数循环移位运算

语法：{Macro} Rs = Rm rot Rn

{Macro} Rs = Rm rot a

功能：循环移位。将第 m 个数据寄存器组 Rm 数按照头尾相接进行循环移位，移位值由第 n 个数据寄存器组 Rn 低 6bit 确定，或者由指令中给定的 6bit a

值确定,这6bit数为有符号数,正数表示左移,负数表示右移。循环移位符号位跟随移动,结果存回第s个数据寄存器组Rs。影响状态标志位SHO和SSHO。占用1 SHF资源。

例4.48:

```
XSHFCR = 0x1            //饱和运算
XR0 = 0x00000002        //左移2位
XR1 = 0x10000003
XR2 = R1 rot R0   //结果:XR2 = 0x4000000C,XSHFFR = 0.
```

4) 32bit定点复数算术移位运算

语法:{Macro} CRs + 1 : s = CRm + 1 : m ashift Rn

{Macro} CRs + 1 : S = CRm + 1 : m ashift a

功能:32bit定点复数算术移位。将第m+1和第m个数据寄存器组的复数进行算术移位。移位值由第n个数据寄存器组Rn低6bit确定,或者由指令中给定的6bita值确定,这6bit数为有符号数,正数表示左移,负数表示右移,移位不移符号位,右移符号位扩展;左移低位补零。出现溢出符号位不变,即最高符号位拷贝,剩下31bit进行移位,移位之后再拷贝符号位致最高位,结果存回第s+1和第s个数据寄存器组Rs+1:s。影响状态标志位SHO和SSHO。占用2 SHF资源。

例4.49:

```
XSHFCR = 0x1   //饱和运算
XR0 = 0x00000002   //左移2位
XR2 = 0x00000003
XR3 = 0x00000004
XCR5 :4 = CR3 :2 ashift R0
//结果:XR5 = 0x00000010,XR4 = 0x0000000C,XSHFFR = 0.
```

5) 16bit定点复数算术移位运算

语法:{Macro} CHRS = CHRm ashift Rn

功能:16bit定点复数算术移位。将第m个数据寄存器组Rm上16bit复数进行算术移位,移位值由第n个数据寄存器组Rn上低5bit确定,这5bit数是有符号数,正的表示左移,负的表示右移,移位不移符号位,右移符号位扩展;左移低位补零。出现溢出符号位不变,即最高符号位拷贝,剩下15bit进行移位,移位之后再拷贝符号位致最高位,移位后寄存器补上符号位,结果存回到第s个数据寄存器组Rs上。影响状态标志位SHO和SSHO。占用2 SHF资源。

6) 数据扩展

语法:{Macro} Rm = EXPAND(LHRm,a){(U)}

{Macro} Rm = EXPAND(HHRm,a){(U)}

{Macro} Rm = EXPAND(HHRm,Rn) {(U)}

{Macro} Rm = EXPAND(LHRm,Rn) {(U)}

{Macro} CRm + 1 : m = EXPAND(CHRm,Rn)

功能:将 16bit 定点数扩展 32bit 定点数。将第 m 个数据寄存器组 Rm 上 16bit 定点数扩展到 32bit 定点数,结果存回到原数据寄存器组或者原数据寄存器组和相邻寄存器组。这 16bit 数可以放置到 32bit 数任意位置,放置位置由 5bit 立即数 a 或第 n 个数据寄存组 Rn 低 5bit 来确定,按照 Rm[31:0] = LHRm[a + 15,a],或 Rm[31:0] = HHRm[a + 15,a]进行扩展,如果 a 大于 16,则按 16 来处理。复数扩展高低位按同样方式进行,得到数放置在原位置和这个位置加 1 数据寄存器组上。如果是有符号数,按符号位进行扩展,无符号数直接放置到特定位置即可。需要注意:目的寄存器标号与源寄存器标号相同。影响状态标志位 SHO 和 SSHO。实数占用 1 SHF 资源,复数占用 2 SHF 资源。

例 4.50:

```
XSHFCR = 0x1   //饱和运算
XR1 = 0x0111
XR1 = EXPAND(LHR1,0x1)(U)   /* 16bit 定点数扩展成 32bit 定点数,无符号扩展,立即数为 1,结果放在位[16 ~1]. 结果:XR1 = 0x00000222. */
XSHFCR = 0x1   //饱和运算
XR0 = 0x1
XR1 = 0x01110000
XR1 = EXPAND(HHR1,R0)(U)   /* 16bit 定点数扩展成 32bit 定点数,无符号扩展,立即数为 0,结果放在位[16 ~1]. 结果:XR2 = 0x00000222. */
```

7) 数据压缩

语法:{Macro} LHRm = COMPACT(Rm,a) {(U)}

{Macro} HHRm = COMPACT (Rm,a) {(U)}

{Macro} LHRm = COMPACT(Rm,Rn) {(U)}

{Macro} HHRm = COMPACT (Rm,Rn) {(U)}

{Macro} CHRs = COMPACT(CRm + 1 : m,a)

{Macro} CHRs = COMPACT(CRm + 1 : m,Rn)

功能:将第 m 个数据寄存器组 Rm 上 32bit 定点数压缩成 16bit 定点数或者将一个 32bit 复数压缩成一个 16bit 复数,压缩后 16bit 数或存回到原来寄存器高 16bit,或低 16bit。复数直接送到一个寄存器。16bit 数取自 32bit 源寄存器(Rm)哪个位域由 5bit 立即数 a 或第 n 个数据寄存器组 Rn 低 5bit 数确定,按照 LHRm[15:0] = Rm[a + 15,a]方式获取,如果 a 为 0,则取自于 Rm[15:0];如 a 大于 16,按照 16 处理。是否做饱和运算由移位器控制寄存器(SHFCR)控制。

结果影响状态标志位 SHO 和 SSHO。实数占用 1 SHF 资源,复数占用 2 SHF 资源。

例 4.51:

```
XSHFCR = 0x1   //饱和运算
XR0 = 0x1
XR1 = 0x02220111
XLHR1 = COMPACT(R1,1)(U)   //32bit 定点数位[15 - 0]压缩成 16bit 定点数
//结果:XR1 = 0x01118111,XSHFFR = 0
XSHFCR = 0x0   //不饱和运算
XR0 = 0x00020111
XR1 = 0x00040222
XCHR3 = COMPACT(CR1:0,0)   //32bit 定点数位[15 - 0]压缩成 16bit 定点数
//结果:XR3 = 0x02220111,XSHFFR = 0.
```

8) 32bit 寄存器对应位清 0/置 1/取反

语法:{Macro} Rs = Rm bclr a   // Rm 中立即数 a 所确定的位清 0
{Macro} Rs = Rm bclr   // Rm 所有的位清 0
{Macro} Rs = Rm bset a   // Rm 中立即数 a 所确定的位置 1
{Macro} Rs = Rm bset   // Rm 所有的位置 1
{Macro} Rs = Rm binv a   // Rm 中立即数 a 所确定的位取反
{Macro} Rs = Rm binv   // Rm 所有位取反

功能:按立即数 a 所确定的位置将第 m 个数据寄存器组 Rm 对应位清 0/置 1/取反,其中 a 为一个 5bit 数,即 a = 0 ~ 31。如果 a 省略,表明整个数按位全部清 0/置 1/取反。结果存回第 s 个数据寄存器组 Rs,不影响标志位。资源占用:1 SHF。

例 4.52:

```
XSHFCR = 0x0          //不饱和运算
XR1 = 0x0
XR3 = R1 binv 0x3    //结果:XR3 = 0x8
```

9) 数据屏蔽运算

语法:

{Macro} Rs = Rm mclr Rn
{Macro} Rs = Rm mset Rn
{Macro} Rs = Rm minv Rn

功能:数据屏蔽清 0/置 1/取反。按第 n 个数据寄存器组 Rn 每个数据位上是 1 还是 0 确定第 m 个数据寄存器组 Rm 上对应位是否清 0/置 1/取反,如果 Rn 寄存器第 x 位为 1,则 Rm 第 x 位相应清 0/置 1/取反,否则保持原来值不变,

结果赋给第 s 个数据寄存器组 R 上。不影响标志位。资源占用:1 SHF。

例 4.53:

```
XSHFCR = 0x0          //不饱和运算
XR0 = 0x3
XR1 = 0x00000333
XR3 = R1 mclr R0     //结果:XR3 = 0x00000330,XSAT = 0.
```

10)异或运算

语法:{Macro} Rs = Rm LXOR Rn

{Macro} Rs = Rm RXOR Rn

功能:32bit 数据异或运算。按第 n 个数据寄存器组 Rn 中每一个数据位是 1 还是 0 确定第 m 个数据寄存器组 Rm 数据位是否参与异或运算,若 Rn 数据位为 1,则表明 Rm 对应数据位参与异或运算,计算同时 Rm 逻辑左移一位,异或结果填充左移后最低位,结果送到第 s 个数据寄存器组 Rs。这条指令用于随机数产生。不影响标志位。资源占用:1 SHF。

语法:{Macro} Rs + 1∶s = Rm + 1∶m LXOR Rn + 1∶n

{Macro} Rs + 1∶s = Rm + 1∶m RXOR Rn + 1∶n

功能:64bit 数据异或运算。按第 n + 1 和第 n 个数据寄存器组 Rn + 1∶n 构成的 64bit 数据位每一个数据位是 1 还是 0 确定第 m + 1 和第 m 个数据寄存器组 Rm + 1∶m 数据位是否参与异或运算,若 Rn + 1∶n 数据位为1,则表明 Rm + 1∶m 对应数据位参与异或运算,否则不参与,计算同时 Rm + 1∶m 按 64bit 数逻辑左移一位,异或结果填充左移后最低位,结果送到第 s + 1 和第 s 个数据寄存器组Rs + 1∶s。这条指令可用于随机数产生。本指令用 2 个移位器实现,低序号对 Rm 和 Rn 异或,高序号对 Rm + 1 和 Rn + 1 异或。不影响标志位。资源占用:2 SHF。

例 4.54:

```
XSHFCR = 0x0          //不饱和运算
XR0 = 0X10000001      //指定 Rm 的哪两位进行异或运算
XR1 = 0x10000000
XR3 = R1 LXOR R0      //R1[28] = 1 与 R1[0]异或
/* 结果:XR3 = 0x20000001. R1 逻辑左移一位为 0x20000000,并存入 XR3. 异或
结果为 1,放在 XR3 最低位 . */
```

例 4.55:寄存器对异或运算

```
XSHFCR = 0x0   //不饱和运算
XR0 = 0X80000001
XR1 = 0X80000001
XR2 = 0x80000000
```

```
XR3 = 0x80000000
XR5:4 = R3:2 LXOR R1:0   //R3[31] =1 与 R3[0]异或; R2[31] =1 与 R2[0]异或.
//结果: XR5 = 0x1,XR4 = 0.
```

11）指数赋值

语法:{Macro} FRs = c(exp)

功能:将第 s 个数据寄存器组 Rs 浮点数指数赋予有符号固定值,该值为 -127 ~127。程序员给出指数值,硬件自动将立即数 C 转换成偏移码形式。不影响标志位。资源占用:1 SHF。

例 4.56:

```
XSHFCR = 0x0           //不饱和运算
XR0 = 0x11000001
XFR0 = 0x2(exp)        //指数赋值 C +127 = 0x81 后赋给 XR0 的指数(有偏指数).
//结果: XR0 = 0x40800001
```

12）取浮点数指数或尾数

语法:{Macro} Rs = exp FRm // 取浮点数 Rm 的指数

{Macro} Rs = mant FRm // 取浮点数 Rm 的尾数

功能:取浮点数 Rm 的指数或尾数。取出第 m 个数据寄存器组 Rm 指数,指数为有符号数,对取出的结果做符号位扩展,送到第 s 个数据寄存器组 Rs,取出第 m 个数据寄存器组 Rm 尾数,这个尾数有符号数,且加上隐含位,对取出的结果做符号位扩展,送到第 s 个数据寄存器组 Rs。不影响标志位。资源占用:1 SHF。

13）寄存器单字、双字传输

语法:{Macro} Rs = Rm // 单字传输

功能:寄存器内部单字传输。将第 m 个数据寄存器组 Rm 数送到第 s 个数据寄存器组 Rs。不影响标志位。资源占用:1 SHF。

语法:{Macro} Rs +1:s = Rm +1:m // 双字传输

功能:寄存器内部双字传输。将第 m +1 和第 m 个数据寄存器组 Rm +1:m 数送到第 s +1和第 s 个数据寄存器组 Rs +1:s。不影响标志位。资源占用:2 SHF。

14）控制寄存器的更新

语法:[addr] = {Macro} Rn

功能:各种控制寄存器被数据寄存器组更新。控制寄存器含宏内控制寄存器和外设控制寄存器,控制寄存器均具有统一地址编号,“[addr]”为控制寄存器统一地址编号。将第 n 个数据寄存器组数据赋给控制寄存器的最原始表现形式,用户编程时可以使用寄存器名称来赋值,例如“GCSR = XR3”,编译器会把 GCSR 这个寄存器名称替换为对应编号,即编译后变为“[0x0A0] = XR3”。标志寄存器读取,占用外部数据总线。不影响标志位。资源占用:1 SHF。

15) 读取控制/状态寄存器

语法:{Macro} Rs = [addr]

功能:各种控制寄存器、标志寄存器值送到第 s 个数据寄存器组 Rs。含宏内控制/标志寄存器和外设控制/标志寄存器,这些寄存器均按统一地址编号,“[addr]”代表控制寄存器统一地址编号。这条指令是将控制/标志寄存器数读到第 s 个数据寄存器组 Rs 最原始形式,用户编程时可直接使用寄存器名称。例如“XYR3 = GCSR”,编译器会把寄存器名称 GCSR 替换成对应地址编号,编译后,指令会变为 XYR3 = [0x0A0]。标志寄存器读取,占用外部数据总线。不影响标志位。资源占用:1 SHF。

16) 读取 SHF 标志寄存器

语法:{Maro} Rs = SHFFRn

功能:将 SHF 标志寄存器值送到第 s 个数据寄存器组 Rs。不影响标志位。资源占用:1 SHF。

4.6　数据传输指令

数据传输指令是指完成存储器与运算部件中数据寄存器组以及外部之间数据搬移和传输的指令,包括单/双字寻址,该部分内容编程时会经常用到,读者应当熟练掌握。

1) U/V/W 单元双字寻址及数据读取

运算部件中内部暂时寄存器数量比较小,大量运算数据寄存在内部数据存储器,运算过程中,就需要将内部数据存储器上的数高效送到运算宏数据寄存器组中,数据传输直接影响处理器工作效率。哈佛结构意味着数据存储器在与内部运算部件进行数据交换时,硬件提供独立的地址,地址数量取决于内部数据总线数量。“魂芯一号”处理器数据存储器和运算部件设计了三条总线:两个读总线和一个写总线,与此相匹配,“魂芯一号”内部提供了三组独立地址发生器 U/V/W,每一组地址发生器包含 16 个 32bit 地址参数寄存器和一个独立地址运算器。

存储器与运算单元间一条总线最多可传送 8 个 32bit 数据,对应需要地址产生器给存储器提供 8 个地址,以便从 8 个不同存储器地址上读/写所需要的数据,这 8 个地址具有一定随意性。由于指令字宽限制,高度随意性实现有一定难度,具有一定线性关系地址可满足多数应用需要,故地址变化选择线性关系。

所谓线性关系,就是给出基础地址和地址偏移量两个参数后,通过简单迭加就可得到所需全部地址。为简化系统硬件电路,“魂芯一号”总线内 8 个数据被等均匀送到 4 个运算宏,每个宏或接收一个 32bit 数据,或接收两个 32bit 数据。

如果每个宏都接收两个数据，则需要提供8个数据地址，如果有些宏不接收数据，提供的地址就可以少于8个。

双字寻址指一个时间节拍内，每个运算宏在一条总线上与相邻两个地址存储器进行数据交换，单字寻址是指一个时间节拍内，每个运算宏在一条总线上与一个地址存储器进行数据交换。地址发生器一旦获得基地址、地址偏移变化量，就按线性计算公式得到所需8个地址，基地址和地址变化量均存在地址寄存器组内，指令给出地址寄存器组编号即可。每个运算宏可以接收数据，也可以不接收数据，为了以示区别，是否接收取决于指令助记符{Macro}是否出现，出现表明需要接收数据，否则不接收数据。对于双字操作，出现一个意味需要两个地址，对于单字操作，出现一个意味需要1个地址。这个地址数乘上出现的运算单元宏，就是地址发生器需要产生的地址数。

双字寻址是两个相邻地址配对使用的，故只需产生每个宏对应的存储器地址，再利用相邻配对获得其他地址。若Un寄存器提供基础地址，Uk提供地址偏移量，按线性递增关系可以获得双字存储器地址如下：[Un]和[Un+1]、[Un+2Uk]和[Un+2k+1]、[Un+2*2Uk]和[Un+2*2Uk+1]、[Un+3*2Uk]和[Un+3*2Uk+1]。如果有些宏不需要传送数据，则相应就可以减少该宏地址，总的地址数相应就减少。由于存储器与运算单元之间的数据交换是连续进行的，产生一个地址送出数据后，需要及时修改基地址，以给下一个数据做准备，保证数据交换连续进行。故基地址在产生当前地址的同时，还需要按一定关系进行调整，调整的参数依据地址寄存器组存储数，即通过Un = Un + Um运算实现基础地址修改。具体指令见表4.22。

表4.22　U/V/W单元双字寻址及数据读取

序号	语法	功能
1	{Macro} Rs+1:s=[Un+=Um, Uk]	以U单元第n个地址寄存器组Un数为基地址，第k个地址寄存器组Uk数为偏移量，按[Un]、[Un+2Uk]、[Un+2*2Uk]、[Un+3*2Uk]产生4个地址，同时产生4个相邻地址[Un+1]、[Un+2Uk+1]、[Un+2*2Uk+1]、[Un+3*2Uk+1]，按照Macro数量确定有效地址数，将存储器上数送到对应宏数据寄存器组，如xtR1:0=[U0+=U1,U2]，前缀只有2个Macro，表明只给2个宏提供地址，每个宏提供相邻两个地址，共需要4个地址。即[Un]地址上数送到x宏第s个数据寄存器组Rs，[Un+1]地址上数送到x宏第s+1个数据寄存器组Rs+1，[Un+2Uk]地址上数送到t宏第s个数据寄存器组Rs，[Un+2Uk+1]地址上数送到t宏第s+1个数据寄存器组Rs+1。在产生需要地址的同时，第n个地址寄存器组Un内容被第m个地址寄存器组Um修改，即Un=Un+Um。n/m/k=0~15，s=0~63

（续）

序号	语 法	功 能
2	{Macro} Rs+1:s=[Vn+=Vm,Uk]	功能同1,两者之间的差异在于将U单元换成V单元
3	{Macro} Rs+1:s=[Wn+=Wm,Uk]	功能同1,两者之间的差异在于将U单元换成W单元
4	{Macro} Rs+1:s=[Un+Um,Uk]	以U单元第n个地址寄存器组Un数和第m个地址寄存器组Um数相加结果为基地址,以第k个地址寄存器组Uk数为偏移量,按[Un+Um]、[Un+Um+2Uk]、[Un+Um+2*2Uk]、[Un+Um+3*2Uk]产生4个地址,同时产生4个相邻地址[Un+Um+1]、[Un+Um+2Uk+1]、[Un+Um+2*2Uk+1]、[Un+Um+3*2Uk+1],按Macro宏的数量确定有效地址数,将存储器的数送到宏数据寄存器组上,如,xtR1:0=[U0+U1,U2],前缀只有2个Macro,表明只给2个宏提供数据,每个宏提供两个相邻地址上的数据,共需要4个地址。其中[Un+Um]地址数据送到x宏第s个数据寄存器组Rs,[Un+Um+1]地址数据送到x宏第s+1个数据寄存器组Rs+1,[Un+Um+2Uk]地址数据送到t宏第s个数据寄存器组Rs上,[Un+Um+2Uk+1]地址数据送到t宏第s+1个数据寄存器组Rs+1上。Un内容不修改,n/m/k=0~15,s=0~63
5	{Macro} Rs+1:s=[Vn+Vm,Uk]	功能同4,两者之间的差异在于将U单元换成V单元
6	{Macro} Rs+1:s=[Wn+Wm,Uk]	功能同4,两者之间的差异在于将U单元换成W单元
7	{Macro} Rs=[Un+=Um,Uk]	以U单元第n个地址寄存器组Un数据为基地址,第k个地址寄存器组Uk数据为偏移量,按照[Un]、[Un+Uk]、[Un+2Uk]、[Un+3Uk]产生4个存储器地址,按照Macro中宏数量确定有效地址数,将存储器上对应数据送到宏数据寄存器组相应寄存器上,如xtR1=[U0+=U1,U2],前缀只有2个Macro,表明只给2个宏提供地址,每个宏提供一个地址,共两个地址。[Un]地址数据送到x宏第s个数据寄存器组Rs,[Un+Uk]地址数据送到t宏第s个数据寄存器组Rs。在产生所需要地址的同时,第n个地址寄存器组Un内容被第m个地址寄存器组Um内容所修改,即Un=Un+Um。n/m/k=0~15,s=0~63
8	{Macro} Rs=[Vn+=Vm,Uk]	功能同7,两者之间的差异在于将U单元换成V单元
9	{Macro} Rs=[Wn+=Wm,Uk]	功能同7,两者之间的差异在于将U单元换成W单元

(续)

序号	语 法	功 能
10	{Macro} Rs = [Un + Um, Uk]	以 U 单元第 n 个地址寄存器组 Un 数据和第 m 个地址寄存器组 Um 数据相加结果为基地址，以第 k 个地址寄存器组 Uk 数据为偏移量，按[Un + Um]、[Un + Um + Uk]、[Un + Um + 2Uk]、[Un + Um + 3Uk]产生 4 个地址，按照 Macro 宏的数量确定有效地址数，将存储器对应数据送到宏数据寄存器组相应寄存器上，如，xtR1 = [U0 + U1, U2]，前缀只有 2 个 Macro，表明只给 2 个宏提供数据，每个宏一个地址，共 2 个地址。[Un + Um]地址数据送到 x 宏第 s 个数据寄存器组 Rs 上，[Un + Um + Uk]地址数据送到 t 宏第 s 个数据寄存器组 Rs 上。Un 内容不做修改，n/m/k = 0 ~ 15，s = 0 ~ 63
11	{Macro} Rs = [Vn + Vm, Uk]	功能同 10，两者之间的差异在于将 U 单元换成 V 单元
12	{Macro} Rs = [Wn + Wm, Uk]	功能同 10，两者之间的差异在于将 U 单元换成 W 单元
13	[Un += Um, Uk] = {Macro} Rs + 1 : s	此功能地址发生器产生方式同1相类似，两者之间的差异在于一个是从存储器读出数据到运算单元，另一个则是将运算部件上的数据存到存储器上
14	[Vn += Vm, Uk] = {Macro} Rs + 1 : s	此功能地址发生器产生方式同2相类似，两者之间的差异在于一个是从存储器读出数据到运算单元，另一个则是将运算部件上的数据存到存储器上
15	[Wn += Wm, Uk] = {Macro} Rs + 1 : s	此功能地址发生器产生方式同3相类似，两者之间的差异在于一个是从存储器读出数据到运算单元，另一个则是将运算部件上的数据存到存储器上
16	[Un + Um, Uk] = {Macro} Rs + 1 : s	此功能地址发生器产生方式同4相类似，两者之间的差异在于一个是从存储器读出数据到运算单元，另一个则是将运算部件上的数据存到存储器上
17	[Vn + Vm, Uk] = {Macro} Rs + 1 : s	此功能地址发生器产生方式同5相类似，两者之间的差异在于一个是从存储器读出数据到运算单元，另一个则是将运算部件上的数据存到存储器上
18	[Wn + Wm, Uk] = {Macro} Rs + 1 : s	此功能地址发生器产生方式同6相类似，两者之间的差异在于一个是从存储器读出数据到运算单元，另一个则是将运算部件上的数据存到存储器上
19	[Un += Um, Uk] = {Macro} Rs	此功能地址发生器产生方式同 7 相类似，两者之间的差异在于一个是从存储器读出数据到运算单元，另一个则是将运算部件上的数据存到存储器上
20	[Vn += Vm, Uk] = {Macro} Rs	此功能地址发生器产生方式同 8 相类似，两者之间的差异在于一个是从存储器读出数据到运算单元，另一个则是将运算部件上的数据存到存储器上

（续）

序号	语法	功能
21	[Wn += Wm,Uk] = {Macro} Rs	此功能地址发生器产生方式同9相类似,两者之间的差异在于一个是从存储器读出数据到运算单元,另一个则是将运算部件上的数据存到存储器上
22	[Un + Um,Uk] = {Macro} Rs	此功能地址发生器产生方式同10相类似,两者之间的差异在于一个是从存储器读出数据到运算单元,另一个则是将运算部件上的数据存到存储器上
23	[Vn + Vm,Uk] = {Macro} Rs	此功能地址发生器产生方式同11相类似,两者之间的差异在于一个是从存储器读出数据到运算单元,另一个则是将运算部件上的数据存到存储器上
24	[Wn + Wm,Uk] = {Macro} Rs	此功能地址发生器产生方式同12相类似,两者之间的差异在于一个是从存储器读出数据到运算单元,另一个则是将运算部件上的数据存到存储器上

例4.57：

```
U0 =0x400000
XR3 =5 || XR4 =6
U1 =XR3 || U2 =XR4
XZTR1:0 =[U0 + =U1,U2]
/* 结果:XR0、XR1 的值分别是地址为 0x400000、0x400001 存储器存储的内容.
       ZR0、ZR1 的值分别是地址为 0x400012、0x400013 存储器存储的内容.
       TR0、TR1 的值分别是地址为 0x400018、0x400019 存储器存储的内容.
       指令执行完后 U0 地址值为 0x400005. */
```

关于寻址的内容,只看内容可能比较抽象,读者可以在ECS开发环境下运行上述例程,观察地址与寄存器的变化。

例4.58：

```
U0 =0x400000
XR3 =5 || XR4 =6
U1 =XR3 || U2 =XR4
XZTR0 =[U0 +=U1,U2]
/* 结果:XR0的值是地址为 0x400000 存储器存储的内容.
      ZR0 的值是地址为 0x400006 存储器存储内容.
      TR0 的值是地址为 0x400012 存储器存储内容. */
      指令执行完后 U0 地址值为 0x400005. */
```

例4.59：

```
U0 =0x400000 //U 地址初始化
XR0 =0 ||XR1 =0x1
```

```
YR0 = 0x2 || YR1 = 0x3
ZR0 = 0x4 || ZR1 = 0x5
U1 = 0x5 || U2 = 0x6
[U0 += U1,U2] = XYZR1:0
/*结果:0x400000 存储值是 0x0,0x400001 存储值是 0x1.
      0x400012 存储值是 0x2,0x400013 存储值是 0x3.
      0x400024 存储值是 0x4,0x400025 存储值是 0x5.
      U0 地址被修改为 0x400005. */
```

例 4.60:

```
U0 = 0x400000 //U 地址初始化
XR0 = 0 || YR0 = 0x2 ||ZR0 = 0x4
U1 = 0x2 || U2 = 0x1
[U0 += U1,U2] = XYZR0
/*结果:0x400000 地址存储的值 0x0; 0x400001 地址存储的值 0x2; 0x400002 地址存储的值 0x4. U 地址被修改为 0x400002. */
```

2) U/V/W 寄存器组和地址寄存器组相互传数

地址寄存器组和数据寄存器组均为 32bit,两者之间可以相互传数,即地址寄存器组上数据可以送到数据寄存器组,数据寄存器组上数据可以调入地址寄存器组。相互传数的好处在于可以相互借用各自运算部件参与对方计算,如可借助运算部件产生更复杂的地址进行寻址,借助地址产生运算器补充运算部件运算能力不足等。传数具体指令见表 4.23。

表 4.23　数据寄存器组和地址寄存器组之间的数据交换

序号	语 法	功 能
1	xRs = Un	将 U 单元第 n 个地址寄存器组数据传送到 x 宏第 s 个数据寄存器组上,n = 0 ~ 15,s = 0 ~ 63
2	yRs = Un	将 U 单元第 n 个地址寄存器组数据传送到 y 宏第 s 个数据寄存器组上,n = 0 ~ 15,s = 0 ~ 63
3	zRs = Un	将 U 单元第 n 个地址寄存器组数据传送到 z 宏第 s 个数据寄存器组上,n = 0 ~ 15,s = 0 ~ 63
4	tRs = Un	将 U 单元第 n 个地址寄存器组数据传送到 t 宏第 s 个数据寄存器组上,n = 0 ~ 15,s = 0 ~ 63
5	xRs = Vn	将 V 单元第 n 个地址寄存器组数据传送到 x 宏第 s 个数据寄存器组上,n = 0 ~ 15,s = 0 ~ 63
6	yRs = Vn	将 V 单元第 n 个地址寄存器组数据传送到 y 宏第 s 个数据寄存器组上,n = 0 ~ 15,s = 0 ~ 63

（续）

序号	语 法	功 能
7	zRs = Vn	将 V 单元第 n 个地址寄存器组数据传送到 z 宏第 s 个数据寄存器组上，n = 0 ~ 15，s = 0 ~ 63
8	tRs = Vn	将 V 单元第 n 个地址寄存器组数据传送到 t 宏第 s 个数据寄存器组上，n = 0 ~ 15，s = 0 ~ 63
9	xRs = Wn	将 W 单元第 n 个地址寄存器组数据传送到 x 宏第 s 个数据寄存器组上，n = 0 ~ 15，s = 0 ~ 63
10	yRs = Wn	将 W 单元第 n 个地址寄存器组数据传送到 y 宏第 s 个数据寄存器组上，n = 0 ~ 15，s = 0 ~ 63
11	zRs = Wn	将 W 单元第 n 个地址寄存器组数据传送到 z 宏第 s 个数据寄存器组上，n = 0 ~ 15，s = 0 ~ 63
12	tRs = Wn	将 W 单元第 n 个地址寄存器组数据传送到 t 宏第 s 个数据寄存器组上，n = 0 ~ 15，s = 0 ~ 63
13	Un(g) = xRs	将 x 宏第 s 个数据寄存器组数据传送到 U 单元第 n 个地址寄存器组上，n = 0 ~ 15，s = 0 ~ 63
14	Un(g) = yRs	将 y 宏第 s 个数据寄存器组数据传送到 U 单元第 n 个地址寄存器组上，n = 0 ~ 15，s = 0 ~ 63
15	Un(g) = zRs	将 z 宏第 s 个数据寄存器组数据传送到 U 单元第 n 个地址寄存器组上，n = 0 ~ 15，s = 0 ~ 63
16	Un(g) = tRs	将 t 宏第 s 个数据寄存器组数据传送到 U 单元第 n 个地址寄存器组上，n = 0 ~ 15，s = 0 ~ 63
17	Vn(g) = xRs	将 x 宏第 s 个数据寄存器组数据传送到 V 单元第 n 个地址寄存器组上，n = 0 ~ 15，s = 0 ~ 63
18	Vn(g) = yRs	将 y 宏第 s 个数据寄存器组数据传送到 V 单元第 n 个地址寄存器组上，n = 0 ~ 15，s = 0 ~ 63
19	Vn(g) = zRs	将 z 宏第 s 个数据寄存器组数据传送到 V 单元第 n 个地址寄存器组上，n = 0 ~ 15，s = 0 ~ 63
20	Vn(g) = tRs	将 t 宏第 s 个数据寄存器组数据传送到 V 单元第 n 个地址寄存器组上，n = 0 ~ 15，s = 0 ~ 63
21	Wn(g) = xRs	将 x 宏第 s 个数据寄存器组数据传送到 W 单元第 n 个地址寄存器组上，n = 0 ~ 15，s = 0 ~ 63
22	Wn(g) = yRs	将 y 宏第 s 个数据寄存器组数据传送到 W 单元第 n 个地址寄存器组上，n = 0 ~ 15，s = 0 ~ 63
23	Wn(g) = zRs	将 z 宏第 s 个数据寄存器组数据传送到 W 单元第 n 个地址寄存器组上，n = 0 ~ 15，s = 0 ~ 63
24	Wn(g) = tRs	将 t 宏第 s 个数据寄存器组数据传送到 W 单元第 n 个地址寄存器组上，n = 0 ~ 15，s = 0 ~ 63

U/V/W 地址产生器内有 16 个 32bit 地址寄存器，而 x/y/z/t 数据寄存器组内有 64 个 32bit 数据寄存器。两者之间在一个时刻仅传送一个数据，故表达形式上，数据寄存器组以{Macro}是否在指令前缀出现确定哪个宏寄存器参与传输，{U,V,W}以指令前缀是否出现确定哪个地址寄存器组参与交换。这里{Macro}和{U,V,W}在指令中只能出现一个。

处理器体系架构专门定义了一组从地址寄存器组到数据寄存器组的“地址寄存器读通道”专用通道和一个从数据寄存器组到地址寄存器组的“地址寄存器写通道”专用通道，负责将 U/V/W 三个地址寄存器组内容传送到 xyzt 四个宏中数据寄存器组，和将 xyzt 四个宏数据寄存器组内容传送到 U/V/W 三个地址寄存器组。通道位宽为 32bit，读写各有 8 个，组成了寄存器组读/写总线，U/V/W 三个地址产生器共享这 8 个通道，xyzt 每个宏独享两个通道。即 U/V/W 三个地址产生器，在一个时刻最多可以将 8 个字放到总线上，这 8 个字按照[63:0]、[127:64]、[191:128]、[255:192]顺序，分别送到 x、y、z、t 四个执行宏。当然，这 8 个字可以从一个地址产生运算器输入/输出，也可能从三个不同地址产生运算器输出。资源占用：一个地址寄存器读通道。

3）宏间数据传输传输

每个核有 4 个宏，每个宏有 64 个 32bit 寄存器组，这些寄存器组之间可以相互传输，即一个宏数据寄存器组上数据可以传送到其他宏对应的数据寄存器组。从数据传输角度上看，传输源头只能来自于一个宏数据寄存器组，接收可以是其他三个宏中的一个或多个。“魂芯一号”设计了专门 64bit 数据通道用于宏间数据传输，指令格式见表 4.24。因此一个时间节拍可将一个宏 64bit 或 32bit 数据传到其他宏。需要说明的是，这里不支持宏内数据传输。资源占用：寄存器堆局部总线的 1 个通道位。

表 4.24　宏间数据传输传输

序号	语法	功能
1	{y,z,t}Rs = {x'}Rm	将 x 宏第 m 个数据寄存器组数传到 y/z/t 宏第 s 个数据寄存器组，其中 y/z/t 出现表明对应宏接收，不出现表明不接收，m/s = 0 ~ 63
2	{x,z,t}Rs = {y'}Rm	将 y 宏第 m 个数据寄存器组数传到 x/z/t 宏第 s 个数据寄存器组，其中 x/z/t 出现表明对应宏接收，不出现表明不接收，m/s = 0 ~ 63
3	{x,y,t}Rs = {z'}Rm	将 z 宏第 m 个数据寄存器组数传到 x/y/t 宏第 s 个数据寄存器组，其中 x/y/t 出现表明对应宏接收，不出现表明不接收，m/s = 0 ~ 63
4	{x,y,z}Rs = {t'}Rm	将 t 宏第 m 个数据寄存器组数传到 x/y/z 宏第 s 个数据寄存器组，其中 x/y/z 出现表明对应宏接收，不出现表明不接收，m/s = 0 ~ 63
5	{y,z,t}Rs + 1:s = {x'}Rm + 1:m	将 x 宏第 m 和第 m + 1 个数据寄存器组 64bit 数传到 y/z/t 宏第 s 和第 s + 1 个数据寄存器组，其中 y/z/t 出现表明对应宏接收，不出现表明不接收，m/s = 0 ~ 63

（续）

序号	语法	功能
6	{x,z,t} Rs+1:s = {y'} Rm+1:m	将 y 宏第 m 和第 m+1 个数据寄存器组 64bit 数传到 x/z/t 宏第 s 和第 s+1 个数据寄存器组，其中 x/z/t 出现表明对应宏接收，不出现表明不接收，m/s=0~63
7	{x,y,t} Rs+1:s = {z'} Rm+1:m	将 z 宏第 m 和第 m+1 个数据寄存器组 64bit 数传到 y/x/t 宏第 s 和第 s+1 个数据寄存器组，其中 y/x/t 出现表明对应宏接收，不出现表明不接收，m/s=0~63
8	{x,y,z} Rs+1:s = {t'} Rm+1:m	将 t 宏第 m 和第 m+1 个数据寄存器组 64bit 数传到 y/z/x 宏第 s 和第 s+1 个数据寄存器组，其中 y/z/x 出现表明对应宏接收，不出现表明不接收，m/s=0~63

4.7 双字指令

“魂芯一号”处理器内部指令、地址和操作数均为 32bit 宽，如果指令全部采用 32bit 字宽，不能覆盖一些指令体系，考虑到处理器需要同时驱动多个运算部件，故指令设计时以单字指令为主，同时兼顾一些 64bit 双字指令，包括寄存器操作、模 8 操作、跳转指令等，以提高处理器控制灵活性。64bit 双字指令意味着指令字宽占据两条指令。指令的前缀和后缀含义同 32bit 单字指令相同，如后缀{(U)}，{}表示可以选择，选(U)代表无符号运算，不选(U)代表有符号运算。若没有后缀，表示有符号运算。其他后缀单独做说明。需要说明的是，双字指令占据两个发射槽指令，这有别于上面说的双字寻址。双字寻址是指从存储器取出两个数送到一个宏，所用指令可以是单字、双字，读者在使用过程中要加以区别对待。

1）寄存器 Rs 被赋予定点数、浮点数

给数据寄存器组 Rs 赋值是处理器基本要求，由于数据寄存器组是一个 32bit 寄存器，故赋予 32bit 数据是一个正常操作，单字指令无法实现。Rs 可以赋 32bit 或 16bit 定点数、32bit 浮点数。赋予 32bit 定点数时，如果是有符号数，则数据范围为 $-2^{31} \sim 2^{31}-1$，如果是无符号数，则数据范围为 $0 \sim 2^{32}-1$。赋以 16bit 定点数时，如果是有符号数，则数据范围为 $-2^{15} \sim 2^{15}-1$，如果是无符号数，则数据范围为 $1 \sim 2^{16}-1$。对有符号数来说，如果是正数，则赋值的效果与无符号数赋值相同；如果是负数，则编译器将其转换成补码甫 赋值。用十六进制赋值时，无论程序员把该立即数当作有符号数还是无符号数，编译器对程序员书写的值不做任何改动。赋以 32bit 浮点数时，编译器自动将该浮点立即数转换成 IEEE754 格式，处理器收到的指令机器码，是已经转换成 IEEE754 格式的浮点数据。特别注意:一个执行行中最多有2个立即数赋值指令。资源占用:占用1个译码器到数据寄存器组立即数通道。具体指令格式见表4.25。

表4.25 宏间数据传输传输

序号	语法	功能
1	{Macro} Rs = C{(U)}	将一个32bit定点立即数C赋给第s个数据寄存器组Rs寄存器
2	{Macro} HHRs = C{(U)}	将一个16bit定点立即数C赋给第s个数据寄存器组Rs寄存器高16bit
3	{Macro} LHRs = C{(U)}	将一个16bit定点立即数C赋给第s个数据寄存器组Rs寄存器低16位
4	{Macro} CHRs = C1 + jC2	将一个16bit定点立即数复数C赋给第s个数据寄存器组Rs寄存器
5	{Macro} CHRs = C1 - jC2	将一个16bit定点立即数共轭复数C赋给第s个数据寄存器组Rs寄存器
6	{Macro} HRs = (C1,C2) {(U)}	将一对16bit定点立即数C赋给第s个数据寄存器组Rs寄存器高低16位
7	{Macro} FRs = C	将一个32bit浮点立即数C赋给第s个数据寄存器组Rs寄存器

2)数据屏蔽

语法:{Macro} Rs = Rm mask C

功能:数据屏蔽。按32位立即数中1的位置,确定第s个数据寄存器组Rs对应位是否被第m个数据寄存器组Rm位所取代,即如果32位立即数中第x位为1,则第s个数据寄存器组Rs第x位被第m个数据寄存器组Rm第x位取代。Rs其他位不受影响。资源占用:1SHF。

3)寄存器数据裁剪

从一个寄存器取出一段数据放在另一个寄存器相应位置,实现数据裁减和拼接,指令格式见表4.26。由于参数比较多,单字指令无法给全相关参数。这条指令涉及数据放置后,其他位置上的数据如何安排问题。这里通过后缀确定非放置区几种方式:赋零/符号位扩展/还是维持原值等。资源占用:1SHF。

表4.26 宏间数据传输传输

序号	语法	功能
1	{Macro} Rs = Rm fext (p:q,f)	将第m个数据寄存器Rm中起始为p的位置上取出长度为q的数据,放置在第s个数据寄存器Rs起始为f的位置上,其他位置保持原有数据不变,结果影响标志位。如果q+f大于32,即数据段放置到Rs的左边超出了边界,此时移位器溢出标志置位。p/q/f = 0 ~ 31, s/m = 0 ~ 63

（续）

序号	语法	功能
2	{Macro} Rs = Rm fext (p:q,f)(z)	将第 m 个数据寄存器 Rm 中起始为 p 的位置上取出长度为 q 的数据,放置在第 s 个数据寄存器 Rs 起始为 f 的位置上,其他位置数据置零,结果影响标志位。如果 q + f 大于 32,即数据段放置到 Rs 的左边超出了边界,此时移位器溢出标志置位,p/q/f = 0 ~ 31,s/m = 0 ~ 63
3	{Macro} Rs = Rm fext (p:q,f)(s)	将第 m 个数据寄存器 Rm 中起始为 p 的位置上取出长度为 q 的数据,放置在第 s 个数据寄存器 Rs 起始为 f 的位置上,其他位置符号位扩展、低位补零,结果影响标志位。如果 q + f 大于 32,即数据段放置到 Rs 的左边超出了边界,则此时移位器溢出标志置位,p/q/f = 0 ~ 31,s/m = 0 ~ 63

例 4.61:

```
XR1 = 0x7 ||XR2 = 0x80000000
XR3 = 0x80000000 ||XR4 = 0x80000000
XR2 = R1 fext (1:2,1) //0x80000006,非放置区维持原值.
XR3 = R1 fext (1:2,1)(z) //0x00000006,非放置区维持赋0.
XR4 = R1 fext (1:2,1)(s) //0xFFFFFFFE,非放置区高位符号位扩展,低位补0.
```

4）模 8 双字读取存储器数据指令

模 8 寻址主要用于解决同时从同一个存储器读取多个数据导致总线竞争问题,主要应用于矩阵数据传输。模 8 寻址是将一个数据组当成一个整体来考虑,并不看重一次数据传输。它基本要求是在一个时间段内将一组数据从存储器传到运算单元宏,或者将运算单元宏送到存储器。实现这种传输的基本条件为宏中数据寄存器组具有暂存多个数据组的能力。如果地址合理分配,采用这种调数方式可以避免同一时刻多个数据从同一个存储单元读/写造成处理器效能下降。

前缀 m 代表模 8 寻址。模 8 寻址地址发生器基本形态同正常地址发生器相同,有基础地址、地址偏移量和地址调整量三个参数组成。单字寻址时,一个运算单元宏与存储器一个存储单元进行数据交换,地址发生器最多需要产生 4 个不同地址,以保证每个宏均有一个地址相对应,即地址发生器产生 m[Un]、m[Un + Uk]、m[Un + 2 * Uk]及 m[Un + 3 * Uk]地址,如果为双字寻址,则一个运算单元宏需要与两个邻近存储单元进行数据交换,地址发生器首先需要产生 4 个不同地址,即地址发生器需要产生 m[Un]、m[Un + 2 * Uk]、m[Un + 2 * 2 * Uk]及 m[Un + 3 * 2 * Uk]4 个地址,再配上这 4 个地址的相邻地址 m[Un + 1]、 m[Un +2 * Uk +1]、m[Un +2 * 2 * Uk +1]和 m[Un +3 * 2 * Uk +1],形成 4 个配对地址,以与 4 个宏相对应。{Macro }宏标识符是否出现表明该运算宏是否与存储器进行数据交换,没有出现表明两者之间没有交换,相应就不需要配备地址,产生的有效地址相应减少。具体功能见表 4.27。

模 8 寻址的具体原理和操作在第 3 章存储器和寄存器寻址方式中有详细描述。其基本操作为第一个地址为基本地址,从获得同一时刻第二对地址开始进行模 8 加处理,进行的方式是地址低三位和其他各位分开加,两者之间并不产生进位,即低三位加产生的进位被忽略掉。

为增进每个宏数据寄存器组灵活性,各个宏寄存器标号可以不一样,但每个宏若有两个数据与存储器进行交换,则必须为两个相邻数。资源占用:一条数据读总线。

表 4.27 模 8 存储器双字寻址

序号	语 法	功 能
1	xRa +1 : ayRb +1 : bzRc +1 : ctRd +1 : d = m[Un + = Um, Uk]	以 U 单元第 n 个地址寄存器组 Un 为基地址,第 k 个地址寄存器组 Uk 为偏移量,按照 m[Un]、m[Un +2Uk]、m[Un +2 * 2Uk]、m[Un +3 * 2Uk]产生 4 个模 8 地址,同时产生 4 个相邻地址 m[Un +1]、m[Un +2Uk +1]、m[Un +2 * 2Uk +1]、m[Un +3 * 2Uk +1],按左边宏标记符数量确定有效地址数,将对应地址数据送到相应宏数据寄存组,如 xR1 : 0tR4 : 3 = m[U0 + = U1, U2],前缀只有 2 个 Macro,表明只给 2 个宏提供地址,每个宏提供两个相邻地址。即 m[Un]地址上的数送到 x 宏第 0 个数据寄存器组 R0,m[Un +1]地址上的数送到 x 宏第 1 个数据寄存器组 R1,m[Un +2Uk]地址上的数送到 t 宏第 3 个数据寄存器组 R3,m[Un +2Uk +1]地址上的数送到 t 宏第 4 个数据寄存器组 R4。在产生存储器所需要地址时,第 n 个地址寄存器组 Un 内容被第 m 个地址寄存器组 Um 内容修改,即 Un = Un + Um。n/m/k = 0 ~ 15, a/b/c/d = 0 ~ 63
2	xRa +1 : ayRb +1 : bzRc +1 : ctRd +1 : d = m[Vn + = Vm, Vk]	功能同 1,两者之间的差异在于将 U 单元换成 V 单元
3	xRa +1 : ayRb +1 : bzRc +1 : ctRd +1 : d = m[Wn + = Wm, Wk]	功能同 1,两者之间的差异在于将 U 单元换成 W 单元

（续）

序号	语法	功能
4	m[Un+ = Um, Uk] = xRa+1:ayRb+1:bzRc+1:ctRd+1:d	以 U 单元第 n 个地址寄存器组 Un 为基地址，第 k 个地址寄存器组 Uk 为偏移量，按照 m[Un]、m[Un+2Uk]、m[Un+2*2Uk]、m[Un+3*2Uk]产生 4 个模 8 地址，同时产生 4 个相邻地址 m[Un+1]、m[Un+2Uk+1]、m[Un+2*2Uk+1]、m[Un+3*2Uk+1]，按右边宏标记符数量确定有效地址数，将相应宏数据寄存组上数送到存储器对应地址。如 m[U0+ = U1, U2] = xR1:0tR4:3，前缀只有 2 个 Macro，表明只给 2 个宏提供地址，每个宏提供两个相邻地址。即 x 宏第 0 个数据寄存器组 R0 数送到 m[Un]地址上，x 宏第 1 个数据寄存器组 R1 数送到 m[Un+1]地址上，t 宏第 3 个数据寄存器组 R3 数送到 m[Un+2Uk]地址上，t 宏第 4 个数据寄存器组 R4 数送到 m[Un+2Uk+1]地址上。在产生存储器所需要地址时，第 n 个地址寄存器组 Un 内容被第 m 个地址寄存器组 Um 内容修改，即 Un = Un+Um。n/m/k = 0~15，a/b/c/d = 0~63
5	m[Vn+ = Vm, Vk] = xRa+1:ayRb+1:bzRc+1:ctRd+1:d	功能同4，两者之间的差异在于将 U 单元换成 V 单元
6	m[Wn+ = Wm, Wk] = xRa+1:ayRb+1:bzRc+1:ctRd+1:d	功能同4，两者之间的差异在于将 U 单元换成 W 单元
7	xRayRbzRctRd = m[Un+ = Um, Uk]	以 U 单元第 n 个地址寄存器组 Un 为基地址，第 k 个地址寄存器组 Uk 为偏移量，按 m[Un]、m[Un+Uk]、m[Un+2Uk]、m[Un+3Uk]产生 4 个模 8 地址，按左边宏标记符数量确定有效地址数，将对应地址上数送到相应宏数据寄存器组，如 xR1tR4 = m[U0+ = U1, U2]，前缀只有 2 个 Macro，表明只给 2 个宏提供地址，每个宏提供一个地址。即 m[Un]地址数据送到 x 宏第 1 个数据寄存器组 R1，m[Un+Uk]地址数据送到 t 宏第 4 个数据寄存器组 R4。在产生存储器所需要地址时，第 n 个地址寄存器组 Un 内容被第 m 个地址寄存器组 Um 修改，即 Un = Un+Um。n/m/k = 0~15，a/b/c/d = 0~63
8	xRayRbzRctRd = m[Vn+ = Vm, Vk]	功能同 7，两者之间的差异在于将 U 单元换成 V 单元
9	xRayRbzRctRd = m[Wn+ = Wm, Wk]	功能同 7，两者之间的差异在于将 U 单元换成 W 单元

（续）

序号	语法	功能
10	m[Un += Um,Uk] = xRayRbzRc-tRd	以U单元第n个地址寄存器组Un为基地址，第k个地址寄存器组Uk为偏移量，按m[Un]、m[Un + Uk]、m[Un + 2Uk]、m[Un + 3Uk]产生4个模8地址，按右边宏标记符数量确定有效地址数，将相应宏数据寄存器组上数送到对应地址上。如m[U0 + = U1, U2] = xR1tR4，前缀只有2个Macro，表明只给2个宏提供地址，每个宏提供一个地址。即x宏第1个数据寄存器组R1数据送到m[Un]地址上，t宏第4个数据寄存器组R4数据送到m[Un + Uk]地址上。在产生所需要地址时，第n个地址寄存器组Un内容被第m个地址寄存器组Um内容修改，即Un = Un + Um。n/m/k = 0 ~ 15，a/b/c/d = 0 ~ 63
11	m[Vn += Vm,Vk] = xRayRbzRc-tRd	功能同4，两者之间的差异在于将U单元换成V单元
12	m[Wn += Wm, Wk] = xRayR-bzRctRd	功能同4，两者之间的差异在于将U单元换成W单元

例如xR1:0yR3:2zR5:4tR7:6 = m[U0 += U1,U2]，基地址U0 = 2，地址偏移量U2 = 5，地址修正量U1 = 12，x,y,z,t均存在，故地址发生器需要产生8个地址，以便将8个存储器数据读到4个宏数据寄存器组中。如果不做模8寻址，则得到的存储器8个地址分别为[U0] = 2和[U0 + 1] = 3；[U0 + 2 * U2] = 12和[U0 + 2 * U2 + 1] = 13；[U0 + 2 * 2 * U2] = 22和[U0 + 2 * 2 * U2 + 1] = 23；[U0 + 3 * 2 * U2] = 32和[U0 + 3 * 2 * U2 + 1] = 33。如果做模8修正寻址，则得到的存储器8个地址分别为m[U0] = 2和m[U0 + 1] = 3；m[U0 + 2 * U2] = 12和m[U0 + 2 * U2 + 1] = 13；m[U0 + 2 * 2 * U2] = 22和m[U0 + 2 * 2 * U2 + 1] = 23；m[U0 + 3 * 2 * U2] = 24和m[U0 + 3 * 2 * U2 + 1] = 25。其地址变化示意图见表4.26所示，其中标黑为模8运算产生的效果。指令执行后，得到存储器地址主要在前面4行范围内，最后一行地址在正常地址产生中会出现，而在8地址产生中不会出现（见表4.28）。

5）条件跳转指令

这是一个条件跳转指令，跳转条件是两个寄存器比较结果，跳转的目的地址由pro指定，程序地址指针（pro）位宽为17位。跳转方式有大于“ > ”、大于等于“ > = ”、等于“ = = ”和不等于“！ = ”四种。同时可以基于某个宏第m个数据寄存组数据的某一位等于1（或者为0）作为条件进行程序跳转。资源占用：1 ALU。具体指令见表4.29。

表 4.28 双字模 8 读存储器操作示意图

0	1	2(U0)	3(U0+1)	4	5	6	7
8	9	10	11	12 (U0+2 * U2)	13 (U0+2 * U2+1)	14	15
16	17	18	19	20	21	22 (U0+4 * U2)	23 (U0+4 * U2+1)
24 (U0+6 * U2)	25 (U0+6 * U2+1)	26	27	28	29	30	31
32	33	34	35	36	37	38	39

表 4.29 条件跳转指令

序号	语 法	功 能
1	If {Macro} Rm? Rn(U) B <pro>	如果某个宏第 m 个数据寄存器组 Rm 数与第 n 个数据寄存器组 Rn 数比较,结果为真,则程序跳转到地址为 <pro> 上执行,m/n = 0 ~ 63, <pro> 17 位地址
2	If {Macro} LHRm? LHRn(U) B <pro>	如果某个宏第 m 个数据寄存器组 Rm 低 16bit 数与第 n 个数据寄存器组 Rn 低 16bit 数比较,结果为真,则程序跳转到地址为 <pro> 上执行,m/n = 0 ~ 63, <pro> 17 位地址
3	If {Macro} HHRm? HHRn(U)B <pro>	如果某个宏第 m 个数据寄存器组 Rm 高 16bit 数与第 n 个数据寄存器组 Rn 高 16bit 数比较,结果为真,则程序跳转到地址为 <pro> 上执行,m/n = 0 ~ 63, <pro> 17 位地址
4	If {Macro} FRm? FRn B <pro>	如果某个宏第 m 个数据寄存器组 Rm 浮点数与第 n 个数据寄存器组 Rn 浮点数比较,结果为真,则程序跳转到地址为 <pro> 上执行,m/n = 0 ~ 63, <pro> 17 位地址
5	If {Macro} Rm[bit] = = 0 B <pro>	如果某个宏第 m 个数据寄存器组 Rm 某一位为 0,则程序跳转到地址为 <pro> 执行,m = 0 ~ 63, bit = 0 ~ 31, <pro> 17 位地址
6	If {Macro} Rm[bit] = = 1 B <pro>	如果某个宏第 m 个数据寄存器组 Rm 某一位为 1,则程序跳转到地址为 <pro> 执行,m = 0 ~ 63, bit = 0 ~ 31, <pro> 17 位地址
注:① ? 取 > 或 > = 或 = = 或! = ,②Macro 中 x/y/z/t 只能取其一		

6) 位反序双字寻址读存储器

位反序寻址为双字读访存指令,位反序寻址用前缀 br 表示。位反序主要用于 FFT 运算中特定阶段中地址寻址。所谓位反序,是指把基地址从 0 位开始若干位数据的前后顺序颠倒，形成新的地址作为实际存储访问地址。由于 FFT 运算中，不同运算长度要求的位反序长度不一样，为了控制位反序长度，这里用一个立即数 C 来控制位反序控制参数值，立即数 C 合法范围是 5 ~ 17，如果小于 5，不做反序操作。位反序主要针对基地址进行的，且只对当前产生的地址有效，并不改变寄存在地址寄存器组上基础地址值，地址偏移量和地址修正量，即同一时刻读出的多个数据地址变化关系同常规地址。具体指令见表 4.30。

表 4.30 位反序双字寻址

序号	语 法	功 能
1	{Macro} Rs + 1 : s = br(C) [Un + = Um, Uk]	以 U 单元第 n 个地址寄存器组 Un 数据，按照 C 确定反序长度将这个数据的若干低位进行反序操作后作为基地址，第 k 个地址寄存器组 Uk 数据为偏移量，按照[Br(Un)]、[Br(Un) + 2Uk]、[Br(Un) + 2 * 2Uk]、[Br(Un) + 3 * 2Uk]产生 4 个存储器地址，同时产生 4 个相邻地址[Br(Un) + 1]、[Br(Un) + 2Uk + 1]、[Br(Un) + 2 * 2Uk + 1]、[Br(Un) + 3 * 2Uk + 1]，按 Macro 宏数量确定有效地址数，将地址上的数据送到宏数据寄存器组。如 xtR1 : 0 = Br[U0 + = U1, U2]，前缀只有 2 个 Macro，表明只给 2 个宏提供地址，每个宏提供两个相邻地址。即[br(Un)]地址数据送到 x 宏第 s 个数据寄存器组 Rs，[Br(Un) + 1]地址数据送到 x 宏第 s + 1 个数据寄存器组 Rs + 1，[Br(Un) + 2Uk]地址数据送到 t 宏第 s 个数据寄存器组 Rs，[Br(Un) + 2Uk + 1]地址数据送到 t 宏第 s + 1 个数据寄存器组 Rs + 1。在产生存储器地址时，第 n 个地址寄存器组 Un 内容被第 m 个地址寄存器组 Um 内容修改，即 Un = Un + Um。n/m/k = 0 ~ 15，s = 0 ~ 63
2	{Macro} Rs + 1 : s = br(C) [Vn + = Vm, Vk]	功能同 1，两者之间的差异在于将 U 单元换成 V 单元
3	{Macro} Rs + 1 : s = br(C) [Wn + = Wm, Wk]	功能同 1，两者之间的差异在于将 U 单元换成 W 单元
4	br(C) [Un + = Um, Uk] = {Macro} Rs + 1 : s	此功能地址发生器产生方式同1相类似，两者之间的差异在于一个是从存储器读出数据到运算单元，另一个则是将运算部件上的数据存到存储器上。
5	br(C) [Vn + = Vm, Vk] = {Macro} Rs + 1 : s	功能同4，两者之间的差异在于将 U 单元换成 V 单元
6	br(C) [Wn + = Wm, Wk] = {Macro} Rs + 1 : s	功能同4，两者之间的差异在于将 U 单元换成 W 单元

位反序基本过程为，对于 n 位地址需要进行操作反序，则地址的第 n－1 位至第 0 位互为交换，地址的第［n－2］位与第［1］位互为交换，以此类推。如基地址 0x002000F0 低 8 位做反序操作，则对应存储器地址变为 0x0020000F，若低 7 位反序，则存储器地址就变成 0x00200087。具体如图 4.3 所示。

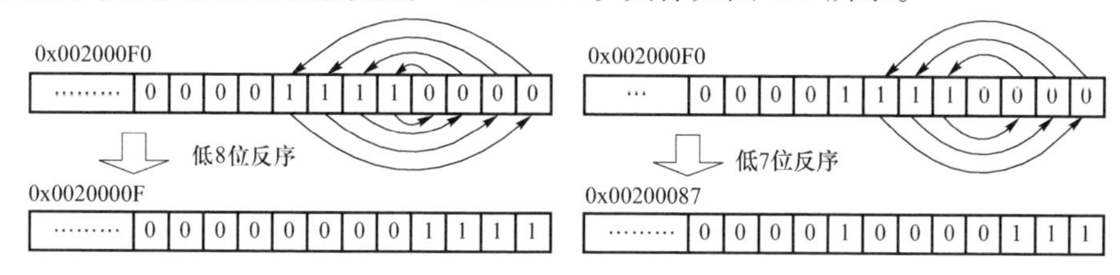

图 4.3　位反序示意图

例如，指令 R1∶0＝br(6)［U0＋＝U1，U2］，形成的 4 对地址为：［反序(U0)］、［反序(U0)＋1］；［反序(U0)＋2＊U2］、［反序(U0)＋2＊U2＋1］；［反序(U0)＋2＊2＊U2］、［反序(U0)＋2＊2＊U2＋1］；［反序(U0)＋3＊2＊U2］、［反序(U0)＋3＊2＊U2＋1］。而基地址寄存器 U0 将被修改为［U0＋U1］，用不反序的 U0 值进行基地址的自增。资源占用：一条数据读总线。

7）存储器读数立即数偏移寻址

立即数偏移寻址同上述寄存器寻址产生的方式相同，所不同的是存储器地址产生过程中，地址偏移量或者地址修正量为指令上给出的立即数。资源占用：一条数据读总线。指令格式见表 4.31。

表 4.31　存储器读数立即数偏移寻址

序号	语 法	功 能
1	｛Macro｝Rs＋1∶s＝［Un＋＝C，Uk］	以 U 单元第 n 个地址寄存器组 Un 数据为基地址，第 k 个地址寄存器组 Uk 数据为偏移量，按［Un］、［Un＋2Uk］、［Un＋2＊2Uk］、［Un＋3＊2Uk］产生 4 个存储器地址，同时产生 4 个相邻地址［Un＋1］、［Un＋2Uk＋1］、［Un＋2＊2Uk＋1］、［Un＋3＊2Uk＋1］，按 Macro 宏数量确定有效地址数，将地址数据送到宏数据寄存器组。如 xtR1∶0＝［U0＋＝C，U2］，前缀只有 2 个 Macro，表明只给 2 个宏提供地址，每个宏提供两个相邻地址。［U0］地址数据送到 x 宏第 0 个数据寄存器组 R0，［U0＋1］地址数据送到 x 宏第 1 个数据寄存器组 R1，［U0＋2U2］地址数据送到 t 宏第 0 个数据寄存器组 R0，［U0＋2U2＋1］地址数据送到 t 宏第 1 个数据寄存器组 R1。在产生地址时，第 0 个地址寄存器组 U0 内容被立即数 C 修改，即 Un＝Un＋C，C 为正数时，基地址增大，C 为负数时，基地址减小。n/k＝0～15，s＝0～63，C＝16 位有符号数

（续）

序号	语 法	功 能
2	{Macro} Rs +1 : s = [Vn + = C, Vk]	功能同1，两者之间的差异在于将U单元换成V单元
3	{Macro} Rs +1 : s = [Wn + = C, Wk]	功能同1，两者之间的差异在于将U单元换成W单元
4	{Macro} Rs +1 : s = [Un + C, Uk]	以U单元第n个地址寄存器组Un数据加上基地址修正量C为基地址，以第k个地址寄存器组Uk数据为偏移量，按[Un + C]、[Un + C +2Uk]、[Un + C + 2 * 2Uk]、[Un + C + 3 * 2Uk]产生4个地址，同时产生4个相邻地址[Un + C + 1]、[Un + C +2Uk +1]、[Un + C + 2 * 2Uk + 1]、[Un + C + 3 * 2Uk +1]，按Macro宏数量确定有效地址数，将地址数据送到宏数据寄存器组。如xtR1 : 0 = [U0 + C, U2]，前缀只有2个Macro，表明只给2个宏提供地址，每个宏提供两个相邻地址。[U0 + C]地址数据送到x宏第s个数据寄存器组Rs，[Un + C + 1]地址数据送到x宏第1个数据寄存器组R1，[Un + C +2Uk]地址数据送到t宏第0个数据寄存器组R0，[Un + C +2Uk +1]地址数据送到t宏第1个数据寄存器组R1。n/k =0 ~15, s =0 ~63, C =16位有符号数
5	{Macro} Rs +1 : s = [Vn + C, Vk]	功能同4，两者之间的差异在于将U单元换成V单元
6	{Macro} Rs +1 : s = [Wn + C, Wk]	功能同4，两者之间的差异在于将U单元换成W单元
7	{Macro} Rs +1 : s = [Un += Um, C]	以U单元第n个地址寄存器组Un数据为基地址，立即数C为偏移量，按照[Un]、[Un +2C]、[Un +2 * 2C]、[Un +3 * 2C]产生4个地址，同时产生4个相邻地址[Un +1]、[Un + 2C +1]、[Un +2 * 2C +1]、[Un +3 * 2C +1]，按Macro宏数量确定有效地址数，将地址数据送到宏数据寄存器组上。如xtR1 : 0 = [U0 + = U1, C]，前缀只有2个Macro，表明只给2个宏提供地址，每个宏提供两个相邻地址。[U0]地址数据送到x宏第0个数据寄存器组R0，[U0n +1]地址数据送到x宏第1个数据寄存器组R1，[U0 +2C]地址数据送到t宏第0个数据寄存器组R0，[Un +2C +1]地址数据送到t宏第1个数据寄存器组R1。在产生存储器地址时，第n个地址寄存器组U0内容被第1个地址寄存器组U1修改，即U0 = U0 + U1，U1为有符号数。n/m =0 ~15, s =0 ~63, C =16位有符号数
8	{Macro} Rs +1 : s = [Vn += Vm, C]	功能同7，两者之间的差异在于将U单元换成V单元
9	{Macro} Rs +1 : s = [Wn += Wm, C]	功能同7，两者之间的差异在于将U单元换成W单元

（续）

序号	语 法	功 能
10	{Macro} Rs+1:s=[Un+Um,C]	以 U 单元第 n 个地址寄存器组 Un 数据加上第 m 个地址寄存器组 Um 数据为基地址，以立即数 C 为偏移量，按[Un+Um]、[Un+Um+2C]、[Un+Um+2*2C]、[Un+Um+3*2C]产生 4 个地址，同时产生 4 个相邻地址[Un+Um+1]、[Un+Um+2C+1]、[Un+Um+2*2C+1]、[Un+Um+3*2C+1]，按 Macro 宏数量确定有效地址数，将地址数据送到宏数据寄存器组。如 xtR1:0=[U0+U1,C]，前缀只有 2 个 Macro，表明只给 2 个宏提供地址，每个宏提供两个相邻地址，即[U0+U1]地址数据送到 x 宏第 0 个数据寄存器组 R0，[U0+U1+1]地址数据送到 x 宏第 1 个数据寄存器组 R1，[U0+U1+2C]地址数据送到 t 宏第 0 个数据寄存器组 R0，[Un+Um+2C+1]地址数据送到 t 宏第 1 个数据寄存器组 R1。n/m=0~15，s=0~63，C=16 位有符号数
11	{Macro} Rs+1:s=[Vn+Vm,C]	功能同 10，两者之间的差异在于将 U 单元换成 V 单元
12	{Macro} Rs+1:s=[Wn+Wm,C]	功能同 10，两者之间的差异在于将 U 单元换成 W 单元
13	{Macro} Rs+1:s=[Un+=C0,C1]	以 U 单元第 n 个地址寄存器组 Un 数为基地址，以立即数 C1 为偏移量，按[Un]、[Un+2C1]、[Un+2*2C1]、[Un+3*2C1]产生 4 个地址，同时产生 4 个相邻地址[Un+1]、[Un+2C1+1]、[Un+2*2C1+1]、[Un+3*2C1+1]，按 Macro 宏数确定有效地址数，将地址数据送到宏数据寄存器组。如 xtR1:0=[U0+=C0,C1]，前缀只有 2 个 Macro，表明只给 2 个宏提供地址，每个宏提供两个相邻地址，即[U0]地址数据送到 x 宏第 0 个数据寄存器组 R0，[U0+1]地址数据送到 x 宏第 1 个数据寄存器组 R1，[U0+2C1]地址数据送到 t 宏第 0 个数据寄存器组 R0，[Un+2C1+1]地址数据送到 t 宏第 1 个数据寄存器组 R1。在产生存储器地址时，第 0 个地址寄存器组 U0 内容被立即数 C0 修改，即 U0=U0+C0。n=0~15，s=0~63，C0=16 位有符号数，C1 为 7 为无符号数
14	{Macro} Rs+1:s=[Vn+=C0,C1]	功能同 13，两者之间的差异在于将 U 单元换成 V 单元
15	{Macro} Rs+1:s=[Wn+=C0,C1]	功能同 13，两者之间的差异在于将 U 单元换成 W 单元

（续）

序号	语法	功能
16	{Macro} Rs + 1 : s = [Un + C0, C1]	以 U 单元第 n 个地址寄存器组 Un 数加上立即数 C0 为基地址，以立即数 C1 为偏移量，按[Un + C0]、[Un + C0 + 2C1]、[Un + C0 + 2 * 2C1]、[Un + C0 + 3 * 2C1]产生 4 个存储器地址，同时产生 4 个相邻地址[Un + C0 + 1]、[Un + C0 + 2C1 + 1]、[Un + C0 + 2 * 2C1 + 1]、[Un + C0 + 3 * 2C1 + 1]，按 Macro 宏数确定有效地址数，将地址数据送到宏数据寄存器组。如 xtR1 : 0 = [U0 + C0, C1]，前缀只有 2 个 Macro，表明只给 2 个宏提供地址，每个宏提供两个相邻地址。[U0 + C0]地址数据送到 x 宏第 s 个数据寄存器组 Rs，[U0 + C0 + 1]地址数据送到 x 宏第 1 个数据寄存器组 R1，[U0 + C0 + 2C1]地址数据送到 t 宏第 0 个数据寄存器组 R0，[U0 + C0 + 2C1 + 1]地址数据送到 t 宏第 1 个数据寄存器组 R1。n = 0 ~ 15，s = 0 ~ 63，C0 = 16 位有符号数，C1 为 7 为无符号数
17	{Macro} Rs + 1 : s = [Vn + C0, C1]	功能同 16，两者之间的差异在于将 U 单元换成 V 单元
18	{Macro} Rs + 1 : s = [Wn + C0, C1]	功能同 16，两者之间的差异在于将 U 单元换成 W 单元
19	{Macro} Rs = [Un += C, Uk]	以 U 单元第 n 个地址寄存器组 Un 数据为基地址，第 k 个地址寄存器组 Uk 数据为偏移量，按照[Un]、[Un + Uk]、[Un + 2Uk]、[Un + 3Uk]产生 4 个存储器地址，按 Macro 宏数确定有效地址数，将地址数据送到宏数据寄存器组。如 xtR1 = [U0 + = C, U2]，前缀只有 2 个 Macro，表明只给 2 个宏提供地址，每个宏提供一个地址，即[U0]地址数据送到 x 宏第 1 个数据寄存器组 R1，[U0 + Uk]地址数据送到 t 宏第 1 个数据寄存器组 R1。在产生存储器地址时，第 0 个地址寄存器组 U0 内容被立即数 C 修改，即 U0 = U0 + C，C 为正数，基地址增大，C 为负数，基地址减小。n/k = 0 ~ 15，s = 0 ~ 63，C = 16 位有符号数
20	{Macro} Rs = [Vn += C, Vk]	功能同 19，两者之间的差异在于将 U 单元换成 V 单元
21	{Macro} Rs = [Wn += C, Wk]	功能同 19，两者之间的差异在于将 U 单元换成 W 单元
22	{Macro} Rs = [Un + C, Uk]	以 U 单元第 n 个地址寄存器组 Un 数据加上基地址修正量 C 为基地址，以第 k 个地址寄存器组 Uk 寄存的数据为偏移量，按照[Un + C]、[Un + C + Uk]、[Un + C + 2Uk]、[Un + C + 3Uk]产生 4 个存储器地址，按 Macro 宏数确定有效地址数，将地址数据送到宏数据寄存器组上，如 xtR1 = [U0 + C, U2]，前缀只有 2 个 Macro，表明只给 2 个宏提供地址，每个宏提供一个地址，即[U0 + C]地址数据送到 x 宏第 1 个数据寄存器组 R1 上，[Un + C + Uk]地址数据送到 t 宏第 1 个数据寄存器组 R1 上。n/k = 0 ~ 15，s = 0 ~ 63，C = 16 位有符号数

（续）

序号	语法	功能
23	{Macro} Rs = [Vn + C, Vk]	功能同 22，两者之间的差异在于将 U 单元换成 V 单元
24	{Macro} Rs = [Wn + C, Wk]	功能同 22，两者之间的差异在于将 U 单元换成 W 单元
25	{Macro} Rs = [Un += Um, C]	以 U 单元第 n 个地址寄存器组 Un 数据为基地址，立即数 C 为偏移量，按[Un]、[Un + C]、[Un + 2C]、[Un + 3C]产生 4 个存储器地址，按 Macro 宏数确定有效地址数，将地址数据送到宏数据寄存器组上，如 xtR1 = [U0 + = U1, C]，前缀只有 2 个 Macro，表明只给 2 个宏提供地址，每个宏提供一个地址，即[U0]地址数据送到 x 宏第 1 个数据寄存器组 R1 上，[Un + C]地址数据送到 t 宏第 1 个数据寄存器组 R1 上。在产生存储器地址时，第 0 个地址寄存器组 U0 内容被第 1 个地址寄存器组 U1 修改，即 U0 = U0 + U1，U1 内的数为有符号数。n/m = 0 ~ 15，s = 0 ~ 63，C = 16 位有符号数
26	{Macro} Rs = [Vn += Vm, C]	功能同 25，两者之间的差异在于将 U 单元换成 V 单元
27	{Macro} Rs = [Wn += Wm, C]	功能同 25，两者之间的差异在于将 U 单元换成 W 单元
28	{Macro} Rs = [Un + Um, C]	以 U 单元第 n 个地址寄存器组 Un 数据加上第 m 个地址寄存器组 Um 数据为基地址，以立即数 C 为偏移量，按[Un + Um]、[Un + Um + C]、[Un + Um + 2C]、[Un + Um + 3C]产生 4 个存储器地址，以 Macro 宏数确定有效地址数，将地址数据送到宏数据寄存器组上，如 xtR1 = [U0 + U1, C]，前缀只有 2 个 Macro，表明只给 2 个宏提供地址，每个宏提供一个地址。即[U0 + U1]地址数据送到 x 宏第 1 个数据寄存器组 R1 上，[U0 + U1 + C]地址数据送到 t 宏第 1 个数据寄存器组 R1 上。n/m = 0 ~ 15，s = 0 ~ 63，C = 16 位有符号数
29	{Macro} Rs = [Vn + Vm, C]	功能同 28，两者之间的差异在于将 U 单元换成 V 单元
30	{Macro} Rs = [Wn + Wm, C]	功能同 28，两者之间的差异在于将 U 单元换成 W 单元
31	{Macro} Rs = [Un += C0, C1]	以 U 单元第 n 个地址寄存器组 Un 数为基地址，以立即数 C1 为偏移量，按[Un]、[Un + C1]、[Un + 2C1]、[Un + 3C1]产生 4 个存储器地址，以 Macro 宏数确定有效地址数，将地址数据送到宏数据寄存器组上。如 xtR1 = [U0 + = C0, C1]，前缀只有 2 个 Macro，表明只给 2 个宏提供地址，每个宏提供一个地址。[U0]地址数据送到 x 宏第 1 个数据寄存器组 R1 上，[Un + C1]地址数据送到 t 宏第 1 个数据寄存器组 R1 上。在产生存储器地址时，第 0 个地址寄存器组 U0 内容被立即数 C0 修改，即 Un = Un + C0。n = 0 ~ 15，s = 0 ~ 63，C0 = 16 位有符号数，C1 为 7 为无符号数
32	{Macro} Rs = [Vn += C0, C1]	功能同 31，两者之间的差异在于将 U 单元换成 V 单元

（续）

序号	语 法	功 能
33	{Macro} Rs = [Wn += C0,C1]	功能同31，两者之间的差异在于将U单元换成W单元
34	{Macro} Rs = [Un + C0,C1]	以U单元第n个地址寄存器组Un数加上立即数C0为基地址，以立即数C1为偏移量，按[Un + C0]、[Un + C0 + C1]、[Un + C0 + 2C1]、[Un + C0 + 3C1]产生4个存储器地址，以Macro宏数确定有效地址数，将地址数据送到宏数据寄存器组。如xtR1 = [U0 + C0,C1]，前缀只有2个Macro，表明只给2个宏提供地址，每个宏提供一个地址。[U0 + C0]地址数据送到x宏第1个数据寄存器组R1，[Un + C0 + C1]地址数据送到t宏第1个数据寄存器组R1上。n = 0 ~ 15，s = 0 ~ 63，C0 = 16位有符号数，C1为7为无符号数
35	{Macro} Rs = [Vn + C0,C1]	功能同34，两者之间的差异在于将U单元换成V单元
36	{Macro} Rs = [Wn + C0,C1]	功能同34，两者之间的差异在于将U单元换成W单元

8）存储器写数立即数偏移寻址

存储器写数立即数偏移寻址同读数立即数寻址地址产生的方式相同，所不同的是一个是将存储器中的数据读到宏数据寄存器组中，另一个则是一个反过程，将宏数据寄存器组中数据存到存储器相应地址中。指令格式见表4.32。资源占用：一条数据读总线。

表4.32　存储器读数立即数偏移寻址

序号	语 法	功 能
1	[Un + = C,Uk] = {Macro} Rs + 1:s	地址产生的方式同表4.29中第1条，两者之间的差异在于存储器数据的输入和输出
2	[Vn + = C,Vk] = {Macro} Rs + 1:s	功能同1，两者之间的差异在于将U单元换成V单元
3	[Wn + = C,Wk] = {Macro} Rs + 1:s	功能同1，两者之间的差异在于将U单元换成W单元
4	[Un + C,Uk] = {Macro} Rs + 1:s	地址产生的方式同表4.29中第4条，两者之间的差异在于存储器数据的输入和输出
5	[Vn + C,Vk] = {Macro} Rs + 1:s	功能同4，两者之间的差异在于将U单元换成V单元
6	[Wn + C,Wk] = {Macro} Rs + 1:s	功能同4，两者之间的差异在于将U单元换成W单元
7	[Un + = Um,C] = {Macro} Rs + 1:s	地址产生的方式同表4.29中第7条，两者之间的差异在于存储器数据的输入和输出
8	[Vn + = Vm,C] = {Macro} Rs + 1:s	功能同7，两者之间的差异在于将U单元换成V单元
9	[Wn + = Wm,C] = {Macro} Rs + 1:s	功能同7，两者之间的差异在于将U单元换成W单元

（续）

序号	语法	功能
10	[Un + Um, C] = {Macro} Rs + 1 : s	地址产生的方式同表4.29中第10条，两者之间的差异在于存储器数据的输入和输出
11	[Vn + Vm, C] = {Macro} Rs + 1 : s	功能同10，两者之间的差异在于将U单元换成V单元
12	[Wn + Wm, C] = {Macro} Rs + 1 : s	功能同10，两者之间的差异在于将U单元换成W单元
13	[Un += C0, C1] = {Macro} Rs + 1 : s	地址产生的方式同表4.29中第13条，两者之间的差异在于存储器数据的输入和输出
14	[Vn += C0, C1] = {Macro} Rs + 1 : s	功能同13，两者之间的差异在于将U单元换成V单元
15	[Wn += C0, C1] = {Macro} Rs + 1 : s	功能同13，两者之间的差异在于将U单元换成W单元
16	[Un + C0, C1] = {Macro} Rs + 1 : s	地址产生的方式同表4.29中第16条，两者之间的差异在于存储器数据的输入和输出
17	[Vn + C0, C1] = {Macro} Rs + 1 : s	功能同16，两者之间的差异在于将U单元换成V单元
18	[Wn + C0, C1] = {Macro} Rs + 1 : s	功能同16，两者之间的差异在于将U单元换成W单元
19	[Un + = C, Uk] = {Macro} Rs	地址产生的方式同表4.29中第19条，两者之间的差异在于存储器数据的输入和输出
20	[Vn += C, Vk] = {Macro} Rs	功能同19，两者之间的差异在于将U单元换成V单元
21	[Wn += C, Wk] = {Macro} Rs	功能同19，两者之间的差异在于将U单元换成W单元
22	[Un + C, Uk] = {Macro} Rs	地址产生的方式同表4.29中第22条，两者之间的差异在于存储器数据的输入和输出
23	[Vn + C, Vk] = {Macro} Rs	功能同22，两者之间的差异在于将U单元换成V单元
24	[Wn + C, Wk] = {Macro} Rs	功能同22，两者之间的差异在于将U单元换成W单元
25	[Un += Um, C] = {Macro} Rs	地址产生的方式同表4.29中第25条，两者之间的差异在于存储器数据的输入和输出

（续）

序号	语 法	功 能
26	[Vn += Vm,C] = {Macro}Rs	功能同25，两者之间的差异在于将U单元换成V单元
27	[Wn += Wm,C] = {Macro}Rs	功能同25，两者之间的差异在于将U单元换成W单元
28	[Un + Um,C] = {Macro}Rs	地址产生的方式同表4.29中第28条，两者之间的差异在于存储器数据的输入和输出
29	[Vn + Vm,C] = {Macro}Rs	功能同28，两者之间的差异在于将U单元换成V单元
30	[Wn + Wm,C] = {Macro}Rs	功能同28，两者之间的差异在于将U单元换成W单元
31	[Un += C0,C1] = {Macro}Rs	地址产生的方式同表4.29中第31条，两者之间的差异在于存储器数据的输入和输出
32	[Vn += C0,C1] = {Macro}Rs	功能同31，两者之间的差异在于将U单元换成V单元
33	[Wn += C0,C1] = {Macro}Rs	功能同31，两者之间的差异在于将U单元换成W单元
34	[Un + C0,C1] = {Macro}Rs	地址产生的方式同表4.29中第34条，两者之间的差异在于存储器数据的输入和输出
35	[Vn + C0,C1] = {Macro}Rs	功能同34，两者之间的差异在于将U单元换成V单元
36	[Wn + C0,C1] = {Macro}Rs	功能同34，两者之间的差异在于将U单元换成W单元

9）U/V/W赋以32位立即数

语法：Un = C

Vn = C

Wn = C

功能：将地址寄存器组Un{或Vn、Wn}用32位立即数赋值，C为无符号数。不影响标志位。在没有冲突情况下，一个执行行最多可以对U/V/W中任意4个地址寄存器赋以4个不同的立即数。如U0 = 0x1||U1 = 0x2||V0 = 0x3||W0 = 0x4。资源占用：数据通道。

10）控制寄存器、特殊寄存器赋予立即数

语法：[addr] = C

功能:各种控制寄存器、特殊寄存器等,被赋予 32 位立即数。数据范围为 $0 \sim 2^{32}-1$。不影响标志位。同一个时刻,可以由 4 条立即数赋值通道送至各个控制寄存器。资源占用:数据通道。

4.8　非运算类指令

上述指令均涉及运算部件或者存储器与运算部件之间数据传输,这是处理器最根本的核心指令。除了上述指令外,还有一些与运算部件无关,但涉及程序流控制的一些指令,包括比较常用的子程序调用指令、子程序返回指令、中断返回指令、跳转指令、零开销循环指令等。

1) 空指令

语法:NOP

功能:(No Operation)占位指令,占据指令行中的一个 32 位的指令槽(Slot)。不做任何操作,也不改变标志位。不占用任何执行资源。该指令是用户可见的,用户可以在自己的程序中写这条指令,当这条 NOP 指令与其他指令并行时,不会有任何效果,等于没写这条指令。当这条 NOP 指令自己独占一个执行行时,它的作用就是占用了一个指令周期,做了一个指令周期的空操作。

在汇编预处理的时候,如果有 16 字对齐的要求,汇编预处理在指令行后面填充的、用于占据指令槽(Slot)位置的指令就是这个 NOP。也是硬件自动填的占位指令,不做任何操作,也不改变标志位。资源占用:无。

2) 停止指令

语法:IDLE

功能:停止指令,不改变标志位。不占用任何执行资源。该指令独占一个执行行,不可与除 NOP 指令之外的任何指令并行。该指令的含义是,让处理器流水线处于停顿状态,直到有中断将之唤醒。处理器流水线停顿,其 DMA 与外设并不停顿。在执行该指令时,DMA 传输、定时器等照常运行,外部中断也可照常捕获。一旦捕获外部中断,并且全局中断使能、中断开放,则处理器被唤醒,处理中断,IDLE 状态结束。资源占用:无。

3) U/V/W 之间进行加/减运算

语法:Us = Um + Un

　　　Vs = Vm + Vn

　　　Ws = Wm + Wn

功能:地址产生运算器中地址寄存器组内部进行加/减运算。此类 U、V、W 计算指令,需要占用一个地址产生单元。地址寄存器内容定义为有符号数。资源占用:U/V/W 地址产生运算器。

4）U/V/W 与立即数加法运算

语法：Us = Um + C

Vs = Vm + C

Ws = Wm + C

功能：地址产生运算器中地址寄存器组与立即数 C 进行加法运算。此类 U、V、W 计算指令，需要占用一个地址产生单元。立即数 C 定义为 8bit 有符号数，C 为正数时，地址值增加，C 为负数时，地址值减小。资源占用：U/V/W 地址产生运算器。

5）地址寄存器 U/W/V 算术移位

语法：Us = Um ashift a

Vs = Vm ashift a

Ws = Wm ashift a

功能：地址产生运算器中地址寄存器组 Um（或 Vm、Wm）进行算术移位。立即数 a 是一个 6bit 的有符号数，如果 a 是正值，代表左移；a 是负值，代表右移。因为是算术移位，在右移时必需扩展符号位。如果左移溢出，本指令不作饱和处理，也不置位任何标志。资源占用：U/V/W 地址产生运算器。n/m = 0 ~ 15，a = −31 ~ 31。

6）地址寄存器 U/V/W 算术移位

语法：Us = Um ashift Un

Vs = Vm ashift Vn

Ws = Wm ashift Wn

功能：地址产生运算器中的第 m 个地址寄存器组 Um（或 Vm、Wm）按照同单元第 n 个地址寄存器组上的低 6bit 值进行算术移位。其中 Un（或 Vn、Wn）低 6bit 为一个 6bit 有符号数，如果 Un[5:0]（或 Vn[5:0]、Wn[5:0]）是正值，代表将 Um（或 Vm、Wm）左移；Un[5:0]（或 Vn[5:0]、Wn[5:0]）是负值，代表 Um（或 Vm、Wm）右移。因为是算术移位，在右移时必须扩展符号位。左移溢出不作饱和处理，也不置位任何标志。资源占用：U/V/W 地址产生运算器。n/m = 0 ~ 15。

7）清除标志寄存器静态标志位

语法：Clr {macro} SF

功能：清除标志寄存器的静态标志位。标志寄存器中的静态标志位只能由“Clr {Macro} SF”指令清除，别的任何操作不能清除静态标志。该指令在 WB 级对静态标志进行清除。如果在 WB 级清除的同时，有对某一个或几个静态标志的置位，对于需要置位的静态标志来说，置位优先。资源占用：无。

8）置位控制寄存器的某一位

语法：Set [addr][bit]

功能：将某个控制寄存器中的某一位设置为 1。由于控制寄存器是按照统一地址空间且按统一形式表达的，这条指令就是程序员对可控寄存器某一位进行设置基本入口。为了便于程序员书写，编译器允许程序员通过名称来设置控制寄存器中的某一位，通过编译器编译，处理器就会把控制寄存器名称替换成寄存器统一编号表达形式。指令占用一个从译码器到控制寄存器的数据通道，与双字指令“[addr] = C”和指令“clr[addr][bit]”所占用的资源相同。实际使用形式可以为“Set xalucr[0]”。

9）清除控制寄存器的某一位

语法：Clr [addr][bit]

功能：将某个控制寄存器中的某一位设置为 0。由于控制寄存器是按照统一地址空间且按照统一形式表达的，这条指令就是程序员对可控寄存器某一位进行设置的基本入口。为了便于程序员书写，编译器允许程序员通过名称来设置控制寄存器中的某一位，通过编译器编译，处理器就会把控制寄存器名称替换成统一的寄存器统一编号表达形式。指令占用一个从译码器到控制寄存器的数据通道。

10）通过子程序指针寄存器 SRP 来间接调用子程序

语法：CALL SR

功能：通过子程序指针寄存器 SRP 来间接调用子程序。SRP 寄存器与全局控制寄存器归为一类，可以接受立即数赋值，也可以与数据寄存器组交换数据。在使用这条指令之前，必须正确地初始化 SRP 寄存器，否则可能导致不可预知的结果。本指令不做分支预取，直接让分支发生在 EX 级。当分支发生时，EX 之前相同嵌套级别或较低嵌套级别的各个流水皆清除。该指令必须出现在执行行的第一个指令槽（Slot0）。

- 一个独立的 1bit 的标志，表明是间接子程序调用指令，该标志只有在间接子程序调用存在的情况下置 1，否则清零。

11）跳转指令

语法：B lable

功能：绝对跳转。16 ~ 0 位为跳转地址。分支预处理会检测到该绝对跳转，然后直接去修改 PC 到目的地址。必须出现在执行行的第一个指令槽（Slot0）。

语法：B BA

功能：跳转到寄存器“BAR”指向的目标地址。BAR 是一个专门供跳转使用的寄存器，本指令跳转的目的地址“BA”就是 BAR 中所寄存的内容。它可以和数据寄存器组交换数据。该指令必须出现在执行行的第一个指令槽（Slot0）：

- 一个独立的 1bit 的标志，表明是绝对跳转指令，该标志只有在 EX 级出现绝对跳转存在的情况下置 1，否则清零。

12）子程序调用指令

语法：CALL lable

功能:子程序调用指令。在取指二级的分支预处理,会检测到子程序调用指令,像无条件跳转一样,直接修改 PC 到子程序的入口地址;但是与绝对跳转不同的是,子程序调用指令会将当前的 PC 保存到 PC 堆栈,以便在子程序调用返回时,从 PC 堆栈弹出正确的返回地址。

CALL 指令只是保存当前 PC,其他现场保护的工作全部由程序员手工完成。该指令必须出现在执行行的第一个指令槽(Slot0):

- 一个独立的 1bit 的标志,表明是子程序调用返回指令,该标志只有在子程序调用返回指令存在的情况下置 1,否则清零。
- 将指令的[16:0]位提取出来,送至译码器的立即数端口。

13) 子程序返回指令

语法:RET

功能:子程序返回指令。在取指二级的分支预处理,会检测到子程序返回指令,把 PC 堆栈栈顶的返回地址加载到 PC,返回主程序指令流。与 CALL 指令相对应,从子程序返回时,只是自动加载返回地址到 PC,其他现场恢复的工作也要由程序员手动完成。也就是说,在子程序的程序体内,首先要做现场保护,最后要做现场恢复。

从程序结构上看,CALL 指令处于主程序,RET 指令则是子程序的最后一条指令。必须出现在执行行的第一个指令槽(Slot0):

- 一个独立的 1bit 的标志,表明是子程序返回指令,该标志只有在子程序返回指令存在的情况下置 1,否则清零。
- 将指令的[16:0]位提取出来,送至译码器的立即数端口。

14) 中断返回指令

语法:RETI

功能:中断返回,必须出现在执行行的第一个指令槽(Slot0):

- 一个独立的 1bit 的标志,表明是中断返回指令,该标志只有在中断返回指令存在情况下置 1,否则清零。
- 将指令的[16:0]位提取出来,送至译码器的立即数端口。

15) 零开销循环

语法:If LC0 B lable

If nLC0 B lable

If LC1 B lable

If nLC1 B lable

功能:基于 LC0 或 LC1 的零开销循环/条件跳转。指令形式“If LC0 B label”,代表零开销循环。在循环体末尾检查 LC0 是否等于 0,如果等于 0,则不跳转,往下顺序执行。这种情况下指令处于循环体的末尾。零开销循环在流水线上与条件跳转相同。零开销循环寄存器 LC0 在 AC 更新，无论对 LC0 赋值还是减 1 操作，都是在 AC 级发生。如果在本指令到达 AC 级后，发现零开销循环寄存器不为零，则将对应零开销循环寄存器自动减一。指令形式“If LC1 B label”与之类似，只是针对 LC1 进行类似操作。

指令形式为“If nLC0 B label”的，代表基于 LC0 的跳转，如果检查到 LC0 等于 0，则跳转到目的地址；如果不等于 0，则顺序执行。寄存器 LC0 在 AC 更新，无论对 LC0 赋值还是减 1 操作，都是在 AC 级发生。如果本指令到达 AC 级后，发现寄存器 LC0 不为零，则将对应零开销循环寄存器自动减一。

指令形式为“If nLC1 B label”的，代表基于 LC1 的跳转，如果检查到 LC1 等于 0，则跳转到目的地址；如果不等于 0，则顺序执行。

本指令必须出现在执行行的第一个指令槽（Slot0）。

16）软件陷阱

语法：Strap

功能：软件陷阱，程序员引发。产生一个中断，当执行到 Strap 指令时，清除该指令之后进入指令流水的全部指令，转到中断服务程序开始执行。复位后软件中断开放中向量初始化为 0。

4.9　编程资源约束

本小节给出利用“魂芯一号”软件编程时会受到的资源或语法限制，读者在编写程序时，应当遵循所给的约束，否则程序可能会出现错误。

4.9.1　编程资源

4.9.1.1　处理器宏

“魂芯一号”有 4 个执行宏，分别标识为 X、Y、Z、T，其结构和功能相同。在指令前指定宏标识，来说明指令在哪个执行宏运行，指定多个则在多个执行宏运行，不指定宏则表明 4 个宏都在运行（宏标识与 R 紧邻）。例如：XR1 = R2 + R3 || XYZR5 = R3 * R4 || R6 = R7 - R8 指令，第一条指令只在 x 宏中运行，第二条指令则在 x、y、z 三个宏中运行，第三条指令则在 x、y、z、t 四个宏中运行。每个执行宏资源有：8 个 ALU，编号 0 ~ 7；4 个 MUL，编号 0 ~ 3；2 个 SHF，编号 0 ~ 1；1 个 SPU；64 个数据寄存器组，编号 0 ~ 63。

4.9.1.2　地址发生器及数据传输通道

“魂芯一号”处理器有 3 个地址产生单元，分别标识 U、V、W，其结构和功能相同。每个地址产生运算器有含 16 个单元的地址寄存器组,编号 0～15;1 个寻址单元;1 个加法/移位单元。数据传输通道包括:

1）立即数通道

译码器→各宏数据寄存器组,带宽 2×32bit;

译码器→控制寄存器,带宽 4×32bit;

译码器→地址产生器寄存器,带宽 4×32bit(U、V、W 共享)。

2）输入内部总线(读总线)

数据从内部数据存储器到宏的数据通道。有 2 条读总线,每条带宽 8×32bit,从内存到宏最多可同时读 16 个字,即每个执行宏同时从总线最多读到 4 个字。

3）输出内部总线(写总线)

数据从宏到内存的数据通道。有 1 条写总线,每条带宽 8×32bit。从宏到内存,同时最多可写 8 个字,即每个执行宏同时向总线最多写入 2 个字。

4）控制标志寄存器数据通道

控制/标志寄存器与宏的数据传输使用此通道。控制寄存器输入通道带宽为 1×32bit,标志寄存器输入通道带宽为 1×32bit。输出通道带宽为 2×32bit,控制、标志寄存器共享。属于某宏的控制、标志寄存器只能在同宏中传输。宏外的控制、标志寄存器能传输到各宏中。

5）寄存器组局部总线

4 个执行宏间的数据传输使用此通道,宏间带宽为 2×32bit。

6）地址寄存器读写通道

地址寄存器读写通道为 8×32bit,是宏内寄存器与地址产生器寄存器间的数据传输通道。U/V/W 共用这 8 个字通道。U/V/W 各自最多可读出/写入 8 个字(32bit),而 X/Y/Z/T 执行宏各自最多可读出/写入 2 个字。

4.9.2 并行指令的约束规则

4.9.2.1 执行行和指令槽

"魂芯一号"汇编语言采用了易读的数学表达式形式,每个执行行以换行符结束。最多能同时发射 16 字(16×32bit)指令,每一指令所占位置称为指令槽(Slot)。被同时发射的多个指令称为指令执行行。每个指令执行行最多有 16 个指令槽,编号 0～15,由于双字指令需要占据两个指令槽,且规定一个执行行中最多拥有 4 个双字指令,因此,同一个指令行中,如果有一个双字指令,则相应减少同时并发的单字指令。同一执行行中每条指令用"||"分割。例如:R0 = R1 + R2 || R3 = R4 – R5 || R6 = R7 * R8。"魂芯一号"汇编指令对大小写不

敏感。

4.9.2.2　并行指令行约束规则

（1）同一执行行是在同一时钟周期内被并行执行的，执行行中各指令占用的计算部件、传输总线等资源不能冲突。

（2）同一执行行内，作为目的操作数寄存器，只能被使用一次；源寄存器不做要求；寄存器指数据寄存器组、地址寄存器组、控制寄存器等。例如：

XR0 = R1 + R2 || XR0 = R5 + R6　　　/* 非法指令 */

XR1 = R2 + R3 || XR1 = R2 * R3　　　/* 非法指令 */

（3）同一执行行，只能有一条分支指令，且只能放在第一个指令槽；分支指令包括条件跳转指令、无条件跳转指令、子程序调用指令和子程序返回指令。

（4）同一执行行，最多能有4条双字指令。双字指令必须放在执行行开始的一个或几个指令槽(Slot)，即同一执行中双字指令前面所有的指令槽不能出现单字指令。一个执行行中最多有2个立即数赋值指令(双字指令)。

（5）Idle指令只能与nop位于同一执行行，与其他所有指令都不能。

（6）有分支指令的执行行，必须16字对齐。在其前必须要有16字对齐伪指令“.code_align 16”。但指令Strap、reti、b ba、call sr无需16字对齐。

（7）地址产生器U、V、W作为寻址使用时，在同一执行行中只能各使用一次。

（8）ABFPR = Rm、ABFPR = C指令与表4.33中的12条指令都要写寄存器ABFPR，因此不能在同一执行行。

表4.33　涉及写寄存器ABFPR的相关指令

Rm_n = Rm +/- Rn	CRm+1:m_n+1:n = CRm+1:m +/- CRn+1:n
Rm_n = (Rm +/- Rn)/2	CRm+1:m_n+1:n = (CRm+1:m +/- CRn+1:n)/2
HRm_n = HRm +/- HRn	CHRm_n = CHRm +/- jCHRn
HRm_n = (HRm +/- HRn)/2	CHRm_n = (CHRm +/- jCHRn)/2
CHRm_n = CHRm +/- CHRn	CRm+1:m_n+1:n = CRm+1:m +/- jCRn+1:n
CHRm_n = (CHRm +/- CHRn)/2	CRm+1:m_n+1:n = (CRm+1:m +/- jCRn+1:n)/2

4.9.3　数据相关

在连续的两条指令中，下一条指令如果用到上一条指令的运行结果，就会发生数据相关，并且这两条指令只能按串行的方式执行。

4.9.3.1　数据寄存器组数据相关

在WB级写入，在AC级读取。对数据寄存器组的读写可能会出现数据相

关而造成流水线停顿一个节拍,代码如下:

```
XR1 = R2 + R3
XR5 = R1 * R6
```

由于 XR1 数据存在相关,故上述指令在处理过程中,流水线会出现停顿现象。如果将上述指令修改为:

```
XR1 = R2 + R3
NOP
XR5 = R1 * R6
```

则关于 XR1 数据就不存在相关。

4.9.3.2　地址发生器寄存器数据相关

在 AC 级写入,在 DC 级读取。对地址发生器寄存器的读写可能会出现数据相关而造成流水线停顿一个节拍。代码如下:

```
U1 = U2 + U3
U5 = U1 + U6
```

关于 U1 数据相关,流水线停顿一个节拍。

```
U1 = U2 + U3
NOP
U5 = U1 + U6
```

不存在关于 U1 的数据相关。

4.9.3.3　不发生数据相关的事例

在 AC 级读取和写入,关于控制寄存器的读写不会出现数据相关;在 WB 级读取,指令对其不可写,因此也不存在数据相关性问题。

第5章 处理器 I/O 资源及外设

I/O 是处理器与外部之间连接的一个桥梁。通过 I/O 资源与其他器件连接,可以将更多 DSP 器件以及 DSP 与其他器件连接成更大、系统应用层级更高的大型复杂处理系统,实现更高系统功能。例如,在搭建信号处理板时,通过总线、链路口连接成多片 DSP 形成大型板级应用系统。

本章主要介绍"魂芯一号"I/O 资源及外设,包括中断及异常、DMA 控制器、链路口、并口、UART 控制器、GPIO 口、定时器和 DDR2 接口。与接口相关的寄存器,本书第 3 章已经给出了详细介绍,本章从功能实现角度进行介绍。为了便于读者理解,本章对大部分外设资源给出了配置例程。

5.1 中断及异常

中断是控制程序按照既定的时间节点进行任务执行的一种重要手段。通常情况下,DSP 工作环境会面临多个外部同步或者异步事件。这些同步或者异步事件的出现具有一定随机性,为了不丢失这些事件,实现内部与外部之间工作协调,就要求 DSP 能暂停当前的处理过程转而优先处理这些同步和异步事件,当这些事件处理完毕后,再返回到原来被中断的处理过程,继续进行原来的步骤,这一处理过程称为中断。中断可以使处理器内核与外部事件很好地同步工作,也可以用于系统故障检测、系统调试,以及整个系统外部控制等。

中断可以由处理器内部产生,也可以由处理器外部提供。"魂芯一号"多数中断都是专用的,除外部中断,所有中断都是由内部专用硬件或事件触发。

5.1.1 中断类型

"魂芯一号"中断类型共有 5 个 36 种,包括 DMA 传输完成中断、定时器中断、串口中断、外部中断和软件中断。每个中断在中断向量表(IVT)中对应一个中断向量寄存器(实际上,这些寄存器并不是通常所说的独立寄存器,而是处理器内存空间中的一段存储单元)表 5.1 给出其中断向量表,包含 64 个 32 位中断向量寄存器，其中有效中断向量 36 个，剩下 28 个为保留中断。中断向量寄存器中保存该向量对应的中断服务程序入口地址。中断向量寄存器可通过指令读/写，内容完全交由程序员来控制。即程序员可以决定某个中断服务程序的入口，并且将该入口地址通过指令写入对应的中断向量寄存器。实际上，“魂芯一号”的库函数提供了中断注册函数，程序员用合适的参数调用此函数即可。一旦响应中断，就从该中断向量寄存器所指向的地址开始取指。

表 5.1　中断向量表

优先级		中断名	向量寄存器	说明	统一地址映射 *
高	63	保留		保留	0x007F_0830
	62	保留		保留	0x007F_0831
‖	61	SWI	SWIR	软件异常	0x007F_0832
‖	60	HINT	HINTR	高优先级外部中断	0x007F_0833
‖	59	Timer0H	TIHR0	定时器 0 ~ 定时器 4 高优先级中断	0x007F_0834
‖	58	Timer1H	TIHR1		0x007F_0835
‖	57	Timer2H	TIHR2		0x007F_0836
‖	56	Timer3H	TIHR3		0x007F_0837
‖	55	Timer4H	TIHR4		0x007F_0838
‖	54	保留		保留	0x007F_0839
‖	53	INT0	INTR0	外部中断 0 ~ 3	0x007F_083A
‖	52	INT1	INTR1		0x007F_083B
‖	51	INT2	INTR2		0x007F_083C
‖	50	INT3	INTR3		0x007F_083D
‖	49	DMA0I	DMAIR0	DMA 中断 0(Link0 接收)	0x007F_083E
‖	48	DMA1I	DMAIR1	DMA 中断 1(Link1 接收)	0x007F_083F
‖	47	DMA2I	DMAIR2	DMA 中断 2(Link2 接收)	0x007F_0840
‖	46	DMA3I	DMAIR3	DMA 中断 3(Link3 接收)	0x007F_0841
‖	45	DMA4I	DMAIR4	DMA 中断 4(Link0 发送)	0x007F_0842
‖	44	DMA5I	DMAIR5	DMA 中断 5(Link1 发送)	0x007F_0843
‖	43	DMA6I	DMAIR6	DMA 中断 6(Link2 发送)	0x007F_0844
‖	42	DMA7I	DMAIR7	DMA 中断 7(Link3 发送)	0x007F_0845
‖	41	DMA8I	DMAIR8	DMA 中断 8(并口 DMA)	0x007F_0846
‖	40	DMA9I	DMAIR9	DMA 中断 9(DDR2 口 DMA)	0x007F_0847
‖	39 ~ 32	保留		保留	0x007F_0848 ~ 0x007F_084F

（续）

优先级		中断名	向量寄存器	说明	统一地址映射 *
‖	31	DMA10I	DMAIR10	DMA 中断 10（Link0 接收至 DDR2）	0x007F_0850
‖	30	DMA11I	DMAIR11	DMA 中断 11（Link1 接收至 DDR2）	0x007F_0851
‖	29	DMA12I	DMAIR12	DMA 中断 12（Link2 接收至 DDR2）	0x007F_0852
‖	28	DMA13I	DMAIR13	DMA 中断 13（Link3 接收至 DDR2）	0x007F_0853
‖	27	DMA14I	DMAIR14	DMA 中断 14（Link0 发送至 DDR2）	0x007F_0854
‖	26	DMA15I	DMAIR15	DMA 中断 15（Link1 发送至 DDR2）	0x007F_0855
‖	25	DMA16I	DMAIR16	DMA 中断 16（Link2 发送至 DDR2）	0x007F_0856
‖	24	DMA17I	DMAIR17	DMA 中断 17（Link3 发送至 DDR2）	0x007F_0857
‖	23 ~ 16	保留		保留	0x007F_0858 ~ 0x007F_085F
‖	15	SRI	SRIR	串口接收中断	0x007F_0860
‖	14	STI	STIR	串口发送中断	0x007F_0861
‖	13 ~ 7	保留		保留	0x007F_0862 ~ 0x007F_0868
‖	6	Timer0L	TILR0	定时器 0 ~ 定时器 4 低优先级中断	0x007F_0869
‖	5	Timer1L	TILR1		0x007F_086A
‖	4	Timer2L	TILR2		0x007F_086B
‖	3	Timer3L	TILR3		0x007F_086C
V	2	Timer4L	TILR4		0x007F_086D
	1	保留		保留	0x007F_086E
低	0	保留		保留	0x007F_086F

这五类中断的功能概述如下：

1）DMA 传输完成中断

处理器在进行大批量数据传输时，通常使用 DMA 方式来实现。当大批量数据传输完成时，DMA 控制器必须告诉处理器传输已完成，处理器收到的这类中断就是 DMA 传输完成中断。“魂芯一号”共有 18 个 DMA 通道，每个 DMA 通道都可以触发一个中断，所以拥有 18 个 DMA 传输完成中断。其说明见表 5.1 中优先级 40 ~ 49、24 ~ 31。

处理器复位后，中断向量未作初始化前，DMA 传输完成中断是被禁止的，因此引导过程产生的 DMA 中断将不被响应。

2）定时器中断

“魂芯一号”共有 5 个定时器，为了方便用户进行优先级选择，系统安排了优先级一高一低两个中断,用户在实际使用时可以根据系统需求选择是采用高优先级还是低优先级,之后选择屏蔽掉一个中断,即定时器中断安排 10 个,用户在实际使用时根据需要选取 5 个。定时器一旦产生中断,会同时设置 ILATR 中的两个中断标志。例如定时器 0 产生中断时,会同时置位 ILATR[6]和 ILATR[59]。定时器中断服务程序执行后仅清除其中的一个标志位。理论上若高优先级和低优先级中断均使能,则高、低优先级中断服务程序会被分别执行,因此实际使用时,程序员会屏蔽或者高优先级,或者低优先级中断。复位后,中断向量未作初始化,定时器中断被禁止。定时器中断的说明见表 5.1 中优先级 55 ~ 59、2 ~ 6。

3) 串口中断

串口中断包括串口接收和串口发送 2 个中断,串行数据接口一旦接收完一组数据,或者发送完一组数据后,会及时产生串口中断。复位后串口中断被禁止,中断向量未作初始化。串口中断说明见表 5.1 中优先级 14 ~ 15。

4) 外部中断

"魂芯一号"处理器在器件外部引脚上设置了 5 个中断源,分别对应 HINT、INTR0、INTR1、INTR2、INTR3,只要器件这些引脚上的信号出现上升沿,就会触发器件中断信号产生。HINT 中断说明见表 5.1 中优先级 60,INTR0、INTR1、INTR2、INTR3 中断说明见表 5.1 中优先级 50 ~ 53。

5) 软件中断

软件中断为程序员调试软件而设置的一个指令级中断,当程序执行到 strap 指令时,清除该指令之后已经进入指令流水的全部指令,转到软件中断服务程序执行。复位后,软件中断开放,中断向量初始化为 0x0。

5.1.2 中断控制寄存器

使用中断功能前,必须配置与中断相关的控制寄存器。中断控制寄存器用于确定中断的开放/关闭、标识中断产生等。和中断相关的寄存器共 5 个,如表 5.2 所列。

表 5.2 中断控制寄存器

寄存器名称	寄存器符号
全局控制寄存器 GCSR	GCSR[0]、GCSR[1]
中断锁存寄存器 ILATR	ILATRh、ILATRl
中断屏蔽寄存器 IMASKR	IMASKRh、IMASKRh
中断指针屏蔽寄存器 PMASKR	PMASKRh、PMASKRl
中断设置寄存器 ISR	ISRh、ISRl
中断清除寄存器 ICR	ICRh、ICRl

中断使用时,应当首先配置全局控制寄存器 GCSR。GCSR 的第 0 位、第 1 位与中断控制相关:GCSR[0]为全局中断使能,该位为 0 表示屏蔽中断,为 1 表示中断使能;GCSR[1]为中断嵌套使能,0 表示不可中断嵌套,1 表示允许中断嵌套。

根据表 5.1 可知中断向量表中包含了 64 个中断向量,每个中断向量对应一种中断源(保留除外)。表 5.2 所示的后 5 个寄存器都为 64 位且每一位编号都和中断源的优先级编号相同,对应的中断源也相同,因此这 5 个寄存器都可以用图 5.1 表示,其中 64bit 中有 36 位分别对应 36 种中断,剩下 28bit 为保留位。实际使用哪些中断,就对相应位进行设置。由于"魂芯一号"寄存器组都是 32bit,所以 64bit 寄存器实际对应两个 32bit 寄存器。下面分别介绍这些中断控制寄存器。

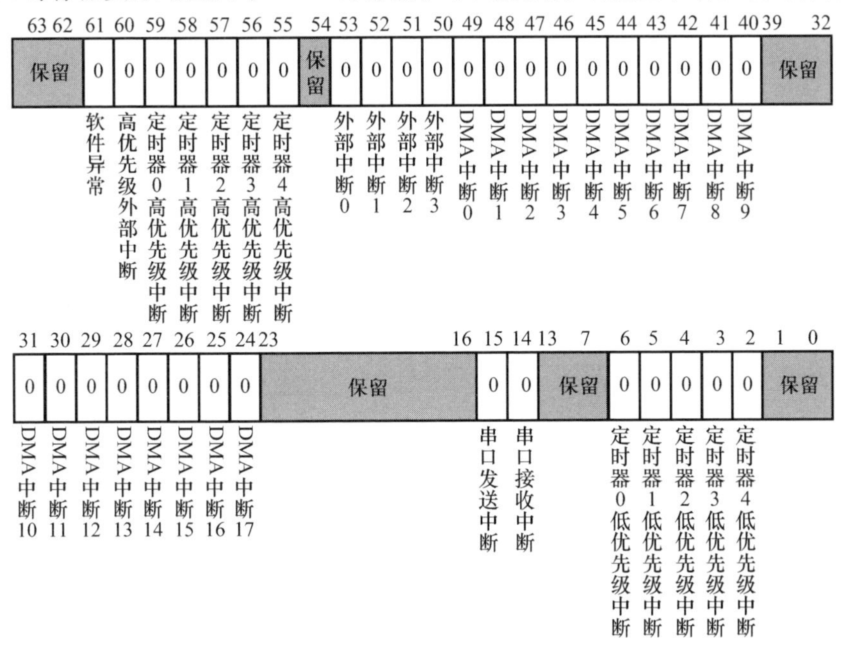

图 5.1　中断控制相关的寄存器

1）中断锁存寄存器 ILATR

ILATR 每一位对应一个中断,中断发生时相应位置 1("魂芯一号"的 ILATR 更新受控于 JTAG。调试模式下,当内核被 JTAG stall 后,ILAT 无法锁存中断,中断信息会丢失。但"魂芯一号"全速运行时,此类情况不会发生)。

用户可以通过写 ILATR 设置寄存器(ISRl 或 ISRh)来人工触发中断。该置位寄存器写入值与原值进行或操作,若写 1,则 ILATR 寄存器中的相应位被置位,"魂芯一号"就认为发生一个相应的中断。用户也可以通过写清除寄存器(ICRh 或 ICRl)来清除中断。写入值与原值进行与操作,若写 0,则 ILATR 寄存器相应中断位被清除,其他中断位维持不变。通过此方法,用户可以在中断执行前将挂起的中断清除。置位和清除操作很敏感,使用时必须遵循以下限制:

(1) 保留位禁止被置位。

(2) 不要试图直接写 ILATRl 或 ILATRh。对程序员而言,ILATR 是只读的,ILATR 应由中断源自动设置。若需要手动触发中断或清除中断,则应通过寄存器 ISR 和 ICR 完成。

(3) 置位和清除只能使用 32bit 单字。

2) 中断屏蔽寄存器 IMASKR

中断屏蔽寄存器决定处理器是否响应中断。IMASKR 中的中断位与 ILATR 中的中断锁存位一一对应。如果中断屏蔽寄存器对应位为 0,则即使中断发生,也不响应。只有中断屏蔽寄存器相应位开放(置 1),处理器才会响应该中断。

3) 中断指针屏蔽寄存器 PMASKR

PMASKR 用来跟踪嵌套硬件中断,屏蔽优先级低于或等于当前正在被响应的中断。当"魂芯一号"响应某中断时,PMASKR 相应位被置位。PMASKR 为 1 的位表示此中断服务程序正在执行或嵌套于其他中断服务程序。PMASKR 中最高置 1 位表示当前正在执行此中断的中断服务程序。中断服务程序执行了指令 RETI(中断返回指令)后,PMASKR 寄存器相应位立即清除。例如:PMASKR =0x0030_0000_0000_0000 表示外部中断 0(中断优先级为 53)的中断服务程序正在被执行。此时"魂芯一号"不再响应优先级低于 53 的中断。

4) 中断设置寄存器 ISRh、ISRl

中断设置寄存器允许指令或调试模式 JTAG 逻辑设置 ILATR 可屏蔽中断位。对 ISR 相应位写 1,会使 ILATR 对应位置位,但是对 ISR 写 0 不会影响 ILATR。

5) 中断清除寄存器 ICRh、ICRl

中断清除寄存器允许清除 ILATR 寄存器中可屏蔽中断位(ILATR[2] ~ ILAT[15])。对 ICR 相应位写 1 会使 ILATR 对应位清除,但是对 ICR 写 0 无效,不会影响 ILATR。来自中断源的中断有优先权,会覆盖任何对 ICR 的写操作。

5.1.3 中断响应过程

为了方便分析,这里定义一个虚拟寄存器 PMASKR_R 为 PMASKR 屏蔽变量寄存器(非真实寄存器)。在 PMASKR_R 中,所有高于 PMASKR 最高置 1 位的对应位置 1,其他位清 0。例如,PMASKR =0x0030_0000_0000_0000,表示外部中断 0(中断优先级为 53)的中断服务程序正在执行,此时 PMASKR_R =0xffc0_0000_0000_0000,表示将中断优先级低于 53 的中断源全部屏蔽,仅响应优先级高于 53 的中断请求。

硬件中断响应过程如图 5.2 所示。具体步骤如下：

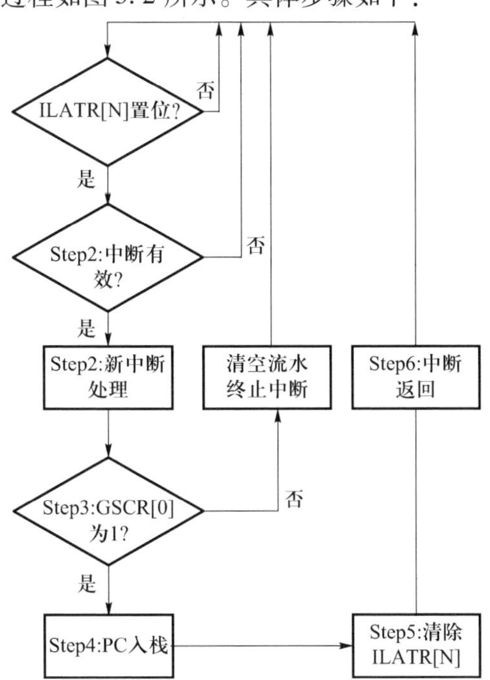

图 5.2　“魂芯一号”硬件中断响应过程

步骤 1：确定中断有效。若处理器检测到 ILATR[N]置位（N 是图 5.1 中各中断对应的位），则将 ILATR、IMASKR 以及 PMASKR_R 按位相与。若相与结果不为 0，且全局中断使能位置 1，“魂芯一号”响应优先级最高中断。否则返回继续判断 ILATR[N]是否置位。

步骤 2：新中断处理。有新中断发生时，如果没有其他硬件中断正在被服务，或者有其他低优先级硬件中断被服务且允许硬件中断嵌套，新中断服务程序的第一条指令被压入流水。

步骤 3：重检 GCSR[0]。在中断服务程序的第一条指令到达流水 EX 阶段之前，全局中断使能位 GCSR[0]被重新检测。若全局中断使能位被清除，则流水中所有中断服务指令都被中止，“魂芯一号”继续顺序执行（就像没发生过该中断一样）。否则进入下一步。

步骤 4：PC 入栈。PC 返回值（中断返回后应该被执行的第一条指令的 PC）保存到专用中断返回 PC 堆栈中。

步骤 5：ILATR[N]清除。当中断服务程序的第一条指令到达流水 EX 级时，ILATR 中相应中断标志位被清除，PMASKR 中对应中断位被置 1。

步骤 6：中断返回。“魂芯一号”内部有一个专门用于保护中断返回地址的堆栈。堆栈深度为64,宽度为32bit。中断返回地址由硬件自动完成压栈保护,当执行到中断返回指令RETI,硬件自动完成PC出栈和修改取指PC操作。

软件中断仅在软件中断指令(strap)到达流水EX级时被触发。若软中断发生,指令流水中所有位于产生软件中断指令之后的全部指令都被中止(含硬件中断服务程序),但此时硬件中断的中断标志(ILATR)没有被清除,在软件中断服务程序被执行完毕后,仍然可以响应。

5.1.4 异常现象

"魂芯一号"内部定义了多种异常类型,硬件错误或程序员操作不当都会触发异常,具体的异常类型如表5.3所列。

表5.3 异常类型

异常码(6位)	异常类型说明
0x0	没有异常发生
0x1	子程序调用PC保护堆栈错误(栈空时出栈)
0x2	子程序调用PC保护堆栈错误(栈满时入栈)
0x3	中断响应PC保护堆栈错误(栈空时出栈)
0x4	保留
0x5	U地址发生器访存地址越界
0x6	V地址发生器访存地址越界
0x7	W地址发生器访存地址越界
0x8	指令访问数据存储器读写冲突
0x9	指令访问数据存储器写写冲突
0xa~0xe	并口DMA传输过程中CFGCE0 ~CFGCE4设置异常
0xf~0x12	DMA的Link0~Link3口发送控制寄存器设置异常
0x13~0x16	DMA的Link0~Link3口接收控制寄存器设置异常
0x17	DMA的并口控制寄存器设置异常
0x18	DMA的DDR2口控制寄存器设置异常
0x19~0x1c	DMA的DDR2到Link0~Link3口飞越传输控制寄存器设置异常
0x1d~0x20	DMA的Link0~Link3到DDR2飞越传输控制寄存器设置异常
0x21~0x24	DMA的Link0~Link3口传输地址异常,DMA_illegal
0x25~0x28	DMA的Link0~Link3口接收地址异常,DMA_illegal
0x29	DMA的并口地址异常,DMA_illegal
0x2a	DMA的DDR2口地址异常,DMA_illegal
0x2b~0x2e	DMA的DDR2到Link0口飞越传输地址异常,DMA_illegal

（续）

异常码(6 位)	异常类型说明
0x2f ~ 0x32	DMA 的 Link0 ~ Link3 到 DDR2 飞越传输地址异常,DMA_illegal
0x33	DMA 传输时访问数据存储器读写冲突
0x34	UART 的接收控制寄存器设置异常
0x35	UART 的发送控制寄存器设置异常

处理器在流水线上 AC 和 EX 级检测异常。当检测到异常发生时,并不立即响应,所有异常将在 WB 级统一处理(DSP 停止工作)。

同一执行行的异常码只能设置一次。也就是说检测到执行行异常时,如果该执行行异常码非 0x0,则该异常码不能被更新。例如:某执行行在发生 U 地址发生器访存地址越界(异常码为 0x5)后再次发生 DMA 传输访问数据存储器读写冲突(异常码为 0x33),但异常码只记录 0x5。

如果一个执行行在某级流水同时发生多个异常,则只记录异常码值较低者。例如:在一级流水上同时出现 U 地址发生器访存地址越界和并口 DMA 传输过程 CFGCE0 设置异常,则该执行行异常码将设置为 0x5。由于异常导致 DSP 停止工作后,异常码及对应执行行 PC 值可以在诊断模式下获取。

5.2　DMA 控制器

当处理器内存需要与外部进行大批量数据传输时,直接存储访问(DMA)是处理器内部常用的一种传输模式,此时传输不需要处理器内核过多干预,内核只需要给 DAM 设置一些必要的控制参数,同时给出启动信号,DMA 控制器即可作为处理器核的后台进行任务执行,即数据传输和处理器核并行执行,且不需要处理器核干预,有效释放处理器内核,也不影响处理器核实际操作。因此 DMA 是处理器内部进行大数据量高速传输时经常采用的一种方式。

5.2.1　DMA 控制器基本结构

“魂芯一号”处理器 DMA 控制器主要有 4 个串行数据输出端口(Link 口)、4 个串行数据输入端口(Link 口)、2 个双向并行数据端口(DDR2 接口和通用并口)以及 DDR2 飞越传输等外部通道。DMA 控制器提供存储器所需要的地址以及传输方式,不同外设 DMA 控制器内部结构不同,参数设置也有一些差异。

处理器内部配置了 3 块数据存储器,每个数据存储器都是位宽为 256bit 的双口 SRAM,对应的有 3 组输入数据和 3 组输出数据(数据存储器的详细说明参见第 3 章)。DMA 控制模式下,按照数据端口位宽不同,可分为下面两种:

(1) 2 个并行数据口,每一个数据口位宽为 64bit。其中一个为 DDR2

SDRAM 专用数据口,DDR2 传输速度和处理器工作主频一致,且一个时钟周期内传输两次数据,当处理器工作主频为 300MHz 时,理论上的数据传输速率为 300M×2×64bit=38.4Gbit/s;另一个为通用并行数据口,可用于外接 SRAM、FLASH、EPROM 等慢速并口外设,同时可利用并口从外接 FLASH 实现上电程序加载。并行端口速度为器件工作频率的分频,分频数可以由处理器内核通过参数来设置。

(2) 8 个串行链路数据口。其中 4 个为发送 Link 口,4 个为接收 Link 口。每个 Link 口有 8 个数据通道,即输入/输出数据位宽为 8×1bit。当处理器工作主频为 300MHz 时,Link 口的最高随路时钟为 300MHz,最高传输速率为 300MHz×8=2.4Gbit/s。

外部数据端口也可按照数据传输方向分为下面两种:

(1) 6 个数据输出端口,2 个 64bit 并行数据口和 4 个 LVDS 高速数据口,如图 5.3 所示。

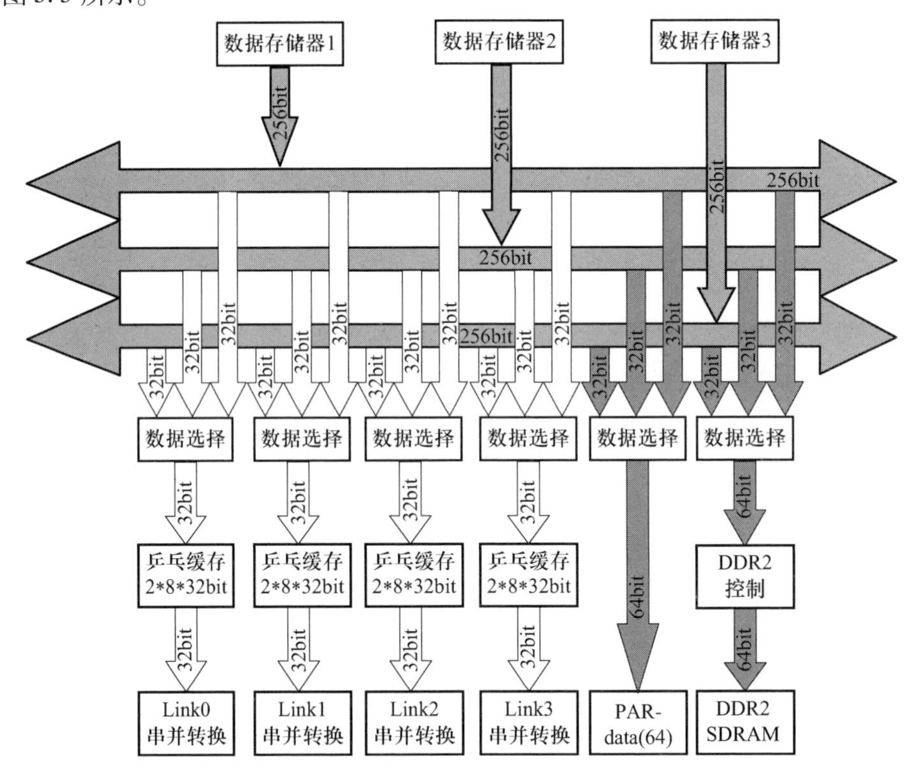

图 5.3 处理器内部数据输出接口功能框图(见彩图)

(2) 6 个数据输入端口,2 个 64bit 并行数据口和 4 个 LVDS 高速数据口,如图 5.4 所示。

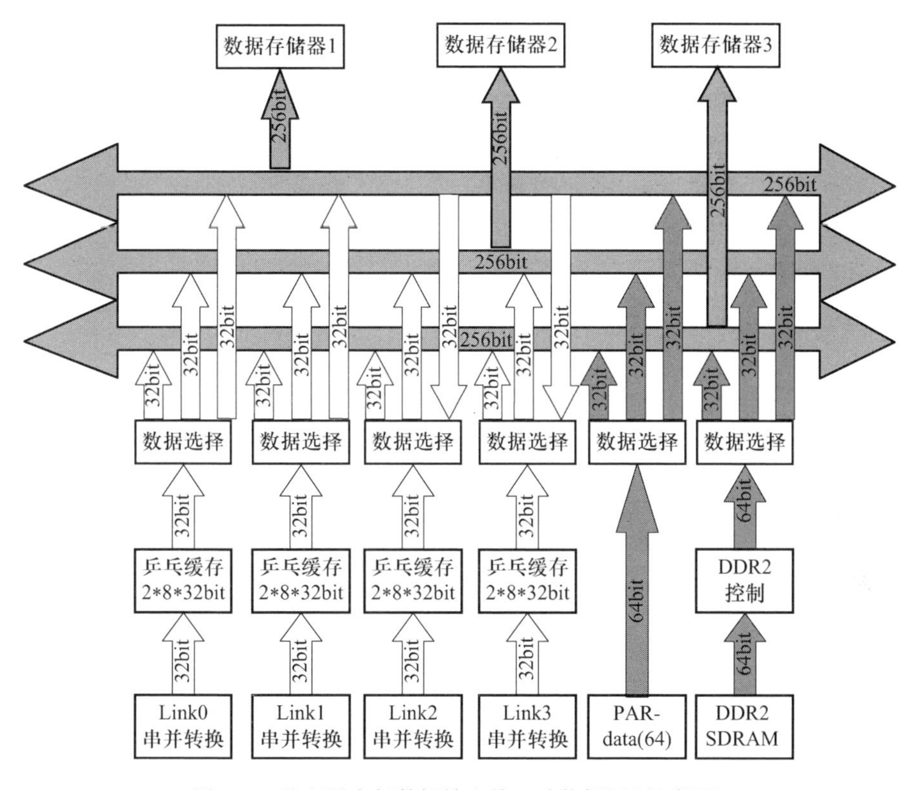

图 5.4　处理器内部数据输入接口功能框图(见彩图)

图 5.3 和图 5.4 仅给出数据流图,DMA 控制工作是由具体控制器完成的,这些控制器将放在下面几个小节中介绍。

5.2.2　DMA 总线仲裁

处理器内部每一个存储器(Bank)均为双口 SRAM,其读写地址各自有一个,当多个数据端口同时需要从同一个存储器读/写端口读取数据或者写入数据时,就存在一个先后次序问题,需要通过合理地安排时间顺序,让各个数据都能有效读出、写入,这个问题解决方式是总线数据仲裁。总线仲裁形式可以有多种,但基本原则是在不丢失数据情况下,尽量提高存储器吞吐工作效率。内部每个存储器块(Block)总线字宽为 256bit,它是由 8 个 32bit 存储器 Bank 构成,每一个存储器 Bank 读/写均单独安排一个数据总线仲裁电路,以有效提高数据读写效率。“魂芯一号”内共有 24 个数据存储器 Bank,故内部共设置了 24 ×2 个独立读/写总线仲裁电路。DMA 总线仲裁属于总线仲裁的一部分,其电路如图 5.5 所示。

每一个 DMA 总线仲裁电路的输入为 6 个外部 DMA 端口送来的地址值和对应的总线请求信号,以及一组由指令送来的 DSP 地址信号和相应的请求信号。

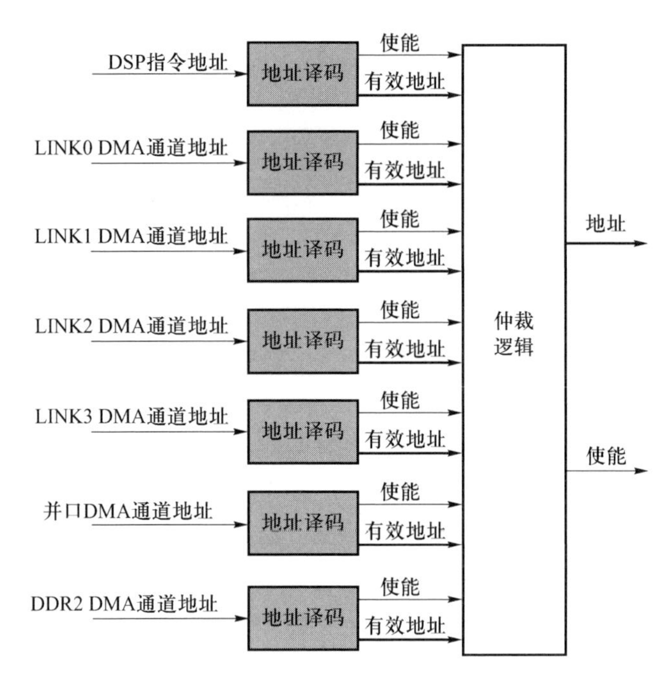

图 5.5　DMA 总线仲裁电路示意图

各个端口送来的地址首先进行译码处理,确定是否为该存储器 Bank 所对应的地址,如果是该存储器所对应的地址,则将同一时刻送来的请求信号一起送到总线仲裁电路中。

内部总线仲裁电路是一个多路选择器,根据各个输入信号请求的优先级来确定究竟输出哪一组地址。具体工作方式为:

指令的优先级最高,故当 DSP 指令输入地址有效时,则下一个时钟节拍仲裁电路首先输出内核指令提供的地址,如果存储器当前正在进行的是一个外部端口的数据传送,则暂停该端口数据传输工作,等待 DSP 指令取数操作结束后,再恢复进行上一次未结束的数据传输。

当 DSP 指令的输入地址无效时,各个 Link 口 DMA 通道及并行数据口 DMA 通道根据优先级争夺总线占用权。

5.3 链路口

"魂芯一号"链路口是一种串行差分传输通道。链路口为不同"魂芯一号"之间、"魂芯一号"和其他使用相同协议的器件之间提供了一种点对点的通信方式。"魂芯一号"有 8 个链路口,分为 4 个发送链路口和 4 个接收链路口。每个链路口由 8 对低电压差分信号(LVDS)数据线和 3 对 LVDS 控制线构成。由专用的链路口 DMA 控制器控制。

5.3.1　链路通信接口

5.3.1.1　链路口总体结构

链路口总体结构如图 5.6 所示。寄存器 Tx 和 Rx 是发送和接收缓冲寄存器,用于发送/接收数据的缓冲。移位寄存器用于并/串及串/并转换。所有的寄存器都是 32bit。数据通过写入 Tx 进行发送,通过读寄存器 Rx 进行数据接收。

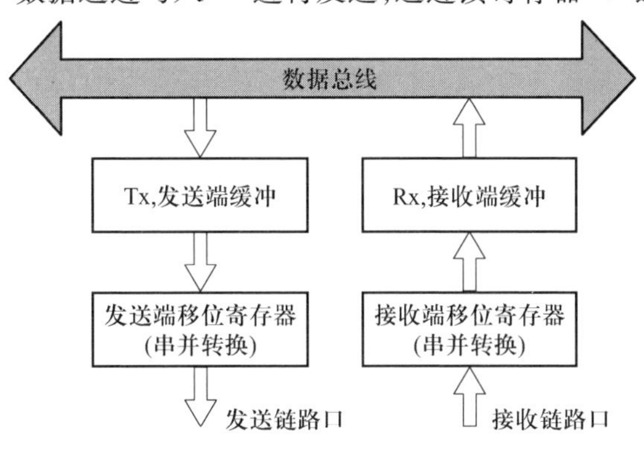

图 5.6　链路口结构图

当 Tx 缓冲满时,所有写入 Tx 缓冲的数据先拷贝到移位寄存器中进行移位处理,然后发送出去。数据拷贝到移位寄存器后,就可以向 Tx 缓冲写入新数据。

当接收移位寄存器为空时,接收端才允许接收数据。规定长度数据接收齐后,接收端等到 Rx 缓冲空闲时把数据从移位寄存器转移到 Rx 缓冲。移位寄存器再次空闲时,才可以接收下一组数据。

5.3.1.2　链路口 I/O 引脚

如前文所述,链路口可以与其他"魂芯一号"或者使用相同协议的器件进行点对点通信,其连接方式如图 5.7 所示,每个链路口数据传输由 8 对 LVDS 数据

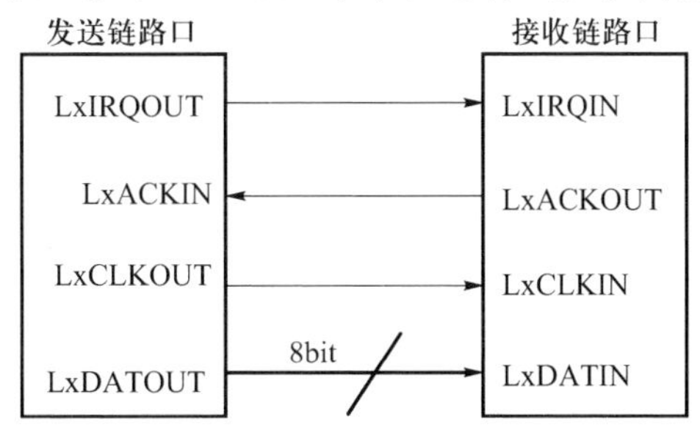

图 5.7　链路口连接图示

线、3 对 LVDS 控制线组成。各引脚说明见表 5.4 和表 5.5,表中信号名称里的 x 代表链路口 0、1、2 或 3。

表 5.4　发送链路口 I/O 引脚

信号名称	信号类型	定义
LxIRQOUT_P LxIRQOUT_N	差分输出	发送链路 x 请求信号输出
LxACKIN_P LxACKIN_N	差分输入	发送链路 x 应答信号输入
LxCLKOUT_P LxCLKOUT_N	差分输出	发送链路 x 时钟信号输出
LxDATOUT_P[7:0] LxDATOUT_N[7:0]	差分输出	发送链路 x 数据(7:0)输出

表 5.5　接收链路口 I/O 引脚

信号名称	信号类型	定义
LxIRQIN_P LxIRQIN_N	差分输入	接收链路 x 请求信号输入
LxACKOUT_P LxACKOUT_N	差分输出	接收链路 x 应答信号输出
LxCLKIN_P LxCLKIN_N	差分输入	接收链路 x 时钟信号输入
LxDATIN_P[7:0] LxDATIN_N[7:0]	差分输入	接收链路 x 数据(7:0)输入

5.3.1.3　链路口发送端 DMA 控制器

如图 5.8 所示,一个完整的发送 Link 口包含一个专用 DMA 控制器、一组 2×8×32bit 的乒乓数据缓存和 8 个并串转换电路。Link 口发送 DMA 控制器按照 TCR(DMA 传输控制寄存器)的配置进行工作。

DMA 数据缓存为一组乒乓结构的 2×8×32bit 数据寄存器,当一组数据寄存器进行数据传输时,另一组数据寄存器接收从存储器读总线传送来的数据。当一组数据传输结束时,检查另一组数据寄存器的数据是否准备就绪,当数据寄存器准备完毕时,检查 Link 口接收端是否准备好(LxACKIN 信号是否有效),一旦都准备完毕,则内部数据缓存发生乒乓交换,下一组数据传输开始。具体过程见下面讲到的链路口通信协议。

Link 口传输物理层以 LVDS 方式进行。每个发送 Link 口由 8bit LVDS 数据通道构成。这 8 个通道中的每一个通道均以串行方式传输一个 32bit 数据,8 个

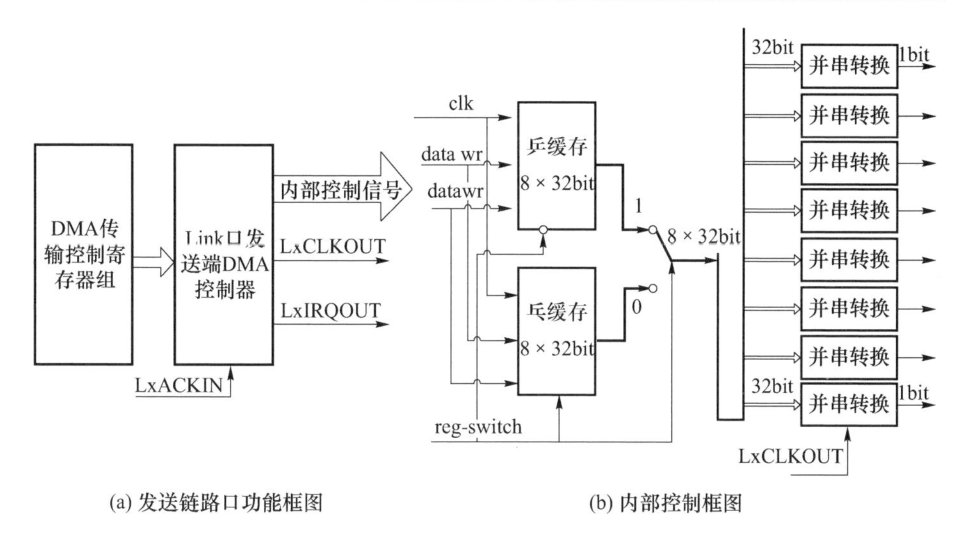

(a) 发送链路口功能框图　　(b) 内部控制框图

图 5.8　发送链路口功能框图

通道对应传输 8 个 32bit 数据，即一个 32 位字被"串行化"成单 bit 通过一个 LVDS 数据通道进行传输。

每一个 LVDS 均输出一个 32bit 数据，即需要将一个 32bit 数据通过并串转换变成一个串行数据输出，构成如图 5.9 所示。为了降低处理器输出时钟，Tx 数据缓存中 32bit 数据（或加奇偶校验位后的 34bit 数据）按奇偶位分解成两个 16bit 数据（或 17bit 数据），这两个 16bit 数据同时开始并串转换工作，先输出低位再输出高位。转换输出端使用随路时钟 LxCLKOUT 进行奇偶位数据输出选择，LxCLKOUT 为高电平时选择偶数段输出数据，低电平时选择奇数段输出数据。随路时钟为数据传输速度的一半，如串口传输数据率为 300MHz，则随路时钟为 150MHz。为了检验数据在传输过程当中是否存在错误，在校验模式下，每个字可以自动增加一位奇偶校验码，即在原来数据位数的基础上增加一位奇偶校验位，校验工作在链路口收端自动完成。

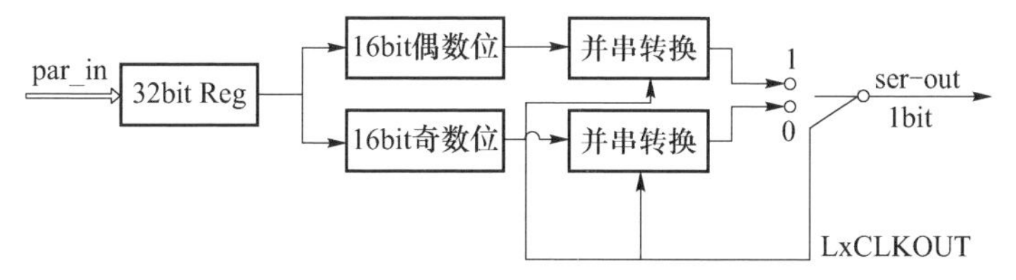

图 5.9　并串转换电路示意图

5.3.1.4　链路口接收端 DMA 控制器

接收端是发送端的一个逆过程，处理结构如图 5.10 所示。一个完整的接收

Link 口包括一个专用 DMA 控制器、一组 2 ×8 ×32bit 的乒乓数据缓存和 8 个串并转换电路。Link 口接收 DMA 控制器按照 RCR(DMA 接收控制寄存器组)的配置进行工作。

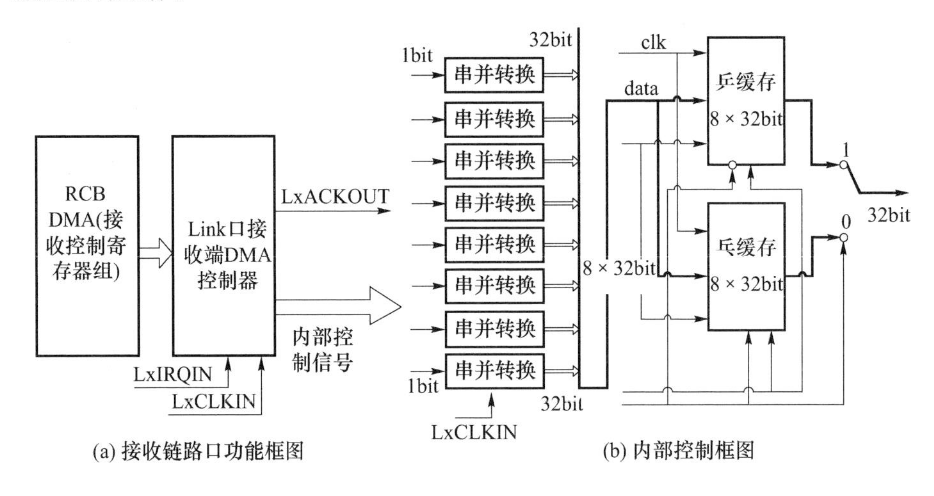

图 5.10　接收链路口功能框图

Link 口的数据接收过程为:8 路接收到的串行数据先串并转换为 8 路 32bit 并行数据,串并转换后的数据寄存到一个 2 ×8 ×32bit 的乒乓缓存内,然后串行接收端口启动 DMA 控制器,按照 DMA 计算的片内存储器地址依次将缓存数据写入到相应的存储器中,同时判断是否继续响应发送端口的传输请求,送出 Lx-ACKOUT 应答信号。具体过程请参考下面讲到的链路口通信协议。

每一个 Link 接收端口包含 8 个 LVDS 数据通道,这 8 个通道分别以串行方式接收 1bit 数据,即 8 个通道在一个时间节拍内接收 8bit 数据。接收到串行数据之后要进行串并转换,每个通道有一个串并转换电路,如图 5.11 所示。数据传输方式为先低位后高位。串并转换速率由发送端给定的 LxCLKIN 时钟决定。接收到的串行数据在做串并转换时,需要根据发送端事先发送的控制字中的数据字宽、是否为有符号数等信息来确定相应的操作。

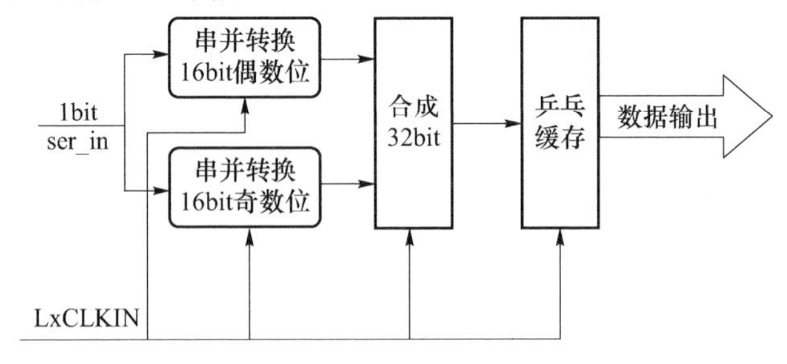

图 5.11　串并转换电路示意图

串并转换的具体过程为：首先将输入的 1bit 串行数据分别利用时钟 LxCLKIN 的上升沿和下降沿经串并转换存入两个 16bit 寄存器中，其中，上升沿采样奇数位数据，下降沿采样偶数位数据。接收完一次完整的串行数据后，奇偶位并行数据合并成一个完整的 32bit 并行数据（在校验模式下同时进行奇偶校验），之后将数据存入 Rx 乒乓缓存中。一次串并转换完成。

5.3.1.5　链路口通信协议

每个链路口包括 8bit 数据线、2bit 控制线和 1bit 时钟线。时钟是双沿有效，1bit 数据线在时钟的上升沿和下降沿分别发送或接收 1bit 的数据。链路口间的连接图上文已经给出，为了方便读者阅读，此处再次给出链路口连接，如图 5.12 所示。链路口之间的连接需要遵守链路口通信协议，该协议基于图 5.13 所示的链路口时序图。

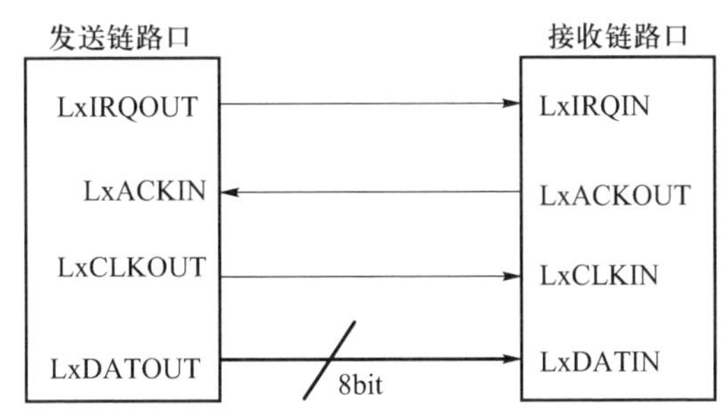

图 5.12　链路口连接图示

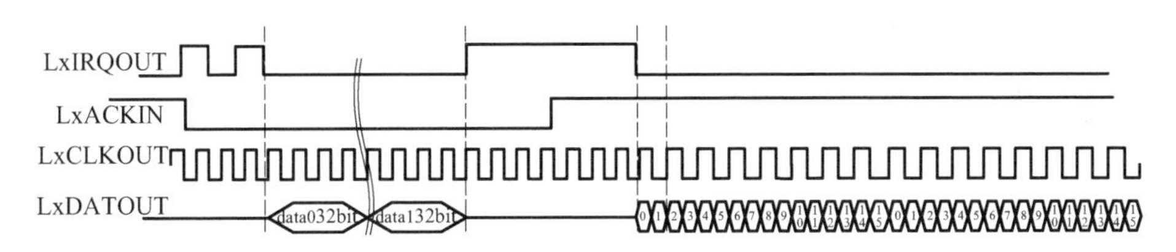

图 5.13　链路口时序图

在图 5.12 中，同一条控制或数据线上，虽然发送端和接收端名称不同，但是信号形式是相同的。例如，发送端的 LxACKIN 与接收端的 LxACKOUT 虽然名称不同，但却是同一个信号。因此，对于图 5.13 中的信号名称，我们只指定信号类型，不指定信号是输入还是输出。需要注意的是，链路口的 8 根数据线是独立的，每一根数据线负责传输一个 32 位数据并串转换后的结果。图 5.13 中标出的 32bit 表示将 32bit 数据经过并串转化后进行传输，实际上需要 16 个时钟周期。

整个链路口收发过程，可分为下面几步：

（1）收发端准备。DMA 启动脉冲由指令产生，一旦指令发出 DMA 启动命令(将 LTPR[2:1]置为 11),DMA 发送端控制器首先检查 Link 口接收端是否准备好。Link 口接收端 DMA 在上电复位或上次 DMA 传输结束后保持接收响应信号 LxACKOUT 为高电平,表示接收停止。当正确配置 Link 口接收端 DMA 控制寄存器并置接收传输使能位(LRPR[3]=1)有效后,LxACKOUT 拉低,表示准备好进行 DMA 接收工作。

(2) 发送请求和控制信号。若接收端未准备好接收数据,则发送端继续等待。否则,发送端通过 LxIRQOUT 连续发送码形为"110011"的 DMA 发送请求信号,2 个 CLK 后通过 LxDATOUT[0]连续送出两个 32bit 控制字给接收端。接收端将收到 2 个 32bit 控制字按位分别赋值给接收控制寄存器所对应的控制位。之后接收端将 LxACKOUT 拉高表示可以接收正常数据。

(3) LxIRQ 电平变化,数据写入乒缓存。发送端在发送完控制字若干个 CLK 后,将 LxIRQOUT 信号拉高,同时将源起始地址送到读总线仲裁电路进行仲裁。一旦取得总线控制权,就将此地址对应的存储器中数据写入到相应的数据缓存中,然后将起始地址加步进值计算出新地址值,重复上述操作,直至将深度为 16 的数据缓存填满一半时,将 LxIRQOUT 信号拉低。

(4) 数据转换、发送。数据缓存中 8 个 32bit 数据(对应 8 个串行输出通道 LxDATOUT[7:0])开始进行并串转换与发送。接收端接收串行数据,进行串并转换,并将转换后的 32bit 并行数据存入接收数据缓存中。所有的并串/串并转换、发送与接收工作都严格按照 LxIRQOUT/LxIRQIN 信号的下降沿同步。

(5) 发送完数据,触发中断。在一次缓存数据(8×32bit 或 8×34bit)发送完毕后,发端将根据读总线仲裁的结果与接收端反馈的响应信号 LxACKIN 来决定是继续发送或暂停发送。即维持 LxIRQOUT 为低(继续发送)或拉高(暂停发送)。重复上述操作直至地址计数长度达到所设定的 DMA 传输长度。Link 口发送工作结束,给出发送结束标志(LTPR[0]置 1),并触发发送完成中断。

数据传输长度决定一次数据传输过程中需要传输的数据量。链路口 DMA 启动一次,其传输的最大数据长度为 256k 个 32bit 字,最小数据长度为 16 个 32bit 字。因此 DMA 传输数据长度值设置应大于等于 0x0000F 且小于等于 0x3FFFF。地址步进间隔值为 16 位,即地址最大跳变值为 65535。

5.3.1.6 错误检测机制

链路口可以自动检测地址非法错误、DMA 参数设置错误和奇偶校验错误。错误检测包括发送端错误检测和接收端错误检测。

1) 发送端可以检测到两种错误

(1) 地址非法(LTPR[3])。DMA 在传输过程中,如果内部地址超过了内部数据存储器允许的范围,则引发"DMA 传输地址异常"。该异常由 DMA 传输控制逻辑检测、送出。在流水线的 AC 级捕获,WB 级生效,并且不能被流水线的清除信号清除。DMA 控制逻辑一旦检测到某个通道发生“DMA 传输地址异常”,立即停止 DMA 的传输。该异常到达 WB 级时,DSP 内核停止运行。

(2) DMA 参数设置错误(LTPR[4])。当 DMA 控制寄存器中的传输长度寄存器设置的值小于 0x0000F 或大于 0x3FFFF 时,链路口 DMA 控制器将给出参数错误标志。参数设置错误的情况下如果试图启动 DMA,则会引发异常。

2) 接收端可以检测到两种错误

(1) 奇偶校验错误(LRPR[1])。在校验模式下,发送端会在每个字的结尾附加一个奇偶校验位。接收端将收到的数据按设定的校验规则进行校验,若校验错误则置位寄存器中的奇偶校验错误标志位。

(2) 地址非法(LRPR[2])。与发送端地址非法(LTPR[3])描述相同。

5.3.2 链路口 DMA 控制寄存器

链路口工作模式通过链路口 DMA 控制器进行控制。DMA 控制器有关寄存器内容通过指令配置,实现将内存中数据发送出去或者接收链路口数据存入内存,这个传输过程不需要处理器内核干预。传输完成后,链路口 DMA 控制器在相应控制寄存器中产生标志完成信号并触发中断。因此,DSP 端控制链路口需要进行初始化配置。

5.3.2.1 链路口 DMA 发端控制寄存器

链路口发端相关的寄存器如表 5.6 所列,每一种寄存器的作用已经在第 3 章详细介绍,这里侧重介绍其使用方法、如何取值等。表中的 x 可以取 0 ~ 3。链路口 DMA 发端控制寄存器的功能如下:

表 5.6 链路口发端 DMA 寄存器组

寄存器符号	寄存器名称
LTARx	发端起始地址寄存器
LTSRx	发端步进值寄存器
LTCCXRx	发端 X 维计数控制寄存器
LTCCYRx	发端 Y 维计数控制寄存器
LTMRx	发端模式寄存器
LTPRx	发端过程寄存器

(1) 源起始地址寄存器(LTARx[31:0])。可设定的合法起始地址应在“魂芯一号”处理器内部数据地址空间范围内,即范围应为:0x0020 0000 ~ 0x0023 FFFF,0x0040 0000 ~ 0x0043 FFFF,0x0060 0000 ~ 0x0063 FFFF。

(2) 源地址 X 维步进寄存器(LTSRx[15:0])。可设定的值为 0x0000 ~ 0xFFFF,即 0 ~ 65535。

(3) X 维(或一维)DMA 传输长度寄存器(LTCCXRx[17:0])。最大可设置传输量为 2^{18}(0x3_FFFF +1,传输量是设置的值加 1)。最小传输量要求大于或等于 16(0x000F +1),即最少传输 16 个数据。

(4) 源地址 Y 维步进寄存器(LTSRx[31:16])。可设定的值为 0x0000 ~ 0xFFFF。

(5) Y 维 DMA 传输长度寄存器(LTCCYRx[17:0])。做两维 DMA 传输时总的传输长度为(LTCCXRx [17:0] +1) ×(LTCCYRx [17:0] +1),但大小不能超出 2^{18}。

(6) 两维数据传输控制位(LTMRx[10])。设置为 1 有效。

(7) 串口数据传输速率控制位(LTMRx[8:7])。可取 2'b00 ~ 2'b11,分别代表 1/2、1/4、1/6、1/8 四种不同的主频分频速率,即链路口随路时钟速率。

(8) 数据字宽(LTMRx[4:2])。表示每次传输数据的位宽,3'b100 表示两个 16bit 数据分别放置在 32 位数据的高低 16 位中,3'b111(默认值)表示一个完整的 32bit 数据。

(9) 奇偶校验使能(LTMRx[5])。设置为 1 表示需要做奇偶检验。

(10) 奇偶校验方式(LTMRx[6])。0 = 偶检验,1 = 奇校验。

(11) 传输数据是否为有符号数(LTMRx[9])。0 = 有符号数,1 = 无符号数。

(12) DMA 传输结束寄存器(LTPRx[0])。Link 口发送端传输结束的标志,由 DMA 控制器自动设置。

(13) DMA 传输启动寄存器(LTPRx[1])。由程序员设置,表示 DMA 传输开始启动脉冲信号,1 有效。

(14) DMA 传输使能寄存器(LTPRx[2])。由程序员设置,表示可以开始 DMA 传输全局使能信号,1 有效。

(15) DMA 地址非法标志寄存器(LTPRx[3])。1 有效,详细信息可参见 5.3.1 中的错误检测机制。

(16) DMA 参数设置错误标志寄存器(LTPRx[4])。1 有效,详细信息可参见 5.3.1 中的错误检测机制。

5.3.2.2 链路口 DMA 收端控制寄存器

链路口收端相关的寄存器如表 5.7 所列,每一种寄存器的作用、详细介绍已经在第 3 章给出,这里侧重介绍其使用方法、如何取值等。表中的 x 可以取 0 ~ 3。

表 5.7　收端链路口 DMA 寄存器组

LRARx	收端起始地址寄存器
LRSRx	收端步进值寄存器
LRMRx	收端模式寄存器
LRPRx	收端过程寄存器

（1）收端起始地址寄存器（LRARx[31:0]）。可设定的合法起始地址应在"魂芯一号"处理器内部数据地址空间范围内，即范围应为：0x0020 0000 ~ 0x0023 FFFF，0x0040 0000 ~ 0x0043 FFFF，0x0060 0000 ~ 0x0063 FFFF。另外在程序加载阶段允许 Link 接收端访问地址范围为 0x0000 0000 ~ 0x0001 FFFF 的程序存储器空间。

（2）目的地址步进寄存器（LRSRx[15:0]）。可设定的值 0x0000 ~ 0xFFFF，即 0 ~ 65535。

（3）DMA 传输结束寄存器（LRPRx[0]）。为 1 时表示 Link 口接收端传输结束。

（4）奇偶校验错误标志寄存器（LRPRx[1]）。1 有效，详细信息可参见 5.3.1 中的错误检测机制。

（5）DMA 地址非法标志寄存器（LRPRx[2]）。1 有效，详细信息可参见 5.3.1 中的错误检测机制。

（6）DMA 接收使能寄存器（LRPRx[3]）。由程序员直接设置，表示程序员已配置好控制寄存器，可以开始 DMA 接收，1 有效。

（7）串口数据传输速率控制位（LRMRx[6:5]）。由相连 Link 发送端传送过来的 32bit 控制字进行设置，可能的取值为 2'b00 ~ 2'b11，分别代表 1/2、1/4、1/6、1/8 四种不同的主频分频速率，即 Link 口随路时钟速率。

（8）数据字宽（LRMRx [2:0]）。由相连 Link 发送端传送过来的 32bit 控制字进行设置，表示每次传输数据的位宽。3'b100 表示两个 16bit 数据分别放置在 32 位数据的高低 16 位中，3'b111（默认值）表示一个完整的 32bit 数据。

（9）奇偶校验使能（LRMRx[3]）。由程序员设置，必须与相连的 Link 发送端口设置一致，1 表示需要做奇偶校验。

（10）奇偶校验方式（LRMRx[4]）。由程序员设置，必须与相连的 Link 发送端口设置一致，0 = 偶校验，1 = 奇校验。

（11）传输数据是否为有符号数（LRMRx[7]）。由相连 Link 发送端传送过来的 32bit 控制字进行设置，0 = 有符号数，1 = 无符号数。

（12）DMA 传输长度寄存器（LRMRx[25:8]）。由相连 Link 发送端传送过来的 32bit 控制字进行设置，表示 DMA 需要接收的总数据长度，取值范围为

0x0000F ~ 0x3FFFF。

可以注意到,接收端很多寄存器都是由 DMA 控制器根据发端发送过来的控制字进行设置的,不需要程序员在程序中通过指令控制。

5.3.3 链路口配置例程

正如前文所述,链路口的使用,实际上就是对相关 DMA 控制寄存器的配置。用户根据自己的需求,通过配置相应寄存器完成对应的功能。本节结合上述内容,给出具体的链路口配置例程,供读者参考。

例 5.1:链路口发送端 DMA 控制寄存器初始化。配置从 Link 发送口 1 发出起始地址为 0x200000 存储器中连续 32 个字。

```
LTAR1 = 0x200000     //发端起始地址寄存器赋值
xr0 = 1
LTSR1 = xr0   //步进值为 1
LTMR1 = 0   /* 采用一维传输,传输有符号数,随路时钟是 1/2 主频,关闭校验,传输完整的 32bit 字 */
xr20 = 32
LTCCXR1 = xr20   //要传输 32 个数据,设定的值应为 32 - 1 = 31
LTPR1 = 6   //传输使能并开始传输
```

例 5.2:链路口接收端 DMA 控制寄存器的初始化。配置从 Link 接收口 0 读入数据,并把数据写入起始地址为 0x200000 连续存储空间。

```
LRAR0 = 0x200000   //收端起始地址寄存器赋值
xr0 = 1
xr1 = r0 fext (0:16,0) (z)   /* 取 xr0 的 0 位到 15 位,赋给 xr1 的相应位,r1 的其余位全部置 0。xr1 用来设置接收端步进值寄存器 LRSR */
LRSR0 = xr1
LRMR0 = 0   //关闭校验,其他还有很多模式控制位都是从发端传至收端的。
set LRPR0[3] //接收传输使能
```

上述两个例子,仅给出发送端和接收端配置示例,并不能实现完整的链路口收发功能。在编写完整链路口收发程序时,一般采用查询法或中断法查看程序执行的状态,即链路口是否收发完成,以便进行下一步处理。

例 5.3:用查询法实现链路口发送数据子函数。该子函数用汇编语言编写,其对应的函数原型为

```
extern void dsp_link_send(void* output);   //output 为发送数据首地址
```

这个子函数实现的功能是:将以 output 为首地址的发送缓存中数据通过链路口 1 发送出去,数据长度这里简单取 4096,随路时钟选择 50MHz。下面是该函数的实现,可以看到,这里通过不断查询 LTPR1 寄存器的第 0 位来确定发送

是否完成,检测到发送完成时,跳出查询循环开始执行传送。

```
//extern void dsp_link_send(void* output);  //output:发送数据首地址
.global __dsp_link_send
.text
__dsp_link_send:
    u8 = 0x60ffff  //init stakc pointer and frame pointer
    u9 = 0x60ffff
    clr gcsr[0] //关闭中断
    IMASKRH = 0
    IMASKRL = 0  //此处采用查询法,故要关闭中断
u0 = xr0  //xr0 中存放着主调函数传递过来的第一个参数,即发送缓存首地址
    xr1 = 4096  //size in words(must > = 16 words)
    xr2 = 1  //inner address step
    xr10 = u0  //xr10 用来设置发端起始地址寄存器 LTAR
    xr11 = r2 fext(0:16,0)(z)  /* 取 r2 的 0 位到 15 位,赋给 r11 的相应位。
r11 的其余位全部置 0 */
    xr12 = 0x100  //xr12 用来设置发端模式寄存器 LTMR,50MHz
    xr13 = r1
    xr13 - = 1  /* xr13 用来设置发端 X 维计数控制寄存器 LTCCXR,注意这里要
将要传送的总字数减 1 */
    xr14 = 6  /* xr14 用来设置 LTPR 发端过程寄存器,使得 LTPR[2]和 LTPR[1]
置位(即开始 DMA 传输) */
    LTAR1 = xr10
    LTSR1 = xr11
    LTMR1 = xr12
    LTCCXR1 = xr13
    LTPR1 = xr14
_wait_link_send:  //查询法检查发送工作是否完成
    xr60 = LTPR1  //传输结束标志
    .code_align 16
    if xr60[0] = = 1 b _link_send_end  //发送完成后,跳出该查询。
    .code_align 16
    b _wait_link_send
_link_send_end:
    .code_align 16
    ret
.end
```

例5.4:用中断法对接收链路口进行控制。该子函数用汇编语言编写,其对应的函数原型为

void link_recv_1d(void * addr,int step); //addr 为接收缓冲区首地址,step 是步进量。

这个函数的功能是:Link1 接收端将链路口发端发送过来的数据存放到 addr 起始的存储器中,步进值由 step 决定,部分模式从发送端发送过来。

```
.global __link_recv_1d
.text
__link_recv_1d:
    xr0 = u0   //U0:输入,收端起始地址
    xr10 = r0
    xr11 = r1 fext (0:16,0) (z)   //xr1:输入,片上存储器步进
//通过 LINK 口 1 接收数据
    LRAR1 = xr10   //Link 口 DMA 接收端起始地址寄存器
    LRSR1 = xr11   //Link 口 DMA 接收端步进控制寄存器
    clr LRMR1 [3] //Link 口 DMA 接收端模式寄存器
    set LRPR1 [3] //Link 口 DMA 接收端过程控制寄存器
_do_link_recv_ret:
    .code_align 16
    ret //  跳出子函数,子程序结束,返回主函数
.end
```

下面在主函数中采用中断法对其进行控制,建议读者先阅读此部分内容,便于理解。

```
#include "interrupt.h"
#define N 16
void link_recv_1d(void * addr,int step);  //addr:接收缓冲区首地址,step:步进量
void link_recv_isr(int);
int finished = 1;  //传输完成标记:0 - 未完成,1 - 完成
int main(int argc ,int * argv[])
{
    int data[N];  //接收数据缓冲区
    int step = 1;  //片上存储器步进
    finished = 0;
int interruptSig = SIGDMA0I;  //SIGDMA0I:LINK0接收 DMA 中断的中断序列号
    interruptc(interruptSig,link_recv_isr);//使能 DMA 通道 0 中断,并挂接中断服务程序
    link_recv_1d((void *)data,step);  //接收数据。data 传给 U0;step
```

```
传给 XR1。
        while(! finished);  //等待数据传输结束
        return 0;
    }
    //LINK 口发送中断服务程序
    void link_recv_isr(int sig) /* 中断服务函数的函数原型必须是这样的,即返回
值 void,并且有一个参数 */
    {
        finished = 1;
    }
```

interruptc 是注册中断服务程序的函数,其将函数 link_recv_isr 的入口地址写入到 Link0 接收中断向量寄存器中,从而当发生 Link0 接收中断时,程序将跳转到 link_recv_isr 的入口地址运行。

5.4 并　　口

通用并行口承担着外接 SRAM、FLASH、EPROM 等慢速外设以扩展处理器存储空间,上电程序加载也需要利用并口完成。它的统一地址空间编址为 0x10000000 ~ 0x5FFFFFFF,划分为 5 个独立的外部地址空间 CE0 ~ CE4,每次 DMA 传输只能访问一个外部地址空间。

5.4.1 并口接口信号

5.4.1.1 并口 I/O 引脚

并口 I/O 引脚如表 5.8 所示。其中,外设地址总线为 30bit,并行数据总线为 64bit,外部地址空间 CE0 ~ CE4 高、低 32bit 的片选使能信号各为 1bit。

表 5.8　并口引脚定义

信号名称	类型	定义
PAR_ADR[29..0]	O	外设地址总线
PAR_DAT[63..0]	I/O	外部数据总线
PAR_WE_N	O	外设读写使能:0 - 写外存,1 - 读外存
CE0A_N	O	外部地址空间 CE0 的低 32bit 片选使能信号
CE0B_N	O	外部地址空间 CE0 的高 32bit 片选使能信号
CE1A_N	O	外部地址空间 CE1 的低 32bit 片选使能信号
CE1B_N	O	外部地址空间 CE1 的高 32bit 片选使能信号

（续）

信号名称	类型	定义
CE2A_N	O	外部地址空间 CE2 的低 32bit 片选使能信号
CE2B_N	O	外部地址空间 CE2 的高 32bit 片选使能信号
CE3A_N	O	外部地址空间 CE3 的低 32bit 片选使能信号
CE3B_N	O	外部地址空间 CE3 的高 32bit 片选使能信号
CE4A_N	O	外部地址空间 CE4 的低 32bit 片选使能信号
CE4B_N	O	外部地址空间 CE4 的高 32bit 片选使能信号

5.4.1.2　并口接口时序

并口共分 5 个 CE 空间，每个 CE 空间有一个 32bit 配置寄存器，即 CFGCE0 - CFGCE4。配置寄存器用于配置该 CE 空间接口的并口建立时间、窗口时间、保持时间和位宽选择等信息。建立时间指并口写使能信号有效之前地址/数据信号必须保持有效的时间；窗口时间指并口写使能信号持续有效的时间；保持时间指并口写使能信号撤销后地址/数据信号仍需保持有效的时间。

建立、窗口及保持时间用 DSP 主时钟周期数来衡量，其时序关系见图 5.14。通过配置并口的建立时间、窗口时间和保持时间，可以更改并口的传输速率。并口传输速率 = DSP 主时钟频率/（并口建立时间 + 并口窗口时间 + 并口保持时间）。并口的最高传输速率为 DSP 主时钟频率的五分之一。此时，建立时间 CFGCE[31:28]为“0000”（代表 1 个 DSP 主时钟周期），窗口时间 CFGCE[25:20]为“000010”（代表 3 个 DSP 主时钟周期），保持时间 CFGCE[19:16]为“0000”（代表 1 个 DSP 主时钟周期）。

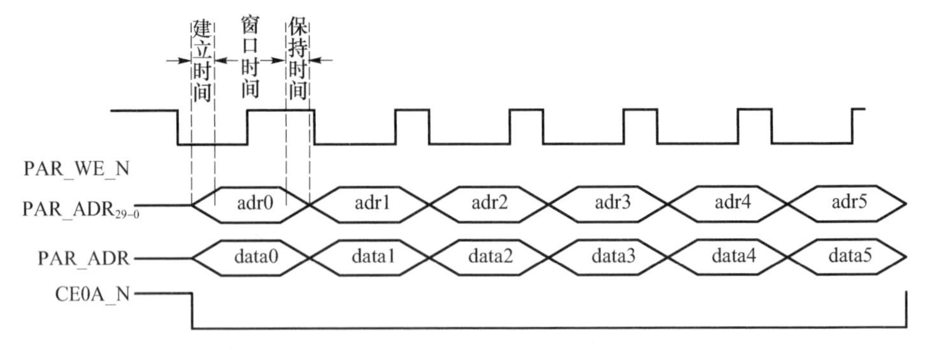

图 5.14　并口对片外存储器写操作端口时序（低 32 位数据有效）

在写并口时，一次并口访问的时序为：地址/数据信号首先建立，经过建立时间规定的时钟周期之后，写使能有效；再经过窗口时间规定的时钟周期后，写使能撤销;继而经过保持时间规定的时钟周期后,地址/数据信号撤销,一次写存储器操作完成。

在读并口时,读地址维持的周期数为"建立时间 + 窗口时间 + 保持时间"。图 5.15 给出了并口读操作时的端口时序简图。读操作时序比较简单,在此不再赘述。

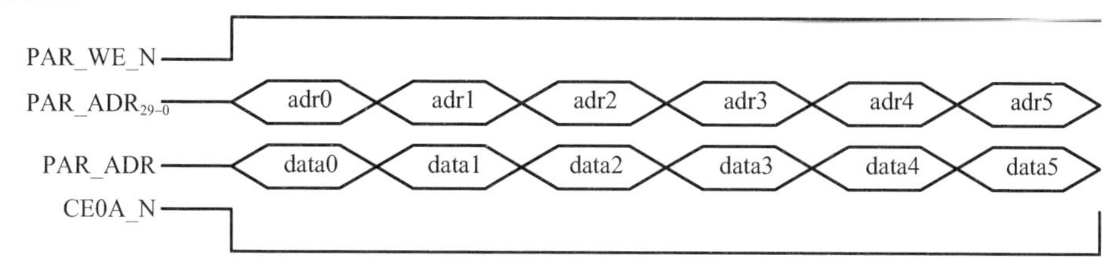

图 5.15　并口对片外存储器读操作端口时序(低 32 位数据有效)

5.4.1.3　并口 DMA 控制器

通用并口 DMA 与 DDR2DMA 作用类似,是外部存储器与片内存储器数据传输的桥梁。并口 DMA 控制器产生内部地址、外部地址以及相应的控制信号,帮助完成内存与外存之间的数据交换。通用并口 DMA 电路由 DMA 控制寄存器组(PCB)、DMA 控制逻辑、64bit 输入数据寄存器和 64bit 输出数据寄存器构成,其结构如图 5.16 所示。

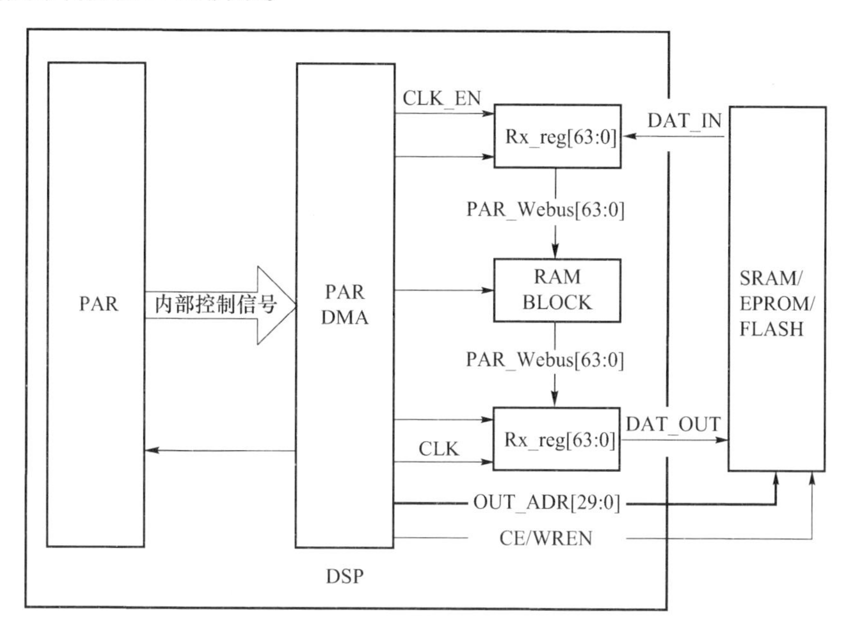

图 5.16　并口 DMA 与外设电路示意图

通用并口 DMA 数据传输过程与 DDR2 DMA 类似，分为接收和发送模式，只有当一次 DMA 传输结束后才能改变工作模式。并口 DMA 直接访问外设存储器，其外设与内存之间有两个 64bit 寄存器做输入/输出缓冲隔离，一方面是因为内外访问速率有不同，另一方面是内部字宽与不同外设位宽数据进行匹配。

当 DMA 为接收模式时，首先根据外设位宽、速率等条件计算出片外读地址，并将相应外设地址空间的读出数据存入到片内接收寄存器中，DMA 控制器计算出片内存储器写地址，并将这个地址送到写总线仲裁电路进行仲裁，如果没有取得总线访问权，则 DMA 控制器就处于等待状态，一旦取得总线访问权，就将接收寄存器中的数据送到地址对应的片内存储器，同时开始下一次数据传输工作。

当 DMA 为发送模式时，DMA 首先计算出片内读地址并送到读总线仲裁电路进行仲裁判断，当获得总线访问权后，从对应地址的片内存储器中读出相应数据存入发送寄存器。同时 DMA 计算出片外写地址，并将发送寄存器中的数据写入片外存储器中去。依次循环执行，直到 DMA 数据传输结束为止。

5.4.2 并口地址线位宽说明

并口支持的外设数据位宽有 64bit、32bit、16bit 和 8bit 四种选择。DMA 控制器中的外部地址起始值和步进值都是按照 32bit 统一地址空间设置的，统一地址对应于 DSP 内部一个可以访问到的 32 位字，外设物理地址对应于外部设备的一个最小存储单元。这样计算出的外部地址值与实际的外部设备物理地址之间会有差异，它们之间有下面四种对应关系：

（1）外设数据位宽为 64bit 时，每个外设物理地址对应统一地址空间的两个相邻地址：统一地址空间的奇地址存储单元对应外设存储单元的高 32bit，统一地址空间的偶地址存储单元对应外设存储单元的低 32bit。实际外设物理地址空间 ra 与统一地址空间 ua 的关系是 ra = ua/2。外设起始地址值和步进值需设置为偶数，统一地址空间中的步进值除以 2 后为外设物理地址步进值。统一地址空间与外设物理地址之间的对应关系如表 5.9 所列。

表 5.9　并口外设数据位宽为 64bit 的地址对应关系

统一地址 ua		外设物理地址 ra
1	0	0
3	2	1
5	4	2
7	6	3
…	…	…

（2）外设数据位宽为 32bit 时，实际外设物理地址与统一地址空间一一对应，ra = ua。

（3）外设数据位宽为 16bit 时，每一个统一地址空间的地址对应外设物理两个相邻地址：统一地址空间对应的 32bit 数据的高 16bit 存储在外设奇地址存储单元，低 16bit 存储在外设偶地址存储单元。统一地址空间的步进值乘以 2 后为外设物理地址步进值。统一地址空间与外设物理地址之间的对应关系如表 5. 10所列。

表 5. 10　并口外设数据位宽为 16bit 的地址对应关系

统一地址 ua	外设物理地址 ra
0	0
	1
1	2
	3
2	4
	5
3	6
	7
…	…

（4）外设数据位宽为 8bit 时，每个统一地址空间对应外设四个相邻物理地址：统一地址对应的 32bit 数据的最高 8bit 存储在外设最高奇地址存储单元，最低 8bit 存储在外设最低偶地址存储单元，详情见表 5. 11。外设步进乘以 4 后为实际物理地址计算步进值。

表 5. 11　并口外设数据位宽为 8bit 的地址对应关系

统一地址 ua	外设物理地址 ra
0	0
	1
	2
	3
1	4
	5
	6
	7
…	…

“魂芯一号”并口 DMA 内部数据通道又分为 64bit 与 32bit 两种情况。32bit 通道宽度时，一次可以从内部存储器读写 1 个 32bit 数据。64bit 通道宽度时，一次可以从内部存储器读写 2 个 32bit 数据。

并口地址线上地址对应外设物理地址相应移位，当外设数据位宽为 8 位时，并口地址线的地址是外设物理地址左移 0 位；当外设数据位宽为 16 位时，并口地址线的地址是外设物理地址左移 1 位，第 0 位不用；当外设数据位宽为 32 位时，并口地址线的地址是外设物理地址左移 2 位，低 2 位不用。

5.4.3 并口控制寄存器

DMA 控制器需程序员对相应的并口 DMA 控制寄存器进行正确配置才能启动数据传输，与并口相关的寄存器有并口配置寄存器和 7 个并口 DMA 控制寄存器，如表 5.12 所列，对每一种寄存器的详细介绍已经在第 3 章给出，这里侧重介绍其使用方法、如何取值等。注意，传输长度寄存器设置值均为实际需要的传输长度值减 1。

表 5.12 并口相关的寄存器

寄存器符号	寄存器名称
POAR	并口 DMA 片上存储空间起始地址寄存器
POSR	并口 DMA 片上存储空间步进控制寄存器
PFAR	并口 DMA 片外存储空间起始地址寄存器
PMCR	并口 DMA 模式控制寄存器
PDXR	并口 DMA 片上传输 X 维长度寄存器
PDYR	并口 DMA 片上传输 Y 维长度寄存器
PPR	并口 DMA 过程寄存器
CFGCEx	并口配置寄存器，x = 0 ~ 4

(1) 片内起始地址寄存器(POAR[31:0])，可设定的合法起始地址应在处理器内部数据地址空间范围内，即 0x0020 0000 ~ 0x0023 FFFF，0x0040 0000 ~ 0x0043 FFFF，0x0060 0000 ~ 0x0063 FFFF。另外在程序加载阶段还允许并口 DMA 访问地址范围为 0x0000 0000 ~ 0x0001 FFFF 的程序存储器空间。

(2) 片内地址 X 维步进寄存器(POSR[15:0])。

(3) 片内地址 Y 维步进寄存器(POSR[31:16])。

(4) 片外起始地址寄存器(PFAR[31:0])，可设定的合法起始地址应在处理器外部地址空间 CE0 ~ CE4 范围内，即 0x1000_0000 ~ 0x5FFF_FFFF。

(5) 片外地址步进寄存器(PMCR[15:0])。

(6) DMA 传输 X 维长度寄存器(PDXR[17:0])。

（7）DMA 传输 Y 维长度寄存器(PDYR[17:0])。

（8）收发模式选择寄存器(PMCR[16]),0 - 接收,1 - 发送。

（9）32/64bit 数据格式寄存器(PMCR[17]),0 - 32bit,1 - 64bit。

（10）两维数据传输控制寄存器(PMCR[18]),1 - 有效。

（11）传输完成标志(PPR[0]),DMA 传输完成,该位为 1。

（12）DMA 启动传输寄存器(PPR[1]),传输起始。0 - 无效,1 - 开始。

（13）DMA 全局使能寄存器(PPR[2]),传输使能。0 - 禁止,1 - 使能。

（14）DMA 地址非法标志寄存器(PPR[4]),1 - 有效。当并口 DMA 传输中发现内部地址计算结果超出了内部数据存储器允许的地址范围,或外部地址计算结果超出了 CE0 ~ CE4 空间定义的合法地址范围时,触发该标志。

（15）DMA 参数设置错误标志寄存器(PPR[5]),1 - 有效。如果有违反如下四条规则设置,则触发该标志。

① 做两维 DMA 传输时,X 维与 Y 维长度值之积(最大传输长度)不得大于 0x3FFFF。

② 当内部数据为 64bit(PMCR[17] =1)且做一维传输时(PMCR[18] =0),X 维的传输长度、步进、内部起始应为偶数,(实际设置 PDXR[17:0]为奇数,POSR[15:0]和 POAR [31:0]为偶数)。

③ 当内部数据为 64bit 时(PMCR[17] =1)且做两维传输时(PMCR[18] =1),传输长度、步进、内部起始应为偶数,(实际设置 PDXR[17:0]为奇数,POSR[15:0]、POSR[31:16]和 POAR[31:0]为偶数,PDYR[17:0]奇偶均可)。

④ 当外设数据位宽为 64bit 时(CFGCE[9:8] =00),外部起始地址和外部地址步进必须是偶数(PFAR[31:0]和 PMCR[15:0]),传输数据的总长度也必须是偶数。此时若内部为 64bit(PMCR[17] =1),则约束遵守(2)和(3);若内部为 32bit(PMCR[17] =0),则当做一维传输时(PMCR[18] =0),X 维传输长度应为偶数,当作两维传输时(PMCR[18] =1),实际最大传输长度应为偶数,即控制寄存器实际设置时 PDXR[17:0]和 PDYR[17:0]必须有一个为奇数。

（16）并口 CE 空间的建立时间(CFGCEx[31:28])。表征建立时间的时钟周期数在数值上等于 CFGCE[31:28] +1。

（17）并口 CE 空间的窗口时间(CFGCEx[25:20])。表征窗口时间的时钟周期数在数值上等于 CFGCE[25:20] +1。特别说明,窗口时间的最小有效值是 2,即使用户通过指令或 JTAG 将该位域设置为小于 2 的值,并口模块仍然将其作为 2 使用。换言之,用户可以通过指令或 JTAG 将 CFGCEx[25:20]设置为 0 或 1,并且 CFGCEx[25:20]的这个位域写入的值也的确是 0 或 1,但是并口逻辑在产生并口访问时序时,是把 CFGCEx[25:20]这个位域当作 2 来用的。即窗口时间的时钟周期数在数值上等于 2 +1。

(18) 并口 CE 空间的保持时间(CFGCEx[19:16])。表征保持时间的时钟周期数在数值上等于 CFGCE[19:16] +1。

(19) 并口 CE 空间的位宽选择(CFGCEx[9:8])。00 - 64bit,01 - 32bit,10 - 16bit。

5.4.4 并口配置例程

并口的使用,本质上是对并口控制寄存器的配置。用户根据自己的需求,通过配置相应寄存器实现相应功能。本节结合上述内容,给出具体的并口配置例程,供读者参考。

例 5.5:编写一个并口发送子函数,其函数原型为:

```
void pio_send_1d(void *addrIn,void *addrOut,int len,int stepIn,int stepOut);
```

各个参数的含义分别:addrIn 为片内起始地址,addrOut 为片外起始地址,len 为传输长度,stepIn 为片内地址步进,stepOut 为片外地址步进。这里假设调用时片外起始地址一定在 CE1 地址空间内,并且片外存储器的数据位宽为 8bit。时间参数的选择为:建立时间 4 个主频时钟周期,窗口时间 5 个主频时钟周期,保持时间 1 个主频时钟周期,这个子函数的实现代码如下:

```
.global __pio_send_1d
.text
__pio_send_1d:
    CFGCE1 = 0x30400300   /* 建立时间 4,窗口时间 5,保持时间 1。位宽 8bit。
                          时间 = 设置值 +1。传输速率也由三个时间确定 */
    xr0 = u0   //U0:片上存储空间起始地址
    ||xr1 = u1   //U1 片外存储空间起始地址
    POAR = XR0   //POAR:并口 DMA 片上存储空间起始地址寄存器
    xr10 = r3 fext (0:16,0) (z)   //xr3:输入,片上存储空间步进
    POSR = xr10   //POSR:并口 DMA 片上存储空间步进控制寄存器
    PFAR = XR1   //PFAR:并口 DMA 片外存储空间起始地址寄存器
    xr10 = 0x00010000
    xr10 = r4 fext (0:16,0)   //xr4:输入,片外存储空间步进
    PMCR = xr10   /* PMCR:并口 DMA 模式控制寄存器。一维传输模式。32 位模式。
                  从片内写到片外 */
    XR2 - = 1 //xr2:传输长度。传输长度寄存器设置值均为实际需要的传输长度 -1
    PDXR = XR2   //PDXR:并口 DMA 片上传输 X 维长度寄存器
    PDYR = 0   //PDYR:并口 DMA 片上传输 Y 维长度寄存器
    PPR = 0x6   //PPR:并口 DMA 过程寄存器。传输使能。传输起始。
_pio_send_end:
```

```
.code_align 16
ret
.end
```

例 5.6:编写一个并口接收的子函数,其函数原型为:

```
void pio_recv_1d(void * addrIn,void * addrOut,int len,int stepIn,int stepOut);
```

各个参数的含义:addrIn 为片内起始地址,addrOut 为片外起始地址,len 为传输长度,stepIn 为片内地址步进,stepOut 为片外地址步进。这里假设调用时片外起始地址一定在 CE1 地址空间内,并且片外存储器的数据位宽为 32bit。时间参数的选择为:建立时间 4 个主频时钟周期,窗口时间 5 个主频时钟周期,保持时间 1 个主频时钟周期,即 10 个主频时钟周期才完成一个数据的传输,实现代码如下:

```
.global __pio_recv_1d
.text
__pio_recv_1d:
    CFGCE1 = 0x30400300        //建立时间 4,窗口时间 5,保持时间 1
    xr0 = u0   //U0:输入,片上存储空间起始地址
    || xr1 = u1   //U1:输入,片外存储空间起始地址
    POAR = XR0   //POAR:并口 DMA 片上存储空间起始地址寄存器
    xr10 = r3 fext (0:16,0) (z)   //xr3:输入,片上存储空间步进
    POSR = xr10   //POSR:并口 DMA 片上存储空间步进控制寄存器
    PFAR = XR1   //PFAR:并口 DMA 片外存储空间起始地址寄存器
    xr10 = r4 fext (0:16,0) (z)   //xr4:输入,片外存储空间步进
    PMCR = xr10   /* PMCR:并口 DMA 模式控制寄存器。一维传输模式。32 位模式。
                  从片外写到片内 */
    XR2 - = 1   //xr2:输入,传输数据长度
    PDXR = XR2   //PDXR:并口 DMA 片上传输 X 维长度寄存器
    PDYR = 0   //PDYR:并口 DMA 片上传输 Y 维长度寄存器
    PPR = 0x6   //PPR:并口 DMA 过程寄存器。传输使能。传输起始
_pio_recv_end:
    .code_align 16
    ret
.end
```

与例 5.5 比较可知,并口收发的配置几乎相同,只有 PMCR[16]控制的是数据传输方向,这里两者相反。

例 5.7:下面将例 5.5 和例 5.6 结合起来,写一个主函数,先后调用例 5.5 中的并口发送子函数和例 5.6 中的并口接收子函数,并采用中断法进行控制,比较接收到的数据和原始数据。主函数的代码如下所示:

```
    #include "interrupt.h"
    #define N 32
    void pio_send_1d(void *addrIn,void *addrOut,int len,int stepIn,int
stepOut);
    void pio_recv_1d(void *addrIn,void *addrOut,int len,int stepIn,int
stepOut);
    void pio_isr(int);
    int finished=1;  //传输完成标记:0-未完成,1-完成
    int main(int argc ,int *argv[])
    {
        int recv[N];  //从并口接收数据用
        int send[N];  //向并口发送数据用
        int *outer=(int *)0x20000000;  //片外存储器起始地址
        int stepIn=1;  //片上存储器 DMA 传输步进
        int stepOut=1;  //片外存储器 DAM 传输步进
        int len=N;  //传输长度
    int spaceId=1;  //CE 空间 ID
        int i=0;
        for(i=0; i < N; i++) {  //数据初始化
            recv[i]=0;
            send[i]=i;
        }
    int interruptSig=SIGDMA8I;  //SIGDMA8I:PIO DMA 中断
        interruptc(interruptSig,pio_isr);  //挂中断服务程序
        finished=0;
        //把 send 缓冲区的数据写入并口
        pio_send_1d((void *)send,(void *)outer,len,stepIn,stepOut);
        while (! finished);
        finished=0;
        //从并口读数据写入 recv 缓冲区
        pio_recv_1d((void *)recv,(void *)outer,len,stepIn,stepOut);
        while (! finished);
        //比较 send 和 recv 的数据
        for(i=0; i < N; i++) {
            if(recv[i]! = send[i]) {
                  return -1;
            }
        }
```

```
    return 0;
}
void pio_isr(int sig)
{
    finished = 1;
}
```

5.5 UART控制器

通用异步串行口UART是不同设备之间实现通信的主要手段。这种异步通信方式对设备要求简单,双方不需要共同时钟,常见于PC标准通信接口。

魂芯一号的UART链路层协议兼容RS232标准,可工作于全双工模式,与DSP内核采用中断方式通信。收/发缓冲分别为一个字,当收/发缓冲满时,会分别触发串口接收中断和串口发送中断。对"魂芯一号"内核来说,一次串口通信传输一个字。"魂芯一号"支持UART接口本身的特性:

(1) 波特率(单位:Hz)支持:处理器主频的100分频至2^{32}分频。

(2) 支持可选的奇偶校验(不校验、奇校验、偶校验)。

(3) 支持5~8bit可配置的一帧数据长度。

(4) 支持一个周期或两个周期可配置的结束位宽度。

异步双方不需要共同的时钟,为确保异步通信帧数据收发同步,数据帧必须遵循一定的格式,如图5.17所示。每帧数据通常包括1位起始位、5~8位数据位、1位奇偶校验位和1~2位停止位。在帧数据中增加起始位和停止位可用于判断一个帧数据是否传输完毕。

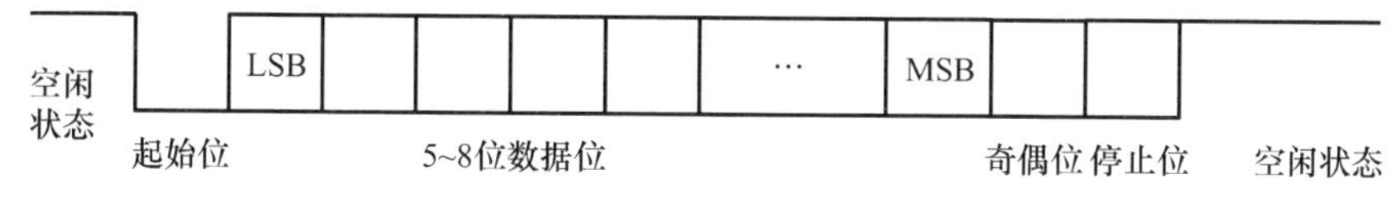

图5.17 数据帧格式

异步串行通信中数据帧的接收是从寻找起始位开始的,因而起始位必须为占一个数据位的低电平。数据位可根据需要通过编程设置为5、6、7或8位。奇偶检验位可根据需要选择奇校验、偶校验或不要校验位。停止位代表数据帧的结束,它是1~2位的高电平。可以看出,每帧数据的具体长度可以根据需要通过编程设置为7~12位。

5.5.1 UART接口信号

UART的接口信号比较简单,根据UART标准定义。其中的输入、输出均针对“魂芯一号”而言。

(1) RXD:数据接收端,由外部设备控制,用于串行数据输入。

(2) TXD:数据发送端,由“魂芯一号”控制,用于串行数据输出。

5.5.2 波特率

UART 为异步通信方式,接收方和发送方没有同步时钟,依靠各自的本地时钟来发送和采样数据。这就要求发送方与接收方的波特率误差必须控制在一定范围之内,否则会出现误码。

UART 接收器以主频频率对接收端口不断采样,来检测起始位。一旦检测到 1 到 0 的跳变,UART 分频计数器立刻复位,使之满度翻转的时刻恰好与输入位的边沿对齐。分频计数器把每个接收位的时间分为 N 份,在靠近 $N/2$ 的时间点上,位检测器对 RXD 端采样,确定所接收到的数据。

UART 的典型波特率最低为 300Hz,较高的为 115200Hz,“魂芯一号”的典型工作频率为 300MHz。UART 分频计数器为 32bit 宽,波特率最低为“魂芯一号”主频的 2^{32} 分频,最高为“魂芯一号”的 100 分频,当波特率设置低于 100 分频时,按照 100 分频处理。波特率配置寄存器为 SRCR,通过配置该寄存器,可以控制 UART 的波特率。

5.5.3 UART 收发实现

UART 收发实现需要配置 UART 控制寄存器,UART 控制寄存器共 5 种,如表 5.13 所列。由于 UART 收发配置相对简单,此处不再给出说明,读者可参阅第 3 章相关内容。注意,UART 并未与 DMA 控制器连接,所以不需要配置 DMA 控制寄存器。

表 5.13　UART 控制寄存器

寄存器符号	寄存器名称、功能
SRDR	串口接收数据寄存器,用于串口数据接收缓冲
STDR	串口发送数据寄存器,用于串口数据发送缓冲
SCFGR	串口配置寄存器,用于配置串口的传输控制参数
SRCR	串口波特率配置寄存器,用于配置时钟分频计数
SFR	串口标志寄存器,用于标志串口传输过程的错误或状态

5.5.3.1 发送过程

(1) 初始化配置,设置好串口配置寄存器 SCFGR 和波特率配置寄存器 SRCR。

(2) 编写指令“STDR = Rm”或“STDR = C”。该指令表示向STDR寄存器写入一个值。在向STDR写值的同时,DSP自动将串口发送标志(SFR[0])置位,表明UART发送器已经开始工作,不再接受对STDR的赋值。发送标志有效期间,如果有对STDR的赋值,则赋值无效,并且置位UART发送错误标志(SFR[4])。

(3) STDR寄存器更新后,下一个主时钟周期UART发送器开始工作。

(4) 如果传输位宽设置为8,将STDR[7:0]载入UART发送寄存器,开始第一帧数据的并串转换与传输,将串行数据通过TXD送出(如果传输位宽设置为7,则将STDR[6:0]载入UART发送寄存器并传输,其他类推)。

(5) 第一帧传输完毕(包括数据位、校验位、结束位等),将STDR[15:8]载入UART发送寄存器,开始第二帧数据的并串转换与传输(如果传输位宽设置为7,则将STDR[13:7]载入UART发送寄存器并传输,其他类推)。

(6) 依此类推,直到第4个字节传输完毕,总共传输了4个字节数据(如果传输位宽设置为7,则总共传输了STDR[27:0],共28bit数据,其他类推)。

(7) 全部数据传输完毕后,清除发送器UART发送忙标志,并产生UART发送中断。

5.5.3.2 接收过程

(1) 初始化配置,设置好串口配置寄存器SCFGR和波特率配置寄存器SRCR。

(2) 复位后,UART接收器用主频持续采样RXD的输入信号,当检测到RXD的下降沿,证明数据起始位到达。用RXD的下降沿复位接收器分频计数器,准备接收数据。

(3) 在靠近每位数据的中间位置用主时钟采样得到该位数据的值。将采样RXD所得到的每个数据位依次移位进入UART接收移位寄存器。收满8bit(或7、6、5bit)之后,将其载入接收缓冲SRDR的[7:0]位域(或[6:0]、[5:0]、[4:0]),第一帧数据接收完毕。

(4) 第一帧数据接收完毕之后,等待第二帧数据的起始位,检测到起始位后开始接收第二帧数据,将第二帧数据存入SRDR[15:8](或[13:7]、[11:6]、[9:5])。第三帧、第四帧数据依此类推。

(5) 四帧数据全部接收完毕之后,产生串口接收中断,等待主机处理。

5.5.4 UART状态与异常处理

UART收发状态定义在SFR标志寄存器中,共四种:

(1) SFR[1:0]为0,表明UART空闲。此时可以配置UART有关的寄存器,即只有UART在空闲时,可以配置波特率、校验模式、数据位宽、结束位宽度等参数。

(2) SFR[1:0]为1,表明正在发送,此时不可配置任何UART有关的寄存器。如果配置了,则配置错误标志(SFR[4])置位,并且配置不能成功,对目标寄存器没有影响。该"配置错误标志"只有合法的发送起始信号才能清除,即每次合法的发送起始信号到来之后,对"配置错误标志"清除一次。

(3) SFR[1:0]为2,表明正在接收。此时不可配置SCFGR、SRCR寄存器,只能配置STDR寄存器。即UART处于接收状态时,不允许改变波特率、校验模式、数据位宽、结束位宽度等参数,只允许配置STDR以启动UART发送。如果配置了SCFGR、SRCR寄存器,则引发配置错误标(SFR[1])置位,对目标寄存器无影响。

(4) SFR[1:0]为3,表明正在发送和接收。此时所有的UART有关的寄存器都不可配置。如果出现了配置,错误同上。

"配置错误标志"仅仅是一个标志,置位与否不会对DSP的流水线和UART的传输造成任何影响。SFR[8]是校验错误标志,在奇偶校验使能的情况下,如果传输过程中发现奇偶校验错误,则将该位置位。校验错误会导致本标志置位,但并不影响UART传输的进行,也不影响内核流水线和执行其他指令。

5.5.5 UART配置例程

例5.8:UART接收。从串口接收1次数据(32bit),采用查询法控制。

```
.global __main
.text
__main:
    set GCSR[0] //关闭全局中断,此例采用查询法控制
    set SCFGR[8]
    set SCFGR[9] //8bit数据位,不校验,一位停止位
    xr3 =31250
    SRCR = xr3   /* 设置波特率配置寄存器,分频系数设成31250,波特率为
300MHz/31250 =9600Hz */
    xr2 =0
_wait_uart_recv:
    xr11 =0x2 || xr10 = SFR
    xr10 =r10 & r11   //xr10保存的是SFR[1]
    .code_align 16
    if xr10 >r2 b _wait_uart_recv   //若SFR[1] =1,则一定在接收数据
    xr0 = SRDR   //xr0中存放串口接收到的数据
    .code_align 16
```

```
    b _wait_uart_recv
.code_align 16
ret
.end
```

例 5.9:串口发送。采用中断法。待发送数据有 256 个 32bit 数据,而串口发送缓冲为一个 32 位数据,所以这里需要循环发送,一旦串口发送完成,应再次使能发送,直到发送完指定长度的数据包。

```
.global __main
.text
__main:
xr0 =0
xr1 =256   //表示有 256 个待发送数据
xr2 =0x300
SCFGR =xr2   //不校验,一位停止位,8bit 传输位宽
xr3 =31250
SRCR =xr3   /* 设置波特率配置寄存器,分频系数设成 31250,波特率为 300M/
           31250 =9600 * /
//下面是第一次发送过程
xr3 =0   //xr3 表示待发送的数据
STDR =xr3
_wait_uart_send:
    xr60 =SFR
    .code_align 16
    if xr60[0] == 1 b _wait_uart_send   //发送未完成
    //发送完成则进入下面的步骤
    .code_align 16
    if xr1 > r3 b _continue
    .code_align 16
    b _end_uart_send
_continue:
    STDR =xr3
    xr3 += 1
    .code_align 16
    b _wait_uart_send
_end_uart_send:
    .code_align 16
    ret   //主函数的返回
.end
```

5.6 GPIO 口

GPIO 提供了专用的通用目的引脚，可以由用户根据需求配置为输入或输出。当配置为输出时，用户可以通过写内部寄存器来控制输出引脚上的驱动状态。当配置为输入时，用户可以通过读内部寄存器来检测输入引脚的状态。

5.6.1 GPIO 功能说明

GPIO 共有 8 个引脚，GP0 ~ GP7。引脚之间相互独立，互不影响，可分别配置为输入或输出状态。GP0 ~ GP4 与定时器的输出口复用，通过设置相关寄存器可选择输出类型。

与 GPIO 相关的寄存器共 7 个，如表 5.14 所列。用户可以通过配置这 7 个寄存器实现对 GPIO 口的控制。对这些寄存器的详细说明，读者可参阅第 3 章相关内容，此处仅给出功能性说明。

表 5.14　GPIO 寄存器组

寄存器符号	寄存器名称、功能
GPDR	GPIO 方向寄存器，用于控制 8 个通用 I/O 的方向
GPVR	GPIO 值寄存器，用于寄存通用 I/O 的值
GPPR	GPIO 上升沿寄存器，用于捕获通用 I/O 引脚上的上升沿跳变
GPNR	GPIO 下降沿寄存器，用于捕获通用 I/O 引脚上的下降沿跳变
GPPMR	GPIO 上升沿屏蔽寄存器，用于上升沿事件屏蔽
GPNMR	GPIO 下降沿屏蔽寄存器，用于下降沿事件屏蔽
GPOTR	GPIO 输出引脚类型寄存器，用于选择低 5 个引脚是用于 GPIO 还是定时器

GPIO 的引脚 GP0 ~ GP7 可以通过寄存器 GPDR 配置成输入引脚或输出引脚。

当配置成输出引脚时，GP0 ~ GP7 引脚输出值为寄存器 GPVR 设置值。当 GPVR 更新时，GP0 ~ GP7 引脚输出将在下一个时钟的上升沿反映 GPVR 的变化。当配置成输入引脚时，GP0 ~ GP7 引脚捕获值将反映在 GPVR 上。当GP0 ~ GP7 引脚捕获值发生变化时，GPVR 的值将在下一个时钟的上升沿变化。

当配置成输入引脚且引脚发生上升沿跳变时，若此时寄存器 GPDMR 使能，则寄存器 GPPR 相应位置位。当配置成输入引脚且引脚发生下降沿跳变时，若此时寄存器 GPNMR 使能，则寄存器 GPNR 相应位置位。GPIO 通过主时钟同步外部信号，同时检测外部信号跳变。

5.6.2　GPIO 口配置例程

GPIO 口的配置例程比较简单,只要根据需求配置好上述 7 个寄存器即可。具体实现什么功能要根据它所接的外设决定,此处不再给出相关例程。

5.7　定时器

“魂芯一号”内部集成有 5 个 32bit 可编程定时器,可以用于事件定时、事件计数、产生周期脉冲信号和处理器间同步。每个定时器相互独立,各具有一个输入引脚和一个输出引脚。输入和输出引脚可以用做定时器的时钟输入和输出,其中输出引脚和 GPIO 引脚复用,即 GP[4:0]分别复用定时器 4 ~ 定时器 0 的输出引脚。

5.7.1　定时器控制寄存器

与定时器相关的寄存器共 4 种,如表 5.15 所列,x 可取 0 ~ 4。用户可以通过配置这 4 种寄存器实现对定时器的控制。对这些寄存器的详细说明,读者可参阅第 3 章相关内容,此处仅给出功能性说明。

表 5.15　定时器相关寄存器

寄存器符号	寄存器名称	功能
TCRx	定时器控制寄存器	控制定时器的工作状态和工作模式
TPRx	定时器周期寄存器	存储的数值代表定时器 x 一轮计数的周期数
TCNTx	定时器计数器	实时反映定时器 x 的计数数值
GPOTR	GPIO 输出引脚类型寄存器	选择 GP4 ~ GP0 引脚用于 GPIO 还是用于定时器

定时器采用减计数工作方式,在定时器复位时,将 TPRx 的值加载到 TCNTx,此后每过一个时钟周期,TCNTx 的值减 1,直至 TCNTx 数值递减到 0,表明一轮计数周期完成,触发定时器中断。在完成一轮计数周期后,自动将 TPRx 的值加载到 TCNTx,开始新一轮递减计数。

5.7.2　定时器复位与计数

定时器的复位与计数配置是定时器配置的关键环节,与之相关的控制位为计数/保持位(TCRx[4])和复位/启动位(TCRx[5])。为方便阅读,将第 3 章相关内容写到此处。

① TCRx[5],复位/启动。0 - 对计数器没有影响,1 - 在 TCRx[4]位为 1,即允许计数的情况下,计数器寄存器复位,并在下一计数周期启动计数。一旦开始

计数,该位会自动清零。上电初始化为0。

② TCRx[4],计数/保持位。0 - 保持计数器当前值,1 - 计数,上电初始化为0。

由上可知,当TCRx[4] = 0时,无论TCRx[5]取何值,定时器都处于保持状态。当TCRx[4] = 1、TCRx[5] = 0时,定时器计数但不复位。当TCRx[4] = 1、TCRx[5] = 1时,定时器复位后计数。因此,配置一个定时器可采用如下四个步骤:

(1) 如果定时器当前不在保持状态,将定时器置于保持状态(计数/保持位置0)。

(2) 向定时器周期寄存器(TPRx)写入期望的计数值。

(3) 根据功能需求,配置TCRx,此时不要改变TCRx中的计数/保持位和复位/启动位的值。

(4) 将TCRx中的计数/保持位和复位/启动位置1,启动定时器。

定时器的复位方式有两种:内部复位和外部复位。内部复位是不可屏蔽的,即只要将定时器x的复位/启动位置位,定时器x就进行复位;外部复位是可屏蔽的,可以通过设置TCRx[1]来控制定时器x是否接受外部复位。

"魂芯一号"设计了一个专门的引脚TIMER_RST_N,该引脚为5个定时器共享。只要某个定时器x的外部复位使能位(TCRx[1])设置为1(接受外部复位),就表示该定时器接受TIMER_RST_N引脚的复位,一旦该引脚出现低电平,该定时器复位。

5.7.3 定时器脉冲产生

定时器输出可以是脉冲模式或时钟模式。用户可以使用定时器控制寄存器的定时器输出状态位(TCR[0])来选择输出模式。

脉冲模式用于产生脉冲信号。脉冲信号的宽度可以通过定时器控制寄存器的脉冲宽度控制位进行配置,最高可配置产生2^{20}个时钟周期宽度的脉冲信号。脉冲输出根据TCNTx的计数值,在每个计数周期的后段产生,但从脉冲输出引脚输出时,会有1个主时钟周期的延时。例如,TCR = 0x3010,TPR = 0xa,表明采用内部时钟计数,不接受外部复位,输出为脉冲模式,定时器产生的脉冲信号如图5.18所示。另外,如果脉冲宽度大于TPR - 1,则定时器输出在产生高电平后一直维持为高电平。

时钟模式用于产生方波信号。定时器产生的方波信号一个计数周期翻转一次,即方波信号周期为TPR的2倍。例如,TCR = 0x3011,TPR = 0x4,定时器产生的方波信号如图5.19所示。

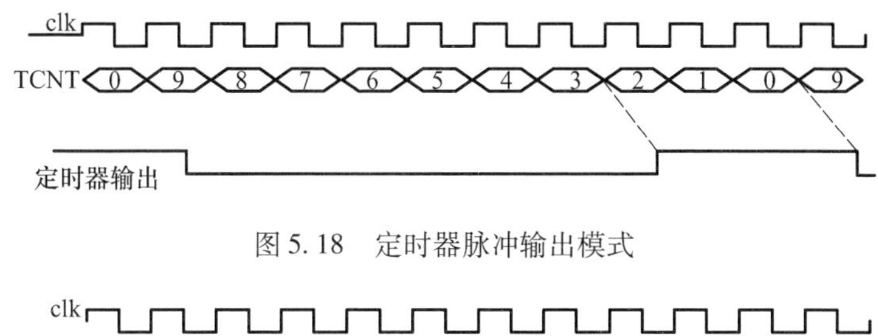

图 5.18　定时器脉冲输出模式

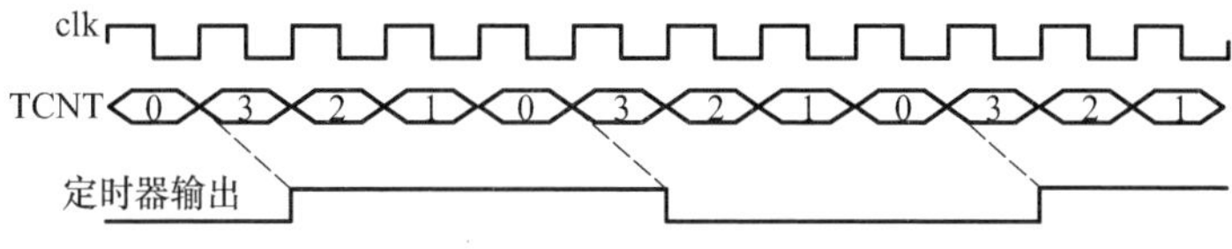

图 5.19　定时器时钟输出模式

5.7.4　定时器说明

定时器的时钟可选择为内时钟或外时钟,用户可通过配置定时器控制寄存器的 TCRx[9]来选择。

① 当 TCRx[9]为 0,表示选择内时钟,即"魂芯一号"的主时钟作为定时器的驱动时钟。

② 当 TCRx[9]为 1,表示时钟源来自外部引脚,但其驱动时钟仍为内部时钟。内部时钟检测外部时钟的上升沿产生使能信号用于计数,该信号被同步以防止任何因异步的外部输入产生不稳定。同时外部时钟的频率最高不能超过内部时钟的二分频。

定时器的控制寄存器配置的注意事项:

(1) 当计数器开始计数时,若定时器的周期寄存器 TPRx 的值为 0,则定时器会自动将周期寄存器的值设为 1,输出结果和 TPRx 设为 1 时一致。

(2) 当定时器的周期寄存器更新且其值小于当前 TCNT 内的值时,计数器在下一个时钟周期将计数器清零并产生输出,在下一个时钟周期后开始新的计数周期。

(3) 当定时器由内时钟模式切换到外时钟模式时,并不影响定时器计数过程,定时器会按照外时钟周期继续计数。时钟切换如图 5.20 所示。

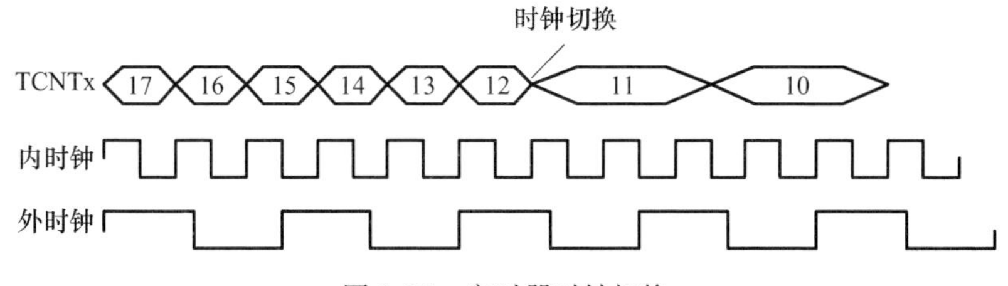

图 5.20　定时器时钟切换

（4）如果计数器中初始化的值超过了定时器周期寄存器中的值，定时器会首先计数到最大值（0xFFFFFFFF），然后恢复为0，再继续计数。

5.7.5 定时器配置例程

例5.10：配置定时器0，计数完成后触发中断，执行中断服务程序。本例程需要在硬件仿真条件下才能执行。例程中涉及中断挂接函数与Intrinsic内建函数的部分知识，建议读者先阅读此部分内容。

```
#include <intrinsic.h> //要使用 Intrinsic 内建函数
#include <sysreg.h>
#include <interrupt.h> //要使用中断挂接函数
#include <stdio.h>
#define TCR_OM_TIME 0x1  //定时器输出状态为时钟
#define TCR_EN 0x10  //计数使能
#define TCR_RST 0x20  //计数器重置

void isr_timer0(void);
int Time_Config(int time_par,int time_num,int count_num);
int Time_Re_Load_en(int time_num);
int Timer_Count_Start(int timer_num);
unsigned int finish =0;

int main(int argc ,int *argv[])
{
    interruptc(SIGTIMER0H,isr_timer0);//中断挂接函数
Time_Config(TCR_OM_TIME,0,0x10000000);
    Time_Re_Load_en(0);
    Timer_Count_Start(0); //以上三函数完成定时器配置
    while(1)
    {
    if(finish)//检测定时器中断是否产生
    {
     finish =0;
     printf("Timer0 interruption! \n");
    }
    }
    return 0;
}
```

```
void isr_timer0(void)//定时器中断函数
{
    finish=1;
}
//以下三个函数为定时器配置函数,本质是分别对 TCR0 各位进行配置。
int Time_Config(int time_par,int timer_num,int count_num)
{
    __sysreg_write(TCR0,time_par);//Intrinsic 内建函数
    __sysreg_write(TPR0,count_num);
    return 1;
}
int Time_Re_Load_en(int timer_num)
{
    __sysreg_write(TCR0,TCR_RST|__sysreg_read(TCR0));
    return 1;
}
int Timer_Count_Start(int timer_num)
{
    __sysreg_write(TCR0,TCR_EN|__sysreg_read(TCR0));
    return 1;
}
```

注意,为了方便阅读和行文的流畅,本例程将函数的声明、函数的定义以及宏定义放在了同一个文件下。读者在编写程序(尤其是规模较大的程序)时,建议将这三部分内容放到不同文件下,这样能使主函数更加简洁,模块化的存放方式也方便今后修改。

5.8　DDR2 接口

DDR2 接口是连接 DSP 内部逻辑和 DDR2 存储器的桥梁,主要完成 DSP 内部逻辑信号时序到 DDR2 存储器信号时序转换,实现对 DDR2 存储器的读写操作,保证数据的正确传输和存储。DDR2 接口主要由 DSP 内部逻辑接口模块、DDR2 控制器、PHY 组成。

内部逻辑接口模块负责与处理器内部逻辑进行信息交互,在执行正常的读写操作之前,要通过该接口模块对 DDR2 控制器及 DDR2 存储器进行参数设置,参数设置完成后,才能通过该接口模块进行正常的读写操作;DDR2 控制器负责将内部信号时序转换成 DDR2 能够识别的信号时序,并在上电时自动完成对 DDR2 存储器的初始化操作;PHY 与 DDR2 直接连接,完成单数据率传输和双数

据率传输之间的转换,保证信号时序的正确性,使得读写操作能够正确采集到数据。

5.8.1 DDR2 接口信号

“魂芯一号”的 DDR2 控制器与满足 JEOEC(固态计数协会)标准的 DDR2 SDRAM 进行数据传输,DDR2 控制器的输入/输出信号命令时序关系均满足 DDR2 的 JEDEC 标准。典型的 DDR2 SDRAM 接口信号如图 5.21 所示。

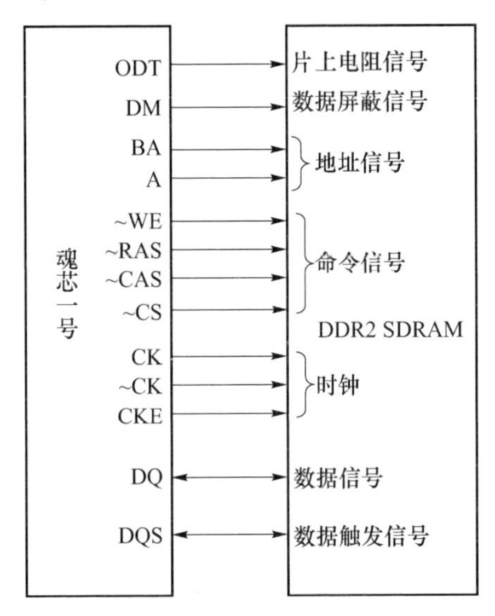

图 5.21 “魂芯一号”与 DDR2 接口信号示意图

DDR2 SDRAM 的接口信号主要包括时钟信号、命令信号、地址信号和数据传输信号四类。其中数据信号(DQ)和数据触发信号(DQS)为双向信号,在写操作中,这两个信号由 DDR2 控制器发送给 DDR2 SDRAM。在读操作中,这两个信号由 DDR2 SDRAM 发送给 DDR2 控制器。其他信号均由 DDR2 控制器送给 DDR2 SDRAM。

5.8.2 DDR2 控制器

DDR2 SDRAM 在时钟的上升沿和下降沿均进行数据传输,其特点是功耗低、存储容量大且工作频率高,适合在高速大批量数据传输中使用。DDR2 SDRAM 虽然具有很多优点,但是其工作时序非常复杂,为方便用户使用,DDR2 SDRAM 需要专门的控制器进行控制。

DDR2 控制器的主要功能有:

(1) 系统上电后,自动完成对 DDR2 SDRAM 的初始化操作;

（2）将DMA通道的读写命令时序转换为DDR2 SDRAM专用的命令时序；

（3）可以对DDR2控制器及DDR2 SDRAM的工作方式和时序等参数进行配置；

（4）自动发送除读写命令之外的DDR2操作命令；

（5）自动执行刷新操作；

（6）完成突发长度为4的数据传输；

（7）与DDR2 SDRAM存储系统进行宽度为64bit的数据传输。

控制器的读写操作采用突发方式，读写开始于寻址地址选定的DDR2列地址，然后进行长度为4的突发读写操作。只要指定起始列地址和突发长度，DDR2 SDRAM就会依次对起始地址之后相应数量的存储单元进行读写操作，而不需要控制器连续提供列地址。

DDR2控制器具有数据训练功能，保证高速数据传输中能正确采集到数据。用户在发起正常DDR2传输之前，通过配置寄存器DRCCR来触发数据训练功能，该功能触发后，DDR2控制器会通过不断向DDR2 SDRAM写入、读取一组内置的数据来寻找最佳的数据采集点，实现对数据的正确采集。在数据训练的过程中，所有的操作都由DDR2控制器自动控制完成，不需要用户提供任何命令、数据和地址，当数据训练完成后，DDR2控制器才开始响应DSP的DDR2 DMA通道的访问请求。

DDR2 SDRAM在工作过程中，需要结合使用各种命令来完成一个操作任务，常用的命令有读命令、写命令、预充电命令、激活命令、自动刷新命令等，这些命令的时序控制由DDR2控制器完成，用户只需要发送读写命令。

DDR2控制器按其功能可以分为两大模块：配置功能模块和主机功能模块。配置功能模块主要实现对DDR2控制器的设置，在正常工作前，要根据实际使用情况对各个控制寄存器进行正确的设置。主机功能模块主要实现与DSP的DDR2 DMA通道的交互，完成对DDR2 SDRAM的读写操作。

5.8.2.1 DDR2控制器的初始化

DDR2 SDRAM必须按照规定的顺序进行启动和初始化，不正确的初始化顺序将导致错误的结果。系统上电后，DDR2控制器会自动执行对DDR2 SDRAM的初始化操作。图5.22给出DDR2控制器启动过程。

DDR2控制器的正常启动过程如下：

（1）复位结束后，DDR2控制器自动完成初始化操作。

（2）初始化完成后，用户对控制器发出写寄存器命令来设置DDR2 SDRAM内控制器状态。

（3）DDR2 SDRAM设置结束后，通过配置DRCCR寄存器触发数据训练

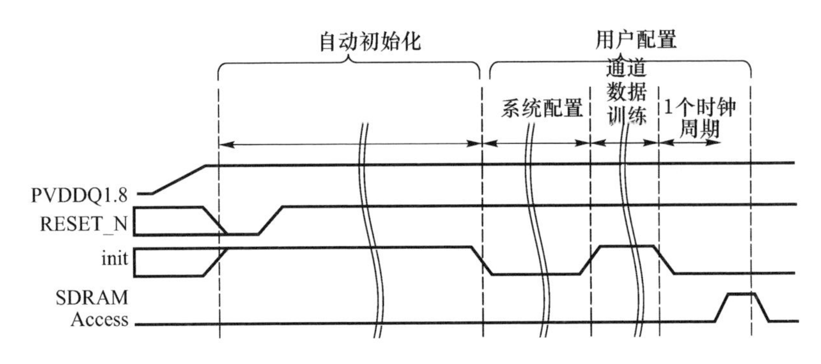

图 5.22　DDR2 控制器启动过程

操作。

(4) 等待数据训练过程结束。

(5) 进行正常的 DDR2 SDRAM 读写操作。

DDR2 控制器在复位结束后自动执行的初始化步骤如下:

(1) 在时钟稳定后等待至少 200μs 后执行 NOP 操作,并将 CKE 置为高。

(2) 等待至少 400ns 后执行 precharge all 命令。在 400ns 内执行 NOP 命令。

(3) 加载 EMRS 命令到 EMR(2)上。

(4) 加载 EMRS 命令到 EMR(3)上。

(5) 加载 EMRS 命令使能 DLL。

(6) 加载模式寄存器(MR)设置命令来复位 DLL。

(7) 执行 precharge all 命令。

(8) 执行至少两个刷新命令。

(9) 执行 MRS 命令来初始化设备的操作参数。

(10) 在步骤(6)执行完至少 200 个时钟周期后,执行 EMR OCD 默认命令。

(11) 执行 EMR OCD 退出命令。

5.8.2.2　配置功能模块

DDR2 控制器中有很多控制寄存器,这些控制寄存器用来实现对 DDR2 控制器和 DDR2 SDRAM 的工作参数进行设置,使 DDR2 控制器根据不同的使用情况进行正确的操作。

DDR2 控制器的配置端口用来对 48 个控制寄存器进行设置。用户可以通过配置端口对 DDR2 控制器的寄存器进行配置,也可以通过配置端口对 DDR2 存储系统发送 DDR2 操作命令。面向用户的 DDR2 操作命令有 precharge all 命令、SDRAM_NOP 命令、模式寄存器(DREMR0 -3)配置命令。用户对控制寄存器发送普通读写命令时,写操作命令之间要间隔 2 个时钟周期(程序员通过

DRDCR 寄存器发送 SDRAM_NOP 命令)，读操作命令之间要间隔 3 个时钟周期。用户通过配置端口发送 DDR2 操作命令时，各 DDR2 操作命令之间要满足 DDR2 的命令时序要求，比如：执行完 precharge all 命令后，要执行 6 个 SDRAM_NOP 命令才能执行其他的 DDR2 操作命令，各模式寄存器的配置之间要间隔 2 个 SDRAM_NOP 命令，各模式寄存器的读操作之间要间隔 3 个 SDRAM_NOP 命令。

所有的控制寄存器在初始化时会恢复默认值，用户要根据使用需要对某些寄存器的参数进行重新设置。首先要通过 DRDCR 寄存器来发送一个 precharge all 命令，然后再配置其他寄存器，用户在使用时必须要重新设置的寄存器有 DRDCR、DREMR0、DRCCR，其中 DRCCR 寄存器必须最后一个设置，且要把 DRCCR[30]设置为 1 来触发数据训练操作，保证后续的读写操作顺利进行。

5.8.2.3　主机功能模块

主机功能模块是 DDR2 控制器的核心模块，负责与 DSP 内核进行信息交互，完成与 DDR2 有关的大部分操作，保证 DDR2 读写操作的正确执行。

主机功能模块主要由初始化模块、自动刷新模块、时序控制模块、DQS 管理模块和主状态机构成，结构图如图 5.23 所示。

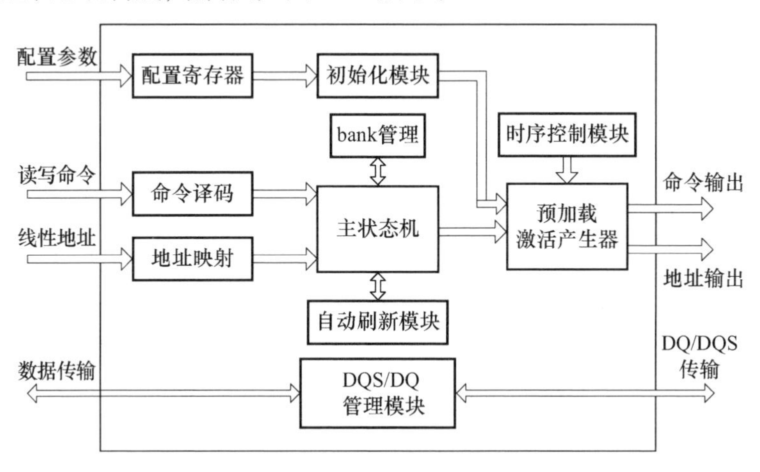

图 5.23　主机功能模块示意图

初始化模块负责 DDR2 SDRAM 的初始化操作，初始化过程中会给各控制寄存器设置默认值。初始化过程具有最高的优先权，当初始化操作完成后，DDR2 控制器才能执行其他操作。

DDR2 控制器通过自动刷新模块可以完成自动刷新操作。自动刷新操作的使能和刷新操作的参数可以在控制寄存器 DRDRR 中设置。自动刷新模块每隔一定的时钟周期就发送刷新命令，执行刷新命令时，DDR2 控制器将不响应 DDR2 DMA 通道的读写操作命令，直至刷新操作结束。执行突发长度为 4 的读写操作，最快也要两个时钟周期(写操作)，如果是跨行操作则需要更多的时钟周期。因此，可能出现有刷新需求时命令还未执行完毕的情况，在这种情况下，控制器会将刷新请求向后延迟，等命令操作完成后再执行刷新操作。为了实现这种情况下的正常操作，在设置刷新周期时要留有一定的余量来满足最长的命令执行周期，否则 DDR2 SDRAM 中数据可能会因为没及时刷新而丢失。

DQS/DQ 管理模块主要负责数据及数据触发信号的管理。DDR2 控制器的数据通道为 64 位，数据输入端为 128 位。DQS 管理模块在写操作时发送 DQS 使能信号，在读操作时根据 DQS 信号在时钟的上升和下降沿采集数据。

5.8.3 PHY 接口

PHY 接口是 DDR2 控制器的物理层接口，按功能设计分为三个部分：延时锁相环(DLL)部分、接口时序转换(ITM)部分、输入输出(I/O)部分。

5.8.3.1 PHY 的结构以及与 DDR2 控制器的连接

PHY 与控制器及 SDRAM 的接口如图 5.24 所示，框内为 PHY 接口部分，由 MDLL、MSDLL、ITM、SSTL I/O 组成。按其功能分为两种类型的接口通道：数据通道和命令通道。命令通道用来传输命令、控制、地址和时钟。数据通道用来传输数据触发信号 DQS_P/DQS_N、8 位数据 DQ 和数据屏蔽信号 DM。一个 PHY 只有一个命令通道，而其数据通道的个数是由数据位宽确定，“魂芯一号”芯片的 DDR2 接口有 8 个数据通道，共 64 位数据线。

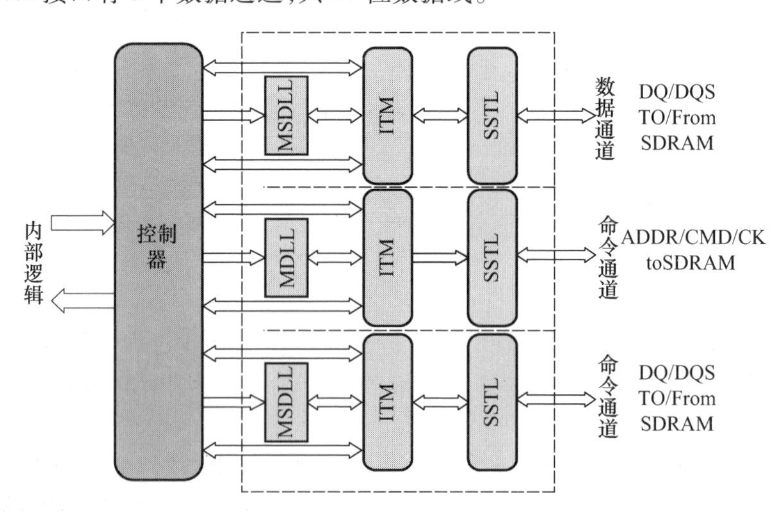

图 5.24 PHY 的结构简图与控制器的连接关系(见彩图)

5.8.3.2　PHY 的读写时序

在读数据的时候,数据 DDR_DQ 和数据触发信号 DDR_DQS_P/DDR_DQS_N 从 DDR2 SDRAM 以边沿对齐的方式到达 PHY,DDR_DQS_P/DDR_DQS_N 经过 ITMS 后被 MSDLL 相移 90°形成 DQS_P_90/DQS_N_90。DQS_P_90/DQS_N_90 与数据 DDR_DQ 中央对齐,保证最宽裕的建立和保持时间。数据 DDR_DQ 在 ITM 里被 DQS_P_90/DQS_N_90 采样,并完成倍率转换,然后送到控制器。

写数据时,命令和数据在 ITM 里由单倍率转换成双倍率后送到 DDR2 SDRAM,倍率转换由 DLL 产生的时钟控制。下面分别介绍读写操作时序。

1）读操作时序

PHY 输出端口读操作时序关系如图 5.25 所示。

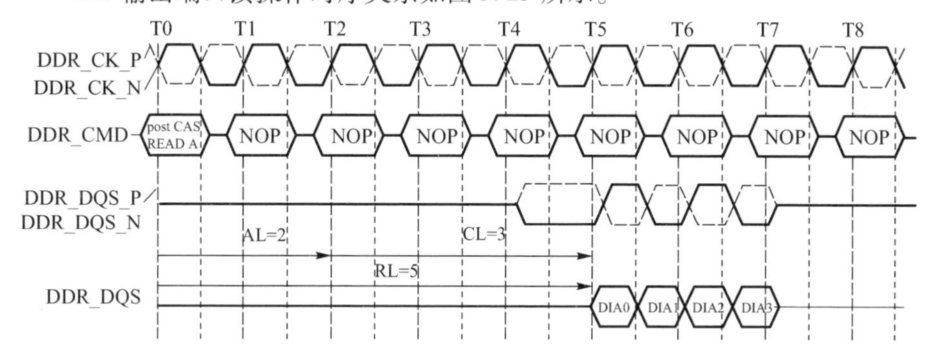

图 5.25　BL = 4 的读操作时序图

执行读操作时,将 DDR_CS_N、DDR_CAS_N 置为低,DDR_RAS_N、DDR_WE_N 置为高就可以发送突发读操作命令。从读命令开始到第一个数据出现在输出端的时间被定义为读延迟(RL)。在发送了读命令后,PHY 要等待 RL 的时间才能收到 DDR2 SDRAM 输出的读数据。DDR_DQS_P/DDR_DQS_N 由 DDR2 SDRAM 发送且与读出数据边沿对齐。

突发读命令和突发写命令之间最小的时间间隔被定义为 t_{RTW},发送读命令后,要至少等待 t_{RTW} 后才能发送写命令时序关系见图 5.26 所示。读命令发出后,经过 RL 时间后,由 DDR2 口同时送出 DDR_DQS_P/DDR_DQS_N 信号及读数据;写命令发出后,经过 WL 时间后,由 PHY 送出 DDR_DQS_P/DDR_DQS_N 信号及写数据,DDR_DQS_P/DDR_DQS_N 信号的边沿与写数据中央对齐。

2）写操作时序

PHY 输出端口写操作时序关系如图 5.27 所示。

执行写操作时,将 DDR_CS_N、DDR_CAS_N、DDR_WE_N 置为低,保持 DDR_RAS_N为高就可以开始突发写操作。写延迟(WL)定义为(AL + CL - 1),

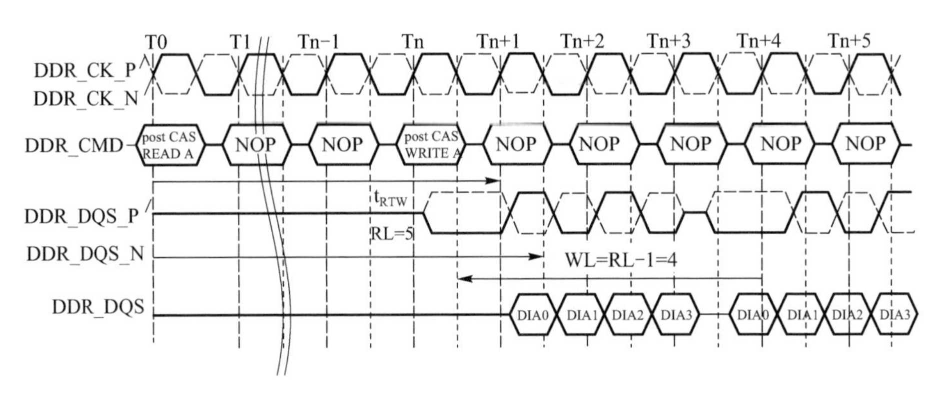

图 5.26　读操作后执行写操作

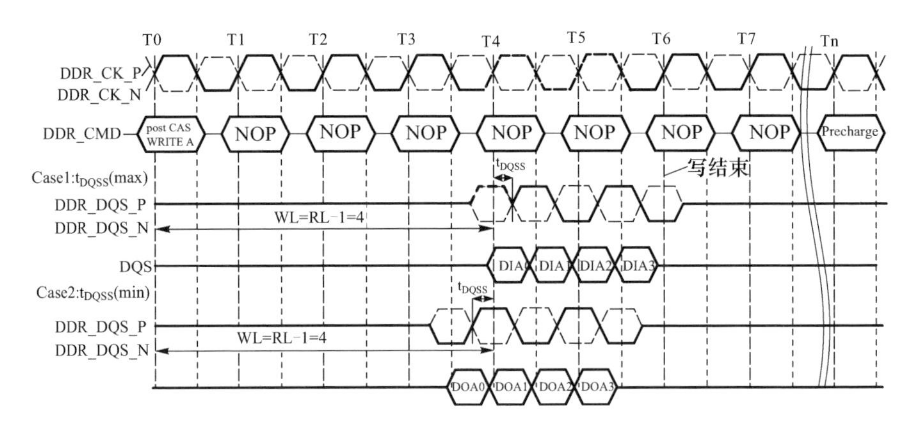

图 5.27　BL = 4 的写操作时序图

即写命令发出到与第一个 DDR_DQS_P 信号相关的时钟边沿之间的时钟周期数。DDR_DQS_P/DDR_DQS_N 信号由 PHY 发送，在第一个 DDR_DQS_P 信号有效之前，DDR_DQS_P 需保持半个周期低电平。

突发写命令与突发读命令之间的最小间隔为[$CL-1+BL/2+t_{WTR}$]个时钟周期，即在发送完写命令后，至少要等待[$CL-1+BL/2+t_{WTR}$]个时钟周期后才能发送读命令。时序关系见图 5.28 所示。

3）数据屏蔽信号

PHY 接口输出的每 1 位数据屏蔽信号 DDR_DM[n]控制 8 位数据信号 DDR_DQ[8n+7:8n]。当 DDR_DM 为高电平时，屏蔽写操作中对应的数据信号，即使数据线上有数据也不写入 DDR2 存储器；当 DDR_DM 为低电平并且 DDR_DQS_P 有效时，将数据写入 DDR2 存储器。读操作中不使用 DDR_DM 信号。

图 5.29 中，在写操作过程中，DDR_DM 有半个周期为高电平，此时对应输出的写数据用阴影标出，表示 DDR2 颗粒不会存储这半个周期中输出的写数据。

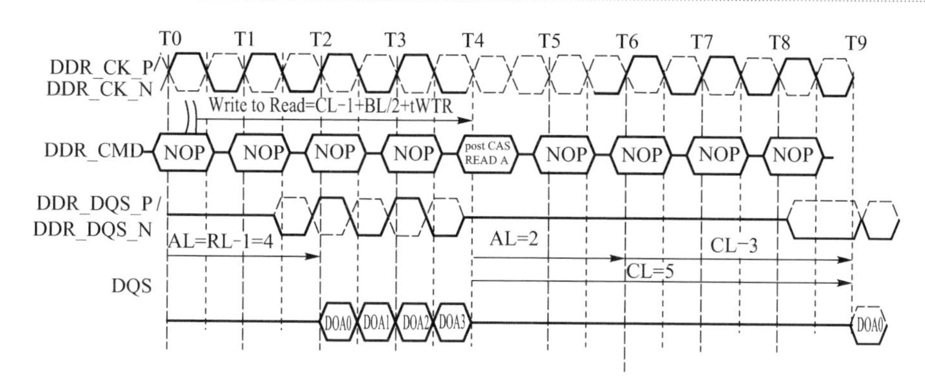

图 5.28　写操作后执行读操作

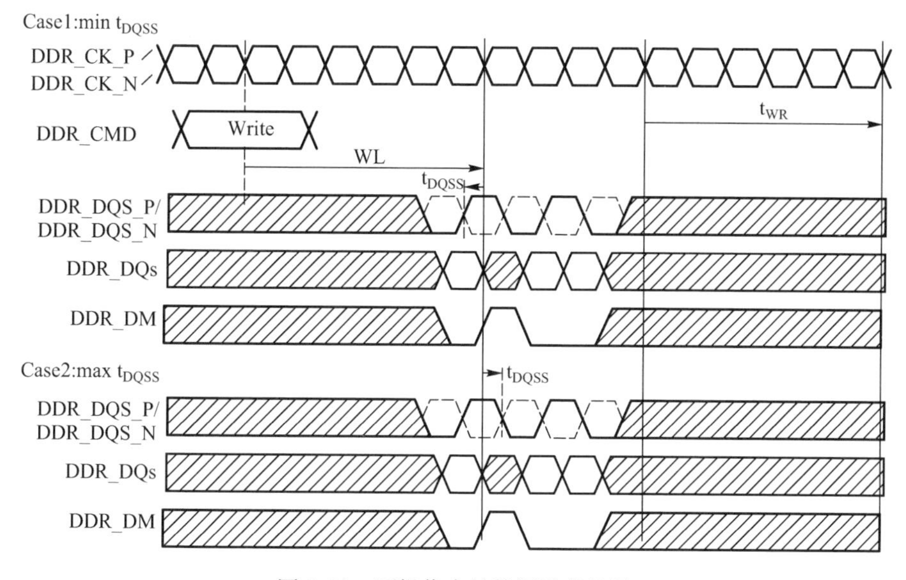

图 5.29　写操作中的数据屏蔽信号

DDR_DM 为低电平时对应的写数据会存储到 DDR2 颗粒中。

4）刷新操作

执行刷新操作时，将 DDR_CS_N、DDR_RAS_N、DDR_CAS_N 置为低且 DDR_WE_N 置为高，就会进入刷新模式。在发出刷新命令之前，DDR2 DRAM 的所有 Bank 都要预充电并保持至少 t_{RP}（预充电命令到下一个命令的时间间隔）的时间。

刷新周期完成时，DDR2 SDRAM 的所有 Bank 都处于预充电（空闲）状态。刷新命令与下一个激活命令或者下一个刷新命令之间至少要间隔一个刷新周期时间（t_{RFC}）。刷新操作时序如图 5.30 所示。

图 5.25 ~ 5.30 图中的时序参数由 DDR2 的 JEOEC 标准定义（可参见国际

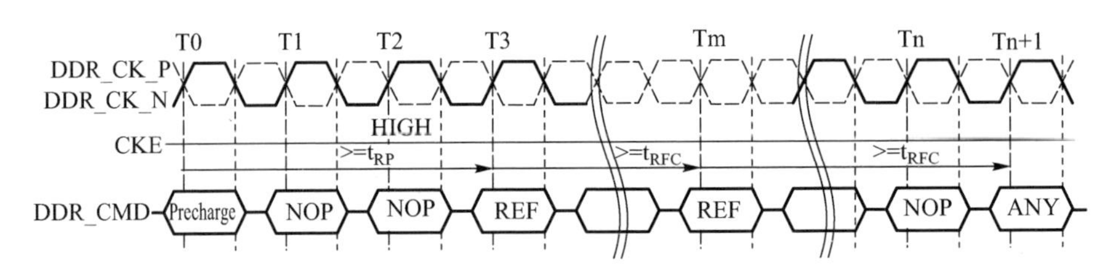

图 5.30　刷新操作时序图

标准 JESD78－2D)，在 DDR2 的控制寄存器中可配置，其中 CL、BL、t_{WR}在寄存器 DREMR0 中设置，AL 在寄存器 DREMR1 中设置，t_{RFC}在寄存器 DRDRR 中设置，t_{RP}在寄存器 DRTPR0 中设置，t_{RTW}在寄存器 DRTPR1 中设置。

5.8.4　DDR2 配置举例

配置 DDR2 寄存器时，要遵守一定的配置顺序，有些寄存器是必须配置的，且配置的位置有严格要求；有些寄存器是可选择配置的，如果使用默认值，则不用再配置，如果不使用默认值，则要重新配置这些寄存器。

5.8.4.1　寄存器配置顺序

（1）配置 DRDCR 寄存器，执行 precharge－all 命令。该命令关闭所有 DDR2 SDRAM 颗粒中打开的行，为后面 DDR2 SDRAM 的配置做准备，必须第一个配置。DRDCR 寄存器中也包含所用 DDR2 SDRAM 颗粒的信息（容量、位宽、rank 个数等），因此配置 DRDCR 时要将这些信息一起重新配置。

（2）配置 DRDCR 寄存器，执行 6 次 SDRAM_NOP 命令。该命令保证 precharge－all 命令与其他 DDR2 SDRAM 命令的时序间隔，必须在 precharge－all 命令配置之后立即配置，每配置 1 次就执行 1 次 SDRAM_NOP 命令，需要配置 6 次，6 次配置的值都相同。SDRAM_NOP 命令也是通过配置 DRDCR 寄存器来实现，其中关于 DDR2 SDRAM 颗粒信息的配置内容与配置 precharge－all 命令时相同。

（3）配置 DRDRR 寄存器来确定刷新周期。该寄存器根据所用 DDR2 SDRAM 颗粒的刷新参数进行配置，若默认值不满足所用 DDR2 SDRAM 颗粒的要求，则必须配置该寄存器以保证刷新过程正确执行；若默认值满足所用的 DDR2 SDRAM 颗粒要求，则不用配置该寄存器。

（4）配置 DRTPR0、DRTPR1、DRTPR2 寄存器来确定时序参数。这 3 个寄存器根据所用 DDR2 SDRAM 颗粒的时序参数进行配置，若默认值不满足所用 DDR2 SDRAM 颗粒的要求，则必须配置这 3 个寄存器；若默认值满足所用的 DDR2 SDRAM 颗粒要求，则不用配置这 3 个寄存器。

(5) 配置与性能调节相关的寄存器。DDR2 SDRAM 配置寄存器中有一些与性能调节有关。如 DRODTCR、DRIOCR,用来调节片上终结电阻的使能与关闭,提高信号质量;DRDQTRx(x=0~7)、DRDQSTR、DRDQSBTR 等,用来微调数据信号采集时间,保证数据采集的正确性;DRDLLGCR、DRDLLCRx(x=0~9),用来调节 PHY 中 DLL 的相关参数;DRRSLR x(x=0~3)、DRRDGR x(x=0~3),用来调节布板后各 rank 系统的信号延迟;DRZQCR x(x=0~1)用来设置阻抗匹配相关的参数。这些寄存器的默认值一般能较好地满足使用要求,但由于布板引入的多种因素,有时需要用户根据使用情况进行重新配置。

(6) 配置 DDR2 SDRAM 模式寄存器 DREMR0、DREMR1、DREMR2、DREMR3。这4个模式寄存器中有突发长度、延迟参数的设置,要根据所用 DDR2 SDRAM 颗粒的相关信息决定是否使用默认值。如果默认值不满足使用要求,则要重新配置这些寄存器。每配置1个模式寄存器,都要紧跟着配置 DRDCR 寄存器来执行2次 SDRAM_NOP 命令,来满足模式寄存器配置与其他配置之间的时序间隔要求,DRDCR 中关于 DDR2 颗粒信息的配置内容与配置 precharge - all 命令时相同。

(7) 配置 DRCCR 寄存器触发数据训练过程。该寄存器必须最后一个配置。

注意,第(1)、(2)两步必须按顺序最先配置,第(7)步必须最后配置。(3)~(6)步可以根据实际使用有选择地配置,且没有配置的先后顺序要求。

5.8.4.2 DDR2 配置举例(表5.16)

下面以 Micron 公司型号为 MT47H32M16 的 DDR2 SDRAM 颗粒为例,说明使用1个 rank 的 DDR2 SDRAM 的参数配置。MT47H32M16 型号的 DDR2 SDRAM 颗粒的容量为 512Mbit,数据位宽为 16bit。

DDR2 SDRAM 控制器与 DDR2 SDRAM 存储系统之间的数据通道为64位,因此1个 rank 需要4片 512M×16bit 的 DDR2 SDRAM 颗粒与数据通道连接。一片 512M×16bit 的 DDR2 SDRAM 颗粒的地址只有25位,对1个 rank 的 512M×16bit 的 DDR2 SDRAM 颗粒寻址,需要26位地址,DDR2 DMA 有效的寻址空间只能为 32'0x8000_0000~32'0x83FF_FFFF。

在配置 DDR2 SDRAM 控制寄存器时,大部分的控制寄存器都可以使用初始化后的默认值,但与所使用 DDR2 SDRAM 颗粒有关的参数要根据需要重新配置。

1) 配置 DRDCR 寄存器

配置 DDR2 SDRAM 控制寄存器时,首先要配置的是 DRDCR 寄存器,通过该寄存器发送 precharge - all 命令。因为该寄存器中包含所使用的 DDR2

SDRAM 颗粒的信息,因此,在配置该寄存器时要将所用 DDR2 SDRAM 颗粒的信息重新配置。

DRDCR[11:0]配置与 DDR2 SDRAM 颗粒信息相关的参数,该段配置值在后面多次配置 DRDCR 的过程中始终保持不变。

DRDCR[31:12]是与发送 DDR2 命令有关的配置内容。如果发送 precharge - all 命令,DRDCR[30:27] = "0101",则表示发送的 DDR2 命令是 precharge - all 命令;如果发送 SDRAM_NOP 操作命令,只要将 DRDCR[30:27] = "1111",则表示发送的命令是 SDRAM_NOP 命令。

表 5.16 DRDCR 配置

配置位	配置值	配置说明
0	0	选择使用 DDR2 SDRAM 颗粒,该位只能配置为 0
2:1	10	选择 DDR2 SDRAM 颗粒数据位宽为 16 位
5:3	001	选择 DDR2 SDRAM 颗粒容量为 512Mbit
8:6	111	选择 DDR2 SDRAM 存储系统的总数据位宽为 64 位,此处只能设置为"111"
9	0	必须设置为"0"
11:10	00	选择 DDR2 控制器连接 1 个 rank 的 DDR2 SDRAM 存储系统
12	1	表示对所有 rank 的 DDR2 都执行当前的 DDR2 操作命令
24:13	0x0	必须设置为"0x00"
26:25	00	表示使用[12]设置的值
30:27	0101 或 1111	发送 precharge - all 命令用"0101",发送 SDRAM_NOP 命令用"1111"
31	1	表示发送 DDR2 操作命令

可知,发送 precharge - all 命令时 DRDCR = 0xA800 11CC;发送 SDRAM_NOP 命令时 DRDCR = 0xF800 11CC。

2) 配置 DRDRR 寄存器

DRDRR 寄存器用来配置自动刷新相关的参数,DRDRR[7:0]配置 t_{RFC},需要用到 DDR2 SDRAM 颗粒的 t_{RFC} 参数;DRDRR[23:8]配置 t_{RFPRD},需要用到 DDR2 SDRAM 颗粒的 t_{REFI} 参数和 RFBURST,RFBURST 由 DRDRR[27:24]配置。DRDRR 配置的参数以时钟周期数表示,不同时钟频率下得到的配置值是不同的,本例中配置适用于 180MHz ~ 500MHz 时钟频率范围的参数。

t_{RFC} 的计算如下:

$$t_{RFC} = t_{RFC(DDR\,2)}/t_{clock},\ t_{clock}\text{为时钟周期}$$

t_{RFPRD} 计算如下:

$$t_{RFPRD} = \frac{t_{REFI}}{t_{clock}} \times (\mathrm{RFBURST} + 1) - 200$$

MT47H32M16 型号的 DDR2 SDRAM 颗粒的刷新参数为 $t_{RFC} \geqslant 105ns$；商业级 DDR2 SDRAM 颗粒的 $t_{REFI} \leqslant 7.8\mu s$；工业级 DDR2 SDRAM 颗粒的 $t_{REFI} \leqslant 3.9\mu s$。

t_{RFC}有最小值限制，用 500MHz 频率算出的值可在 500MHz 以下通用，配置的值只能大于计算结果。

t_{REFI}有最大值限制，用 180MHz 频率算出的值可在 180MHz 以上通用，配置的值只能小于计算结果。

用 500MHz 频率得到的 t_{RFC}值为 53（个周期），为保证有一定余量，取 70 个周期。

本例中设置 RFBURST = 0，使用工业级 t_{REFI}值，用 180MHz 频率算出的 t_{RFPRD}值为 496 个周期，可以取 490 个周期。

综上所述，适用于 180MHz ~ 500MHz 范围内的 DRDRR = 0x0001 EA46。

3）配置 DRTPR0、DRTPR1 寄存器

DRTPR0、DRTPR1、DRTPR2 寄存器配置 DDR2 SDRAM 颗粒工作时的时序参数，根据所用 DDR2 SDRAM 颗粒的对应参数进行配置，可适当留有一定余量。DRTPR2 的默认值适合本例中的 DDR2 SDRAM 颗粒，不用再进行配置，只需要对 DRTPR0、DRTPR1 进行配置。DRTPR0 配置如表 5.17 所列。

表 5.17　DRTPR0 配置

DDR2 SDRAM 颗粒参数	配置位	配置值	配置说明
t_{MRD}：≥2 个时钟周期	1:0	10	设置为 2 个时钟周期
t_{RTP}：≥7.5ns	4:2	101	设置为 5 个时钟周期
t_{WTR}：≥10ns	7:5	101	设置为 5 个时钟周期
t_{RP}：时钟频率 > 400MHz 时，t_{RP} ≥ 13.125ns；时钟频率 ≤ 400MHz 时，t_{RP} ≥ 15ns	11:8	0111	设置为 7 个时钟周期
t_{RCD}：时钟频率 > 400MHz，t_{RCD} ≥ 13.125ns；时钟频率 ≤ 400MHz，t_{RCD} ≥ 15ns	15:12	0111	设置为 7 个时钟周期
t_{RAS}：≥40ns	20:16	10110	设置为 22 个时钟周期
t_{RRD}：≥10ns	24:21	0110	设置为 6 个时钟周期
t_{RC}：≥55ns	30:25	11101	设置为 29 个时钟周期
t_{CCD}：≥2 周期	31	10	设置为 2 个时钟周期

综上所述，DRTPR0 = 0x3AD6_77B6。该设置值适用于 500MHz 以内的时钟频率。

DRTPR1 的默认值适用于 400MHz 以内的 DDR2 SDRAM 颗粒，如果使用工作时钟为 533MHz 的 DDR2 SDRAM 颗粒，则 DRTPR1 中的参数需要重新设置，见表 5.18。

表 5.18 DRTPR1 配置

DDR2 SDRAM 颗粒参数	配置位	配置值	配置说明
t_{AOND}/t_{AOFD}:2/2.5	1:0	00	用默认值 2/2.5
t_{RTW}: 无	2	0	用默认值
t_{FAW}:时钟频率≥400MHz,t_{FAW}≥45ns;时钟频率<400MHz,t_{FAW}≥50ns,设置值只能比计算值大	8:3	011000	取 24 个时钟周期
t_{MOD}: 无	10:9	00	用默认值,只能设置为 00
t_{RTODT}:无	11	0	用默认值,只能设置为 0
t_{RNKRTR}:无	13:12	01	用默认值
t_{RNKWTW}:无	15:14	00	用默认值
保留位	22:16	0x0	用默认值,只能设置为全 0
CL:533MHz 取 7	26:23	0111	取 7 个周期,CL 参数在 DREMR0 中最大只能设置为 6,不满足要求,要在 DRTPR1 中重新设置
t_{WR}:≥15ns	30:27	1000	取 8 个周期,t_{WR} 参数在 DREMR0 中最大只能设置为 6,不满足要求,要在 DRTPR1 中重新设置
XTP:无	31	1	表示使用 DRTPR1[30:23]中设置的参数

如果不使用工作时钟为 533MHz 的 DDR2 SDRAM 颗粒,则 DRTPR1 使用默认值,不用重新配置。

如果使用工作时钟为 533MHz 的 DDR2 SDRAM 颗粒,则 DRTPR1 =0xC380_10C0。

4) 配置 DRODTCR 寄存器

DDR2 SDRAM 控制寄存器中与性能调节有关的寄存器大多数使用默认值就能适合应用,但由于布板引入的多种因素,有时需要用户根据使用情况对个别寄存器进行重新配置。DRODTCR 寄存器用来控制读写操作时是否使能 ODT(片上终结电阻)功能。DRODTCR 默认值是使能写操作时的 ODT 功能,关闭读操作时的 ODT 功能。ODT 功能可以在高频应用时减少信号反射,但会造成信号强度衰减。为防止信号强度衰减过大造成传输错误,建议关闭读操作和写操作中的 ODT 功能。

综上所述,DRODTCR =0x0。

5）配置 DREMR0 寄存器

DREMR0 寄存器中有 DDR2 SDRAM 颗粒工作时的延迟参数，在 500MHz 工作时要选择最大的延迟。DREMR0 的配置如表 5.19 所列。

表 5.19　DREMR0 配置

配置位	配置值	配置说明
2:0	010	表示 DDR2 传输的突发长度为 4
3	0	表示突发方式为顺序突发
6:4	110	CL 参数选择为 6
7	0	正常的读写方式
8	0	使用默认值，不复位 DDR2 SDRAM 的 DLL
11:9	101	WR 参数选择为 6
31:12	0x0	设为 0

即 DREMR0 配置后的状态为 0xA62。

6）配置 DRCCR 寄存器

DRCCR 寄存器必须最后一个配置，来触发数据训练操作。其配置如表 5.20所列。

表 5.20　DRCCR 配置

配置位	配置值	配置说明
0	0	必须为 0
1	0	必须为 0
2	1	必须设置为 1，表示 DDR2 控制器可以工作了
3	0	必须为 0
4	0	必须为 0
12:5	0x0	必须为 0x0
13	0	必须为 0
14	0	使用默认值，选择第一种 DQS 选通机制
16:15	00	使用默认值，设置 DQS 偏移的界限为“no limit”
17	1	使用默认值，使能 DQS 偏移补偿使能信号
26:18	0x0	保留位，必须设置为 0x0
27	0	使用默认值，不清空 DDR2 控制器中的流水线
28	0	使用默认值，不复位 ITM 模块
29	0	必须设置为 0
30	1	触发数据训练操作
31	0	使用默认值，不对 DDR2 SDRAM 进行初始化

即 DRCCR 配置后的状态为 0x4002_0004。

综上所示,使用 1 个 rank 的 512Mbit × 16bit 的 DDR2 SDRAM 存储系统依次执行的配置如表 5.21 所列。

表 5.21 DDR2 配置过程

寄存器及其值	操作
DRDCR = 0xA800_11CC	执行 precharge all 操作
DRDCR = 0xF800_11CC	执行 6 次 SDRAM_NOP 操作,即配置 6 次相同值
DRDRR = 0x1_EA46	配置刷新参数
DRTPR0 = 0x3AD6_77B6	配置时序参数
DRODTCR = 0x0	关闭读写操作中的 ODT 功能
DREMR0 = 0xA62	配置 DDR2 模式寄存器
DRDCR = 0xF800_11CC	执行 2 次 SDRAM_NOP 操作
DRCCR = 0x4002_0004	配置 DRCCR,并触发数据训练操作

第6章 处理器开发工具

DSP是针对数字信号处理应用的一种处理器,它提供的是一个硬件处理平台,在该平台上运行的用户应用算法软件需要用户根据实际应用需求进行二次开发。为应用工程师进行二次开发提供环境良好的软件开发工具是器件得到应用的基本条件,其中C编译器、汇编器、链接器、调试器等是必备工具,这些工具将集成于一个统一的集成开发环境ECS内。在ECS开发环境中,能够编辑C语言或汇编语言程序,并对程序进行编译、链接、调试。

本章首先介绍软件开发的一般流程,在给出这个流程的过程中,介绍“魂芯一号”处理器的一系列开发工具。

6.1 “魂芯一号”应用开发流程

DSP应用系统设计包括两部分:硬件设计和软件设计。两者先期可以在各自系统上分别进行设计与调试,结果没有问题时再进行系统联合调试。

硬件设计包括:

(1) 器件选型,系统结构确定;

(2) 性能,功耗分析;

(3) 开发周期,成本分析;

(4) 原理图、PCB设计调试。

软件设计包括:

(1) 算法确定,设计程序流程图;

(2) 软件编制(C语言/汇编);

(3) 编译/汇编/链接;

(4) 软件模拟。

DSP应用系统的系统级设计流程如图6.1所示,软硬件设计过程如图6.2所示。

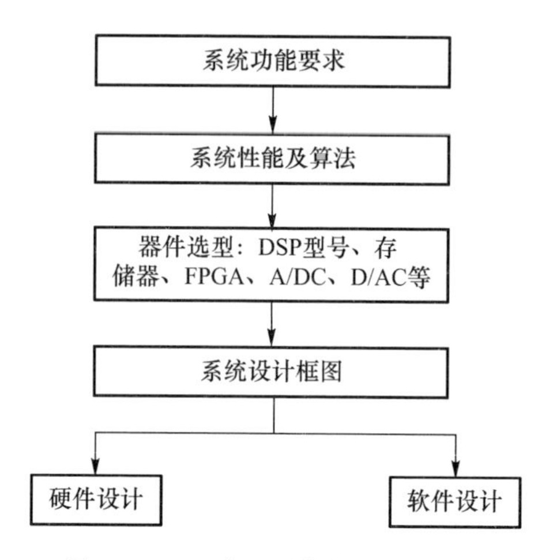

图 6.1　DSP 应用系统的系统级设计

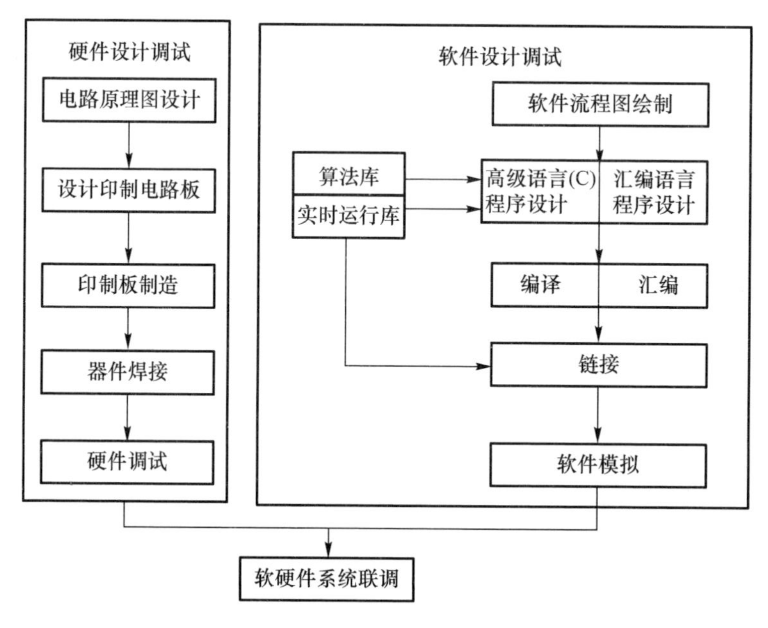

图 6.2　DSP 应用系统软硬件设计调试步骤

6.2　“魂芯一号”在线调试系统

“魂芯一号”的在线调试系统由三部分组成：软件调试环境、在线仿真器 ICE 和 DSP 芯片内部的调试逻辑，系统组成结构如图 6.3 所示。“魂芯一号”在芯片内部实现了符合 JTAG 标准协议（IEEE - 1149.1 - 2001）的在线调试逻辑电路，为了最大限度地减少在线调试逻辑电路占用的芯片管脚数，这里将处理器的测试应用管脚和处理器调试管脚做复用处理。在图 6.3 中,TCK、TMS、TDI、TDO、TRST_N 是标准的 JTAG 信号,其他额外增加的信号提供必要的辅助功能,用于更好地实现 DSP 芯片的在线调试。

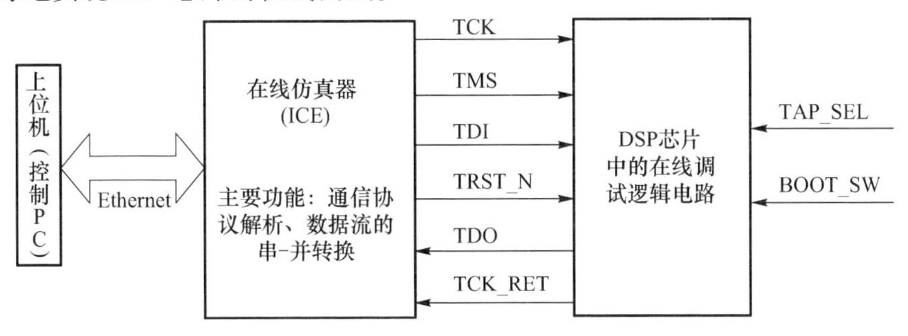

图 6.3　“魂芯一号”的调试系统结构

上位机主要通过 ECS 里的调试工具对目标 DSP 进行各种调试操作,包括 DSP 强制启动/停止、单步调试、断点调试、观察点调试、内部存储器读写等。每次调试操作的信息通过网口发送给 ICE。

在线仿真器连接 ECS 和目标 DSP 芯片,负责基于 Ethernet 调试通信协议与 JTAG 调试电路协议之间的相互转换。DSP 芯片内部的调试逻辑电路采用标准的 JTAG 协议来实现。

6.2.1　“魂芯一号”的功能模式

“魂芯一号”有 3 种功能模式:用户模式、调试模式和诊断模式。

用户模式是指处理器正常工作模式,此时处理器内的所有指令均可正常执行,程序员可以访问 DSP 所有状态寄存器、控制寄存器、片内存储资源和片外存储资源。用户模式需要将 TAP_SEL、BOOT_SW 功能引脚外接电平置为逻辑“1”。在用户模式下,不进行模式切换(即 BOOT_SW 始终为“1”),DSP 也可以强行进入调试模式,此时需要特别注意的是,强行进入调试模式之前,必须要等待所有被调试的 DSP 芯片自行 BOOT 结束,否则会导致 DSP 工作异常。例如,如果需要调试 4 片 DSP(DSP0 ~ DSP3,默认主片为 DSP0),但只自动加载 DSP0 和 DSP1,此时在维持主片 BOOT_SW 为“1”时就进入调试模式下,即使通过 JTAG 加载 DSP2 和 DSP3,DSP2 和 DSP3 也会工作异常。

在调试模式下,除了可以访问用户模式下的资源外,程序员还能获取 3 类状态信息:指令发射级之前的流水线寄存器内容、每级流水线对应的 PC 值以及宏中所有运算部件的使用情况。调试模式启动流程如下:

第一步:目标板系统上电,将所有级联在一条 JTAG 链路上 DSP 芯片的 TAP_SEL引脚置为逻辑“1”,BOOT_SW 引脚置为逻辑“0”;

第二步:ICE 系统上电,并将 ICE 系统与上位机及目标板连接;

第三步:在上位机中启动调试 IDE 界面,进入调试模式。

诊断模式仅用于 DSP 芯片在用户模式下出现异常状态时,查看异常发生的原因。诊断模式下,调试逻辑不可访问 DDR2,其余可访问的资源与调试模式下相同,但是这些可访问资源均处于只读状态。诊断模式的启动流程如下:

第一步:将目标板所有级联在一条 JTAG 链路上 DSP 芯片的 TAP_SEL 引脚置为逻辑“1”,BOOT_SW 引脚置为逻辑“0”;

第二步:ICE 系统上电,并将 ICE 系统与上位机及目标板连接;

第三步:在上位机中启动调试 IDE 界面,进入诊断模式。

6.2.2 “魂芯一号”的在线调试资源

“魂芯一号”提供的在线调试资源有:

1) 硬件断点

在线调试逻辑电路为用户提供了丰富的硬件断点资源,系统硬件断点寄存器最多支持 32 个,其中系统软件保留 2 个,用户可使用 30 个。当 DSP 程序运行过程中碰到硬件断点时,会自动中止程序运行,并停留在当前状态,程序员可以访问当前时刻 DSP 内所有可见地址空间资源,并对其中可写资源进行修改。

2) 观察点

系统硬件最多提供 16 个观察点,其中系统软件保留一个,用户最多可使用 15 个。这些观察点对 DSP 的数据存储器、通用寄存器、U/V/W 寄存器写操作敏感。当用户写操作触发所定义的观察点时,会自动中止 DSP 运行,方便程序员观察 DSP 当前工作状态。

6.3 “魂芯一号”的集成开发环境

“魂芯一号”集成开发环境 ECS 通过可视化图形界面和用户进行交互,程序开发人员可在此界面中进行文件、工程管理、编辑、调试等工作,实现不同模式间核切换和程序高效率开发。ECS 能够将性能统计信息以图形化方式显示出来,便于程序员识别性能瓶颈,并开展进一步优化工作。

ECS 开发环境集成调试器、宏预处理器、规则检查器、汇编器、链接器、反汇编器、库生成器、加载器、时钟周期精确指令模拟器、DSP 算法库,主界面如图 6.4 所示。

6.3.1 工程管理和编辑器

在一个工作空间(workspace)中可以建立多个工程,每个工程对应多片 DSP

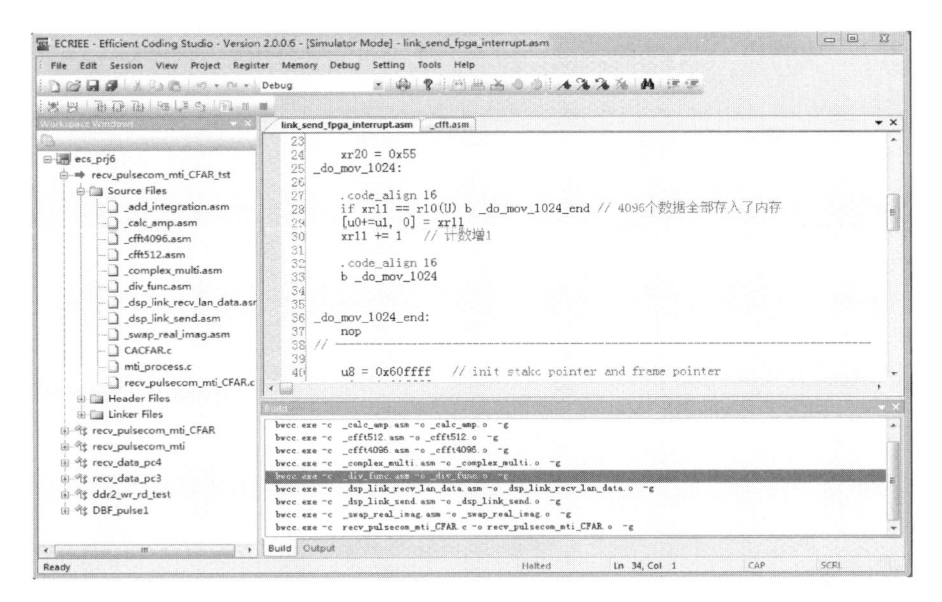

图6.4　ECS集成开发与调试界面(见彩图)

系统中的一片处理器。每个工程中可以建立多个源文件,包括C文件、汇编文件以及链接描述文件,并可随时添加、删除、修改选定的文件。编辑器能够自动识别关键字、注释等,并以不同的颜色显示出来,支持其他标准的编辑操作。

6.3.2　调试器

调试器(Debugger)支持基于指令集模拟器(Simulator)或硬件仿真器(Emulator)的调试,采用统一的可视化交互界面。调试器还支持多处理器调试,在统一界面上最多可以支持8片处理器同时调试。多处理器可以同时操作,如指令单步、周期单步、连续运行,设置断点和挂起等,也可以只调试某一个处理器,查看寄存器和存储器,观察反汇编、流水线等。

6.3.3　统计分析功能

ECS支持基于软件模拟器的非侵入式性能分析,在程序中不需要加入额外的性能分析代码,调试器能够虚拟采样目标处理器,并将采样数据以图形化的方式显示出来。通过跟踪、时间统计,程序员能够迅速发现DSP程序中需要进一步优化的程序模块。

ECS提供了强大的绘图功能,数据来源可以是内存数据或文件数据,通过绘图可以直观地显示。绘图的类型有二维和三维;另外还可以对数据进行变换,如FFT变换。

6.3.4 支持混合编程和调试

ECS 支持 C 语言、汇编语言的混合编程和调试。C 语言要求符合 ISO C90 标准,汇编语言编程采用代数表达形式。这在很大程度上缩短了程序的开发周期,也充分发挥了 DSP 的实时处理性能。

6.3.5 丰富的帮助文档

ECS 集成了丰富的帮助文档,用户通过帮助文档可以查询指令系统、软件工具链、集成开发环境使用方法等。

6.4 编译器

编译器用于处理符合 ISO C90 标准的 C 程序,生成"魂芯一号"汇编代码。编译器的主要特性有:

(1) 支持 -O0, -O1 优化选项;

(2) 支持 -g 选项下 stabs 格式调试信息的生成;

(3) 支持 intrinsic 内建函数;

(4) 支持 pragma 编译指示;

(5) 支持 windows 操作系统。

通过编译指示支持 C 语言扩展,这些扩展可更好利用"魂芯一号"底层体系结构。

支持的数据类型如表 6.1 所列。包括 C90 基本数据类型、编译器内建数据类型以及复合数据类型。其中,编译器内建数据类型包括双 16 位整数和 16 位复数,复合数据类型包括 32 位浮点复数和 32 位整型复数。

表 6.1 编译器支持的数据类型

C90 基本数据类型	数据类型及其位宽
char	32 位有符号数
unsigned char	32 位无符号数
short	32 位有符号数
unsigned short	32 位无符号数
int	32 位有符号数
unsigned int	32 位无符号数
long	32 位有符号数
unsigned long	32 位无符号数

（续）

C90 基本数据类型	数据类型及其位宽
指针	32 位
float	32 位浮点数（IEEE754 单精度浮点）
double	32 位浮点数（IEEE754 单精度浮点）
long double	32 位浮点数（IEEE754 单精度浮点）
编译器内建数据类型	数据类型及其位宽
__int2x16（以基本数据类型实现）	双 16 位整数，高低 16 位各包括一个 16 位有符号整数
__complex_i16（以基本数据类型实现）	整型复数，32 位，低 16 位为复数的虚部，高 16 位为复数的实部
复合数据类型	数据类型及其位宽
__complex_f32（以结构体方式实现）	浮点复数，64 位，低 32 位为复数的虚部，高 32 位为复数的实部
__complex_i32（以结构体方式实现）	整型复数，64 位，低 32 位为复数的虚部，高 32 位为复数的实部

需要注意的是，从表 6.1 复合数据类型一栏中能够看出，编译器用结构体来实现 32 位定点或浮点复数类型，复数数据类型定义在头文件 complex.h 中，这是对 C90 的一个扩展，32 位定点或浮点复数类型的定义如下：

32 位定点复数类型说明：

```
typedef struct
{
    int im;
    int re;
}__complex_i32;
```

32 位浮点复数类型说明：

```
typedef struct
{
    float im;
    float re;
}__complex_f32;
```

可见，这两个结构体的第一个域表示复数虚部，第二个域表示复数实部，而“魂芯一号”内存地址按照 32 位字为单位寻址，所以内存中一个复数虚部在低地址处，实部在高地址处。

“魂芯一号”仅实现了 32 位单精度浮点数，所以表 6.1 中 float，double 和 long double 类型都表示 32 位 IEEE 单精度浮点数。

6.4.1　编译器命令行参数

编译器命令行用法如下：

bwcc [--switch [-switch …]] sourcefile [sourcefile …],参数含义如表6.2所列。

表6.2 bwcc命令行语法

命令行参数	参数说明
[--switch ...] [-switch ...]	开关选项,见表6.4。实际编写代码时,不需要“[ ]” [--switch]用于表示多单词开关选项 [-switch]用于表示单单词开关选项
sourcefile	预处理、编译、汇编、链接的文件名,可以为多个文件

文件名包括驱动盘号、目录、文件名扩展和有空格文件路径,支持Win32和POSIX风格路径。

编译器通过文件后缀名来判断文件的内容,以便采取相应的操作。表6.3列举了允许的文件名扩展。

表6.3 bwcc允许的文件名扩展

文件类别	功能说明
. c	源文件被编译、汇编、链接
. asm	预汇编文件被预汇编、汇编、链接
. s	汇编文件被汇编、链接
. o	目标文件被链接
. a	静态库文件被链接

如命令行操作:bwcc -o hello hello. c,表示使用以下开关选项运行:

-o hello:指定编译器生成可执行文件名字。

hello. c:指定编译器要处理的源文件。

如果指定多个文件,则各个文件依次被生成目标文件,最终链接成一个可执行文件。可以通过开关选项来选定要执行的阶段,如:

-E只执行预处理操作,输出预处理后的内容,默认标准输出,即默认不会将预处理的结果保存到文件中。

-S控制bwcc执行编译操作,输出汇编文件。可以通过-o指定生成的汇编文件名,如果不指定,生成的汇编文件名和处理文件名相同,但后缀改成 . s。

-c控制编译器执行编译和汇编操作,输出目标文件。可以通过-o指定生成的目标文件名,如果不指定,生成的目标文件名和处理文件名相同,但后缀改成 . o。

如果没有这些控制执行步骤的开关选项,则默认生成可执行程序。可以通过-o指定生成的可执行程序名,如果不指定,生成的可执行程序为a. out。编译器可以直接指定需要链接的静态库。用法如下:

```
bwcc -o hello hello.c E:\lib\mylib.a
```

其中 mylib. a 可以是自己创建的库。当需要链接的目标对象属于标准 C 库时，不需要指定文件路径。编译器设定默认的链接库包括 C 标准库函数。表 6.4中总结了常用的命令行开关选项。

表 6.4　常用开关选项

选项	用途
sourcefile	指定要编译的文件
-c	对输入文件进行编译、汇编或者仅进行汇编，不链接，得到目标文件
-D < macros >	定义某个宏
-E	预处理源文件，不编译
-g	产生 stabs 调试信息
--help 或 -h	列出命令行开关选项概要（帮助信息）
-I < path >	添加路径到头文件的搜索目录列表中
--keep	保存所有的中间文件
-O0	不启用优化
-O 或者 -O1	优化级别为 1，启用经典优化
-o < file >	指定要生成的文件名
-S	只生成汇编文件
-U < macros >	取消一个宏的定义
-v, --verbose	打印编译过程的状态信息
--version	打印编译器版本信息
-w	屏蔽所有的 warning 信息
-Ws,option	把命令行选项传递到 lasp（宏预处理器）
-Wp,option	把命令行选项传递到 preasm（规则检查器）
-Wa,option	把命令行选项传递到 lasm（汇编器）
-Wl,option	把命令行选项传递到 link（链接器）

举例说明表 6.4 中常用命令行选项用法。例如，想要对一组复数据进行幅度运算，编写一个通用函数 cabs 实现此功能。假设此函数已编写好且存在文件 _cabs. asm 中，编写主函数 main. c 时，需要对函数 cabs 进行声明并调用该函数，且产生最终的可执行文件。实现上述目标最简单的方法是使用命令行：

```
bwcc -o main main.c _cabs.asm
```

也可以首先将 main. c 和_cabs. asm 分别编译成目标文件，再用链接器 link 链接：

```
bwcc -c main.c                  (得到 main.o)
bwcc -c _cabs.asm               (得到_cabs.o)
link main.o _cabs.o             (得到 a.out)
```

如果已经编写了很多函数并将这些函数放在一个静态库文件中，若要使用这些函数，只需在命令行中指定链接此静态库文件即可。例如，用“魂芯一号”提供的库生成器 lar 将_cabs. asm 打包到静态库文件 mylib. a 中，命令如下：

```
lar -r mylib.a _cabs.o
```

其中 -r 表示用指定的模块（目标文件）替换库中已有的模块或插入到库中，mylib. a 是库名，_cabs. o 是目标文件名。通过此命令，就可以将_cabs. o 放入静态库 mylib. a 中，然后用以下命令即可完成 main. c 的编译以及和_cabs. o 的链接，得到可执行文件 a. out：

```
bwcc main.c mylib.a
```

上面提到的链接器 llnk 以及库生成器 lar 将在本章的后面几节进行介绍。

6.4.2 运行环境与模型

6.4.2.1 栈模型概述

图 6.5 给出了“魂芯一号”栈运行模型。栈向低地址方向增长，即图 6.5 所示栈模型类似于一个倒置的容器，先存入的数据放入高地址，后存入的数据放入低地址。栈被一对指针所控制，栈指针 SP 对应 u8 寄存器，帧指针 FP 对应 u9 寄存器。栈指针标识当前栈帧的边界（栈顶）。而不论栈指针如何变化，帧指针一般始终指向当前栈帧第一个内存单元，通过帧指针能够对当前函数的形参、局部变量进行寻址，所以帧指针给当前栈帧提供比较稳定的寻址方式。

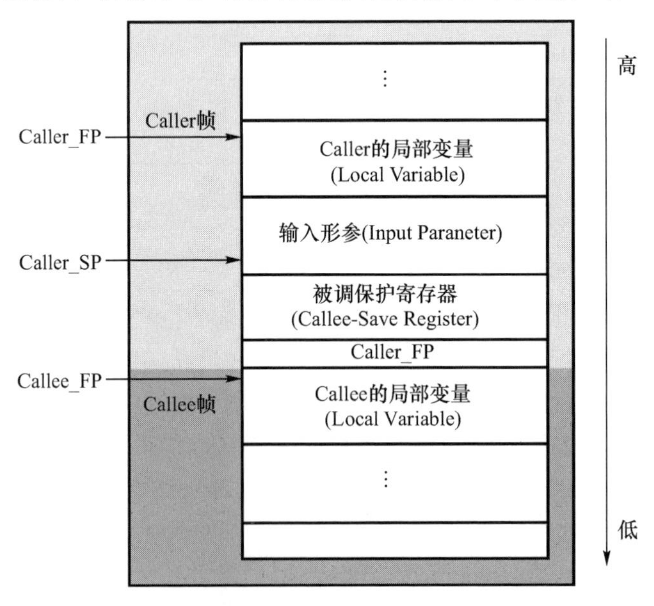

图 6.5 “魂芯一号”栈运行模型（见彩图）

图6.5中,输入形参空间是输入参数所占用的空间,其属于Caller(主调函数)栈帧,即使输入参数放置在寄存器中进行传递,该空间也必须预留好。Callee(被调函数)执行时,会使用一些寄存器来存储数据,为了不覆盖Caller存在寄存器中的值,需要将使用的寄存器原始值压栈,函数返回时再出栈恢复。

表6.5　“魂芯一号”在函数调用时约定保存的寄存器

主调保存寄存器	被调保存寄存器
(X/Y/Z/T)R0 ~ R39	(X/Y/Z/T)R40 ~ R63
U0 ~ U7	U10 ~ U15
V0 ~ V7	V8 ~ V15
W0 ~ W7	W8 ~ W15
零开销循环寄存器 LC0,LC1	子程序指针寄存器 SR
累加寄存器 ACC	分支地址寄存器 BA
乘累加寄存器 MACC	ALU 控制寄存器 ALUCR
块浮点标志寄存器 ABFPR	乘法器控制寄存器 MULCR
ALU 比较寄存器 ACF	移位器控制寄存器 SHFCR
	特殊运算单元控制寄存器 SPUCR
注:上面未提到的其他寄存器均按照 Caller - Save 寄存器处理	

“魂芯一号”在函数调用时约定保存的寄存器如表6.5所列。其中,主调保存寄存器是指调用函数负责保存和恢复的寄存器,被调用函数可以随意使用此类寄存器。实际上,只有在主调函数的执行过程中需要调用某个函数,并且调用返回后还需要继续使用某个主调保存寄存器中的值时,主调函数才需要在函数调用前保存这个寄存器中的值,并在函数调用返回后甫　恢复。

被调保存寄存器是指被调用函数负责保存和恢复的寄存器。被调用函数若需要修改此类寄存器中的值,需要负责保存旧值,并在函数返回前加以恢复。相应地,函数在执行过程中若需要调用某个函数,则不需要对此类寄存器的值进行保存和恢复,仍然可以在调用返回后继续使用此类寄存器中存储的值。

在使用C语言编程时,编译器会按照这个寄存器保存规则对寄存器进行保存和恢复处理。用汇编编程时,需要用户自己按照此规则进行编程处理。实际编程时,经常使用C语言编写主函数,其调用的函数可以使用汇编编写,此时汇编程序应该注意遵守这个规则,或者在汇编子程序中尽量只使用主调保存寄存器。

局部变量栈帧空间是当前程序局部变量所使用的空间。在调试模式下,所有的局部变量都在该空间占有相应的位置,即调试模式下每个局部变量都会分配地址,而不会用寄存器来存储数据。在其他模式下,只有不能分配到寄存器的局部变量有相应的位置。

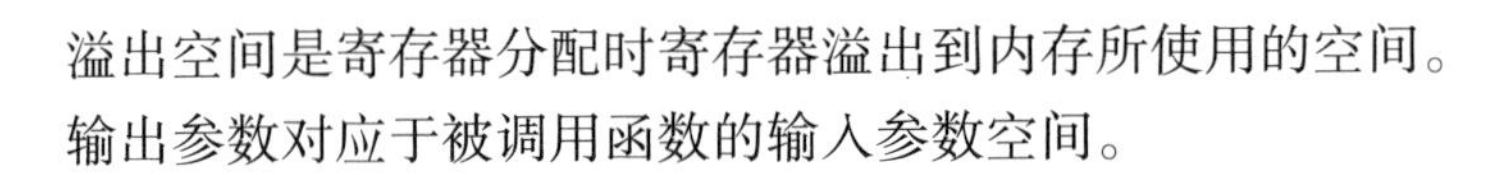

溢出空间是寄存器分配时寄存器溢出到内存所使用的空间。

输出参数对应于被调用函数的输入参数空间。

6.4.2.2 参数及返回值传递规则

为提高程序执行效率,编译器优先使用寄存器进行参数传递,通过寄存器最多可支持传递 8 个参数字,其他通过堆栈传递。详细规则如表 6.6 所列。

表 6.6 寄存器参数传递约定

参数字	使用的寄存器		堆栈地址
	整数或浮点数	指针	
参数字 1	XR0	U0	U8 +1
参数字 2	XR1	U1	U8 +2
参数字 3	XR2	U2	U8 +3
参数字 4	XR3	U3	U8 +4
参数字 5	XR4		U8 +5
参数字 6	XR5		U8 +6
参数字 7	XR6		U8 +7
参数字 8	XR7		U8 +8
参数字 9			U8 +9
返回值	XR8	U4	…

对于整数、浮点数或编译器内建数据类型,前 8 个参数字内,都以 X 核内通用寄存器来传递;指针数据仅当其位于前 4 个参数字内时,以 U 地址寄存器传递。编译器通过堆栈传递结构体内参数数据,不占用传参寄存器。所以表 6.1 中所列的“魂芯一号”支持的数据类型中,以结构体实现的__complex_f32 和__complex_i32 是用堆栈传递,而其他数据类型都是用传参寄存器进行参数传递。

下面举一个调用 C 语言函数的例子对使用堆栈传递参数的规则进行说明,通过观察反汇编的结果和堆栈空间,理解编译器在其中所做的处理,也可清晰认识到“魂芯一号”的堆栈模型。

例 6.1:__complex_f32 是用结构体实现,所以用一个以__complex_f32 为参数类型对堆栈传参进行说明。编写一个求两个复数之间距离(模值)的函数 point_distance,主函数调用此函数进行测试。

函数名称:point_distance. c

函数说明:调用 C 标准库 < math. h > 中 sqrt 函数,sqrt 函数原型参数和返回值都是 double 类型,由于“魂芯一号”中 double 类型为 32 位单精度浮点,即 float 类型,所以并没有发生强制类型转换。

函数实现:

```
#include <complex.h>
#include <math.h>
/* double sqrt(double num); */
float point_distance(__complex_f32 a,__complex_f32 b)
{
    float dis_x = (a.im - b.im);
    float dis_y = (a.re - b.re);
    return sqrt(dis_x * dis_x + dis_y * dis_y);}
```

函数名称:point_distance. h

函数说明:编写此函数对应的函数声明头文件

函数实现:

```
#ifndef POINT_DISTANCE_H
#define POINT_DISTANCE_H
#include <complex.h>
float point_distance(__complex_f32 a,__complex_f32 b);
#endif
```

函数名称:main. c

函数说明:编写一个主函数,提供测试数据并调用 point_distance 函数

函数实现:

```
#include <stdio.h>
#include <complex.h>
#include "point_distance.h"

int main(int argc ,int * argv[])
{
/* point1.im = 1.0 : 0x3F80_0000,point1.re = 3.0 : 0x4040_0000 */
    __complex_f32 point1 = {1.0,3.0};
     /* point2.im = -2.0 :0xC000 _0000, point2.re = -1.0 : 0xBF80 _
0000 */
    __complex_f32 point2 = { -2.0, -1.0};
float dis;
    dis = point_distance(point1,point2);
    printf("% f \n",dis);
return0;}
```

在 ECS 的 session 模块中选择“魂芯一号” Simulator 对该程序进行调试,主要步骤如下:

Step1:进入调试模式后,程序停在 main 函数第一行代码之前,可以查看 main 函数栈帧情况,如图 6.6 所示。

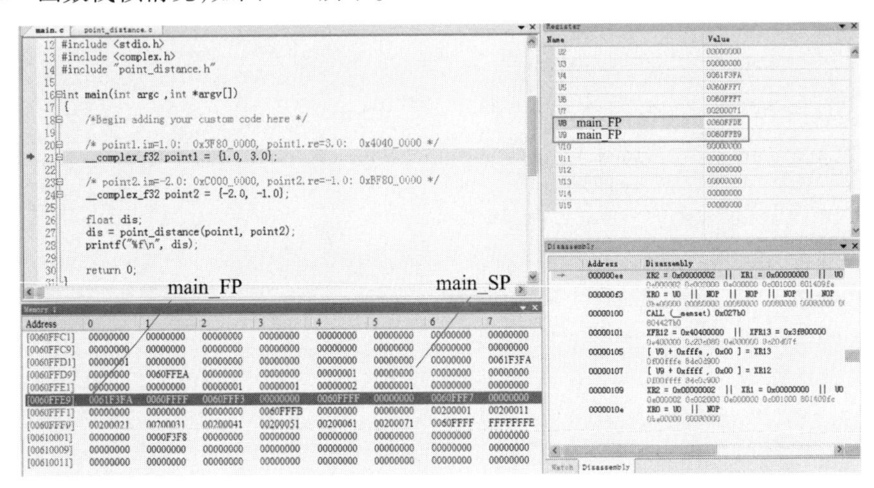

图 6.6　point_distance 程序调试——main 函数起始处(见彩图)

此时 SP(U8)=0x0060FFDE,FP(U9)=0x0060FFE9 为 main 函数栈帧相应值。

Step2:程序执行到调用 point_distance 函数之前,如图 6.7 所示。

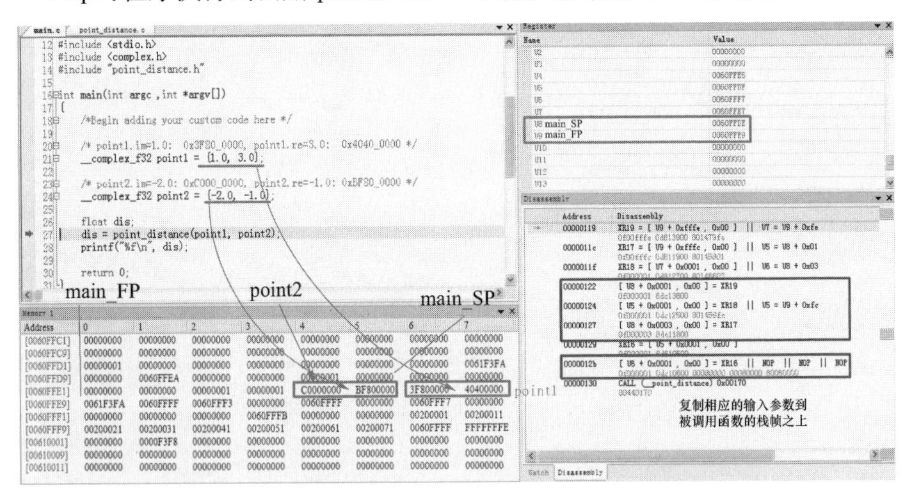

图 6.7　point_distance 程序调试——point_distance 函数调用前(见彩图)

从图 6.7 可以看出:main_FP 所指的地址相邻的低地址处,依次存放着 main 函数的局部变量 point1 和 point2,这 4 个内存单元位于图 6.5 中的局部变量空间。从反汇编结果能够看出,一个函数调用语句不仅仅包括一个 CALL 指令,还包括设定的输入参数,图中右下角方框中 4 条语句将输入参数复制到被调用函

数的栈帧之上。通过简单的计算可知,CALL 之前的指令完成的功能是:

[U8 +0x0001,0x00] = XR19　　→　　[U8 +0x0001,0x00] = point1. im

[U5 +0x0001,0x00] = XR18　　→　　[U8 +0x0002,0x00] = point1. re

[U8 +0x0003,0x00] = XR17　　→　　[U8 +0x0003,0x00] = point2. im

[U8 +0x0004,0x00] = XR16　　→　　[U8 +0x0004,0x00] = point2. re

即在 main 函数栈帧末尾处放上传递给子函数 point_distance 参数(输入参数),存放的具体位置依次为 U8 +1、U8 +2、U8 +3 和 U8 +4,这和表 6.5 是一致的。

Step3:激活 ECS 中 Disassembly 窗口,单步运行这几条汇编指令,一直到 CALL 之前(图 6.8)。

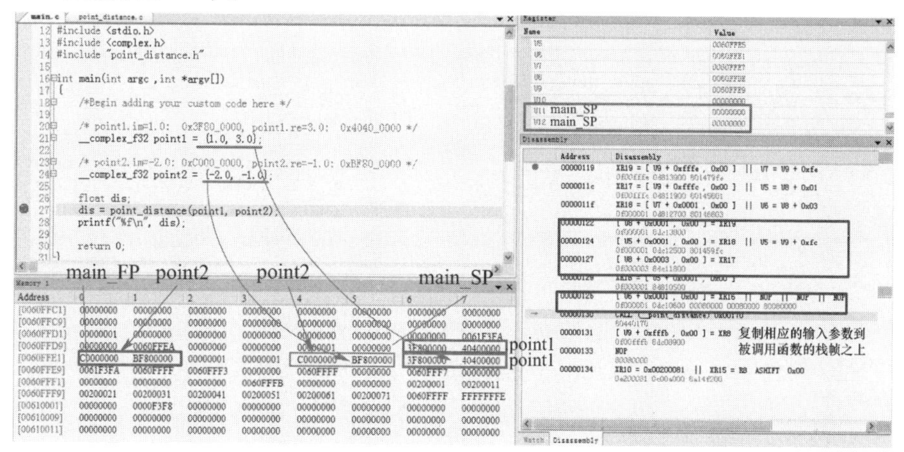

图 6.8　point_distance 程序调试——CALL 指令之前(见彩图)

从图 6.8 能够看到,这两个参数都放在 main 函数栈帧的末尾,“魂芯一号”的栈是由高地址向低地址增长的,所以这两个参数将在 point_distance 函数栈帧上方。

Step4:继续执行程序,程序跳转到 point_distance 中。

图 6.9 是子函数 point_distance 第一条指令执行之前的状态,此时,栈指针和帧指针在 main 函数中均指向相同的内存地址。在执行第一条 C 语句之前,做了下面的工作:

(1) 将 main 函数的帧指针压入 main 的栈帧末尾;

(2) 将子函数要用到的 Callee 保存的寄存器(这里仅 XR63)压入子函数栈帧的开头;

(3) 得到子函数的帧指针和栈指针。

Step5:这段汇编指令执行完成后的结果如图 6.10 所示。

从图 6.10 中能够看出,在执行子函数的第一条语句之前,栈指针和帧指针

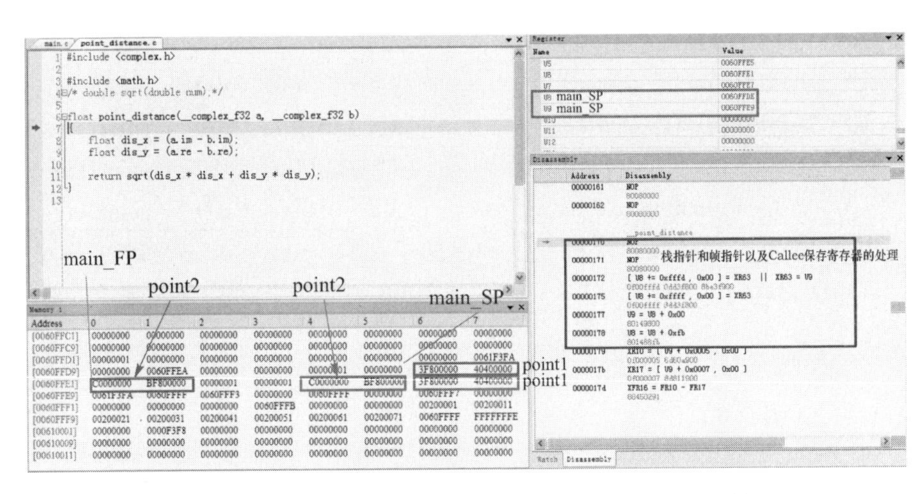

图 6.9　point_distance 程序调试——point_distance 子函数第一条指令执行之前(见彩图)

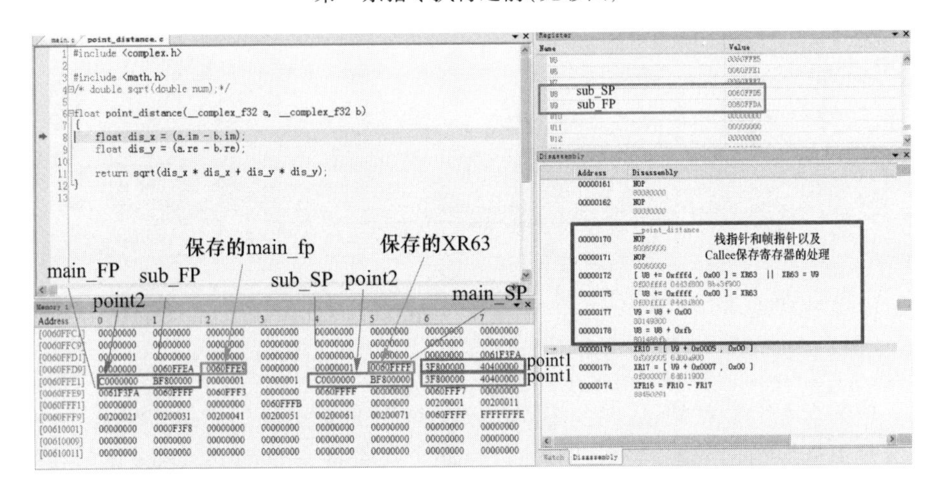

图 6.10　point_distance 程序调试——point_distance 子函数第一条 C 语句执行之前(见彩图)

都已更新为子函数自己的栈和帧指针。并且被调用函数的 FP 指向被调保存寄存器与局部变量的交界处。由于子函数返回时需要恢复主函数的栈帧,所以将主函数的帧指针存入栈中,这里存入[sub_FP+1]处。

Step6:继续执行到子函数返回语句之前。

图 6.11 中,sub_FP 指向的地址的低地址处存放的是子函数 point_distance 的局部变量。到此,根据调试结果可以画出“魂芯一号”的栈帧结构,如图 6.12 所示。

图 6.11 中的语句 XR8 = R8 ASHIFT 0x00。“魂芯一号”将 XR8 或 U4 作为

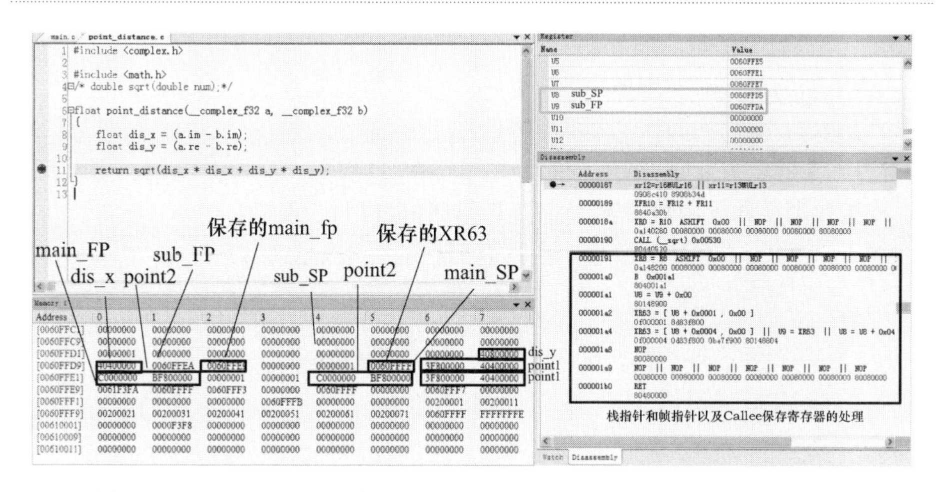

图 6. 11　point_distance 程序调试——point_distance 子函数返回前(见彩图)

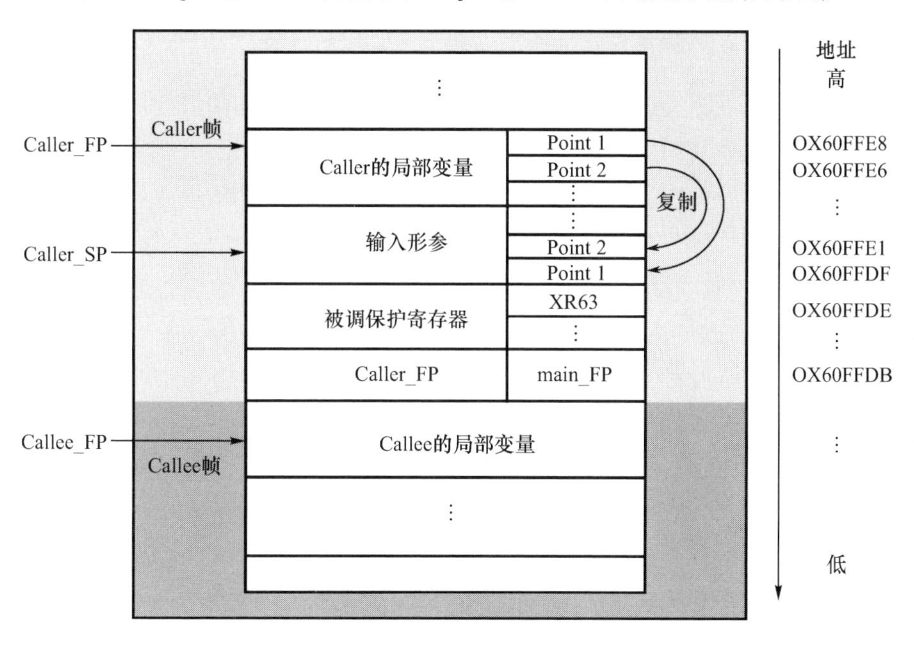

图 6. 12　根据调试结果画出的栈帧结构图(见彩图)

返回值寄存器,当返回值为整数或者浮点数时,使用 XR8;当返回值为地址时,使用 U4。这里返回的值是浮点数,故使用 XR8。子函数 point_distance 调用标准库中的 sqrt 函数,并将 sqrt 的返回值作为本函数的返回值返回,这就是这条指令的含义。

```
U8 = U9
XR63 = [U8 + 0x0001,0x00]
XR63 = [U8 + 0x0004,0x00] || U9 = XR63  || U8 = U8 + 0x04
```

```
RET
```

这里用到了 XR63，XR63 是 Callee - Saved 类型寄存器，这也就是为什么在 point_distance 函数的起始处需要将旧的 XR63 值存入栈中，这段代码执行的结果是根据在此函数起始处压入堆栈中的 main 函数的 FP，帧指针 U9 得到了恢复，栈指针则根据子函数的帧指针加上 0x04，也得到了恢复。

Step7：执行到 point_distance 函数返回后的结果见图 6.13。

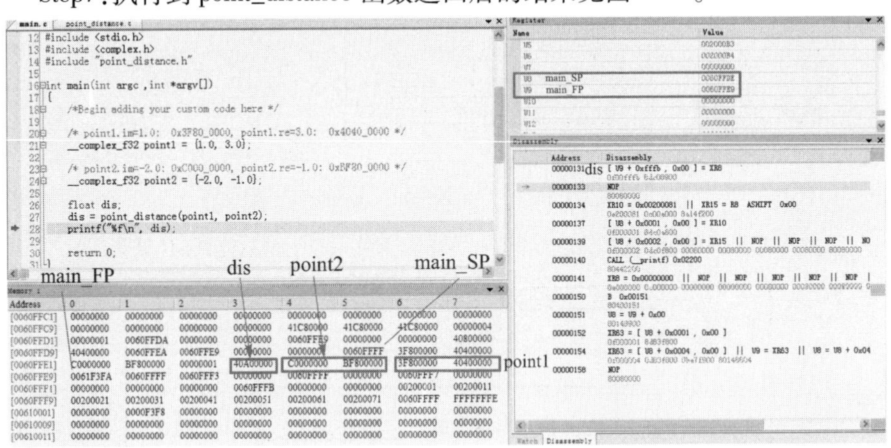

图 6.13　point_distance 程序调试——point_distance 子函数返回后（见彩图）

从反汇编结果以及内存中的内容变化可以看出，子函数执行完返回时，将 XR8 存储的返回值存入 dis 对应的内存区域中。当传递的参数既有结构体又有整数或浮点数时，整数或浮点数虽然不会占用栈空间，但是其对应的位置需要空出来。下面对例 6.1 进行简单的修改，并甫　说明。

例 6.2：将例 6.1 中 point_distance 函数改写成：

```
#include <complex.h>
#include <math.h>
/* double sqrt(double num); */
float point_distance(__complex_f32 a,float factor,__complex_f32 b)
{
    float dis_x =(a.im - b.im);
    float dis_y =(a.re - b.re);
    return factor * sqrt(dis_x * dis_x + dis_y * dis_y);}
```

对相应的头文件中的原型做修改，并将 main 函数中调用的语句改写成：

```
dis = point_distance(point1,10.0,point2);
```

再次调试，执行到调用子函数 point_distance 的 CALL 指令之前，此时已经对输入参数进行设置，结果如图 6.14 所示，第二个参数是浮点类型，使用寄存器传参，栈中对应位置保留。

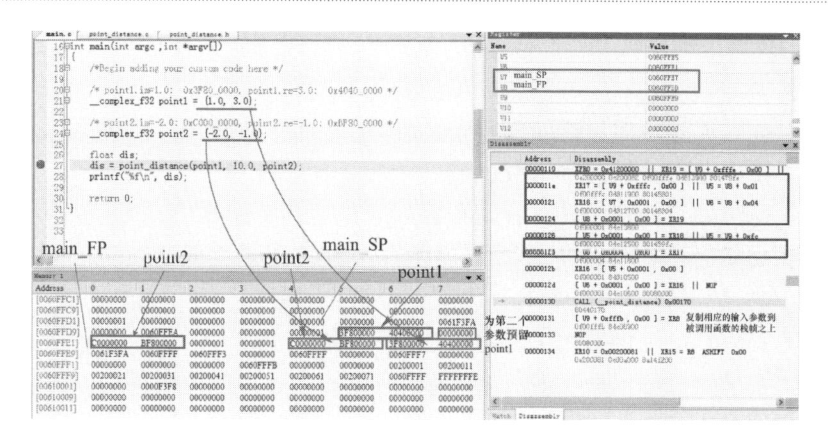

图 6.14 point_distance 程序调试——栈空间保留(见彩图)

从中能够看出:

[U8 +0x0001,0x00] = point1. im

[U8 +0x0002,0x00] = point1. re

[U8 +0x0003,0x00] 保留

[U8 +0x0004,0x00] = point2. im

[U8 +0x0005,0x00] = point2. re

至此,总结"魂芯一号"的运行时环境与栈模型,要点如下:

(1) 寄存器参数传递约定(表 6.5)。

(2) 根据调试结果画出的栈帧结构图(图 6.12)。

(3) 既有寄存器传参又有堆栈传参时的栈空间保留问题;

(4) 编写汇编语言程序时,需要保证在任何时刻,栈指针总是指向栈顶可用的存储单元,运行时环境基于一种假设:即在任何时刻,栈指针指向的内存位置总是可用于存储新的数据。因此,应在入栈的同时调整栈指针,如[U8 + = -4, -1] = R0,即在向堆栈中连续压入 4 个字的同时,调整堆栈指针指向新的栈顶;对应的出栈操作可以写为 R0 = [U8 +4, -1]||U8 = U8 +4。

(5) 栈帧的初始化:u8 = 0x0060ffff, u9 = 0x0060ffff,栈空间的地址范围是 0x0060ffff ~ 0x00600000(从高地址到低地址),大小为 2Mbit。

(6) 堆的地址范围是 0x00610000 ~ 0x0061ffff,大小为 2Mbit。

6.4.3 编码器对 ISO C90 标准的扩展

6.4.3.1 C 和汇编混合编程

1) C 语言调用汇编函数

在高级语言程序设计中,如果要调用汇编函数,就需要按照应用二进制接口

(ABI)创建好汇编函数和汇编函数原型声明。在调用时声明该函数原型,然后就可以像调用普通函数一样调用汇编函数。

编写汇编库函数时,应注意以下事项:

(1) 熟悉运行时模型和 ABI 约定;

(2) 可以随意使用主调保存寄存器;

(3) 如果使用被调保存寄存器,就需要在汇编库函数的起始阶段保存其值到堆栈,在汇编函数退出时恢复其值到相应的寄存器;

(4) 提供相应的函数头文件,供 C 程序包含。

(5) 汇编定义的函数标签,比 C 函数声明的名字多两个前缀"_ _"(此处为两个下划线)。

例 5.4 就是一个 C 程序调用汇编的典型例子,link_recv_1d 函数采用汇编语言编写,有两个输入参数,分别为接收缓冲区首地址以及接收地址步进量,函数原型为:

```
void link_recv_1d(void * addr,int step);
//addr 接收缓冲区首地址,step 步进量
```

汇编对应的函数标签为_ _link_recv_1d,执行此函数时两个输入参数分别通过寄存器 U0 和 XR1 传递。

2) 汇编函数调用 C 函数

在汇编函数中调用 C 函数比在 C 函数调用汇编函数复杂得多。必须深刻理解运行时模型,建立参数区传递参数给 C 函数。在调用 C 函数时,有可能改变主调保存寄存器的值,如果在调用后还需要使用这些寄存器调用前的值,则应该在调用 C 函数前,保存寄存器的值,调用后恢复这些寄存器的值。例6.3 就是一个简单的汇编程序调用 C 函数的例子。

例 6.3:汇编主函数 main. asm 和 C 子函数 func. c

汇编主函数 main. asm

```
.global __func
.global __main
.text
__main:
     //参数传递
     xr0 =1 || xr1 =2
     xr2 =3
     //调用 C 函数
     .code_align 16
         call __func
.code_align 16
```

```
ret
```

C 子函数 func

```
int func(int aa,int bb,int cc)
{
    return aa + bb + cc;
}
```

运行程序可知,xr0、xr1 和 xr2 分别传递给 aa、bb 和 cc。

6.4.3.2　程序编译指示

编译器实现了若干编译指示。编译指示与实现相关,程序员可以使用编译指示来改变编译器的行为。当编译器遇到一个“不认识”的编译指示时,它会输出一个警告信息。编译指示不会展开任何预处理宏,因此不要在编译指示中使用任何预处理宏。本节介绍编译器支持的 3 种编译指示 DATA_MEM_BANK、DATA_ALIGN 以及 DATA_SECTION,需要注意这 3 种编译指示必须全部大写。

1) DATA_MEM_BANK

编译指示 DATA_MEM_BANK 的语法结构如下:

```
#pragma DATA_MEM_BANK(V,num)
```

注:V 是一个变量名字,num 为 1 到 8 之间整数。编译指示 DATA_MEM_BANK 必须与紧随之后的变量声明 V 绑定在一起,V 必须是静态变量或者全局变量,不能是局部自动变量。编译指示 DATA_MEM_BANK 用于指定数据 V 的最低地址位于“魂芯一号”第几个存储器 Bank。“魂芯一号”每个 Block 有 8 个存储器 Bank,所以指定的 Bank 只能是 1 到 8 之间的一个整数(包括 1 和 8)。

例如,A 是全局变量,要将 A 放在 Bank3 中,应将下面的两条语句放在一起:

```
#pragma DATA_MEM_BANK(A,3)
int A[100];
```

2) DATA_ALIGN

编译指示 DATA_ALIGN 语法结构如下:

```
#pragma DATA_ALIGN(V,num)
```

注:V 是一个变量名称,num 为一个整数常量,并且 num 必须是 2 的幂。编译指示 DATA_ALIGN 必须与紧随之后的变量声明 V 绑定在一起,V 必须是静态变量或者是全局变量,不能是局部自动变量。编译指示 DATA_ALIGN 用于指定数据 V 以 num 字对齐,如#pragma DATA_ALIGN(array,256),指示变量 array 以 256 字对齐。用法和 DATA_MEM_BANK 类似。

3) DATA_SECTION

编译指示 DATA_SECTION 语法结构如下:

```
#pragma DATA_SECTION(V,string)
```

注:V 是一个变量名称,string 为字符串,指明自定义逻辑段名称。编译指示 DATA_SECTION 必须与紧随之后变量声明 V 绑定在一起,V 必须是静态变量或者是全局变量,不能是局部自动变量。编译指示 DATA_SECTION 用于指定数据 V 位于自定义段 string。

编译器预定义了三个用户逻辑段,即 . ccdata0 、. ccdata1 、. ccdata2 供使用,分别对应于物理段 DATA0、DATA1、DATA2,可以查看 ECS 工程中默认生成的 cmd 文件(位于 Linker Files 文件夹中):

```
MEMORY
{
PROG1    : origin = 0x000000, length = 0x20000, bytes = 4
DATA0    : origin = 0x200000, length = 0x40000, bytes = 4
DATA1    : origin = 0x400000, length = 0x40000, bytes = 4
DATA2    : origin = 0x620000, length = 0x20000, bytes = 4

STACK    : origin = 0x600000, length = 0x10000, bytes = 4
HEAP     : origin = 0x610000, length = 0x10000, bytes = 4
}
SECTIONS
{
.text : > PROG1
.data : > DATA0
.bss : > DATA1

.stack : > STACK
.heap :    > HEAP
.ccdata0 : > DATA0
.ccdata1 : > DATA1
.ccdata2 : > DATA2
}
```

从其中 SECTIONS 部分能够看到定义的逻辑段和物理段之间的关系。

由于用 DATA_ALIGN 进行数据对齐时,最多只能到 4096 字,更大数据对齐用 DATA_SECTION 来完成。

例如,在用到 DSP 库函数 32 位浮点复数 FFT(cfft 函数)时,输入数组首地址需要 2n 字对齐,n 是 FFT 点数,当需要做 4096 点 FFT 时,输入数组首地址需要 8192 对齐。经过计算,8192 对齐相当于首地址需要为 0x2000 的整数倍,可以选择地址 0x420000 作为输入数组的首地址,在 cmd 文件中定义好相应的物理段

(DATA_IN,起始地址 0x420000,长度至少是 8192)和逻辑段(. data_in),此 cmd 文件的具体内容为:

```
MEMORY
{
PROG1     : origin = 0x000000,length = 0x20000,bytes = 4
DATA0     : origin = 0x200000,length = 0x40000,bytes = 4
DATA1     : origin = 0x400000,length = 0x20000,bytes = 4
DATA_IN : origin = 0x420000,length = 0x02000,bytes = 4 # User Added
DATA2     : origin = 0x620000,length = 0x20000,bytes = 4

STACK     : origin = 0x600000,length = 0x10000,bytes = 4
HEAP     : origin = 0x610000,length = 0x10000,bytes = 4
}
SECTIONS
{
.text : > PROG1
.data : > DATA0
.bss : > DATA1

.stack : > STACK
.heap :    > HEAP
.ccdata0 : > DATA0
.ccdata1 : > DATA1
.ccdata2 : > DATA2
.data_in : > DATA_IN # User Added
}
```

然后在程序中,定义全局变量 data_in,并将其放在逻辑段 . data_in 中,其首地址满足 8192 对齐:

```
#pragma DATA_SECTION(data_in,".data_in")
float data_in[8192] = {
#include "data_in.dat"
};
```

6.4.3.3 Intrinsic 内建函数

Intrinsic 内建函数(有些编译器叫 built_in 内建函数)是一种用 C 函数界面封装底层系统结构特殊指令的编译器功能模块。本节将其称为内建函数。C 程序员使用的是函数,编译器在内部直接把其转换为一条或几条汇编指令。它既方便了C程序员利用底层体系结构,又具有良好的移植性。

有关内建函数的头文件都在ECS目录下的\cc\platform\x86lin_gcc\include\intrinsic\中(编译器的默认头文件路径为\cc\platform\x86lin_gcc\include\,链接时使用的库文件路径为\cc\lib),在此路径下,有4个头文件,分别为:sysreg.h、intrinsic.h、complex.h以及int2x16.h,其中sysreg.h头文件定义了一个枚举类型__sysregs,其中常量名字是"魂芯一号"系统寄存器名,将每个系统寄存器名和一个编号联系起来。

内建函数需要用到两个内建数据类型__int2x16和__complex_i16,在相应的头文件中能够查看到这两个内建数据类型的声明:

complex.h

```
typedef int __complex_i16;      /* for the 16bit_int complex */
```

int2x16.h

```
typedef int __int2x16;          /* for the 16bit double real int */
```

内建函数的声明全部在头文件intrinsic.h、complex.h以及int2x16.h中,其对应的汇编指令如表6.7~表6.9所列。

表6.7 intrinsic.h头文件包含的内建函数

Intrinsic 函数接口	对应汇编指令
int __add_half(int,int)	Rs = (Rm + Rn) / 2
int __sub_half(int,int)	Rs = (Rm - Rn) / 2
Float __add_f_half(float,float)	FRs = (FRm + FRn) / 2
Float __sub_f_half(float,float)	FRs = (FRm - FRn) / 2
int __abs(int)	Rs = ABS Rn
float __abs_f(float)	FRs = ABS FRn
Int __count_zeros(int ,int)	Rs = Rm cnt0 Rn
Int __count_ones(int,int)	Rs = Rm cnt1 Rn
int __max(int ,int)	Rs = MAX(Rm,Rn)
float __max_f(float ,float)	FRs = MAX(FRm,FRn)
int __min(int ,int)	Rs = MIN(Rm,Rn)
float __min_f(float ,float)	FRs = MIN(FRm,FRn)
unsigned int __sysreg_read(unsigned int reg)	读取reg系统寄存器的并返回,reg的定义在sysreg.h头文件中
void int __sysreg_write(unsigned int reg, unsigned int value)	将value赋值给系统寄存器reg,reg的定义在sysreg.h头文件中

表 6.8 complex.h 头文件包含的内建函数

Intrinsic 函数接口	对应汇编指令
__complex_i16 __compose_complex_i16(int real,int imag)	两个整数组合成一个__complex_i16
int __imag_complex_i16(__complex_i16 input)	获得__complex_i16 虚部
int __real_complex_i16(__complex_i16 input)	获得__complex_i16 实部
__complex_i16 __add_complex_i16(__complex_i16,__complex_i16)	CHRs = CRm + CRn
__complex_i16 __sub_complex_i16(__complex_i16,__complex_i16)	CHRs = CRm - CRn
__complex_i16 _add_complex_i16_half(__complex_i16,__complex_i16)	CHRs = (CRm + CRn)/2
__complex_i16 _sub_complex_i16_half(__complex_i16,__complex_i16)	CHRs = (CRm - CRn)/2
__complex_i16__add_complex_i16_conj_half(__complex_i16,__complex_i16)	CHRs = (CRm + jCRn)/2
__complex_i16__sub_complex_i16_conj_half(__complex_i16,__complex_i16)	CHRs = (CRm - jCRn)/2
__complex_i16 __mul_complex_i16_i32(__complex_i16,int)	CHRs = CHRm * LHRn
__complex_i16 __mul_complex_i16(__complex_i16,__complex_i16)	CHRs = CHRm * CHRn
__complex_i16__mul_complex_i16_conj(__complex_i16,__complex_i16)	CHRs = CHRm * conj(CHRn)
__complex_i16 __mul_complex_i16_conj_conj(__complex_i16,__complex_i16)	CHRs = conj(CHRm) * conj(CHRn)
__complex_i16 __ashift_complex_i16(__complex_i16,int)	CHRs = CHR ashift Rn
__complex_i16 __neg_complex_i16(__complex_i16)	CHRs = - CHRn
__complex_i16 __conj_neg_complex_i16(__complex_i16)	CHRs = -(conj CHRn)
__complex_i16 __conj_complex_i16(__complex_i16)	CHRs = conj CHRn
__complex_i16 __permute_complex_i16(__complex_i16)	CHRs = permute CHRn
__complex_i16 __permute_neg_complex_i16(__complex_i16)	CHRs = -(permute CHRn)

表 6.9 int2x16.h 头文件包含的内建函数

Intrinsic 函数接口	对应汇编指令
__int2x16 __compose_i2x16(int high,int low)	两个整数组合成一个__int2x16
int __low_i2x16(__int2x16 input)	获得__int2x16 虚部
int __high_i2x16(__int2x16 input)	获得__int2x16 实部
__int2x16 __sub_i2x16_half(__int2x16,__int2x16)	HRs = (HRm - HRn) / 2
int __sum_i2x16(__int2x16)	LHRs = HHRm + LHRm
int __diff_i2x16(__int2x16)	LHRs = HHRm - LHRm
int __sum_i2x16_half(__int2x16)	LHRs = (HHRm + LHRm) / 2
int __diff_i2x16_half(__int2x16)	LHRs = (HHRm - LHRm)/2
__int2x16 __abs_i2x16(__int2x16)	HRs = ABS HRn
int __squaresum_i2x16(__int2x16)	Rs = HHRm * HHRm + LHRm * LHRm
__int2x16 __max_i2x16(__int2x16,__int2x16)	HRs = MAX(HRm,HRn)
__int2x16 __min_i2x16(__int2x16,__int2x16)	HRs = MIN(HRm,HRn)

例6.4：__add_half，原型：int __add_half(int a,int b)；对应汇编指令为 Rs = (Rm + Rn)/2。使用范例如下：

```
#include <intrinsic.h>
#include <stdio.h>

int main(int argc ,int *argv[])
{
    int a =4;
    int b =8;
    int c =__add_half(a,b);

    printf("c =% d\n",c);
    return 0;
}
```

例6.5：__add_complex_i16，原型：__complex_i16 __add_complex_i16 (__complex_i16 c1，__complex_i16 c2)；对应汇编指令：CHRs = CRm + CRn。使用范例如下：

```
#include <complex.h>
#include <stdio.h>

int main(int argc ,int *argv[])
{
    int a =3;
    int b =4;
    int csum_imag,csum_real;

    __complex_i16 c1 =__compose_complex_i16(a,b);
    __complex_i16 c2 =__compose_complex_i16(a,b);
    __complex_i16 csum =__add_complex_i16(c1,c2);

    csum_imag =__imag_complex_i16(csum);
    csum_real =__real_complex_i16(csum);

    printf("imag part of csum:% d/n",csum_imag);
    printf("real part of csum:% d/n",csum_real);

    return 0;
}
```

6.5　宏预处理器

宏预处理器是“魂芯一号”软件工具链中一个功能强大的组件，它支持字符和常量的宏定义、文件包含、多行注释、以循环或条件方式生成汇编指令等功能。

宏预处理器允许用户以调用汇编指令的方式调用宏，这样在不增加处理器指令情况下，可以丰富处理器编程接口：处理器不支持指令以宏的方式供用户调用。当使用汇编语言编程时，汇编源程序应先通过宏预处理，再交由汇编器处理。宏预处理器可以产生源代码层面的调试信息和错误报告。

6.5.1　宏预处理器的命令行形式

命令形式：lasp [options] input - files

其中，input - files 为一个或多个汇编文件组成的参数列表，用空格分隔，这个参数是必须的。input - files 需要注意以下3点：

（1）交由宏预处理器处理的文件为使用宏命令和注释的汇编文件。

（2）注释遵守C语言的注释风格，也就是：//后接一个单行注释，/ * 和 * /之间可以包含一个多行注释。

（3）文件必须是以一个换行符结束的。

options 有很多可选选项，具体为：

（1）-g，根据在输入文件中代码的位置产生 . file 和 . line 伪指令，这样在编译和调试过程中产生的错误报告就可以与源代码中的位置相关联。

（2）-o outputFile，把生成结果写进名为 outputFile 的文件中去。如果这个参数是默认的，lasp 把它的生成结果写进一个与输入文件同名，且扩展名为 . s 的文件中。

（3）-l integer，设定循环的最大次数，默认值为1000。

（4）-m integer，设定宏嵌套的最深层数，默认值为1000。

（5）-i integer，设定文件包含的最深层数，默认值为20。

（6）-- no - error - undefined，忽略未定义变量错误，程序继续运行。

（7）-I path，增加文件路径到搜索列表中。当源程序文件中含有 . INCLUDE 宏命令时，宏预处理器会沿搜索列表中的路径搜索所包含的文件。

（8）-- defsym sym [= val]，将 val 的值分配给 sym，其功能与命令 sym. ASSIGNA val 相同。

（9）-- cpp，把由C预处理器产生的行号信息转换成可被汇编器接受的 . file 和 . line 伪指令。当源程序先由C预处理器处理后再交付宏预处理器时，这个选项是很有用的。

(10) -q,禁止输出(安静模式)。

(11) -v,启用详细模式。

(12) -W,禁止输出警告消息。

(13) -h,帮助信息。

实际上,上面的 options 的含义都可以通过 lasp -h 进行查看。

6.5.2 标识符

预处理器支持使用标识符来定义变量,包括全局变量和宏的参数变量。标识符由字母,数字(A-Z,a-z,0-9)以及下划线等字符组成。标识符的字符长度可达255,第一个字符不能为数字。标识符中不能含有空字符并且是区分大小写的。

_ALINE_是一个特殊的标识符,它为当前的行号。当在一个执行宏(嵌套的宏)中使用_ALINE_时,_ALINE_为调用宏(顶层调用宏)的行号。因此,_ALINE_可作为宏的唯一标号。所有的宏命令和用于表达式的比较运算符是系统保留的标识符,是禁止使用的。

6.5.3 表达式

表达式的语法如下:

```
expression = integerValue |
                    symbol |
             \macro Argument |
              ( expression ) |
          expression operator expression
```

(1) integerValue 可以为十进制数,十六进制数或二进制数。以下各数相等:1234、0x4d2、0b10011010010。

(2) macro Argument 为宏的参数,引用时必须在其前面附加一个反斜线符“\”。

(3) Operator 运算符:表6.10列出“魂芯一号”支持的全部运算符和相对应的运算优先级。其中一元取负运算符拥有最高的运算优先级。

表6.10 运算符与对应优先级

Operator(运算符)	Description(描述)	Precedence(优先级)
-	Unary Negation	14
!	Unary Logic Not	14
~	Unary Bitwise Not	14
*	Multiplication	13

（续）

<table>
<tr><th>Operator(运算符)</th><th>Description(描述)</th><th>Precedence(优先级)</th></tr>
<tr><td>/</td><td>Division</td><td>13</td></tr>
<tr><td>+</td><td>Addition</td><td>12</td></tr>
<tr><td>-</td><td>Subtraction</td><td>12</td></tr>
<tr><td>< <</td><td>Left Shift</td><td>11</td></tr>
<tr><td>> ></td><td>Right Shift</td><td>11</td></tr>
<tr><td>></td><td>Greater Than</td><td>10</td></tr>
<tr><td>> =</td><td>Greater or Equal</td><td>10</td></tr>
<tr><td><</td><td>Less Than</td><td>10</td></tr>
<tr><td>< =</td><td>Less or Equal</td><td>10</td></tr>
<tr><td>= =</td><td>Equal</td><td>10</td></tr>
<tr><td>! =</td><td>Not Equal</td><td>10</td></tr>
<tr><td>&</td><td>Bitwise And</td><td>8</td></tr>
<tr><td>^</td><td>Bitwise Xor</td><td>7</td></tr>
<tr><td>|</td><td>Bitwise Or</td><td>6</td></tr>
<tr><td>&&</td><td>Logical And</td><td>5</td></tr>
<tr><td>||</td><td>LogicalOr</td><td>4</td></tr>
</table>

如果表达式中含有尚未定义的标识符，则该标识符的值默认是 0。

6.5.4 宏命令

宏命令提供了一个更高层次的编程接口，使得书写汇编程序更加方便。表 6.11 列出了宏汇编所有的宏命令，并按类分组。宏命令不区分大小写。以 . A 开头的宏与 GNU 的宏预处理器 gasp 兼容。

表 6.11 宏命令

分类	宏命令	描述
条件编译	. IF，. ELSEIF，. ELSE，. ENDI， . AIF，. AELSEIF，. AELSE，. AENDI	条件编译，将源程序中某部分包含进来或排除在外
	IFDEF，. ENDIF . IFNDEF，. ENDIF	检查指定的宏是否被定义
标识符	. ASSIGNA， . ASSIGNC	为变量赋一数值或字符串

（续）

分类	宏命令	描述
宏的相关操作	. MACRO, . ENDM	定义宏
	. CALLM	调用一个已定义的宏
	IFDEF, . ENDIF . IFNDEF, . ENDIF	检查指定的宏是否被定义
重复编译	. AREPEAT, . AENDR	重复一段汇编代码若干次
其他	. INCLUDE	在汇编源程序文件中包含其他头文件

根据表达式的值对汇编代码进行条件编译。和C语言的风格一样,0值被认为是“假”,非0值被认为是“真”。条件编译常常在宏定义内部使用,判决条件中表达式值依赖于宏内参数值。

例6.6:条件编译,将源程序中某部分包含进来或排除在外

使用模板:

```
.IF expression
    [assembly]
.ELSEIF expression
    [assembly]
.ELSE expression
    [assembly]
.ENDI
```

程序实现:

```
x .ASSIGNA 10
y .ASSIGNA 20

.IF 0 //0 : false
    Here is the if - code //test comment
.ELSEIF x GE y +10
    Here is the else - if code
.ELSE
    Here is the else code
.ENDI
```

使用lasp对上面的文件进行处理,得到的结果如下(省略空行,本节所有例子的结果均省略了空行):

```
Here is the else code
```

例6.7:. IFDEF,. ENDIF 检查symbol指定的宏是否被定义。

使用模板:

```
.IFDEF symbol
   [assembly]
.ENDIF
```

程序实现：

```
/* Define Macro */
.MACRO myMacro
Here is the macro code
.ENDM

.IFDEF myMacro
/* Call Macro */
myMacro
.ENDIF
```

上述代码经过宏预处理后为

```
Here is the macro code
```

6.6　规则检查器

规则检查器的主要功能是检查汇编源程序的词法和语法是否符合规则。这种检查能够帮助程序员快速定位源程序中的词法和语法错误。检查的内容主要有：关键字、命令形式、相应的语法规则、执行行资源约束等。“魂芯一号”采用的规则检查器是 preasm。规则检查依据见附录 A“指令集资源约束表”。

规则检查器还具有行合并的功能，这一功能允许程序员将一个执行行中的多个指令分别书写在不同的行上，需要注意换行书写的行首部应为“||”。例如：

```
R1 = R2 + R3 || R4 = R5 + R6 || R10 = R11 * R12 || R14 = R15 + R16
```

可以换行书写为

```
R1 = R2 + R3
|| R4 = R5 + R6 || R10 = R11 * R12
|| R14 = R15 + R16
```

规则检查器以经过宏预处理器生成的汇编程序(.s)为输入，其输出文件被汇编器进一步处理。

6.6.1　规则检查器的命令行形式

命令形式：preasm -i inputfile [-o outputfile][-m][-h]

各个参数的含义如下：

（1） －i inputFile，指定输入文件（文件名 inputFile），是必须的参数；

（2） －o outputFile，指定输出文件。缺省时，输出文件与输入文件同名，后缀为．sp；

（3） －m，表示仅对输入文件做行合并，不做规则检查；

（4） －h，表示提供帮助信息；

实际上，可以在命令行敲入 preasm －h 获得帮助信息。

6.6.2 错误和警告提示信息格式

1）错误提示信息格式

preasm 处理“魂芯一号”汇编程序，若发现程序有违反规范错误，将会向用户显示详细的错误提示信息，其格式形式为

形式 1：File “filename”, Line L#, Col C#: [Error EIE#] information.

形式 2：File “filename”, Line L#, Slot S#: [Error EIE#] information.

形式 3：File “filename”, Line L#: [Error EIE#] information.

其中，filename 是被处理的汇编文件名；L#是错误所在的行号；C#是错误所在的列号；S#是错误所在的槽号；E#是错误号；information 是错误提示信息。

2）警告提示信息格式

preasm 处理“魂芯一号”汇编程序，若发现程序存在一般性错误，则此错误可以被 preasm 纠正。preasm 会纠正一般性错误，并向用户显示详细的警告提示信息，其格式为

形式 1：File “filename”, Line L#, Col C#: [Warning WIW#] information.

形式 2：File “filename”, Line L#, Slot S#: [Warning WIW#] information.

形式 3：File “filename”, Line L#: [Warning WIW#] information.

其中，filename 是被处理的汇编文件名；L#是错误所在的行号；C#是错误所在的列号；S#是错误所在的槽号；W#是警告号；information 是警告提示信息。

3）行号说明

preasm 的错误信息或警告信息中的行号，是执行行的首行号。例如 example. asm 文件中第 15 行到第 18 行的一段代码。

```
15: XR63 = R2 + R3
16:     ||YR1 = R1 + R3
17:     || ZTR2 = R2 + R3
18:     || TR3 = R2 + R64
```

preasm 处理此汇编文件，会报告其中一个错误：File “example. asm”, Line 15, Col 67: [Error EI1050] Syntax Error – General Register is invalid。

错误信息说明第 18 行指令 TR3 = R2 + R64 的 R64 是非法的寄存器（寄存

器最大索引号为63)。第15行到第18行指令属于同一指令行,此指令行的首行号为15。错误信息给出的是首行号。

6.6.3　错误信息列表

1) Error EI1050

形式:[Error EI1050]Syntax Error detailed information。detailed information 是指具体的错误信息。

类型:语法错误。

描述:此错误表明程序此处违反汇编程序的语法规则。

解决方案:根据错误提示信息,或查阅指令集文档,修改程序语法错误。

例 6.8:在 test. asm 文件的第 9 行有下列执行行:

```
XR8 =1 || K5 =2
```

Preasm 报告错误:File "test. asm",Line 9,Col 16: [Error EI1050]Syntax Error at K.

说明:test. asm 文件在第 9 行第 16 列处有语法错误。查阅指令集文档可知,没有"K5 =2"这样的指令。

例 6.9:在 test. asm 文件的第 9 行有下列执行行:

```
XR8 =1 || XALUFAR =2
```

Preasm 报告错误:File "test. asm",Line 9,Slot 1: [Error EI1050]Syntax Error – The register can not be written.

说明:test. asm 文件在第 9 行第 1 个 Slot 处有语法错误。根据错误提示信息,或查阅指令集文档可知,XALUFAR 为不可写寄存器。

2) Error EI1080

形式:[Error EI1080]Resource violation detailed information。detailed information 是指具体的错误信息。

类型:资源约束错误。

描述:此错误表明程序的执行行违反资源约束规则。

解决方案:根据错误提示信息,或查阅指令资源占用文档,修改程序错误。

例 6.10:在 test. asm 文件的第 9 行有下列执行行:

```
XR0 =R1 * R2 ||XR3 =R11 *R12 ||XR4 =R51 *R6 ||XR10 =R14 *R15||XR20 =
R24 *R25
```

Preasm 报告错误:File "test. asm",Line 9,Slot 4: [Error EI1080]Resource violation – Number of a unit MUL(Multiplier) instructions in the line exceeds the maximum 4.

说明:test. asm 文件在第9 行第4 个 Slot 处有资源约束错误。查阅指令集文档可知,每个执行宏只有4个MUL,此执行行的Slot0、Slot1、Slot2和Slot3各占用一个。因此再有指令需占用MUL,就发生资源约束错误。

3) Error EI1220

形式:[Error EI1220] Specification violation – Branch instruction must be first in the line.

类型:特殊规则错误。

描述:此错误表明程序违反特殊规则,分支指令必须放置在Slot0。

解决方案:根据错误提示信息,将分支指令放置在Slot0。

例6.11:在test.asm文件的第9、10行有程序段:

```
.code_align 16
XR0 = R1 * R2 ||b __fun1
```

Preasm报告错误:File “test.asm”,Line 10,Slot 1: [Error EI1020] Specification violation – Branch instruction must be first in the line.

说明:test.asm文件在第9行第1个Slot处存在违反特殊规则错误。Slot1是分支指令,而分支指令必须放置在Slot0。

4) Error EI1221

形式:[Error EI1221] Specification violation – Branch line must be aligned at 16 words boundary. Use .code_align 16 directive.

类型:特殊规则错误。

描述:此错误表明程序违反特殊规则,分支指令必须放置在16字对齐的地址空间上。

解决方案:根据错误提示信息,使用伪指令.code_align 16,使当前地址16字对齐。

例6.12:在test.asm文件的第11行有下列执行行:

```
b __fun1 ||XR0 = R1 * R2
```

Preasm报告错误:File “test.asm”, Line 11: [Error EI1221] Specification violation – Branch line must be aligned at 16 words boundary. Use .code_align 16 directive.

说明:test.asm文件在第11行违法特殊规则。由提示信息可知分支指令必须放置在16字对齐的地址空间上,在此行前加一行伪指令.code_align 16即可。

5) Error EI1222

形式:[Error EI1222] Specification violation – Idle instruction line can not have others except nop.

类型:特殊规则错误。

描述:此错误表明程序违反特殊规则,Idle指令不能与其他指令共享同一执行行。

解决方案:根据错误提示信息,Idle 指令独占一执行行。

例 6.13:在 test.asm 文件的第 11 行有下列执行行:

```
idle || XR0 = R1 * R2
```

Preasm 报告错误:File "test.asm", Line 11, Slot 1: [Error EI1222] Specification violation – Idle instruction line can not have others except nop.

说明:test.asm 文件在第 11 行违法特殊规则。由提示信息可知 Idle 指令不能与其他指令共享同一执行行。

6) Error EI1223

形式:[Error EI1223] Specification violation – Number of Double word instructions exceeds the maximum 4.

类型:特殊规则错误。

描述:此错误表明程序违反特殊规则,同一执行行中的双字指令数不能超过 4。

解决方案:根据错误提示信息,按照双字指令拆分执行行。

例 6.14:在 test.asm 文件的第 11 行有下列执行行:

```
XR0 = 1 || XR1 = 2 || YR2 = R3 mask 3 || YR3 = R4 mask 4 || ZALUCR = 5
```

Preasm 报告错误:File "test.asm", Line 11, Slot 4: [Error EI1223] Specification violation – Number of Double word instructions exceeds the maximum 4.

说明:test.asm 文件在第 11 行违法特殊规则。此执行行的前 5 个 Slot 都是双字指令,超过了最大值 4。

7) Error EI1224

形式:[Error EI1224] Specification violation – Double words instruction and Branch instruction of single word can not in the same line.

类型:特殊规则错误。

描述:此错误表明程序违反特殊规则,双字指令和单字分支指令不能共享同一执行行。

解决方案:根据错误提示信息,将双字指令和单字分支指令拆分到不同的执行行。

例 6.15:在 test.asm 文件的第 10、11 行有下列执行行:

```
.code_align 16
b ba || XR0 = 1
```

Preasm 报告错误:File "test.asm", Line 11, Slot 0: [Error EI1224] Specification violation – Double words instruction and Branch instruction of single word can not in the same line.

说明:test. asm 文件在第 11 行违法特殊规则。此执行行的 Slot0 是单字分支指令,Slot1 是双字指令。

8) Error EI1225

形式:[Error EI1225]Specification violation – Writing ABFPR instruction and effecting ABFPR instruction can not in the same line.

类型:特殊规则错误。

描述:此错误表明程序违反特殊规则,写 ALU 块浮点标志寄存器 ABFPR 指令与影响 ABFPR 指令不能位于同一执行行。影响 ABFPR 的指令可参见 3. 7. 2 节。

解决方案:根据错误提示信息,将两指令拆分到不同的执行行。

例 6. 16:在 test. asm 文件的第 12 行有下列执行行:

```
ABFPR =1  || XR1_5 = R1 + /- R5
```

Preasm 报告错误:File "test. asm",Line 12: [Error EI1225]Specification violation – Writing ABFPR instruction and effecting ABFPR instruction can not in the same line.

说明:test. asm 文件在第 11 行违法特殊规则。此执行行的 Slot0 是写 ABFPR 指令,而 Slot1 是影响 ABFPR 的指令。

9) Error EI1226

形式:[Error EI1226]Specification violation – Instruction is not within a section.

类型:特殊规则错误。

描述:此错误表明程序违反特殊规则,指令必须位于一个代码段内。

解决方案:根据错误提示信息,在执行行的前面定义一个代码段。"魂芯一号"为用户提供 2 条伪指令,一是 . text,另一个是 . section。它们可以定义代码段。伪指令的具体使用方法请查看伪指令文档。

例 6. 17:在 test. asm 文件的第 1 行有下列程序片段:

```
//.text
XR1 = R3 + R7
```

Preasm 报告错误:File "test. asm", Line 2: [Error EI1226]Specification violation – Instruction is not within a section.

说明:test. asm 文件在第 2 行违法特殊规则。此执行行为 test. asm 文件的第一执行行,此前没有定义代码段。在程序的开始处定义代码段即可。

10) Error EI1227

形式:[Error EI1227]Specification violation – The Directive is not within a section.

类型:特殊规则错误。

描述:此错误表明程序违反特殊规则,数据定义伪指令和地址对齐伪指令必须位于一个数据段或代码段内。

解决方案:根据错误提示信息,在执行行的前面定义一个代码段或数据段。"魂芯一号"为用户提供伪指令定义代码段和数据段,. text 定义代码段,. data 定义数据段,. section 定义代码段或数据段。伪指令的具体使用方法请查看伪指令文档。

例 6.18:在 test. asm 文件的第 1 行有下列程序片段:

```
//.data
.word 2
```

Preasm 报告错误:File "main. asm",Line 2: [Error EI1227] Specification violation - The Directive is not within a section.

说明:test. asm 文件在第 2 行违法特殊规则。. word 2 是定义数据伪指令,但它不在数据段内。必须在它的前面定义数据段。

6.6.4　警告信息列表

1) Warning WI2001

形式:[Warning WI2001] Float is NAN.

类型:警告。

描述:此警告表明此浮点数在 IEEE 754 标准中被称为 NAN,即非数。

解决方案:根据提示信息,修改程序避免警告。

2) Warning WI2002

形式:[Warning WI2002] Float is INF.

类型:警告。

描述:此警告表明此浮点数在 IEEE 754 标准中被称为 INF,即无限大数。

解决方案:根据提示信息,修改程序避免警告。

3) Warning WI2003

形式:[Warning WI2003] The Number exceeds valid range.

类型:警告。

描述:此警告表明此整数超出有效范围。

解决方案:根据提示信息,修改程序避免警告。

例 6.19:在 test. asm 文件的第 9 行有下列执行行:

```
XR3 + = 0x1FFF(U)
```

Preasm 报告错误:File "test. asm", Line 9, slot 0: [Warning WI2003] The Number exceeds valid range.

说明:test. asm 文件在第 9 行第 0 个 Slot 处有警告信息。查阅指令集文档可知,此指令中的立即数为 12 位无符号整数。0x1FFF 超出了该整数的有效范围。

4) Warning WI2004

形式:[Warning WI2004] Unrecognized character escape sequence.

类型:警告。

描述:此警告表明定义的字符串中包含了不能识别的转义字符。“魂芯一号”伪指令 . str32 和 . str32z 定义字符串,包含的有效转义字符如表 6. 12 所列。

表 6. 12　转义字符表

转义字符	值
\a	0x07
\b	0x08
\f	0x0c
\n	0x0a
\r	0x0d
\t	0x09
\v	0x0b
\′	0x27
\″	0x22
\\	0x5c
\?	0x3f
\ooo	ASCII 字符八进制表示
\xhh	ASCII 字符十六进制表示

解决方案:根据提示信息,修改程序避免警告。

例 6. 20:在 test. asm 文件的第 9 行有下列执行行:

```
.str32z "‘魂芯一号’is perfect DSP. \q"
```

Preasm 报告错误:File “main. asm”, Line 9, [Warning WI2004] Unrecognized character escape sequence.

说明:test. asm 文件在第 9 行有警告信息。字符串中的'\q'是非法的转义字符。Preasm 的默认处理是将'\q'等同'q'。

6.7　汇 编 器

汇编器作用是把文本形式的汇编程序转化为二进制形式的目标代码。汇编程序主要由汇编指令、符号、汇编伪指令和注释组成。汇编指令通常由操作符及相应的操作数组成;符号标记常量或者内存地址;汇编伪指令用于控制汇编过程,如数据初始化、段定义和符号处理等。汇编工作流程分为两个主要步骤:

(1) 根据语法规则解析和检查汇编程序的语法错误,由处理器指令的字长计算地址,创建符号表和初始化汇编程序中定义的数据。

(2) 把指令转化为目标代码。在这一阶段,程序中所有的符号已被保存在符号表中,可用于汇编中包含这些符号的汇编指令。符号对应的地址依赖于该符号所处程序模块将被加载到的实际内存地址,而这一信息在汇编阶段无法获知。因此,与符号地址对应的目标代码被汇编器置为全零,链接器在后续处理中在这些位置填入实际的地址值。重定位信息被存放于汇编器生成的中间文件(可重定位目标文件,即 . o 文件),除此之外,中间文件还包括二进制目标代码、符号表、段信息等。

6.7.1 汇编器命令行形式

"魂芯一号"汇编器为 lasm,其命令形式为:

```
lasm inputFiles [options]
```

其中,inputFiles 为一个或多个汇编文件,用空格分隔。这个参数是必需的。options 中的选项有:

(1) -g 和 --gstabs 为汇编程序生成 stabs 格式的源代码调试信息。汇编器产生的调试信息不能与宏预处理器或编译器产生的调试信息混合使用。

(2) -l 生成文本形式的段清单。对于每一个汇编文件中的每一个段都会生成一份清单,清单的文件名是在汇编文件名的基础上附加一个下划线、段的名称以及后缀 . sct。

(3) -t 为调试目的输出一个 ASCII 符号表。

(4) -o objFile 指定一个输出目标文件。只能指定一个输入汇编文件,如果没有指定输出目标文件,会自动生成一个目标文件名,它由输入文件名(不包括扩展名)和扩展名 . o 组成。

(5) --mbig-endian 生成高位对其代码(即先访问高位)。

(6) --mlittle-endian 生成低位对齐代码(即先访问低位)。

(7) --no-hint 详细附加错误提示不显示。

(8) --hints 显示详细附加错误提示。

(9) --all-global 包含在当前应用程序中的所有符号作为全局符号。

(10) --label-first-col 标号必须从每一行的第一列开始书写。这可以加速汇编的处理。

(11) --label-any-col 不要求标号必须从每一行的第一列开始书写。

(12) --defsym SYM = VAL 定义符号 SYM 并给其赋值 VAL。

(13) --reserved-sysbols 显示保留符号名。

(14) -v 启用详细模式。

(15) -W 禁止输出警告消息。

和前面介绍的命令类似,这些选项的含义用法都可以通过在命令行输入 lasm -h 得到。

6.7.2 汇编文件格式

汇编文件通常使用的扩展名是 .asm。汇编器读取它们之后,进行以下简单的预处理(不要把这个过程和宏预处理器的处理过程相混淆):

(1) 用一个空白字符取代多个空白字符。

(2) 删除注释。

(3) 用数值取代符号常量。

汇编器逐行处理汇编程序,每一行汇编程序都符合以下格式:

[标号:][汇编指令 | 汇编伪指令][注释]

注释可以用"// "表示单行注释,"/ * * /"表示多行注释。以上语法的三个组成部分中的任何一个都可以省略。汇编文件可以直接编写,也可由宏预处理器生成。宏预处理器提供的许多功能如宏、条件代码等,都为汇编程序的编写提供了便利。

6.7.3 标识符(symbol)

汇编器支持用标识符代替地址或常量。一个标识符可以由最多 255 个字符(A-Z,a-z,0-9,和_)组成。标识符必须以下划线"_ _"开始,并且是区分大小写的:_foo 和_Foo 是不同的。除非被声明是全局的,标识符的作用范围仅局限于定义它的文件中。

标识符可以分为标号和符号常量。可以使用标识符代替地址或常量的汇编指令包括程序转移指令以及以 32 位整型常量为操作数的指令。

1) 标号

在程序中,一个标号是与位置相联系的符号,它在行的首部定义,以冒号结束。

```
_label_1 :R1 = R2 + R3
```

_label_1 代表了它之后的指令在内存中的地址。标号必须从每行的第一列开始,除非使用了 -label-any-col 命令行参数。

2) 符号常量

符号常量是一个和用户定义的常量值相联系的符号,通过汇编伪指令 .set

或者.equ 可以定义符号常量。

```
_LOW_WORD .set (_LABEL 1 & 0x0000FFFF)
```

此处,位操作运算符的结果赋给符号_LOW_WORD。符号常量名是.set 伪指令左边的字符串,即_LOW_WORD,它必须从每行的第一列开始,除非使用了-label-any-col 命令行参数。

6.7.4 表达式

表达式可以在汇编程序中用于表示数值,其语法形式如下:

```
expression = integerValue | symbol |(arithExpression)
```

arithExpression 的语法形式如下:

```
arithExpression = primary | arithExpression binaryOperator primary
```

此处的 primary 语法为

```
primary = integerValue |symbol |(arithExpression) |unaryOperator primary
```

整数值可以是(有符号)十进制、十六进制或二进制的。因此,以下三种表示是等价的:

(1) 1234

(2) 0x4d2

(3) 0b10011010010

支持二元操作符有*、/、%、+、-、<<、>>、>、<、>=、<=、==、!=、&、^、|、&&、||。

支持一元操作符有!、~、-、+。

6.7.5 汇编伪指令

汇编伪指令向程序提供数据并且控制汇编的过程。汇编伪指令本身不生成机器码。表6.13 列出了汇编器支持的所有伪指令。

表6.13 lasm 支持的汇编伪指令

类别	伪指令	说明
段管理	.data	使汇编器把数据装配到数据段
	.text	使汇编器把数据装配到代码段,该段通常包含可执行代码
	.section	程序员自定义的段,可以像默认的代码和数据段一样使用
	.bss	在附加数据段为未初始化的数据结构分配空间
	.org	增加当前段中的地址计数,使其到达某一指定值
	.lend	设置当前段为小段对齐方式
	.bend	设置当前段为大段对齐方式

（续）

类别	伪指令	说明
数据描述	. char	把一个或者多个 8 位常量值存入当前段的连续字节里
	. short	把一个或者多个 16 位整数常量值存入当前段的连续字节里
	. word	把一个或者多个 32 位的整数常量值存入当前段的连续字节里
	. quad	把一个或者多个 64 位的整数常量值存入当前段的连续字节里
	. field	允许指定任意位宽的数据
	. float	把一个 IEEE754 单精度浮点数存入当前段的连续字节里
	. gfloat	把一个 IEEE754 可配置精度浮点数存入当前段的连续字节里
	. string	把一个 ASCII 字符串存入当前段
	. asciz	把一个 ASCII 字符串存入当前段，每一个字符串后填充一个零
	. str32	把一个 ASCII 字符串存入当前段，每一个字符占用一个 32 位字
	. str32z	把一个 ASCII 字符串存入当前段，每一个字符占用一个 32 位字，字符串后填充一个零
内存预留	. space	在当前段的当前位置分配指定大小的空间
对齐方式	. balign	用指定参数的最低 n 个字节填充内存直至内存地址对齐
	. align	用指定参数的最低字节填充内存直至内存地址对齐
	. balignw	用指定参数的最低两个字节填充内存直至内存地址对齐
	. code_align 16	使代码段中的指令地址对齐到 16 字边界
符号操作	. set	把一个表达式的值赋给一个符号
	. ref	从另一个文件引入一个符号名
	. global	使符号是全局的
	. comm	声明一个公用符号
其他	. end	表示一个汇编文件的结束

汇编伪指令数量较多，部分指令只有指令本身，没有可选的参数。因此，给出全部汇编伪指令例程会使本节内容过于繁琐，也没有必要。此处仅给出较为复杂的伪指令说明。

6.7.5.1 段管理类伪指令

1）. section

程序员自定义的段，可以像默认的代码或数据段一样使用。通过伪指令. section 定义的段可以包含代码或数据。

用法：. section sectionname[，“flags”[，@ type]]

参数：

(1) sectionname 用于区分段。和默认段一样,自定义段的内容可以分布在整个汇编程序中。汇编器会自动连接自定义的有同样名字的段。

(2) flags 是一个字符串,这个字符串可以是以下字符的任意组合:

① a 表示段是可分配的。

② w 表示段是可写的。

③ x 表示段是可执行的。

(3) @ type 可以包含以下常量中的一个:

① @ progbit 表示段包含数据。

② @ nobits 表示段不包含数据(也就是说,这个段只占用空间)。

如果没有指定 flags,则默认的 flags 取决于段的名字。如果段的名字不能被识别,则该段既不能被分配,也不可写不可执行;如果没有指定@ type,则默认这个段包含数据。

例 6.21:

```
.section myTextSection,“ax”,@ progbits
nop
nop
.section myDataSection,“aw”,@ progbits
.word 0x815
```

2) . bss

可以在附加数据段为未初始化的数据结构分配内存。附加数据段通常用于在内存中分配空间。

用法: . bss symbol,sizeValue [, alignmentValue]

上面的语法用于在目标体系结构上的地址空间预留内存。

参数:

(1) symbol 定义了一个标号,它指向保留内存的开始位置。

(2) sizeValue 指定了在附加数据段分配空间的字节大小,这个值必须是正值。

(3) alignmentValue 保证了分配的空间与指定的地址边界对齐,它必须是 2 的幂。

3) . org

增加当前段中的地址计数,使其到达 byteAddress 指定的值。. org 只能增大或保持地址计数器的值,程序员不能使用 . org 向后移动地址计数器。随着地址计数的增加,插入的字节用参数 fill 填充。

用法: . org byteAddress[, fill]

参数:

(1) byteAddress 指定了相对于当前段起始地址的地址偏移量。

(2) fill 指定了用于填充的字节值。如果省略 fill,其默认值为 0。

6.7.5.2 数据描述类伪指令

1). char

把一个或者多个 8 位常量值存入当前段的连续字节里。对于使用双引号的字符串,每个字符作为一个 8 位的值对待,字符串存放在当前段的连续字节里。汇编器截短大于 8 位的值。值的个数不作限制,但是每行的长度一定不能超过 255 个字符。如果一个标号用在 . char 之前,则它指向第一个已初始化的字节。

用法:

. char byteExpr$_1$ [,…, byteExpr$_n$]

参数:

(1) byteEprn$_1$ 和 byteExprn$_n$ 指定了字节表达式。

(2) char 指定一个在单引号之间的字符。

例 6.22:

```
.char 'a','b'
[00200000]00006261 00000000
```

2). short

把一个或者多个 16 位整数常量值存入当前段的连续字节里。字节的位置取决于处理器的字节顺序。如果一个标号用在 . short 之前,则它指向第一个已初始化的字节。

用法:

. short expression$_1$ [,. . . , expression$_n$]

参数:

expression$_1$ 和 expression$_n$ 指定了表达式。

例 6.23:

```
.short 0x1234
.short 1974
.short -1
```

3). word

把一个或者多个 32 位的整数常量值存入当前段的连续字节里。字节的位置取决于处理器的字节顺序。如果一个标号用在伪指令之前,则它指向第一个已初始化的字节。

用法:

. word expression$_1$ [, . . . , expression$_n$]

参数：

expression_1 和 expression_n 指定了表达式。

4）. quad

把一个或者多个 64 位整数常量值存入当前段的连续字节里。字节的位置取决于处理器的字节顺序。如果一个标号用在伪指令之前，则它指向第一个已初始化的字节。

用法：. quad expression_1 [, . . . , expression_n]

参数：

expression_1 和 expression_n 指定了表达式。

5）. field

使用 . field 伪指令可以定义任意位长的数据。连续的 . filed 伪指令定义的数据在内存中跨越字节边界连续存放。伪指令 . field 初始化多个位域，位域被连续地写入当前段。图 6. 15 说明了伪指令 . field 的用法。字节按照 32 位分组是为了提高可读性。

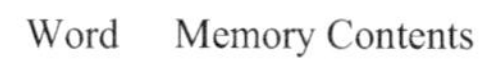

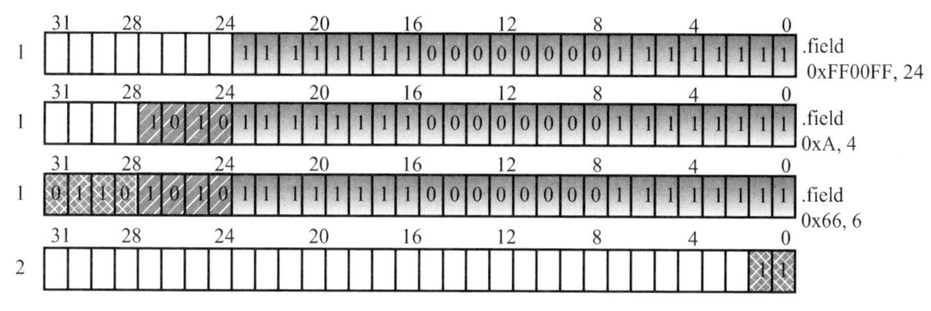

图 6. 15　. field 用法

用法 . field expression [, bitsize]

参数

（1）expression 指定了一个表达式。

（2）bitsize 指定了存储多少位。如果值不匹配 bitsize，则汇编器将自动截取。如果没有指定 bitsize，则汇编器将使用 32 位的默认值。位长并不限制在 32 位。

图 6. 16 是代码编译链接后，在内存中查看的结果：

6）. float

把一个 IEEE754 单精度浮点数存入当前段的连续字节里。字节的位置取决于处理器的字节顺序。单精度浮点数据格式：1 位符号位，8 位指数位，23 位尾数位，共 32 位。如果一个标号用在伪指令之前，则它指向第一个已初始化的

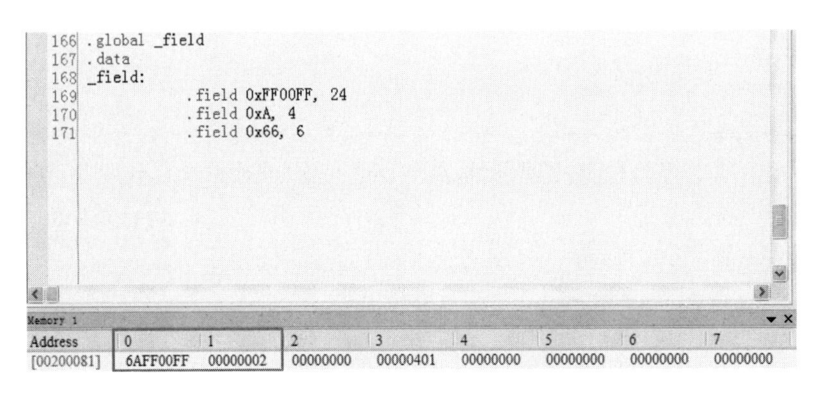

图 6.16　程序运行结果(见彩图)

字节。

用法:. float floatNumber

参数:

floatNumber 指定了一个浮点数。

7) . gfloat

把一个 IEEE754 可配置精度浮点数存入当前段的连续字节里。字节的位置取决于处理器的字节顺序。如果一个标号用在伪指令之前,则它指向第一个已初始化的字节。

用法:. gfloat mantissBitWidth, exponentBitWith, floatNumber

参数:

(1) mantissBitWidth 指定了尾数的宽度。

(2) exponentBitWidth 指定了指数的宽度。

(3) floatNumber 指定了一个浮点数。

8) . string

把一个或者多个 ASCII 字符串存入当前段中。如果在伪指令之前有一个标号,它指向第一个字符串的第一个字符所在的地址。

用法:. string "$string_1$" [, . . . , "$string_n$"]

参数:

$string_1$ 和 $string_n$ 是以连续字节存储的字符串。

9) . asciz

把一个或者多个 ASCII 字符串存入当前段中。每个字符串自动追加'\0'字符。. asciz 中的 z 代表零。

用法:. asciz "$string_1$" [, . . . , "$string_n$"]

参数:

$string_1$ 和 $string_n$ 是以连续字节存储的字符串。

6.7.5.3　内存预留类伪指令

. space

在当前段的当前位置保留参数 sizeValue 指定空间字节大小,并用0填充这个空间。

当一个标号和 . space 一起使用,它指向第一个保留字节。

用法:. space sizeValue

参数:

sizeVlaue 指定了保留字节的大小。

6.7.5.4　对齐方式类伪指令

1）. balign

用参数 fill 的最低 n 个字节填充内存直至位置计数器的值是参数 alignment 的整数倍。也就是说 . balign 之后的程序内容的起始地址值是 alignment 的整数倍。字节的顺序取决于在启动汇编器的命令行中指定的字节顺序:

(1) 在低位对齐模式下,先用最低位的字节开始填充,然后用次低位的字节填充,依次类推。

(2) 在高位对齐模式下,填充顺序与上述相反。

用法: . balign [n]alignment [, fill [, max]]

参数:

(3) n 指定了用于填充的低位字节数。如果省略了 n,默认值是1。

(4) alignment 指定了地址对齐值,以字节为单位。这个值必须是2的幂。否则,alignment 是小于这个值的最大的2的幂。alignment 必须小于32768。

(5) fill 指定了用于填充的数值。如果省略了 fill,填充的值是0。

(6) max 指定了最大填充字节数,如果省略了 max,则没有最大填充字节数的限制。

2）. align

用参数 fill 的最低字节填充内存直到位置计数器是 alignment 的整数倍。当 . balign 的参数 n 被设置为1时,. balign 与 . align 是等效的。

用法: . align alignment [, fill, [, max]]

参数:

(1) alignment 指定了地址对齐值,以字节为单位。这个值必须是2的幂。否则,alignment 是小于这个值的最大的2的幂。alignment 必须小于32768。

(2) fill 指定了用于填充的数值。如果省略了 fill,填充的值是0。

(3) max 指定了最大填充字节数,如果省略了 max,则没有最大填充字节数的限制。

3）. balignw

用参数 fill 的最低两个字节填充内存直到位置计数器是 alignment 的整数倍。当 . balign 的参数 n 被设置为 2 时,. balign 与 . balignw 是等效的。

用法：. balignw alignment [, fill [, max]]

参数：

（1）alignment 指定了地址对齐值,以字节为单位。这个值必须是 2 的幂。否则,alignment 是小于这个值的最大的 2 的幂。alignment 必须小于 32768。

（2）fill 指定了用于填充的数值。如果省略了 fill,填充的值是 0。

（3）max 指定了最大填充字节数,如果省略了 max,则没有最大填充字节数的限制。

6.7.5.5 符号操作类伪指令

1）. set

把表达式的值赋给一个符号常量。这使得程序员可以在汇编代码中使用一个有意义的名字代表常量值。可以使用符号常量的汇编指令包括程序转移指令以及以 32 位整型常量为操作数的指令。

用法：

symbol . set expression

symbol . equ expression

参数：

（1）symbol 指定了一个符号。它必须位于一行的首部,除非调用汇编器时使用了 – label – any – col 命令行参数。

（2）expression 指定了一个表达式。

2）. ref

从另一个文件引入一个符号。这个符号可以在当前模块使用,但是它在另一个模块中被定义。汇编器把它标记成未定义的外部符号放入符号表中以便链接器可以确定它的实际定义。

用法：. ref [symbol]

参数：

symbol 指定一个符号。

3）. global

使符号对链接器是可见的。在一个程序模块中定义的符号,它的值在链接的时候可以被其他的程序模块使用。如果指定的符号没有在当前模块被定义,则伪指令 . global 和 . ref 有同样的作用。

用法：

. global symbol

. globl symbol

参数：

symbol 指定一个符号。

4）. comm

声明一个共用类型的符号。当进行链接时，在一个目标文件里的共用型符号可以和另一个目标文件里的同样名字的共用型符号合并。链接器分配 sizeValue 大小的未初始化内存。如果链接器发现了多个同样名字的共用类型符号，并且它们所占的内存大小不相同，则链接器将使用其中的最大值为该共用类型的符号分配内存空间。

用法：. comm symbol ，sizeValue

参数：

（1）symbol 指定了一个符号。

（2）sizeValue 指定了未初始化内存的字节数目。

6.7.5.6　其他

. end

下面的例子说明了伪指令 . end 的用法，注意指令 XR5 = R0 * R6 由于位于 . end 之后，因此将不被汇编。

```
XR0 = R1 + R2
.end
XR5 = R0 * R6
```

6.8　链接器

大型程序都由数量众多的模块构成，而每一模块又是由函数、变量、声明等组成。由于汇编过程只需要使用各模块之间的接口信息，因此各模块可以分别汇编。

模块通过汇编器生成目标文件（object file），再由链接器把多个独立生成的目标文件组织成一个可执行文件。链接器的工作流程大致可以分为四步，如图 6.17 所示。

第一步，建立存储器模型的内部表述和载入目标文件。

第二步，为各段分配存储空间，如代码段和数据段。这样，各段的存储地址就被确定了。

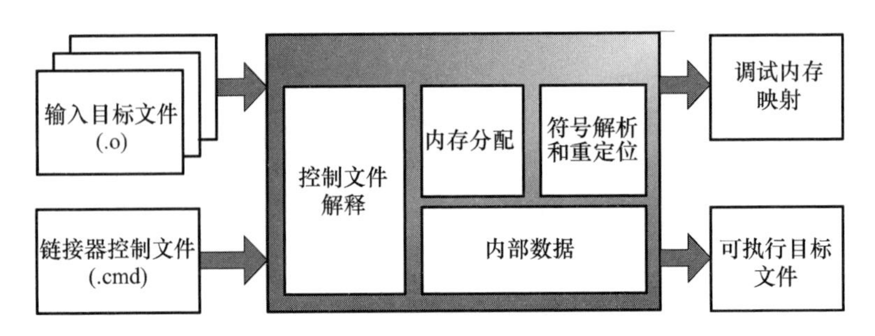

图 6.17　链接器工作流程

第三步,符号解析和重定位。

第四步,生成最终的可执行文件,文件格式为 ELF。

目标应用的存储配置往往具有多样性,因此链接器必须具备很强的灵活性。链接命令文件包含了链接时的存储配置信息,因此,可以使用链接命令文件来控制链接过程以及定位代码段和数据段。

图 6.18 为可执行的输出文件(ELF 文件)的段组织示意图。

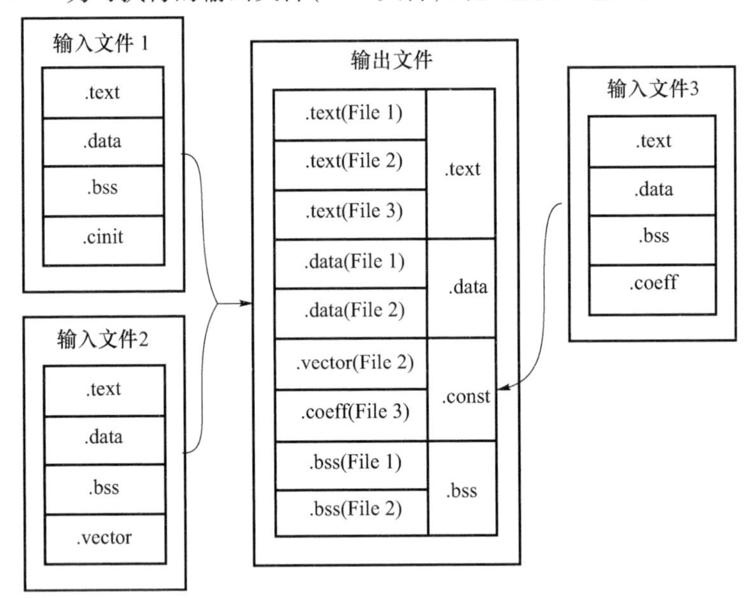

图 6.18　ELF 文件的段组织示意图

更详细的有关可执行输出文件的介绍可以参考与 ELF 文件格式有关的文档。

6.8.1　链接器命令行形式

“魂芯一号”采用的链接器是 llnk,其命令形式为:

```
llnk inputFiles [cmdfile.cmd][options]
```

其中,inputFiles 为待链接的目标文件列表,cmdfile. cmd 是链接器的命令文件(可选)。该文件为 ASCII 文件,扩展名为 . cmd,包含了链接时存储配置信息。options 中的选项包括:

(1) -o exeFile,链接器的生成文件名。默认值为 a. out.

(2) -m mapFile,生成一个名为 mapFile 的 ASCII 文件,描述链接后各段内存定位信息。

(3) --entry = value,设定可执行程序的入口地址为 value,该值覆盖输入目标文件的符号表中已存在的入口地址值。

(4) -s --strip -all,过滤目标文件中的调试信息段、符号表和字符串表等信息。

(5) -S --strip -debug,过滤目标文件中的调试信息。

(6) --keep -locals,在输出文件符号表中保留输入文件的局部标识符。多个文件中同名标识符的值是未定义的。

(7) -t --trace,输入文件观察使能选项。

(8) --force,可执行目标文件强制生成选项(忽略链接错误)。生成的文件可能无法工作。

(9) --warn -common,警告使能选项:当链接器处理不同大小的 commom 标识符时报警。

(10) --only -defined -segments,只生成在命令文件中显式定义的段。如默认该选项,则链接器自动将链接输入文件中同名段组织成一个新段。

(11) --no -smart,该选项允许链接器定位档案库的所有目标文件,无论该文件是否包含在文件列表中。

(12) --whole -archive,在链接过程中,定位命令行中静态库所含全部目标文件,而不仅仅定位所需的部分目标文件;用空格分隔命令行中多个静态库。

(13) --no -whole -archive,取消 --whole -archive 命令。用空格分隔命令行中多个静态库。

(14) --defsym SYM = VAL,定义标识符 SYM = VAL。

(15) -q,禁止输出(安静模式)。

上面的信息可以在命令行输入 llnk -h 得到。

6.8.2 链接器命令文件的编写

1) 命令文件格式

链接过程可以由命令行选项控制,也可以由命令文件控制。命令文件是 ASCII 文件,以 . cmd 为扩展名,默认由 ECS 自动创建,用户可依据实际情况修改。几乎所有的命令行选项都可以放入命令文件中。另外，命令文件中可包含一个 MEMORY 语句和一个 SECTION 语句（这两个语句不是必需的）。命令文件中的注释行以"#"开始。

2）存储配置

默认条件下，链接器从存储空间的 0 地址开始连续地定位所有段。命名存储块是与一个特定名字相关联的存储区域，可用 MEMORY 语句来定义命名存储块。在 SECTION 语句中可以使用已定义的命名存储块来控制存储空间的定位。

MEMORY 语句的语法如下：

```
MEMORY
'{'
name : origin = constant , length = constant [ , bytes = constant]
...
'}'
```

（1）参数 name 是命名存储块的名称。

（2）参数 origin 和 length 是命名存储块的首地址和大小。

（3）参数 bytes 定义命名存储块的寻址方式。链接器默认的寻址方式为字节寻址方式，即 32 位处理环节中，第一个字地址为 0，第二个字地址为 4，第三个字地址为 8，依次类推。要注意"魂芯一号"采用的是字寻址方式（即 bytes 需设置为 4），第一个字地址为 0，第二个字地址为 1，第三个字地址为 2，依次类推。

在 MEMORY 语句中，可定义任意数目命名存储块。MEMORY 语句需和 SECTIONS 语句一起使用。此外，仅能使用已经配置过的命名存储块来定位段，链接器不应把目标代码定位到任何未配置的存储空间。命令文件中一个命名存储块对象含有以下信息：

（1）名称；

（2）起始地址；

（3）长度；

（4）寻址方式。

不必在 MEMORY 语句中描述不存在的存储区域。

3）段配置

默认条件下，链接器把各输入文件中的同名段（例，. text）组织在一起，并连续定位在指定的命名存储块中。若没有指定命名存储块，链接器将以 0 地址为起始地址定位各段。在 SECTIONS 语句中，指定了输入文件中各段在存储器中的位置。

SECTIONS 语句的语法如下：

```
SECTIONS
'{'
outputSectionName :[destination][alignment][inputSectionList]
...
'}'
```

（1）destination 的语法：

```
(load = | >) memory
```

（2）alignment 的语法：

```
align = value
```

（3）inputSectionList 的语法：

```
'{'
inputSection
...
'}'
```

其中 inputSection 的语法：

```
sectionName |fileName (sectionName) | * (sectionName)
```

其中 sectionName 的语法：

```
identifier |COMMON
```

在 SECTIONS 语句中，outputSectionName 为输出段名，该输出段由 inptuSectionList 中所包含的输入段组成。InputSectionList 中各段是在各汇编源代码文件中定义的，可以是单个文件段，也可以是多个文件同名段。若在段配置语句中缺少参数 inputSectionList，则输出段 outputSectionName 由所有输入文件中与之同名的段组成。保留段 COMMOM 与汇编代码中所定义的 COMMOM 标识符有关。

参数 destination 指定了输出段将被定位到哪一个命名存储块中。如果该参数是默认的，将启用默认的定位规则。

参数 alignment 确定地址的对齐方式：输出段首地址将被定位到参数 value 整数倍内存地址。若命名存储块未被定义，则输出段也可被定位到绝对地址上。

段配置文件中，load 和“ > ”的作用都是将文件中的输出段定位到某一个命名存储块中，但是 load 可以带更加详细的参数，“ > ”只是将相同名字的输出段定位到具体的存储块中，不能带详细的参数设置。

6.9 反汇编器

反汇编器是把可执行的目标代码转化为“魂芯一号”的汇编语言语句。反汇编器提供的信息对于检查和分析链接器链接后的结果特别有帮助。反汇编器将其输出写入到一个以 .dis 为扩展名的文件里，该文件的文件名和输入文件的名字相同。

“魂芯一号”的反汇编器为 ldasm,其命令行形式如下:

ldasm inputFiles -- disassemble -- disassemble - data [-- no_symbols] [-- symtab][-h]

各个参数的含义如下:

(1) inputFile,是要处理的可执行目标文件的名字,其文件格式必须与 ELF 兼容。

(2) -- disassemble,反汇编,不生成额外的数据域。要求必须使用 -- disassemble或者 -- disasemble - data 其中的一个命令参数。

(3) -- disassemble - data,反汇编,并且生成额外的数据域。要求必须使用 -- disassemble 或者 -- disasemble - data 其中的一个命令参数。

(4) -- no_symbol,指定符号地址不能用于反汇编。

(5) -- symtab,生成一个符号表。

在命令行敲入 ldasm - h 能够查看到上面的选项说明。

6.10 库生成器

库生成器是一个命令行工具,可以使用这个工具创建或者修改库文件。库文件包含多个由汇编器创建的目标文件(*.o),链接器可以使用这些库文件。库文件中保留被包含文件的文件名、最后修改时间信息。

启动库生成器:

lar - commands commandSpecificModifiers genericModifiers archiveFile modules

这样一个命令行由几部分组成:命令及命令修饰符,库文件名,以及待处理的软件模块的名字。

commands 的语法形式如下:

r | d | m | x | t

commandSpecificModifiers 的语法形式如下:

u | c | o

genericModifiers 的语法形式如下:

v | q | W | h

下面说明了库生成器的命令选项:

(1) - r,代替存在的或者插入新的模块到库文件中。这个命令能和 - u 一起使用。

(2) - d,从库文件中删除用户指定的模块。

(3) - m,移动指定的模块到库文件中。

(4) -x,从库文件中提取指定的模块。这个参数可以和 -o 一起使用。

(5) -t,显示库文件的内容。

一些特别的参数可以配合上面列出的库生成器的命令使用:

(1) -u,只对比当前库文件中更新的模块进行替换。

(2) -c,在创建库文件时禁止产生警告信息。

(3) -o,保存初始日期。

下面是可使用的普通参数:

(1) -v,启用详细模式。

(2) -q,禁止输出(安静模式)。

(3) -W,禁止输出警告信息。

(4) archiveFile,库文件名称,如 out. a 由用户自己定义。

(5) modules,用于打包的目标文件列表,可以是一个或多个目标文件(. o 文件)。

在命令行输入 lar -h 可以查看到上面的选项说明。

第7章 基于处理器的硬件设计

7.1 硬件设计概述

基于“魂芯一号”芯片构建信号处理板卡涉及硬件设计内容主要包括:电源设计、复位电路设计、时钟电路设计、多处理器耦合、调试系统设计、引导系统设计、存储器扩展、板级布局布线等。本章主要对上述内容进行详细介绍,并给出硬件设计实际实例。

7.2 DSP 系统的基础设计

7.2.1 电源电路设计

7.2.1.1 供电电源

“魂芯一号”共包含 5 种电源:VDD1.1、DVDD2.5、PVDDQ1.8、VDDPST3.3 及 VDDA2.5。其具体的电压范围如表 7.1 所列。

表 7.1 电源种类

电源名称	功能简介	电压范围
VDD1.1	内核电源	1.1V +/−5%
DVDD2.5	LVDS 电源	2.5V +/−5%
PVDDQ1.8	DDR2 电源	1.8V +/−5%
VDDPST3.3	通用 I/O 电源	3.3V +/−5%
VDDA2.5	内核模拟电源	2.5V +/−5%

建议:VDD1.1 电压在 0.8 ~ 1.26V 间可调,由于 VDD1.1 电流较大,每片“魂芯一号”VDD1.1 最好独立供电。

7.2.1.2 地

“魂芯一号”含有两种地,1 个数字地 VSS 和 1 个模拟地 VSSA。

7.2.1.3 供电电流(表7.2)

表7.2 供电电流

电源名称	电流范围
VDD1.1	≤7A
DVDD2.5	≤1.5A
PVDDQ1.8	≤1A
VDDPST3.3	≤1A
VDDA2.5	≤1A

7.2.1.4 旁路及去耦电容

“魂芯一号”所有电源与地之间都需要放置旁路电容。如果条件限制,无法在PCB板上放置更多电容,则“魂芯一号”推荐电容放置优先级(见表7.3所列)。

表7.3 旁路电容放置优先级

电源与地	推荐优先级
VDDA2.5与VSSA	1(最高)
VDD1.1与VSS	2
PVDDQ1.8与VSS	3
DVDD2.5与VSS	4
VDDPST3.3与VSS	5

在“魂芯一号”应用系统中,VDDA2.5与VSSA间需要有如图7.1所示的去耦电路。

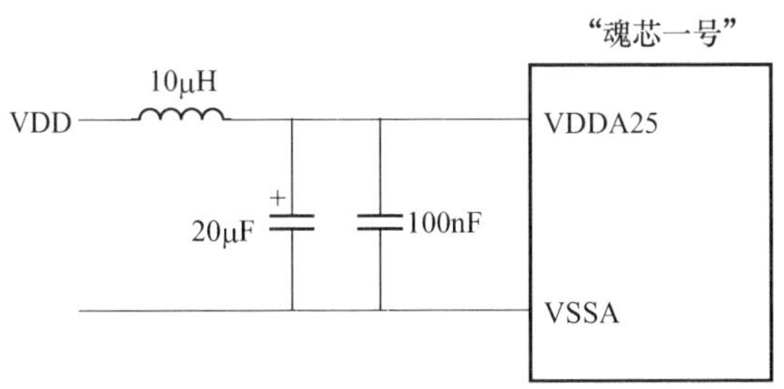

图7.1 模拟电源去耦电路

VDD1.1电源去耦电路中,推荐在靠近芯片的电源网络上添加至少1个10μF钽电容,在芯片背面每对电源与地之间跨接0.1μF或0.01μF高频去耦电容。

PVDDQ1.8、VDDPST3.3、DVDD2.5电源去耦电路中,靠近芯片的电源网络上添加至少 1 个 10μF 钽电容，在芯片背面靠近电源脚处添加若干 0.1μF 或 0.01μF 高频去耦电容。

在进行 PCB 设计时，VDDPST3.3、DVDD2.5、VDD1.1、VDDA2.5 和 PVDDQ1.8 电源采用大面积覆铜形式的电源平面。

7.2.1.5 配置管脚

“魂芯一号”设置了三种类型的配置管脚：ID2－0、CLKINRAT2－0、TAP_SEL；其中 ID2－0 用于多片系统中各 DSP 的芯片标识，CLKINRAT2－0 用于选择 PLL 频率的倍频比，TAP_SEL 用于选择芯片工作模式。

单个“魂芯一号”芯片应用时，ID 设置“000”；板上用多片“魂芯一号”构建大型应用系统时，每一个 DSP 都用 ID 甫　编号且每片 ID 号必须唯一，主芯片 ID 设置“000”，其他芯片按照要求分别设置。

表 7.4　ID 管脚配置

ID2－0	多片系统
000（默认）	0
001	1
010	2
011	3
100	4
101	5
110	6
111	7

CLKINRAT2－0 设置“魂芯一号”器件内部锁相环倍率，具体设置见表 7.5。

表 7.5　内部锁相环倍频数设置

CLKINRAT2－0	倍频
000	6
001	6.25
010	7.5
011	12
100	12.5
101	13.75
110	14
111	15
注：CLKIN 范围 25～40MHz。	

TAP－SEL 为“魂芯一号”器件工作模式选择管脚。具体设置见表 7.6 所列。

表 7.6　工作模式选择

TAP_SEL	BOOT_SW	DSP 工作模式
1	1	用户模式
1	0	调试及诊断模式
0	0	边界扫描模式

7.2.2　复位电路设计

“魂芯一号”复位方式有 3 种：系统复位（通过 RESET_N 引脚，低有效）、调试逻辑硬复位（通过 TRST_N 引脚，低有效）和调试软复位（通过点击软件调试界面的 reset 按钮）。

（1）系统复位：由 RESET_N 引脚输入，低电平有效，须至少持续 1μs，此信号对内核和外设所有用户可见寄存器进行复位。在用户模式下（TAP_SEL 引脚设置为 1，并且 BOOT_SW 引脚设置为 1），复位后芯片程序自动通过并口加载。

（2）调试逻辑硬复位：由 TRST_N 引脚输入，低电平有效。该复位信号只对 JTAG 调试逻辑复位，不影响 DSP 内核和其他外设，也不会引起并口自动程序加载。

（3）调试软复位：在调试模式下（TAP_SEL 引脚设置为 1，并且 BOOT_SW 引脚设置为 0），通过点击软件调试界面的 reset 按钮进行复位。该复位对 JTAG 调试逻辑和 DDR2 接口之外的所有外设和内核复位。

注意：

（1）BOOT_SW 信号和 TAP_SEL 信号可设计成开关形式，以方便 DSP 在各种模式之间进行切换。

（2）等待外部时钟稳定后，再复位“魂芯一号”。

7.2.3　时钟设计

7.2.3.1　系统时钟设计

1）一阶时钟产生与多阶时钟产生

通常一阶时钟产生的抖动要小于多阶时钟产生，如图 7.2 所示。

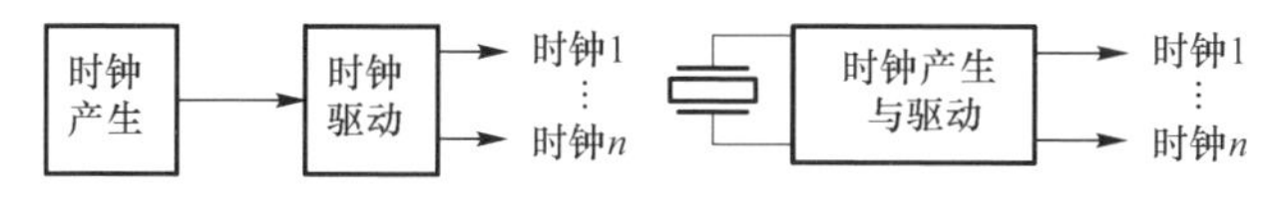

图 7.2　一阶与多阶时钟产生

时钟产生要求及其参数如表 7.7 所列。

表 7.7 时钟产生要求

要求项目	具体参数
时钟占空比	45% ~55%
时钟上下沿对称性	时钟上升和下降时间差小于时钟周期的 5%
板上多时钟之间的延迟差距	小于 250ps

2）多片 DSP 系统输入时钟设计

簇内多片之间的时钟来自于同一时钟源，时钟走线尽量保持等长。具体要求如下：

（1）从时钟驱动到各个 DSP 输入应该点对点连接，并且将长度差别控制在 +/-300mil①(7.62mm)之内。

（2）尽量减少时钟线的过孔，每个时钟线的过孔数目保持一致。

（3）不要将时钟线走在其他信号线附近，至少与其他信号线保持 4 倍线宽。

（4）使用低抖动、低输出偏斜时钟驱动。

（5）推荐使用同一个时钟驱动为板上所有的 DSP、FPGA、ASIC、存储器等器件提供时钟，因为使用多个时钟驱动器有可能增加时钟之间的偏斜。

板上多片 DSP 的时钟走线如图 7.3 所示。

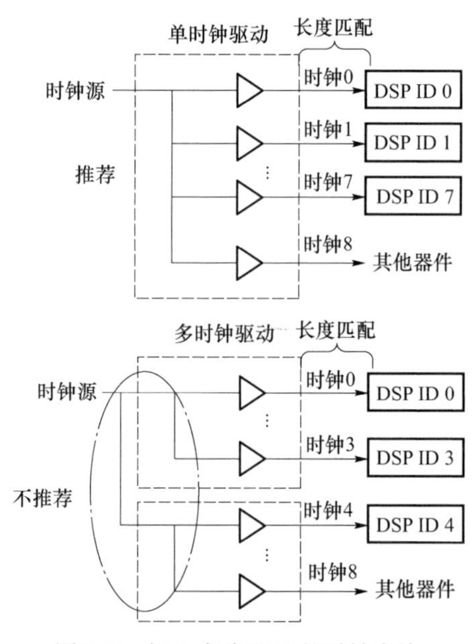

图 7.3 板上多片 DSP 的时钟走线

① $1\text{mil} = 2.54 \times 10^{-3}\text{cm}$。

3）多片 DSP 系统内核时钟设计

多片 DSP 级联时，通过 link 口互连的 DSP 主频需要相等；级联在同一条 JTAG 链上的所有 DSP 主频需要相等。

7.2.3.2　主时钟启动的注意事项

“魂芯一号”在 VDD 上电期间，如果 I/O 电源 VDDPST3.3 已经稳定且系统时钟 SCLK 已经启动，当 VDD 电压上升到 VDD/2 附近时，会导致 VDD 供电系统增加额外电流。这种额外的动态电流增加会导致电源模块过载，从而使其关断。

“魂芯一号”提供两种做法，第一是在板上使用门控时钟；第二是通过上电顺序来保证：当 VDD_IO 上电时，VDD 供电已经稳定，这样就避免了上述情况的发生。

7.3　DSP 外设引脚及布局布线指导

7.3.1　并口引脚

“魂芯一号”并口与外部设备连接时，注意要根据外部设备位宽不同，调整外部设备地址与 DSP 并口输出地址的连接关系。其具体要求如表 7.8 所列。

表 7.8　外部设备地址与 DSP 并口输出地址的连接关系

8bit 外设			备注
外部存储空间选择	外部存储空间	外部设备地址与 DSP 并口输出地址连接关系	
CE0A_N	0x10000000 ~ 0x1fffffff	$ADD_{29-0} = PAR\_ADR_{29-0}$	ADD_{31-0}代表外部设备地址；PAR_ADR_{31-0}代表并口输出地址。
CE1A_N	0x20000000 ~ 0x2fffffff		
CE2A_N	0x30000000 ~ 0x3fffffff		
CE3A_N	0x40000000 ~ 0x4fffffff		
CE4A_N	0x50000000 ~ 0x5fffffff		
16bit 外设			
CE0A_N	0x10000000 ~ 0x1fffffff	$ADD_{28-0} = PAR\_ADR_{29-1}$	
CE1A_N	0x20000000 ~ 0x2fffffff		
CE2A_N	0x30000000 ~ 0x3fffffff		
CE3A_N	0x40000000 ~ 0x4fffffff		
CE4A_N	0x50000000 ~ 0x5fffffff		

(续)

<table>
<tr><td colspan="3">8bit 外设</td><td rowspan="2">备注</td></tr>
<tr><td>外部存储空间选择</td><td>外部存储空间</td><td>外部设备地址与 DSP 并口输出地址连接关系</td></tr>
<tr><td colspan="3">32bit 外设</td><td rowspan="17">ADD_{31-0}代表外部设备地址；PAR_ADR_{31-0}代表并口输出地址。</td></tr>
<tr><td>CE0A_N</td><td>0x10000000 ~ 0x1ffffff</td><td rowspan="5">$ADD_{27-0} = PAR\_ADR_{29-2}$</td></tr>
<tr><td>CE1A_N</td><td>0x20000000 ~ 0x2ffffff</td></tr>
<tr><td>CE2A_N</td><td>0x30000000 ~ 0x3ffffff</td></tr>
<tr><td>CE3A_N</td><td>0x40000000 ~ 0x4ffffff</td></tr>
<tr><td>CE4A_N</td><td>0x50000000 ~ 0x5ffffff</td></tr>
<tr><td colspan="3">64bit 外设</td></tr>
<tr><td>CE0A_N</td><td>0x10000000 ~ 0x1ffffff 中的偶地址</td><td rowspan="10">$ADD_{26-0} = PAR\_ADR_{29-3}$</td></tr>
<tr><td>CE0B_N</td><td>0x10000000 ~ 0x1ffffff 中的奇地址</td></tr>
<tr><td>CE1A_N</td><td>0x20000000 ~ 0x2ffffff 中的偶地址</td></tr>
<tr><td>CE1B_N</td><td>0x20000000 ~ 0x2ffffff 中的奇地址</td></tr>
<tr><td>CE2A_N</td><td>0x30000000 ~ 0x3ffffff 中的偶地址</td></tr>
<tr><td>CE2B_N</td><td>0x30000000 ~ 0x3ffffff 中的奇地址</td></tr>
<tr><td>CE3A_N</td><td>0x40000000 ~ 0x4ffffff 中的偶地址</td></tr>
<tr><td>CE3B_N</td><td>0x40000000 ~ 0x4ffffff 中的奇地址</td></tr>
<tr><td>CE4A_N</td><td>0x50000000 ~ 0x5ffffff 中的偶地址</td></tr>
<tr><td>CE4B_N</td><td>0x50000000 ~ 0x5ffffff 中的奇地址</td></tr>
</table>

7.3.2 Link 端口引脚

Link 口引脚的连接关系如表 7.9 所列。

表 7.9 Link 口引脚的连接关系

名称	发送端引脚	接收端引脚
随路时钟	LxCLKOUT_P,LxCLKOUT_N	LxCLKIN_P,LxCLKIN_N
请求信号	LxIRQOUT_P,LxIRQOUT_N	LxIRQIN_P,LxIRQIN_N
应答信号	LxACKIN_P,LxACKIN_N	LxACKOUT_P,LxACKOUT_N
数据信号	LxDATOUT_P,LxDATOUT_N	LxDATIN_P,LxDATIN_N

关于 link 口收端的端接电阻:“魂芯一号”LVDS 要求在收端 P－N 之间跨接 100Ω、1% 误差的电阻。另外,端接电阻应该尽量靠近收端。

7.3.3 LVDS 的 PCB 布线指导

PCB 走线应该优化为 100Ω 的差分阻抗。

点对点连接，控制同一个 LINK 端口所有布线的线长偏斜在 +/-250 mil (6.35mm) 之内，这样可以把延迟偏斜控制在 +/-50ps 之内。

布线时，将时钟信号走在数据信号中间（图 7.4）。

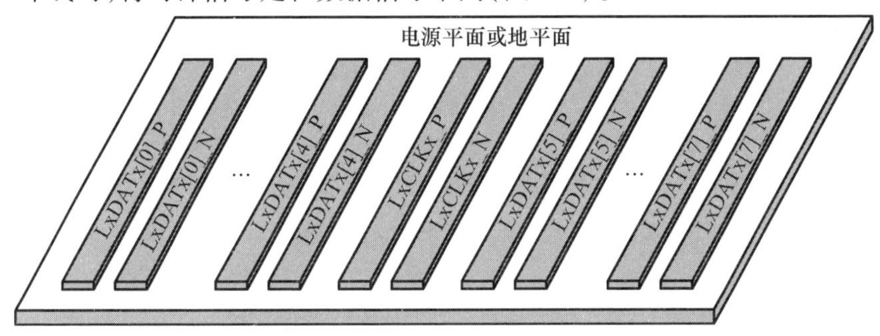

图 7.4 8 位 LINK 口的时钟信号走线

控制过孔数量，使过孔数量最小，因为过孔会降低信号完整性。

在 LVDS 的 P-N 差分对之间不允许有过孔和其他信号，如图 7.5 所示。

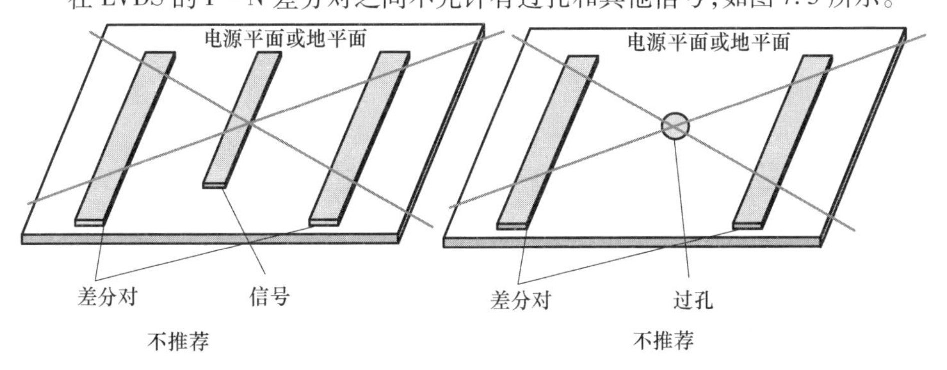

图 7.5 LVDS 的差分信号间不允许有过孔和其他信号（见彩图）

除非经过严格分析，否则不允许在邻近的差分对之间有过孔和其他信号，如图 7.6 所示。

在 PCB 布线中不允许出现 90°直角，应该采取 45°倒角，并且保持差分对的间距一致，如图 7.7 所示。

不允许在差分对上、下有任何其他信号平行走线，如图 7.8 所示。

如果可能，将 LVDS 差分信号置于 PCB 的顶层或底层。在 LVDS 信号之下直接有一层电源平面或地平面，如图 7.9 所示。这种走线通常称为“微波传输带”。

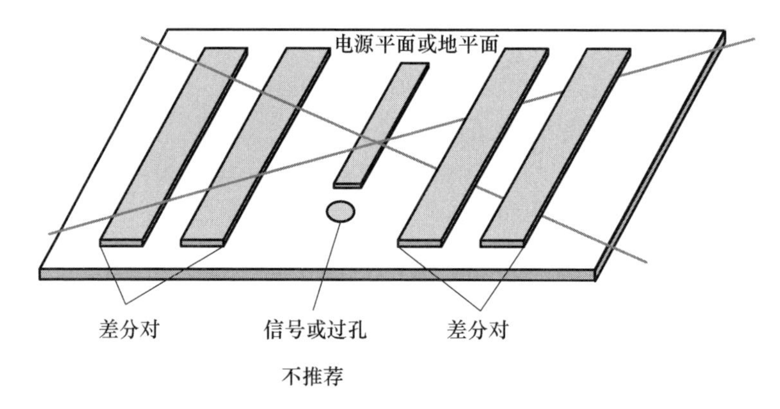

图 7.6　邻近的差分对间不允许有过孔和其他信号(见彩图)

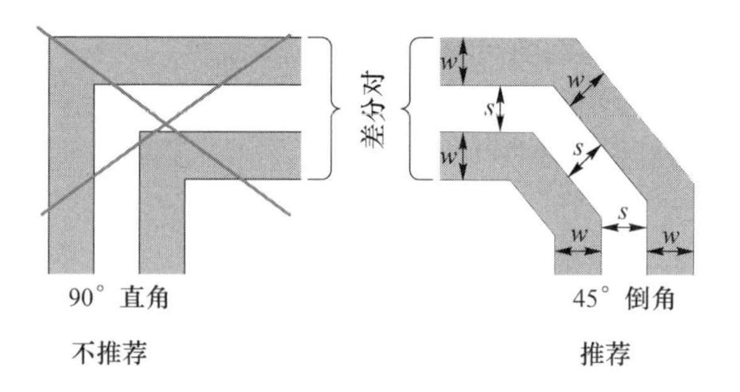

图 7.7　LVDS 的走线不允许出现 90°直角(见彩图)

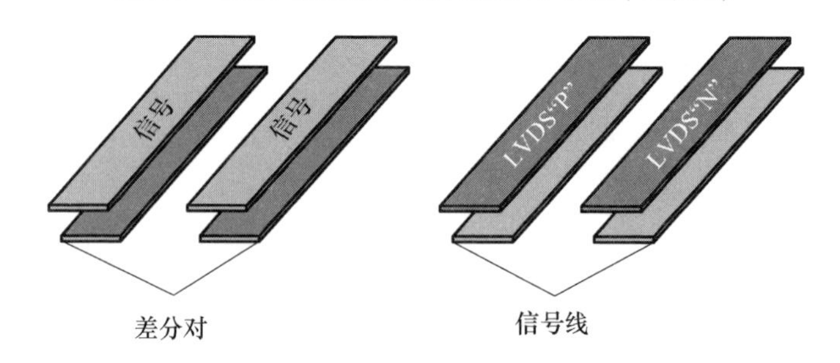

图 7.8　差分对上、下不允许其他信号平行走线

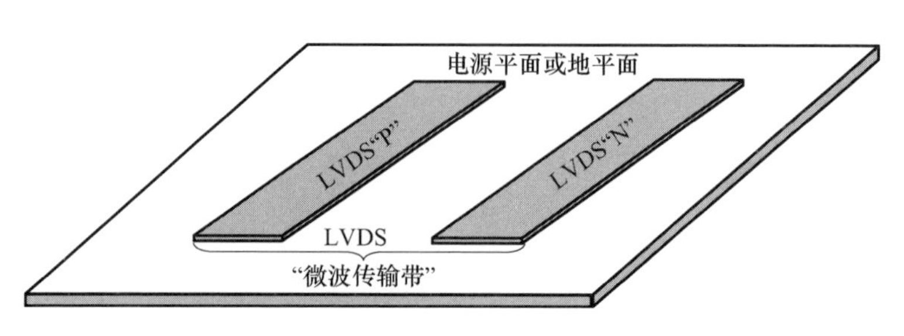

图 7.9　微波传输带

如果 LVDS 差分线无法放到顶层或底层，那么将它们放到电源平面和/或地平面之间也是可以的。如图 7.10 所示，这种走线通常叫“带状线”。虽然带状线是可以接受的，但是相比微波传输带，有如下不足：难以保持常数阻抗；具有更大的传输延迟；需要更多过孔和 PCB 层。

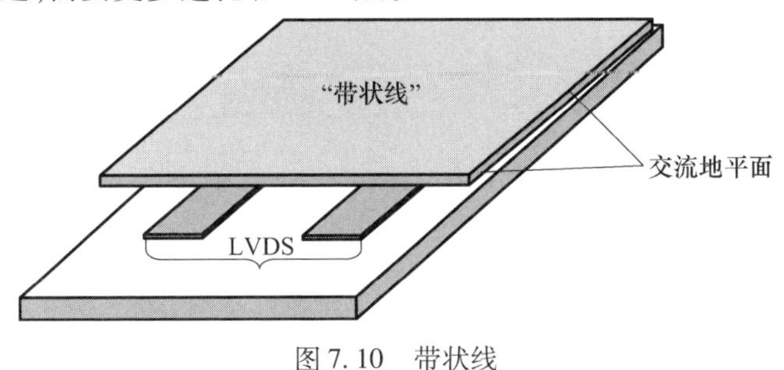

图 7.10　带状线

电源/地平面的边界应该超过 LVDS 差分线的边界，如图 7.11 所示。

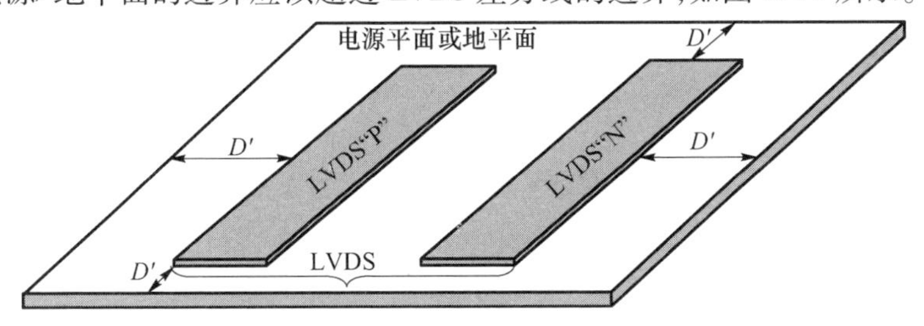

图 7.11　电源/地平面的边界应超过 LVDS 差分线的边界

如果非 LVDS 信号线一定要和 LVDS 信号线走在同一层，那么必须在 LVDS 差分线和非差分线之间插入电源或地线进行隔离（图 7.12）。

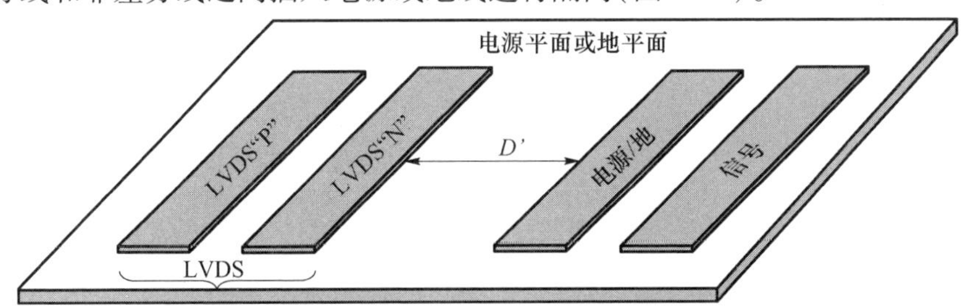

图 7.12　LVDS 信号与非 LVDS 信号间的隔离

关于“微波传输带”和“带状线”，有些适用于 LVDS 的工业标准的指导，如图 7.13 所示。

W = PCB 线宽。

S = 差分对的 P – N 之间的间距。

D = LVDS 差分对之间的间距。

D' = 到电源层或地层边界的间距。

D' = 到邻近电源线或地线的距离。

H = 差分信号到其下一层的高度。

优化差分阻抗至100Ω,并遵守以下参数关系:

$$S < 2W, D, D' \geqslant 2S, H > S$$

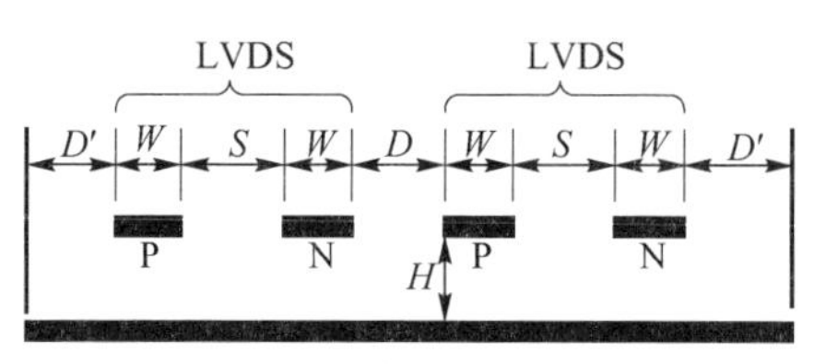

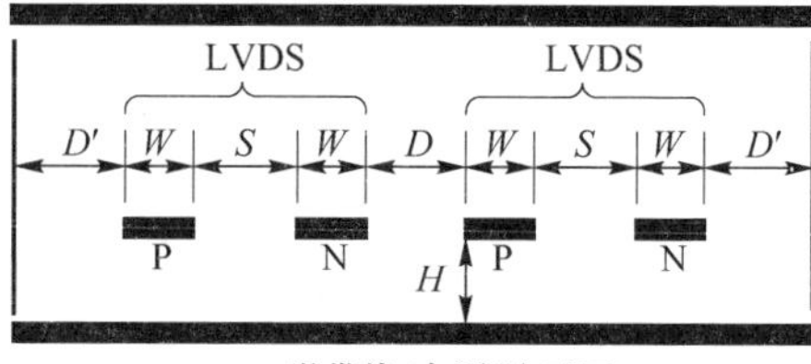

图7.13 微波传输带及带状线的PCB设计指导

7.3.4 DDR2 端口的 PCB 设计

DDR2 端口为高速数据传输端口,在 PCB 布板时要注意选择布线层、多个存储颗粒的布局、阻抗匹配、走线等长、线间距等要求。

7.3.4.1 基本要求

(1) DDR2 颗粒一排放置,靠近主芯片,尽可能地缩短走线长度,减小走线长度对信号的损耗影响,便于采取拓扑走线,见图7.14示例。

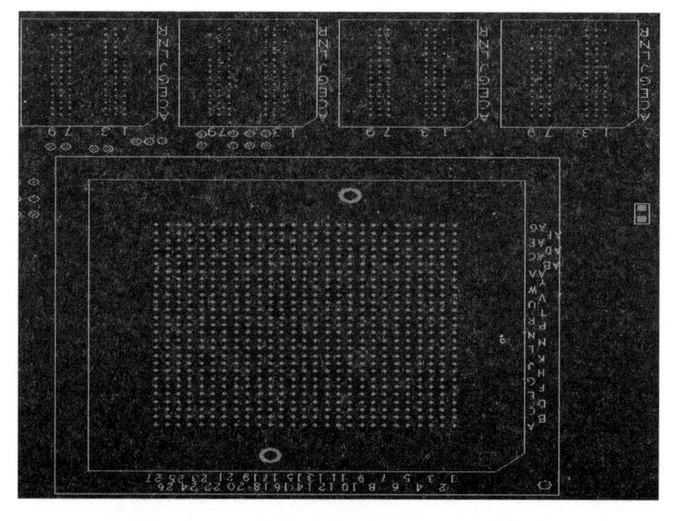

图7.14 DDR2 系统布板示例(见彩图)

（2）DDR2 端口控制器与 DDR2 颗粒之间所有的信号线原则上要求等长。基于 IBIS 模型的仿真表明差分时钟信号线（DDR_CK_P/N 和 DDR_DQS_P/N）要比数据线长 600mil 左右时，信号眼图效果较好。针对具体 PCB 板，最优线长值依赖于具体仿真结果。

（3）为了保证信号完整性、阻抗匹配和串扰控制，DDR2 信号布线区域应有完整的地参考面。

（4）基于仿真分析，测试孔对于数据 DDR_DQ 的影响较大，建议不用通孔测试孔，采用其他方式进行测试。

（5）信号 PHY_ZQ（见图 7.15）必须在靠近芯片处接 240Ω（精度 1%）电阻，作为阻抗匹配自校准的标准参考电阻。

7.3.4.2　DDR2 接口原理图

图 7.15 为 DDR2 接口连接示意图，每种类型信号只列出一个，真实信号个数见《"魂芯一号"硬件用户手册》中的表 2.1。

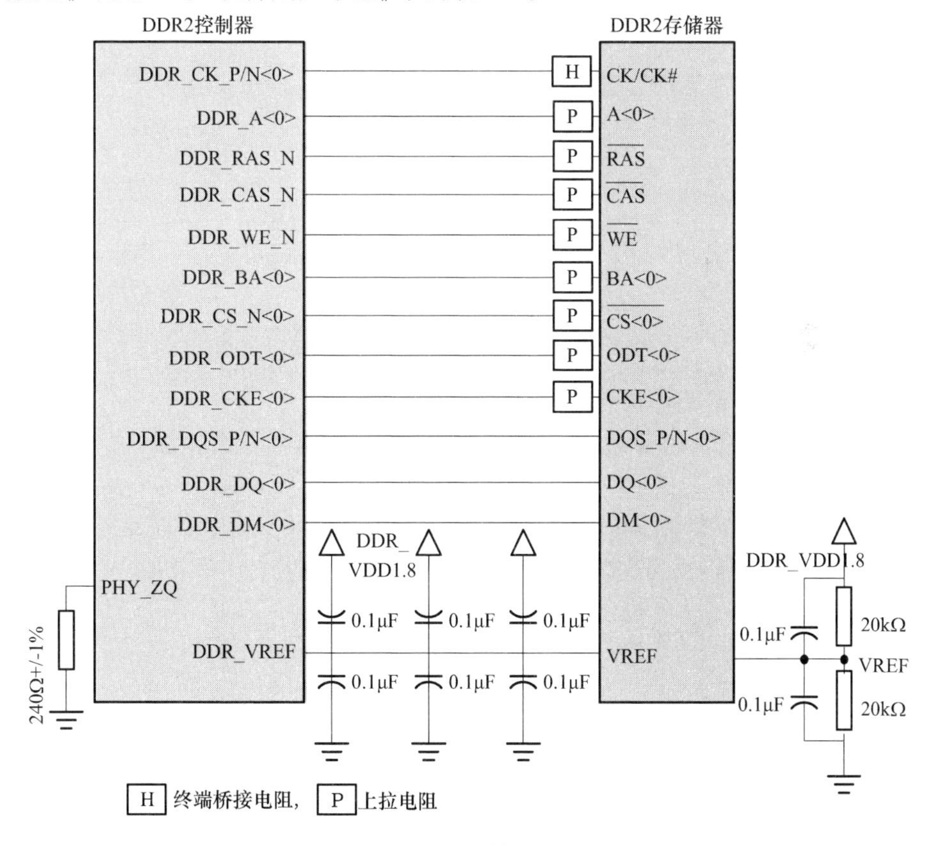

图 7.15　DDR2 接口原理图

7.3.4.3 布局

1）层数

DDR2 为高速传输接口，为了保证信号完整性、阻抗匹配和串扰控制，DDR2 信号布线区域应有完整的地参考面，这样至少需要 6 层铜线。表 7.10 为 DDR2 布局的一些基本要求。

表 7.10 布局规范

序	参数描述	最少	典型	最大	单位
1	层数	6			
2	信号层	3			
3	每个信号层所需的地参考面（不允许分割）	1			
4	地参考面与信号层之间的层数			0	
5	单端特征阻抗 Z_0	50		75	Ω

表 7.11 为 6 层布线示例，DDR2 信号优先考虑放在第 1 层和第 6 层。

表 7.11 6 层布线示例

层	类型	描　述
1	信号	顶层布线（水平）（DDR2 信号层）
2	参考面	地
3	参考面	电源/信号
4	信号	电源/信号
5	参考面	地
6	信号	底层布线（垂直）（DDR2 信号层）

2）微波传输带和带状线

PCB 板传输线有两种结构：微波传输带结构（一个地参考平面）、带状线结构（两个参考面）如图 7.16 所示。微波传输带有完整参考面，所以有高特征阻抗和低高频损失。带状线结构中，所有信号电磁场都作为其环境而对其产生影响：难以保持常数阻抗，具有更大传输延迟，需要更多过孔和 PCB 层。DDR2 中数据通道信号（图 7.17）布线需使用微波传输带。

7.3.4.4 布线

1）信号分类

DDR2 信号按功能分为 2 大类：命令通道和数据通道，如图 7.17 所示。其中数据信号和数据触发信号为双向信号，其余为单向信号。不同类型的信号在布板时有不同的要求。

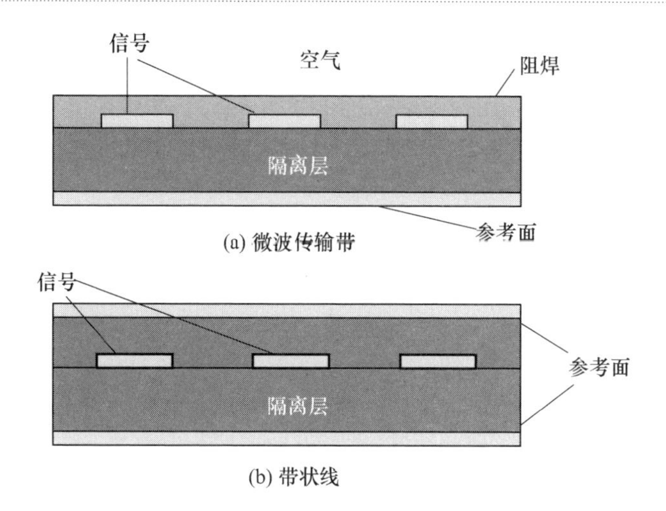

图 7.16　微波传输带和带状线(见彩图)

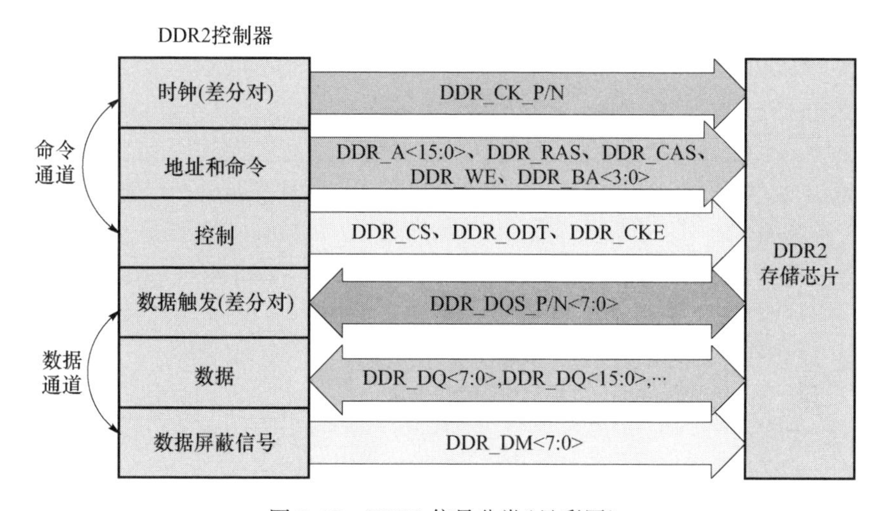

图 7.17　DDR2 信号分类(见彩图)

2）布线优先权

为保证信号完整性,数据通道信号(DQ/DM/DQS)需使用微波传输带。要求信号线走在同一层并且含相同个数过孔。地址、控制等信号有较大时间余量,可放在其他层。布线优先权如下:

(1) 属于数据通道信号:DDR_DQS_P/N、DDR_DQ、DDR_DM。

(2) 属于命令通道信号:DDR_CK_P/ N、地址、命令、控制。

(3) VREF、VTT。

3）偏斜(skew)等长要求

(1) skew 预算。为满足 DDR2 系统时序要求,命令通道/数据通道内部及通道间信号之间 skew 严格控制:差分对信号(DDR_DQS_P/N、DDR_CK_P/N)内部正信号和其互补信号间的 skew 要控制在5ps 之内;对于非差分对信号间的偏斜,不同的接口频率有不同的 skew 允许值范围。在 PCB 布板设计中 Skew 控制以走线等长来实现。表 7.12 根据不同的频率计算出 skew 的最大值及等效误差线长。表中的计算依据为:微波传输带:151ps/英寸[①],带状线:179ps/英寸。

表 7.12　Skew 预算

数据率(单位:bit/s)		@400M	@800M	@1600M
数据通道:信号间的最大 skew	延迟/ps	50	20	15
	等长误差(英寸)(微波传输带)	0.33	0.13	0.10
	等长误差(英寸)(带状线)	0.28	0.11	0.09
命令通道:信号间的最大 skew	延迟/ps	100	40	30
	等长误差/英寸(微波传输带)	0.67	0.33	0.17
	等长误差/英寸(带状线)	0.56	0.28	0.14
DQS 与 CK_P/N 间的最大 skew	延迟/ps	1250	625	313
	等长误差/英寸(微波传输带)	8.33	4.17	2.09
	等长误差/英寸(带状线)	6.94	3.47	1.74

在实际布线过程中,注意以下几种走线形式所带来的 skew 误差。

(2) 蛇形线。在一个通道内,为了匹配最长的走线,有的线要走蛇形线,但蛇形线的平行线部分因耦合使一部分信号沿着垂直于平行线的方向传输。为了避免这样的情况发生,对并行线的线间距 S 和线长 Lp 的要求如下:线间距 S 为走线到参考面距离的 3 ~4 倍,即越大越好;并行长度 Lp 越小越好。

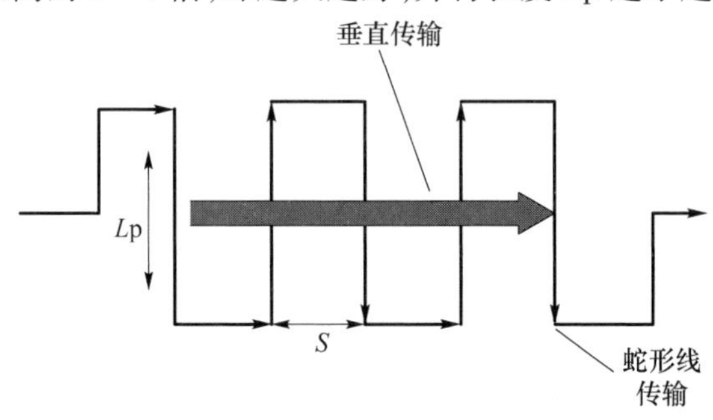

图 7.18　蛇形线传输(见彩图)

(3) 微波传输带和带状线。信号的传输速度用微波传输带比带状线快,要得到相同的延迟,用微波传输带比用带状线走线要长。为避免不同走线层走线

① 1 英寸 =2.54cm。

长度不同,故同一通道里的信号要在同一层走线。而且要求所有信号线的形状、过孔等尽量相同。

(4) 单端和差分。信号使用微波传输带传输时,差分信号的传输速度比单端信号快 5% 到 10% 。为了匹配相同的延迟,差分信号走线必须比单端信号走线长。

(5) 差分对的 skew。差分信号对内部的 skew 要严格控制,止信号和其互补信号间的 skew 要控制在 5ps 之内。因差分对的 skew 会影响信号的单调性,在共模电平处会产生不确定值,这种不确定值将严重影响时序关系,如图 7.19 所示。

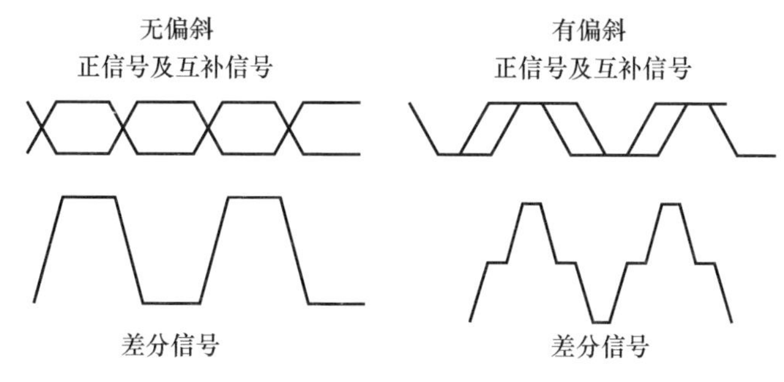

图 7.19　差分对的偏斜对信号的影响(见彩图)

4) 串扰(crosstalk)

(1) 线间距。为避免不同信号间的串扰,应控制信号线间距;为避免不同通道间干扰,组间距离应该比组内信号间距离大,同样为了不影响差分对,信号到差分对的距离应该较大。图 7.20 为具体间距要求。

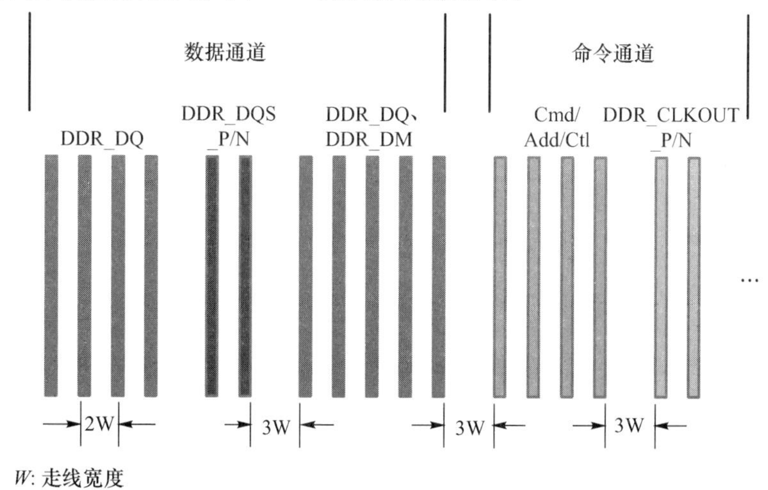

图 7.20　线间距(见彩图)

(2) 完整的参考面。高速信号线要有完整的参考面,参考面不允许有分割。因为分割会影响电流回路而和相邻的线产生串扰(图7.21),也会产生散射。如果要并行走线,走线离边界的距离要为层高的3倍以上。

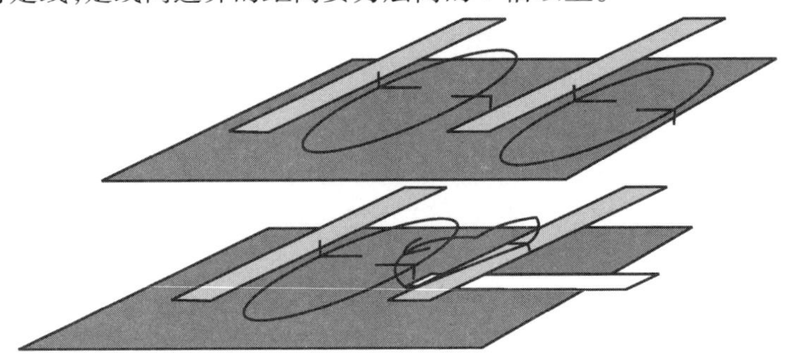

图7.21　在分割处的串扰(见彩图)

7.3.4.5　布线结构和终端匹配电阻

1) DQ/DM/DQS 结构

如果是两个DDR2颗粒,一般推荐clam shell结构,如图7.22所示。这样可以减小分叉后的线长,但需更多的走线层。如果有更多的DDR2颗粒,则考虑T型结构,如图7.23所示。

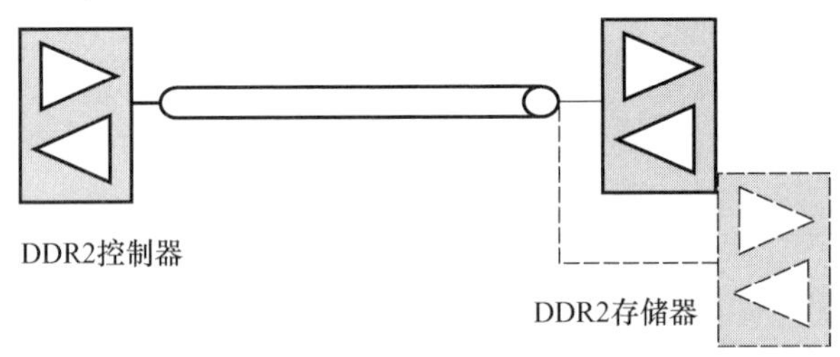

图7.22　clam shell结构(2片DDR2颗粒)

2) 命令/控制/地址信号结构及终端阻抗匹配

命令/控制/地址信号是单数据率信号,建立保持时间余量较大,可利用微波传输带或带状线走线。此类信号是单向信号,DDR2 SDRAM片内没有终端电阻,为防止信号反射,PCB需上拉电阻。阻值在30Ω到70Ω之间,具体依赖于仿真结果。图7.23为三种结构及终端电阻匹配示例,推荐使用树型结构。

3) 时钟信号DDR_CK_P/N结构及终端阻抗匹配

因地址/命令/控制信号和DDR_CK_P/N信号同属命令通道,且被DDR_CK_P/N触发,所以要求地址/命令/控制信号和DDR_CK_P/N信号同步,DDR_CK_P/N布线要和其触发信号一致。一般情况下,一对DDR_CK_P/N接2个

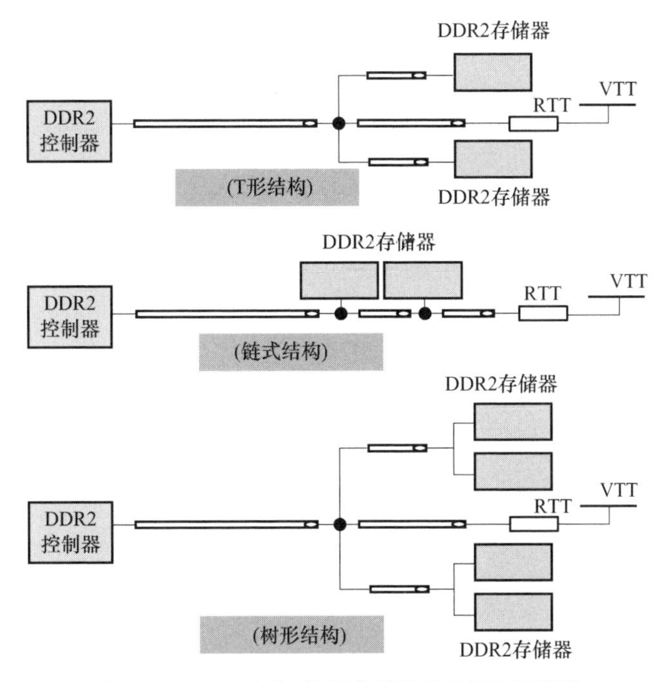

图 7.23　地址/命令/控制信号结构示图(见彩图)

DDR2 SDRAM。图 7.24 为两种结构示意图,T 型结构,分支前跨接阻值为 100Ω 至 120Ω 电阻;链式结构,差分对匹配电阻在最末端,阻值为 100Ω 或者更小,精确值由仿真确认。

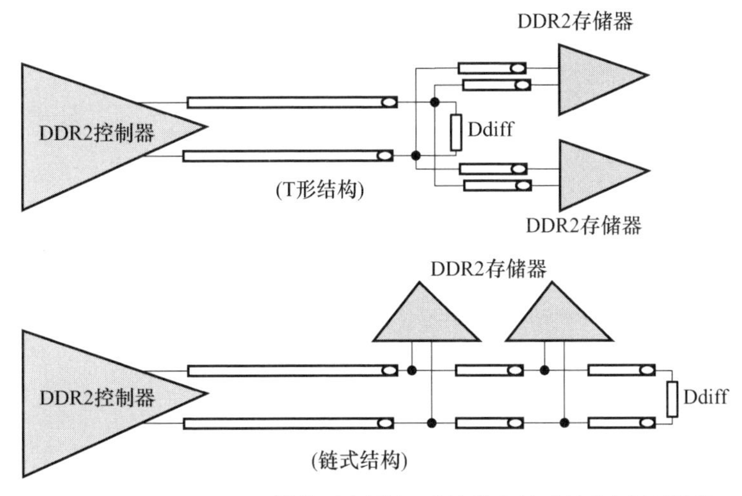

图 7.24　DDR_CK_P/N 结构示意图(T 形结构和链式结构)(见彩图)

DQS_P/N 与 DDR_CK_P/N 同步误差在 1/4 时钟周期范围内。这个在 T 形结构较容易满足,对于多片存储器,推荐使用 T 形结构。如果一对时钟驱动超过 2 片颗粒,则推荐使用树形结构。

7.3.4.6 VREF 和 VTT 的产生

VREF 可用大电阻分压方法产生(图 7.25),其电压值为 PVDDQ(1.8/2)±1%。VREF 与电源和地之间要加去耦电容。VREF 动态噪声限定在 ±2%,故 VREF 要紧靠参考层布线,其离信号线的距离要在线宽 5 倍以上。为了减小压降,VREF 推荐线宽为 20mil。

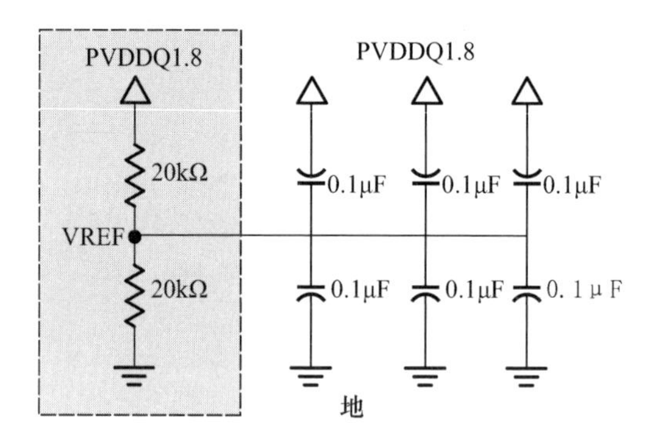

图 7.25 用电阻分压网络产生 VREF

VTT 产生方法和 VREF 相同,误差为 VREF ±40mV。VREF 电流一般不超过 3mA,VTT 电流根据连接的信号个数不同而不同,最大可达 500mA。因 VREF 有严格的噪声容限,所以 VTT 和 VREF 一般不在同一层,VTT 一般和它所连接的信号线放在同一层。VTT 电压值必须跟随 VREF 电压值,所以需要多加去耦电容。

VREF 和 VTT 也可以利用终端电压跟踪校正器(sink/source tracking termination regulator)产生,例如得州仪器 TPS51100,见图 7.26。该器件可根据输入

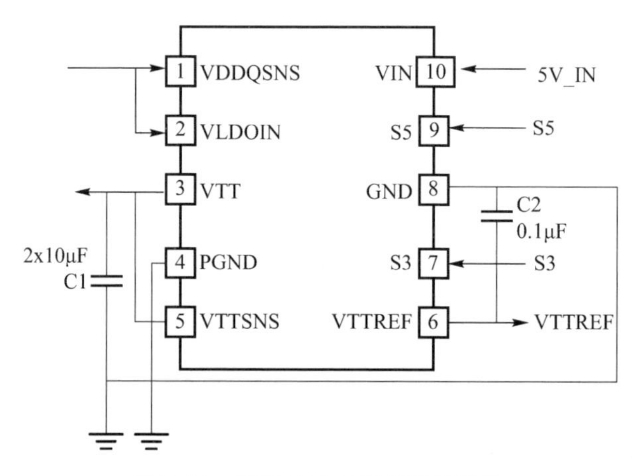

图 7.26 TPS51100 的引脚及其连接

电压,产生一个 PVDDQ1.8/2 参考电压。其优点是精度高,并有软启动、热监控等灵活控制功能,并同时输出 VTT。

7.4　多处理器耦合

“魂芯一号”处理器具有丰富的接口资源,应用系统开发时,可将多片处理器组合形成功能更加强大的板级应用系统。“魂芯一号”几种片上通信外设中,链路口、并口、DDR2 接口适宜吞吐量大、数据率高的数据传输;UART 接口适宜低速率、小批量数据传输或多处理器间的控制信息传输;GPIO 适宜多处理器间的控制信息传输、多处理器间的任务同步。

链路口、并口、DDR2 接口通过 DMA 方式与片上存储器进行通信,其 DMA 通道各自独占外部总线不同位域,共用片上存储器访问接口。当不同 DMA 通道试图同时读或写同一个片上存储器访问接口时,引发片上存储器 bank 冲突,bank 冲突仲裁单元按照固定优先级先后响应多个访问请求。

7.4.1　通过链路口进行多处理器耦合

“魂芯一号”带有 4 对高速链路口,这 4 对链路口之间完全独立,每对链路口收发之间也完全独立。通过链路口互连,可以将多片处理器组织在一起,形成一个处理器簇。当 4 片处理器组成一簇时,其主要的拓扑结构如图 7.27 所示,其中的每个顶点圆圈代表一个“魂芯一号”处理器,顶点间的一条边代表一对链路口。

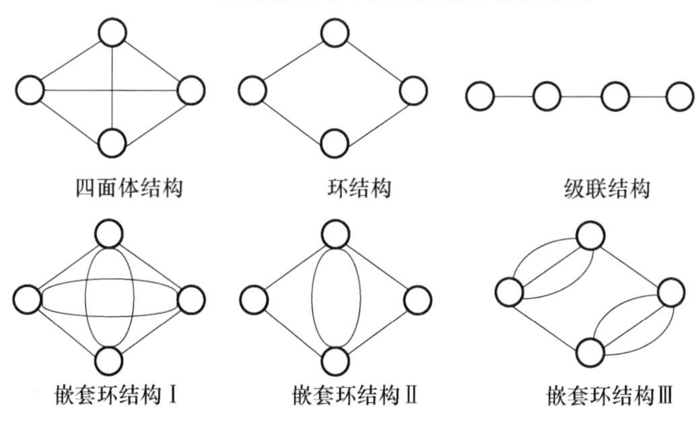

图 7.27　四片“魂芯一号”互连的典型拓扑结构

由图 7.27 可见,大部分处理器的簇拓扑结构并没有完全利用所有的链路口,如四面体结构中,每个处理器有 3 对链路口用于簇内互连,剩下一对链路口可用于簇外互连。这样一来,处理器簇就是一个开放结构,通过剩下链路口互连,可将不同处理器簇组合起来,形成更加庞大的处理器网络。仍以四面体结构为例,簇内每个处理器都有一对链路口可用于簇外互连,四面体结构一簇处理器就有 4 对链路口用于簇外互连,这样 4 个四面体结构处理器簇就可组合成超簇结构——由处理器簇构成的簇结构。依此类推扩展下去,通过链路口互连,理论上可构成无限层次的分形簇结构,如图 7.28 所示。

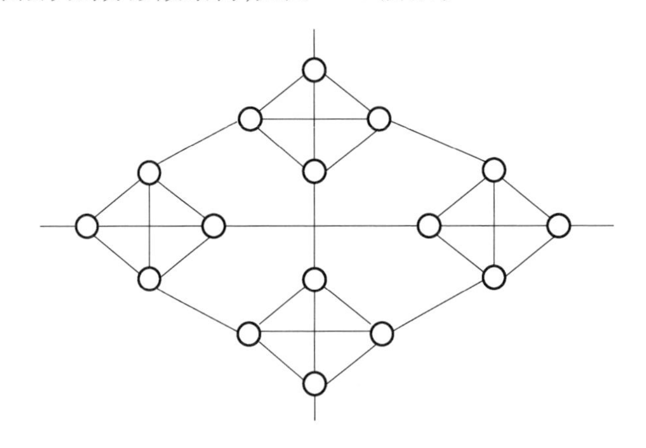

图 7.28　多处理器簇形成的网络结构

7.4.2　通过并口进行多处理器耦合

"魂芯一号"设计了专门的并行数据接口,可外接异步存储器,数据位宽覆盖 8bit、16bit、32bit、64bit 四种类型。两片处理器之间可通过共享外部双口存储器进行耦合。两片处理器之间的通信方式由系统开发者定义,在系统开发时,由应用软件完成。

通过外接异步双端口 RAM 来实现两片处理器间数据交换,即处理器通过控制双端口 RAM 并利用乒乓结构,达到两片处理器共享一个外存目的。并口分配 5 个 CE 空间,这意味着一片"魂芯一号"可通过并口不同 CE 空间与其他 5 片处理器共享双端口 RAM 耦合。图 7.29 分别给出两路耦合形态。

7.4.3　通过飞越传输方式进行多处理器耦合

"魂芯一号"在 DDR2 接口和链路口之间设计了飞越传输 DMA 通道,即 DDR2 接口所连接的 DDR2 SDRAM 中的内容,不经过处理器内核,直接通过链路口发送端发送出去;或者链路口接收端接收到的数据,直接经 DDR2 接口存储到 DDR2 SDRAM。通过飞越传输,不同处理器之间能间接共享 DDR2 外存,达到多处理器耦合的目的。图 7.30 给出飞越传输的一种连接方式。

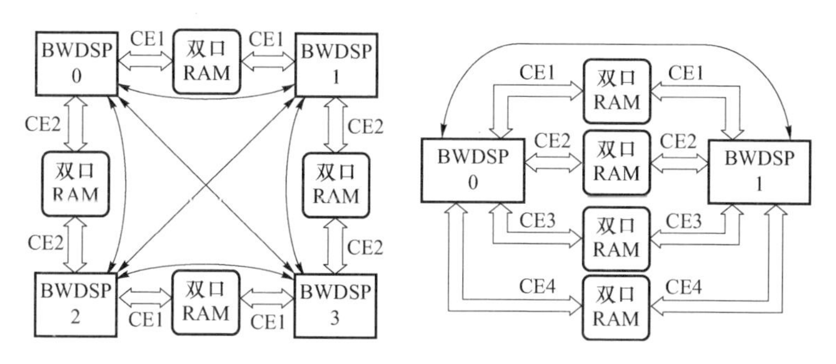

图 7.29　通过并口共享存储器的多处理器耦合结构

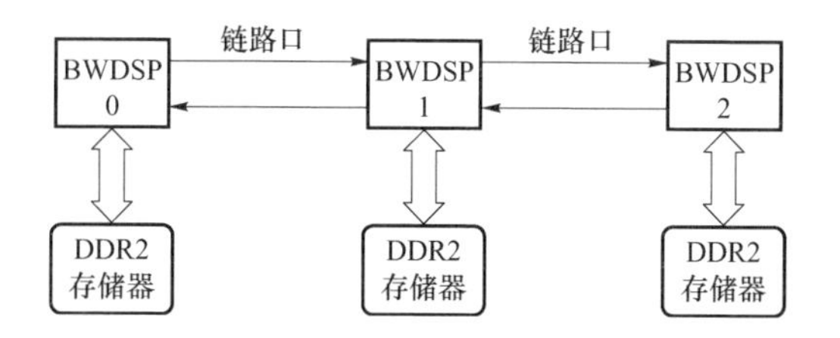

图 7.30　通过飞越传输共享 DDR2 SDRAM 的多处理器耦合结构

7.4.4　通过 UART 进行多处理器耦合

“魂芯一号”的 UART，对标准 UART 数据帧进行了编组，每 4 帧数据编为一组，并以组为单位，用中断方式与内核进行交互。“魂芯一号”UART 可以通过电平转换之后，与计算机串口通信。此外，两片处理器之间可用 UART 接口进行点对点连接；若采用合适的会话层协议，则多片处理器可组成单向环形多机通信系统，这种多机通信适合数据量较小、速率较慢的通信应用。见图 7.31。

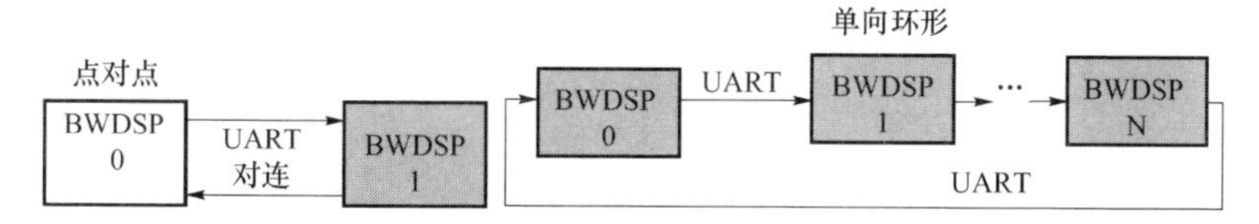

图 7.31　通过 UART 接口互连的点对点及多处理器单向环形耦合结构

在单向环形多机通信系统中，多机之间形成单向环形网络，网络上每个处理器作为一个节点，每个节点定义一个唯一的编号。在信息传输过程中，待传输信息和目的节点的编号一起，从源节点经中间节点路由，最后到达目的节点。

7.4.5　通过 GPIO 进行多处理器耦合

“魂芯一号”设计了 8 个 GPIO，它们是双向引脚，当配置为输出状态，可以输出GPVR寄存器的值;当配置为输入状态,可以将对应引脚的值捕获,存放于GPVR寄存器。通过在应用程序中实现适当的协议,处理器之间可以通过GPIO进行通信,如图7.32所示。由于GPIO采用TTL串行传输,并且要在应用程序中实现链路层协议,因此通信效率较低,不适宜传输大量数据,而适宜传输一些处理器间的任务同步信号。

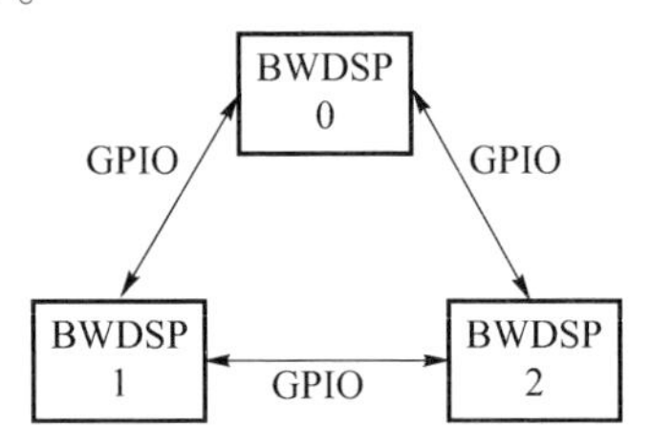

图7.32 通过GPIO互连的多处理器耦合结构

7.5 调试系统设计

"魂芯一号"调试系统采用在线调试技术实现,在线调试技术不需要对被调试系统增加其他设备,而且保持被调试系统完全自主正常工作时,可以实时获得目标处理器状态。

"魂芯一号"调试系统基于JTAG标准协议(IEEE-1149.1-2001)来实现,这样可以通过管脚复用最大限度地减少对芯片管脚的占用。

调试系统由三部分组成:软件调试环境、在线仿真器(ICE)、DSP芯片内部调试逻辑,如图7.33所示。

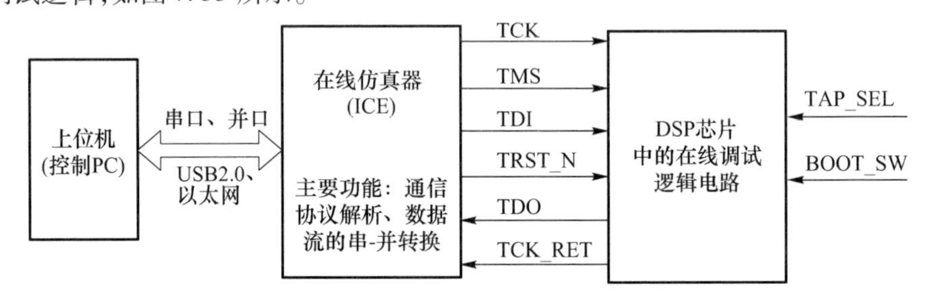

图7.33 "魂芯一号"的调试系统结构

注:TCK、TMS、TDI、TDO、TRST_N是标准的JTAG信号,其他额外增加的信号提供必要的辅助功能,用于更好地实现DSP芯片的在线调试。

上位机主要通过DSP集成开发环境(IDE)里的调试功能软件对目标DSP进行各种调试操作,包括DSP强制启动/停止、单步调试、断点调试、观察点调试等。每次调试操作的信息通过串口、以太网口或USB口发送给ICE。

在线仿真器连接IDE和目标DSP芯片,负责标准通信协议(如串口、以太网或USB通信协议)与JTAG调试电路协议之间的相互转换。DSP芯片内部的调试逻辑电路采用了标准的JTAG协议来实现。

表7.13描述了在线调试系统的ICE所使用的DSP引脚。

表7.13 在线调试系统的I/O引脚

信号	端口类型	描 述
TRST_N	Input(异步)	Test Reset (JTAG信号)。用来对DSP芯片内部的在线调试逻辑进行复位。该信号低电平有效,在系统上电之后必须有效,从而保证在线调试逻辑不影响DSP的正常工作
TCK	Input	Test Clock (JTAG信号),提供一个与DSP内部主时钟异步的时钟信号,用于驱动在线调试逻辑的所有JTAG操作
TDI	Input	Test Data Input (JTAG信号),串行数据输入端口
TMS	Input	Test Mode Select (JTAG信号),串行输入信号,用于控制在线调试逻辑的状态
TDO	Output	Test Data Output (JTAG信号),串行数据输出端口
TCK_RET	Output	Test Clock Return (辅助信号),TDO信号的随路时钟输出端口

在线调试系统的辅助功能I/O还包括TAP_SEL和BOOT_SW,该I/O用于选择“魂芯一号”的工作模式。

7.6 引导系统设计

引导程序和引导过程是多“魂芯一号”系统重要组成部分,只有正确设计和编写引导方式和引导程序才能使处理器系统正常进行程序引导和加载。程序在计算过程中,预先存放大量的固定数据是很正常的一个过程,而这些系数是和程序一起放在外部EPROM内,在程序正常运行前,需要将程序和系数分别调入器件内部程序存储器和数据存储器。

器件在正式运行前,首先需要进行两个过程操作:一个是将器件的执行程序调入到器件内部程序存储区,另一个则是将数据调入到对应数据存储器区,这两个过程统称为程序加载。“魂芯一号”程序加载分为主片引导和从片引导,详细的主从片数据块及标识示意如图7.34所示。

7.6.1 FLASH编程

“魂芯一号”并口可外接FLASH存储器,用于固化应用程序的代码段和数据段,处理器复位之后,固化的应用程序和数据从并口自动加载至处理器片上对应的程序存储空间和数据存储空间。

主片加载核
从片1加载核数据标识符
从片1加载核
从片1数据标识符
从片1数据块
……
……
从片1数据标识符
从片1数据块
从片1最后数据标识符
从片1最后数据块
……
……
从片n加载核数据标识符
从片n加载核
从片n数据标识符
从片n数据块
……
……
从片n数据标识符
从片n数据块
从片n最后数据标识符
从片n最后数据块
主片数据标识符
主片数据块
……
……
主片数据标识符
主片数据块
主片最后数据标识符
主片最后数据块

数据标识符:

标签字
目的地址

标签字:
TYPE[31..29]:
0=master final init
1=master non-zero init
2=master zero init
3=slave final init
4=slave non-zero init
5=slave zero init
6=slave boot kernel
ID[28..26]:chip id
COUNT[18..0]:number of words

图 7.34 程序加载流程图

欲将应用程序代码和数据固化到“魂芯一号”并口外接的 FLASH,可通过软件开发环境配合 JTAG 硬件仿真器实现。用户可以在“魂芯一号”的调试环境 ECS 中启动对 FLASH 芯片的编程功能。

7.6.2 主片引导

并口引导是默认的引导方式,若在复位过程中 DSP_ID[2:0]配置为“000”,则引导方式判定为并口引导。

如果系统由单片 DSP 构成,则需将存有加载核、应用程序的程序段及数据段的 FLASH 连接到 DSP 的并口上,主片默认从并口加载。并口加载时,可支持字宽为 8bit 或 16bit 两种 FLASH(图 7.35)。并口 DMA 程序段加载过程内部通道宽度在中固定为 32bit。上电复位后,DSP 的并口自动启动加载过程,首先将

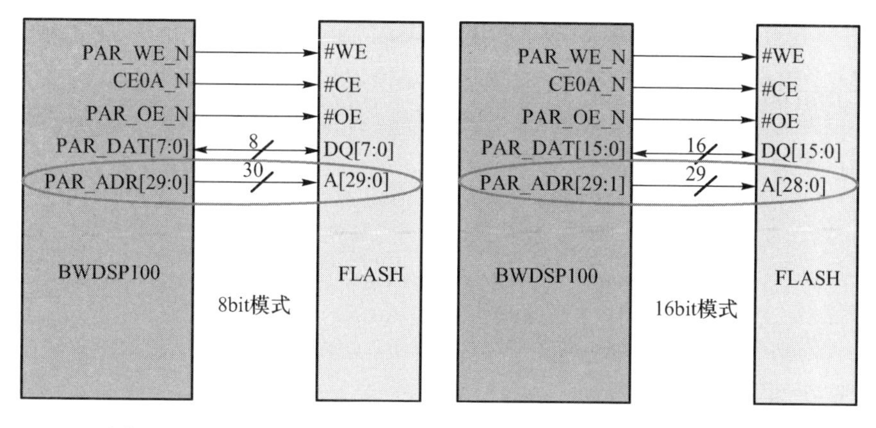

图 7.35　8bit 与 16bit 加载时 DSP 与 FLASH 的连接关系(见彩图)

片外 FLASH“0”地址与“1”地址中存储的两个 8bit 数据通过并口读入 DSP,这两个 8bit 数据中包含了此片外 FLASH 器件的硬件端口信息,其中“0”地址的[1:0]代表外设数据字宽,[7:2]表示并口窗口时间,“1”地址的[7:4]表示建立时间、[3:0]表示保持时间。DSP 读入这些信息后,将启动一个默认设置的并口 DMA 传输操作,将长度为 512 字的加载核从 FLASH 传输到 DSP 指令存储器 0x0000_0000 ~ 0x0000_01FF 地址中。传输一旦完成,DSP 处理器就开始从指令存储器地址 0x0000_0000 处执行加载核。加载核发起多次 DMA 操作,将应用程序的程序段及数据段载入 DSP 内部存储器,最后一次 DMA 操作将应用程序的前 1KB 字取入 DSP 指令存储器中,对加载核进行覆盖。覆盖操作完成后,DSP 将取指 PC(FPC)清零,从地址 0x0000_0000 开始执行应用程序。

7.6.3　从片引导

如果系统由多片 DSP 器件构成,多片器件的加载核、应用程序的程序段及数据段的 FLASH 一般连接到其中一个器件的并行数据口上,其他 DSP 器件同此器件之间以链路口进行点对点连接,此时程序加载方式首先是将与 FLASH 相连的器件定义为主片(主片 Master,DSP_ID =“000”),主片程序和数据段通过并口加载,其他器件(从片 Slaver)程序和数据段加载则采用与主片相连的链路口引导方式完成。

系统复位后,4 个链路口中任意一个都可以作为程序加载通道。加载过程开始后,主片器件首先启动自动并口 DMA 传输,将主片加载核载入到内核内执行。通过主片加载核发起并口 DMA 操作,将从片 DSP1 的加载核载入到主片内存空间缓存上,通过 Link 口,主片将 DSP1 加载核发送给 DSP1,此加载核同样存储在 DSP1 程序存储器的前 512 个字上。从片 DSP 加载核载入完成后,开始自动执行。通过主片和从片加载核不断发起主片并口 DMA、主片 Link 口发送

DMA 及从片 Link 接收 DMA，完成从片 DSP1 加载。其他从片的加载过程与 DSP1 类似。整个系统完成从片加载后，才进行主片加载。

多处理器系统程序加载如图 7.36 所示。详细加载流程见《“魂芯一号”软件用户手册》。

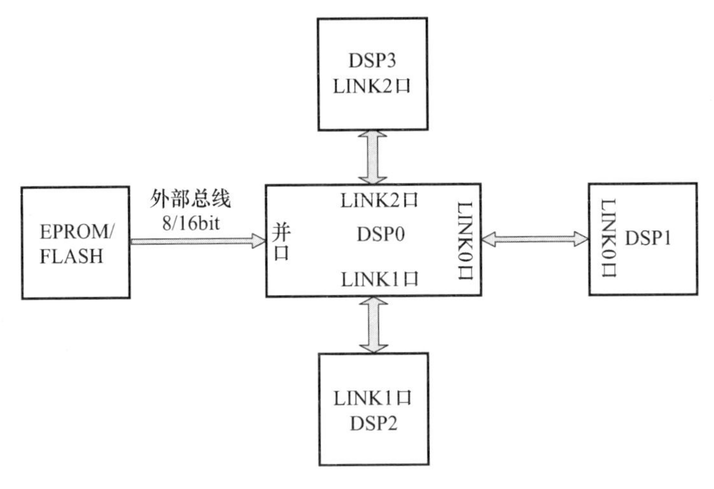

图 7.36　程序加载结构示意图

7.7　硬件设计实例

7.7.1　整体架构图

信号处理板由 2 片 DSP +1 片 FPGA 构成。DSP 即为中国电子科技集团公司第 38 研究所研发的高性能通用信号处理器“魂芯一号”；FPGA 为 ALTERA 公司的 CYCLONEII 芯片 EP2C35F672I8。板卡基本结构如图 7.37 所示。

图 7.37 中实验板为当前最流行的信号处理板架构：FPGA + DSP。FPGA 与 DSP 之间、两片“魂芯一号” DSP 之间采用高速差分链路口耦合，实现高速数据交换链路。为满足大量数据缓存和程序加载需要，板上扩展了 DDR2 SDRAM 和 FLASH。实验板为板间通信提供以太网接口。

7.7.2　电源

板卡通过适配器供电，将适配器输入端连到 220V 市电，输出端就可以得到 +12V 的直流电源，将输出接至板卡的圆形插头，板卡就可加电工作。板卡有 4 块电源芯片分别对应于 +12V 转至 +5V，+5V 转至 +1.1V，+5V 转至 +3.3V 和 +1.2V，+5V 转至 +2.5V 和 +1.8V。有六个灯分别对应 +5V，+1.1V，

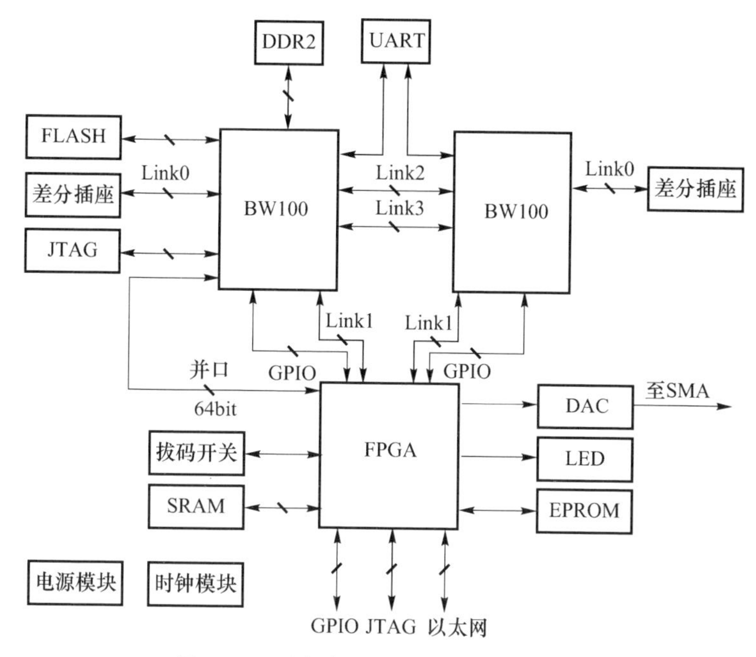

图7.37　开发实验板基本结构(见彩图)

+3.3V，+1.2V，+2.5V，+1.8V。灯亮表明电源工作正常。

用户也可自配适配器，对适配器的要求为：输入220V市电，输出电压5~20V，输出电流5~20A。

板卡上备份了能够经受大电流的电源插座XS13，可用于仪表电源给板卡供电。XS13各管脚定义如图7.38所示，其中5、6脚与J1的VCC连通，1、3、4脚与J1的GND连通。

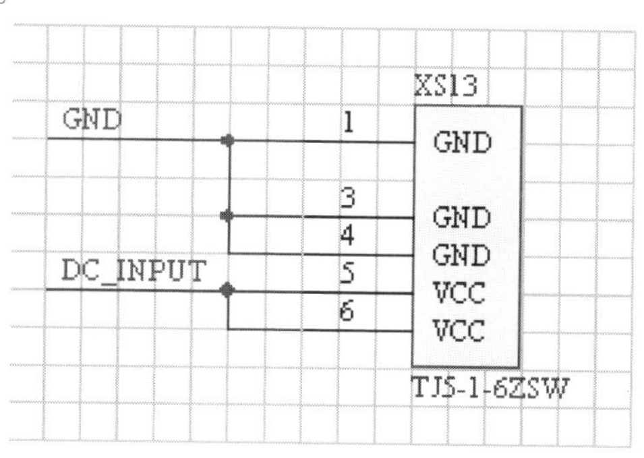

图7.38　XS13管脚定义

7.7.3　程序加载

(1) DSP通过JTAG进行调试和程序加载，JTAG插头的位号为XS3，在板卡的左下角,DSP 程序通过 FLASH 进行固化。

(2) FPGA 通过 JTAG 插座连接编程电缆,可通过 JTAG 加载程序,也可以通过 AS 方式加载 EPROM 内的程序。

7.7.4 DSP 设置

(1) 2 片 DSP 可以串成菊花链,也可单独成链,这可通过拨码开关 S1 设置:

① 仅 D22 工作:合 1、2、6 位;

② 仅 D23 工作:合 4、5、7 位;

③ D22 和 D23 同时工作:合 1、3、5、7 位。拨码开关拨至"ON"即为合上,此时接 GND,否则接 VCC +3.3V;2 片 DSP 中,D22 为主片,D23 为从片。

(2) 对 DSP 工作模式的设置可通过 S2 进行,S2 位于板卡的中间,S2 各位定义如图 7.39 所示。

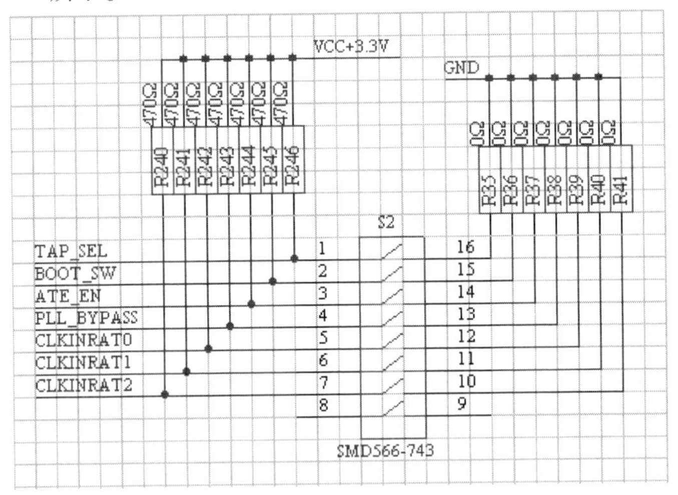

图 7.39　DSP 工作模式设置(见彩图)

第 8 章 信号处理应用程序设计

传统 DSP 计算是以数据为基本单位，而现代信号处理算法则是以向量、矩阵为基本元素，并以通过并行计算来提高计算速率。与现代信号处理需求相适应，现代 DSP 需要从体系结构到应用软件开发，都能以提供向量、矩阵运算为基本出发点，形成硬件和软件完整的生态环境，便于工程师在此基础上实现高效能的应用程序。“魂芯一号”从设计理念上就是按照并行处理来构建处理器硬件架构和指令体系的，利用 SIMD + MIMD 多运算部件和多宏实现并行计算。指令系统设计也充分考虑运算并发性，例如，在单指令周期中完成多个复数乘法及其累加运算等。快速傅里叶变换（FFT）、有限冲击响应（FIR）滤波、数字脉冲压缩（PC）等一些常用信号处理算法，可以通过构建高效能的函数库来实现，用以支撑“魂芯一号”相关信号处理应用和开发。本章介绍基于“魂芯一号”信号处理应用程序的设计方法，内容主要包括：

（1）FFT 基本原理及其“魂芯一号”实现方法。

（2）FIR 基本原理及其“魂芯一号”实现方法。

（3）脉冲压缩基本原理及其“魂芯一号”实现方法。

（4）向量、矩阵运算的“魂芯一号”库函数。

（5）信号模拟产生的“魂芯一号”库函数。

（6）雷达常用信号处理的“魂芯一号”库函数。

8.1 FFT 的 DSP 实现

8.1.1 FFT 的基本原理

FFT 是离散傅里叶变换（DFT）的一种快速算法，广泛应用于雷达、通信、对抗等领域。离散傅里叶变换实现了频率离散化，可以直接用来分析信号频谱、计算滤波器频率响应以及实现信号通过线性系统卷积运算等，在信号谱分析中起到相当大作用。

设$\{x_n\}$是长为N的复序列,一维傅里叶变换DFT定义为

$$X_k = \sum_{n=0}^{N-1} x_n W_N^{nk} \qquad k = 0,1,\cdots,N-1 \tag{8.1}$$

式中:$W_N = \mathrm{e}^{-\mathrm{j}\frac{2\pi}{N}}$。通过式(8.1)直接计算$N$点DFT,需要$N^2$次复数乘法和$N(N-1)$次复数加法运算。而一次复数乘法需要4次实数乘法和2次实数加法,一次复数加法需要2次实数加法来完成。由此可见,每计算一个X_k值需要进行$4N$次实数乘法和$2(2N-1)$次实数加法,N点DFT运算就需要$4N^2$次实数乘法和$2N(2N-1)$次实数加法。如果点数N较大,则DFT计算复杂度就会非常高,实时处理难度大,寻求快速算法显得尤为重要。

1965年Cooley和Tookey利用W_N^n对称性和周期性将DFT复数乘加运算量从N^2降为$N\log_2 N$。此后经其他学者进一步改进,最终形成一套高效快速计算方法,即快速傅里叶变换(FFT)。正是由于这个快速变换方法,使得数字处理变换运算量得到极大简化,为信号处理时域和频域之间的快速变换创造了条件,加快了实时数字信号处理技术的实现步伐。

FFT基本运算思想是将一个长度为N的序列离散傅里叶变换逐次分解为长度较短的离散傅里叶变换,即这些短序列DFT可以组合出原序列DFT,而短序列DFT计算量要少于直接进行长序列DFT,已达到计算次数减少,计算速度得以提高的目的。基于分解方式不同,FFT运算可分为两大类:按时间抽取(DIT)FFT和按频率抽取(DIF) FFT。

8.1.2 FFT设计方法

8.1.2.1 基2时间抽取FFT算法

当信号序列长度满足2^M时(如果序列长度不足2^M,可通过数据补零来实现),时域上按奇偶位置抽取出两个序列长度,抽取后的序列继续采用奇偶位置分解,得到下一组两个序列长度,这个分解过程可一直持续下去,直至分解到2点不可再分为止,这样分解共有M次。这种按照时间序列进行数据分离的过程称为基2时间抽取FFT算法,其中FFT中分解到最小运算单元的称为基。如果分解到最后为两个单元,则称为基2运算,如果分解到最后为4个单元,则称为基4运算,以此类推到基8、基16,如果分解到最后各个基本分量不一致,则称为混合基,这一般是指运算长度为非2^M。

对于N点序列$x(n)$,按偶数和奇数将长度为N序列分解为两个$N/2$序列,即按时间抽取,见式(8.2)。

$$\begin{cases} x_1(r) = x(2r) \\ x_2(r) = x(2r+1) \end{cases} \qquad r = 0,1,2,\cdots,\frac{N}{2}-1 \tag{8.2}$$

结合 DFT 定义,且 $W_N^2 = e^{-j\frac{2\pi}{N}\cdot 2} = W_{N/2}$,因此 N 点序列 $\{x(n)\}$ DFT 可以表示成式(8.3)。

$$\begin{aligned} X(k) &= \mathrm{DFT}[x(n)] = \sum_{n=0}^{N-1} x(n) W_N^{nk} \\ &= \sum_{n=0}^{\frac{N}{2}-1} x(2r) W_N^{2rk} + \sum_{n=0}^{\frac{N}{2}-1} x(2r+1) W_N^{(2r+1)k} \\ &= \sum_{n=0}^{\frac{N}{2}-1} x_1(r) W_{N/2}^{rk} + \sum_{n=0}^{\frac{N}{2}-1} x_2(r) W_{N/2}^{rk} \\ &= X_1(k) + W_N^k X_2(k) \qquad k = 0,1,2,\cdots,N-1 \end{aligned} \tag{8.3}$$

式(8.3)表示为一个 N 点 DFT 可以通过先计算出其奇数点和偶数点两个 $N/2$ 点 DFT,再通过适当复数加权,就可以合成出原信号序列的 DFT。若将频率值 k 按前一半和后一半分为两个序列,则在计算出频率点 k 的基础上,可以得到另一个频率点 $k+N/2$ 值。

$$\begin{aligned} X(k+N/2) &= X_1(k+N/2) + W_N^{k+N/2} X_2(K+N/2) \\ &= X_1(k) - W_N^k X_2(k) \end{aligned} \tag{8.4}$$

从式(8.3)和式(8.4)可以看到,这个序列前一半频率点和这个序列后一半对应频率点之间的差别在于,奇数点和偶数点变换后合成时加法变减法,其乘法运算量相同。因此通过这种分解可以使运算量下降一半,用信号流图表示这种分解见图 8.1。由于呈现出蝶形形状,故称为蝶形运算,这是 FFT 基本运算,W_N^k 是单位圆上角度表示值,起到将复数旋转一个角度的作用,故称为旋转因子。

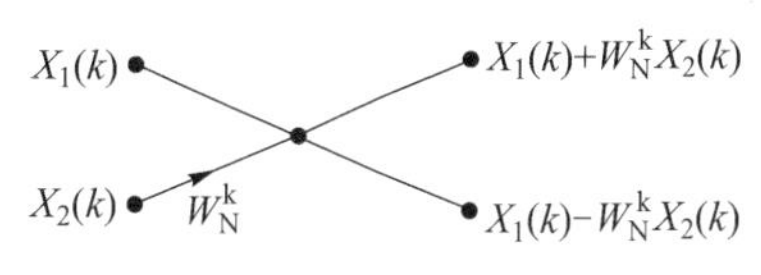

图 8.1 DIT - FFT 蝶形运算(基 2)

借此可得到 8 点 FFT 蝶形运算流程图如图 8.2 所示,三级蝶形运算,需 12 个复乘加。

基 2 - 时间抽取 FFT(DIT - FFT)的一个基 2 蝶形运算由一个复乘和 2 个复加组成,一个复乘需要 4 次实数乘法和 2 次实数加法;而一次复加需要 2 次实数加法。对于一个 $N=2^M$ 点,分解为 M 级蝶形流图时,每级都包含 $N/2$ 次复乘,N 次复加,所以 N 点基 2 时间抽取 FFT(DIT - FFT)全部运算量为:复数乘法 $\frac{N}{2}\log_2 N$次,复数加法 $N\log_2 N$ 次。

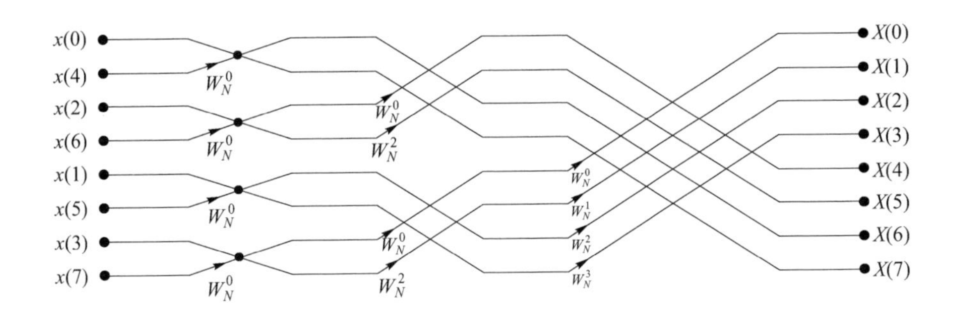

图 8.2　8 点基 2 - 时间抽取 FFT(DFT - FFT)

8.1.2.2　基 2 频率抽取 FFT 算法

DIT 是将输入序列 $x(n)$ 按奇偶分解成两个序列，将频域序列 $X(k)$ 按前后两段分解成两个序列。若将输入序列 $x(n)$ 按前后两段分解成两个序列，而将频域序列 $X(k)$ 按奇偶分解成两个序列，则这种分解同样可以得到上述类似蝶形运算，这种分解称为基 2 - 频率抽取(DIF)算法。

先将输入序列 $x(n)$ 分成前后两部分，其 DFT 可表示为式(8.5)。

$$\begin{aligned}X(k) &= \mathrm{DFT}[x(n)] = \sum_{n=0}^{N-1} x(n) W_N^{nk} \\ &= \sum_{n=0}^{N/2-1} x(n) W_N^{nk} + \sum_{n=N/2}^{N-1} x(n) W_N^{nk} \\ &= \sum_{n=0}^{N/2-1} x(n) W_N^{nk} + \sum_{n=0}^{N/2-1} x\left(n + \frac{N}{2}\right) W_N^{(n+N/2)k} \\ &= \sum_{n=0}^{N/2-1} \left[x(n) + x\left(n + \frac{N}{2}\right) W_N^{Nk/2}\right] W_N^{nk} \qquad k = 0,1,2,\cdots,N-1\end{aligned} \tag{8.5}$$

由于 $W_N^{N/2} = -1$，因此 $W_N^{Nk/2} = (-1)^k$，若将 k 按奇偶区分，则 $X(k)$ 可以分为两部分，见式(8.6)，

$$\begin{cases} X(2r) = \displaystyle\sum_{n=0}^{N/2-1} \left[x(n) + x\left(n + \frac{N}{2}\right)\right] W_{N/2}^{nr} \\ X(2r+1) = \displaystyle\sum_{n=0}^{N/2-1} \left[x(n) - x\left(n + \frac{N}{2}\right)\right] W_{N/2}^{nr} \end{cases} \quad r = 0,1,2,\cdots,\frac{N}{2}-1 \tag{8.6}$$

令

$$\begin{cases} x_1(n) = x(n) + x\left(n + \dfrac{N}{2}\right) \\ x_2(n) = x(n) + x\left(n + \dfrac{N}{2}\right) \end{cases} \quad n = 0,1,2,\cdots,N-1 \tag{8.7}$$

则式(8.6)可以表示为

$$\begin{cases} X(2r) = \sum\limits_{n=0}^{N/2-1} x_1(n) W_{N/2}^{nr} \\ X(2r+1) = \sum\limits_{n=0}^{N/2-1} x_2(n) W_{N/2}^{nr} \end{cases} \quad r = 0,1,2,\cdots,\frac{N}{2}-1 \tag{8.8}$$

式中:$x_1(n)$和$x_2(n)$与$x(n)$之间的关系可用图 8.3 所示蝶形运算信号流图表示。

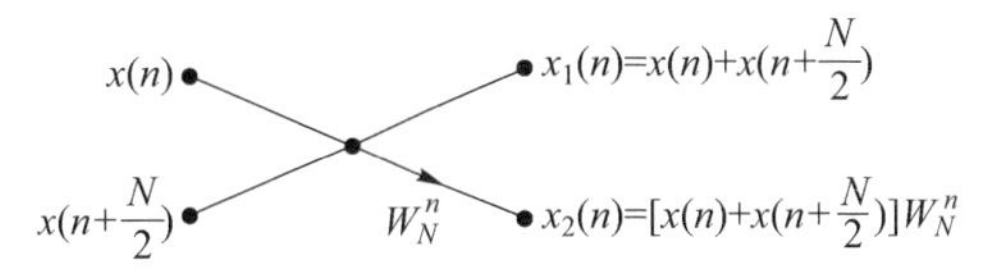

图 8.3　基 2 的 DIF - FFT 蝶形运算

同样可以得到 8 点 DIF - FFT 基 2 蝶形运算流程如图 8.4 所示,三级蝶形运算,需要 12 个复乘加运算。

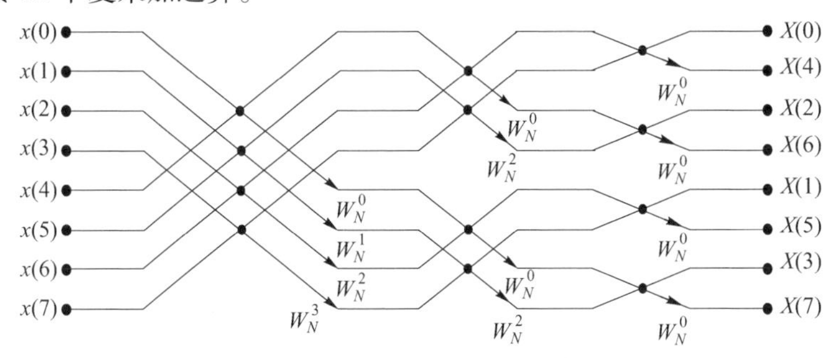

图 8.4　基 2 的 8 点频率抽取 FFT(DIF - FFT)

显然,$N = 2^M$ 点 DIF - FFT 基 2 运算量与 DIT - FFT 相同,M 级蝶形运算需要复数乘法$\dfrac{N}{2}\log_2 N$次,复数加法 $N\log_2 N$ 次。

在上述运算过程中,若将基 2 中的两级运算合成为一级,每一级相当于 4 个数据的蝶形运算,此时运算就为基 4 FFT 运算。由于每一级运算都需要将数据从头到尾遍历一次,从数据传输角度上看,基 4 DIF - FFT 蝶形运算相对于基 2 来说,传输数据次数减半。因此,从计算量角度考察,基 2 运算量最小,但其需要的数据传输量却最大。运算过程和调数过程均需占用时间,因此,在实际编程过程中,根据数据调数效能和运算能力之间平衡来选择 FFT 运算基数。

FFT 运算基值选择越高,相对于数据调数越有利,要求的运算能力就越大,具体采用何种基值运算取决于处理器内部计算能力和存储器体系结构。为充分发挥各自优势,存储器与运算部件之间的数据调数尽可能采用高维基,而运算部件本身具体运算采用基 2,这样可以用尽可能少的调数,实现最小的运算量。处理的基本条件是运算部件内部有一定容量的数据缓存。

基于“魂芯一号”内部运算能力,最佳方式为基 4 调数、基 2 运算,即存储器与运算部件之间调数采用基 4,而运算部件本身运算采用基 2。

8.1.2.3 DIT 与 DIF 的异同

1) 不同之处

DIF 输入是自然顺序,输出是位倒序,而 DIT 情况正好相反,输入是位倒序,输出是自然顺序。由于 DIF 输出是位倒序,所以运算完成之后,需要将计算结果序列号重新编排后才输出,以得到所需要的自然顺序输出号,其重排规律与 DIT 相同。另一个不同之处在于蝶形运算时乘法运算位置不同,DIF 中复数乘法出现于减法运算之后。

2) 相同之处

如果分解基相同,则总运算量、存储器与运算部件间调取数据相同。N 点基 2FFT 都需要$\frac{N}{2}\log_2 N$ 次复数乘法,$N\log_2 N$ 次复数加法,且都有 M 列运算,每列有 $N/2$ 个蝶形运算,存储器与运算部件之间需要调取 M 次 N 个数据,即 $M \times N$ 次数据。

8.1.3 FFT 的 DSP 实现

这两种类型的 FFT,“魂芯一号”均可通过编程实现,数据可以是 32bit 浮点数、32bit 定点数或 16bit 定点数。基 2 的 DIT - FFT 函数名称见表 8.1(注:本章所有库函数声明均位于头文件 dsp. h 中)。

表 8.1 “魂芯一号”FFT 库函数

函数名	功能	语 法	汇编源文件
Cfft	32 位浮点复数 FFT	void cfft(_ _complex_f32 * IN, _ _complex_f32 * TWID, _ _complex_f32 * OUT, unsigned int N)	_cfft. asm
fixcfft16	16 位定点复数 FFT	void fixcfft16(_ _complex_i16 * IN, _ _complex_i16 * TWID, _ _complex_i16 * OUT, unsigned int N)	_fixcfft16. asm
fixcfft16ABF	16 位定点复数块浮点 FFT	unsigned int fixcfft16ABF(_ _complex_i16 * IN, _ _complex_i16 * TWID, _ _complex_i16 * OUT, unsigned int N)	_ fixcfft16ABF . asm

（续）

函数名	功能	语 法	汇编源文件
fixcfft32	32 位定点复数 FFT	void fixcfft32(__complex_i32 * IN,__complex_i32 * TWID,__complex_i32 * OUT,unsigned int N)	_fixcfft32.asm
fixcfft32ABF	32 位定点复数块浮点 FFT	unsigned int fixcfft32ABF(__complex_i32 * IN,__complex_i32 * TWID,__complex_i32 * OUT, unsigned int N)	_fixcfft32ABF.asm
icfft	32 位浮点复数逆 FFT	void icfft(__complex_f32 * IN,__complex_f32 * TWID,__complex_f32 * OUT,__complex_f32 * BUFFER,unsigned int N)	_icfft.asm

表中这些函数的参数说明如下：

IN：输入数组存储区域首地址，32 位复数 FFT，数组长度为 2N 字，且需首地址 2N 字对齐；16 位定点复数 FFT 和 16 位定点复数块浮点 FFT，数组长度为 N 字，首地址需要 N 字对齐。

输入数组首地址对齐可用 DATA_ALIGN 编译指示完成，但 DATA_ALIGN 仅能做到 4096 对齐，8192 及更高对齐完成不了，所以 4096 或更多点 FFT，就需用 DATA_SECTION 编译指示，将输入数组放在内存确定的地址，第 6 章 DATA_SECTION 编译指示部分有说明。

TWID：旋转因子存储区域首地址。

旋转因子即指上面输出序列公式中 W_N^{nk}，本函数采用时域基 2 抽取法，思路是利用 W_N^{nk} 的周期性和对称性，不断减小运算量，其中需要用到的完整 W_N^{nk} 如图 8.5所示。

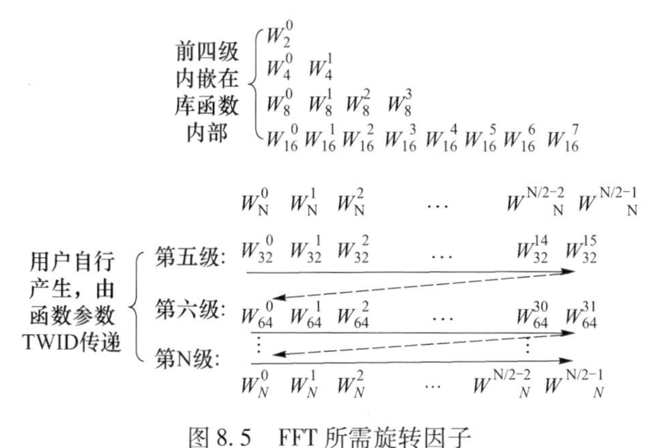

图 8.5　FFT 所需旋转因子

通过图 8.5 可看到，库函数内部存储了前 4 级运算的旋转因子，所以参数 TWID 指向的内存地址只包含第 5 级开始到最后一级（$\log_2 N$ 级）旋转因子，总级

数 M 满足 $M=\log_2 N$，因此，产生旋转因子个数为

$$(2^0+2^1+2^2+\cdots 2^{M-2}+2^{M-1})-(2^0+2^1+2^2+2^3)$$
$$=(2^M-1)-(2^4-1)$$
$$=2^M-2^4=N-16$$

16 位定点 FFT 旋转因子占用 $N-16$ 个存储单元；32 位浮点或定点 FFT 的一个复数需占用两个存储单元，故旋转因子总长度为 $2N-32$ 字。需注意，旋转因子存储的顺序应如图 8.5 箭头所示，下面给出一个利用 Matlab 产生 cfft 函数（浮点）旋转因子的源程序：

```
% gen_twiddle.m
clear;clc
N=12;              % FFT 阶数,n 点 FFT 时,N=log2(n)
k=1;
for m=5 :N
    for n=0 :power(2,m-1)-1
        twiddle(k)=exp(-j * 2 * pi * n /power(2,m));
        k=k+1;
    end
end
% write to a .dat file
fid=fopen(['twid_',num2str(2^N),'.dat'],'w');
for m=1 :k-1
    fprintf(fid,'% f,\n',imag(twiddle(m)));
    fprintf(fid,'% f,\n',real(twiddle(m)));
end
fclose(fid);
```

要产生不同点数的 FFT 旋转因子，只需修改此程序中的 N。

OUT：输出存储区域首地址，当运算级数 M 为偶数时，输出数组需加 2^M 字缓存区；

N：FFT 点数，应为 2 的幂次，$N=2^M$，其中 M 为 FFT 级数，M 需要在汇编程序开始用宏定义设置；

BUFFER：缓冲区首地址，需 $2N$ 字对齐，仅在进行 IFFT 运算时需要。IFFT 库函数实现时，实际上是根据数字信号处理的有关原理，用 FFT 来实现 IFFT 运算，具体方法是将输入数据实部虚部互换，并除以运算点数，结果存于 $2N$ 字对齐缓冲 BUFFER 中，对 BUFFER 中数据进行 FFT，得出的结果即 IFFT 结果，但此时输出顺序为实部在前，虚部在后。

表 8.2 列出了各种 FFT 算法参数的长度。

表 8.2　FFT 函数中参数的长度

参数名	IN	TWID	OUT	M(汇编程序开始用宏定义设置)	BUFFER
cfft	2N	2N - 32	2N	M . assigna $\log_2 N$	
fixcfft16	N	N - 16	N	M . assigna $\log_2 N - 1$	
fixcfft16ABF	N	N - 16	N	M . assigna $\log_2 N - 1$	
fixcfft32	2N	2N - 32	2N	M . assigna $\log_2 N$	
fixcfft32ABF	2N	2N - 32	2N	M . assigna $\log_2 N$	
icfft	2N	2N - 32	2N	M . assigna $\log_2 N$	2N

表 8.3 为这些 FFT 函数的输出结果说明。

表 8.3　FFT 函数输出结果

函数名	功能	输出结果	说明
cfft	32 位浮点复数 FFT	$X(k) = \sum_{n=0}^{N-1} x(n) W_N^{nk}, k = 0,1,\cdots,N-1$	
fixcfft16	16 位定点复数 FFT	$X(k) = \frac{1}{2^N} \sum_{n=0}^{N-1} x(n) W_N^{nk}, k = 0,1,\cdots,N-1$	
fixcfft16ABF	16 位定点复数块浮点 FFT	$X(k) = \frac{1}{2^l} \sum_{n=0}^{N-1} x(n) W_N^{nk}, k = 0,1,\cdots,N-1$	l 为变化值,由输入的具体数据决定,由 xr8 返回
fixcfft32	32 位定点复数 FFT	$X(k) = \frac{1}{2^N} \sum_{n=0}^{N-1} x(n) W_N^{nk}, k = 0,1,\cdots,N-1$	
fixcfft32ABF	32 位定点复数块浮点 FFT	$X(k) = \frac{1}{2^l} \sum_{n=0}^{N-1} x(n) W_N^{nk}, k = 0,1,\cdots,N-1$	l 为变化值,由输入的具体数据决定,由 xr8 返回
icfft	32 位浮点复数 IFFT	$x(n) = \sum_{n=0}^{N-1} X(k) W_N^{-nk}, k = 0,1,\cdots,N-1$	

定点数 FFT 函数需要注意:

(1) 定点数 FFT 程序中的数据均为定点小数,以 32 位定点复数 FFT 为例,采用 Q31 格式存放。乘法控制器从乘法结果的第 31 位开始截取。由于 FFT 相当于一个加权求和,所以输入为纯小数(绝对值小于 1)时,输出绝对值很可能会大于 1,即会发生溢出。定点 FFT 库函数为防止溢出现象出现,每级蝶形运算结果均除以 2,N 点 FFT 蝶形运算级数为 $\log_2 N$,所以最后输出结果按 Q31 来看,真实值相当于 $1/2^{\log_2 N} = 1/N$,因此,若要对结果进行归一化,需要将运算结果乘以 N。16 位定点复数 FFT 类似,采用 Q15 格式存放。

(2) 为解决定点数存在的动态范围小的问题,库函数提供了块浮点 FFT。

所谓块浮点是指每一级蝶代运算过程中，根据输入数据序列最大幅度值来决定本级蝶代运算过程是否进行除以 2 运算。因为数据进行一次除 2 运算，就意味着数据精度降低 1 位，而若数据接近满刻度，不进行除 2 运算就可能出现溢出，溢出一旦出现，运算结果就不反映真实情况。为保证运算过程既不出现溢出，又能保证数据运算精度，采用一种准自适应方式。根据上一级蝶代运算结果确定运算后数据最大幅度值，如果数据序列高两位均为符号位，则蝶代运算直接相加就不会出现数据溢出，如果只有 1 位符号位，为保证数据不溢出，则蝶代运算结果进行除 2 处理。“魂芯一号”由于按基 4 调数、基 2 运算，即存储器与运算部件之间的数据采用基 4 进行，故每一级蝶代运算按 3 位符号位进行判断，以此决定每一级运算是直接相加、除 2 运算还是除 4 运算。32 位定点运算和 16 位定点运算均具备这个功能，块浮点运算程序结束后，用寄存器 xr8 记录下整个运算过程中数据被移位的量，用户可以根据这一信息确定输出结果恢复原比例数。函数输出相当于实际结果缩小至 2^{xr8} 分之 1。

8.1.4 FFT 应用举例

利用 Matlab 产生一个包含频率分别为 50Hz、120Hz 的正弦波信号，其中频率为 50Hz 信号的幅度取 0.07，而频率为 120Hz 信号的幅度取 0.15，采样频率 $F_s = 1000\text{Hz}$，采样信号长度取 256 点，这个信号叠加幅度为 0.1 的高斯随机噪声，Matlab 信号产生代码如下：

```
clear;close all;clc
Fs =1000;                          % Sampling frequency
T =1/Fs;                           % Sample time
L =256;                            % Length of signal
t =(0:L-1) * T;                    % Time vector
% Sum of a 50 Hz sinusoid and a 120Hz sinusoid
x =(0.07 * sin(2 * pi * 50 * t) +0.15 * sin(2 * pi * 120 * t));
y =x +0.1 * randn(size(t));        % Sinusoids plus noise
figure(1),plot(Fs * t,y)
title('Signal Corrupted with Zero - Mean Random Noise')
xlabel('time (milliseconds)')
```

时域波形如图 8.6 所示。

调用 Matlab 的 FFT 函数，对这个数据序列进行 256 点 FFT 数据分析，信号频谱见图 8.7 所示。正弦实信号的频率幅度谱是一个前后对称图谱，即以中心为对称轴，前一半图谱和后一半图谱对称出现。图 8.7 给出变换后频率轴信号图谱，其中第一个点对应 0 频率点，中间点对应最高频率点，因为采样频率 $F_s = 1000\text{Hz}$ 最大所能承载的信号频率为 500Hz，超过这个频率时，信号频谱上会出

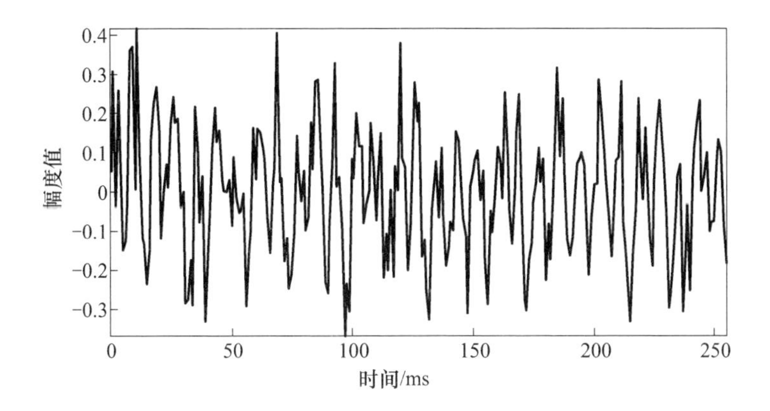

图 8.6　信号时域波形

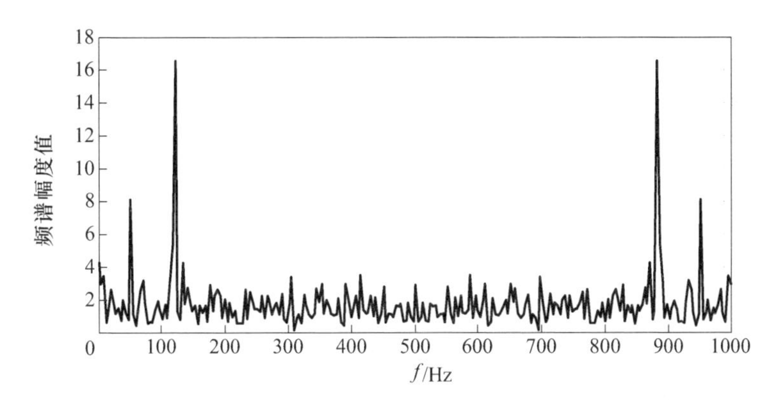

图 8.7　Matlab 仿真得到的信号频谱(256 点 FFT)

现信号频谱折叠。从图中可以看到,用 Matlab 中的 FFT 得到的信号频谱是以中心为对称的,即两者幅度相同。在对应频率为 50Hz 和 120Hz 位置上,变换后的信号出现两个峰值,两者之间峰值大小相差两倍多。

可以用“魂芯一号”实时实现上述变换,分别用“魂芯一号”库函数中 32 位浮点 FFT、32 位定点 FFT 以及 32 位块浮点 FFT 对这个数据序列进行处理,用以说明这些函数的用法和相互间的区别。注意在用 Matlab 产生时域原始数据序列时,需按照对应函数基本要求,产生相应格式输入数据,浮点直接产生小数,32 位定点 FFT 和 32 位块浮点 FFT 均按照 Q31 格式产生定点小数。旋转因子产生时也需注意这一点。

下面分别列出应用这三种库函数时的调用方法以及处理结果。

1）32 位浮点 FFT 库函数 cfft

Matlab 将待处理数据导出的程序如下:

```
fid = fopen('data_in.dat','w');
for i =1 : L
    fprintf(fid,'% f,\n',imag(y(i)));
    fprintf(fid,'% f,\n',real(y(i)));
end
fclose(fid);
```

DSP 处理的程序如下：

```
#include <dsp.h>
#include <complex.h>

#pragma DATA_SECTION(data_in,".data_in")
float data_in[512] ={
#include "data_in.dat"
};
#pragma DATA_ALIGN(twid_256,256)
float twid_256 [480] ={
#include "twid_256.dat"
};

float FFTout[512];
float FFTout_amp[256];

int main(int argc ,int * argv[])
{
    cfft((__complex_f32 * )data_in,(__complex_f32 * )twid_256,(__
complex_f32 * )FFTout,256);
    cabs((__complex_f32 * )FFTout,FFTout_amp,256);
    plotf_2d(FFTout_amp,256,1);
return 0;
}
```

在 ECS 中对幅度谱 FFTout_amp 作图，得到的结果如图 8.8 所示。图中横坐标是 256 点 FFT 的频域取样点数。

图 8.8 的结果和 MatlabFFT 结果相同。最高峰峰值为 16.7，次高峰峰值为 9.4。

汇编语言程序_cfft. asm 见附录 B。

2）fixcfft32

按照 Q31 格式产生定点小数，这里用到了 Matlab 提供的定点工具箱 fi，详细

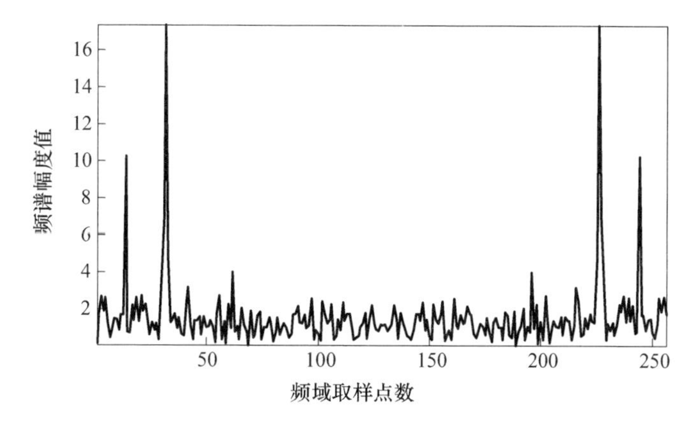

图 8.8　DSP 浮点 FFT 处理结果

用法可参考 Matlab 帮助文档。代码如下：

```
y_int32 = fi(y,1,32,31);
fid = fopen('datain_int32.dat','w');
for i =1 : L
    fprintf(fid,'0x% s,\n','00000000'); % y is real array
    fprintf(fid,'0x% s,\n',y_int32.hex(i,:));
end
fclose(fid);
```

DSP 处理程序如下：

```
#include <dsp.h>
#include <complex.h>

#pragma DATA_ALIGN(datain_int32,512)
int datain_int32[512] ={
#include "datain_int32.dat"
};

int twid_256[480] ={
#include "twid_int32_256.dat"
};

int FFTout[512];
int FFTout_amp[256];

int main(int argc ,int *argv[])
{
```

```
    fixcfft32((__complex_i32 *)datain_int32,(__complex_i32 *)twid
_256,(__complex_i32 *)FFTout,256);
    fix32abs((__complex_i32 *)FFTout,FFTout_amp,256);
    ploti_2d(FFTout_amp,256,1);
    return 0;
}
```

ECS 绘图结果如图 8.9 所示。

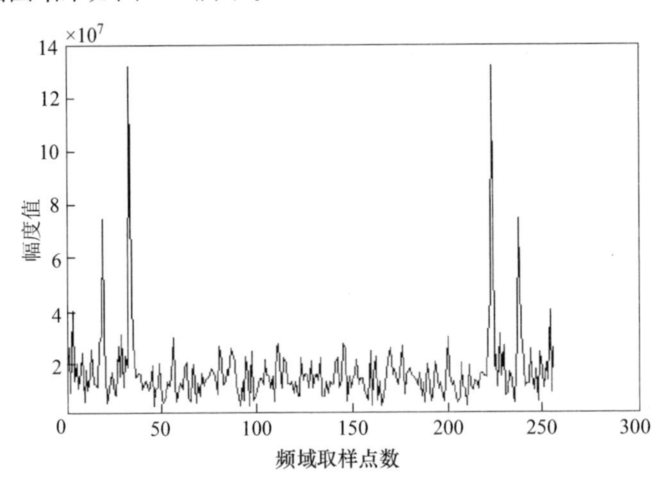

图 8.9　DSP 的 32 位定点 FFT 库函数 fixcfft32 处理结果

按 32 位 Q31 定点格式进行换算，幅度谱最高点和次高点幅度分别为

$$最高点:14.0\times10^7/2^{31}=0.0652$$

$$次高点:7.9\times10^7/2^{31}=0.0368$$

如前所述，为防止溢出，此库函数对结果进行了 N 倍的缩放，所以最高点和次高点对应的真实幅度为

$$最高点:0.0652\times256=16.7$$

$$次高点:0.0368\times256=9.4$$

可以和 Matlab 中计算出来的幅度谱相比较，两个峰值的大小都很接近。

汇编语言程序_fixcfft32. asm 见库函数

3）fixcfft32ABF

采用和上一小节测试 fixcfft32 函数完全相同的时域数据，DSP 测试主函数基本相同，只需改变函数调用部分，需注意 fixcfft32ABF 函数会返回一个无符号整型数，用 rshift 变量存储，表示结果是真实值向右移 rshift 位。代码如下：

```
#include <dsp.h>
#include <complex.h>
```

```
#pragma DATA_ALIGN(datain_int32,512)
int datain_int32[512] = {
#include "datain_int32.dat"
};

int twid_256[480] = {
#include "twid_int32_256.dat"
};

int FFTout[512];
int FFTout_amp[256];

int main(int argc ,int *argv[])
{
    unsigned int rshift = fixcfft32ABF((__complex_i32 *)datain_int32,
                                       (__complex_i32 *)twid_256,
                                       (__complex_i32 *)FFTout,256);
    fix32abs((__complex_i32 *)FFTout,FFTout_amp,256);
    ploti_2d(FFTout_amp,256,1);
    return 0;
}
```

得到的结果如图 8.10 所示。

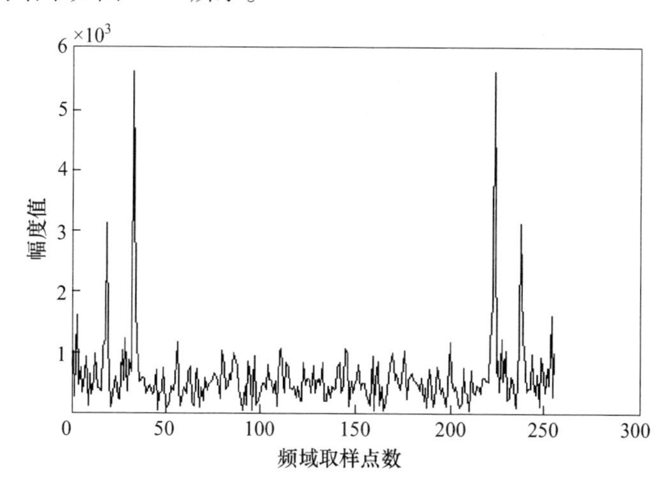

图 8.10　DSP 的 32 位定点块浮点 FFT 结果

函数返回 rshift 值为 6，根据图 8.10，可以大概计算出 fixcfft32ABF 函数得到的两个峰对应的真实幅度为

$$最高点:5.6\times10^{8}/2^{31}=2^{6}=16.7$$

$$次高点:3.1\times10^{8}/2^{31}\times2^{6}=9.2$$

换算出来的实际值和前面的结果相近。

汇编语言程序_fixcfft32ABF.asm 见库函数

8.2 FIR 的 DSP 实现

一个 N 阶有限长单位脉冲响应滤波器(FIR)系统函数可表示为

$$H(z)=\sum_{n=0}^{N-1}h(n)z^{-n} \tag{8.9}$$

由系统函数可以看出 FIR 数字滤波器极点全在 $z=0$ 处且是一个因果系统。FIR 数字滤波器在结构上不存在从输出到输入反馈,可选用非递归型网络结构来实现。

8.2.1 FIR 滤波器的基本结构

从数字滤波器传递函数可以分析出数字滤波器频率响应特性,同时,也可以根据传递函数构成或设计出滤波器,实现对信号中某些特定频率成分的滤波。数字滤波器的构成一般可以分为直接构成法和间接构成法。无论采用哪种构成方法,最终都是以硬件或软件来实现。软件是根据已知的传递函数,通过计算机编程来实现;硬件是由延时器、加法器和乘法器等部件构成的数字滤波网络。

N 阶直接型 FIR 滤波器结构如图 8.11 所示,其中 z^{-1} 表示信号延迟一个采样周期单位延迟元件,$x(n)$ 是滤波器输入,$y(n)$ 是滤波器输出。从图中可以看出,该结构需要 $N-1$ 个存储单元来储存前 $N-1$ 个输入数据。对每个输出点,该结构有 N 次复数乘法和 $N-1$ 次复数加法。因为输出由 $N-1$ 个过去的输入值的加权线性组合与当前输入值的加权组成,因此,可以看出 FIR 滤波器是由乘法器、加法器以及延迟单元构成,其中每个乘法器操作均可看成为一个“抽头权重”的 FIR 系数。直接型也称为“横向滤波器”结构,非常直观,便于理解。因为单位延时元件的多少直接反映数字滤波器在硬件结构上对存储量的要求,所以,实际应用中不直接用所示框图来构成硬件网络系统,而是通过一些算法来减少滤波器对硬件存储量的要求。

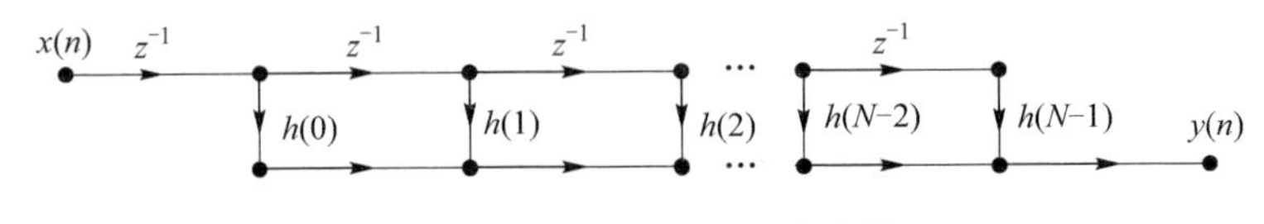

图 8.11　直接型的 FIR 滤波器

直接构成简单、直观，但高阶数字滤波器实现有其局限性。系数变化对频率响应影响较大，若达不到精度要求，则滤波器性能难以保证。所以实际应用中，通常将高阶数字滤波器分解为一系列低阶数字滤波器，按照一定规则组合间接实现 FIR 滤波器。间接型 FIR 滤波器包括串联构成法、并联构成法，可以参考相关文献，限于篇幅，本书不展开介绍。

FIR 滤波器的主要特征之一是可以设计成线性相位。具有线性相位特征的 FIR 滤波器的频率响应可以表示为

$$H(e^{j\omega}) = H(\omega)e^{j\theta(\omega)} = H(\omega)e^{-j\omega\tau} \tag{8.10}$$

式中：$H(\omega)$为滤波器幅频特性，它是 ω 的实函数；$\theta(\omega) = -\omega\tau$ 为滤波器相频特性，它是 ω 的线性函数，τ 是与 ω 无关的常数。线性相位 FIR 滤波器单位脉冲响应 $h(n)$应满足条件：

$$h(n) = h(N-1-n) \tag{8.11}$$

式中：$h(n)$是长度为 N 的实序列。上式表明 $h(n)$关于$(N-1)/2$ 偶对称。当 N 分别为奇数和偶数时，其 FIR 网络结构可以分别用信号流图 8.12 和图 8.13 来表示。FIR 滤波器不断地对输入样本 $x(n)$延时，再作乘法累加，由信号流图可以看出，线性相位结构实现 $H(z)$，当 N 为偶数时，需要 $N/2$ 次乘法，当 N 为奇数时，需要$(N+1)/2$ 次乘法，即相乘次数减少一半，这对运算速度有一定提高。

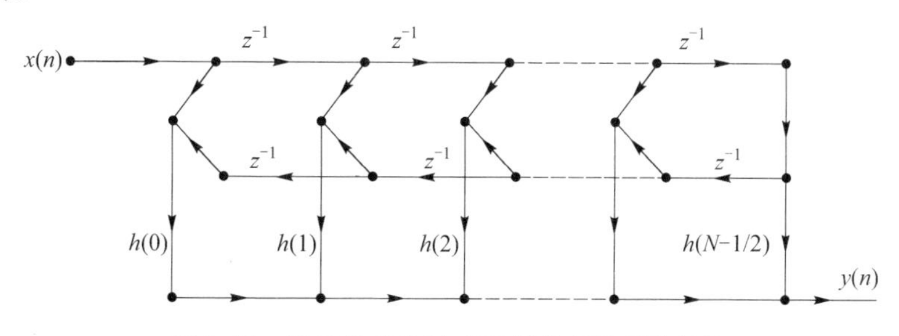

图 8.12　当 N 为奇数时，FIR 线性相位系统结构

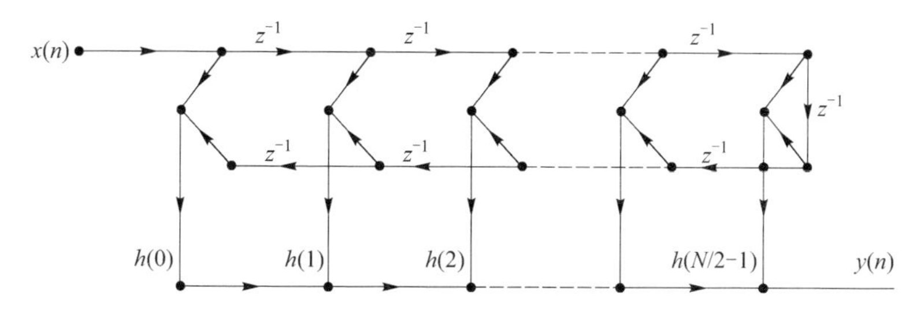

图 8.13　当 N 为偶数时，FIR 线性相位系统结构

8.2.2 FIR 滤波器设计方法

在数字滤波器中,FIR 滤波器是一类结构简单、性能稳定的常用滤波器,且可以实现线性相位。因此,FIR 滤波器在使用上有很多优点。

理想滤波器设计实际上是从数学角度依照一定误差准则的逐次逼近过程,FIR 滤波器设计方法是以直接逼近所需离散时间系统频率响应为基础。常用 FIR 数字滤波器设计方法主要有窗函数法、频率采样法、等波纹逼近法等,下面简单介绍 FIR 滤波器窗函数设计法。

数字信号处理就是在有限区间内使用所观测到的信号序列进行各种各样的处理。从一个持续信号中截取部分信号,可看成为通过一个窗口截取一个所需要的信号序列段,这种为截取信号所使用的窗口称为窗函数。窗函数法是设计 FIR 滤波器最简单的方法,也称为傅里叶级数法或窗口法。关键是从时域出发,用窗函数对理想滤波器的冲击响应序列进行截取,寻求适当的冲击响应序列逼近理想滤波器冲击响应,实现所设计的滤波器频率响应 $H(e^{j\omega})$,在频域上逼近理想滤波器频率响应 $H_d(e^{j\omega})$。

任何一个数字滤波器的频率响应特性 $H(e^{j\omega})$ 均为角频率 ω 的周期函数,对它进行傅里叶级数展开可得到

$$H_d(e^{j\omega}) = \sum_{-\infty}^{+\infty} h_d(n) e^{-j\omega n} \tag{8.12}$$

如果傅里叶系数 $h_d(n) = \frac{1}{2\pi}\int_{-\pi}^{\pi} H(e^{i\omega}) e^{j\omega n} d\omega$ 是无限长、非因果响应序列,则该滤波器物理上是不可实现的。因此必须寻找一个适当的冲击响应序列 $h(n)$,在一定的误差准则下逼近滤波器实际冲激响应 $h_d(n)$ 序列。用窗函数可以修正上式,可以表示为

$$h(n) = h_d(n) w(n) \tag{8.13}$$

$w(n)$ 是有限长序列,当 $n > N-1$ 及 $n < 0$ 时,$w(n) = 0$。这里仅以冲击响应对称,即 $h(n) = h(N-1-n)$ $(n = 0, 1, 2, \cdots, N-1)$ 时的低通滤波器为例进行说明。

设理想的低通滤波器的截止频率为 ω_c,$H_d(e^{j\omega})$ 在通带内幅度响应是均匀的,在 $\omega_c < |\omega| < \pi$ 时为 0,其中 ω 为对抽样频率归一化的角频率,ω_c 为归一化截止角频率。

理想滤波器冲击响应序列可以通过傅里叶反变换得到,即

$$h_d(n) = \frac{1}{2\pi}\int_{-\pi}^{\pi} H_d(e^{j\omega}) e^{j\omega n} d\omega = \frac{\sin(\omega_c n)}{\pi n} \qquad -\infty < n < +\infty \tag{8.14}$$

这是一个以 $n = 0$ 为对称点的无限长非因果序列,实际上物理是无法实现的

滤波器。如前面所述,线性相位滤波器的冲击响应序列是对称的。为了获得实际可用的 FIR 线性相位滤波器,先将实际冲击响应序列进行移位,得到

$$h_{\mathrm{d}}(n)=h_{\mathrm{d}}\left(n-\frac{N-1}{2}\right)=\frac{\sin\left(\omega_{\mathrm{c}}\left(n-\frac{N-1}{2}\right)\right)}{\pi\left(n-\frac{N-1}{2}\right)} \tag{8.15}$$

平移操作不影响幅频特性,只是引入了相移。

设引入的窗函数序列为

$$w(n)=\begin{cases}1 & 0\leqslant|n|\leqslant N-1\\ 0 & \text{其他}\end{cases} \tag{8.16}$$

得到 N 点对称序列为

$$h(n)=h_{\mathrm{d}}(n)\omega(n)=\frac{\sin\left(\omega_{\mathrm{c}}\left(n-\frac{N-1}{2}\right)\right)}{\pi\left(n-\frac{N-1}{2}\right)}\quad 0\leqslant n\leqslant N-1 \tag{8.17}$$

由此可以得到低通滤波器频率响应函数 $H(\mathrm{e}^{\mathrm{j}\omega})$ 如下式所示:

$$H(\mathrm{e}^{\mathrm{j}\omega})=\mathrm{e}^{-\mathrm{j}\omega(N-1)/2}\qquad 0\leqslant|\omega|\leqslant\omega_{\mathrm{c}} \tag{8.18}$$

综上可知,理想滤波器频率特性是由无限长冲击响应序列表示的,即傅里叶级数项无限多。采用窗函数法设计滤波器,是对 $h_{\mathrm{d}}(n)$ 进行 N 点截取,用有限级数滤波器频率特性逼近理想滤波器频率特性。但截取的同时必然伴随频率泄漏,导致频率特性出现过渡带和波动现象。要减小这些影响,使设计的滤波器频率特性接近理想值,可采取两方面措施。一是尽量保留长数据点,这会带来硬件开销和计算时间开销等,相应的呈现结构复杂和成本增加;二是选择不同的窗函数。

FIR 滤波器设计常用窗函数有:矩形窗函数、三角(Bartlett)函数、汉明(Harming)窗函数、海明(Hamming)窗函数、布莱克曼(Blackman)窗函数以及凯泽(Kaiser)窗函数,具体表达式见 8.6 节。

截短所得序列频域分辨力由窗函数主瓣宽度决定,而信号频谱分量中较小成分有可能被边瓣峰值湮没。因此,对窗函数总要求是,为获得较窄过渡带,频谱主瓣应尽量窄;要使频域能量主要集中在主瓣内,边瓣峰值应尽量小;增加阻带衰减,边瓣幅度应有较快的下降速度。上述几点通常很难同时满足,选用主瓣宽度较窄的矩形窗,可以得到较陡的过渡带,但较大的边瓣峰值却会导致阻带和通带较大的波动;选用较小旁瓣幅度窗函数,可得到相对均匀的幅度响应和较小的阻带波动,但却导致过渡带加宽。实际选用时,先保证主瓣宽度满足要求的前提下,再考虑旁瓣幅度尽量小,以换取旁瓣波动减少,即这些指标需要折中。

窗函数法设计 FIR 数字滤波器基本步骤如下：

(1) 把 $H_d(e^{jw})$ 展开成傅里叶级数，得到系数 $h_d(n)$；

(2) 将 $h_d(n)$ 自然截断到所需的长度 N，并取 $N=2M+1$；

(3) 将截短后的 $h_d(n)$ 右移 M 个采样间隔，得到 $h(n)$；

(4) 将 $h(n)$ 乘以合适的窗函数 $w(n)$，即得到所设计的滤波器的冲击响应；

(5) 检验滤波器性能。

实际使用时，一般先利用 Matlab 产生要求的窗函数和滤波器的冲击响应 $h(n)$，存入 DSP 片内存储器，程序执行时根据指令直接读取。

8.2.3 FIR 滤波器的 DSP 实现

利用“魂芯一号”可以实现不同类型的 FIR。这些标准的 FIR 函数见表 8.5 所列。在工程设计时可以直接调用这些函数。

表 8.4 “魂芯一号”FIR 库函数列表

函数名	FIR 类型	语法
fir	32 位浮点实数普通 FIR	void fir(float * IN, float * COE, float * DE, float * OUT, unsigned int N, unsigned int M)
cfir	32 位浮点复数普通 FIR	void cfir(__complex_f32 * IN, __complex_f32 * COE, __complex_f32 * DE, __complex_f32 * OUT, unsigned int N, unsigned int M)
fixcfir16	16 位定点复数普通 FIR	void fixcfir16(__complex_i16 * IN, __complex_i16 * COE, __complex_i16 * DE, __complex_i16 * OUT, unsigned int N, unsigned int M)
fixrfir16	16 位定点实数普通 FIR	void fixrfir16(__int2x16 * IN, __int2x16 * COE, __int2x16 * DE, __int2x16 * OUT, unsigned int N, unsigned int M)
fixcfir32	32 位定点复数普通 FIR	void fixcfir32(__complex_i32 * IN, __complex_i32 * COE, __complex_i32 * DE, __complex_i32 * OUT, unsigned int N, unsigned int M)
fixrfir32	32 位定点实数普通 FIR	void fixrfir32(int * IN, int * COE, int * DE, int * OUT, unsigned int N, unsigned int M)
fir_8	32 位浮点实数快速 FIR	void fir_8(float * IN, float * COE, float * DE, float * OUT, unsigned int N, unsigned int M)
cfir_4	32 位浮点复数快速 FIR	void cfir_4(__complex_f32 * IN, __complex_f32 * COE, __complex_f32 * DE, __complex_f32 * OUT, unsigned int N, unsigned int M)
fixcfir16_8	16 位定点复数快速 FIR	void fixcfir16_8(__complex_i16 * IN, __complex_i16 * COE, __complex_i16 * DE, __complex_i16 * OUT, unsigned int N, unsigned int M)

（续）

函数名	FIR 类型	语 法
fixcfir32_4	32 位定点复数快速 FIR	void fixcfir32_4(__complex_i32 * IN, __complex_i32 * COE, __complex_i32 * DE, __complex_i32 * OUT, unsigned int N, unsigned int M)
fixrfir32_8	32 位定点实数快速 FIR	void fixrfir32_8(int * IN,int * COE,int * DE,int * OUT, unsigned int N, unsigned int M)

表中参数的意义：

IN:输入数据存储区域首地址；

COE:滤波器系数存储区域首地址；

DE:延迟线存储区域首地址；

OUT:计算结果存储区域首地址；

N:输入数据的个数；

M:滤波器的阶数。

这些参数的长度见表 8.5,注意表中的数目均表示占用“魂芯一号”的存储单元(32 位字)数。

表 8.5　参数的长度列表(占用的存储单元数)

参数名函数名	数组长度			延迟线长度
	IN	COE	OUT	DE
fir	N,N≥8	M + M %2	N	M
cfir	2 N,N≥4	2M	2N	2M
fixcfir16	N,N≥8	M + M% 2	N	M
fixrfir16	N/2,N≥16	M/2 + (M/2)% 2	N/2	M/2
fixcfir32	2N,N≥4	2M	2N	2M
fixrfir32	N, ≥8	M + M% 2	N	M
fir_8	N, ≥8	M + M% 2	N	M
cfir_4	2N,N≥4	2M	2N	2M
fixcfir16_8	N, ≥8	M + M% 2	N	M
fixcfir32_4	2N	2M	2N	2M
fixrfir32_8	N, ≥8	M + M% 2	N	M

算法原理简介：

本函数实现直接抽头型数字 FIR 滤波器,计算公式为

$$y(n) = \sum_{i=0}^{M-1} b_i x(n-i)$$

式中:M 为滤波器阶数;b_i 为滤波器系数;$x(n)$ 为输入数据。

输入数据滤波前,滤波器系数节点初始状态值,称为延迟线初始值,用DELAY表示。DELAY 包含 M 个数据,分别为 $D(0)$、$D(1)$、…、$D(M-2)$、$D(M-1)$。实现结构框图如图 8.14 所示。

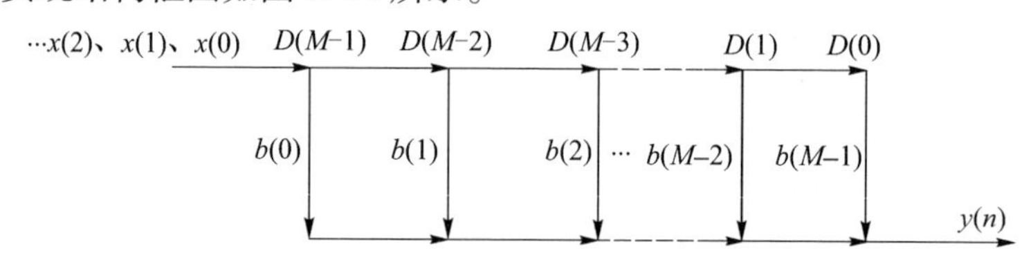

图 8.14 FIR 实现结构框图

延时线初始值将影响到输出结果的前暂态。在实际运用时,DELAY 初始状态通常设为零。滤波器输出保留前暂态,去除后暂态,输出结果与输入结果数据个数相同。

这些函数在使用过程中需注意的事项有:

(1) 调用时,延迟线初始值与输入数据要放在同一数据段,要求无间隙连接,且延时线初始值需放在输入数据之前。

(2) 滤波器系数要求逆向放置,即从低地址到高地址,系数存放顺序为

$$b(M-1), b(M-2), \cdots, b(2), b(1), b(0)$$

(3) 输入数据个数 N 最少为 4、8 或 16,见表 8.5 中说明。

(4) 滤波器系数存储区域空间应开辟为偶数字。

(5) 16 位定点复数、16 位定点实数、32 位定点复数、32 位定点实数 FIR 中,数据格式为定点整数,累加运算由 80 位乘累加器完成,16 位定点实数 FIR 中,累加运算由 40 位乘累加器完成。通过更改库函数宏定义 multiple . assigna 0,控制乘累加输出结果截位。

8.2.4 FIR 滤波器应用举例

这里以 32 位浮点复数普通 FIR(cfir)为例进行说明。

例如,对带宽为 20MHz 的线性调频脉冲信号进行低通滤波,得到带宽为 5MHz 的线性调频信号,采用 FIR 滤波器,截止频率为 2.5MHz,FIR 滤波器系数通过 Matlab 滤波器设计分析工具(fdatool)得到,阶数选择 256 阶且为汉明窗。滤波器幅频响应如图 8.15 所示。

20MHz 线性调频信号有关参数为:时宽 $\tau = 100\mu s$,带宽 20MHz,采样频率 40MHz,用 Matlab 产生叠加有噪声的信号,信噪比为 0dB,将得到的信号和上面

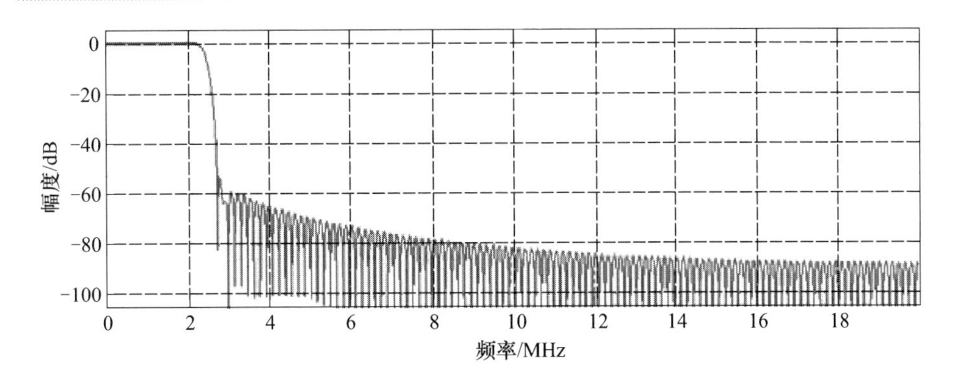

图 8.15　截止频率 2.5MHz 滤波器幅频响应

所提到的滤波器冲击响应卷积，Matlab 源程序如下：

```
clc; clear all; close all;
%% LFM generate
Te = 100e - 6; B = 20e6; mu = B / Te;
Fs = 2 * B; Ts = 1 / Fs;
c = 3e8;
M = round(Te / Ts);
t = ( - M/2 + 0.5 :M/2 - 0.5) * Ts;
LFM = exp(1i * pi * mu * t^2);
noise = 0.707 * (randn(size(LFM)) + 1i * randn(size(LFM)));
SNR = 0;  %% 信噪比 (dB)
LFM = 10^(SNR/20) * LFM + noise;
%% 原始时域、频域波形
figure,subplot(3,1,1),plot(t,real(LFM)),title('LFM 时域实部');
subplot(3,1,2),plot(t,imag(LFM)),title('LFM 时域虚部');
f = linspace( - Fs/2,Fs/2,length(LFM));
subplot(3,1,3),plot(f,fftshift(abs(fft(LFM)))),title('LFM 频谱');
%% FIR 滤波部分
FIR_Order = 256;
FIR_Fc = 2.5;
LPFIR_2_5M_COEF = LPFIR_2_5M(Fs,FIR_Order,FIR_Fc);
LFM_5M = conv(LFM,LPFIR_2_5M_COEF);
LFM_5M = LFM_5M(FIR_Order + 1 :end);

%% 滤波后时域、频域波形
figure,subplot(3,1,1),plot(t,real(LFM_5M)),title('滤波后 LFM 时域
实部');
```

```
subplot(3,1,2),plot(t,imag(LFM_5M)),title('滤波后 LFM 时域虚部');
subplot(3,1,3),plot(f,fftshift(abs(fft(LFM_5M)))),title('滤波后
LFM 频谱');

%% 将原始数据及系数写入文本中
fid = fopen('LFM.dat','w');
len = length(LPFIR_2_5M_COEF);
for i =1 : length(LFM)
    fprintf(fid,'%f,\n',imag(LFM(i)));
    fprintf(fid,'%f,\n',real(LFM(i)));
end
fclose(fid);
% 按照"魂芯一号"库函数 cfir 的要求,倒序存放
fid = fopen('LPFIR_2_5M_COEF.dat','w');
for i =1 : len
fprintf(fid,'%f,\n',imag(LPFIR_2_5M_COEF(len +1 - i)));
end
```

最后两段程序将输入数据和滤波器系数存入文本中,提供给 DSP 程序处理。

滤波前后的信号如图 8.16、图 8.17 所示,其中图(a)、(b)、(c)分别为信号的实部、虚部及其频谱。

DSP 处理时,需要注意的是延时线数据和输入数据无间隙连接,且要先存放延时线数据,即延时线数据放在低地址处,延时线数据和输入数据都定义在同一数据段内且两个相邻,延时线数据定义放在前面。主程序中直接调用 cfir 函数即可,DSP 程序如下:

```
#include <dsp.h>
#define N 8000
#define N_COE 514
/* LFM_in 和 DE 必须放在同一数据段,要求无间隙连接,并且 DE 要放在 LFM_in 之前 */
#pragma DATA_SECTION(DE,".ccdata0")
float DE[N_COE];
#pragma DATA_SECTION(LFM_in,".ccdata0")
float LFM_in[N] = {
#include "LFM.dat"
};
#pragma DATA_SECTION(COE,".ccdata1")
float COE[N_COE] = {
#include "LPFIR_2_5M_COEF.dat"
};
```

```
#pragma DATA_SECTION(OUT,".ccdata1")
float OUT[N];
int main(int argc ,int *argv[])
{
    int i;
    /* 延时线初始状态为 0 */
    for (i=0; i < N_COE; i++)
        DE[i]=0;
    cfir((__complex_f32 *) LFM_in,(__complex_f32 *) COE,(__complex
_f32 *) DE,
        (__complex_f32 *) OUT,4000,257);

    return 0;
}
```

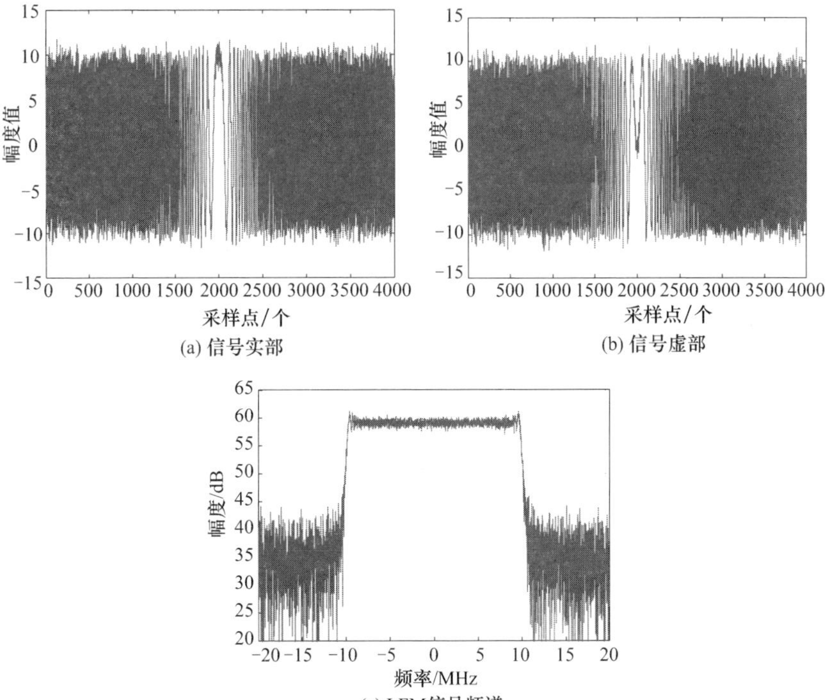

(a) 信号实部

(b) 信号虚部

(c) LFM信号频谱

图 8.16　滤波前的 LFM 信号及其频谱(带宽 20MHz)

将 DSP 处理结果导出,用 Matlab 画出时域波形和频谱,得到结果如图 8.18 所示。

可以看到,两者计算结果一致。

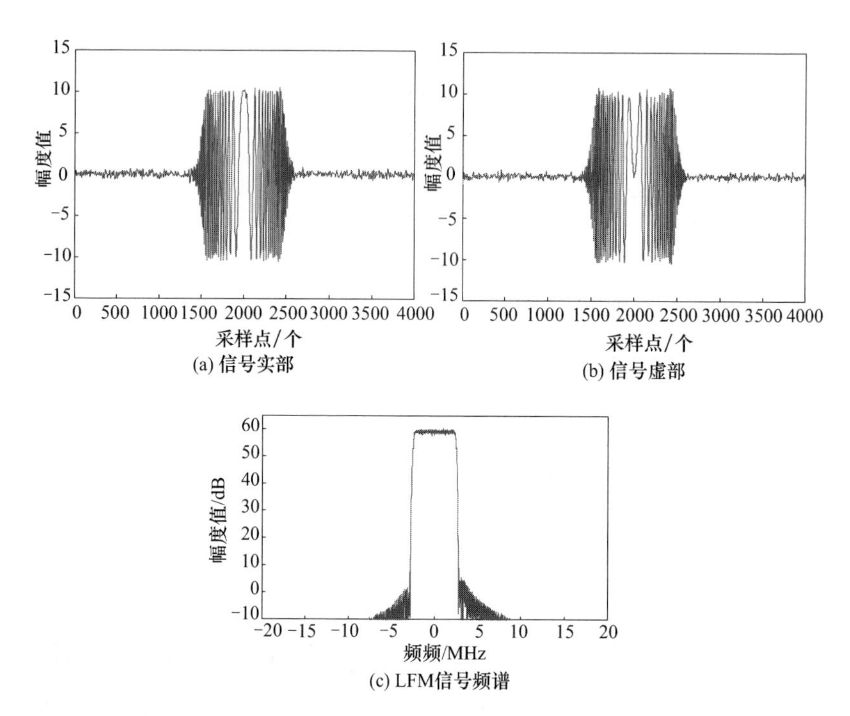

图 8.17　滤波后的 LFM 信号及其频谱(带宽 5MHz)

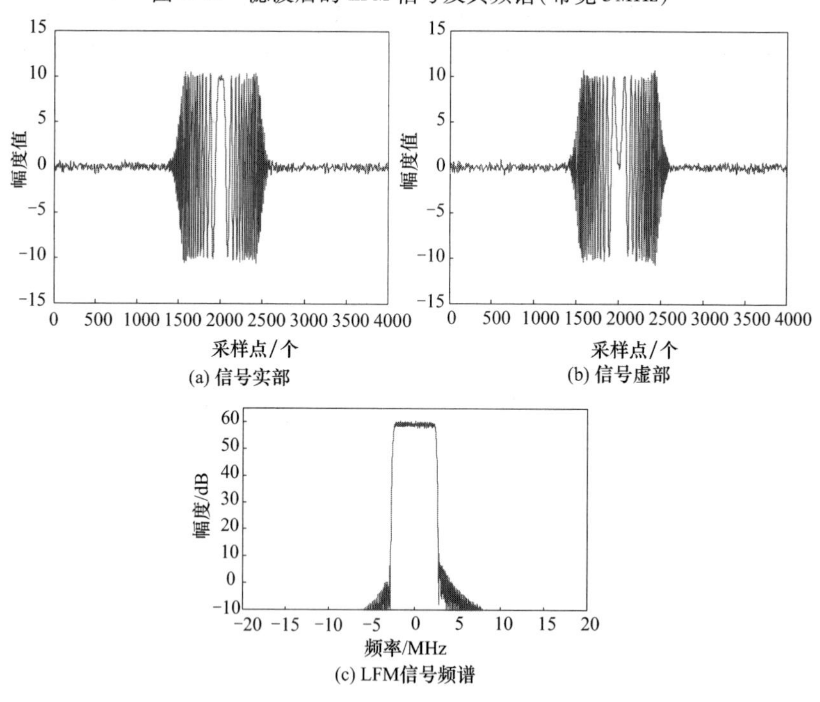

图 8.18　DSP 滤波处理后的 LFM 信号及其频谱(带宽 5MHz)

8.3 脉冲压缩 DSP 实现

8.3.1 脉冲压缩的基本原理

雷达系统为了同时满足探测距离和距离分辨力双重要求，采用大时宽带宽积信号是解决其问题的基本措施[10,11]。脉冲压缩处理就是将发射的大时宽信号压缩成窄脉冲信号，通过宽脉冲来提高平均功率和雷达探测威力，同时通过压缩来获得距离分辨力。脉冲压缩信号的大时宽带宽的性能，通过信号非线性相位调制获得，如脉内线性调频、非线性调频、频率编码和相位编码等。

在介绍脉冲压缩处理之前，先给出线性调频脉冲接收信号的表达式，并推导其经过匹配滤波器后的输出信号形式。

假设雷达发射线性调频脉冲信号，可表示为

$$s_1(t)=\mathrm{rect}\left(\frac{t}{T_c}\right)\cos(2\pi f_0 t+\pi\mu t^2) \tag{8.19}$$

式中：$\mathrm{rect}\left(\frac{t}{T_c}\right)=1,\ |t|\leqslant\frac{1}{2}T_e$，$T_e$ 为发射脉冲宽度；f_0 为中心载频；$\mu=B/T_e$ 为调频斜率；B 为调频带宽。该信号的复包络及其离散信号（采样间隔为 T_s）为

$$s(t)\approx\mathrm{rect}\left(\frac{t}{T_e}\right)\mathrm{e}^{\mathrm{j}\pi\mu t^2} \tag{8.20}$$

$$s(n)\approx\mathrm{rect}(nT_s/T_e)\,\mathrm{e}^{\mathrm{j}\pi\mu(nT_s)^2} \tag{8.21}$$

假定目标初始距离 R_0 对应的时延为 t_0，即 $t_0=2R_0/c$；目标的径向速度为 v。若不考虑幅度的衰减，则接收信号及其相对于发射信号的时延分别为

$$s_{r1}(t)=s_1(t-\Delta(t)) \tag{8.22}$$

$$\Delta(t)=t_0-\frac{2\nu}{c}(t-t_0) \tag{8.23}$$

式中：c 是光速。得

$$s_{r1}(t)=s_1\left(t-t_0+\frac{2\nu}{c}(t-t_0)\right)=s_1(\gamma(t-t_0)) \tag{8.24}$$

式中

$$\gamma=1+\frac{2\nu}{c} \tag{8.25}$$

接收信号与 $\cos(2\pi f_0 t)$ 和 $\sin(2\pi f_0 t)$ 分别进行混频、滤波，接收的基带复信号为

$$s_r(t)=\mathrm{rect}\left(\frac{\gamma(t-t_0)}{T_e}\right)\mathrm{e}^{\mathrm{j}2\pi f_0(\gamma-1)(t-t_0)}\,\mathrm{e}^{\mathrm{j}\pi\mu\gamma^2(t-t_0)^2}\,\mathrm{e}^{-\mathrm{j}2\pi f_0 t_0} \tag{8.26}$$

由于 $v \ll c$，$\gamma \approx 1$，目标的多普勒频率 $f_d = \frac{2\nu}{c} f_0 = (\gamma - 1) f_0$，时延项 $e^{-j2\pi f_0 t_0}$ 与时间 t 无关，包络检波时为常数，因此，式 8.26 可简写为

$$s_r(t) \approx \text{rect}\left(\frac{t - t_0}{T_e}\right) e^{j2\pi f_d(t-t_0)} e^{j\pi\mu(t-t_0)^2}$$
$$= e^{j2\pi f_d(t-t_0)} s(t - t_0) \tag{8.27}$$

现代雷达几乎都是在数字域进行脉冲压缩处理。脉冲压缩实质上实现的是信号匹配滤波，即模拟域称为匹配滤波，数字域称为脉冲压缩。令匹配滤波器冲击响应 $h(t) = s^*(-t)$，则匹配滤波器输出为

$$s_o(t) = h(t) \otimes s_r(t) = \int_{-\infty}^{\infty} h(u) s_r(t - u) du = \int_{-\infty}^{\infty} s^*(-u) s_r(t - u) du \tag{8.28}$$

式中：操作符 $\otimes$ 表示卷积。匹配滤波器输出为

$$s_o(t) = (T_c - |t - t_0|) e^{j\pi u(-t^2 - t_0^2 - 2f_d t_0)} e^{j2\pi(\mu(t-t_0)+f_d)(t_0+\frac{t}{2})}$$
$$\frac{\sin[\pi(\mu|t - t_0| + f_d)(T_e - |t - t_0|)]}{\pi(\mu|t - t_0| + f_d)(T_e - |t - t_0|)} \quad |t - t_0| < T_e \tag{8.29}$$

其模值为

$$|s_o(t)| = (T_e - |t - t_0|) |\text{sinc}\{\pi(\mu|t - t_0| + f_d)(T_e - |t - t_0|)\}$$
$$|t - t_0| < T_e \tag{8.30}$$

可见，输出信号在 $t = t_0 \pm f_d/\mu$ 处取得最大值。

脉压输出结果均具有 sinc 函数包络形状，其 -4dB 主瓣宽度为 $1/B$，第一旁瓣归一化副瓣电平为 -13.2dB。如果输入脉冲幅度为 1，匹配滤波器在通带内传输系数增益为 1，则输出脉冲幅度为

$$\sqrt{KT^2} = \sqrt{BT} = \sqrt{D} \tag{8.31}$$

式中：$D = T/(1/B) = BT$ 表示输入脉冲和输出脉冲宽度比，称为压缩比。

可以看出，LFM 信号匹配滤波器对回波信号多普勒频移不敏感，因而可用一个匹配滤波器来处理具有不同多普勒频移信号，大大简化信号处理系统；信号产生和处理都比较容易。

8.3.2 脉冲压缩设计方法

现代雷达脉冲压缩处理均采用数字信号处理，实现方法有两种：脉压比较小时，采用时域相关；脉压比较大时，采用频域实现。

由于匹配滤波器是线性时不变系统，根据傅里叶变换性质：

$$\text{FFT}\{h(t) \otimes s_r(t)\} = H(f) \cdot S_r(f) \tag{8.32}$$

当两个信号都被正确采样时，脉冲压缩输出信号可以表示为

$$s_o(t)=\mathrm{IFFT}\{H(f)\cdot S_r(f)\} \tag{8.33}$$

图 8.19 表示频域实现线性调频信号数字脉压的方框图。相对于时域卷积而言,大点数频域脉压处理运算量大为降低,且脉冲压缩时旁瓣抑制通过窗函数来解决,此时只需将匹配滤波器系数与窗函数在 MATLAB 预先进行频域相乘(频域加窗)或时域相乘(时域加窗)即可:

$$H(f)=\mathrm{FFT}\{s(n)\cdot w(n)\} \tag{8.34}$$

式中:$w(n)$为窗函数,窗函数类型选取可以根据需要确定。将其结果 $H(f)$ 预先存入 DSP 匹配滤波器系数表中,这不增加系统运算量。但要注意的是,FFT/IFFT 点数不是任意选取的。假设输入信号点数为 N,滤波器阶数为 L,那么经过滤波后输出信号点数应为 $N+L-1$,为了保证得到正确结果,FFT/IFFT 点数必须大于等于 $N+L-1$,一般取大于等于该点数的 2 的幂对应数值。因此,对滤波器系数及输入信号 $s_r(n)$进行 FFT 运算之前,要先对序列进行补零处理。

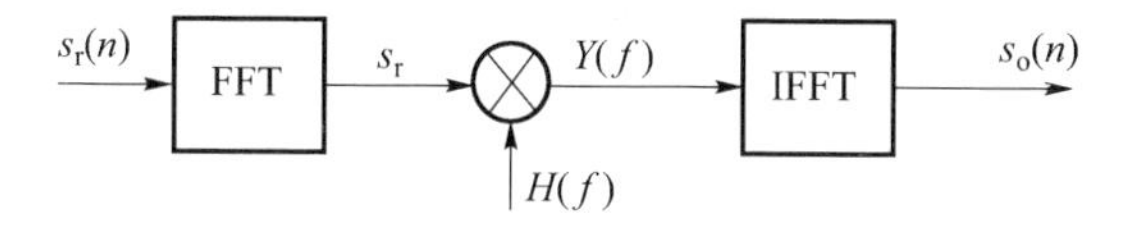

图 8.19 线性调频脉冲信号在频域数字脉压处理框图

假定雷达脉冲压缩处理的距离窗定义为

$$R_{rec}=R_{max}-R_{min} \tag{8.35}$$

式中:R_{max}和 R_{min}分别表示雷达探测的最大和最小作用距离。单基地雷达在发射期间不接收,因此雷达的最小作用距离取决于发射脉冲宽度,例如,脉冲宽度 $T_e=200\mu s$,则 $R_{min}=30km$,表明近距离存在 30km 盲区。

根据奈奎斯特采样定理,对实信号而言,采样频率 $f_s\geqslant 2B$,采样间隔 $T_s\leqslant 1/(2B)$。时宽为 T_e 的 LFM 信号 FFT 频率分辨力为 $\Delta f\leqslant 1/T_e$,所要求的最小样本数为

$$N_{min}=\frac{1}{T_s\Delta f}=\frac{T_c}{T_s}\geqslant 2T_eB \tag{8.36}$$

因此,总共需要$(2T_eB)$个实样本或(T_eB)个复样本,才能完全描述时宽为 T_e,带宽为 B 的 LFM 波形。假定复采样间隔 T_s 对应的距离量化间隔为 $\Delta R'=T_sc/s$(通常小于或等于距离分辨力 $\Delta R=c/(2B)$),则对应的距离单元数为 $N_R=R_{rec}/\Delta R'$,完成接收窗 R_{rec}信号频域脉压需要 FFT 的点数为

$$N=N_R+N_{min}=\frac{2R_{rec}}{T_sc}+\frac{T_e}{T_s} \tag{8.37}$$

为了更好地实现 FFT,通过补零将 N 扩展为 2 的幂,即 FFT 点数为

$$N_{FFT}=2^m\geqslant N \qquad m\text{ 为正整数} \tag{8.38}$$

8.3.3 脉冲压缩 DSP 实现

脉压函数说明如表 8.6、表 8.7 所列。

表 8.6 “魂芯一号”脉冲压缩库函数说明

脉压类型	语　法	汇编源文件
时域脉压	void tpc(__complex_f32 * input,__complex_f32 * coeff,__complex_f32 * delay,__complex_f32 * output,unsigned int N,unsigned int M	_tpc.asm
频域脉压	void fpc (__complex_f32 * input,__complex_f32 * twiddles,_complex_f32 * coeff,__complex_f32 * output,unsigned int N)	fpc.asm

表 8.7 变量的类型和长度

变量名	含义	长度
input	回波数据储存区首地址	输入数组长度 2N
output	时/频域脉压结果储存区域首地址	时域输出数组长度 2(M+N-1),频域输出数组长度 2N
N	回波数据的个数	
twiddles	旋转因子储存区域首地址	输入数组长度 2N-32
delay	延迟线储存区域首地址	输入数组长度 2N
coeff	时/频域脉压系数储存区域首地址	输入数组长度 2N

两种脉压算法说明如下:

(1) 时域脉压相当于输入数据匹配滤波,仿照 FIR 滤波器算法。因为时域脉压保留前后暂态,输入延迟线数据要求均为零。应该注意的是,回波数据连接到延迟线储存数据之后,延迟线数据个数等同于脉压系数个数。脉压系数应该逆序存放,并保证低地址存放复数虚部,高地址存放复数实部。

(2) 频域脉压是先对回波数据做 FFT,将其从时域转换为频域,然后对频域信号和频域系数做点乘,对点乘结果做逆 FFT 处理,使之从频域再转换为时域,完成脉冲压缩。

频域脉压系数个数与回波输入点数一致,用户可自行将时域系数做 FFT 获得,为保证运算速度,应与旋转因子地址 U1 放在同一数据段。

调用 FFT 运算时,除了设置输入点数 xr3 外,还应修改库函数__cfft 中最上方的宏定义 N, 即 N.assigna 10,N 为输入点数 2 的幂次,如调用 2048 点 FFT,应改为 N.assigna 11。

输入复数数据存放格式,低地址存放虚部,高地址存放实部。逆 FFT 时仍然调用 FFT 的库函数,此时将频域数据实部和虚部互换,并除以输入点数 N,然后调用 FFT 程序,输出即得到相应的时域数据,完成逆 FFT 功能,程序输出结果存放格式为低地址存放实部，高地址存放虚部。

为了提高程序效率，回波输入个数入口参数应为 2 的整数次幂，并不小于 32，不足应末尾填零，如回波数据为 1920 点，则应调用 2048 点 FFT 程序。

8.4　向量运算的库函数

本节介绍利用“魂芯一号”进行向量运算的常用库函数。从向量归一化、向量求和/求差、向量点积、求向量均值、求向量方差和复数向量共轭点积等多个方面介绍“魂芯一号”实现这些向量运算的特点及其使用方法。

向量运算的函数说明如表 8.8、表 8.9 所列。

表 8.8　向量运算函数说明

矩阵运算类型		函数名	功能	语法
归一化		fcnorm	浮点复数归一化操作	void fcnorm(__complex_f32 * IN, __complex_f32 * OUT, unsigned int N)
向量求和/求差	实数	vectadd vectsub	两个实向量的加、减法运算	void vectadd(float * IN1, float * IN2, unsigned int N, float * OUT) void vectsub(float * IN1, float * IN2, unsigned int N, float * OUT)
	复数	cvectadd cvectsub	两个复向量的加、减法运算	void cvectadd(__complex_f32 * IN1, __complex_f32 * IN2, unsigned int N, __complex_f32 * OUT) void cvectsub(__complex_f32 * IN1, __complex_f32 * IN2, unsigned int N, __complex_f32 * OUT)
向量点积	实数	vecdot	两个实向量的点积	float vecdot (float * IN1, float * IN2, unsigned int N)
	复数	cvecdot	两个复向量的点积	__complex_f32 cvecdot(__complex_f32 * IN1, __complex_f32 * IN2, unsigned int N)
求向量均值	实数	mean	计算浮点实向量的均值	float mean(float * IN, unsigned int N)
	复数	cmean	计算浮点复向量的均值	__complex_f32 cmean(__complex_f32 * IN, unsigned int N)
求向量方差		var	计算向量的方差	float var(float * IN, int)
复数向量共轭点积		vecdotconj	两个复向量的共轭点积	__complex_f32 vecdotconj(__complex_f32 * IN1, __complex_f32 * IN2, unsigned int N)

表 8.9　变量的类型和长度

变量名	含义	长度
IN,IN1,IN2	输入数据存储区首地址	对复数类运算函数,数据为复数,长度为 2N;对实数类运算函数,数据为实数,长度为 N
OUT	输出数据存储区首地址	对复数类运算函数,数据为复数,长度为 2N;对实数类运算函数,数据为实数,长度为 N
N	输入向量的元素个数(长度)	

这里,实数类运算函数包括 vectadd,vectsub,vecdot,mean,var;复数类运算函数包括 fcnorm,cvectadd,cvectsub,cvecdot,cmean,vecdotconj。

这些向量运算的算法说明如下:

(1) 向量归一化 fcnorm 算法为:先对每一个向量求模值,再取倒数,分别乘到原复数的实部和虚部上。为保证精度,对平方根倒数采用一次迭代,迭代公式为 $x(n+1)=\frac{1}{2}x(n)(3-ax^2(n))$。输入可以是一个数或一个复数向量。

(2) 实数向量求和/求差,以 8 个数为一组,不足 8 个数时单独处理;复数向量求和/求差,以 4 个数为一组,不足 4 个数时单独处理。

(3) 实数向量点积运算,当输入数据大于 8 个时,4 个宏同时做处理,小于 8 个时,仅用单宏处理;两个复数向量之间的点积,向量长度大于 4 时进入主循环运算,向量长度小于 4 时单独处理。

(4) 求向量均值时,先求出输入个数的倒数 $1/N$,然后对输入数据求和 S,最后计算 $1/N*S$ 即得到均值。

(5) 求长度为 N 的向量 $\boldsymbol{a}$ 的方差为 $\text{var}=\frac{N\sum_{i=1}^{N}a^2[i]-(\sum_{i=1}^{N}a[i])^2}{N\cdot(N-1)}$。

(6) 求复数向量 1 与复数向量 2 共轭的点积,向量长度大于 4 时进入主循环运算,向量长度小于 4 时进入单独处理程序段。

8.5　矩阵运算的库函数

本节从求序列相关矩阵、矩阵转置、求秩、对角加载、三角回代、矩阵分解、矩阵求逆、特征值分解、矩阵间加/减/乘、矩阵与标量间加/减/乘、LU 分解,介绍利用“魂芯一号”实现这些矩阵运算的基本原理及其库函数的使用方法。

矩阵运算的函数说明如表 8.10 所列。表 8.11 为这些函数中用到的参数进行说明。

表 8.10 矩阵运算函数说明

矩阵运算类型		函数名	功能	语法
计算序列相关矩阵		corrmtx	得到输入序列一定阶数的相关矩阵	void corrmtx (float * IN, float * BUF, float * OUT, unsigned int m, unsigned int n)
矩阵转置	实矩阵	transpmf	计算输入实矩阵的转置矩阵	void transpmf (float * IN, float * OUT, unsigned int m, unsigned int n)
	复矩阵	ctranspmf	计算输入复矩阵的转置矩阵	void ctranspmf(__complex_f32 * IN, __complex_f32 * OUT, unsigned int m, unsigned int n)
求秩		rank	求实数矩阵的秩	int rank (float * IN, unsigned int m, unsigned int n)
对角加载		diagadd	对一个 n 阶方阵进行对角加载	void diagadd(float * IN, float b, unsigned int n)
三角回代		gauss	根据实系数线性方程组的增广矩阵求方程组的解	void gauss (float * IN, float * OUT, unsigned int m)
三角分解	实矩阵	choleskyr	实现正定实矩阵的三角分解	void choleskyr(float * IN, float * OUT, unsigned int m)
	复矩阵	choleskyc	实现厄米正定矩阵的三角分解	void choleskyc(__complex_f32 * IN, __complex_f32 * OUT, unsigned int m)
矩阵求逆	实矩阵	matinv	计算一个 n 阶实矩阵的逆矩阵	int matinv (float * IN, float * qt, float * invr, unsigned int n)
	复矩阵	cmatinv	计算一个 n 阶复矩阵的逆矩阵	int matinv (_complex_f32 * IN, _complex_f32 * qt, _complex_f32 * invr, unsigned int n)
QR 分解	实矩阵	qr	将 $m\times n$ 阶实矩阵分解为 m 阶正交矩阵 $\boldsymbol{Q}$ 和 $m\times n$ 阶上三角矩阵 $\boldsymbol{R}$ 的乘积	int qr(float * IN, float * OUT, unsigned int m, unsigned int n)
	复矩阵	cqr	将 $m\times n$ 阶复矩阵分解为 m 阶酉矩阵 $\boldsymbol{Q}$ 和 $m\times n$ 阶上三角矩阵的积	int cqr(__complex_f32 * IN, __complex_f32 * OUT, unsigned int m, unsigned int n)

（续）

矩阵运算类型		函数名	功能	语法
特征值分解	实对称矩阵	evd	实对称矩阵的特征值分解，即 $\boldsymbol{X} = \boldsymbol{P}\Lambda\boldsymbol{P}^{\mathrm{T}}$。对角矩阵 Λ 的对角线元素为 $\boldsymbol{X}$ 的特征值，$\boldsymbol{P}$ 各列值为与 $\boldsymbol{X}$ 特征值相对应的特征向量，$\boldsymbol{P}$ 为正交矩阵	int evd (float * IN, float * OUT, unsigned int n, float eps) （注：该程序适用于阶数不太高的情况）
	Hermite 矩阵	cevd	Hermite 矩阵的特征值分解，即 $\boldsymbol{X} = \boldsymbol{P}\Lambda\boldsymbol{P}^{\mathrm{H}}$。对角矩阵 Λ 的对角线元素为 $\boldsymbol{X}$ 的特征值，$\boldsymbol{P}$ 各列值为与 X 特征值相对应的特征向量，$\boldsymbol{P}$ 为酉矩阵	int cevd(__complex_f32 * IN, __complex_f32 * OUT, unsigned int n, float eps) （注：该程序适用于阶数不太高的情况）
矩阵间加、减、乘	实矩阵加法	matmadd	实现两个实数矩阵的加法运算	void matmadd(float * IN1, float * IN2, float * OUT, unsigned int m, unsigned int n)
	实矩阵减法	matmsub	实现两个实数矩阵的减法运算	void matmsub(float * IN1, float * IN2, float * OUT, unsigned int m, unsigned int n)
	实矩阵乘法	matmmlt	实现两个实数矩阵的乘法运算	void * matmmlt (float * IN1, float * IN2, float * OUT, unsigned int m, unsigned int n, unsigned int k)
	复矩阵加法	cmatmadd	实现两个复数矩阵的加法运算	void cmatmadd(float * IN1, float * IN2, float * OUT, unsigned int m, unsigned int n)
	复矩阵减法	cmatmsub	实现两个复数矩阵的减法运算	void cmatmsub(float * IN1, float * IN2, float * OUT, unsigned int m, unsigned int n)
	复矩阵乘法	cmatmmlt	实现两个复数矩阵之间的乘法运算	void cmatmmlt (__complex_f32 * IN1, __complex_f32 * IN2, __complex_f32 * OUT, unsigned int m, unsigned int n, unsigned int k)

（续）

矩阵运算类型		函数名	功能	语法
矩阵与标量间加、减、乘	实矩阵与标量加法	matsadd	求 $m \times n$ 阶实矩阵与实标量 b 的和	void matsadd(float * IN, float * OUT, float b, unsigned int m, unsigned int n)
	实矩阵与标量减法	Matssub	求 $m \times n$ 阶实矩阵与实标量 b 的差	void matssub(float * IN, float * OUT, float b, unsigned int m, unsigned int n)
	实矩阵与标量乘法	Matsmlt	求 $m \times n$ 阶实矩阵与实标量 b 的积	void matsadd(float * IN, float * OUT, float b, unsigned int m, unsigned int n)
	复矩阵与标量加法	Matsadd	求 $m \times n$ 阶复矩阵与复标量 b 的和	void cmatsadd(__complex_f32 * IN, __complex_f32 * OUT, __complex_f32 b, unsigned int m, unsigned int n)
	复矩阵与标量减法	Cmatssub	求 $m \times n$ 阶复矩阵与复标量 b 的差	void cmatssub(__complex_f32 * IN, __complex_f32 * OUT, __complex_f32 b, unsigned int m, unsigned int n)
	复矩阵与标量乘法	ccmatsmlt	求 $m \times n$ 阶复矩阵与复标量 b 的积	void cmatsadd(__complex_f32 * IN, __complex_f32 * OUT, __complex_f32 b, unsigned int m, unsigned int n)
LU 分解	实矩阵	Rlu	将实方阵分解成下三角矩阵 $\boldsymbol{L}$ 和上三角矩阵 $\boldsymbol{U}$ 的乘积	void rlu (float * IN, float * OUT, unsigned int n)
	复矩阵	Clu	将复数方阵分解成下三角矩阵 $\boldsymbol{L}$ 和上三角矩阵 $\boldsymbol{U}$ 的乘积	void clu (__complex_f32 * IN, __complex_f32 * OUT, unsigned int n)

表 8.11　矩阵运算函数中参数的说明

变量名	含　义
IN, IN1, IN2	输入数据存储区首地址
OUT	输出数据存储区首地址
BUF	仅在 corrmtx 中用到，缓冲区首地址，长度固定为 16
m	输入矩阵行数
n	输入矩阵列数（在方阵运算函数中，仅指定一个 n，表示 n 阶方阵）
k	在矩阵乘法运算中表示第二个矩阵的列数
b	某固定标量（根据是复矩阵运算还是实矩阵运算，b 相应地为复数或实数）

下面对其中一些矩阵运算函数的算法原理进行说明：

1）计算序列相关矩阵

```
void corrmtx(float * IN,float * BUF,float * OUT, unsigned int m,unsigned int n);
```

根据公式 $\phi_{xx}(n) = \frac{1}{N}\sum_{i=1}^{N} X(i)X(i+n)$，计算相关矩阵：

$$\boldsymbol{R}_{xx} = \begin{bmatrix} \phi_{xx}(0) & \phi_{xx}(1) & \cdots & \phi_{xx}(p) \\ \phi_{xx}(1) & \phi_{xx}(0) & \cdots & \phi_{xx}(p-1) \\ \vdots & \vdots & \ddots & \vdots \\ \phi_{xx}(p) & \phi_{xx}(p-1) & \cdots & \phi_{xx}(0) \end{bmatrix} \tag{8.39}$$

2）矩阵转置

```
void transpmf(float * IN,float * OUT,unsigned int m,unsigned int n);
void ctranspmf(__complex_f32 * IN,__complex_f32 * OUT,unsigned int m,unsigned int n);
```

采用行列搬移方法，即模 8 寻址，保证在同一时刻输入和输出均不在同一个块存储区，数据传输效率达到最优。

3）求秩

```
int rank(float * IN,unsigned int m,unsigned int n);
```

采用高斯消去法，可以把线性方程组系数矩阵化为上三角阵，这种办法可以用来求矩阵的秩。但原始高斯消去法如果遇到对角线元素为 0 时就可能遇到除数为 0；而列主元素高斯消去法遇到奇异阵时就不能继续计算；所以采用第三种方法：全选主元素高斯消去法，即在未消去的行中找出绝对值最大的元素作为主元素。这样若主元素为 0，则表明原矩阵化为三角阵并且出现全 0 行；若运行结束后主元素不是 0，则原阵变成了一种倒梯形，说明行满秩。

算法要统计非零行个数，这需要设定门限，Matlab 门限设为 max(size($\boldsymbol{A}$)′) * eps(max($\boldsymbol{s}$))，其中 $\boldsymbol{s}$ 为矩阵奇异值向量，据此门限设为 max(size($\boldsymbol{A}$)′) * q * 1.192092895507813e-007，其中 q 为矩阵与其转置矩阵相乘后对角线元素之和的平方根。

本算法涉及门限问题，采用了自适应门限，可以满足一定范围内实数矩阵的求秩。

4）对角加载

```
void diagadd(float * IN,float b,unsigned int n);
```

输出结果将覆盖在输入 IN 的缓冲区中。

对一个 n 阶方阵 $(a_{ij})_{n\times n}$ 进行对角加载按照下列公式进行：

$$\boldsymbol{c} = \boldsymbol{a} + b\boldsymbol{I} \tag{8.40}$$

式中:$\boldsymbol{a}$ 和 $\boldsymbol{c}$ 为 n 阶方阵;$\boldsymbol{I}$ 为单位矩阵;b 为某实数标量。

5) 三角回代

```
void gauss(float *IN,float *OUT,unsigned int m);
```

式中:IN 为 $m\times(m+1)$ 阶增广矩阵,OUT 为 m 位向量,存放方程组的解。采用列主元高斯消去法将增广矩阵化为上三角矩阵,其步骤如下:

(1) 先选取列主元,$|a_{i_k k}^{(k)}| = \max\limits_{k\leq i\leq n}\{|a_{ik}^{(k)}|\} \neq 0$;

(2) 如果 $ik\neq k$,则 交换第 k 行和第 ik 行;

(3) 消元。

列主元高斯消去法比普通高斯消去法要多一些比较运算,但比普通高斯消去法稳定。至此,增广矩阵已化为上三角矩阵,然后回代求解即可。

6) 三角分解

```
void choleskyr( float *IN,float *OUT,unsigned int m);
void choleskyc(__complex_f32 *IN,__complex_f32 *OUT,unsigned int m);
```

实现对正定实矩阵或复厄米正定矩阵的 Cholesky 分解。以复矩阵的情况为例,要实现分解:

$$\boldsymbol{A} = \boldsymbol{G}\boldsymbol{G}^{H} \tag{8.41}$$

按照下面的公式计算:

$$\begin{cases} g_{11} = \sqrt{a_{11}} \\ g_{i1} = \dfrac{a_{i1}}{g_{11}} \quad (i = 2,3,\cdots,n) \\ g_{kk} = \sqrt{a_{kk} - \sum\limits_{t=1}^{k-1} | g_{kt} |^2} \quad (k = 2,3,\cdots,n) \\ g_{ik} = \dfrac{1}{g_{kk}}\left(a_{ik} - \sum\limits_{t=1}^{k-1} g_{it}\overline{g}_{kt}\right) \quad (i = k+1,\cdots,n;k = 2,3,\cdots,n) \end{cases} \tag{8.42}$$

(1) 先将输出结果要放的地址内容都初始化为零;

(2) 求得第 i 行的对角线元素,并将其存储;

(3) 再依次求出上步所得对角线元素所在列的剩余元素。

其中,除法要进行一次迭代以提高精度。

算法中涉及除法,虽然使用了迭代,但还是会引入误差。若后续运算还会用到此结果,导致误差积累,阶数越大,误差会越明显。

7) 矩阵求逆

```
int matinv (float *IN,float *qt,float * invr, unsigned int n);
int matinv (_complex_f32 *IN,_complex_f32 *qt,_complex_f32 *invr,
unsigned int n);
```

其中,IN 为输入矩阵存储区域首地址,若输入矩阵存在逆矩阵,则程序运行后,IN 存放输入矩阵的逆矩阵,qt 为输入方阵 QR 分解后正交矩阵 $\boldsymbol{Q}$ 的转置矩阵($\boldsymbol{Q}^{\mathrm{T}}$),invr 为输入方阵 QR 分解后上三角矩阵 $\boldsymbol{R}$ 的逆矩阵($\boldsymbol{R}^{-1}$)。

采用基于 QR 分解的矩阵求逆快速算法,即 $\mathrm{X}=\boldsymbol{R}^{-1}\boldsymbol{Q}^{\mathrm{T}}$,步骤如下:

(1) 对矩阵进行 QR 分解。求出上三角矩阵 $\boldsymbol{R}$ 和正交矩阵 $\boldsymbol{Q}$ 转置矩阵。详细过程参照基于 Givens 旋转变换矩阵 QR 分解算法文档(注意,前者直接求出 $\boldsymbol{Q}$ 转置矩阵,而后者求出的是 $\boldsymbol{Q}$ 矩阵)。

(2) 根据下述法则对上三角矩阵 $\boldsymbol{R}$ 进行求逆运算。

设 $\boldsymbol{R}^{-1}=(\sigma_{ij})_{n\times n}$,则有

① $\sigma_{ij}=0$,当 $i>j$ 时,即 $\boldsymbol{R}$ 的逆矩阵也是上三角阵。

② $\sigma_{kk}=R_{kk}^{-1}\quad(1\leqslant k\leqslant n)$。

③ $\sigma_{k,k+m}=-\sum\limits_{j=1}^{m}R_{k,k+j}\sigma_{k+j,k+m}/R_{kk}(1\leqslant m\leqslant n-1,1\leqslant k\leqslant n-m)$

在进行步骤②时,可以判断输入矩阵是否可逆。判断方法如下:

若 R_{kk} 为 $0(k=1,\cdots,n)$,(在实际程序中,设定了一个自适应门限。因为 QR 分解后,$\boldsymbol{R}$ 对角线元素难以避免存在误差,且误差与矩阵具体内容及阶数有关),则输入矩阵 $\boldsymbol{X}$ 不可逆。理论说明如下:由于 $\boldsymbol{Q}$ 为正交矩阵,因此其行列式 $\det(\boldsymbol{Q})=1$;由于 $\boldsymbol{R}$ 为上三角矩阵,因此其行列式为 $\det(\boldsymbol{R})=\prod\limits_{i=1}^{n}R_{ii}$,即为对角线元素之积。当存在 R_{ii} 有 $\det(\boldsymbol{X})=\det(\boldsymbol{Q})\times\det(\boldsymbol{R})=\det(\boldsymbol{R})=0$,此时可知 $\boldsymbol{X}$ 不可逆。相反也可以证得,若 $\boldsymbol{X}$ 可逆,则 $\boldsymbol{R}$ 的对角线元素必不为零。若无逆矩阵,则停止运算并返回标识 0。

(3) 根据上面结果及下式计算输入逆矩阵 $\boldsymbol{X}^{-1}=\boldsymbol{R}^{-1}\boldsymbol{Q}^{\mathrm{T}}$。

结果精度与输入矩阵阶数有关。阶数越高,精度越差,不同阶数情况下具体误差情况参见 QR 函数误差分析表。

8) QR 分解(Givens 旋转)

```
int qr(float *IN,float *OUT,unsigned int m,unsigned int n);
int cqr(__complex_f32 * IN,__complex_f32 * OUT,unsigned int m,unsigned int n);
```

IN 为输入矩阵存储区域首地址,程序运行后存放 $m\times n$ 阶上三角矩阵 $\boldsymbol{R}$,OUT 为 QR 分解后 m 阶正交矩阵 $\boldsymbol{Q}$ 的首地址。

基于 Givens 旋转变换的 QR 分解。具体算法流程如下:

(1) 初始化 $\boldsymbol{Q}=\boldsymbol{I}_n,\boldsymbol{R}=\boldsymbol{X}$。

(2) 选择要消零的非对角线元素,据此构造 c 和 s,构造 Givens 矩阵 $\boldsymbol{P}$。其中 $c^2+s^2=1$:

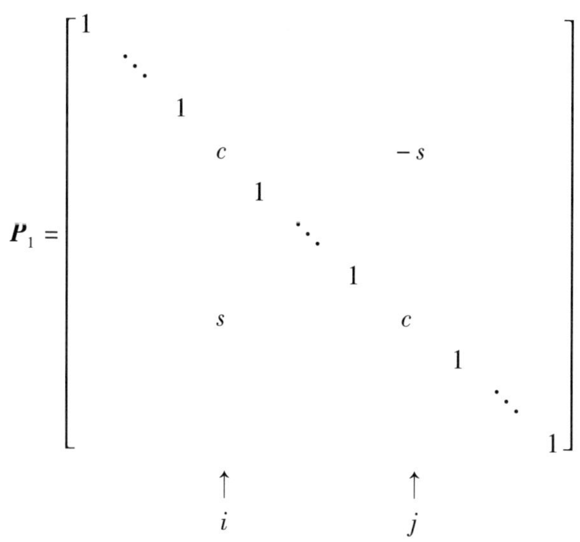

(3) $\boldsymbol{R}=\boldsymbol{P}_i\boldsymbol{R}\boldsymbol{Q}=\boldsymbol{Q}\boldsymbol{P}_i^{\mathrm{T}}$。

重复(2),(3)步直到所有下三角元素消零完毕为止。

其中,影响程序执行速度的因素有:

(1) 输入矩阵下三角中 0 元素的个数。一般情况下,0 越多执行速度越快。上表中的数据是在矩阵中没有 0 元素,即最坏情况下的执行周期数。

(2) 矩阵维数。一般情况下,输入矩阵行数与列数差越小,相对执行越快。这与程序结构有关。

(3) 由于程序内部结构特点,维数是否为 8 的倍数对执行速度没有太大的影响。

(4) 精度与输入矩阵阶数有关。阶数越高,精度越差,表 8.12 是不同阶数情况下最大的误差情况(和 Matlab 计算结果比较)。

表 8.12　QR 误差分析表

QR 阶数(m,n)	3,3	4,4	5,4	5,5	8,8	9,9	12,12
误差级别	1E-6	1E-6	2E-6	2.5E-6	3E-6	2E-6	2.5E-6
QR 阶数(m,n)	13,14	18,18	25,24	29,31	38,38	42,44	52,55
误差级别	3E-6	3E-6	1.7E-5	7E-6	6E-6	6E-6	5E-5

9) 特征值分解

```
int evd(float * IN,float * OUT,unsigned int n,float eps);
int cevd(__complex_f32 * IN,__complex_f32 * OUT,unsigned int n,
float eps);
```

其中,IN 为输入矩阵存储区域首地址,程序运行后成为对角矩阵 $\boldsymbol{\Lambda}$ 的首地址,OUT 在程序运行后成为正交矩阵 $\boldsymbol{P}$ 的首地址。

采用雅克比过关法。其基本思想是:对于任意一个实对称矩阵 $\boldsymbol{X}$,只要能够求得一个正交矩阵 $\boldsymbol{P}$,使得 $\boldsymbol{PXP}^{\mathrm{T}}$ 成为一个对角矩阵 $\boldsymbol{\Lambda}$,就得到了 $\boldsymbol{X}$ 的所有特征值和对应的特征向量。基于这个思想,可以用一系列的初等正交变换逐步消去 $\boldsymbol{X}$ 的非对角线元素,从而使矩阵 $\boldsymbol{X}$ 对角化。

具体的算法流程如下:

(1) 初始化 $\boldsymbol{P}=\boldsymbol{I}_n$,求出输入实对称矩阵所有非对角线元素平方和的平方根 E。设置门限 $\gamma_1=\dfrac{E}{n}$。

(2) 按列检测所有非对角线元素 a_{ij}的绝对值是否大于门限 γ_1。若 $a_{ij}>\gamma_1$,则构造初等旋转矩阵 $\boldsymbol{P}_1$。

$$\boldsymbol{P}_1=\begin{bmatrix}1 & & & & & & & & & & \\ & \ddots & & & & & & & & & \\ & & 1 & & & & & & & & \\ & & & c & & & & -s & & & \\ & & & & 1 & & & & & & \\ & & & & & \ddots & & & & & \\ & & & & & & 1 & & & & \\ & & & s & & & & c & & & \\ & & & & & & & & 1 & & \\ & & & & & & & & & \ddots & \\ & & & & & & & & & & 1\end{bmatrix}$$
$$\qquad\qquad\qquad\uparrow_{i}\qquad\qquad\qquad\uparrow_{j}$$

按下列公式计算 c,s:

$$m=a_{ij},n=\frac{1}{2}(a_{ii}-a_{jj}),s=\frac{\dfrac{\operatorname{sgn}(n)m}{\sqrt{m^2+n^2}}}{\sqrt{2\times\left(1+\dfrac{|n|}{\sqrt{m^2+n^2}}\right)}},c=\frac{1+\dfrac{|n|}{\sqrt{m^2+n^2}}}{\sqrt{2\times\left(1+\dfrac{|n|}{\sqrt{m^2+n^2}}\right)}}$$

(3) 计算 $\boldsymbol{\Lambda}=\boldsymbol{P}^{\mathrm{T}}\boldsymbol{\Lambda}\boldsymbol{P},\boldsymbol{V}=\boldsymbol{V}\boldsymbol{P}$。

(4) 重复第(2)、(3)步,直到所有的非对角线元素都小于门限值为止。此时设定新的门限值 $\gamma_{i+1}=\dfrac{\gamma_i}{n}$,然后继续重复第(2)、(3)步,直到 $\gamma_k\leqslant eps$ 为止,程序结束。

10) LU(crout)分解

```
void rlu (float *IN,float *OUT,unsigned int n);
```

```
void clu (__complex_f32 *IN,__complex_f32 *OUT,unsigned int n);
```

其中,IN 为输入数据首地址,程序运行后存放下三角矩阵 $\boldsymbol{L}$;OUT 在程序运行后存放上三角矩阵 $\boldsymbol{U}$。

采用 Cront 分解,先算列再算行:

由 $\boldsymbol{A}=\hat{\boldsymbol{L}}\boldsymbol{U}$ 乘出得

(1) $l_{i1}=a_{i1}$(第 1 列)　$(i=1,2,3,\cdots,n)$　　$(\boldsymbol{A},\hat{\boldsymbol{L}}$ 第 1 列)。

(2) $\boldsymbol{u}_{1,j}=\boldsymbol{a}_{1j}/\boldsymbol{l}_{11}$(第 1 行) $(\boldsymbol{j}=2,3,\cdots,\boldsymbol{n})$ $(\boldsymbol{A},\boldsymbol{U}$ 第 1 行)。

(3) $l_{i2}=a_{i2}-l_{i1}u_{i2}$(第 2 列) $(i=2,3,\cdots,n)$ $(\boldsymbol{A},\hat{\boldsymbol{L}}$ 第 2 列)。

(4) $u_{2j}=\frac{1}{l_{22}}(a_{2j}-l_{2j}u_{1j})$ $(j=3,4,\cdots,n)$ $(\boldsymbol{A},\boldsymbol{U}$ 第 2 行)。

(5) 一般地,对 $\boldsymbol{A},\hat{\boldsymbol{L}}$的第 k 列运算,有

$$l_{ik}=a_{ik}-\sum_{m=1}^{k-1}l_{im}u_{mk}\quad k=1,2,\cdots,n;i=k+1,k+2,\cdots,n$$

(6) 对 $\boldsymbol{A},\boldsymbol{U}$ 的第 k 行运算,有

$$u_{kj}=\frac{1}{l_{kk}}\left(a_{kj}-\sum_{m=1}^{k-1}k_{km}u_{mj}\right)\quad k=1,2,\cdots,n-1;j=k+1,k+2,\cdots,n$$

直至最后,得到的 $\boldsymbol{L}_{ij},\boldsymbol{U}_{ij}$恰可排成

$$\begin{bmatrix} l_{11} & u_{12} & u_{13} & \cdots & u_{1n} \\ l_{21} & l_{22} & u_{23} & \cdots & u_{2n} \\ l_{31} & l_{32} & l_{33} & \cdots & u_{3n} \\ \vdots & \vdots & \vdots & \ddots & \\ l_{n1} & l_{n2} & l_{n3} & \cdots & l_{nn} \end{bmatrix}$$

其中,算法中涉及除法,虽然使用了迭代,但还是会引入误差,而后续的运算还会用到此结果,从而导致误差积累,阶数越大时,效果越明显。

8.6　常用的窗函数

本节介绍常用的窗函数、"魂芯一号"提供的窗函数及其使用方法。窗函数说明如表 8.13、表 8.14 所列。

表 8.13　窗函数说明

窗函数类型	函数名	功能	语法
矩形窗	rectangular	生成一个长度为 N,步长为 a 的矩形窗	void rectangular(float * output, unsigned int N,unsigned int a)

（续）

窗函数类型	函数名	功能	语法
巴特莱特窗	bartlett	生成一个长度为N,步长为a的bartlett窗	void bartlett (float * output, unsigned int N, unsigned int a)
汉明窗	hamming	生成一个长度为N,步长为a的汉明窗	void hamming(float * output, unsigned int N, unsigned int a)
汉宁窗	hanning	生成一个长度为N,步长为a的汉宁窗	void hanning (float * output, unsigned int N, unsigned int a)
布莱克曼窗	blackman	生成一个长度为N,步长为a的blackman窗	void blackman (float * output, unsigned int N, unsigned int a)
哈瑞斯窗	harris	生成一个长度为N,步长为a的harris窗	void harris (float * output, unsigned int N, unsigned int a)
高斯窗	gaussian	生成一个长度为N,步长为a,参数为alpha的gaussian窗	void gaussian (float * output, float alpha, unsigned int N, unsigned int a)
凯泽窗	kaiser	生成一个长度为N,步长为a,参数为beta的kaiser窗	void kaiser (float * output, float beta, unsigned int N, unsigned int a)

表 8.14　窗函数中变量的意义

变量名	含　义
Output	输出窗函数首地址,输出长度为a(N-1)+1
N	输出窗的长度
a	窗函数步长

(1) 矩形窗的计算公式为

$$w[j]=1.0 \qquad j=0,a\cdots,a\times(N-1) \tag{8.43}$$

(2) 巴特莱特窗的计算公式为

$$w[j]=1-\left|\frac{i-(N-1)/2}{(N-1)/2}\right| \qquad i=0,1,\cdots,N-1;j=0,a,\cdots,a\times(N-1) \tag{8.44}$$

(3) 汉明窗计算公式为

$$w[j]=0.54-0.46\cos\left(2\pi\frac{i}{N-1}\right) \qquad i=0,1,\cdots,N-1;j=0,a,\cdots,a\times(N-1) \tag{8.45}$$

(4) 汉宁窗计算公式为

$$w[j]=0.5\times\left(1.0-\cos\left(2\pi\frac{i}{N-1}\right)\right) \qquad i=0,1,\cdots,N-1;j=0,a,\cdots,a\times(N-1) \tag{8.46}$$

（5）布莱克曼窗计算公式为

$$w[j]=0.42-0.5\cos\left(2\pi\frac{i}{n-1}\right)+0.08\cos\left(4\pi\frac{i}{n-1}\right)$$

$$i=0,1,\cdots,N\cdots1;j=0,a,\cdots,a\times(N-1)\quad(8.47)$$

（6）哈瑞斯窗的计算公式为

$$w[j]=a_1-a_2\cos\left(2\pi\frac{i}{N-1}\right)+a_3\cos\left(4\pi\frac{i}{N-1}\right)-a_4\cos\left(6\pi\frac{i}{N-1}\right)$$

$$i=0,1,\cdots,N-1;\ j=0,a,\cdots,a\times(N-1)\quad(8.48)$$

$$a_1=0.35875,a_2=0.48829,a_3=0.14128,a_4=0.01168$$

（7）高斯窗函数计算公式为

$$w[j]=\mathrm{e}^{-\frac{1}{2\beta^2}\left(\frac{n}{N/2}\right)^2}\qquad -\frac{N}{2}\leqslant n\leqslant\frac{N}{2};j=0,a,\cdots,a\times(N-1);\beta^2\text{ 为方差}\quad(8.49)$$

（8）凯泽窗函数计算公式为

$$w[j]=\frac{J_0\left(\beta\left(i-\left(\frac{i-\alpha}{\alpha}\right)^2\right)^{0.5}\right)}{J_0(\beta)},i=0,1,\cdots,N-1;j=0,a,\cdots,a\times(N-1)\quad(8.50)$$

式中：J_0 为第一类零阶贝塞尔函数；$\alpha=\frac{N-1}{2}$。

8.7　信号产生的库函数

“魂芯一号”提供了一些常用的信号产生函数库，以便用户产生需要的信号，并进行算法的测试与验证。这些信号产生函数库如表 8.15 所列，包括单频脉冲信号、线性调频脉冲信号、非线性调频脉冲信号、二相编码脉冲信号，还有非相关 weibull 分布、非相关 log - normal 分布随机数等。信号产生函数库的符号说明见表 8.16。

表 8.15　“魂芯一号”信号产生函数库

信号类型	函数名	功能	语法
单频	sigfre	产生幅度为 amplitude，频率为 f0，初相为 phi，采样率为 fs，时宽为 time 的单频信号	void sigfre(float * output, float f0, float fs, float phi, float time, float amplitude)
线性调频	lfm	产生中频为 f0，带宽为 band，时宽为 time，采样频率为 fs，幅度为 amplitude 的线性调频信号	void lfm(_ _complex_f32 * output, float f0, float fs, float time, float band, float amplitude)

（续）

信号类型	函数名	功能	语法
非线性调频	nlfm	产生调制函数为 tan 的非线性调频信号	void nlfm(float * output, float T, float B, float Ts)
二相码	twophacode	计算输入参数的正弦值	void TwoPhaCode (float * input, float * sinvalue, float * output, float fo, float fs, float A , float N, float K)
非相关 weibull 分布	nweibull	产生非相关 weibull 分布的随机数	void nweibull(float * output, float alfa, float beta, unsigned int s, unsigned int n, float xn)
非相关 log - normal 分布	nlognormal	产生非相关 log - normal 分布的随机数	void nlognormal(float * output, float mu, float sigma, unsigned int s, unsigned int n)

表 8.16 信号产生函数库的参数说明

信号类型	汇编源文件	参 数
单频	_sigfre. asm	output:输出结果存储区的首地址,数组长度为 N = time * fs。 f0:单频信号的频率。 fs:采样频率。 phi:单频信号的初始相位。 time:信号的时宽。 amplitude:信号的幅度
线性调频	_lfm. asm	output:输出的 LFM 信号存储区域首地址。数组长度为 2 * fs * time。 f0:LFM 信号的中频。 fs:采样频率。 time:信号的时宽。 band:信号的带宽。 amplitude:信号的幅度
非线性调频	_nlfm. asm	output:输出非线性调频信号的首地址。长度为 T/Ts。 T:信号时宽。浮点数。 B:信号带宽。浮点数。 Ts:采样周期,浮点数
二相码	_twophacode. asm	input:输入序列存储区首地址。输入数组长度 N。 sinvalue:为数据搬移提供的缓存区首地址。占用长度 fs/f0 * K。 output:输出二相码信号存储区首地址。fs/f0 * K * N。 fo:产生二相码的中频。浮点型实数。 fs:产生数字二相码的采样。浮点型实数。 A:产生二相码的幅度。浮点型实数。 N:输入 0,1 序列码长。浮点型实数。 K:0,1 序列中,每一个码值代表正弦信号的周期数

（续）

信号类型	汇编源文件	参　数
非相关 weibull 分布	_nweibull. asm	output:输出结果存储区域的首地址。数组长度为 n。 alfa:weibull 分布的形状参数 α。 beta:weibull 分布的标度参数 β。 s:随机数的种子。 n:产生的随机数的个数。 xn:weibull 分布的位置参数
非相关 log - normal 分布	_nlognormal. asm	output:输出结果存储区域的首地址。数组长度为 n。 mu:log - normal 分布的参数 μ。 sigma:log - normal 分布的参数 σ。 s:随机数的种子。 n:产生的随机数的个数

这些函数的说明如下:

(1) 单频信号的时域表示为

$$s(t) = A\sin(2\pi f_0 t + \varphi) \qquad t \in [0, T] \tag{8.51}$$

程序设计产生的单频信号为数字信号,对应公式为

$$s(n) = A\sin\left(2\pi f_0 \frac{n}{f_s} + \varphi\right) \qquad n = 0, 1, \cdots, N\cdots 1; N = Tf_s \tag{8.52}$$

具体算法流程:调用子函数_sigfre. asm 进行单点计算。

(2) LFM 信号的时域表达式为

$$s(t) = u(t)\exp(j2\pi f_0 t) = A \cdot \mathrm{rect}\left(\frac{t}{T}\right) \cdot \exp\left[j2\pi\left(f_0 t + \frac{Kt^2}{2}\right)\right] \qquad -\frac{T}{2} \leqslant t \leqslant \frac{T}{2} \tag{8.53}$$

式中:$K = B/T$。

程序设计产生的 LFM 信号为数字信号,对应公式为

$$s(n) = A \cdot \exp\left(j2\pi\left(\frac{f_0}{f_s}\left(n - \frac{N}{2}\right) + k\frac{\left(n - \frac{N}{2}\right)^2}{2f_s^2}\right)\right) \qquad n = 0, 1, \cdots, N - 1 \tag{8.54}$$

式中:$k = B/T, N = Tf_s$。

(3) 非线性调频信号,即信号频率对时间的导数不为常数的信号

$$\frac{\mathrm{d}f(t)}{\mathrm{d}t} = \mu(t) \tag{8.55}$$

常用相位函数表示为

$$s(t) = \frac{1}{\sqrt{T}}\mathrm{rect}\left(\frac{t}{T}\right)\exp(j\theta(t)) \tag{8.56}$$

通过 $\theta(t)$ 与 $f(t)$ 的关系式,可以得到信号的相位函数

$$\theta(t) = 2\pi\int_{-\infty}^{t} f(v)\,\mathrm{d}v \tag{8.57}$$

只需通过 NLFM 信号的一般表达式就可以得到设计信号波形。

本程序以 tan 调制函数为例进行非线性调频信号的产生,由于 tan 函数在接近 $\pi/2$ 时信号上升较快,为了降低非线性信号的多普勒频移敏感度,定义调频函数为

$$f(t) = \frac{B}{2}\tan\left(\frac{\pi t}{2T}\right) \tag{8.58}$$

则信号的表达式为

$$s(t) = A\mathrm{rect}\left(\frac{t}{T}\right)\exp\left[-2\mathrm{j}B\ln\cos\left(\frac{\pi t}{2T}\right)\right] \tag{8.59}$$

其中,信号实部和虚部分别为

$$s_{\mathrm{real}}(t) = \cos\left[2BT\ln\cos\left(\frac{\pi t}{2T}\right)\right] \tag{8.60}$$

$$s_{\mathrm{imag}}(t) = -\sin\left[2BT\ln\cos\left(\frac{\pi t}{2T}\right)\right] \tag{8.61}$$

(4) 二相码的程序调用了库函数中的单频信号产生函数_sigfre. asm,先产生一个若干周期的正弦信号放在缓冲区,然后再根据二相码的变化向输出数据存储区搬移数据。直到满足参数要求。

(5) Weibull 分布的概率密度函数为

$$f(x) = \begin{cases} \frac{\alpha}{\beta^{\alpha}}(x - x_n)^{\alpha-1}\mathrm{e}^{-\left(\frac{x-x_n}{\beta}\right)^{\alpha}} & x \geqslant 0, \alpha > 0, \beta > 0 \\ 0 & x < 0 \end{cases} \tag{8.62}$$

用 $W(\alpha,\beta)$ 表示,其分布函数为

$$F(x) = \begin{cases} 1 - \mathrm{e}^{-\left(\frac{x-x_n}{\beta}\right)^{\alpha}} & x \geqslant 0, \alpha > 0, \beta > 0 \\ 0 & x < 0 \end{cases} \tag{8.63}$$

Weibull 分布的均值为 $\frac{\beta}{\alpha}\Gamma\left(\frac{1}{\alpha}\right)$。

应用逆变换法(反函数法),得到产生 weibull 分布随机变量 x 的算法如下:

① 产生均匀分布的随机变量数 u,即 $U(0,1)$。

② 利用混合同余法:由给定的初值 x_0

$$\begin{cases} x_i = (ax_{i-1} + c)(\mathrm{mod}\ M) \\ y_i = x_i/M \end{cases} \tag{8.64}$$

③ 产生(0,1)区间上的随机数 y_i。其中,$a=2045$,$c=1$,$M=2^{20}$。

④ 计算 $x=\beta(-\ln(u))^{1/\alpha}+x_n$。

Log－normal 分布的概率密度函数为

$$f(x)=\begin{cases}\dfrac{1}{x\sqrt{2\pi}\cdot\sigma}\exp\left(-\dfrac{(\ln x-\mu)^2}{2\sigma^2}\right) & x>0\\ 0 & x\leqslant 0\end{cases}\tag{8.65}$$

Log－normal 分布的均值为 $\exp\left(\mu+\dfrac{\sigma^2}{2}\right)$,方差为$(e^{\sigma^2}-1)e^{2\mu+\sigma^2}$。

首先产生正态分布的随机变量 y,然后通过变换 $x=e^y$,产生对数正态分布的随机变量 x,即

① 产生正态分布的随机变量 y,即 $y\sim N(\mu,\sigma^2)$。

设 $r_1,r_2,\cdots,r_n$ 为(0,1)上 n 个相互独立的均匀分布的随机数。由于 $E(r_i)=\dfrac{1}{2}$,$D(r_i)=\dfrac{1}{12}$,根据中心极限定理可知,当 n 充分大时,$x=\sqrt{\dfrac{12}{n}}\left(\sum\limits_{i=0}^{n}r_i-\dfrac{n}{2}\right)$的分布近似于正态分布 $N(0,1)$,通常取 $n=12$,此时有 $x=\sum\limits_{i=1}^{12}r_i-6$。最后,再通过变换 $y=\mu+\sigma x$,便可得到均值为 μ,方差为 σ^2 的正态分布的随机数 y。

② 计算 $z=e^y$。

8.8 雷达信号处理的库函数

下面就实际雷达信号处理中常见的几种处理方式,比如低通滤波、脉冲相关、动目标显示(MTI)、自适应动目标显示(AMTI)、多通道恒虚警检测(CFAR)、DOA 估计等进行介绍。脉冲压缩在本小节不做说明,详见 8.3 小节。部分函数的举例见第 9 章。

8.8.1 抽取比可变的低通滤波器

库函数 lpfddc 是一种抽取比可变的低通滤波器,用于对 A/D 采样的中频信号进行数字正交采样(即相干检波)。通过设定参数 n,改变抽取比,得到要求采样率的基带 I、Q 信号。汇编源文件:_ lpfddc. asm。

函数原型为

void lpfddc(float * input,float * coeff,float * delay,float * cossin,float * output,unsigned int m,unsigned int k,unsigned int n)

其中:

input:输入数据首地址,即采样后得到的数据,32 位浮点实数,数组长度

为 m。

coeff:低通滤波器系数首地址,32 位浮点实数,数组长度为 k + mod(k,2)。

delay:低通滤波器对应的延迟线首地址,32 位浮点实数,数组长度为 k。

cossin:频移系数首地址,32 位浮点实数,数组长度为 2 × m。

output:输出结果首地址,空间大小为 2 × m,前 m/n 空间存储 I 路数据,后 m/n 空间存储 Q 路数据,输出数据长度是:2m/n。

m:输入数据长度。

k:滤波器阶数。

n:抽取比。

8.8.2 脉冲相关处理

库函数 pr 实现两个脉冲相关或时域脉压等处理。输入和输出信号均为复信号。

汇编源文件:_ pr. asm。

函数原型为

void_pr(_ _complex_f32 * input, _ _complex_f32 * coeff, _ _complex_f32 * buffer, _ _complex_f32 * output1, _ _complex_f32 * output2, unsigned int m, unsigned int n)

其中:

input:脉冲 1 储存区首地址,输入数组长度 2 × m。

coeff:脉冲 2 储存区首地址,输入数组长度 2 × n。

buffer:缓冲区域首地址,输入数组长度 2 × n。

output1:脉冲相关结果储存区首地址, 输出数组长度 2 × (m + n - 1)。

m:脉冲 1 的点数。

n :脉冲 2 的点数。

时域脉压处理时,input 储存区存放输入信号,coeff 储存区存放匹配滤波系数。

8.8.3 动目标显示 MTI

库函数 cmti 用于对脉压后的回波脉冲进行 MTI 处理,抑制地杂波,得到检测动目标的信息。该库函数可以设置 MTI 滤波器的阶数、在一个波位驻留的脉冲数等。该回波数据为 32 位浮点复数。

汇编源文件:_ cmti. asm。

函数原型:

void mti (float * input, float * coeff, float * delay, float * buffer, unsigned int m, unsigned int n, unsigned int p, float * output)

其中：

input:输入回波数据存储区域的首地址。m×n 阶矩阵。数组长度为 2×m×n。

coeff:滤波器系数的存储区域的首地址。数组长度为 p+1。

delay:延迟线存储区域的首地址。(p+1)×n 阶矩阵。数组长度为 2×(p+1)×n。

buffer:缓存区域的首地址。(m+p+1)×n 阶矩阵。数组长度为 2×(m+p+1)×n。

m:输入回波数据一帧数据的脉冲数。

n:输入回波数据一个脉冲的数据长度。

p:滤波器的阶数。

output:输出结果存储区域的首地址,m×n 阶矩阵。数组长度为 2×m×n。

8.8.4　自适应动目标显示 AMTI

库函数 camti 用于抑制动杂波,对脉压后的回波脉冲进行 AMTI 处理,得到检测动目标的信息。该库函数可以设置 AMTI 滤波器的阶数、在一个波位驻留的脉冲数、动杂波的中心频率等。该回波数据为 32 位浮点复数。

汇编源文件:_ camti. asm。

函数原型:

void camti (float * input, float * coeff, float * delay, float * buffer, unsigned int m, unsigned int n, float fd, float fr, float * output)

其中:

fd:雷达杂波谱中心的多普勒频率。

fr:雷达脉冲重复频率。

其余参数与 MTI 相同。

8.8.5　多通道恒虚警检测(CFAR)[12]

库函数 cfar 用于对多通道的输入信号进行恒虚警检测。该库函数可以设置 CFAR 处理的参考单元数、保护单元数、输入数据多普勒通道数和距离单元数、恒虚警门限等。

汇编源文件:_ cfar. asm。

函数原型:

void cfar(float * x, float * output, float * table, unsigned int m, unsigned int p, unsigned int a, unsigned int b, float T)

其中:

x:输入矩阵 a×b 的首地址。输入矩阵长度 a×b。

output:恒虚警结果的输出首地址,输出矩阵长度 a×b。

table:自然数倒数表。存放从 1 开始浮点数的倒数,输入矩阵长度 m。

m:恒虚警运算的窗长,32bit 定点整数。

p:恒虚警中设定的保护单元数,32bit 定点整数。

a:输入数据多普勒通道数,32bit 定点整数。

b:输入数据距离单元数,32bit 定点整数。

T:恒虚警门限计算中的第二门限值。

8.8.6 统计数组中正数的个数

库函数 stat 用于统计一个数组中正数的个数。

汇编源文件:_ stat. asm。

函数原型:unsigned int stat (float * input,unsigned int n)。

其中:

input:输入数据存储区域的首地址。数组长度为 n。

n:输入数组中元素的个数。

8.8.7 DOA 估计[13]

库函数 music 是采用 music 算法进行 DOA 估计。

汇编源文件:_ music. asm。

函数原型:

void music(_ _complex_f32 * input,_ _complex_f32 * buffer1,_ _complex_f32 * steer_vector,_ _complex_f32 * buffer2,unsigned int n,unsigned int m,unsigned int p,float e,float * output)

其中:

input:输入回波数据存储区域的首地址。n×m 阶矩阵。数组长度为 2×m×n。

buffer1:缓存区域 1 的首地址。m×n 阶矩阵,数组长度为 2×m×n。

steer_vector :导向向量存储区域的首地址。n×181 阶矩阵,181 表示方向的个数,例如,[-90°:1°:90°]。数组长度为 2×n×181。

buffer2 :缓存区域 2 的首地址,n×m 阶矩阵。数组长度为 2×m×n。

n:阵元个数。

m:快拍数。

p:信源个数。

e:所需要的精度。

output:输出结果存储区域的首地址。数组长度为 181,即方向的个数。

第9章 系统设计实例

本章通过基于“魂芯一号”DSP芯片实现雷达信号处理算法的两个实例，了解“魂芯一号”处理器的实际应用。实例采用的实验平台为中国电子科技集团公司第38研究所研制的“魂芯一号”Demo板。案例1是针对某阵列雷达进行实测数据处理，基本过程是将实测数据导入到实验平台，在“魂芯一号”中完成实时信号处理算法处理，结果通过板上DAC输出至示波器进行观察。案例2则是构建一套简单的雷达模拟演示系统。该系统能够模拟雷达工作状态和目标回波信号，将模拟产生的回波通过“魂芯一号”DSP进行实时信号处理，模拟发射信号由板上FPGA基于数字频率合成(DDS)原理产生，同时PC机上上位机显示终端控制。

9.1 “魂芯一号”Demo板简介

“魂芯一号”Demo板是一套以两片“魂芯一号”芯片和一片AlteraCyclone II EP2C35 FPGA芯片为核心的应用开发平台，主要面向DSP软件算法开发、NIOSII嵌入式应用和快速网络传输应用的工程师。实物图如图9.1所示。

图9.1 “魂芯一号”Demo实验平台(见彩图)

板内配置了 4 个 32M×16bit 的 DDR2 颗粒用于数据存储；DSP 之间、DSP 与 FPGA 之间、板间数据相互连接均通过高速差分链路口；DSP 的其他接口(如 GPIO、UART、异步 RAM 接口等)则连到 FPGA 上，便于设计师在设计时能够灵活控制；板上配置了 DSP 和 FPGA 共用的 8M×16bitFLASH，用于兼顾 DSP 程序和系数的加载以及 FPGA 所需要数据的存储。FPGA 配置一个 2M×36bit 同步 RAM，以支持 FPGA 构建 NIOS 系统；一个 DM9000 网络接口芯片支持 10M/100M 以太网；一个 EPC16 芯片用于 FPGA 加载；一个 DAC 变换器用于模拟信号输出。这些配置构成了一个灵活、功能强大、应用范围广的开发平台。

图 9.2 为板内主要芯片和输入输出之间的互联关系。

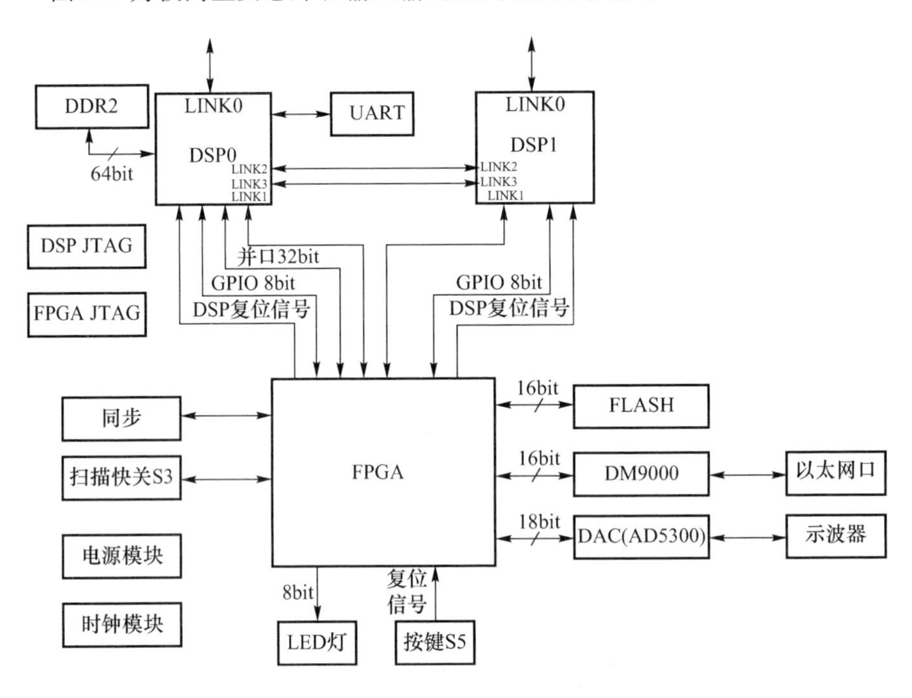

图 9.2 Demo 板板内主要芯片和输入输出之间的互联关系

9.2 案例一：某阵列雷达实测数据处理

9.2.1 数据处理流程

某阵列雷达采用 24 个天线单元构成等距线阵。调制信号采用 LFM，调频带宽 $B=800\text{kHz}$，处理形式为宽窄脉冲结合，其中宽脉冲用于正常段处理，窄脉冲用于补盲段处理,工作模式为三组不同重复频率交替,其脉冲重复周期为[5200,5700,6200]μs。基带复信号采样时钟频率为1MHz。一个波位发射脉冲数有13个。

该雷达在一个波位采集到的数据实际上是一个24×13×5000的三维矩阵。其中24为通道维,即接收天线通道;13为慢时间维,即在一个波位发射脉冲,经接收机接收的回波脉冲数;5000为快时间维,即一个脉冲重复周期接收的距离单元数。输入数据为16位有符号定点复数据(实部和虚部各16位)。图9.3示出某一个通道处理流程图,9.2.2小节给出Demo实验平台实现过程及有关结果。

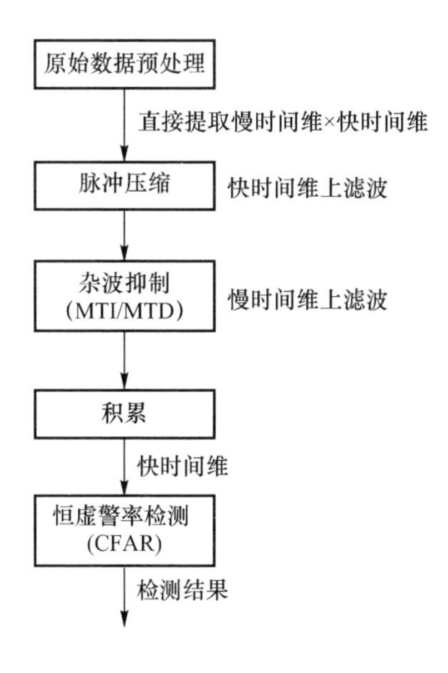

图9.3 单通道处理流程

9.2.2 "魂芯一号"Demo实验平台上处理过程实现

在Demo实验平台上有两片"魂芯一号"DSP处理器,这里用其中一片"魂芯一号"芯片作为主处理器。首先将原始数据从PC机导入到"魂芯一号"内存中,数据流向如图9.4中输入通道所示。为实现这一过程,需先用FPGA对DM9000网络控制芯片、FPGA到DSP链路口控制、PC端上位机数据的控制器进行有效配置。如果希望通过示波器显示处理器处理过程中的中间结果,则同时需要对提供DSP数据的输出通道进行设置,以便FPGA能够实现对DSP到FPGA的链路口以及FPGA对DAC芯片有效控制,输入输出通道接口控制全部由FPGA完成。DSP信号处理软件程序中,主框架程序用C语言编写,大部分子函数用汇

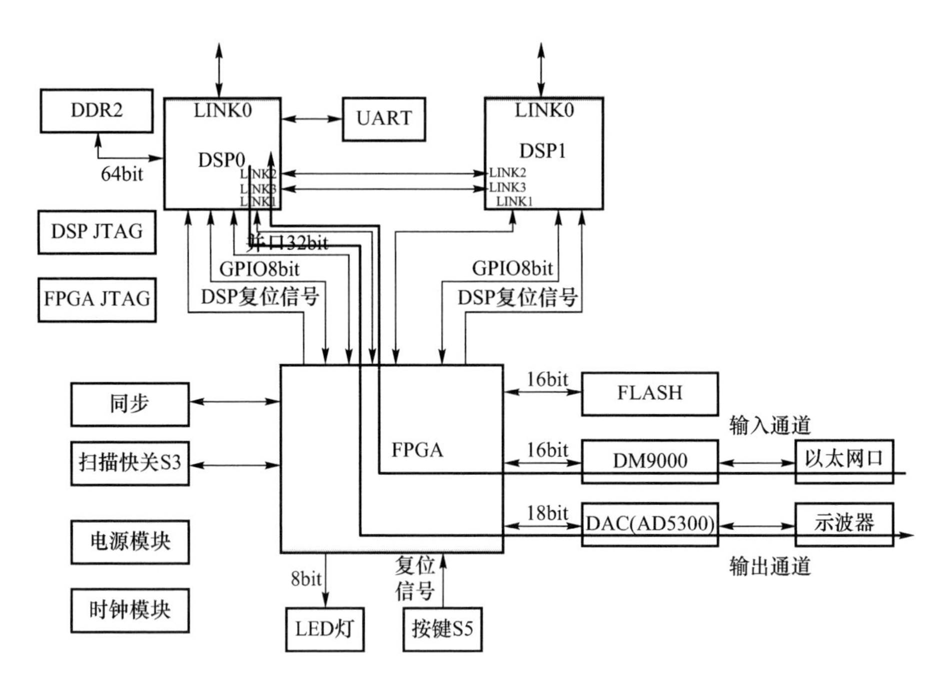

图 9.4　处理数据在“魂芯一号”Demo 实验平台上的流向示意图

编语言编写，常用信号处理函数，如快速傅里叶变换（FFT）等，直接用“魂芯一号”提供的库函数。

9.2.2.1　整体思路

系统整体处理思路见图 9.5 所示，处理流程类似图 9.3。处理数据先导入到“魂芯一号”内部数据存储器，同时将 DSP 的处理程序调入到“魂芯一号”内部程序存储器，启动“魂芯一号”处理器的工作程序，“魂芯一号”处理器在工作程序有效控制下开始正常有效工作。程序员如果想了解程序运行时处理器内部的工作状态，可以通过查看处理器内部各个寄存器或相关存储器在程序运行过程中所产生的中间结果。查看内部寄存器和存储器内容的方式有两种，一种是利用“魂芯一号”提供的开发环境 ECS 中的调试模式去观察处理器内部寄存器以及存储器内的各种数据，可采用将内存数据导出，并使用科学计算软件，如 MATLAB 等绘图的方式进行观察。另一种形式则是利用处理板上设计的输出通道，将运算中间结果存放到内部存储器内，再由 DMA 方式将这个数据通过输出通道送到 DAC 变换器接口中，用示波器比较直观查看其运算结果，借以判断程序运行结果是否正常，此时处理器一直处于动态运算过程。

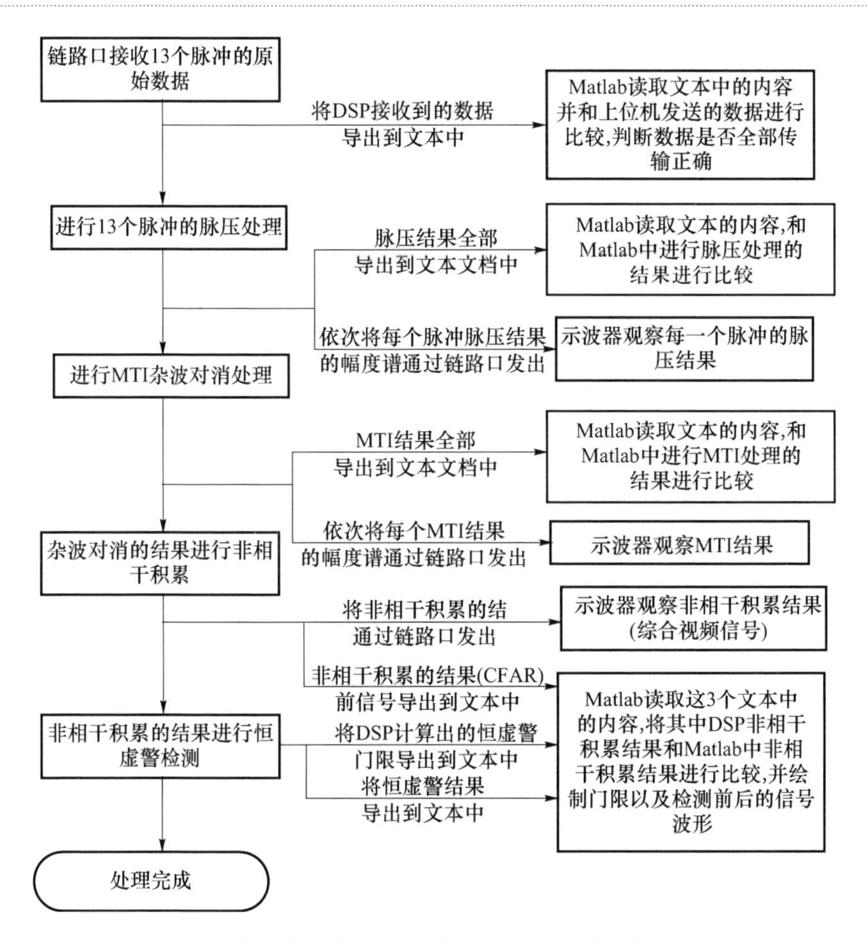

图 9.5　实测数据在"魂芯一号"Demo 实验平台处理过程

DSP 程序整体框架:

```
/* 链路口接收原始数据 */
/* 13 个脉冲依次脉冲压缩 */
for(pulse_index = 0; pulse_index < 13; pulse_index ++)
{
    //宽窄脉冲提取
    //宽窄脉冲分别脉冲压缩
    //进行宽窄脉冲结果拼接
    //计算幅度
    //通过链路口输出脉压结果幅度谱给 FPGA
    //FPGA 进行浮点转定点以及对数运算后送给 DAC 输出
}
/* MTI 处理 */
```

```
/* 非相干积累 */
/* 恒虚警处理 */
```

其中,脉冲压缩需要对每个脉冲依次进行处理,各个脉冲处理过程采用循环遍历,在循环遍历过程中,处理结果通过链路口发出,通过板上输出通道送到DA变换器,用示波器观察脉压处理结果。非相干积累处理同样需要遍历各个脉冲的MTI处理,并进行幅度累加,在遍历处理过程中,MTI处理结果可输出到示波器进行观察。

9.2.2.2 内存分配

在雷达信号处理过程中,需要处理的数据量较大,且要求 n 点FFT运算的数据首地址必须 $2n$ 对齐。因此,内部存储器数据摆放方式,将影响到处理器内部运算效能,这需要程序员在程序设计之前进行合理安排。

原始数据在脉冲压缩处理后一般不再用,故原始数据和脉压处理之后的结果均可存放在同一个区域,即用脉冲压缩之后数据覆盖原始数据。每个脉冲压缩处理之后的数据,覆盖原始内存数据相应区域,两者之间的区域首地址为datain_pcout,这样可以大大减少内存占用。原始数据是13×10000二维数组,脉冲压缩处理后的数据为13×8192二维数组,脉压数据和原始数据每个脉冲均需对齐,脉压结果仅覆盖原始数据前8192个区域。

6脉冲对消MTI处理后的脉冲数是13-6+1=8,若脉压处理数据和MTI处理结果均保留,则需要的内存空间为13×10000+8×8192=190k字。"魂芯一号"内部有3块数据存储器,每一块区域有效存储空间为256k个32bit字。从运算有效性角度,脉压处理数据放在1号区域,MTI处理数据放到3号区域较为合理。3号区域的地址为0x0060_0000~0x007E_FFFF,栈空间起始地址默认为0x0060_0000,堆空间起始地址默认为0x0061_0000(可参考ECS默认生成的链接描述文件),故MTI处理结果起始地址选择为0x0062_0000,空间容量为8×8192=65536=0x10000字。

链接描述文件增加一个命名存储块MTI_OUTPUT,其首地址为0x0062_0000,长度为0x20000个32bit字。

```
MEMORY
{
.....
    MTI_OUTPUT:origin=0x620000,length=0x20000,bytes=4
    STACK     :origin=0x600000,length=0x10000,bytes=4
    HEAP      :origin=0x610000,length=0x10000,bytes=4
.....
}
```

随后,需要用 SECTIONS 语句指示 MTI 输出数据段存储块:

```
SECTIONS
{
    .....
   .mti_output:>MTI_OUTPUT
   .....
}
```

程序开头,还需要用#pragma DATA_SECTION 编译指示命令将 MTI 输出数组首地址和 . mti_output 段绑定:

```
#pragma DATA_SECTION(mti_out,".mti_output")
float mti_out[8][8192];
```

FFT 运算时对数组首地址有一定要求,如 512 点 FFT 窄脉冲处理,其首地址需 1024 对齐,这项工作可通过 DATA_ALIGN 命令来完成;4096 点 FFT 宽脉冲处理,输入向量首地址需 8192 对齐,DATA_ALIGN 命令最大参数为 4096,此时实现需要通过手动配置地址,这个可以在链接描述文件(. cmd 文件)中通过分配相应的存储空间和对应段,再用编译指示命令 DATA_SECTION 将对应的数组映射到相应段中即可(参考上面的 MTI 输出地址的手动分配)。IFFT 原理与 FFT 运算相类似,基本运算过程可以 FFT 运算来代替,故脉压过程需做两次 FFT,这两次 FFT 的输入向量地址分配都需要按照上面的要求去做。

其他数组直接交给编译器分配即可,这些数组可以用 DATA_ALIGN 进行首地址 4096 对齐(MTI 滤波系数长度太短,可不做对齐处理),1024 窄脉冲数组也可用 4096 对齐。

综上,程序中需要的数组以及相应的分配方法如表 9. 1 所列。

表 9. 1　DSP 程序中需要存储的数据说明

数组名及其存储内容(数组大小)	地址分配方法
datain_pcout 接收到的数据以及脉压结果(13 * 10000)	地址由 ECS 自动分配
data_w 原始数据中提取的宽脉冲回波数据(7992)	地址手动分配
twfac_w 4096 点 FFT 需要的旋转因子表(8160)	地址由 ECS 自动分配
data_w_fft 宽脉冲做 4096 点 FFT 的结果(8192)	地址由 ECS 自动分配
pccoe_w 宽脉冲脉压系数(8192)	地址由 ECS 自动分配
multi_w 宽脉冲脉压的频域结果(8192)	地址手动分配
pulsecom_w 宽脉冲脉压的时域结果(8192)	地址由 ECS 自动分配
data_n 原始数据中提取的窄脉冲回波数据(800)	地址由 ECS 自动分配
twfac_n 512 点 FFT 需要的旋转因子表(992)	地址由 ECS 自动分配
data_n_fft 窄脉冲做 512 点 FFT 的结果(1024)	地址由 ECS 自动分配

（续）

数组名及其存储内容(数组大小)	地址分配方法
pccoe_n 窄脉冲脉压系数(1024)	地址由 ECS 自动分配
multi_n 窄脉冲脉压的频域结果(1024)	地址由 ECS 自动分配
pulsecom_n 窄脉冲脉压的时域结果(1024)	地址由 ECS 自动分配
pulsecom_amp 单个脉冲脉压结果的幅度谱(4096)	地址由 ECS 自动分配
mti_coe_low 低空杂波对消系数(3 * 6)	地址由 ECS 自动分配
mti_out MTI 处理后的 8 个脉冲结果(8 * 8192)	地址手动分配
mti_out_amp 上面的 8 个脉冲中的一个的幅度谱(4096)	地址由 ECS 自动分配
pc_mti_integra 脉压、MTI 以及非相干积累结果(4096)	地址由 ECS 自动分配
CACFART 单元平均法恒虚警门限(4096)	地址由 ECS 自动分配
pc_mti_integra_cfar 恒虚警检测结果(4096)	地址由 ECS 自动分配

9.2.2.3 链路口接收原始数据

有关链路口寄存器说明可参考第 3 章及第 5 章，这里采用中断法，用汇编编写相应的子函数。

一个波位的原始数据有 130000 个浮点实数，PC 机产生的这些数据通过以太网口发送到 Demo 板上，一个以太网数据包内有效数据是有限的，实验中一个数据包选择 1000byte，即 250 个 32 位浮点实数，130000 数据对应 520 个数据包。板上 FPGA 接收到这个以太网数据包后，先缓冲后再通过链路口将分包数据发送到 DSP，即 DSP 是按分包数据接收链路口传送过来的数据。链路口接收数据的函数程序代码如下：

```
//函数原型： void dsp_link_recv_lan_data(void* input);
//输入参数：
//xr0 /u0：接收数据首地址
.global __dsp_link_recv_lan_data
.text
__dsp_link_recv_lan_data:
u8 =0x60ffff   //init stakc pointer and frame pointer
u9 =0x60ffff

set gcsr[0] //开总中断
set IMASKRH[16] //打开链路口接收中断
DMAIR1 =_recv_interrupt //注册中断服务函数

u0 =xr0
```

```
xr21 = 0  //xr21 保存了已经接收的数据包的个数
xr1 = 1  //inner address step
xr10 = u0  //xr10:用来设置 LRAR(Link Recevier Address Register)接收端起始地址寄存器
xr11 = r1  //xr11:用来设置 LRSR(Link Recevier Step Register)接收端步进值寄存器
xr12 = 0x08
LRAR1 = xr10
LRSR1 = xr11
clr LTMR1[3]
LRPR1 = xr12  //xr12 = 0x08,使能接收
xr22 = 520  //520 个数据包

_wait_recv:
.code_align 16
if xr21 = = r22 b _recv_end
//接受完指定个数的数据包后,结束循环
.code_align 16
b _wait_recv
_recv_end:
.code_align 16
ret  //主函数的返回
_recv_interrupt:
xr21 + = 1  //接收到的数据包的个数增 1
xr10 + = 250  //接收首地址增 250(一个数据包占了 250 个 32 位字)
LRAR1 = xr10
LRSR1 = xr11
LRPR1 = xr12
.code_align 16
reti
.end
```

主函数直接调用此子函数即可完成链路口数据的接收:

```
dsp_link_recv_lan_data(datain_pcout);
```

9.2.2.4 宽窄脉冲提取

首先,将原始数据通过输入通道导入"魂芯一号"内部数据存储器。由于宽脉冲持续时间较长,导致雷达存在一定距离盲区,这个距离盲区通过发射窄脉冲来弥补。因此,雷达接收到的回波数据一般均为宽窄脉冲的混合体,图 9.6 为某

一通道多个脉冲重复周期显示的原始数据。该数据包括每个脉冲周期发射的窄脉冲和宽脉冲，回波信号图中还包含发射泄露信号中一些“无效数据点”，这些点在后继信号处理并不采用。

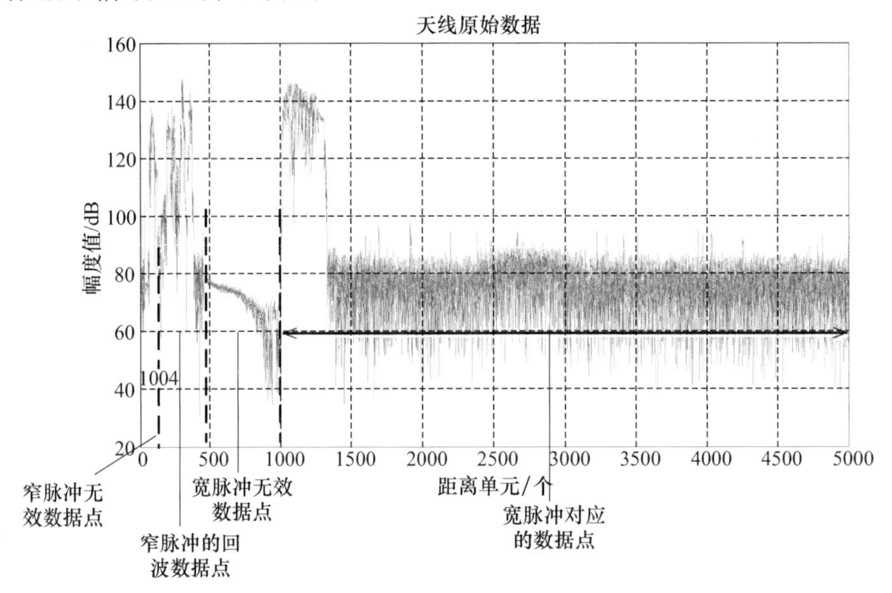

图 9.6　原始数据的模值(取对数)(见彩图)

宽窄脉冲的脉压需要分别进行。需要从回波数据中分离出宽窄脉冲相对应的数据。由于系统是定时按一定的参数来发射宽窄脉冲的，因此可以根据发射时刻确定宽窄脉冲的脉冲回波信号的起始点，从而有效分离出宽窄脉冲的回波数据。在“魂芯一号”处理程序中，可以通过一个简单的循环程序实现数据分离。代码如下：

```
//宽窄脉冲提取
for(i = n_start_point, j = 0; i < n_end_point; i ++, j ++)
    data_n[j] = datain_pcout[pulse_index][i];
for(i = w_start_point, j = 0; i < w_end_point; i ++, j ++)
    data_w[j] = datain_pcout[pulse_index][i];
```

其中有关控制变量含义如下：

n_start_point	窄脉冲回波起始点
n_end_point	窄脉冲回波终止点
w_start_point	宽脉冲回波起始点
w_end_point	宽脉冲回波终止点
pulse_index	脉冲编号

9.2.2.5　宽窄脉压处理

对窄脉冲回波和宽脉冲回波分别进行脉冲压缩处理，再拼接宽窄脉冲的脉压结果。脉冲压缩采用频域处理，脉压处理流程如图 9.7 所示。

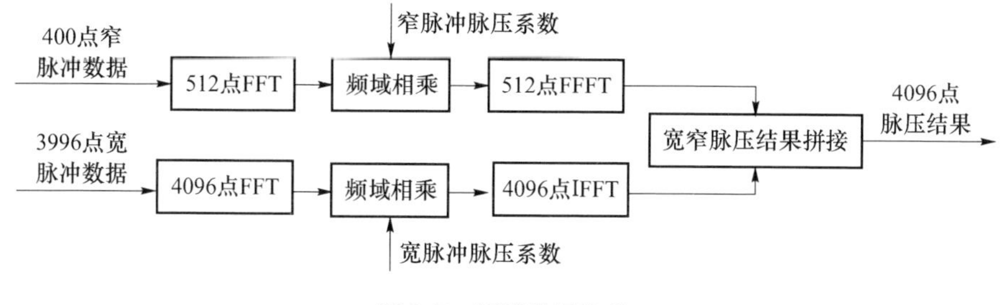

图 9.7　频域脉压流程

“魂芯一号”FFT 库函数(cfft)调用前要求在源代码开头依据运算点数确定 FFT 阶数，本例中宽、窄脉冲需要进行 FFT 点数分别为 512 点和 4096 点。为避免命名冲突，将这两个 FFT 函数分别命名为 cfft512 和 cfft4096。宽窄脉冲的压缩处理过程一样，差异在于其 FFT 运算长度，故这里以窄脉冲为例来说明频率脉冲压缩过程。

第一步，对窄脉冲回波进行 FFT 变换，根据 cfft 接口说明，调用格式如下：

```
cfft512((__complex_f32 *) data_n,          //输入向量(IN)
      (__complex_f32 *) twfac_n,           //旋转因子(TWID)
      (__complex_f32 *) data_n_fft,        //FFT 结果(OUT)
512);                                      //FFT 点数(N)
```

其中，旋转因子已由 Matlab 产生，产生方法见第 8 章 cfft 有关说明及示例程序，DSP 程序中用#include 预编译语句导入即可：

```
#pragma DATA_ALIGN(twfac_n,4096)
float twfac_n[992] = {
#include "twfac_n.dat"
};//512 点 FFT 需要的旋转因子表
```

第二步，将 FFT 运算结果和脉压系数相乘(频域相乘)，脉压系数已由 Matlab 产生，DSP 程序中用#include 语句导入：

```
#pragma DATA_ALIGN(pccoe_n,4096)
float pccoe_n[1024] = {
#include "pccoe_n.dat"
};//脉压系数
```

这个过程实际上就是两个复数向量数据相乘，可采用复数向量点积库函数 cvecdot 实现。这里用汇编编写了一个子函数。在编写汇编子函数时，需要注意有关寄存器保护(函数入口处进行压栈保存,函数返回前进行出栈恢复),子函数中使用的寄存器全部为调用方保存(Caller-saved)寄存器,因此不需考虑这一点,后面提到的另外几个汇编子函数与此类似。编写的复数向量相乘的子函数完整代码为:

```
//函数原型: void complex_multi(float *input1,float *input2,float *output,unsigned int n);
//输入参数:
//xr0 /u0:被乘数的首地址
//xr1 /u1:乘数的首地址
//xr2 /u2:积的首地址(可看成输出)
//xr3:要运算的复数数据个数
.global __complex_multi

.text
__complex_multi:
xr20 = r3   //xr3 是传递进来的需要进行运算的复数的个数
xr21 = 0   //xr21 作为一个计数器,保存已经运算过的点数
_do_multi:

.code_align 16
if xr21 = = r20 b _do_multi_end

xr4 :5 = [u0 + =2,1] //被乘数的复数
xr6 :7 = [u1 + =2,1]//乘数的复部
//XQFR11 :10_9 :8 = CFR5 :4 * CFR7 :6
xfr11 = fr5 * fr7
||xfr10 = fr5 * fr6
||xfr9 = fr4 * fr6
||xfr8 = fr4 * fr7

xfr12 = fr10 + fr8
||xfr13 = fr11 - fr9
//按"魂芯一号"要求的复数格式存储,虚部在前实部在后
[u2 + =2,1] = xr12 :13 //乘法运算结果的复数
xr21 + = 1

.code_align 16
b _do_multi
```

```
_do_multi_end:
nop
.code_align 16
ret
```

对应的函数原型为

```
void complex_multi(float *input1,float *input2,float *output,unsigned int n);
```

在主函数中进行频域相乘处理时,用如下格式进行调用:

```
complex_multi(data_n_fft,pccoe_n,multi_n,512);
```

第三步,对频域相乘后的数据结果进行 IFFT 处理。根据数字信号处理有关理论,可按图 9.8 进行处理,IFFT 处理可以用 FFT 来实现,也可以直接调用"魂芯一号"库函数提供的 32 位浮点复数 IFFT 函数 icfft。

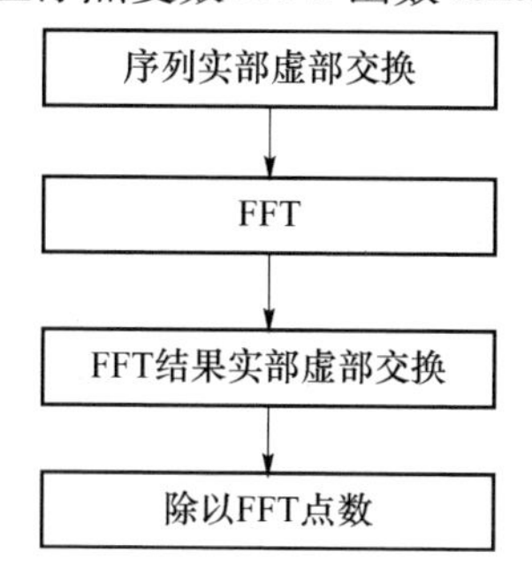

图 9.8　用 FFT 实现 IFFT 流程

若用 FFT 程序进行运算时,需将序列进行实虚部调换,可以用一个子函数实现实虚部交换,用汇编实现,代码如下:

```
//函数原型: void swap_real_imag(float *input,unsigned int n);
//输入参数:
//xr0/u0:输入向量首地址(输出覆盖输入)
//xr1:向量长度

.global __swap_real_imag
.text
__swap_real_imag:

xr20 = r1   //xr1 是传递进来的需要进行虚实交换的复数的个数
xr21 = 0    //xr21 作为一个计数器,保存已经运算过的点数
_do_swap:
```

```
.code_align 16
if xr21 = = r20 b _do_swap_end

xr10:11 =[u0 +0,2]
[u0 +=2,1] =xr11:xr10

xr21 + = 1

.code_align 16
b _do_swap

_do_swap_end:
nop

.code_align 16
ret
```

除以 FFT 点数过程也可用一个子函数实现,这里用汇编编写。思路和前面提到的两个子函数类似,需遍历整个复数向量。这里用“魂芯一号”提供的浮点乘法指令完成除法操作,要求提供除数的倒数作参数,而不是除数本身。向量除以实数子函数完整代码如下:

```
//函数原型:  void div_func(float * input,unsigned int n,float divisor);
//输入参数:
//xr0/u0:输入向量首地址(输出覆盖输入)
//xr1:向量长度
//xr2:除数的倒数

.global __div_func
.text
__div_func:
xr20 =1   //下面要做乘 2 运算,用左移一位完成
xr21 =r1 ashift r20 //xr1 是传递进来的需要进行运算的复数的个数
xr22 =r21
xr23 =0   //xr23 作为一个计数器,保存已经运算过的点数
_do_div:
.code_align 16
if xr23 == r22 b _do_div_end
```

```
xr10 = [u0 += 0,0]
xfr12 = fr10 * fr2
[u0 += 1,0] = xr12
xr23 += 1
.code_align 16
b _do_div
_do_div_end:
nop
.code_align 16
ret
```

综上,依次调用“魂芯一号”提供的 FFT 库函数 cfft512、编写的实虚部交换子函数 swap_real_imag 和向量除以实数子函数 div_func,即可实现频域相乘结果后 IFFT 处理:

```
//IFFT
swap_real_imag(multi_n,512);
cfft512((__complex_f32 *) multi_n,(__complex_f32 *) twfac_n,(__complex_f32 *) pulsecom_n,512);
swap_real_imag(pulsecom_n,512);
div_func(pulsecom_n,512,((float)1) /512);
```

宽脉冲压缩过程处理和窄脉冲压缩处理过程类似,只是处理点数由 512 点变为 4096 点,宽脉冲压缩主函数部分代码如下:

```
//宽脉冲脉压
//回波 FFT
cfft4096((__complex_f32 *) data_w,(__complex_f32 *) twfac_w,(__complex_f32 *) data_w_fft,4096);
//频域相乘
complex_multi(data_w_fft,pccoe_w,multi_w,4096);
//IFFT
swap_real_imag(multi_w,4096);
cfft4096((__complex_f32 *) multi_w,(__complex_f32 *) twfac_w,(__complex_f32 *) pulsecom_w,4096);
swap_real_imag(pulsecom_w,4096);
div_func(pulsecom_w,4096,((float)1) /4096);
```

其中有关向量含义均可在表 9.1 中查阅。

最后根据脉压暂态点情况拼接宽窄脉冲脉压结果形成完整的数据,代码如下:

```
//进行宽窄脉冲压缩结果的拼接,取窄脉冲结果的前 412 个数数据点,宽脉冲的 413 到 4096 的数据点
```

```
//(上面的注释中:下标从1开始,并且指的是复数)
for(i =0,j =0; i < 824; i + +,j + +)
    datain_pcout[pulse_index][j] =pulsecom_n[i];
for(;i < 8192; i + +,j + +)
    datain_pcout[pulse_index][j] =pulsecom_w[i];
```

为保留回波中有关相位信息,脉压后仍然为复信号,示波器上观察的数据一般为复数据的幅度,若要查看需对复信号进行求模运算,这项工作可以由 DSP 来完成,幅度求取后再送到 DAC 端口上,用于显示脉压之后的处理结果,而 MTI 处理需信号相位信息,即取回波复数。

DSP 完成复向量幅度运算可以编成一个汇编子函数,函数源代码如下:

```
//函数原型:  void calc_amp(float * data,float * data_amp,unsigned int n);
//输入参数:
//xr0/u0:输入向量首地址
//xr1/u1:输出结果首地址
//xr2:输入向量复数个数

.global __calc_amp
.text
__calc_amp:
u0 =xr0   //u0 指向第一个虚部的地址
v0 =xr1   //v0 指向输出幅度的地址
xr1 =r0
xr1 += 1
u1 =xr1   //u1 指向第一个实部的地址
u2 =2   //每次跳转 2 分别取到实部或者虚部

xr10 =r2   //xr10 保存了要处理的复数数据的个数
xr11 =0   //xr11 用来对已经处理的复数的个数进行计数

_do_amp:

.code_align 16
if xr11 == r10(U) b _do_amp_done //

xr20 =[u0 +=u2,0] //xr20 是虚部
xr21 =[u1 +=u2,0] //xr21 是实部
xfr22 =fr20 * fr20 ||xfr23 =fr21 * fr21
```

```
xfr24 = fr22 + fr23
xfr25 = SQRT(abs fr24)    //"魂芯一号"SPU 提供的浮点数绝对值开方运算
[v0 +=1,0] =xr25
xr11 += 1

.code_align 16
b _do_amp

_do_amp_done:
nop

.code_align 16
ret
.end
```

这里用了超算器(SPU)提供的浮点数绝对值开方运算指令(SQRT)。调用方法如下：

```
calc_amp(datain_pcout[pulse_index],pulsecom_amp,4096);
```

脉压输出幅度仅仅为了显示,所以每次循环均可覆盖上一次结果。脉压幅度谱通过链路口发出,数据包长度为 4096(脉压结果、MTI 结果、非相干积累结果)。完整代码如下：

```
//函数原型:  void dsp_link_send(void* output);
//输入参数:
//xr0 /u0:待发送数据首地址
.global __dsp_link_send
.text
__dsp_link_send:
u8 =0x60ffff   //init stakc pointer and frame pointer
u9 =0x60ffff

//下面几行关闭中断
clr gcsr[0]
IMASKRH =0 ||IMASKRL =0

u0 =xr0
xr1 =4096      //size in words(must  >= 16 words)
xr2 =1         //inner address step

xr10 =u0   //xr10:用来设置 LTAR(Link Transfer Address Register)发端起
始地址寄存器
```

```
xr11 = r2      //xr11:用来设置 LTSR(Link Transfer Step Register)发端步进
值寄存器

xr12 = 0x100   //xr12:用来设置 LTMR 发端模式寄存器,50MHz
xr13 = r1
xr13 -= 1     //xr13:用来设置 LTCCXR 发端 X 维计数控制寄存器
              //注意这里要将要传送的总字数减 1
xr14 = 6      //xr14:用来设置 LTPR 发端过程寄存器
              //使得 LTPR[2]和 LTPR[1]置位(即开始 DMA 传输)
LTAR1 = xr10
LTSR1 = xr11
LTMR1 = xr12
LTCCXR1 = xr13
LTPR1 = xr14

_wait_link_send:
xr60 = LTPR1
.code_align 16
if xr60[0] == 1 b _link_send_end //发送完成
.code_align 16
b _wait_link_send
_link_send_end:
.code_align 16
ret
.end
```

调用此函数实现 DAC 输出刷新,通过示波器观察波形。观察脉压结果调用方法如下:

```
dsp_link_send(pulsecom_amp);
```

图 9.9 为脉冲压缩运算结果的显示,图(a)为 ECS 将内存数据导出后用 Matlab 作图显示的输出结果,图(b)为示波器上 DAC 实时显示的输出结果。可以看到,两者显示结果一致,在距离单元 2000 左右位置上,有两个可分辨的目标,且近区杂波较强。

9.2.2.6 MTI 杂波抑制处理

MTI 处理为多普勒维滤波过程,其只要目标是滤除地面静止地杂波。MTI 滤波器实际上就是一个在多普勒零频处存在零点的一个陷波器。一般采用零点分配法来设计这个带阻滤波器,即在零频处根据系统参数要求设置多重零点以

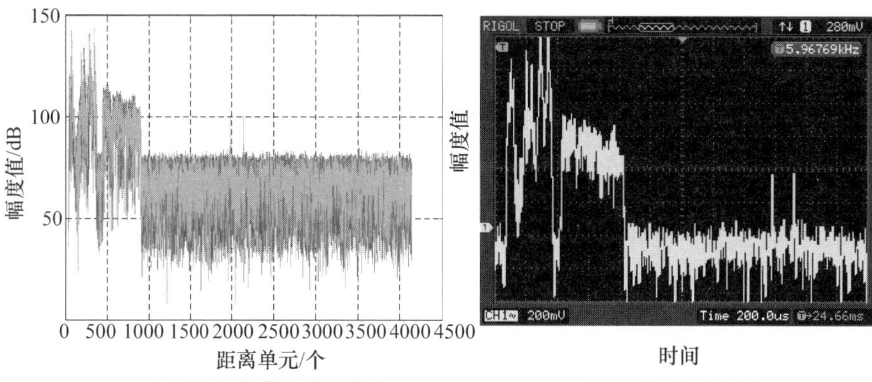

图 9.9　“魂芯一号”脉冲压缩结果(见彩图)

获得滤波器有效系数。

6 脉冲对消意味着需设计一个 6 阶滤波器,3 参差重频对应 3 组滤波器系数。根据有关雷达参数,设计出 3 重频 6 脉冲对消滤波器系数如表 9.2 所列。

表 9.2　MTI 滤波器系数

重频编号	滤波器系数					
重频 1	0.1182	0.5200	0.9522	1.0000	0.5550	0.1054
重频 2	0.0896	0.4284	0.9615	1.0000	0.4578	0.0806
重频 3	0.0857	0.5131	1.0000	0.9156	0.4498	0.1067

MTI 滤波器幅频响应如图 9.10 所示。

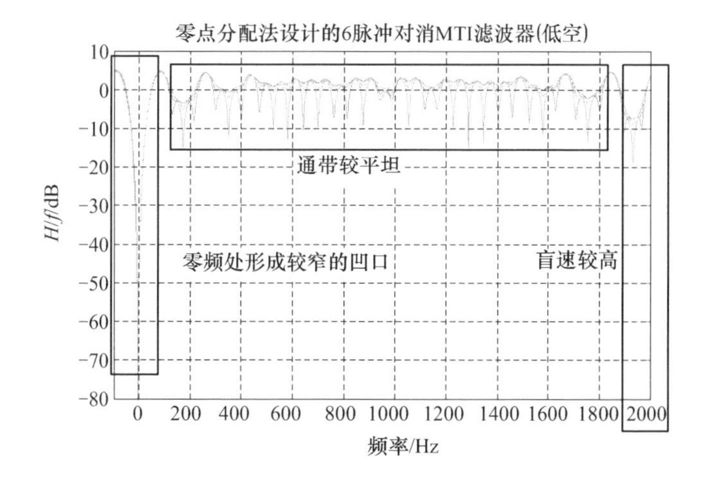

图 9.10　MTI 滤波器幅频响应(见彩图)

从图 9.10 中能够看出,这个滤波器有以下几个特点:

(1) 在零频处有一个很窄的凹口,对静止近地物杂波形成很强抑制作用;

(2) 整体通带较平坦,对目标信号衰减小;

(3) 盲速较高,大概在马赫数 3 之外。

MTI 处理是一个二维数组寻址,用 C 语言实现较简单。可以对 Matlab 脱机处理程序进行一个“翻译”,如下所示:

```
% MATLAB 杂波对消
for k =1:pulsenum -mtijie +1;
  n =mod(k -1),mtinum) +1;
  for m =1:mtijie;
   mtiout(k,:) =mtiout(k,:)
    +(coe(n,m) * sig(k +m -1,:));
  end
end;
```

```
% DSP 杂波对消
for(k = 0;k < 8; ++k)
{
  n = k% 3;
  for(m = 0;m < 6; ++m)
      for(i = 0;i < 8192;i ++)
        mti_out[k][i] =mti_out[k][i] +
        coe[n][m] * sig[k +m][i];
}
```

将 MTI 处理放入子函数中,原型函数为

```
void mti_process(float ( * sig)[10000],float ( * coe)[6],float ( * mti_out)[8192]);
```

其中 sig 为输入二维向量,维数为 13×10000,coe 为 MTI 系数,维数为 3×6,mti_out 为 MTI 输出,维数为 8×8192,当函数参数为二维向量时,需指定相应列数。

主函数进行如下调用即可完成 MTI 处理:

```
mti_process(datain_pcout,mti_coe_low,mti_out);
```

其中 mti_coe_low 由 Matlab 计算得到,通过#include 语句包含到 DSP 程序中:

```
float mti_coe_low[3][6] =
{
#include "mti_coe_low.dat"
};
```

图 9.11 是脉压后 MTI 处理结果。与图 9. 9 结果相比,杂波得到了较大的抑制。

在 DSP 程序框架中,非相干积累依次遍历 MTI 输出的 8 个脉冲。示波器上显示的波形实际上是通过链路口输出的经非相干积累后处理的结果。

9.2.2.7 非相干积累处理

通过对 MTI 输出幅度谱进行累加完成非相干积累。求幅度谱子函数在脉

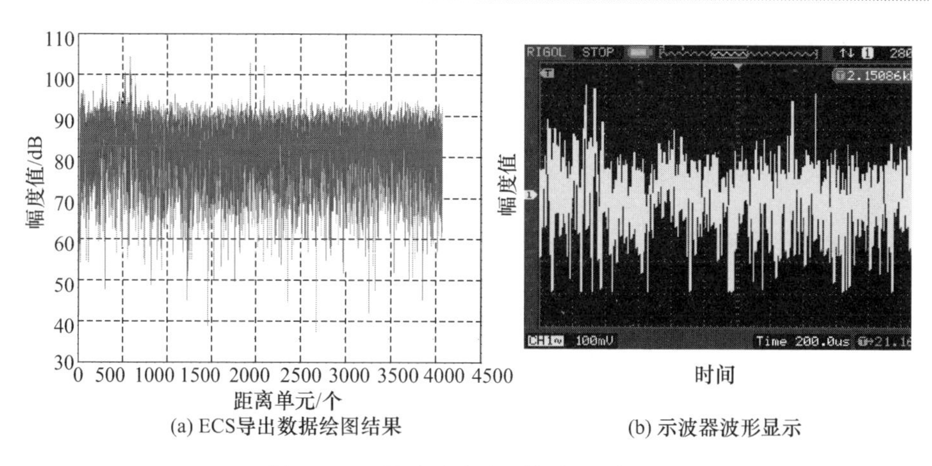

(a) ECS导出数据绘图结果　(b) 示波器波形显示

图 9.11　6 脉冲对消处理结果(见彩图)

压处理已提到。汇编向量相加子函数代码如下:

```
//函数原型: void add_integration(float *mti_out_amp,float *pc_mti_integra,unsigned int n);
//输入参数:
//xr0 /u0:MTI 结果的每个脉冲的幅度谱_首地址
//xr1 /u1:每一步累加的结果_首地址
//xr2:一个脉冲中的点数

.global __add_integration
.text
__add_integration:

xr23 =0   //xr23 作为一个计数器,保存已经运算过的点数
_do_add:

.code_align 16
if xr23 == r2 b _do_add_end

xr10 =[u0 +=1,0]
xr11 =[u1 +=0,0] //这一步地址不累加,因为计算结果要存回
xfr12 = fr10 + fr11
[u1 +=1,0] =xr12   //这一步才进行 u1 的累加

xr23 += 1
.code_align 16
```

```
b _do_add

_do_add_end:
nop

.code_align 16
ret
```

主函数中编写了一个各脉冲循环遍历 MTI 输出,脉冲幅度谱计算,add_integration 累加子函数。每个脉冲幅度谱均通过链路口发出并在示波器上观察。代码如下:

```
//非相干积累
for(pulse_index =0; pulse_index < 8; ++pulse_index)
{
calc_amp(mti_out[pulse_index],mti_out_amp,4096);
//pc_mti_integra 是经过脉压、MTI、非相干积累后的最终结果
add_integration(mti_out_amp,pc_mti_integra,4096);
dsp_link_send(mti_out_amp);
}
```

积累完成后,积累结果通过链路口送到示波器上进行观察:

```
dsp_link_send(pc_mti_integra);
```

图 9.12 为非相干积累输出信号。

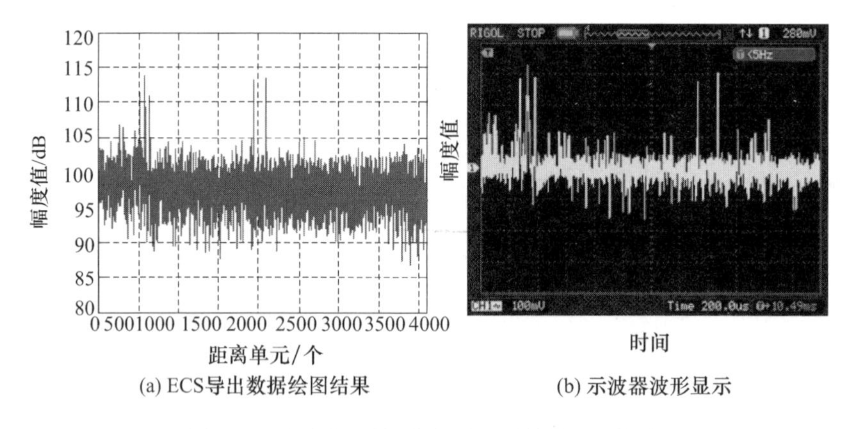

图 9.12 “魂芯一号”非相干积累结果(见彩图)

9.2.2.8 恒虚警检测

最后对非相干积累的结果进行恒虚警检测,采用单元平均恒虚警(CACFAR)。实现过程如图 9.13 所示。参考单元 10 个,保护单元 0 个,检测信噪

比 10dB。

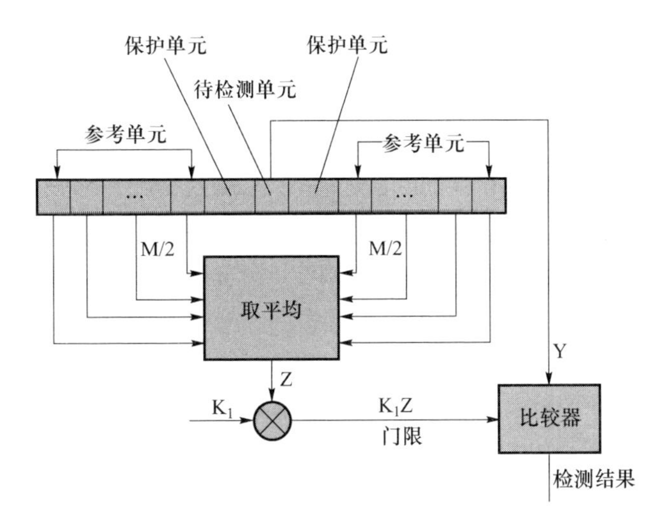

图 9.13　单元平均恒虚警检测框图

C 语言实现一维恒虚警检测子函数代码如下：

```
#include <math.h>
void CACFAR(float *pc_mti_integra,float *CACFART,float *pc_mti_integra_cfar,int DSNR,int refCellNum)
{
  //单元平均法实现恒虚警,pc_mti_integra:恒虚警输入,CACFART:产生的恒虚警门限
  //pc_mti_integra_cfar:恒虚警处理结果,DSNR:检测信噪比, refCellNum:参考单元数目
  //注意这里保护单元的数目取的是0
  float dFactor =pow(10,((float)DSNR) /10);  //将检测信噪比转化成真值(10dB)
  int disCell =4096;  //距离单元数
  int rAxis =0;
  int dataIndex =0;  //对原始数据进行索引
  float cellAverage =0.0;
  float presentCell;
  //前几个单元仅仅对此单元后面的 refCellNum 个数据进行处理
  for(rAxis =0; rAxis < refCellNum/2; rAxis ++)
  {
  presentCell =pc_mti_integra[rAxis];
  //确定参考单元的位置 ----------------------------------------
  for(dataIndex =rAxis +1; dataIndex <= rAxis +refCellNum; dataIn-
```

```
dex + + )
      cellAverage += pc_mti_integra[ dataIndex];
      // -------------------------------------------------------
      cellAverage = cellAverage /refCellNum;
      CACFART[ rAxis] = dFactor * cellAverage;
      pc_mti_integra_cfar[ rAxis] = presentCell;
      if(presentCell <= CACFART[ rAxis])
      pc_mti_integra_cfar[ rAxis] = 0;}
      //中间的单元对此单元前后 refCellNum/2 个数据进行处理
      for( ; rAxis < disCell - refCellNum/2; rAxis + + )
      {
      presentCell = pc_mti_integra[ rAxis];
      //确定参考单元的位置 -------------------------------------------
      for( dataIndex = rAxis - refCellNum/2; dataIndex <= rAxis - 1; da-
taIndex ++ )
      cellAverage += pc_mti_integra[ dataIndex];
      for( dataIndex = rAxis + 1; dataIndex <= rAxis + refCellNum/2; da-
taIndex ++ )
      cellAverage += pc_mti_integra[ dataIndex];
      // -------------------------------------------------------
      cellAverage = cellAverage /refCellNum;
      CACFART[ rAxis] = dFactor * cellAverage;
      pc_mti_integra_cfar[ rAxis] = presentCell;
      if(presentCell <= CACFART[ rAxis])
      pc_mti_integra_cfar[ rAxis] = 0;}
    //最后的几个单元对此单元前面的 refCellNum 个数据进行处理
    for( ; rAxis < disCell; rAxis ++ )
    {
      presentCell = pc_mti_integra[ rAxis];
      //确定参考单元的位置 -------------------------------------------
      for( dataIndex = rAxis - refCellNum; dataIndex <= rAxis - 1; dataIn-
dex ++ )
      cellAverage + = pc_mti_integra[ dataIndex];
      // -------------------------------------------------------
      cellAverage = cellAverage /refCellNum;
      CACFART[ rAxis] = dFactor * cellAverage;
      pc_mti_integra_cfar[ rAxis] = presentCell;
      if(presentCell <= CACFART[ rAxis])
```

```
pc_mti_integra_cfar[rAxis] =0;}}
```

在主函数中,调用此子函数即可完成恒虚警检测:

```
int DSNR =10;
int refCellNum =10;
//对非相干积累的结果进行恒虚警检测
CACFAR(pc_mti_integra,CACFART,pc_mti_integra_cfar,DSNR,refCell-
Num);
```

其中,CACFART 为检测门限值,DSNR 为检测信噪比,程序中取 10dB,refCellNum 为参考单元数,程序中取 10。检测结果如图 9.14 所示。

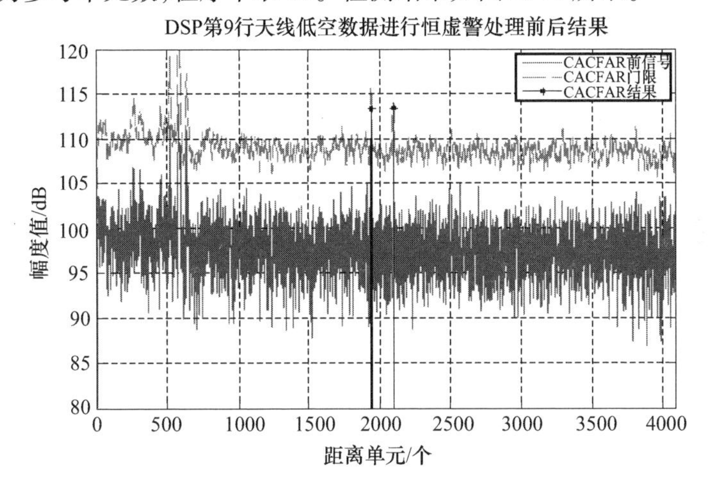

图 9.14　“魂芯一号”CFAR 处理前后信号(见彩图)

9.3　案例二:雷达系统演示平台

9.3.1　系统整体架构

图 9.15 为雷达系统演示平台整体架构,其主要有三部分:“魂芯一号”DSP、FPGA 和上位机。

系统工作过程大致为

(1) 上位机设置雷达工作参数(包括工作频率、脉冲重复周期、发射脉冲宽度及其调制方式、波束宽度、天线扫描速度等)与目标参数(含距离、方位、速度),通过网口将这些参数传递给 FPGA;

(2) FPGA 根据配置的参数模拟产生目标回波的中频信号,通过链路口将回波信号传递给 DSP;

(3) DSP 对回波数据做脉冲压缩、相干积累、恒虚警检测、质心凝聚等处理,

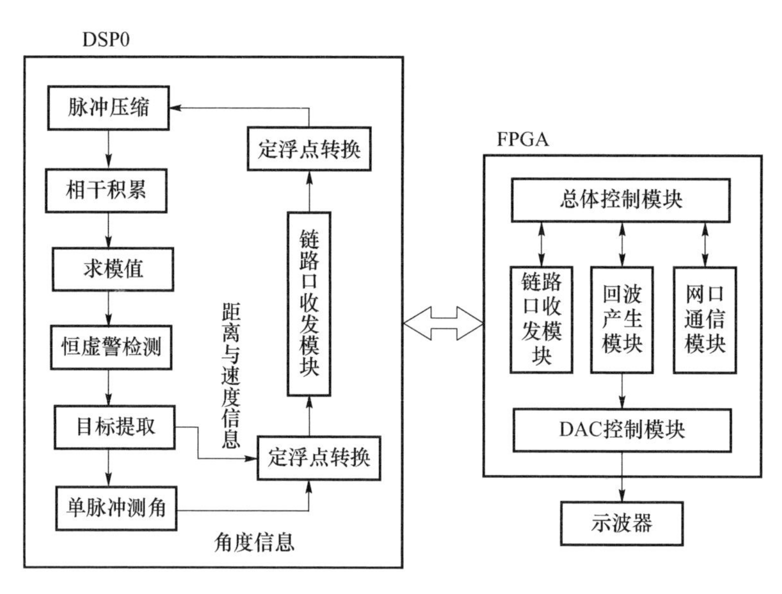

图 9.15　雷达系统演示平台整体框架

提取出目标的距离、方位、速度信息，通过链路口将提取的目标信息反馈给 FPGA；

（4）FPGA 由网口将目标点迹信息上传给 PC 端的上位机；同时可以将脉压结果实时发送给 DA 变换电路；

（5）上位机动态显示目标航迹。

本节着重介绍 DSP 模块中雷达信号处理的具体实现，上位机模块和 FPGA 模块只给出有关调试结果。

9.3.2　终端软件演示平台

软件平台如图 9.16、图 9.17 所示，该平台能够设置雷达和目标的有关参数，将产生雷达回波信号所需的参数通过网口从 PC 机发送到 Demo 板，并将

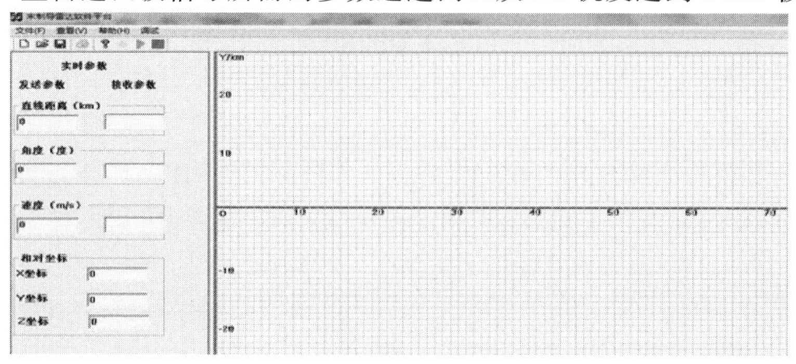

图 9.16　终端软件演示平台（见彩图）

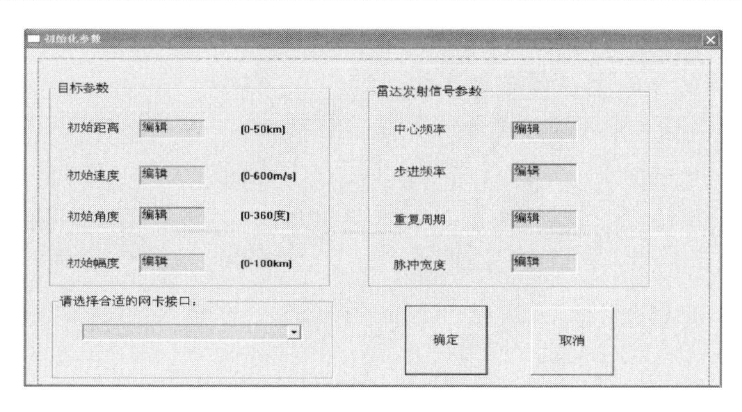

图 9.17　参数配置窗口(见彩图)

DSP 处理回波信号后所得的目标信息在软件演示平台上显示,从而实现对跟踪目标轨迹的描绘和目标实时参数的观测。

9.3.3　FPGA 模拟产生目标回波信号

根据 DDS 原理来产生目标回波信号,如图 9.18 所示。因此,需要在 FPGA 内部实现频率累加器、相位累加器、角度调制电路以及存有正弦波形的存储器。角度调制为天线的方向图调制函数。当然,FPGA 需根据雷达的波形参数,产生定时和同步信号,每个脉冲重复周期给目标回波产生模块提供导前信号。

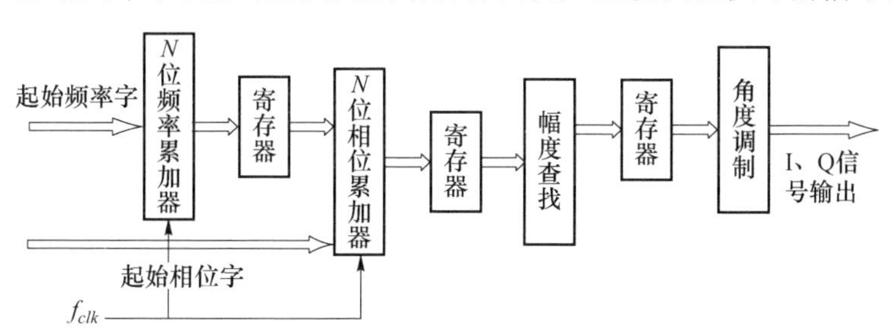

图 9.18　DDS 原理

已知系统工作时钟 $f_{\rm clk}$、频率累加器和相位累加器的位数为 N,要产生中频为 f_0、带宽为 B、脉宽为 $T_{\rm e}$、重复周期为 $T_{\rm r}$ 的线性调频信号,其频率步进变化如图 9.19 所示。在 FPGA 软件编程时,只需计算起始频率 $f_{\rm start}$、频率步进量 $f_{\rm step}$ 即可。

起始频率 $f_{\rm start}$、频率步进量 $f_{\rm step}$ 计算公式如下:

$$f_{\rm start} = \frac{2^N \cdot \left(f_0 - \dfrac{B}{2}\right)}{f_{\rm clk}} \tag{9.1}$$

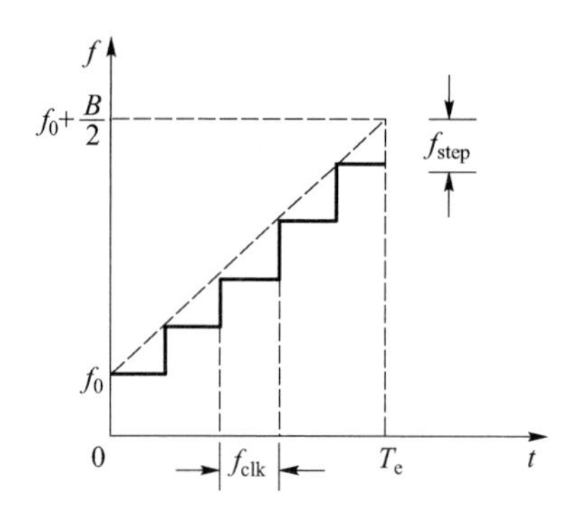

图 9.19　线性调频信号频率步进变化

$$f_{step}=\frac{2^N \cdot B}{T_e \cdot f_{clk} \cdot f_{clk}} \tag{9.2}$$

由于多普勒频移的存在,模拟的不同脉冲起始相位也是不断变化的。系统采用相位-幅度转换法产生线性调频信号。在产生目标回波之前,需要将一个周期(0~2π)的正弦幅值先存进 FPGA 的 ROM 里。

FPGA 内的 Signaltap 实时采集到的线性调频目标回波信号如图 9.20 所示。

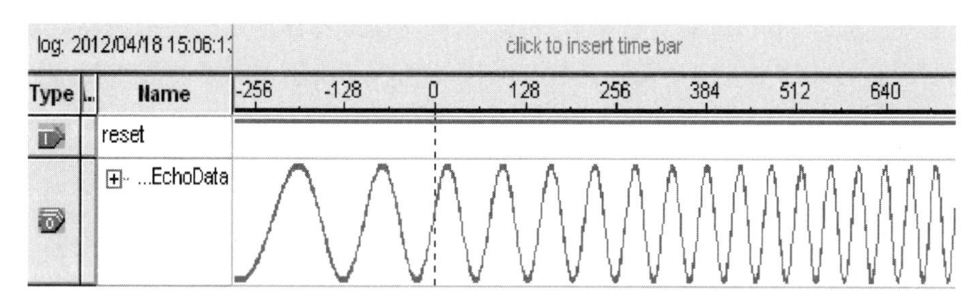

图 9.20　线性调频信号 Signaltap 采样结果(见彩图)

9.3.4　DSP 雷达信号处理程序设计

本节详细介绍图 9.15 给出的雷达信号处理方法 DSP 实现步骤。程序使用 C 语言搭建总体框架,各功能模块使用汇编语言编写,从而确保程序的可读性、可维护性以及程序的运行效率之间的平衡。

9.3.4.1　脉冲压缩模块

脉冲压缩既可以在时域内进行,也可在频域内进行。这里主要使用频域法,即先对回波数据做 FFT,使其从时域转换为频域,然后对频域信号和频域脉压系数做点乘,对点乘得到的结果做逆 FFT 处理,使之从频域再转换为时域,完成脉冲压缩。表 9.3 列写出频域脉压函数的有关参数说明。

表 9.3　脉压函数使用说明

语法	void fpc (__complex_f32 * input,__complex_f32 * twiddles,__complex_f32 * coeff,__complex_f32 * output,unsigned int N)
参数	input:输入回波数据储存区域首地址,输入数组长度 2N; twiddles:旋转因子储存区域首地址,输入数组长度 2N - 32; coeff:频域脉压系数储存区域首地址,个数同回波数据一致,输入数组长度 2N; output:频域脉压结果储存区域首地址,输出数组长度 2N; N:输入回波数据的点数 N,应为 2 的幂次。

其中 input、twiddles、coeff 均由 Matlab 产生,通过#include 预编译语句包含到 DSP 程序中。实现如下:

```
#pragma DATA_SECTION(Echo,".ccdata1")
__complex_f32 Echo[8192] = {
#include"Echo2.dat"};
__complex_f32 coeff_fft[8192] = {
#include"coeff_fft2.dat"};
__complex_f32 twiddle4096[8160] = {
#include"twiddle4096.dat"};
```

其中,Echo 对应参数 input,coeff_fft 对应参数 coeff,twiddle4096 对应参数 twiddles。Matlab 模拟产生 8 个重复周期的回波信号,每个脉冲有 480 个采样点,即回波数据包括 8 × 480 = 3840 个 32bit 浮点复数。频域脉压的思路是先对回波做 FFT。"魂芯一号"中,FFT 函数要求输入点数应为 2 的幂次,且不小于 64。所以取距 3840 最近的 2 的幂 4096。并且,在"魂芯一号"中,一个 32bit 复数结构体占用了两个存储单元。综上所述,Echo 数组长度设为 8192。

"魂芯一号"中 FFT 库函数对输入数组 Echo 还有一个要求,就是其首地址需 2N 字对齐,N 为 FFT 的点数,采用如下语句实现:

```
#pragma DATA_SECTION(Echo,".ccdata1"),
```

此语句为编译指示语句,DATA_SECTION 必须与紧随之后的变量 Echo 声明绑定在一起,且 Echo 必须是静态变量或者是全局变量。编译指示 DATA_SECTION 用于指定数据位于自定义段 .ccdata1 中。(也可采用#pragma DATA_ALIGN(Echo,num),但该语句不能指明 Echo 存放地址,而且对 num 的大小有限制)

.ccdata1 的定义位于链接描述文件(.cmd 文件)中,有关 .cmd 命令如下:

```
MEMORY
{
.....
```

```
DATA1      : origin = 0x400000, length = 0x20000, bytes = 4
.....
}
SECTIONS
{
.....
.ccdata1 : > DATA1
.....
}
```

在 MEMORY 中，按照表 9.3 的要求，将起始地址为 0x400000，长度为 0x20000 的地址段命名为 DATA1。在 SECTIONS 中，进行段配置，将段 .ccdata1 和存储块 DATA1 绑定。结合程序，即将 Echo 存放到首地址为 0x400000 的存储区域中。如图 9.21 所示，DSP 存放的数据与 Matlab 产生的数据相同，并且存放到在指定的地址中。

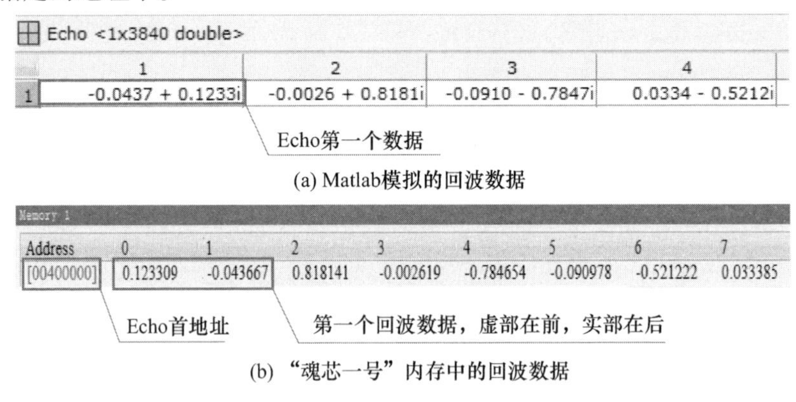

图 9.21　原始数据对比(见彩图)

完成上述设置后，运行下面的程序，即可得脉压结果。

```
fpc(Echo,twiddle4096,coeff_fft,(__complex_f32 *)fpc_out,M);
```

去掉暂态点，并进行回波重排，得到 8 × 480 的脉压结果。数据对比结果如图 9.22 所示，需要注意的是，DSP 对回波做完脉冲压缩后，其结果是实部在前，虚部在后。

ECS 集成开发环境自带画图工具，可以绘制三维图形，也可以使用 ECS 提供的内存数据导出(DUMP)功能，将结果导出到 PC 机上，利用 Matlab 强大的绘图功能绘制出相应的图形，图 9.23 显示出相应的处理结果。由图可见，DSP 与 Matlab 处理结果误差很小，证明了程序的正确性。造成误差有两个原因：

1）DSP 中 FFT 运算本身有截位误差。

2）DSP 为单精度浮点运算，Matlab 为双精度浮点运算。

pc <8x480 double>

	1	2	3	4	5
1	3.8154 + 5.0891i	-8.0529 - 5.1714i	4.6759 + 7.1273i	-8.5747 + 3.6153i	3.1231 + 2.2978i
2	-3.3659 - 2.8772i	1.5406 - 2.4699i	6.1198 + 6.1142i	-9.6439 - 4.0539i	-11.7449 - 10.3770i

pc第1个数据

(a) Matlab脉压结果

Memory 1

Address	0	1	2	3	4	5
[0020C200]	3.815380	5.089056	-8.052823	-5.171404	4.675856	7.127205
[0020C206]	-8.574656	3.615275	3.123092	2.297829	3.047794	1.359226
[0020C20C]	-6.447602	0.015087	-0.758021	-7.530842	-3.470025	0.948452
[0020C212]	3.561838	1.739612	-4.783067	14.052861	5.739132	6.269701

pc数组首地址

第一个回波数据，虚部在前，实部在后

(b) DSP脉压结果

图 9.22　Matlab 和 DSP 脉压结果对比(见彩图)

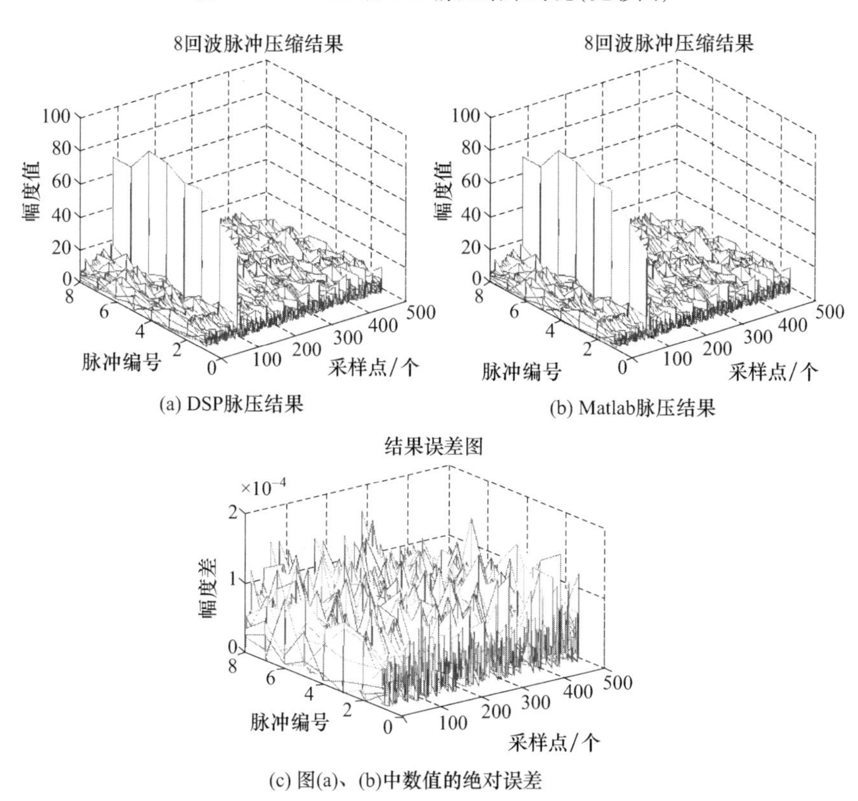

(a) DSP脉压结果　(b) Matlab脉压结果

(c) 图(a)、(b)中数值的绝对误差

图 9.23　Matlab 和 DSP 脉压结果比较(见彩图)

9.3.4.2　相干积累模块

本系统中相干积累使用 FFT 滤波器组实现。由于仅模拟了 8 个重复周期

的回波信号,在脉冲维作8点FFT即可。然而"魂芯一号"提供的FFT库函数规定FFT输入点数不小于64,所以这里在每个距离单元先补零后再用64点cfft函数完成相干积累处理。脉冲数较少时,也可直接采用FIR或DFT完成相干积累。流程如图9.24所示。

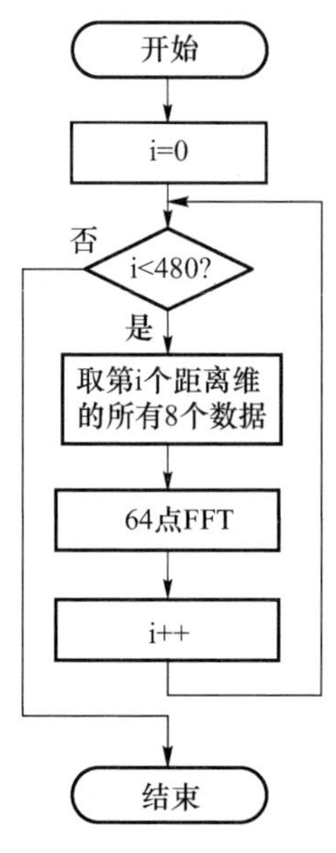

图9.24　MTD流程图

程序实现如下:

```
for(i=0,k=0;i<960;i=i+2,k++)
{
    for(j=0;j<8;j++)
    {
         buffer1[2*j]=pc[j][i+1];
         buffer1[2*j+1]=pc[j][i];
    }
    cfft64(buffer1,twiddle64,mtd_out[k],64);
}
```

DSP与Matlab运行结果如图9.25所示,可以看出,Matlab和DSP处理结果基本相同,误差控制在很小的数量级内,说明DSP程序正确。

9.3.4.3　恒虚警检测模块

"魂芯一号"提供多通道输入信号单元平均选大恒虚警(GO-CFAR)检测处理程序,函数名称为cfar,汇编源文件为_cfar.asm,使用说明如表9.4所列。

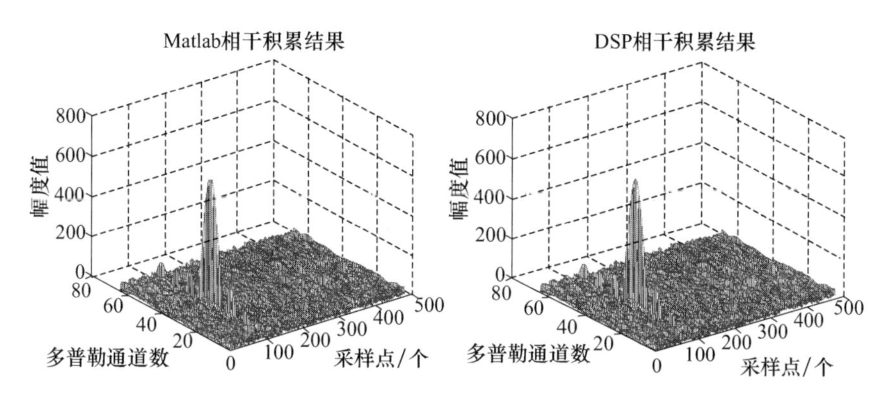

(a) Matlab相干积累结果　　(b) DSP相干积累结果

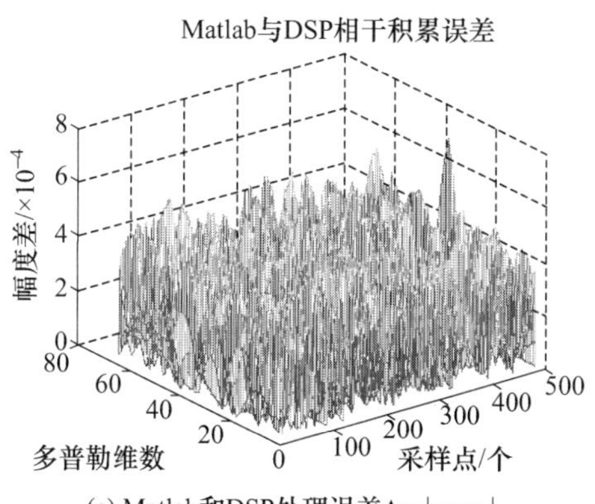

(c) Matlab和DSP处理误差$\Delta y=|y_a-y_b|$

图 9.25 相干积累处理结果(见彩图)

表 9.4 恒虚警检测函数使用说明

语法	void cfar(float * x,float * output,float * table,unsigned int m,unsigned int p,unsigned int a,unsigned int b,float T)
参数	x:输入矩阵 a×b 的首地址。输入矩阵长度 a×b; output:恒虚警结果的输出首地址,输出矩阵长度 a×b; table:自然数倒数表。存放从 1 开始浮点数的倒数,输入矩阵长度 m; m:恒虚警运算的窗长,32bit 定点整数; p:恒虚警中设定的保护单元数,32bit 定点整数; a:输入数据多普勒通道数,32bit 定点整数; b:输入数据距离单元数,32bit 定点整数; T:恒虚警门限计算中的第二门限值(即检测信噪比)

这里根据相关检测理论和仿真参数，选择窗长为8，保护单元数为4，检测信噪比为1.5。即 m = 8，p = 4，T = 1.5（即检测时信噪比门限为 8 × 1.5 = 12），函数调用格式为：

```
cfar(cfar_in[0],cfar_out[0],table,m,p,64,480,T);
```

输入为相干积累结果的模值 mtd_abs，且为了与 cfar 输入的矩阵维度匹配，对其进行了转置处理，调用“魂芯一号”矩阵运算库函数中的矩阵转置函数 transpmf 完成转置运算：

```
transpmf(mtd_abs[0],cfar_in[0],64,480);
```

table 为自然数倒数表，其包含从 1 到 m 的浮点数的倒数，通过#include 语句包含到程序中：

```
float table[8] = {#include"table.dat"};
```

恒虚警检测的结果如图 9.26 所示。

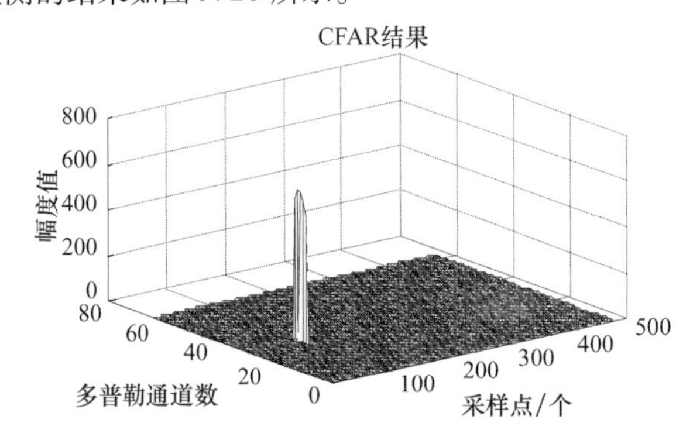

图 9.26　DSP GO - CFAR 处理结果

9.3.4.4　目标信息提取模块

目标信息提取过程如图 9.27 所示，主要完成点迹凝聚，并提取目标的距离和速度信息。

DSP 程序实现如下：

```
for(i = 0;i < 64;i + +)
{
    xiabiao[i] = array_max_suffix((int *)cfar_out[i],480);
    xiabiaozhi[i] = cfar_out[i][xiabiao[i]];
}
v = array_max_suffix((int *)xiabiaozhi,64);
d = xiabiao[v];
```

目标提取最终处理结果如图 9.28 所示。可见，目标已经提取出来（过门限

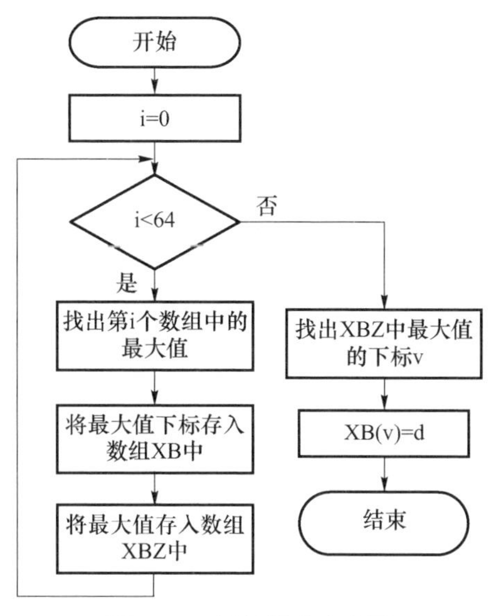

图 9.27　目标提取流程图

的单元幅度值保留，不过门限的单元幅度置零)，由此可以读出该点的横、纵坐标，经过转换可算出目标的距离和运动速度。

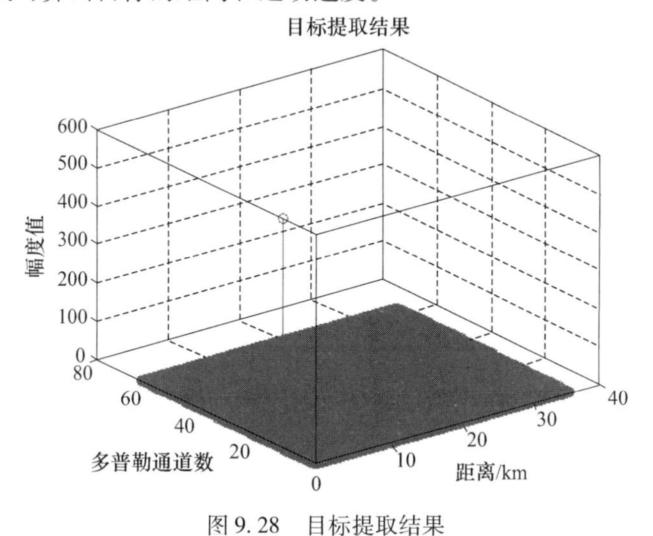

图 9.28　目标提取结果

9.3.4.5　单脉冲测角

这里采用比幅单脉冲进行测角，采用如下公式[7]：

$$\varepsilon=\frac{\mathrm{Re}[\Sigma\cdot\Delta^{*}]}{|\Sigma|^{2}}$$

其中：Σ 为和通道信号；Δ 为差通道信号；ε 为差通道与和通道之比，也称为归一化误差电压，在零度附近，归一化误差电压和目标角度近似为线性关系。因此，根据其查表可得目标角度。

其中要用到取倒数运算和浮点乘法运算，这两个操作可使用"魂芯一号"的汇编语言编写，在此做主要说明。

C 语言调用汇编函数时，其值通过寄存器 XR0 ~ XR7（传递参数）、U0 ~ U3（传递地址）传递，如果汇编函数有返回值，通过 XR8 回传。如 Func0(float a,int *b,float *c,float d)，调用该函数后 a,b,c,d 分别通过 XR0,U1,U2,XR3 传递。

浮点向量取倒数子函数实现如下：

```
.global __daoshu            //使 daoshu 对链接器可见，即在别的函数中可用。
.text                       //把以下数据装入代码段

__daoshu:                   //在此代表程序存放地址
xr3 = r1 fext(2:30,0)(z) ||xr2 = r1 fext(0:2,0)(z)
lc0 = xr3 ||lc1 = xr2       //lc0:主循环次数,lc1:次循环次数
_zhu_cycle:  //主循环程序首地址。
r4 = [u0 += 0,1]            //单字寻址指令，将[u0]、[u0 +1]、[u0 +2]、[u0 +
3]
                            //的内容分别存放到 xr4、yr4、zr4、tr4
fr5 = 1 /fr4                //取浮点数 r4 的倒数，放入 r5 中，此处四个宏同时
                            //处理，即一次处理四个数据
[u0 += 4,1] = r5            //单字数据存储，将 xr5、yr5、zr5、tr5 的值分别放到
                            //[u0]、[u0 +1]、[u0 +2]、[u0 +3]中，u0 自加 4

.code_align 16              //汇编伪指令，使紧跟的 if 指令地址对齐到 16 字边界
if lc0 b _zhu_cycle         //如果 lc0 不为 0，跳转到地址:_zhu_cycle
_ci_cycle:                  //次循环
xr4 = [u0 += 0,0]           //单字寻址指令，将[u0]的内容放到 xr4
xfr5 = 1 /fr4               //取浮点数 xr4 的倒数，放入 xr5 中
[u0 += 1,0] = xr5           //单字数据存储，将 xr5 的值放到[u0]
.code_align 16              //汇编伪指令，使紧跟的 if 指令地址对齐到 16 字边界
if lc1 b _ci_cycle          //如果 lc1 不为 0，跳转到地址:_ci_cycle
.code_align 16              //子函数返回
ret
```

以上通过"魂芯一号"四个执行宏实现了取浮点数倒数运算。当数据个数为 4 的整数倍时，四个宏每次处理四个数据，正好处理完。当数据个数不能被 4 整除时，余数需要使用单独的宏进行处理，因此有了主循环和次循环。浮点乘法

运算处理思想与之类似。四个宏并行处理，提高了数据处理速度。

模拟目标方位角为 1.5°时，“魂芯一号”实际处理结果如图 9.29 所示，差路信号与和路信号比值(即归一化误差电压)为 -0.3969。Matlab 处理结果如图 9.30所示。可见，DSP 归一化结果对应的角与 Matlab 归一化结果对应角相同，结果正确。

Watch

Name	Value
Sum_TargetAngle	0x3F42DCF4(0.761184)
Delta_TargetAngle	0xBE9AB1B7(-0.302137)
dovrs_TargetAngle	0xBECB3A79(-0.396930)

图 9.29 “魂芯一号”单脉冲测角结果

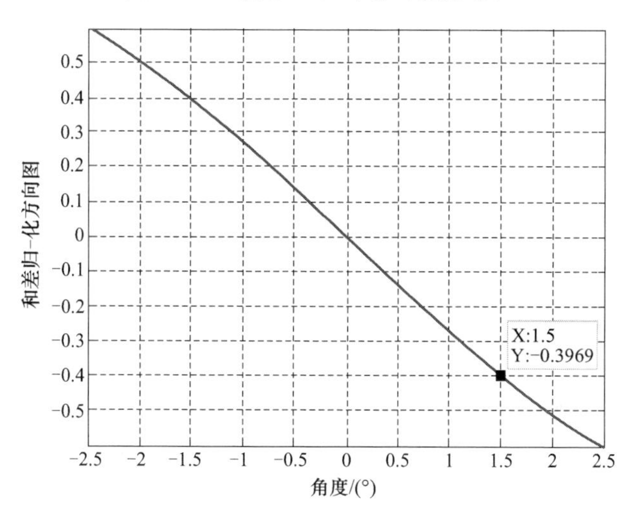

图 9.30 Matlab 归一化误差曲线

9.3.5 系统联调结果

9.3.5.1 链路口模块

根据 5.3 节所述链路口 DMA 控制寄存器约束和实际系统需求，分别编写了链路口接收与发送数据的汇编子程序，其中 u0 为发送或接收数据的起始地址。

(1) 链路口接收数据模块：

```
u0 = xr0      xr10 = u0      //xr10:用来设置 LRAR 接收端起始地址寄存器
xr11 = r1  //xr11:用来设置 LRSR 接收端步进值寄存器
xr12 = 0x08
LRAR1 = xr10
```

```
LRSR1 = xr11
clr LTMR1[3]                //将 LTMR1 第 4 位清零
LRPR1 = xr12                //使能接收
```

(2) 链路口发送数据模块:

```
xr10 = u0                   //用来设置 LTAR 发端起始地址寄存器
xr11 = r2 //用来设置 LTSR 发端步进值寄存器
xr12 = 0x100                //用来设置 LTMR 发端模式寄存器,50MHz
xr13 = r1
xr13 -= 1                   //用来设置 LTCCXR 发端 X 维计数控制寄存器
xr14 = 6                    //用来设置 LTPR,使 LTPR[2]和 LTPR[1]置位
LTAR1 = xr10
LTSR1 = xr11
LTMR1 = xr12
LTCCXR1 = xr13
LTPR1 = xr14
```

链路口接收模块的使用方法如下:

```
recv_flag = dsp_link_recv(0x620000);
```

运行程序结果如图 9.31 所示。接收到的数据为 16bit 定点复数,每两个 16bit 数据放到一个 32bit 存储器中,实部在前,虚部在后。

Memory 1

Address	0	1	2	3	4	5	6
[00620040]	-2 -2	-3 -3	25 -2	25 -1	27 1	35 9	26 1
[00620047]	29 5	37 14	24 3	29 11	26 11	18 8	8 2
[0062004E]	7 5	14 19	9 19	6 22	-4 18	0 27	-6 26
[00620055]	-16 20	-14 24	-31 7	-31 4	-28 1	-34 -12	-18 -6

部分噪声数据　　部分目标回波数据

图 9.31　DSP 通过链路口接收到的数据

9.3.5.2　定浮点转换模块

需要将 16bit 定点复数转换为 32bit 浮点复数,并且为了满足程序要求,将虚部放前,实部放后。函数使用方法如下。

```
float_fix(3840,fix_in,float_out);
```

该函数部分关键代码如下,其中用到了"魂芯一号"提供的 16bit 定点复数转化为 32bit 浮点复数的指令(有关此指令更详细的说明见第 4 章):

{Macro} cFRs + 1 : s = float chrm

根据参数传递原理,将数据个数 3840 赋值给 xr0,输入 16bit 定点复数首地址赋值给 xr1,输出浮点复数首地址赋值给 xr2。

```
u2 = xr1            //待转换数据起始地址
```

```
u3 = xr2                 //转换后浮点数据存放起始地址
xr8 = r0 fext(2:31,0)(z)
lc0 = xr8
_loop:
r1 = [u2 + = 4,1]        //取出16bit定点复数,即一个复数放在一个存储器中
cfr3:2 = float chr1 //转换为32bit浮点复数
[u3 += 8,1] = r3:2       //结果存储,占用两个存储器
.code_align 16
if lc0 b _loop
```

程序运行结果如图9.32所示,对比图9.31可以看出,定浮点转换程序正确。

Memory 1

Address	0	1	2	3	4	5	6
[00630082]	-3.000000	-3.000000	-2.000000	25.000000	-1.000000	25.000000	1.000000
[00630089]	27.000000	9.000000	35.000000	1.000000	26.000000	5.000000	29.000000
[00630090]	14.000000	37.000000	3.000000	24.000000	11.000000	29.000000	11.000000
[00630097]	26.000000	8.000000	18.000000	2.000000	8.000000	5.000000	7.000000

转换后回波数据,32位浮点复数,虚部在前,实部在后

图9.32 定浮点转换结果

9.3.5.3 系统运行结果

在上一小节中,已经对各模块运行结果做了分析,并与Matlab仿真结果做了对比,验证了DSP程序的正确性。上一小节中的数据是由Matlab产生的。而此处,数据由FPGA模拟产生,其他处理步骤基本相同,所以此处不再给出结果分析,只给出每步的运行结果,如图9.33所示。

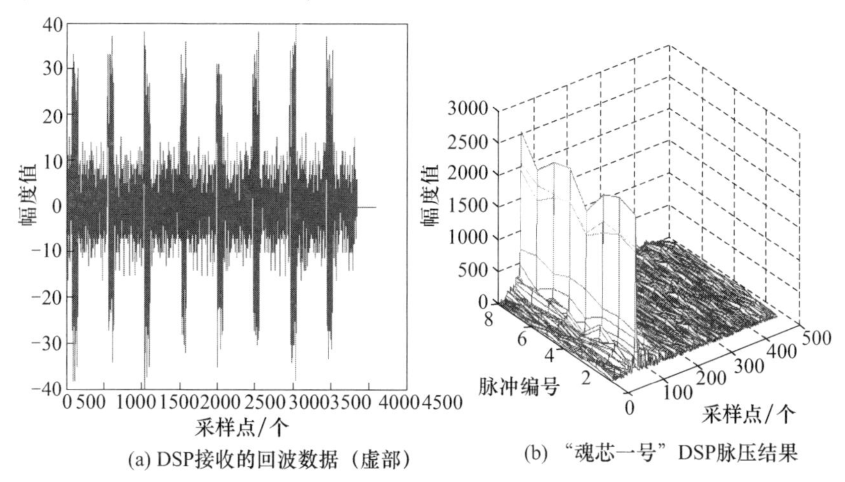

(a) DSP接收的回波数据(虚部)

(b) “魂芯一号”DSP脉压结果

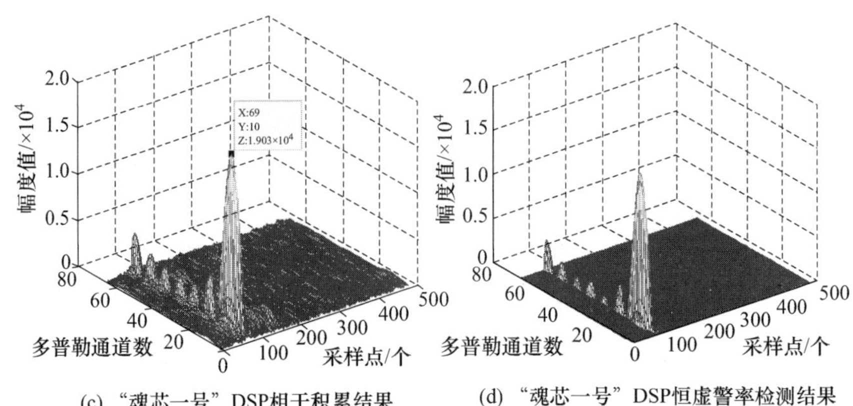

(c) “魂芯一号”DSP相干积累结果

(d) “魂芯一号”DSP恒虚警率检测结果

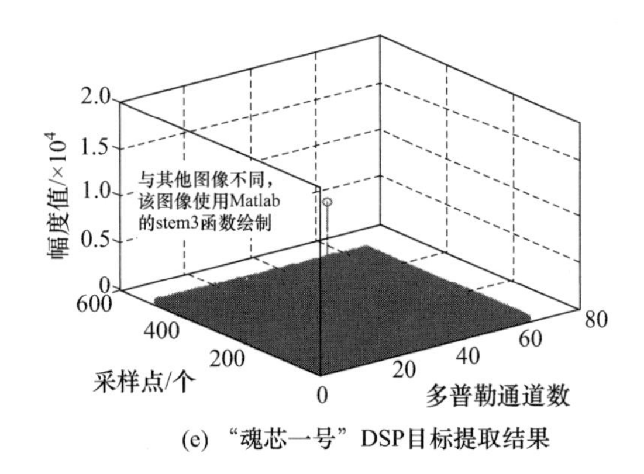

(e) “魂芯一号”DSP目标提取结果

图 9.33 “魂芯一号”处理结果(见彩图)

FPGA 模拟产生雷达回波信号时，预设的目标距离为 1000m，速度为 300m/s，方位角为 2°。调试界面上看到的结果如图 9.34 所示。

Watch

Name	Value
TargetAngle	0x4000A3DB(2.010001)
TargetVelocity	0x439B83DC(311.030151)
TargetDistance	0x447B3FFF(1004.999939)

图 9.34 目标信息提取结果

可看出，DSP 处理得到的目标距离为 1005m，速度为 311m/s，方位在 2.01°，和预设值基本相同。

附录A
“魂芯一号”指令集资源约束表

指令在宏标识前缀指定指令在具体的宏执行，可有1个、2个、3个、4个宏标识前缀或无前缀，无前缀表示在x、y、z、t四个宏内同时执行。大多数指令宏标识前缀都在指令的左边开始，并与后续标识紧邻；但有部分指令宏前缀在指令等号右边，或两边都有，或在指令中间，或有的指令只能前缀1个宏标识，对这些特殊情况，另做说明。指令集资源占有情况和相关约束见表A.1至表A.8。

表A.1　加法指令资源约束表

指令形式	ALU(8)
Rs = Rm + Rn	1
Rs = Rm - Rn	1
HRs = HRm + HRn	1
HRs = HRm - HRn	1
Rm_n = Rm +/ - Rn Rm_n = (Rm +/ - Rn)/2 Rm_n = Rm +/ - Rn (U) Rm_n = (Rm +/ - Rn)/2 (U)	2(占用ABFPR寄存器)
HRm_n = HRm +/ - HRn HRm_n = (HRm +/ - HRn)/2 HRm_n = HRm +/ - HRn (U) HRm_n = (HRm +/ - HRn)/2 (U)	2(占用ABFPR寄存器)
Rs = (Rm + Rn)/2	1
Rs = (Rm - Rn)/2	1
HRs = (HRm + HRn)/2	1
HRs = (HRm - HRn)/2	1
ABFPR = C	占ABFPR立即数通道，每个宏有1个独立通道
ABFPR = Rm	占“ABFPR写通道”，每个宏有1个独立通道
Rs = ABFPR　// 左边宏前缀1个或多个	占“ABFPR读通道”，每个宏有1个独立通道

（续）

指令形式	ALU(8)
Rs += C // C 为有符号 12 位立即数	1
Rs -= C // C 为有符号 12 位立即数	1
Rs = ABS Rm HRs = ABS HRm FRs = ABS FRm	1
ACCs[47:40] = Rm ACCs[39:32] = Rm ACCs[31:0] = Rm Rs = ACCm[47:40] Rs = ACCm[39:32] Rs = ACCm[31:0]	1:s/m(指定第 s/m 个 ALU)
HHRs = HHRm + LHRm LHRs = HHRm + LHRm HHRs = HHRm - LHRm LHRs = HHRm - LHRm HHRs = HHRm +/- LHRmLHRs = HHRm +/- LHRm HHRs = (HHRm + LHRm)/2 LHRs = (HHRm + LHRm)/2 HHRs = (HHRm - LHRm)/2 LHRs = (HHRm - LHRm)/2 HHRs = (HHRm +/- LHRm)/2//占用 ABFPR 寄存器 LHRs = (HHRm +/- LHRm)/2//占用 ABFPR 寄存器 HHRs = HHRm + LHRm(U) LHRs = HHRm + LHRm(U) HHRs = HHRm - LHRm(U) LHRs = HHRm - LHRm (U) HHRs = HHRm +/- LHRm (U) LHRs = HHRm +/- LHRm (U) HHRs = (HHRm + LHRm)/2(U) LHRs = (HHRm + LHRm)/2(U) HHRs = (HHRm - LHRm)/2(U) LHRs = (HHRm - LHRm)/2 (U) HHRs = (HHRm +/- LHRm)/2 (U) LHRs = (HHRm +/- LHRm)/2 (U)	1(占用 ABFPR 寄存器)
FRs = FRm + FRn	1
FRs = FRm - FRn	1

（续）

指令形式	ALU(8)
FRm_n = FRm +/ − FRn FRm_n = (FRm +/ − FRn)/2	2
FRs = (FRm + FRn)/2	1
FRs = (FRm − FRn)/2	1
{x,y,z,t} Rs = ALUFRn	1 : n(指定第 n 个 ALU)
Rs = ACCm(cut = C) Rs = ACCm(U,cut = C) // C 为无符号 4 位立即数	1
HRs = ACCm (cut = C) HRs = ACCm(U,cut = C) // C 为无符号 4 位立即数	1
FRs = ACCm	1
Clr{x,y,z,t} ACC	8
ACCs = Rn ACCs = Rn (con = Rm) ACCs + = Rn ACCs + = Rn(con = Rm) ACCs − = Rn ACCs − = Rn(con = Rm) ACCs + = Rn(conc) ACCs + = Rn(conc,con = Rm)	1 : s (指定第 s 个 ALU)
HACCs = HRn HACCs = HRn(con = Rm) HACCs + = HRn HACCs + = HRn(con = Rm) HACCs − = HRn HACCs − = HRn(con = Rm) HACCs + = HRn(conc) HACCs + = HRn(conc,con = Rm)	1 : s (指定第 s 个 ALU)
FACCs = FRn FACCs = FRn(con = Rm) FACCs + = FRn FACCs + = FRn(con = Rm) FACCs − = FRn FACCs − = FRn(con = Rm) FACCs + = FRn(conc) FACCs + = FRn(conc,con = Rm)	1 : s (指定第 s 个 ALU)

（续）

指令形式	ALU(8)
CHACCs = CHRn CHACCs = CHRn(con = Rm) CHACCs += CHRn CHACCs += CHRn(con = Rm) CHACCs -= CHRn CHACCs -= CHRn(con = Rm) CHACCs += CHRn(conc) CHACCs += CHRn(conc,con = Rm)	1:s （指定第 s 个 ALU）
CACCs + 1:s = CRn + 1:n CACCs + 1:s = CRn + 1:n(con = Rm) CACCs + 1:s += CRn + 1:n CACCs + 1:s += CRn + 1:n(con = Rm) CACCs + 1:s -= CRn + 1:n CACCs + 1:s -= CRn + 1:n(con = Rm) CACCs + 1:s += CRn + 1:n(conc) CACCs + 1:s += CRn + 1:n(conc,con = Rm)	2:s,s + 1 （指定第 s/(s + 1)个 ALU）
CFACCs + 1:s = CFRn + 1:n CFACCs + 1:s = CFRn + 1:n(con = Rm) CFACCs + 1:s += CFRn + 1:n CFACCs + 1:s += CFRn + 1:n(con = Rm) CFACCs + 1:s -= CFRn + 1:n CFACCs + 1:s -= CFRn + 1:n(con = Rm) CFACCs + 1:s += CFRn + 1:n (conc) CFACCs + 1:s += CFRn + 1:n (conc,con = Rm)	2:s,s + 1 （指定第 s/(s + 1)个 ALU）
CRs + 1:s = CRm + 1:m + CRn + 1:n	2
CRs + 1:s = CRm + 1:m - CRn + 1:n	2
CHRs = CHRm + CHRn	1
CHRs = CHRm - CHRn	1
CRs + 1:s = CRm + 1:m + jCRn + 1:n	2
CRs + 1:s = CRm + 1:m - jCRn + 1:n	2
CHRs = CHRm + jCHRn	1
CHRs = CHRm - jCHRn	1
CRm + 1:m_n + 1:n = CRm + 1:m +/- CRn + 1:n CRm + 1:m_n + 1:n = (CRm + 1:m +/- CRn + 1:n)/2	4（占用 ABFPR 寄存器）
CHRm_n = CHRm +/- CHRn CHRm_n = (CHRm +/- CHRn)/2	2（占用 ABFPR 寄存器）

（续）

指令形式	ALU(8)
CRm+1:m_n+1:n = CRm+1:m +/-jCRn+1:n CRm+1:m_n+1:n = (CRm+1:m +/-jCRn+1:n)/2	4(占用 ABFPR 寄存器)
CHRm_n = CHRm +/-jCHRn CHRm_n = (CHRm +/-jCHRn)/2	2(占用 ABFPR 寄存器)
CRs+1:s = (CRm+1:m + CRn+1:n)/2	2
CRs+1:s = (CRm+1:m - CRn+1:n)/2	2
CHRs = (CHRm + CHRn)/2	1
CHRs = (CHRm - CHRn)/2	1
CRs+1:s = (CRm+1:m + jCRn+1:n)/2	2
CRs+1:s = (CRm+1:m - jCRn+1:n)/2	2
CHRs = (CHRm + jCHRn)/2	1
CHRs = (CHRm - jCHRn)/2	1
CFRs+1:s = CFRm+1:m + CFRn+1:n	2
CFRs+1:s = CFRm+1:m - CFRn+1:n	2
CFRs+1:s = CFRm+1:m + jCFRn+1:n	2
CFRs+1:s = CFRm+1:m - jCFRn+1:n	2
CFRm+1:m_n+1:n = CFRm+1:m +/- CFRn+1:n CFRm+1:m_n+1:n = (CFRm+1:m +/- CFRn+1:n)/2	4
CFRm+1:m_n+1:n = CFRm+1:m +/-jCFRn+1:n CFRm+1:m_n+1:n = (CFRm+1:m +/-jCFRn+1:n)/2	4
CFRs+1:s = (CFRm+1:m + CFRn+1:n)/2	2
CFRs+1:s = (CFRm+1:m - CFRn+1:n)/2	2
CFRs+1:s = (CFRm+1:m + jCFRn+1:n)/2	2
CFRs+1:s = (CFRm+1:m - jCFRn+1:n)/2	2
CONs = Rm Rs = CONm ACFs = Rm Rs = ACFs// CON 和 ACF 的下标取值范围是[0,7]	1:s/m(指定第 s/m 个 ALU)
Clr{x,y,z,t} CON Clr{x,y,z,t} ACF // 宏前缀在指令中间	8
注:ALU 为加法器,每个宏具有 8 个 ALU	

表 A.2　乘法指令资源约束表

指令形式	ALU(8)	MUL(4)	SPU(1)
Rs = Rm * Rn		1	
HRs = HRm * HRn		1	
FRs = FRm * FRn		1	
CRs + 1 : s = CRm + 1 : m * Rn		2	
CHRs = CHRm * HHRn		1	
CHRs = CHRm * LHRn		1	
CFRs + 1 : s = CFRm + 1 : m * FRn		2	
CRs + 1 : s = CRm + 1 : m * CRn + 1 : n		4	
CRs + 1 : s = CRm + 1 : m * conj(CRn + 1 : n)		4	
CRs + 1 : s = conj(CRm + 1 : m) * conj(CRn + 1 : n)		4	
CHRs = CHRm * CHRn		1	
CHRs = CHRm * conj(CHRn)		1	
CHRs = conj(CHRm) * conj(CHRn)		1	
QFRm + 1 : m_n + 1 : n = CFRm + 1 : m * CFRn + 1 : n		4	
Rs = MULFRn		1 : n	
CRm + 1 : m_n + 1 : n = CRm + 1 : m * Dconj(CRn + 1 : n)		4	
CRm + 1 : m_n + 1 : n = conj(CRm + 1 : m) * Dconj(CRn + 1 : n)		4	
MACCs = Rm HMACCs = HRm MACCs = Rm(U) HMACCs = HRm(U)		1 : s	
Clr{x,y,z,t} MACC		4	
MACCs += Rm * Rn MACCs += Rm * Rn(U)		1 : S	
HMACCs += HRm * HRn HMACCs += HRm * HRn(U)		1 : S	
MACCs = Rm * Rn MACCs = Rm * Rn(U)		1 : s	
HMACCs = HRm * HRn HMACCs = HRm * HRn(U)		1 : n	
Rs = MACCn(cut = C)　// C 为无符号 6 位立即数 Rs = MACCn(U, cut = C)　// C 为无符号 6 位立即数		1 : n	

（续）

指令形式	ALU(8)	MUL(4)	SPU(1)
HRs = HMACCn(cut = C)　// C 为无符号 6 位立即数 HRs = HMACCn(U,cut = C)　// C 为无符号 6 位立即数		1:n	
Rs = Rm *Rm + Rn * Rn　// m = m,n = n		2	
Rs = HHRm * HHRm + LHRm * LHRm Rs = HHRm * HHRm + LHRm * LHRm(U)		1	
CHMACCs += CHRm * CHRn		1	
QMACC += CRm + 1 : m *CRn + 1 : n		4	
CHMACCs = CHRm * CHRn		1	
QMACC = CRm + 1 : m *CRn + 1 : n		4	
Rs = Rm * Rm + Rn * Rn(U)		2	
MACCs[31:0] = Rm MACCs[63:32] = Rm MACCs[79:64] = Rm Rs = MACCm[31:0] Rs = MACCm[63:32] Rs = MACCm[79:64]		1:s	
Rs = Rm *Rn(U)		1	
HRs = HRm * HRn(U)		1	
ACCs = Rn (U) ACCs = Rn (U,con = Rm) ACCs += Rn(U) ACCs += Rn(U,con = Rm) ACCs -= Rn(U) ACCs -= Rn(U,con = Rm) ACCs += Rn(U,conc) ACCs += Rn(U,conc,con = Rm)	1		
HACCs = HRn (U) HACCs = HRn(U,con = Rm) HACCs += HRn (U) HACCs += HRn(U,con = Rm) HACCs -= HRn (U) HACCs -= HRn(U,con = Rm) HACCs += HRn(U,conc) HACCs += HRn(U,conc,con = Rm)	1		

（续）

指令形式	ALU(8)	MUL(4)	SPU(1)
Rs = Rm + Rn(U)	1		
Rs = Rm − Rn(U)	1		
HRs = HRm + HRn(U)	1		
HRs = HRm − HRn(U)	1		
Rs = (Rm + Rn)/2(U)	1		
Rs = (Rm − Rn)/2(U)	1		
HRs = (HRm + HRn)/2(U)	1		
HRs = (HRm − HRn)/2(U)	1		
Rs += C(U)　// C 为无符号 12 位立即数	1		
Rs −= C(U)　// C 为无符号 12 位立即数	1		
FRs = 1/FRn		1	
HRs = cos HRm HRs = sin HRm			1
HRs = cos_sin HHRm HRs = cos_sin LHRm			1
Rs = sin HHRm Rs = sin LHRm Rs = cos HHRm Rs = cos LHRm			1
Rs = ln (abs FRm) (C)　// C 为无符号 4 位立即数			1
FRs = sqrt(abs FRm)			1
{x,y,z,t} Rs = SPUFR			1
LHRs = arctg Rm HHRs = arctg Rm			1
LHRs = arctg LHRm HHRs = arctg LHRm LHRs = arctg HHRm HHRs = arctg HHRm			1
注：ALU 为加法器，每个宏具有 8 个 ALU；MUL 为乘法器，每个宏具有 4 个 MUL；SPU 为特定运算器，每个宏具有 1 个 SPU			

表 A.3 移位指令资源约束表

指令形式	SFT(2)
Rs = Rm ashift Rn	1
Rs = Rm lshift Rn	1
Rs = Rm rot Rn	1
CRs + 1 : s = CRm + 1 : m ashift Rn	2
CHRs = CHRm ashift Rn	1
Rs = Rm Rs = Rm ashift a // a 为无符号 6 位立即数	1
Rs = Rm lshift a (1) // a 为无符号 6 位立即数	1
Rs = Rm lshift a // a 为无符号 6 位立即数	1
Rs = Rm rot a // a 为无符号 6 位立即数	1
Rs + 1 : s = Rm + 1 : m CRs + 1 : s = CRm + 1 : m ashift a // a 为无符号6位立即数	2

Rm = EXPAND(LHRm,a) // a 为无符号 5 位立即数
Rm = EXPAND(HHRm,a) // a 为无符号 5 位立即数
Rm = EXPAND(LHRm,a)(U) // a 为无符号 5 位立即数
Rm = EXPAND(HHRm,a)(U) // a 为无符号 5 位立即数
	1

CRs + 1 : s = EXPAND(CHRm,a) // a 为无符号 5 位立即数	2
Rm = EXPAND(HHRm,Rn) Rm = EXPAND(HHRm,Rn)(U)	1
Rm = EXPAND(LHRm,Rn) Rm = EXPAND(LHRm,Rn)(U)	1
CRs + 1 : s = EXPAND(CHRm,Rn)	2

LHRm = COMPACT(Rm,a) // a 为无符号 5 位立即数
HHRm = COMPACT(Rm,a) // a 为无符号 5 位立即数
LHRm = COMPACT(Rm,a)(U) // a 为无符号 5 位立即数
HHRm = COMPACT(Rm,a)(U) // a 为无符号 5 位立即数
	1

CHRm = COMPACT(CRm + 1 : m,a) // a 为无符号 5 位立即数	1
HHRm = COMPACT(Rm,Rn) HHRm = COMPACT(Rm,Rn)(U)	1
LHRm = COMPACT(Rm,Rn) LHRm = COMPACT(Rm,Rn)(U)	1

（续）

指令形式	SFT(2)
CHRs = COMPACT(CRm + 1 : m, Rn)	2

Rs = Rm bclr a // a 为无符号 5 位立即数
Rs = Rm bclr // a 为无符号 5 位立即数
	1

Rs = Rm bset a // a 为无符号 5 位立即数
Rs = Rm bset
	1

Rs = Rm binv a // a 为无符号 5 位立即数
Rs = Rm binv // a 为无符号 5 位立即数
	1

Rs = Rm lshift Rn (1)	1
Rs = Rm minv Rn	1
{x,y,z,t} Rs = SHFFRn	N:1
Rs = Rm mclr Rn	1
Rs = Rm mset Rn	1
Rs = Rm LXOR Rn	1
Rs = Rm RXOR Rn	1
Rs + 1 : s = Rm + 1 : m LXOR Rn + 1 : n	2
Rs + 1 : s = Rm + 1 : m RXOR Rn + 1 : n	2
注:SFT 为移位器,每个宏具有 2 个 SFT	

表 A.4 赋值指令资源约束表

指令形式	ALU(8)	SFT(2)	RC(4)
FRs = C (exp) // C 为有符号 8 位立即数		1	
Rs = exp FRm Rs = mant FRm		1	
[addr] = {x|y|z|t} Rn // 右边只前缀 1 个宏			1
{x|y|z|t} Rs = [addr] // 左边只前缀 1 个或多个宏			1
FRs = Float HHRm	1		
FRs = Float LHRm	1		
CFRs + 1 : s = Float CHRm	2		
Rs = Rm cnt0 Rn	1		
HRs = HRm cnt0 Rn	1		

（续）

指令形式	ALU(8)	SFT(2)	RC(4)
CRs+1:s=CRm+1:m CRs+1:s= -CRm+1:m CRs+1:s=conj CRm+1:m CRs+1:s= -(conj CRm+1:m) CRs+1:s=permute CRm+1:m CRs+1:s= -(permute CRm+1:m)	2		
CHRs=CHRm CHRs= -CHRm, CHRs=conj CHRm CHRs= -(conj CHRm) CHRs=permute CHRm CHRs= -(permute CHRm)	1		
CFRs+1:s=CFRm+1:m CFRs+1:s= -CFRm+1:m CFRs+1:s=conj CFRm+1:m CFRs+1:s= -(conj CFRm+1:m) CFRs+1:s=permute CFRm+1:m CFRs+1:s= -(permute CFRm+1:m)	2		
Rs= Rm cnt1 Rn	1		
HRs= HRm cnt1 Rn	1		

Rs= Rm pos1
HRs= HRm pos1
Rs= Rm pos1 a // a为无符号5位立即数
HRs= HRm pos1 a // a为无符号5位立即数
	1		

Rs= Rm pos1 Rn	1		
HRs= HRm pos1 Rn	1		

Rs= Rm cnt0
HRs= HRm cnt0
Rs= Rm cnt0 a // a为无符号5位立即数
HRs= HRm cnt0 a // a为无符号5位立即数
	1		

Rs= Rm cnt1
HRs= HRm cnt1
Rs= Rm cnt1 a // a为无符号5位立即数
HRs= HRm cnt1 a // a为无符号5位立即数
	1		

Rs=Rm & Rn	1		

（续）

指令形式	ALU(8)	SFT(2)	RC(4)
Rs = Rm | Rn	1		
Rs = Rm &! Rn	1		
Rs = Rm |! Rn	1		
Rs = Rm ^ Rn	1		
Rs = ! Rm	1		
Rs = FIX FRs Rs = FIX(FRs,C)	1		
CRs + 1 : s = FIX CFRs + 1 : s CRs + 1 : s = FIX(CFRs + 1 : s,C)	2		
FRs = Float Rs FRs = Float(Rs,C)	1		
CFRs + 1 : s = Float CRs + 1 : s CFRs + 1 : s = Float(CRs + 1 : s,C)	2		
注:ALU 为加法器,每个宏具有 8 个 ALU;SFT 为移位器,每个宏具有 2 个 SFT;RC 为宏寄存器与制标志寄存器之间的数据通道,带宽为 4 字宽			

表 A.5　选大选小指令资源约束表

指令形式	ALU(8)
Rs = MAX(Rm,Rn)	1
HRs = MAX(HRm,HRn)	1
FRs = MAX(FRm,FRn)	1
Rs = MIN(Rm,Rn)	1
HRs = MIN(HRm,HRn)	1
FRs = MIN(FRm,FRn)	1
Rs + 1 : s = MAX_MIN(Rm,Rn)	2
HRs + 1 : s = MAX_MIN(HRm,HRn)	2
FRs + 1 : s = MAX_MIN(FRm,FRn)	2
Rm_n = MAX_MIN(Rm,Rn) Rn_m = MAX_MIN(Rm,Rn) Rm_n = MAX_MIN(Rm,Rn)(U) Rn_m = MAX_MIN(Rm,Rn)(U)	2

（续）

指令形式	ALU(8)
HRm_n = MAX_MIN(HRm,HRn) HRn_m = MAX_MIN(HRm,HRn) HRm_n = MAX_MIN(HRm,HRn) (U) HRn_m = MAX_MIN(HRm,HRn) (U)	2
FRm_n = MAX_MIN(FRm,FRn) FRn_m = MAX_MIN(FRm,FRn)	2
HHRs = MAX_MIN(HRm) LHRs = MAX_MIN(HRm) HHRs = MAX_MIN(HRm) (U) LHRs = MAX_MIN(HRm) (U)	1
Rm = Rm > Rn? (Rm - Rn):0(k) Rm = Rm > Rn? (Rm - Rn):0(U,k)	1
HRm = HRm > HRn? (HRm - HRn):0(k) HRm = HRm > HRn? (HRm - HRn):0(U,k)	1
FRm = FRm > FRn? (FRm - FRn):0(k)	1
Rm = Rm > = Rn? Rm:Rn(k) Rm = Rm > = Rn? Rm:Rn(U,k)	1
HRm = HRm > = HRn? HRm:HRn(k) HRm = HRm > = HRn? HRm:HRn(U,k)	1
FRm = FRm > = FRn? FRm:FRn(k)	1
HHRs = HHRm > = LHRm? HHRm:LHRm(k) HHRs = LHRm > = HHRm? LHRm:HHRm(k) HHRs = HHRm > = LHRm? HHRm:LHRm(U,k) HHRs = LHRm > = HHRm? LHRm:HHRm(U,k)	1
LHRs = HHRm > = LHRm? HHRm:LHRm(k) LHRs = LHRm > = HHRm? LHRm:HHRm(k) LHRs = HHRm > = LHRm? HHRm:LHRm(U,k) LHRs = LHRm > = HHRm? LHRm:HHRm(U,k)	1
HHRs = HHRm > LHRm? (HHRm - LHRm):0(k) HHRs = LHRm > HHRm? (LHRm - HHRm):0(k) HHRs = HHRm > LHRm? (HHRm - LHRm):0(U,k) HHRs = LHRm > HHRm? (LHRm - HHRm):0(U,k)	1

（续）

指令形式	ALU(8)
LHRs = HHRm > LHRm? (HHRm - LHRm):0(U,k) LHRs = LHRm > HHRm? (LHRm - HHRm):0(U,k) LHRs = HHRm > LHRm? (HHRm - LHRm):0(k) LHRs = LHRm > HHRm? (LHRm - HHRm):0(k)	1
Rs = MAX(Rm,Rn)(U)	1
HRs = MAX(HRm,HRn)(U)	1
Rs = MIN(Rm,Rn)(U)	1
HRs = MIN(HRm,HRn)(U)	1
Rs + 1:s = MAX_MIN(Rm,Rn)(U)	2
HRs + 1:s = MAX_MIN(HRm,HRn)(U)	2
注:ALU 为加法器,每个宏具有 8 个 ALU	

表 A.6　数据传输指令资源约束表

指令形式	A	R(2)	AR	W(1)	L(2)
Rs + 1:s = [Un += Um,Uk]	U	1	Un		
Rs + 1:s = [Vn += Vm,Vk]	V	1	Vn		
Rs + 1:s = [Wn += Wm,Wk]	W	1	Wn		
Rs = [Un += Um,Uk]	U	1	Un		
Rs = [Vn += Vm,Vk]	V	1	Vn		
Rs = [Wn += Wm,Wk]	W	1	Wn		
Rs + 1:s = [Un + Um,Uk]	U	1			
Rs + 1:s = [Vn + Vm,Vk]	V	1			
Rs + 1:s = [Wn + Wm,Wk]	W	1			
Rs = [Un + Um,Uk]	U	1			
Rs = [Vn + Vm,Vk]	V	1			
Rs = [Wn + Wm,Wk]	W	1			
[Un += Um,Uk] = {x,y,z,t} Rs + 1:s	U		Un	1	
[Vn += Vm,Vk] = {x,y,z,t} Rs + 1:s	V		Vn	1	
[Wn += Wm,Wk] = {x,y,z,t} Rs + 1:s	W		Wn	1	
[Un += Um,Uk] = {x,y,z,t} Rs	U		Un	1	
[Vn += Vm,Vk] = {x,y,z,t} Rs	V		Vn	1	
[Wn += Wm,Wk] = {x,y,z,t} Rs	W		Wn	1	

（续）

指令形式	A	R(2)	AR	W(1)	L(2)
[Un + Um,Uk] = {x,y,z,t} Rs + 1 : s	U			1	
[Vn + Vm,Vk] = {x,y,z,t} Rs + 1 : s	V			1	
[Wn + Wm,Wk] = {x,y,z,t} Rs + 1 : s	W			1	
[Un + Um,Uk] = {x,y,z,t} Rs	U			1	
[Vn + Vm,Vk] = {x,y,z,t} Rs	V			1	
[Wn + Wm,Wk] = {x,y,z,t} Rs	W			1	
Rs = Un Rs = Vn Rs = Wn// 宏前缀只能有一个宏					
Un = {x,y,z,t} Rs Vn = {x,y,z,t} Rs Wn = {x,y,z,t} Rs// 宏前缀在右边，且只能一个宏			Un Vn Wn		
{y,z,t} Rs = {x} Rm {x,z,t} Rs = {y} Rm {x,y,t} Rs = {z} Rm {x,y,z} Rs = {t} Rm					2
{y,z,t} Rs + 1 : s = {x} Rm + 1 : m {x,z,t} Rs + 1 : s = {y} Rm + 1 : m {x,y,t} Rs + 1 : s = {z} Rm + 1 : m {x,y,z} Rs + 1 : s = {t} Rm + 1 : m					2
注：A 表示地址产生器的寻址单元，U、V、W；R 表示读总线，2 条；W 表示写总线，1 条；L 表示宏间局部总线的出口宽度，每个宏的宏间出口宽度为 2 字宽；AR 表示占用地址发生器寄存器作为目的寄存器					

表 A.7 双字指令资源约束表

指令形式	IMM	ALU(8)	SFT(2)	A	R	W

Rs = C //C 为 32 位有符号立即数或地址标签 _label
HHRs = C //C 为 16 位有符号立即数
LHRs = C //C 为 16 位有符号立即数
CHRs = C1 + C2j //C1、C2 为 16 位有符号立即数
HRs = (C1,C2) //C1、C2 为 16 位有符号立即数
	IR1					

FRs = C //C 为有符号 32 位浮点数	IR1					
Rs = Rm mask C //C 为无符号 32 位立即数或地址标签 _label			1			

（续）

指令形式	IMM	ALU(8)	SFT(2)	A	R	W
Rs = Rm fext (p:q,f) Rs = Rm fext (p:q,f)(z) Rs = Rm fext (p:q,f)(s)　//p、q、f 为无符号 5 位立即数			1			
{xRa+1:ayRb+1:bzRc+1:ctRd+1:d} = m[Un += Um,Uk] {xRa+1:ayRb+1:bzRc+1:ctRd+1:d} = m[Vn += Vm,Vk] {xRa+1:ayRb+1:bzRc+1:ctRd+1:d} = m[Wn += Wm,Wk] m[Un += Um,Uk] = {xRa+1:ayRb+1:bzRc+1:ctRd+1:d} m[Vn += Vm,Vk] = {xRa+1:ayRb+1:bzRc+1:ctRd+1:d} m[Wn += Wm,Wk] = {xRa+1:ayRb+1:bzRc+1:ctRd+1:d} //大括号中 4 宏寄存器可选 2、3、4 个，按顺序组成　//占用资源:1 个地址产生器 U 或 V 或 W;读访存占用 1 条数据读总线，写访存占用 1 条数据写总线				U V W	(1)	(1)
{xRayRbzRctRd} = m[Un += Um,Uk] {xRayRbzRctRd} = m[Vn += Vm,Vk] {xRayRbzRctRd} = m[Wn += Wm,Wk] m[Un += Um,Uk] = {xRayRbzRctRd} m[Vn += Vm,Vk] = {xRayRbzRctRd} m[Wn += Wm,Wk] = {xRayRbzRctRd}　//大括号中 4 宏寄存器可选 2、3、4 个，按顺序组成　//占用的资源:1 个地址产生器 U 或 V 或 W;读访存占用 1 条数据读总线，写访存占用 1 条数据写总线				U V W	1	1
If {x,y,z,t} Rm > Rn(U) B <pro> If {x,y,z,t} Rm >= Rn(U) B <pro> If {x,y,z,t} Rm == Rn(U) B <pro> If {x,y,z,t} Rm != Rn(U) B <pro> If {x,y,z,t} LHRm > LHRn(U) B <pro> If {x,y,z,t} LHRm >= LHRn(U) B <pro> If {x,y,z,t} LHRm == LHRn(U) B <pro> If {x,y,z,t} LHRm != LHRn(U) B <pro> If {x,y,z,t} HHRm > HHRn(U) B <pro> If {x,y,z,t} HHRm >= HHRn(U) B <pro> If {x,y,z,t} HHRm == HHRn(U) B <pro> If {x,y,z,t} HHRm != HHRn(U) B <pro> If {x,y,z,t} Rn > Rm B <pro> If {x,y,z,t} Rn >= Rm B <pro> If {x,y,z,t} Rn == Rm B <pro> If {x,y,z,t} Rn != Rm B <pro>	16 字对齐	1				

（续）

指令形式	IMM	ALU(8)	SFT(2)	A	R	W
If {x,y,z,t} LHRn > LHRm B < pro > If {x,y,z,t} LHRn >= LHRm B < pro > If {x,y,z,t} LHRn == LHRm B < pro > If {x,y,z,t} LHRn! = LHRm B < pro > If {x,y,z,t} HHRn > HHRm B < pro > If {x,y,z,t} HHRn >= HHRm B < pro > If {x,y,z,t} HHRn == HHRm B < pro > If {x,y,z,t} HHRn! = HHRm B < pro > If {x,y,z,t} FRn > FRm B < pro > If {x,y,z,t} FRn >= FRm B < pro > If {x,y,z,t} FRn == FRm B < pro > If {x,y,z,t} FRn! = FRm B < pro > //{x,y,z,t}宏前缀只能有1个， //< pro >为地址,形式地址标签或无符号数17位立即数整数	16字对齐	1				
If {x,y,z,t} Rm[bit] ==0 B < pro > If {x,y,z,t} Rm[bit] ==1 B < pro > //{x,y,z,t}宏前缀只能有1个;< pro >为地址,形式地址标签或无符号数17位立即数整数;Bit为无符号5位立即数	16字对齐	1				
[addr] = C //C为32位无符号数或地址标签_label	IC1					
{x,y,z,t} Rs+1:s = br(C) [Un += Um,Uk] {x,y,z,t} Rs+1:s = br(C) [Vn += Vm,Vk] {x,y,z,t} Rs+1:s = br(C) [Wn += Wm,Wk] //资源占用:占用U或V或W地址产生器;一条数据读总线。C为无符号数,低5位有效			Un Vn Wn	U V W	1	
br(C) [Un += Um,Uk] = {x,y,z,t} Rs+1:s br(C) [Vn += Vm,Vk] = {x,y,z,t} Rs+1:s br(C) [Wn += Wm,Wk] = {x,y,z,t} Rs+1:s //资源占用:占用U或V或W地址产生器;数据写总线。C为无符号数,低5位有效			Un Vn Wn	U V W		1
{x,y,z,t} Rs+1:s = [Un += C,Uk] {x,y,z,t} Rs+1:s = [Vn += C,Vk] {x,y,z,t} Rs+1:s = [Wn += C,Wk] {x,y,z,t} Rs+1:s = [Un + C,Uk] {x,y,z,t} Rs+1:s = [Vn + C,Vk] {x,y,z,t} Rs+1:s = [Wn + C,Wk] //C为有符号数,低16位有效			其中+=形式指令占有Un,Vn,Wn	U V W	1	

（续）

指令形式	IMM	ALU(8)	SFT(2)	A	R	W
{x,y,z,t} Rs + 1 : s = [Un += Um,C] {x,y,z,t} Rs + 1 : s = [Vn += Vm,C] {x,y,z,t} Rs + 1 : s = [Wn += Wm,C] {x,y,z,t} Rs + 1 : s = [Un + Um,C] {x,y,z,t} Rs + 1 : s = [Vn + Vm,C] {x,y,z,t} Rs + 1 : s = [Wn + Wm,C] //C 为有符号数,低 7 位有效 {x,y,z,t} Rs + 1 : s = [Un += C0,C1] {x,y,z,t} Rs + 1 : s = [Vn += C0,C1] {x,y,z,t} Rs + 1 : s = [Wn += C0,C1] {x,y,z,t} Rs + 1 : s = [Un + C0,C1] {x,y,z,t} Rs + 1 : s = [Vn + C0,C1] {x,y,z,t} Rs + 1 : s = [Wn + C0,C1] //C0 为有符号数,低 16 位有效;C1 为无符号数,低 7 位有效。资源占用:占用 U 或 V 或 W 地址产生器;1 条数据读总线						
{x,y,z,t} Rs = [Un += C,Uk] {x,y,z,t} Rs = [Vn += C,Vk] {x,y,z,t} Rs = [Wn += C,Wk] {x,y,z,t} Rs = [Un + C,Uk] {x,y,z,t} Rs = [Vn + C,Vk] {x,y,z,t} Rs = [Wn + C,Wk] //C 为有符号数,低 16 位有效 {x,y,z,t} Rs = [Un += Um,C] {x,y,z,t} Rs = [Vn += Vm,C] {x,y,z,t} Rs = [Wn += Wm,C] {x,y,z,t} Rs = [Un + Um,C] {x,y,z,t} Rs = [Vn + Vm,C] {x,y,z,t} Rs = [Wn + Wm,C] //C 为有符号数,低 7 位有效 {x,y,z,t} Rs = [Un += C0,C1] {x,y,z,t} Rs = [Vn += C0,C1] {x,y,z,t} Rs = [Wn += C0,C1] {x,y,z,t} Rs = [Un + C0,C1] {x,y,z,t} Rs = [Vn + C0,C1] {x,y,z,t} Rs = [Wn + C0,C1] //C0 为有符号数,低 16 位有效;C1 为无符号数,低 7 位有效。资源占用:占用 U 或 V 或 W 地址产生器;1 条数据读总线			其中 += 形式 指令 占有 Un,Vn, Wn	U V W	1	

（续）

指令形式	IMM	ALU(8)	SFT(2)	A	R	W
[Un += C,Uk] = {x,y,z,t} Rs + 1 : s [Vn += C,Vk] = {x,y,z,t} Rs + 1 : s [Wn += C,Wk] = {x,y,z,t} Rs + 1 : s [Un + C,Uk] = {x,y,z,t} Rs + 1 : s [Vn + C,Vk] = {x,y,z,t} Rs + 1 : s [Wn + C,Wk] = {x,y,z,t} Rs + 1 : s //C 为有符号数,低 16 位有效 [Un += Um,C] = {x,y,z,t} Rs + 1 : s [Vn += Vm,C] = {x,y,z,t} Rs + 1 : s [Wn += Wm,C] = {x,y,z,t} Rs + 1 : s [Un + Um,C] = {x,y,z,t} Rs + 1 : s [Vn + Vm,C] = {x,y,z,t} Rs + 1 : s [Wn + Wm,C] = {x,y,z,t} Rs + 1 : s //C 为有符号数,低 7 位有效 [Un += C0,C1] = {x,y,z,t} Rs + 1 : s [Vn += C0,C1] = {x,y,z,t} Rs + 1 : s [Wn += C0,C1] = {x,y,z,t} Rs + 1 : s [Un + C0,C1] = {x,y,z,t} Rs + 1 : s [Vn + C0,C1] = {x,y,z,t} Rs + 1 : s [Wn + C0,C1] = {x,y,z,t} Rs + 1 : s //C0 为有符号数,低 16 位有效;C1 为无符号数,低 7 位有效。资源占用:占用 U 或 V 或 W 地址产生器;数据写总线			其中 += 形式指令占有 Un,Vn,Wn	U V W		1
[Un += C,Uk] = {x,y,z,t} Rs [Vn += C,Vk] = {x,y,z,t} Rs [Wn += C,Wk] = {x,y,z,t} Rs [Un + C,Uk] = {x,y,z,t} Rs [Vn + C,Vk] = {x,y,z,t} Rs [Wn + C,Wk] = {x,y,z,t} Rs //C 为有符号数,低 16 位有效 [Un += Um,C] = {x,y,z,t} Rs [Vn += Vm,C] = {x,y,z,t} Rs [Wn += Wm,C] = {x,y,z,t} Rs [Un + Um,C] = {x,y,z,t} Rs [Vn + Vm,C] = {x,y,z,t} Rs [Wn + Wm,C] = {x,y,z,t} Rs //C 为有符号数,低 7 位有效 [Un += C0,C1] = {x,y,z,t} Rs [Vn += C0,C1] = {x,y,z,t} Rs [Wn += C0,C1] = {x,y,z,t} Rs [Un + C0,C1] = {x,y,z,t} Rs [Vn + C0,C1] = {x,y,z,t} Rs [Wn + C0,C1] = {x,y,z,t} Rs //C0 为有符号数,低 16 位有效;C1 为无符号数,低 7 位有效。资源占用:占用 U 或 V 或 W 地址产生器;数据写总线			其中 += 形式指令占有 Un,Vn,Wn	U V W		1

（续）

指令形式	IMM	ALU(8)	SFT(2)	A	R	W
Uk{g} =C Vk{g} =C Wk{g} =C //C 为有符号 32 位立即数或地址标签 _label。占用地址发生器 U/V/W,从译码器到地址产生器共 6 个立即数通道。这 4 个通道由 U、V、W 三个地址产生器共享	IA 1		Un Vn Wn			
注:A 表示地址产生器的寻址单元,U、V、W;R 表示读总线,2 条;W 表示写总线,1 条;IMM 表示立即数通道(具体通道如下:IR,译码器到各宏通用寄存器,带宽 2 字宽;IC,译码器到控制寄存器,带宽 4 字宽;IA,译码器到地址产生器寄存器,带宽 4 字宽(U、V、W 共享))						

表 A.8　非运算指令资源约束表

指令形式	占用资源
nop	
idle	该指令独占一个指令行
Us = Um + Un Vs = Vm + Vn Ws = Wm + Wn	占用 U 或 V 或 W 地址产生器中的“加法/移位”部件;占用寄存器 UnVnWn
Us = Um + C　　//C 为 8 位有符号立即数 Vs = Vm + C　　//C 为 8 位有符号立即数 Ws = Wm + C　　//C 为 8 位有符号立即数	占用 U 或 V 或 W 地址产生器中的“加法/移位”部件;占用寄存器 UnVnWn
Us = Um ashift a　　//a 为 6 位有符号立即数 Vs = Vm ashift a　　//a 为 6 位有符号立即数 Ws = Wm ashift a　　//a 为 6 位有符号立即数	占用 U 或 V 或 W 地址产生器中的“加法/移位”部件;占用寄存器 UnVnWn
Us = Um ashift Un Vs = Vm ashift Vn Ws = Wm ashift Wn	占用 U 或 V 或 W 地址产生器中的“加法/移位”部件;占用寄存器 UnVnWn
Clr {x,y,z,t} SF　　//宏前缀 1 个或多个	
Set[addr][bit]　//addr 12 位为无符号整数;bit 为 5 位无符号整数	译码器到控制寄存器立即数通道(4):1
clr[addr][bit]　//addr 为 12 位无符号整数;bit 为 5 位无符号整数	译码器到控制寄存器立即数通道(4):1
Call sr	16 字对齐

（续）

指令形式	占用资源
B _label //_label 为地址标签或 16 位无符号立即数	16 字对齐
CALL _label //_label 为地址标签或 16 位无符号立即数	16 字对齐
RET	16 字对齐
RETI	16 字对齐
B BA	16 字对齐
If LC0 B _label //_label 为地址标签或 17 位无符号立即数 If nlc0 B _label //_label 为地址标签或 17 位无符号立即数	16 字对齐，占用寄存器 LC0
Strap	
Estrp	
Rtrap C //C 位 5 位无符号立即数	
If LC1 B _label //_label 为地址标签或 17 位无符号立即数 If nLC1 B _label //_label 为地址标签或 17 位无符号立即数	16 字对齐，占用寄存器 LC1
注：U、V、W 地址产生器中各有一个“加法/移位”部件	

附录 B

32 位浮点 FFT 汇编源程序

```
Func name  : _cfft
C - Syntax: void _fixcfft32(__complex_f32 * Input,__complex_f32 * Twid-
dles,__complex_f32 * Output,unsigned int N);
```

程序流程图:

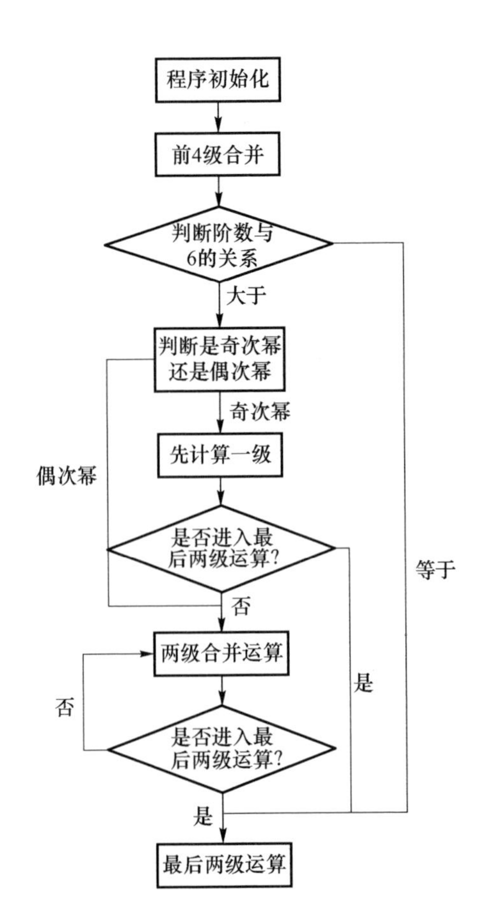

```
.global __cfft
N .assigna 8
.text
__cfft:
nop
rtrap 22
nop

xr30 = u8 //low addr of function calling stack
xr31 = u8 //high addr of function calling stack
xr30 += -121
rtrap 28
nop
nop

//----------------------寄存器保护,入栈----------------------------
u8 = u8 + -1
[u8 += -8, -1] = r63:62 || xr0 = u10 || yr0 = u11 || zr0 = u12 || tr0 = u13
[u8 += -8, -1] = r61:60 || xr1 = u14 || yr1 = u15 || zr1 = v8 || tr1 = v9
[u8 += -8, -1] = r59:58 || xr2 = v10 || yr2 = v11 || zr2 = v12 || tr2 = v13
[u8 += -8, -1] = r57:56 || xr4 = v14 || yr4 = v15 || zr4 = w8 || tr4 = w9
[u8 += -8, -1] = r55:54 || xr5 = w10 || yr5 = w11 || zr5 = w12 || tr5 = w13
[u8 += -8, -1] = r53:52 || xr6 = w14 || yr6 = w15
[u8 += -8, -1] = r51:50
[u8 += -8, -1] = r49:48
[u8 += -8, -1] = r47:46
[u8 += -8, -1] = r45:44
[u8 += -8, -1] = r43:42
[u8 += -8, -1] = r41:40
[u8 += -8, -1] = r1:0
[u8 += -8, -1] = r3:2
[u8 += -7, -1] = r5:4
[u8 += -2, -1] = xyr6
//-------------------------------------------------------------
u10 = 2 || v10 = 4 || u11 = 1 || xr6 = N
xr7 = r3 lshift -2 || xr0 = u1 || xr1 = u2 || w15 = xr3 //////////////////////w14
save xr3
//////////////////////v13 save the address of output,w13 save the address of
```

```
the twiddles
//********************************************************************//
//------------------前4级合并运算,旋转因子直接赋值--------------------
_cfft4:
u12 =14 ||xr4 =r3 lshift -6 ||u6 =u0 +12 ||w13 =xr0 ||v0 =xr1
v12 =28 ||u7 =u0 +13 ||v13 =xr1 ||xr6 -=4
r31:30 =br(N)[u6 +=u10,u11] ||fr1 =0.92387953251128675612818319 ||fr2
 = -0.38268343236508977172846 ||lc1 =xr4 ||u4 =u0 +8 ||w0 =w13 +0 ||u13 =
xr1 ||xr7 +=1 //r34:cos( -pi/8) u13 save the address of output
r33:32 =br(N)[u7 +=u10,u11] ||fr0 =0.7071067811865475244008443621 ||
fr3 =1.0 ||xr6 +=1 ||u5 =u0 +9 ||v1 =v0 +2 ||w10 =w13 +0
r35:34 =br(N)[u6 +=u12,u11] ||u2 =u0 +4 ||v2 =v0 +8 ||v11 =xr7
r37:36 =br(N)[u7 +=u12,u11] ||u3 =u0 +5 ||v3 =v0 +10 ||xr6 =r6 lshift -1 |
|cfr31:30_33:32 =cfr31:30 +/-cfr33:32
r23:22 =br(N)[u4 +=u10,u11] ||u1 =u0 +1 ||v4 =v0 +16
r25:24 =br(N)[u5 +=u10,u11] ||v5 =v0 +18 ||w4 =xr6 ||cfr35:34_37:36 =
cfr35:34 +/-cfr37:36
r27:26 =br(N)[u4 +=u12,u11] ||v6 =v0 +24
r29:28 =br(N)[u5 +=u12,u11] ||v7 =v0 +26 ||lc0 =xr6 ||cfr23:22_25:24 =
cfr23:22 +/-cfr25:24 ||cfr33:32 =cfr33:32 -jcfr37:36 ||cfr37:36 =
cfr33:32 +jcfr37:36 ////<2 >r37:36 <2 >r33:32
r15:14 =br(N)[u2 +=u10,u11] ||u14 =32 ||v14 =32 ||cfr31:30_35:34 =cfr31:
30 +/-cfr35:34 //////////<2 >r31:30 ////<2 >r35:34
r17:16 =br(N)[u3 +=u10,u11] ||w12 =32 ||w14 =64 ||cfr27:26_29:28 =cfr27:
26 +/-cfr29:28 ||cfr33:32 =cfr33:32 * fr0 ||cfr37:36 =cfr37:36 * fr0
r19:18 =br(N)[u2 +=u12,u11] ||u15 =96 ||v15 =96
r21:20 =br(N)[u3 +=u12,u11] ||w5 =8 ||w6 =1 ||cfr15:14_17:16 =cfr15:14
 +/-cfr17:16 ||cfr23:22_27:26 =cfr23:22 +/-cfr27:26 ////////////////<2 >
r23:22 //<2 >27:26
r7:6 =br(N)[u0 +=u10,u11] ||cfr25:24 =cfr25:24 -jcfr29:28 ||cfr29:28
 =cfr25:24 +jcfr29:28 ||fr33 =fr33 +fr32 ||fr32 =fr32 -fr33 ||fr37 =fr36
 -fr37 ||fr36 =fr37 +fr36 ////<2 >r25:24 <2 >r29:28 <2 >r33:32 * exp( -j
 * pi/4) <2 >r37:36 * exp( -j * 3 * pi/4) =r37:( -r36)
r9:8 =br(N)[u1 +=u10,u11] ||cfr19:18_21:20 =cfr19:18 +/-cfr21:20 ||
cfr47: 46 = cfr23 : 22 + cfr31 : 30 | | cfr55 : 54 = cfr23 : 22 - cfr31 :
30 ////////////////////////////////////<3 >r23:22 ==r47:46 <3 >r31:30 ==
r55:54
r11:10 =br(N)[u0 +=u12,u11] ||cfr51:50 =cfr27:26 -jcfr35:34 ||cfr59:
```

```
58 = cfr27:26 + jcfr35:34 || cfr49:48 = cfr25:24 + cfr33:32 || cfr57:56 =
cfr25:24 - cfr33:32 //////<3 >r27:26 == r51:50 <3 >r35:34 == r59:58 <3 >
r25:24 == r49:48 <3 >r33:32 == r57:56
r13:12 = br(N)[u1 += u12,u11] ||cfr7:6_9:8 = cfr7:6 + /- cfr9:8 ||cfr17:16
 = cfr17:16 - jcfr21:20 || cfr21:20 = cfr17:16 + jcfr21:20 ///////<2 >r17:
16 <2 >r21:20
r31:30 = br(N)[u6 += u10,u11] ||cfr15:14_19:18 = cfr15:14 + /- cfr19:18 ||
fr53 = fr29 + fr37 || fr52 = fr28 - fr36 || fr61 = fr29 - fr37 || fr60 = fr28 +
fr36 ||cfr51:50 = cfr51:50 * fr0 ||cfr59:58 = cfr59:58 * fr0 //<2 >r15:14 /
<2 >r19:18 <3 >r29:28 = r53:52 <3 >r37:36 = 61:60
r33:32 = br(N)[u7 += u10,u11] ||cfr11:10_13:12 = cfr11:10 + /- cfr13:12 ||
cfr17:16 = cfr17:16 * fr0 ||cfr21:20 = cfr21:20 * fr0
r35:34 = br(N)[u6 += u12,u11] ||fr49 = fr49 * fr1 ||fr63 = fr48 * fr2 ||fr48 =
fr48 * fr1 || fr62 = fr49 * fr2
r37:36 = br(N)[u7 += u12,u11] ||cfr7:6_11:10 = cfr7:6 + /- cfr11:10 ||cfr9:8
 = cfr9:8 - jcfr13:12 ||cfr13:12 = cfr9:8 + jcfr13:12 || fr53 = fr52 * fr1 ||
fr5 = fr53 * fr2 || fr52 = fr53 * fr1 || fr4 = fr52 * fr2 ////<2 >r7:6 /////<2 >
r11:10 <2 >r9:8 <2 >r13:12
r23:22 = br(N)[u4 += u10,u11] || fr17 = fr17 + fr16 || fr16 = fr16 - fr17 ||
fr21 = fr20 - fr21 || fr20 = fr21 + fr20 || fr51 = fr51 + fr50 || fr50 = fr50 -
fr51 || fr49 = fr49 - fr63 || fr48 = fr48 + fr62 || cfr61:60 = cfr61:60 * fr1 ||
cfr63:62 = cfr61:60 * fr2 ///<2 >r17:16 * exp( - j * pi/4)  <2 >r21:20 * exp
( - j * 3 * pi/4) == r21:( - r20) r51:50 == r27:26 * exp( - j * pi/4) r49:48 ==
r25:24 * exp( - j * pi/8)
r25:24 = br(N)[u5 += u10,u11] || cfr7:6 = cfr7:6 + cfr15:14 || cfr39:38 =
cfr7:6 - cfr15:14 ||cfr11:10 = cfr11:10 - jcfr19:18 ||cfr43:42 = cfr11:10
 + jcfr19:18 /////<3 >r7:6 <3 >r15:14 == r39:38 <3 >r11:10 <3 >r19:18 ==
r43:42
r27:26 = br(N)[u4 += u12,u11] || cfr9:8 = cfr9:8 + cfr17:16 || cfr41:40 =
cfr9:8 - cfr17:16 || fr53 = fr53 - fr5 || fr52 = fr52 + fr4
|| fr57 = fr57 * fr2 || fr5 = fr56 * fr1 || fr56 = fr56 * fr2 || fr4 = fr57 *
fr1 /////<3 >r9:8 == r41:40 <3 >r17:16r53:53 == r29:( - r28)
r29:28 = br(N)[u5 += u12,u11] || fr13 = fr13 + fr21 || fr12 = fr12 - fr20 ||
fr45 = fr13 - fr21 || fr44 = fr12 + fr20 || cfr7:6_47:46 = cfr7:6 + /- cfr47:
46 ////<3 >r13:12 <3 >r21:20 == r45:44 <4 >r7:6 //<4 >r23:22 == r47:46
r17:16 = br(N)[u3 += u10,u11] ||cfr11:10_51:50 = cfr11:10 + /- cfr51:50 ||
fr57 = fr57 + fr5 || fr56 = fr56 - fr4 ////////////////////<4 >r11:10 //<4 >
r27:26 == r51:50r57:56 == r33:32 * exp( - j * 5 * pi/8)
```

```
r15:14 = br(N)[u2 += u10,u11] || cfr9:8_49:48 = cfr9:8 + /- cfr49:48 || fr13
 = fr13 + fr53 || fr12 = fr12 - fr52 || fr53 = fr13 - fr53 || fr52 = fr12 + fr52 ////
<4 >r9:8 ///<4 >r25:24 == r49:48 <4 >r13:12 <4 >r29:28 == r53:52
r21:20 = br(N)[u3 += u12,u11] || cfr31:30_33:32 = cfr31:30 + /- cfr33:32 ||
cfr35:34_37:36 = cfr35:34 + /- cfr37:36
cfr23:22_25:24 = cfr23:22 + /- cfr25:24 || cfr27:26_29:28 = cfr27:26 + /-
cfr29:28

_cfftloop4: ///*****************************************************
m[v0 += v10,v11] = xr7:6yr9:8zr11:10tr13:12 || r19:18 = br(N)[u2 += u12,
u11] || cfr31:30_35:34 = cfr31:30 + /- cfr35:34
 || cfr33 : 32 = cfr33 : 32 - jcfr37 : 36 || cfr37 : 36 = cfr33 : 32 + jcfr37 :
36 //////////<2 >r31:30 //<2 >r33:32 //<2 >r35:34 <2 >r37:36
m[v1 += v10,v11] = xr9:8yr11:10zr13:12tr7:6 || fr59 = fr58.fr59 || fr58 =
fr58 + fr59 || fr61 = fr61 + fr62 || fr60 = fr63 - fr60
 || cfr39:38 = cfr39:38.jcfr55:54 || cfr55:54 = cfr39:38 + jcfr55:54 ///r59:
58 * exp( - j * 3 * pi/4) = r59:( - r58) r61:60 == ( - r37):r36 * exp( - j * 7 *
pi/8) <4 >r15:14 == r39:38 <4 >r31:30 == r55:54
m[v0 += v12,v11] = xr11:10yr13:12zr7:6tr9:8 || cfr41:40_57:56 = cfr41:40
 + /- cfr57:56 || cfr15:14_17:16 = cfr15:14 + /- cfr17:16 || cfr33:32 =
cfr33:32 * fr0 || cfr37:36 = cfr37:36 * fr0 ////<4 >r17:16 == r41:40 //<4 >
r33:32 == r57:56
r7:6 = br(N)[u0 += u10,u11] || m[v1 += v12,v11] = xr13:12yr7:6zr9:8tr11:
10 || fr43 = fr43 + fr59 || fr42 = fr42 - fr58
 || fr59 = fr43 - fr59 || fr58 = fr42 + fr58 || cfr19:18_21:20 = cfr19:18 + /-
cfr21:20 ///////<4 >r19:18 == r43:42 <4 >r35:34 == r59:58
r9:8 = br(N)[u1 += u10,u11] || m[v4 += v10,v11] = xr47:46yr49:48zr51:
50tr53:52 || fr45 = fr45 - fr61 || fr44 = fr44 + fr60 || fr61 = fr45 + fr61 ||
fr60 = fr44 - fr60 //<4 >r37:36 = r61:60 || cfr23:22_27:26 = cfr23:22 + /-
cfr27:26 /<2 >r23:22 /<2 >27:26 <4 >r21:20 == r45:44
r11:10 = br(N)[u0 += u12,u11] || m[v5 += v10,v11] = xr49:48yr51:50zr53:
52tr47:46 || fr25 = fr25 + fr28 || fr24 = fr24 - fr29 || fr29 = fr25 - fr28 ||
fr28 = fr24 + fr29 || cfr33:32 = cfr33:32 - jcfr33:32 || cfr37:36 = cfr37:36
 + jcfr37:36 ////<2 >r25:24 <2 >r29:28 <2 >r33:32 * exp( - j * pi/4) <2 >
r37:36 * exp( - j * 3 * pi/4) = ( - r37):( - r36)
r13:12 = br(N)[u1 += u12,u11] || m[v4 += v12,v11] = xr51:50yr53:52zr47:
46tr49:48 || cfr17:16 = cfr17:16 - jcfr21:20 || cfr21:20 = cfr17:16 + jc-
fr21:20 || cfr7:6_9:8 = cfr7:6 + /- cfr9:8 /////<2 >r17:16 <2 >r21:20
```

```
r23:22 =br(N)[u4 += u10,u11] ||m[v5 += v12,v11] = xr53:52yr47:46zr49:
48tr51:50 ||cfr47:46 = cfr23:22 + cfr31:30 ||cfr31:30 = cfr23:22 - cfr31:
30 ||cfr49:48 = cfr25:24 + cfr33:32 ||cfr33:32 = cfr25:24 - cfr33:32 /////
<3 >r23:22 == r47:46 <3 >r31:30 == 55:54 <3 >r25:24 == r49:48 /<3 >r33:
32 == r57:56
r25:24 =br(N)[u5 += u10,u11] ||m[v6 += v10,v11] = xr55:54yr57:56zr59:
58tr61:60 ||cfr17:16 = cfr17:16 * fr0 ||cfr21:20 = cfr21:20 * fr0 ||cfr11:
10_13:12 = cfr11:10 + /- cfr13:12 ||fr53 = fr29 - fr37 ||fr52 = fr28 - fr36 ||
fr37 = fr29 + fr37 ||fr36 = fr28 + fr36 ////<3 >r29:28 == r53:52 <3 >r37:36
== r61:60
r27:26 =br(N)[u4 += u12,u11] ||m[v7 += v10,v11] = xr57:56yr59:58zr61:
60tr55:54 ||cfr15:14_19:18 = cfr15:14 + /- cfr19:18 ||fr51 = fr27 + fr34 ||
fr50 = fr26 - fr35 ||fr35 = fr27 - fr34 ||fr34 = fr26 + fr35 ||fr49 = fr49 * fr1
||fr63 = fr48 * fr2 ||fr48 = fr48 * fr1 ||fr62 = fr49 * fr2 ///////<2 >r15:
14 ////<2 >r19:18 <3 >r27:26 == r51:50 <3 >r35:34 == r59:58
r29:28 =br(N)[u5 += u12,u11] ||m[v6 += v12,v11] = xr59:58yr61:60zr55:
54tr57:56 ||cfr7:6_11:10 = cfr7:6 + /- cfr11:10 ||cfr9:8 = cfr9:8 - jcfr13:
12 ||cfr13:12 = cfr9:8 + jcfr13:12 ||fr53 = fr52 * fr1 ||fr5 = fr53 * fr2 ||
fr52 = fr53 * fr1 ||fr4 = fr52 * fr2 ////<2 >r7:6 /////<2 >r11:10 <2 >r9:8 <
2 >r13:12
r31:30 =br(N)[u6 += u10,u11] ||m[v7 += v12,v11] = xr61:60yr55:54zr57:
56tr59:58 ||fr17 = fr17 + fr16 ||fr16 = fr16 - fr17 ||fr21 = fr20 - fr21 ||
fr20 = fr21 + fr20 ||cfr55:54 = cfr31:30 * fr3 ||cfr57:56 = cfr33:32 * fr3 ||
fr49 = fr49 - fr63 ||fr48 = fr48 + fr62 ///<2 >r17:16 * exp( - j * pi/4) ///<2
>r21:20 * exp( - j * 3 * pi/4) = r21:( - r20) //r57:56 = <3 >r33:32r49:48 =
= r25:24 * exp( - j * pi/8)
r33:32 =br(N)[u7 += u10,u11] ||m[v2 += v10,v11] = xr39:38yr41:40zr43:
42tr45:44 ||cfr59:58 = cfr35:34 * fr3 ||cfr51:50 = cfr51:50 * fr0 //r55:54
= <3 >r31:30 ||cfr7:6_15:14 = cfr7:6 + /- cfr15:14 ||cfr11:10 = cfr11:10
- jcfr19:18 ||cfr19:18 = cfr11:10 + jcfr19:18 //////<3 >r7:6 ///<3 >r15:
14 == r39:38 ///////<3 >r11:10 /////<3 >r19:18 == r43:42
r35:34 =br(N)[u6 += u12,u11] ||m[v3 += v10,v11] = xr41:40yr43:42zr45:
44tr39:38 ||cfr9:8 = cfr9:8 + cfr17:16 ||cfr17:16 = cfr9:8 - cfr17:16 ||
fr13 = fr13 + fr21 ||fr12 = fr12 - fr20 ||fr21 = fr13 - fr21 ||fr20 = fr12 +
fr20 ||fr57 = fr57 * fr2 ||fr63 = fr56 * fr1 ||fr56 = fr56 * fr2 ||fr62 = fr57 *
fr1 //////<3 >r9:8 ///<3 >r17:16 == r41:40 ///<3 >r13:12 ///<3 >r21:20 =
= r45:44
r37:36 =br(N)[u7 += u12,u11] ||m[v2 += v12,v11] = xr43:42yr45:44zr39:
```

```
38tr41:40 || fr51 = fr51 + fr50 || fr50 = fr50 - fr51 || fr53 = fr53 - fr5 || fr52
 = fr52 + fr4 || cfr59:58 = cfr59:58 * fr0 || cfr61:60 = cfr37:36 * fr3 || cfr7:
6_47:46 = cfr7:6 + /- cfr47:46 /// r51:50 * exp( - j * pi /4) /// /r53:53 == r29:
( - r28) ///<4 >r7:6 //<4 >r23:22 == r47:46
r17:16 = br(N)[u3 += u10,u11] || m[v3 += v12,v11] = xr45:44yr39:38zr41:
40tr43:42 || cfr9:8_49:48 = cfr9:8 + /- cfr49:48 || fr57 = fr57 + fr63 || fr56
 = fr56 - fr62 || cfr41:40 = cfr17:16 * fr3 || cfr45:44 = cfr21:20 * fr3 ///<4
 >r9:8 ///<4 >r25:24 == r49:48 ////r57:56 == r33:32 * exp( - j * 5 * pi /8)

.code_align 16
r15:14 = br(N)[u2 += u10,u11] || cfr39:38 = cfr15:14 * fr3 || cfr43:42 =
cfr19:18 * fr3 || cfr11:10_51:50 = cfr11:10 + /- cfr51:50 || fr13 = fr13 +
fr53 || fr12 = fr12 - fr52 || fr53 = fr13 - fr53 || fr52 = fr12 + fr52 ////<4 >r11:
10 //<4 >r27:26 == r51:50 <4 >r13:12 <4 >r29:28 == r53:52
r21:20 = br(N)[u3 += u12,u11] || cfr61:60 = cfr61:60 * fr1 || cfr63:62 =
cfr61:60 * fr2 || cfr31:30_33:32 = cfr31:30 + /- cfr33:32 || cfr35:34_37:
36 = cfr35:34 + /- cfr37:36

.code_align 16
if lc1 b _cfftloop4 || cfr23:22_25:24 = cfr23:22 + /- cfr25:24 || cfr27:26_
29:28 = cfr27:26 + /- cfr29:28

//-------前4级合并运算完毕,运算结果存入 OUTPUT -----------------
//-------根据判断跳转结果,决定运算次序 -----------------
//-------如果等于6,直接跳入最后的两级运算 ---------------
//-------如果大于6,且为偶次幂,则进入两级合并的循环 ---------------
//-------如果大于6,且为奇次幂,则先处理一级,再进入两级合并的循环 -----------

u11 = 1 || v11 = 1 || xr1 = 87381 || xr0 = 0 || u0 = u13 + 0 || v0 = v13 + 0 || xr3 = w15 ||
w11 = w12 + w14 ////xr3 = n

.code_align 16
u12 = 128 || v12 = 128 || yr4 = 4 || w7 = 0 || tr4 = w4 || u1 = u13 + u14 || v1 = v13
 + v14
u10 = 8 || v10 = 8 || u3 = u13 + u15 || v3 = v13 + v15 || xr4 = r3 ashift - 7 || w2 = w0
 + w12 || xr1 = r1 & r3 ///u14 = v14 = 32,u15 = v15 = 96,u12 = v12 = 128 ////xr4 =
n /128
.code_align 16
```

```
if nlc0 b _cfftlast||u2 = u1 + u14||v2 = v1 + v14||tr4 -= 1   //若 n = 6,则跳转到最后一次循环
.code_align 16
if xr1 > r0 b _cfft2stage//若 n 为 2 的偶次幂,且大于 6 则按指定跳转
_cfft1: //n 为2的奇次幂时,先做一次基 2,再做后面的处理
u4 = 40||v4 = 40||w10 = -24||xr5 = r3 lshift -5||r7:6 = [u1 += u10,u11]||r11:10 = [w0 += w5,w6]
u14 = 64||v14 = 64||r9:8 = [u0 += u10,u11]
u15 = 192||v15 = 192||lc1 = xr5||r13:12 = [u1 += u10,u11]||r17:16 = [w0 += w5,w6]||cfr7:6 = cfr7:6 * fr11||cfr11:10 = cfr7:6 * fr10
w12 = 64||w14 = 128||r15:14 = [u0 += u10,u11]
r19:18 = [u1 += u10,u11]||r23:22 = [w0 += w5,w6]||cfr13:12 = cfr13:12 * fr17||cfr17:16 = cfr13:12 * fr16||fr7 = fr7 - fr10||fr6 = fr6 + fr11
r21:20 = [u0 += u10,u11]
r25:24 = [u1 += u4,u11]||r29:28 = [w0 += w10,w6]||cfr19:18 = cfr19:18 * fr23||cfr23:22 = cfr19:18 * fr22||fr13 = fr13 - fr16||fr12 = fr12 + fr17||cfr31:30 = cfr9:8 + cfr7:6||cfr33:32 = cfr9:8 - cfr7:6
r27:26 = [u0 += u4,u11]
r7:6 = [u1 += u10,u11]||r11:10 = [w0 += w5,w6]||cfr25:24 = cfr25:24 * fr29||cfr29:28 = cfr25:24 * fr28||fr19 = fr19 - fr22||fr18 = fr18 + fr23||cfr35:34 = cfr15:14 + cfr13:12||cfr37:36 = cfr15:14 - cfr13:12
_cfft1loop:
[v0 += v10,v11] = r31:30||r9:8 = [u0 += u10,u11]
[v1 += v10,v11] = r33:32||r13:12 = [u1 += u10,u11]||r17:16 = [w0 += w5,w6]||fr25 = fr25 - fr28||fr24 = fr24 + fr29||cfr41:40 = cfr21:20 + cfr19:18||cfr43:42 = cfr21:20 - cfr19:18||cfr7:6 = cfr7:6 * fr11||cfr11:10 = cfr7:6 * fr10
[v0 += v10,v11] = r35:34||r15:14 = [u0 += u10,u11]
[v1 += v10,v11] = r37:36||r19:18 = [u1 += u10,u11]||r23:22 = [w0 += w5,w6]||cfr45:44 = cfr27:26 + cfr25:24||cfr47:46 = cfr27:26 - cfr25:24||cfr13:12 = cfr13:12 * fr17||cfr17:16 = cfr13:12 * fr16||fr7 = fr7 - fr10||fr6 = fr6 + fr11
[v0 += v10,v11] = r41:40||r21:20 = [u0 += u10,u11]

.code_align 16
[v1 += v10,v11] = r43:42||r25:24 = [u1 += u4,u11]||r29:28 = [w0 += w10,w6]||cfr19:18 = cfr19:18 * fr23||cfr23:22 = cfr19:18 * fr22||fr13 = fr13 - fr16||fr12 = fr12 + fr17||cfr31:30 = cfr9:8 + cfr7:6||cfr33:32 = cfr9:
```

```
8.cfr7:6
[v0 +=v4,v11] =r45:44 ||r27:26 =[u0 +=u4,u11]

.code_align 16
if lc1 b _cfft1loop ||[v1 +=v4,v11] =r47:46 ||r7:6 =[u1 +=u10,u11] ||r11:
10 =[w0 +=w5,w6] ||cfr25:24 =cfr25:24 * fr29 ||cfr29:28 =cfr25:24 * fr28
||fr19 =fr19 -fr22 ||fr18 =fr18 +fr23 ||cfr35:34 =cfr15:14 +cfr13:12 ||
cfr37:36 =cfr15:14 -cfr13:12
//-----------奇次幂的多余的一级处理完毕 ---------------------------
//-----------判断是否进入最后两级 -----------------------------
u0 =u13 +0 ||v0 =v13 +0 ||w0 =w13 +32

.code_align 16
u12 =256 ||v12 =256 ||yr4 =8 ||w7 =0 ||u1 =u13 +u14 ||v1 =v13 +v14 ||w11 =
w12 +w14
u3 =u13 +u15 ||v3 =v13 +v15 ||xr4 =r3 ashift -8 ||w2 =w0 +w12 ///u14 =v14 =
32,u15 =v15 =96,u12 =v12 =128 //////xr4 =n/256

.code_align 16
if nlc0 b _cfftlast ||w10 =w0 +0 ||u2 =u1 +u14 ||v2 =v1 +v14 ||tr4 -=1

//-------------进行两级合并处理的循环 -----------------------
_cfft2stage:
r7:6 =[u3 +=u10,u11] ||r11:10 =[w0 +=w5,w6] ||u7 =u3 +u12 ||v7 =v3 +v12 |
|lc0 =xr4 ||yr4 -=3 ||w3 =w0 +w14
r9:8 =[u1 +=u10,u11] ||u5 =u1 +u12 ||v5 =v1 +v12
r13:12 =[u2 +=u10,u11] ||r17:16 =[w2 +=w5,w6] ||fr7 =fr7 * fr11 ||fr33 =
fr6 * fr10 ||fr6 =fr6 * fr11 ||fr32 =fr7 * fr10 ||u6 =u2 +u12 ||v6 =v2 +v12 ||
lc1 =yr4
r15:14 =[u0 +=u10,u11] ||r19:18 =[w3 +=w5,w6] ||fr9 =fr9 * fr11 ||fr35 =
fr8 * fr10 ||fr8 =fr8 * fr11 ||fr34 =fr9 * fr10 ||u4 =u0 +u12 ||v4 =v0 +v12
r21:20 =[u7 +=u10,u11] ||fr7 =fr7 -fr33 ||fr6 =fr6 +fr32 ||u14 =u15 +u12
||v14 =v15 +v12
r23:22 =[u5 +=u10,u11] ||fr9 =fr9 -fr35 ||fr8 =fr8 +fr34
r25:24 =[u6 +=u10,u11] ||cfr39:38 =cfr13:12 +cfr7:6 ||cfr37:36 =cfr13:
12 -cfr7:6 || fr21 =fr21 * fr11 || fr29 =fr20 * fr10 || fr20 =fr20 * fr11 ||
fr28 =fr21 * fr10
u14 =u14 +u10 ||v14 =v14 +v10 ||r27:26 =[u4 +=u10,u11] ||cfr43:42 =
```

```
cfr15:14 + cfr9:8 ||cfr41:40 = cfr15:14 - cfr9:8 ||fr23 = fr23 * fr11 ||fr31
 = fr22 * fr10 ||fr22 = fr22 * fr11 ||fr30 = fr23 * fr10
r7:6 = [u3 += u10,u11] ||r11:10 = [w0 += w5,w6] ||fr21 = fr21 - fr29 ||fr20 =
fr20 + fr28 ||fr37 = fr37 * fr19 ||fr35 = fr36 * fr18 ||fr36 = fr36 * fr19 ||
fr34 = fr37 * fr18
r9:8 = [u1 += u10,u11] ||fr23 = fr23 - fr31 ||fr22 = fr22 + fr30 ||fr39 = fr39
 * fr17 ||fr33 = fr38 * fr16 ||fr38 = fr38 * fr17 ||fr32 = fr39 * fr16
r13:12 = [u2 += u10,u11] ||fr37 = fr37 - fr35 ||fr36 = fr36 + fr34 ||cfr47:46
 = cfr25:24 + cfr21:20 ||cfr45:44 = cfr25:24 - cfr21:20 ||fr7 = fr7 * fr11 ||
fr35 = fr6 * fr10 ||fr6 = fr6 * fr11 ||fr34 = fr7 * fr10 //////////////r7:6
r15:14 = [u0 += u10,u11] ||fr39 = fr39 - fr33 ||fr38 = fr38 + fr32 ||cfr51:50
 = cfr27:26 + cfr23:22 ||cfr55:54 = cfr27:26 - cfr23:22 ||fr9 = fr9 * fr11 ||
fr33 = fr8 * fr10 ||fr8 = fr8 * fr11 ||fr32 = fr9 * fr10 //////////////r13:12
r21:20 = [u7 += u10,u11] ||r17:16 = [w2 += w5,w6] ||cfr41:40_37:36 = cfr41:
40 + /- cfr37:36 ||fr47 = fr47 * fr17 ||fr29 = fr46 * fr16 ||fr46 = fr46 * fr17
 ||fr28 = fr47 * fr16 ||fr7 = fr7 - fr35 ||fr6 = fr6 + fr34
r23:22 = [u5 += u10,u11] ||r19:18 = [w3 += w5,w6] ||cfr53:52 = cfr43:42 +
cfr39:38 ||cfr63:62 = cfr43:42 - cfr39:38 ||fr45 = fr45 * fr19 ||fr30 = fr44
 * fr18 ||fr44 = fr44 * fr19 ||fr31 = fr45 * fr18 ||fr9 = fr9 - fr33 ||fr8 = fr8
 + fr32
r25:24 = [u6 += u10,u11] ||fr47 = fr47 - fr29 ||fr46 = fr46 + fr28 ||cfr13:12
_7:6 = cfr13:12 + /- cfr7:6 ||cfr21:20 = cfr21:20 * fr11 ||cfr29:28 = cfr21
:20 * fr10
//*****************************************************************//
_cfft2loop:
r27:26 = [u4 += u10,u11] ||[v1 += v10,v11] = r41:40 ||fr45 = fr45 - fr30 ||
fr44 = fr44 + fr31 ||cfr23:22 = cfr23:22 * fr11 ||cfr31:30 = cfr23:22 * fr10
r7:6 = [u3 += u10,u11] ||r11:10 = [w0 += w5,w6] ||[v3 += v10,v11] = r37:36 ||
cfr41:40 = cfr15:14 - cfr9:8 ||cfr43:42 = cfr15:14 + cfr9:8 ||cfr59:58 =
cfr51:50 + cfr47:46 ||cfr37:36 = cfr7:6 * fr19 ||cfr35:34 = cfr7:6 * fr18 ||
cfr21:20 = cfr21:20 + jcfr29:28
r9:8 = [u1 += u10,u11] ||[v0 += v10,v11] = r53:52 ||cfr61:60 = cfr51:50 -
cfr47:46 ||cfr49:48 = cfr55:54 + cfr45:44 ||cfr45:44 = cfr55:54 - cfr45:
44 ||cfr39:38 = cfr13:12 * fr17 ||cfr33:32 = cfr13:12 * fr16 ||cfr23:22 =
cfr23:22 + jcfr31:30
r13:12 = [u2 += u10,u11] ||[v2 += v10,v11] = r63:62 ||cfr37:36 = cfr37:36 +
jcfr35:34 ||fr7 = fr7 * fr11 ||fr35 = fr6 * fr10 ||fr6 = fr6 * fr11 ||fr34 = fr7
 * fr10 ||cfr25:24 = cfr25:24 + cfr21:20 ||cfr57:56 = cfr25:24 - cfr21:20
```

```
r15:14 =[u0 +=u10,u11] ||[v4 +=v10,v11] =r59:58 ||cfr39:38 =cfr39:38 +
jcfr33:32 ||fr9 =fr9 * fr11 ||fr33 =fr8 * fr10 ||fr8 =fr8 * fr11 ||fr32 =fr9
* fr10 ||cfr51:50 =cfr27:26 +cfr23:22 ||cfr55:54 =cfr27:26 -cfr23:22
.code_align 16
r21:20 =[u7 +=u10,u11] ||[v6 +=v10,v11] =r61:60 ||cfr41:40_37:36 =
cfr41:40 +/-cfr37:36 ||fr7 =fr7 -fr35 ||fr6 =fr6 +fr34 ||cfr47:46 =
cfr25:24 * fr17 ||cfr29:28 =cfr25:24 * fr16 ||r17:16 =[w2 +=w5,w6]
r23:22 =[u5 +=u10,u11] ||[v7 +=v10,v11] =r45:44 ||cfr53:52 =cfr43:42 +
cfr39:38 ||cfr63:62 =cfr43:42 -cfr39:38 ||cfr45:44 =cfr57:56 * fr19 ||
cfr31:30 =cfr57:56 * fr18 ||r19:18 =[w3 +=w5,w6]

.code_align 16
if lc1 b _cfft2loop ||r25:24 =[u6 +=u10,u11] ||[v5 +=v10,v11] =r49:48 ||
fr9 =fr9 -fr33 ||fr8 =fr8 +fr32 ||cfr13:12_7:6 =cfr13:12 +/-cfr7:6 ||
fr47 =fr47 -fr28 ||fr46 =fr46 +fr29 ||cfr21:20 =cfr21:20 * fr11 ||cfr29:
28 =cfr21:20 * fr10
//****************************************************************//
r27:26 =[u4 +=u10,u11] ||[v1 +=v10,v11] =r41:40 ||fr45 =fr45 -fr30 ||
fr44 =fr44 +fr31 ||cfr23:22 =cfr23:22 * fr11 ||cfr31:30 =cfr23:22 * fr10
||lc1 =yr4
r7:6 =[u3 +=u14,u11] ||r11:10 =[w0 +=w5,w6] ||[v3 +=v10,v11] =r37:36 ||
cfr41:40 =cfr15:14 -cfr9:8 ||cfr43:42 =cfr15:14 +cfr9:8 ||cfr59:58 =
cfr51:50 +cfr47:46 ||cfr37:36 =cfr7:6 * fr19 ||cfr35:34 =cfr7:6 * fr18 ||
cfr21:20 =cfr21:20 +jcfr29:28
r9:8 =[u1 +=u14,u11] ||[v0 +=v10,v11] =r53:52 ||cfr61:60 =cfr51:50 -
cfr47:46 ||cfr49:48 =cfr55:54 +cfr45:44 ||cfr45:44 =cfr55:54 -cfr45:
44 ||cfr39:38 =cfr13:12 * fr17 ||cfr33:32 =cfr13:12 * fr16 ||cfr23:22 =
cfr23:22 +jcfr31:30
r13:12 =[u2 +=u14,u11] ||[v2 +=v10,v11] =r63:62 ||cfr37:36 =cfr37:36 +
jcfr35:34 ||fr7 =fr7 * fr11 ||fr35 =fr6 * fr10 ||fr6 =fr6 * fr11 ||fr34 =fr7
* fr10 ||cfr25:24 =cfr25:24 +cfr21:20 ||cfr57:56 =cfr25:24 -cfr21:20
r15:14 =[u0 +=u14,u11] ||[v4 +=v10,v11] =r59:58 ||cfr39:38 =cfr39:38 +
jcfr33:32 ||fr9 =fr9 * fr11 ||fr33 =fr8 * fr10 ||fr8 =fr8 * fr11 ||fr32 =fr9
* fr10 ||cfr51:50 =cfr27:26 +cfr23:22 ||cfr55:54 =cfr27:26 -cfr23:22
.code_align 16
r21:20 =[u7 +=u14,u11] ||[v6 +=v10,v11] =r61:60 ||cfr41:40_37:36 =
cfr41:40 +/-cfr37:36 ||fr7 =fr7 -fr35 ||fr6 =fr6 +fr34 ||cfr47:46 =
cfr25:24 * fr17 ||cfr29:28 =cfr25:24 * fr16 ||r17:16 =[w2 +=w5,w6]
```

r23:22 =[u5 += u14,u11] ||[v7 += v10,v11] = r45:44 ||cfr53:52 = cfr43:42 + cfr39:38 ||cfr63:62 = cfr43:42 - cfr39:38 ||cfr45:44 = cfr57:56 * fr19 || cfr31:30 = cfr57:56 * fr18 ||r19:18 =[w3 += w5,w6]

r25:24 =[u6 += u14,u11] ||[v5 += v10,v11] = r49:48 ||fr9 = fr9 - fr33 ||fr8 = fr8 + fr32 ||cfr13:12_7:6 = cfr13:12 +/- cfr7:6 ||fr47 = fr47 - fr28 || fr46 = fr46 + fr29 ||cfr21:20 = cfr21:20 * fr11 ||cfr29:28 - cfr21:20 * fr10

//***//

r27:26 =[u4 += u14,u11] ||[v1 += v10,v11] = r41:40 ||fr45 = fr45 - fr30 || fr44 = fr44 + fr31 ||cfr23:22 = cfr23:22 * fr11 ||cfr31:30 = cfr23:22 * fr10

r7:6 =[u3 += u10,u11] ||r11:10 =[w10 += w7,w6] ||[v3 += v10,v11] = r37:36 ||cfr41:40 = cfr15:14 - cfr9:8 ||cfr43:42 = cfr15:14 + cfr9:8 ||cfr59:58 = cfr51:50 + cfr47:46 ||cfr37:36 = cfr7:6 * fr19 ||cfr35:34 = cfr7:6 * fr18 || cfr21:20 = cfr21:20 + jcfr29:28 ||w0 = w10 + w5

r9:8 =[u1 += u10,u11] ||[v0 += v10,v11] = r53:52 ||cfr61:60 = cfr51:50 - cfr47:46 ||cfr49:48 = cfr55:54 + cfr45:44 ||cfr45:44 = cfr55:54 - cfr45:44 ||cfr39:38 = cfr13:12 * fr17 ||cfr33:32 = cfr13:12 * fr16 ||cfr23:22 = cfr23:22 + jcfr31:30

r13:12 =[u2 += u10,u11] ||[v2 += v10,v11] = r63:62 ||cfr37:36 = cfr37:36 + jcfr35:34 ||fr7 = fr7 * fr11 ||fr35 = fr6 * fr10 ||fr6 = fr6 * fr11 ||fr34 = fr7 * fr10 ||cfr25:24 = cfr25:24 + cfr21:20 ||cfr57:56 = cfr25:24 - cfr21:20 || w2 = w10 + w12

r15:14 =[u0 += u10,u11] ||[v4 += v10,v11] = r59:58 ||cfr39:38 = cfr39:38 + jcfr33:32 ||fr9 = fr9 * fr11 ||fr33 = fr8 * fr10 ||fr8 = fr8 * fr11 ||fr32 = fr9 * fr10 ||cfr51:50 = cfr27:26 + cfr23:22 ||cfr55:54 = cfr27:26 - cfr23:22 || w3 = w10 + w14

r21:20 =[u7 += u10,u11] ||[v6 += v10,v11] = r61:60 ||cfr41:40_37:36 = cfr41:40 +/- cfr37:36 ||fr7 = fr7 - fr35 ||fr6 = fr6 + fr34 ||cfr47:46 = cfr25:24 * fr17 ||cfr29:28 = cfr25:24 * fr16 ||r17:16 =[w2 += w5,w6]

r23:22 =[u5 += u10,u11] ||[v7 += v10,v11] = r45:44 ||cfr53:52 = cfr43:42 + cfr39:38 ||cfr63:62 = cfr43:42 - cfr39:38 ||cfr45:44 = cfr57:56 * fr19 || cfr31:30 = cfr57:56 * fr18 ||r19:18 =[w3 += w5,w6]

r25:24 =[u6 += u10,u11] ||[v5 += v10,v11] = r49:48 ||fr9 = fr9 - fr33 ||fr8 = fr8 + fr32 ||cfr13:12_7:6 = cfr13:12 +/- cfr7:6 ||fr47 = fr47 - fr28 || fr46 = fr46 + fr29 ||cfr21:20 = cfr21:20 * fr11 ||cfr29:28 = cfr21:20 * fr10

//////////////next loop//

r27:26 =[u4 += u10,u11] ||[v1 += v14,v11] = r41:40 ||fr45 = fr45 - fr30 || fr44 = fr44 + fr31 ||cfr23:22 = cfr23:22 * fr11 ||cfr31:30 = cfr23:22 * fr10

r7:6 =[u3 += u10,u11] ||r11:10 =[w0 += w5,w6] ||[v3 += v14,v11] = r37:36 ||

```
cfr41:40 =cfr15:14 -cfr9:8 ||cfr43:42 =cfr15:14 +cfr9:8 ||cfr59:58 =
cfr51:50 +cfr47:46 ||cfr37:36 =cfr7:6 * fr19 ||cfr35:34 =cfr7:6 * fr18 ||
cfr21:20 =cfr21:20 +jcfr29:28
r9:8 =[u1 +=u10,u11] ||[v0 +=v14,v11] =r53:52 ||cfr61:60 =cfr51:50 -
cfr47:46 ||cfr49:48 =cfr55:54 +cfr45:44 ||cfr45:44 =cfr55:54 -cfr45:
44 ||cfr39:38 =cfr13:12 * fr17 ||cfr33:32 =cfr13:12 * fr16 ||cfr23:22 =
cfr23:22 +jcfr31:30
r13:12 =[u2 +=u10,u11] ||[v2 +=v14,v11] =r63:62 ||cfr37:36 =cfr37:36 +
jcfr35:34 ||fr7 =fr7 * fr11 ||fr35 =fr6 * fr10 ||fr6 =fr6 * fr11 ||fr34 =fr7
 * fr10 ||cfr25:24 =cfr25:24 +cfr21:20 ||cfr57:56 =cfr25:24 -cfr21:20
r15:14 =[u0 +=u10,u11] ||[v4 +=v14,v11] =r59:58 ||cfr39:38 =cfr39:38 +
jcfr33:32 ||fr9 =fr9 * fr11 ||fr33 =fr8 * fr10 ||fr8 =fr8 * fr11 ||fr32 =fr9
 * fr10 ||cfr51:50 =cfr27:26 +cfr23:22 ||cfr55:54 =cfr27:26 -cfr23:22

.code_align 16
r21:20 =[u7 +=u10,u11] ||[v6 +=v14,v11] =r61:60 ||cfr41:40_37:36 =
cfr41:40 +/-cfr37:36 ||fr7 =fr7 -fr35 ||fr6 =fr6 +fr34 ||cfr47:46 =
cfr25:24 * fr17 ||cfr29:28 =cfr25:24 * fr16 ||r17:16 =[w2 +=w5,w6]
r23:22 =[u5 +=u10,u11] ||[v7 +=v14,v11] =r45:44 ||cfr53:52 =cfr43:42 +
cfr39:38 ||cfr63:62 =cfr43:42 -cfr39:38 ||cfr45:44 =cfr57:56 * fr19 ||
cfr31:30 =cfr57:56 * fr18 ||r19:18 =[w3 +=w5,w6]

.code_align 16
if lc0 b _cfft2loop ||r25:24 =[u6 +=u10,u11] ||[v5 +=v14,v11] =r49:48 ||
fr9 =fr9 -fr33 ||fr8 =fr8 +fr32 ||cfr13:12_7:6 =cfr13:12 +/-cfr7:6 ||
fr47 =fr47 -fr28 ||fr46 =fr46 +fr29 ||cfr21:20 =cfr21:20 * fr11 ||cfr29:
28 =cfr21:20 * fr10
yr4 +=3 ||u0 =u13 +0 ||v0 =v13 +0 ||w0 =w10 +w11 ||lc1 =tr4
u15 =u15 ashift 2 ||v15 =v15 ashift 2 ||w10 =w10 +w11 ||xr4 =r4 lshift -2
u1 =u13 +u12 ||v1 =v13 +v12 ||w12 =w12 ashift 2
.code_align 16
u3 =u13 +u15 ||v3 =v13 +v15 ||yr4 =r4 lshift 2 ||w14 =w14 ashift 2 ///u14 =
v14 =32,u15 =v15 =96,u12 =v12 =128
u2 =u1 +u12 ||v2 =v1 +v12 ||w2 =w0 +w12
.code_align 16
if lc1 b _cfft2stage
||u12 =u12 ashift 2 ||v12 =v12 ashift 2 ||w11 =w12 +w14 ||tr4 -=1
//--------------两级合并处理的循环处理完毕 ----------------------
```

```
//--------------最后两级合并处理---------------------------
_cfftlast:
r7:6 =[u3 +=u10,u11] ||r11:10 =[w0 +=w5,w6] ||fr1 =fr1 -fr1 ||fr0 =fr0 -
fr0 ||w3 =w0 +w14
xr5 =r3 lshift -5 ||r9:8 =[u2 +=u10,u11]
r13:12 =[u1 +=u10,u11] ||r17:16 =[w2 +=w5,w6] ||fr7 =fr7 * fr11 ||fr33 =
fr6 * fr10 ||fr6 =fr6 * fr11 ||fr32 =fr7 * fr10
r15:14 =[u0 +=u10,u11] ||r19:18 =[w3 +=w5,w6] ||fr9 =fr9 * fr11 ||fr35 =
fr8 * fr10 ||fr8 =fr8 * fr11 ||fr34 =fr9 * fr10 ||lc1 =xr5
r21:20 =[u3 +=u10,u11] ||r11:10 =[w0 +=w5,w6] ||fr7 =fr7 -fr33 ||fr6 =
fr6 +fr32
r23:22 =[u2 +=u10,u11] ||fr9 =fr9 -fr35 ||fr8 =fr8 +fr34
r25:24 =[u1 +=u10,u11] ||cfr39:38 =cfr13:12 +cfr7:6 ||cfr37:36 =cfr13:
12 -cfr7:6 ||fr21 =fr21 * fr11 ||fr29 =fr20 * fr10 ||fr20 =fr20 * fr11 ||
fr28 =fr21 * fr10
r27:26 =[u0 +=u10,u11] ||cfr43:42 =cfr15:14 +cfr9:8 ||cfr41:40 =cfr15:
14 -cfr9:8 ||fr23 =fr23 * fr11 ||fr31 =fr22 * fr10 ||fr22 =fr22 * fr11 ||
fr30 =fr23 * fr10
r7:6 =[u3 +=u10,u11] ||r11:10 =[w0 +=w5,w6] ||fr21 =fr21 -fr29 ||fr20 =
fr20 +fr28 ||fr37 =fr37 * fr19 ||fr35 =fr36 * fr18 ||fr36 =fr36 * fr19 ||
fr34 =fr37 * fr18
r9:8 =[u2 +=u10,u11] ||r19:18 =[w3 +=w5,w6] ||fr23 =fr23 -fr31 ||fr22 =
fr22 +fr30 ||fr39 =fr39 * fr17 ||fr33 =fr38 * fr16 ||fr38 =fr38 * fr17 ||
fr32 =fr39 * fr16
r13:12 =[u1 +=u10,u11] ||r17:16 =[w2 +=w5,w6] ||fr37 =fr37 -fr35 ||fr36
=fr36 +fr34 ||cfr47:46 =cfr25:24 +cfr21:20 ||cfr45:44 =cfr25:24 -
cfr21:20 ||fr7 =fr7 * fr11 ||fr35 =fr6 * fr10 ||fr6 =fr6 * fr11 ||fr34 =fr7
* fr10
r15:14 =[u0 +=u10,u11] ||fr39 =fr39 -fr33 ||fr38 =fr38 +fr32 ||cfr51:50
=cfr27:26 +cfr23:22 ||cfr55:54 =cfr27:26 -cfr23:22
||fr9 =fr9 * fr11 ||fr33 =fr8 * fr10 ||fr8 =fr8 * fr11 ||fr32 =fr9 * fr10
r21:20 =[u3 +=u10,u11] ||r11:10 =[w0 +=w5,w6] ||cfr41:40_37:36 =cfr41:
40 +/-cfr37:36 ||fr47 =fr47 * fr17 ||fr29 =fr46 * fr16 ||fr46 =fr46 * fr17
||fr28 =fr47 * fr16 ||fr7 =fr7 -fr35 ||fr6 =fr6 +fr34
r23:22 =[u2 +=u10,u11] ||r17:16 =[w2 +=w5,w6] ||cfr43:42_39:38 =cfr43:
42 +/-cfr39:38 ||fr45 =fr45 * fr19 ||fr30 =fr44 * fr18 ||fr44 =fr44 * fr19
||fr31 =fr45 * fr18 ||fr9 =fr9 -fr33 ||fr8 =fr8 +fr32
r25:24 =[u1 +=u10,u11] ||r19:18 =[w3 +=w5,w6] ||fr47 =fr47 -fr29 ||fr46
```

```
=fr46+fr28||cfr13:12_7:6=cfr13:12+/-cfr7:6||cfr21:20=cfr21:20
*fr11||cfr29:28=cfr21:20*fr10

//****************************************************************//
_cfftlastloop:
r27:26=[u0+=u10,u11]||[v3+=v10,v11]=r37:36||fr45=fr45-fr30||
fr44=fr44+fr31||cfr23:22=cfr23:22*fr11||cfr31:30=cfr23:22*fr10
r7:6=[u3+=u10,u11]||r11:10=[w0+=w5,w6]||[v2+=v10,v11]=r39:38||
cfr53:52=cfr15:14-cfr9:8||cfr59:58=cfr51:50+cfr47:46||cfr61:60
=cfr51:50-cfr47:46||cfr37:36=cfr7:6*fr19||cfr35:34=cfr7:6*fr18
||cfr21:20=cfr21:20+jcfr29:28
r9:8=[u2+=u10,u11]||[v0+=v10,v11]=r43:42||r19:18=[w3+=w5,w6]||
cfr43:42=cfr15:14+cfr9:8||cfr49:48=cfr55:54+cfr45:44||cfr45:44
=cfr55:54-cfr45:44||cfr39:38=cfr13:12*fr17||cfr33:32=cfr13:12*
fr16||cfr23:22=cfr23:22+jcfr31:30
r13:12=[u1+=u10,u11]||[v1+=v10,v11]=r41:40||r17:16=[w2+=w5,w6]
||cfr37:36=cfr37:36+jcfr35:34||fr7=fr7*fr11||fr35=fr6*fr10||
fr6=fr6*fr11||fr34=fr7*fr10||cfr25:24=cfr25:24+cfr21:20||cfr57
:56=cfr25:24-cfr21:20||cfr41:40=cfr53:52+cfr1:0
r15:14=[u0+=u10,u11]||[v0+=v10,v11]=r59:58||cfr39:38=cfr39:38+
jcfr33:32||fr9=fr9*fr11||fr33=fr8*fr10||fr8=fr8*fr11||fr32=fr9
*fr10||cfr51:50=cfr27:26+cfr23:22||cfr55:54=cfr27:26-cfr23:22

.code_align 16
r21:20=[u3+=u10,u11]||[v3+=v10,v11]=r45:44||cfr41:40_37:36=
cfr41:40+/-cfr37:36||fr7=fr7-fr35||fr6=fr6+fr34||cfr47:46=
cfr25:24*fr17||cfr29:28=cfr25:24*fr16||r11:10=[w0+=w5,w6]
r23:22=[u2+=u10,u11]||[v2+=v10,v11]=r61:60||cfr43:42_39:38=
cfr43:42+/-cfr39:38||cfr45:44=cfr57:56*fr19||cfr31:30=cfr57:56
*fr18||r17:16=[w2+=w5,w6]

.code_align 16
if lc1 b _cfftlastloop||r25:24=[u1+=u10,u11]||[v1+=v10,v11]=r49:
48||r19:18=[w3+=w5,w6]||fr9=fr9-fr33||fr8=fr8+fr32||cfr13:12_7:
6=cfr13:12+/-cfr7:6||fr47=fr47-fr28||fr46=fr46+fr29||cfr21:20
=cfr21:20*fr11||cfr29:28=cfr21:20*fr10
_cfftexit:
//---------------------寄存器回复,出栈--------------------------
```

```
xyr6 = [u8 +2, -1] || u8 = u8 +2
r5:4 = [u8 +7, -1] || u8 = u8 +7
r3:2 = [u8 +8, -1] || u8 = u8 +8
r1:0 = [u8 +8, -1] || u8 = u8 +8
r41:40 = [u8 +8, -1] || u8 = u8 +8
r43:42 = [u8 +8, -1] || u8 = u8 +8
r45:44 = [u8 +8, -1] || u8 = u8 +8
r47:46 = [u8 +8, -1] || u8 = u8 +8
r49:48 = [u8 +8, -1] || u8 = u8 +8
r51:50 = [u8 +8, -1] || u8 = u8 +8
r53:52 = [u8 +8, -1] || u8 = u8 +8 || w14 = xr6 || w15 = yr6
r55:54 = [u8 +8, -1] || u8 = u8 +8 || w10 = xr5 || w11 = yr5 || w12 = zr5 || w13
= tr5
r57:56 = [u8 +8, -1] || u8 = u8 +8 || v14 = xr4 ||v15 = yr4 || w8 = zr4 || w9 = tr4
r59:58 = [u8 +8, -1] || u8 = u8 +8 || v10 = xr2 ||v11 = yr2 || v12 = zr2 || v13
= tr2
r61:60 = [u8 +8, -1] || u8 = u8 +8 || u14 = xr1 || u15 = yr1 || v8 = zr1 || v9
= tr1
r63:62 = [u8 +8, -1] || u8 = u8 +8 || u10 = xr0 || u11 = yr0 || u12 = zr0 || u13
= tr0
u8 = u8 +1
//--------------------------------------------------------
nop
rtrap 23
nop

.code_align 16
Ret
```

参考文献

[1] 陈伯孝,吴剑旗.综合脉冲孔径雷达[M].北京:国防工业出版社,2011.

[2] 丁鹭飞,耿富录.雷达原理[M].3版.西安:西安电子科技大学出版社,2002.

[3] Mahafza B R.雷达系统分析与设计(MATLAB版)[M].2版.陈志杰,等译.北京:电子工业出版社,2008.

[4] Mahafza B R.雷达系统设计MATLAB仿真[M].朱国富,等译.北京:电子工业出版社,2009.

[5] Skolnik M I.雷达系统导论[M].3版.左群声,等译.北京:电子工业出版社,2006.

[6] Skolnik M I.雷达手册[M].3版.南京电子技术研究所译.北京:电子工业出版社,2010.

[7] 陈伯孝,等.现代雷达系统分析与设计[M].西安:西安电子科技大学出版社.2013.

[8] 焦培南,张忠治.雷达环境与电波传播特性[M].北京:电子工业出版社,2007.

[9] 刘书明,罗勇江.ADSP TS20XS系列DSP原理与应用设计[M].北京:电子工业出版社.2007.

[10] Harold R R. Radar Systems Principles[M]. CRC Press,1997.

[11] Levanon N,Mozeson E. Radar Signals[M]. New York:Wiley,2004.

[12] 何友,关键,彭应宁,等.雷达自动检测与恒虚警处理[M].北京:清华大学出版社,1999.

[13] 王永良.空间谱估计理论与算法[M].北京:清华大学出版社,2004.

主要符号表

B0/B1/B2	处理器内部存储器三个存储块标号
CE0	外部存储器最低空间片选使能控制
CE1 ~ CE4	外部存储器异步扩展空间片选控制
CON7 ~ CON0	ALU 运算单元的累加控制
Core x/Core y/Core z/Core t	处理器内部处理宏标号
DLDAR3 ~ DLDAR0	DDR 到高速口飞越传输 DMA 发端数据起始地址
DLDDR3 ~ DLDDR0	DDR 到高速口飞越传输 DMA 数据传输长度
DLDPR3 ~ DLDPR0	DDR 到高速口飞越传输 DMA 工作状态标示
DLDSR3 ~ DLDSR0	DDR 到高速口飞越传输 DMA 数据步进值
DLLMR3 ~ DLMRL0	DDR 到高速口飞越传输 DMA 传输模式
DLLPR3 ~ DLLPR0	DDR 到高速口飞越传输 DMA 时高速口状态
g_{11}	复矩阵迭代计算的初始值
g_{i1}	复矩阵一级迭代计算过程
g_{ik}	复矩阵迭代计算中间过程
g_{kk}	复矩阵二级迭代计算过程
$H(e^{j\omega})$	滤波器在频域上的频率响应
$H(f)$	匹配滤波器的频域函数表示
$H(z)$	滤波器在频域上的序列值
$H_d(e^{j\omega})$	滤波器在频域上理想频率响应
$h(n)$	滤波器在时域上序列值
ICRh/ICRl	64 位中断清除
ILATRh/ILATRl	64 位中断锁存
IMASKRh/IMASKRl	64 位中断屏蔽
ISRh/ISRl	64 位中断设置
LDDAR3 ~ LDDAR0	高速口到 DDR 飞越传输 DMA 发端数据起始地址
LDDDR3 ~ LDDDR0	高速口到 DDR 飞越传输 DMA 数据传输长度
LDDPR3 ~ LDDPR0	高速口到 DDR 飞越传输 DMA 工作状态标示
LDDSR3 ~ LDDSR0	高速口到 DDR 飞越传输 DMA 数据步进值

LDLMR3 ~ LDMRL0　高速口到 DDR 飞越传输 DMA 传输模式
LDLPR3 ~ LDLPR0　高速口到 DDR 飞越传输 DMA 时高速口状态
LRAR3 ~ LRAR0　高速传输 DMA 收端数据起始地址
LRCCXR3 ~ LRCCXR0　高速传输 DMA 收端数据 X 维传输长度
LRCCYR3 ~ LRCCYR0　高速传输 DMA 收端数据 Y 维传输长度
LRMR3 ~ LRMR0　高速传输 DMA 收端传输模式
LRPR3 ~ LRPR0　高速传输 DMA 收端数据工作状态标示
LRSR3 ~ LRSR0　高速传输 DMA 收端数据步进值
LTAR3 ~ LTAR0　高速传输 DMA 发端数据起始地址
LTCCXR3 ~ LTCCXR0　高速传输 DMA 发端数据 X 维传输长度
LTCCYR3 ~ LTCCYR0　高速传输 DMA 发端数据 Y 维传输长度
LTMR3 ~ LTMR0　高速传输 DMA 发端传输模式
LTPR3 ~ LTPR0　高速传输 DMA 发端数据工作状态标示
LTSR3 ~ LTSR0　高速传输 DMA 发端数据步进值
PDXR　并口 DMA 内部存储空间 X 维传输长度
PDYR　并口 DMA 内部存储空间 Y 维传输长度
PFAR　并口 DMA 外部存储空间起始地址
PMASKRh/PMASKRl　64 位中断指针屏蔽
PMCR　并口 DMA 传输模式
POAR　并口 DMA 处理器内部存储器起始地址
POSR　并口 DMA 处理器内部数据步进
PPR　并口 DMA 工作状态标示
R3,R4　处理器 X 宏寄存器组中第 3 个与第 4 个位置上寄存的 32 位实数
$\boldsymbol{R}_{xx}$　x 序列的相关矩阵
$s_1(t)$　雷达发射脉冲信号的时域表示
$s_o(t)$　雷达接收信号经过匹配滤波器输出信号的时域表示
$s_{r1}(t)$　雷达接收的回波信号的时域表示
TCNT4 ~ TCNT0　定时器当前值
TCR4 ~ TCR0　定时器模式
TPR4 ~ TPR0　定时器长度
W_N　FFT 的旋转因子,或为加权因子
$X(k)$　数据序列在频率域上构成的序列
XACC3　处理器 X 宏中第 4 个 ALU 上累加寄存器寄存的 40 位实数

XCHR1　处理器 X 宏寄存器组中第 1 个位置上寄存的 16 位复数
XCON0　处理器 X 宏第 1 个 ALU 位置上 32 位控制值
XCR5:4　处理器 X 宏寄存器组中第 5 个与第 4 个位置上寄存的一个 32 位复数
XFR9　处理器 X 宏寄存器组中第 9 个位置上寄存的 32 位浮点数
XMACC1　处理器 X 宏中第 2 个乘法器上累加寄存器寄存的 72 位实数
XR0,XR5　处理器 X 宏寄存器组中第 0 个与第 5 个位置上寄存的 32 位实数
x_k　输入数据在时域上构成的序列
$\boldsymbol{\Lambda}$　矩阵 $\boldsymbol{X}$ 的对角矩阵
φ_{xx}　x 序列的相关函数计算

缩略语

ABFPR	ALU Block Floating Point flag Register	ALU 块浮点标志寄存器
ABI	Application Binary Interface	应用二进制接口
ACC	Accumulationregister	累加寄存器
ACF	ALU Compare Flag Register	ALU 比较标志寄存器
ADBF	Adaptive Digital Beamforming	自适应数字波束形成
AFO	ALU Floating Point Overflow	ALU 浮点上溢出标志
AFOA	ALU Floating Point Overflow And	ALU 浮点上溢出标志按位与
AFOO	ALU Floating Point Overflow Or	ALU 浮点上溢出标志按位或
AFU	ALU Floating Point Underflow	ALU 浮点下溢出标志
AFUA	ALU Floating Point Underflow And	ALU 浮点下溢出标志按位与
AFUO	ALU Floating Point Underflow Or	ALU 浮点下溢出标志按位或
AI	ALU Float Operation Invalid	ALU 浮点无效标志
AIA	ALU Float Operation Invalid And	ALU 浮点无效操作按位与
AIO	ALU Float Operation Invalid Or	ALU 浮点无效操作按位或
ALU	Arithmetic Logic Unit	算术逻辑单元
ALUCFR0 ~ ALUCFR7	ALU Compare Flag Register	ALU 比较标志寄存器
ALUCR	ALU Control Register	ALU 控制寄存器
ALUFAR	ALU Flag And Register	ALU 标志按位与寄存器
ALUFOR	ALU Flag Or Register	ALU 标志按位或寄存器
ALUFR7 ~ ALUFR0	ALU Flag Register	ALU 标志寄存器
AMTI	Adaptive Moving Target Indication	自适应动目标显示
AO	ALU Fix Point Overflow Flag	ALU 定点溢出标志
AOA	ALU Fix Point Overflow Flag And	ALU 定点溢出标志按位与
AOO	ALU Fix Point Overflow Flag Or	ALU 定点溢出标志按位或

ARM	Anti – radiation Missile	反辐射导弹
ASIC	Application Specific Integrated Circuit	专用集成电路
BA	Branch Address	分支程序目的地址
BDTI	Berkeley Design Technology, Inc.	Berkeley 设计技术有限公司
BPB	Branch Prediction Buffer	分支预测缓冲
BSD	Boundary Scan Design	边界扫描
BWCC	BW C Compiler	博微 C 编译器
BWDSP	BW Digital Signal Processing	博微数字信号处理器
CACFAR	Cell Average Collaborative Forecast and Replenishment	单元平均法恒虚警门限
CFAR	Constant False Alarm Rate	恒虚警检测
CFGCE	Configure CE Register	并口 CE 空间配置寄存器
CON	Control Register	累加控制寄存器
CPU	Central Processing Unit	中央处理器
DBF	Digital Beamforming	数字波束形成
DC1	Decode Phase 1	译码 1 级
DC2	Decode Phase 2	译码 2 级
DCB	DDR2 DMA Control Register Bank	DDR2 的 DMA 控制寄存器组
DDR2	Double Data Rate 2	第 2 代双倍数据率
DDXR	DDR2 Port On – chip X Dimension Register	DDR2 接口 DMA 片上传输 X 维长度寄存器
DDYR	DDR2 Port On – chip Y Dimension Register	DDR2 接口 DMA 片上传输 Y 维长度寄存器
DFAR	DDR2 Port Off – chip Address Register	DDR2 接口 DMA 片外存储空间起始地址寄存器
DFT	Discrete Fourier Transform	离散傅里叶变换
DIF	Decimation – in – Frequency	按频率抽取
DIT	Decimation – in – Time	按时间抽取
DLDARx	DDR2 Port to Link DMA Address Register	DDR2 接口至 Link 口飞越传输起始地址寄存器
DLDDRx	DDR2 Port to Link DMA Depth Register	DDR2 接口至 Link 口飞越传输长度寄存器

DLDPRx	DDR2 Port to Link DMA Process Register	DDR2 接口至 Link 口飞越传输 DDR2 过程寄存器
DLDSRx	DDR2 Port to Link DMA Step Register	DDR2 接口至 Link 口飞越传输地址步进寄存器
DLL	Delay – locked Loop	延迟锁定环
DLLMRx	DDR2 Port to Link Link Mode Register	DDR2 接口至 Link 飞越传输 Link 口模式寄存器
DLLPRx	DDR2 Port to Link Link Process Register	DDR2 接口至 Link 飞越传输 Link 口过程寄存器
DMA	Direct Memory Access	直接存储器访问
DMAIR	DMA Interrupt Register	中断向量寄存器
DMCR	DDR2 Port Mode Control Register	DDR2 接口 DMA 模式控制寄存器
DOAR	DDR2 Port On – chip Address Register	DDR2 接口片上存储空间起始地址寄存器
DOSR	DDR2 Port On – chip Step Control Register	DDR2 接口 DMA 片上存储空间步进控制寄存器
DPR	DDR2 Port DMA Process Register	DDR2 接口 DMA 过程寄存器
DQ	Data Input /Output (Bidirectional Data Bus)	DDR 双向数据
DQS	DQ Strobe	DDR 双向数据选通信号
DRCCR	Controller Configuration Register	控制器配置寄存器
DRCSR	Controller Status Register	控制器状态寄存器
DRDCR	DRAM Configuration Register	DRAM 配置寄存器
DRDLLCR0 – 9	DLL Control Register	DLL 控制寄存器
DRDLLGCR	Global DLL Control Register	DLL 全局控制寄存器
DRDQSBTR	DQS_b Timing Register	DQS_b 时序寄存器
DRDQSTR	DQS Timing Register	DQS 时序寄存器
DRDQTR0 – 7	DQ Timing Register	DQ 时序寄存器
DRDRR	DRAM Refresh Register	DRAM 刷新寄存器
DREMR0	Mode Register	模式寄存器
DREMR1 – 3	Extended Mode Register	扩展模式寄存器

DRHPCR0	Host Port Configuration Register	主机端口配置寄存器
DRIOCR	I/O Configuration Register	I/O 配置寄存器
DRMMGCR	Memory Manager General Configuration Register	存储器管理通用配置寄存器
DRODTCR	ODT Configuration Register	ODT 配置寄存器
DRPQCR0	Priority Queue Configuration Register	优先权等待排队配置寄存器
DRRDGR	Rank DQS Gating Register	Rank DQS 门控寄存器
DRRSLR	Rank System Latency Register	Rank 系统延迟寄存器
DRTPR	Timing Parameters Register	时序参数寄存器
DRZQCR	ZQ Control Register	ZQ 控制寄存器
DRZQSR	ZQ Status Register	ZQ 状态寄存器
DSP	Digital Signal Processor	数字信号处理器
ECM	Electronic Countermeasures	电子干扰
ECS	Efficient Coding Studio	高效编码工作室软件
EPROM	Electrically Erasable Programmable Read – only Memory	电可擦写可编程只读存储器
EX	Executing Phase	执行级
FDGCR	Flyby DMA Global Control Register	飞越传输 DMA 全局控制寄存器
FE1	Fetch Instruction Phase 1	取指 1 级
FE2	Fetch Instruction Phase 2	取指 2 级
FE3	Fetch Instruction Phase 3	取指 3 级
FFT	Fast Fourier Transform	快速傅里叶变换
FIR	Finite Impulse Response	有限冲激响应滤波器
FMACPS	Floating Point Multiply – accumulates per Second	浮点乘累加每秒
FP	Frame Point	帧指针
FPC	Fetch Program Counter	取指程序计数器
FPGA	Field – programmable Gate Array	现场可编程门阵列
GCSR	Global Control Status Register	全局控制寄存器
GPDR	General Purpose I/O Direction Register	通用 I/O 方向寄存器
GPER	General Purpose I/O Enable Register	通用 I/O 使能寄存器

GPIO	Gerneral Purpose Input Output	通用目的输入输出
GPNMR	General Purpose I/O Neg – edge Mask Register	通用 I/O 下降沿屏蔽寄存器
GPNR	General Purpose I/O Neg – edge Register	通用 I/O 下降沿寄存器
GPOTR	General Purpose I/O Output Type Register	GPIO 输出引脚类型寄存器
GPPMR	General Purpose I/O Posi – edge Mask Register	通用 I/O 上升沿屏蔽寄存器
GPPR	General Purpose I/O Posi – edge Register	通用 I/O 上升沿寄存器
GPVR	General Purpose I/O Value Register	通用 I/O 值寄存器
HINTR	High – priority External Interrupt Register	高级别外部中断向量寄存器
IA1	Instruction Buffer 1	指令缓冲 1
IA2	Instruction Buffer 2	指令缓冲 2
IA3	Instruction Buffer 3	指令缓冲 3
IAB	Instruction Aligned Buffer	指令排队缓冲池
ICE	In – circuit Emulator	在线仿真器
ICR	Interrupt Clear Register	中断清除寄存器
ICRh	Interrupt Clear Register High	中断清除寄存器高位部分
ICRl	Interrupt Clear Register Low	中断清除寄存器低位部分
ICTLR	Interrupt Control Register	中断控制寄存器
IDE	Integrated Development Environment	集成开发环境
IIR	Infinite Impulse Response	无限冲击响应滤波器
ILATR	Interrupt Latch Register	中断锁存寄存器
IMASKR	Interrupt Mask Register	中断屏蔽寄存器
INTR	Interrupt Register	外部中断向量寄存器
IP	Intelleclual Propevty	知识产权
ISR	Interrupt Set Register	中断设置寄存器
ITM	Interface Timing	接口时序转换
IVT	Interrupt Vector Table	中断向量表

JNR	Jammer Noise Ratio	干噪比
LC	Loop Counter	零开销循环计数器
LDDARx	Link to DDR2 Port DMA Address Register	Link 至 DDR2 飞越传输起始地址寄存器
LDDDRx	Link to DDR2 Port DMA Depth Register	Link 至 DDR2 飞越传输长度寄存器
LDDPRx	Link to DDR2 Port DMA Process Register	Link 至 DDR2 飞越传输 DDR2 接口过程寄存器
LDDSRx	Link to DDR2 Port DMA Step Register	Link 至 DDR2 飞越传输地址步进寄存器
LDLMRx	Link to DDR2 Port DMA Mode Register	Link 至 DDR2 飞越传输 Link 口模式寄存器
LDLPRx	Link to DDR2 Port DMA Process Register	Link 至 DDR2 飞越传输 Link 口过程寄存器
LED	Light Emitting Diode	发光二极管
LEN	Operand Length	传输位宽
LRARx	Link Port Receiver Address Register	LinkDMA 收端起始地址寄存器
LRCCRx	Link Port Receiver Count Control Register	LinkDMA 收端计数控制寄存器
LRMRx	Link Port Receiver Mode Register	LinkDMA 收端模式寄存器
LRPRx	Link Port Receiving Process Register	LinkDMA 收端过程寄存器
LRSRx	Link Port Receiving Step Control Register	LinkDMA 收端步进控制寄存器
LSB	Least Significant Bit	最低有效位
LTARx	Link Port Transmitter Address Register	LinkDMA 发端起始地址寄存器
LTCCXRx	Link Port Transmitter X Dimension Count Control Register	Link 发端 X 维长度计数控制寄存器
LTCCYRx	Link Port Transmitter Y Dimension Count Control Register	Link 发端 Y 维长度计数控制寄存器
LTMRx	Link Port Transmitting Mode Register	LinkDMA 发端模式寄存器

LTPRx	Link Port Transmitting Process Register	Link 发端过程寄存器
LTSRx	Link Port Transmitter Step Value Register	LinkDMA 发端步进值寄存器
LVDS	Low Voltage Differential Signal	低电压差分信号
MACC	Multiply – Accumulates	乘累加寄存器
MACS	Multiply – Accumulates per Second	乘法累加运算次数每秒
MDLL	Master DLL	主延迟锁定环
MFO	Multiplier Floating Point Overflow	乘法器浮点上溢出标志
MFOA	Multiplier Floating Point Overflow And	乘法器浮点上溢出标志按位与
MFOO	Multiplier Floating Point Overflow Or	乘法器浮点上溢出标志按位或
MFU	Multiplier Floating Point Underflow	乘法器浮点下溢出标志
MFUA	Multiplier Floating Point Underflow And	乘法器浮点下溢出标志按位与
MFUO	Multiplier Floating Point Underflow Or	乘法器浮点下溢出标志按位或
MI	Multiplier Floating Point Operation Invalid	乘法器浮点无效操作
MIA	Multiplier Floating Point Operation Invalid And	乘法器浮点无效操作按位与
MIMD	Multiple Instruction Multiple Data	多指令流多数据流
MIO	Multiplier Floating Point Operation Invalid Or	乘法器浮点无效操作按位或
MIPS	Million Instructions per Second	百万条指令每秒
MO	Multiplier Fix Point Overflow Flag	乘法器定点溢出标志
MOA	Multiplier Fix Point Overflow Flag And	乘法器定点溢出标志按位与
MOO	Multiplier Fix Point Overflow Flag Or	乘法器定点溢出标志按位或
MPU	Micro Processor Uint	微处理器单元
MSDLL	Master – slave DLL	主从延迟锁定环
MTD	Moving Target Detection	动目标检测

MTI	Moving Target Indication	动目标显示
MUL	Multiplier	乘法器运算部件
MULCR	MUL Control Register	乘法器控制寄存器
MULFAR	MUL Flag And Register	乘法器标志按位与寄存器
MULFOR	MUL Flag Or Register	乘法器标志按位或寄存器
MULFR3 ~ MULFR0	MUL Flag Register	乘法器标志寄存器
NAN	Not a Number	浮点非正常数
NOP	No Operation	空指令
OCD	Off Chip Driver Impedance Adjustment	片外驱动阻抗校准
ODT	On Die Termination	片上终结电阻信号
PC	Program Counter	程序计数器
PCB	Parallel Port DMA Control Register Bank	通用并行口 DMA 控制寄存器组
PDXR	Parallel Port On – chip X Dimension Register	并口 DMA 片上传输 X 维长度寄存器
PDYR	Parallel Port On – chip Y Dimension Register	并口 DMA 片上传输 Y 维长度寄存器
PE	Parity Enable	校验使能
PFAR	Parallel Port Off – chip Address Register	并口 DMA 片外存储起始地址寄存器
PM	Parity Mode	校验模式
PMASKR	Interrupt Pointer Mask Register	中断指针屏蔽寄存器
PMCR	Parallel Port Mode Control Register	并口 DMA 模式控制寄存器
POAR	Parallel Port On – chip Address Register	并口 DMA 片上存储起始地址寄存器
POSR	Parallel Port On – chip Step Control Register	并口 DMA 片上存储步进控制寄存器
PPR	Parallel Port Process Register	并口 DMA 过程寄存器
RAM	Ramdom Access Memory	随机存取存储器
RCB	Receive Control Register Bank	Link 收口 DMA 控制寄存器组

RCS	Radar Cross Section	雷达目标散射截面积
RETI	Return of Interrupt	中断返回指令
RL	Read Latency	读延迟
ROM	Read – only Memory	只读存储器
RXD	Receive Data	数据接收端
SAFO	Static ALU Floating Point Overflow	静态 ALU 浮点上溢出标志
SAFOA	Static ALU Floating Point Overflow And	静态 ALU 浮点上溢出标志位与
SAFOO	Static ALU Floating Point Overflow Or	静态 ALU 浮点上溢出标志位或
SAFU	Static ALU Floating Point Underflow	静态 ALU 浮点下溢出标志
SAFUA	Static ALU Floating Point Underflow And	静态 ALU 浮点下溢出标志位与
SAFUO	Static ALU Floating Point Underflow Or	静态 ALU 浮点下溢出标志位或
SAI	Static ALU Floating Point Operation Invalid	静态 ALU 浮点无效标志
SAIA	Static ALU Floating Point Operation Invalid And	静态 ALU 浮点无效操作按位与
SAIO	Static ALU Floating Point Operation Invalid Or	静态 ALU 浮点无效操作按位或
SAO	Static ALU Fix Point Overflow	静态 ALU 定点溢出标志
SAOA	Static ALU Fix Point Overflow And	静态 ALU 定点溢出标志位与
SAOO	Static ALU Fix Point Overflow Or	静态 ALU 定点溢出标志位或
SCFGR	Serial Port Configure Register	串口配置寄存器
SCR	Signal Clutter Ratio	信杂比
SDRAM	Synchronous Dynamic Random Access Memory	同步动态随机存储器
SFO	SPU Floating Point Overflow	SPU 浮点上溢出标志
SFR	Serial Port Flag Register	串口标志寄存器
SFU	SPU Floating Point Underflow	SPU 浮点下溢出标志
SHAC	Super Harvard Architecture Computer	超级哈佛结构

SHF	Shifter	移位器运算部件
SHFCR	Shifter Control Register	移位器控制寄存器
SHFFAR	Shifter Flag And Register	移位器标志按位与寄存器
SHFFOR	Shifter Flag Or Register	移位器标志按位或寄存器
SHFFR1 ~ SHFFR0	Shifter Flag Register	移位器标志寄存器
SHO	Shifter Overflow Flag	移位器溢出标志
SHOA	Shifter Overflow Flag And	移位器溢出标志按位与
SHOO	Shifter Overflow Flag Or	移位器溢出标志按位或
SI	SPU Floating Point Operation Invalid	SPU 浮点无效操作
SIMD	Single Instruction Multiple Data	单指令流多数据流
SJNR	Signal Jammer Noise Ratio	信干噪比
SLC	Sidelobe Cancelling	旁瓣相消
SMFO	Static Multiplier Floating Point Overflow	静态乘法器浮点上溢出标志
SMFOA	Static Multiplier Floating Point Overflow And	静态乘法器浮点上溢出标志位与
SMFOO	Static Multiplier Floating Point Overflow Or	静态乘法器浮点上溢出标志位或
SMFU	Static Multiplier Floating Point Underflow	静态乘法器浮点下溢出标志
SMFUA	Static Multiplier Floating Point Underflow And	静态乘法器浮点下溢出标志位与
SMFUO	Static Multiplier Floating Point Underflow Or	静态乘法器浮点下溢出标志位或
SMI	Static Multiplier Floating Point Operation Invalid	静态乘法器浮点无效操作
SMIA	Static Multiplier Floating Point Operation Invalid And	静态乘法器浮点无效操作位与
SMIO	Static Multiplier Floating Point Operation Invalid Or	静态乘法器浮点无效操作位或
SMO	Static Multiplier Fix Point Overflow	静态乘法器定点溢出标志
SMOA	Static Multiplier Fix Point Overflow And	静态乘法器定点溢出标志按位与

SMOO	Static Multiplier Fix Point Overflow Or	静态乘法器定点溢出标志位或
SNR	Signal Noise Ratio	信噪比
SO	SPU Fix Point Overflow Flag	SPU 定点溢出标志
SOC	System on Chip	片上系统
SOPC	System on a Programmable Chip	可编程片上系统
SPD	Transfer Speed	传输速率
SPU	Special Processing Unit	特定运算部件
SPUCR	Special Processing Unit Control Register	超算器控制寄存器
SPUFR	Special Processing Unit Flag Register	超算器标志寄存器
SR	Subprogram Pointer Register	子程序指针寄存器
SRAM	Static Random Access Memory	静态随机存取存储器
SRCR	Serial Port Baudrate Configuration Register	串口波特率配置寄存器
SRDR	Serial Port Receive Data Register	串口接收数据寄存器
SRIR	Serial Port Receive Interrupt Register	串口接收中断向量寄存器
SSFO	Static SPU Floating Point Overflow	静态 SPU 浮点上溢出标志
SSFU	Static SPU Floating Point Underflow	静态 SPU 浮点下溢出标志
SSHO	Static Shifter Overflow Flag	静态移位器溢出标志
SSHOA	Static Shifter Overflow Flag And	静态移位器溢出标志按位与
SSHOO	Static Shifter Overflow Flag Or	静态移位器溢出标志按位或
SSI	Static SPU Floating Point Operation Invalid	静态 SPU 浮点无效操作
SSO	Static SPU Fix Point Overflow	静态 SPU 定点溢出标志
STDR	Serial Port Transmit Data Register	串口发送数据寄存器
STIR	Serial Port Transmit Interrupt Register	串口发送中断向量寄存器
SWIR	Software Interrupt Register	软件中断向量寄存器
TCB	Transmit Control Register Bank	Link 发射口 DMA 控制寄存器组

TCNT	Timer Counter	定时器计数器
TCR	Timer Control Register	定时器控制寄存器
TI	Texas Instruments	得州仪器(公司)
TIHR	Timer High - priority Interrupt Register	定时器高优先级中断向量寄存器
TILR	Timer Low - priority Interrupt Register	定时器低优先级中断向量寄存器
TPR	Timer Period Register	定时器周期寄存器
TXD	Transmit Data	数据发送端
UART	Universal Asynchronous Receiver Transmitter	通用异步接收发送器
VLIW	Very Long Instruction Word	超长指令字
WB	Write Back Phase	写回级
WL	Write Latency	写延迟
WR	Write Recovery Time	写恢复时间

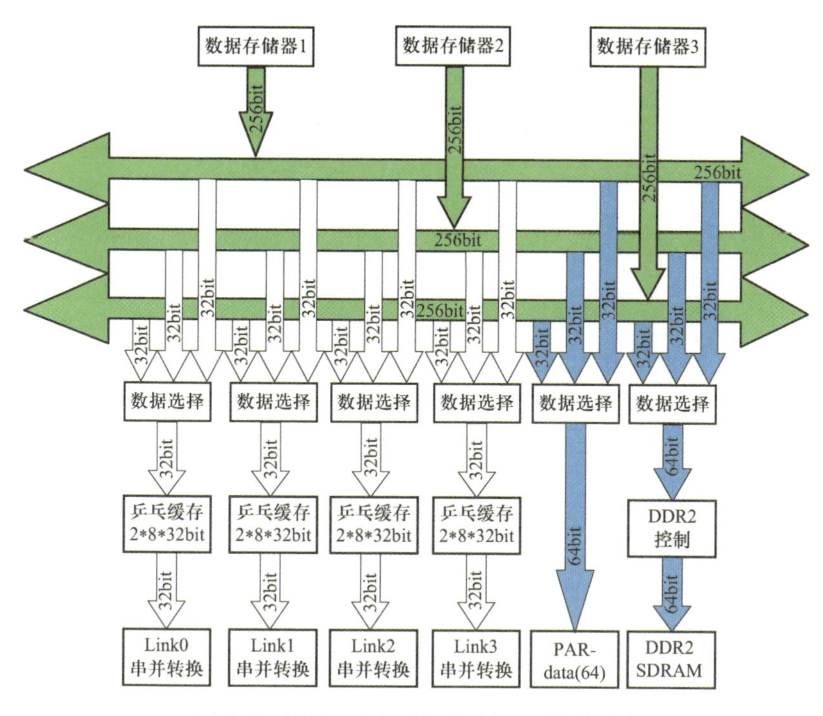

图 5.3　处理器内部数据输出接口功能框图

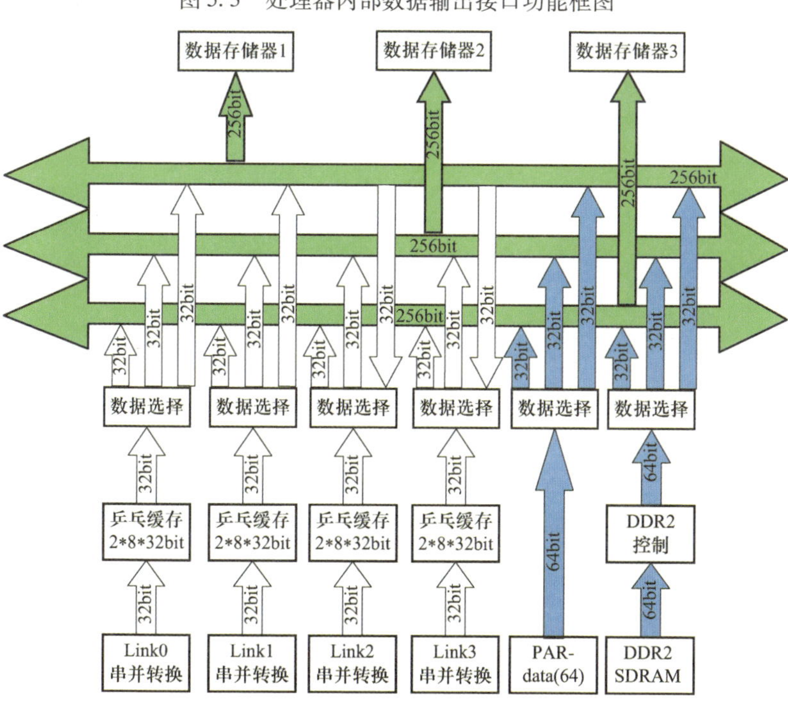

图 5.4　处理器内部数据输入接口功能框图

彩/1

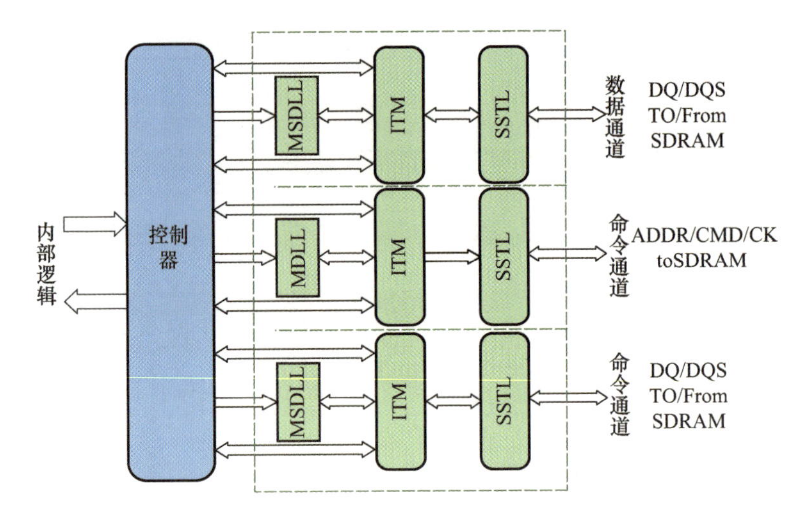

图 5.24　PHY 的结构简图与控制器的连接关系

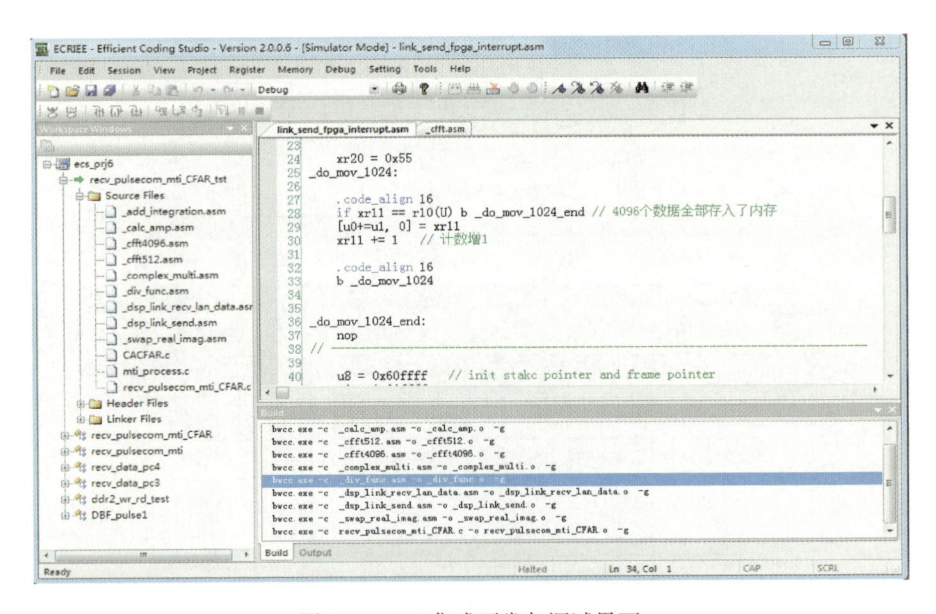

图 6.4　ECS 集成开发与调试界面

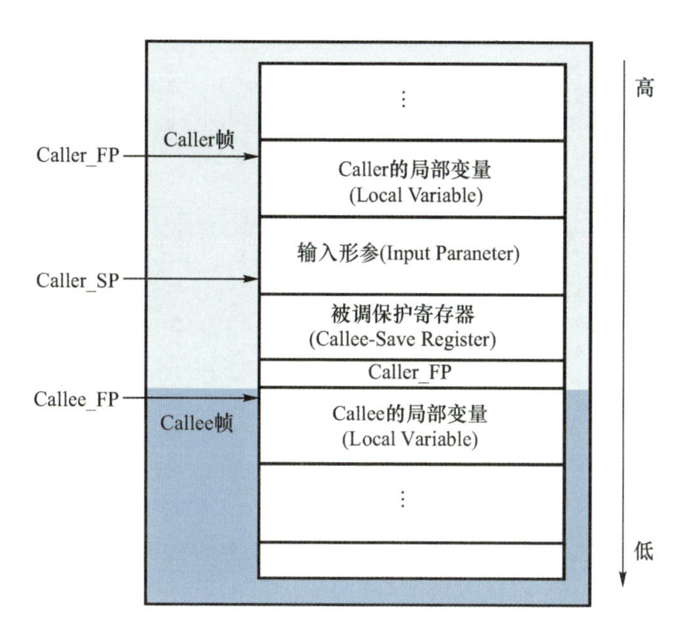

图 6.5 “魂芯一号”栈运行模型

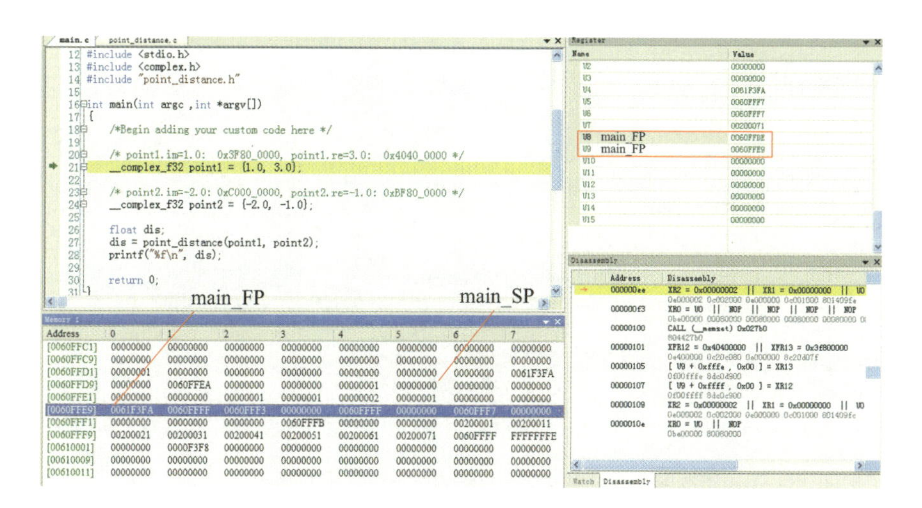

图 6.6 point_distance 程序调试——main 函数起始处

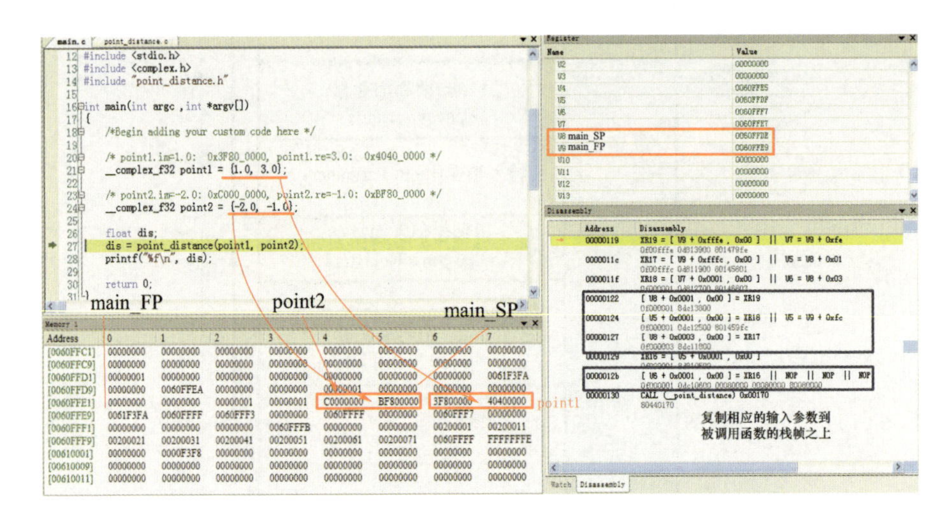

图 6.7　point_distance 程序调试——point_distance 函数调用前

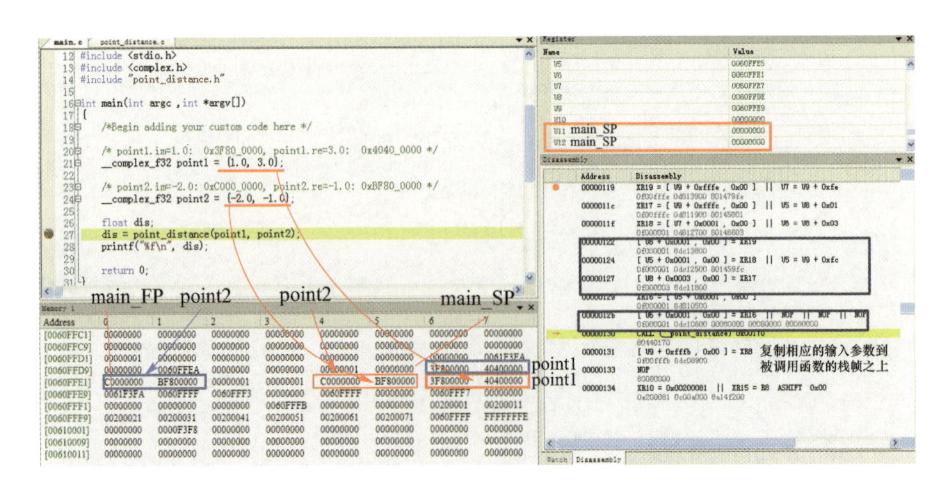

图 6.8　point_distance 程序调试——CALL 指令之前

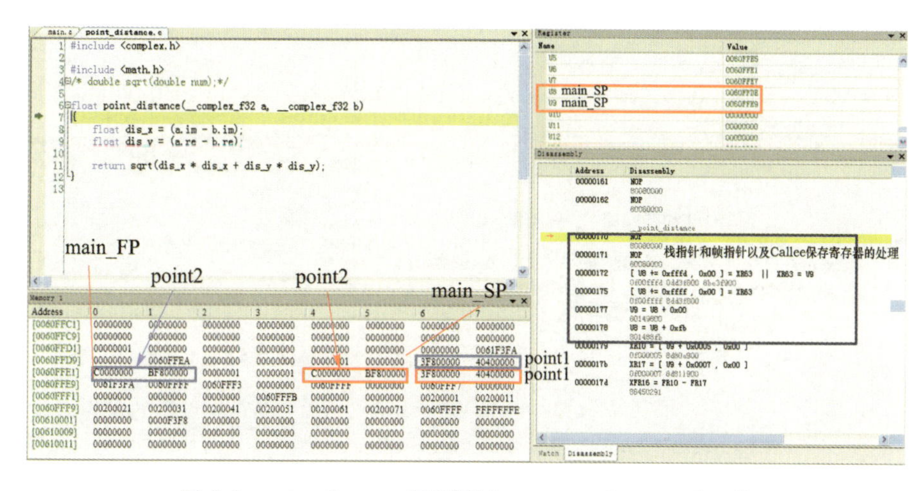

图 6.9　point_distance 程序调试——point_distance 子函数
第一条指令执行之前

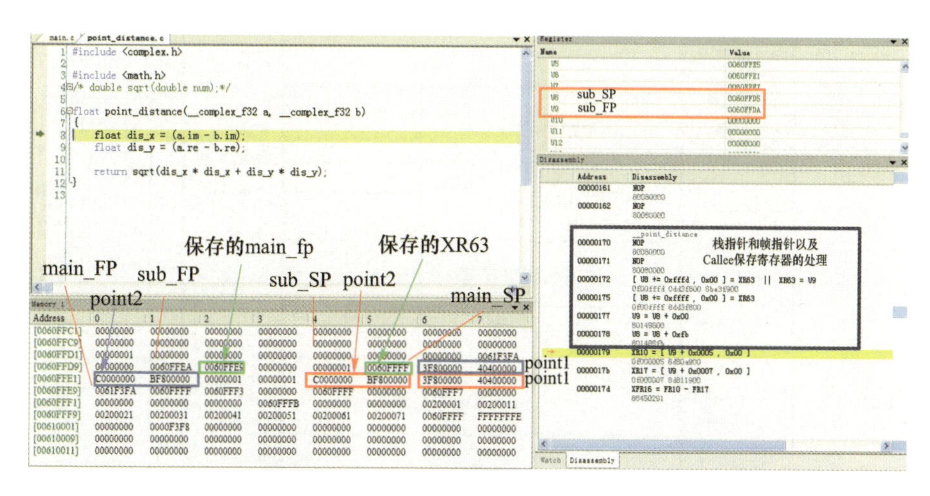

图 6.10　point_distance 程序调试——point_distance 子函数
第一条 C 语句执行之前

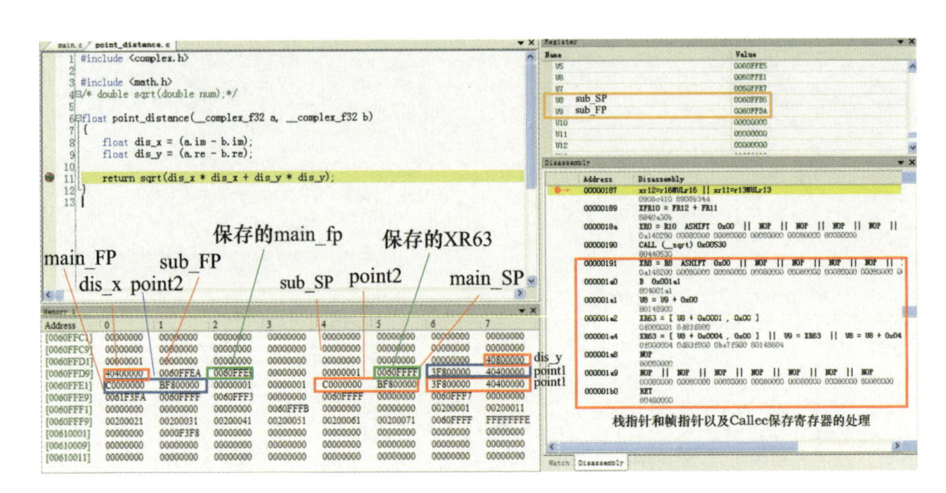

图 6.11　point_distance 程序调试——point_distance 子函数返回前

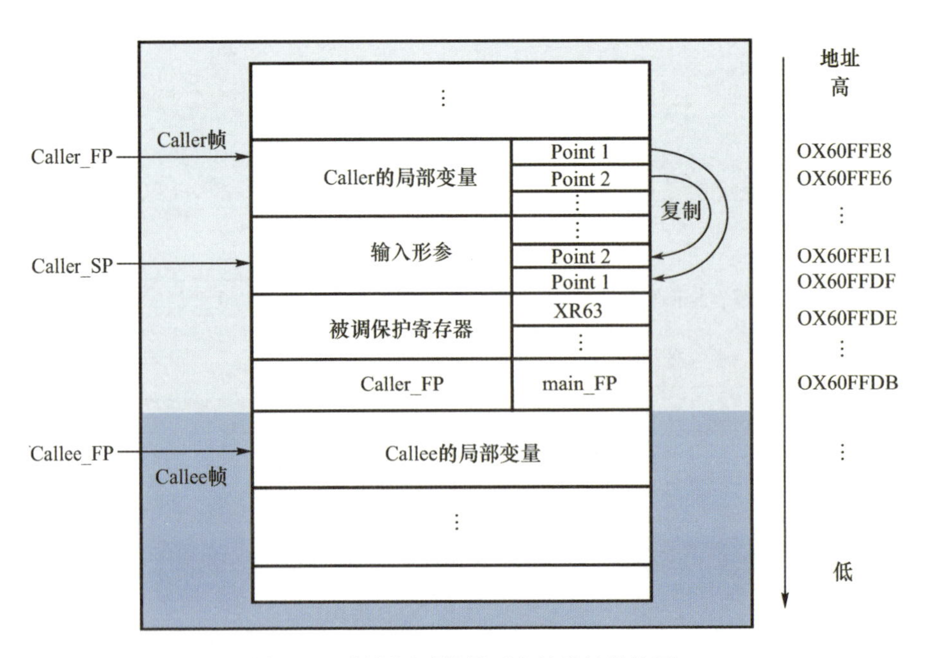

图 6.12　根据调试结果画出的栈帧结构图

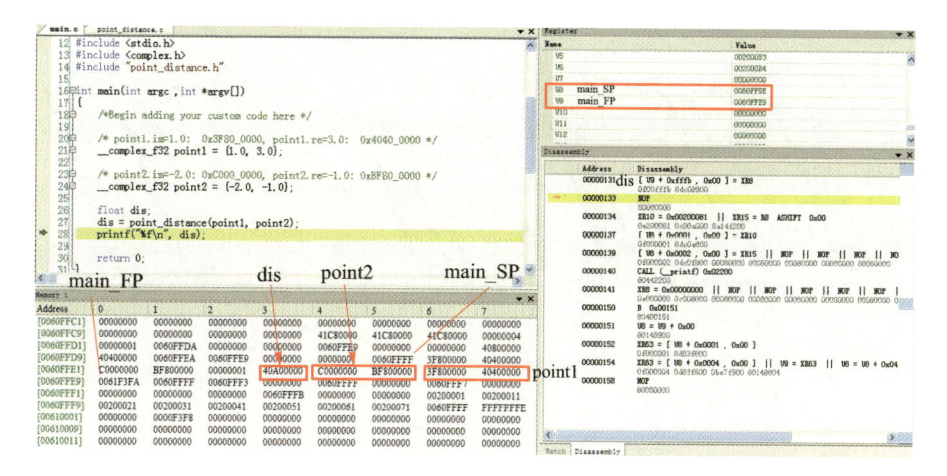

图 6.13　point_distance 程序调试——point_distance 子函数返回后

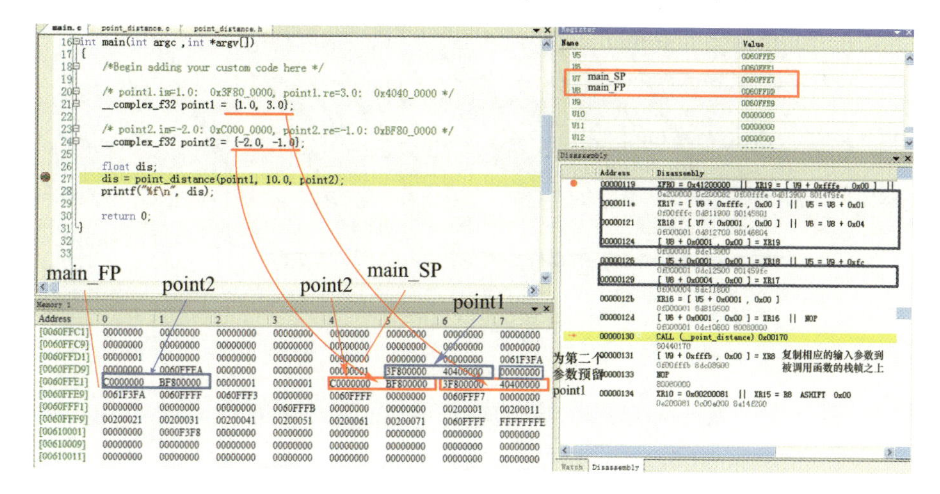

图 6.14　point_distance 程序调试——栈空间保留

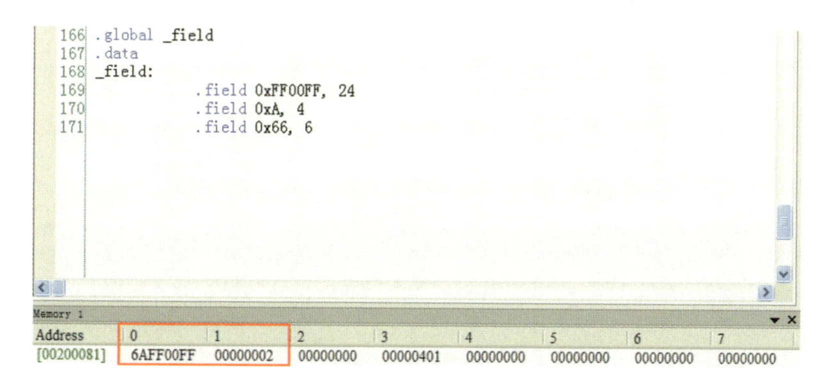

图 6.16　程序运行结果

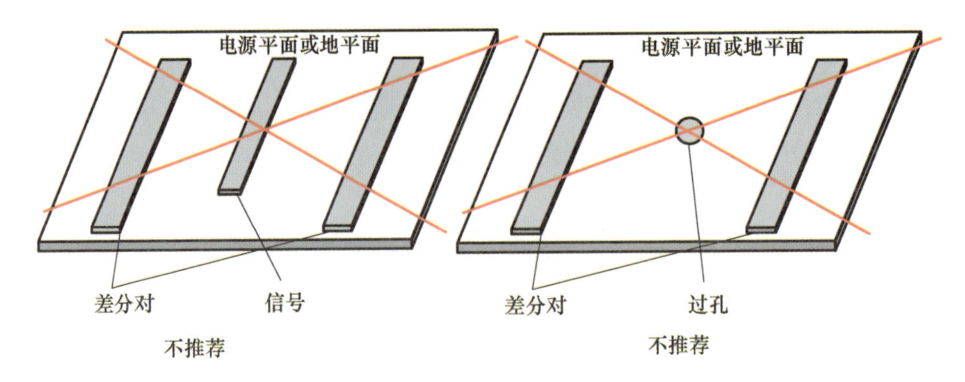

图 7.5　LVDS 的差分信号间不允许有过孔和其他信号

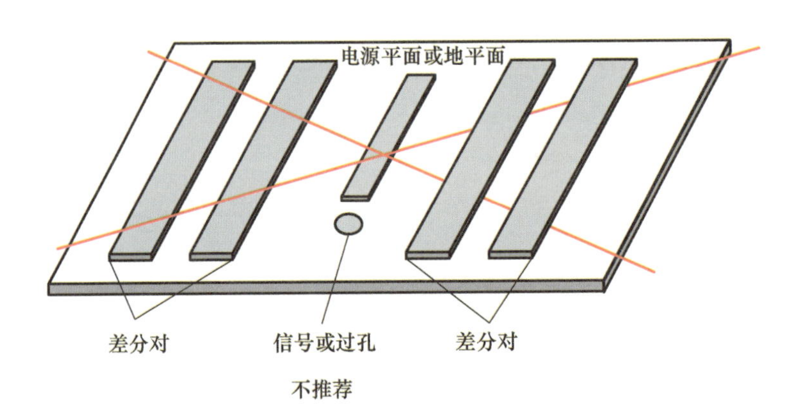

图 7.6　邻近的差分对间不允许有过孔和其他信号

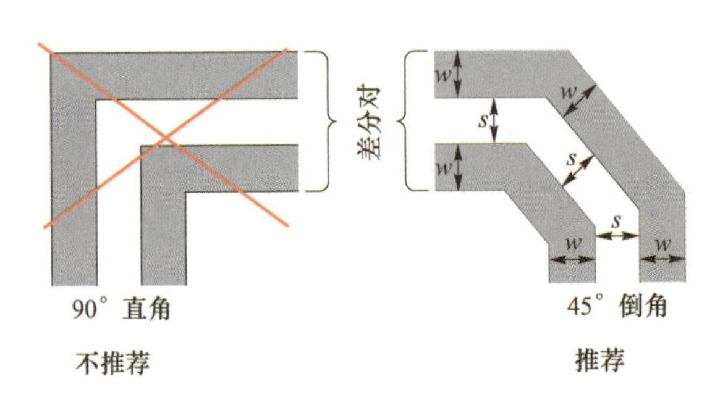

图 7.7　LVDS 的走线不允许出现 90°直角

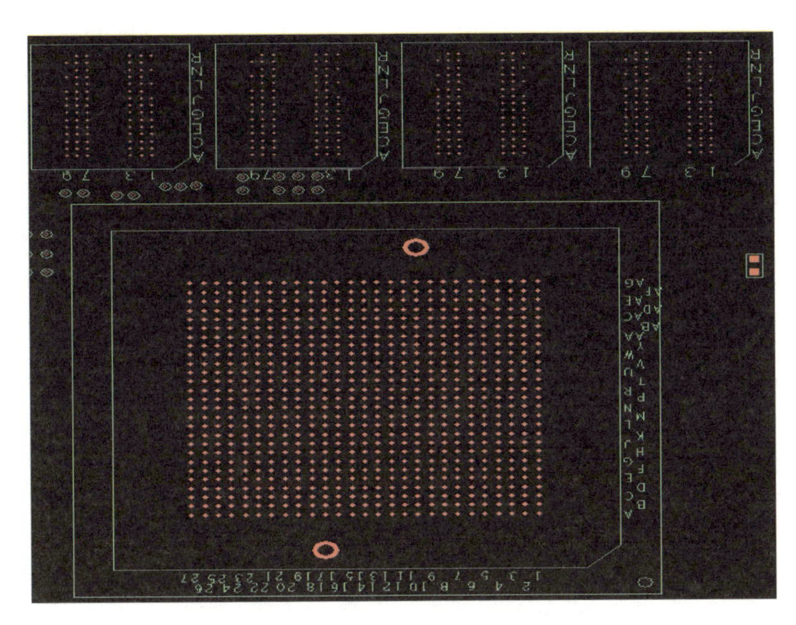

图 7.14　DDR2 系统布板示例

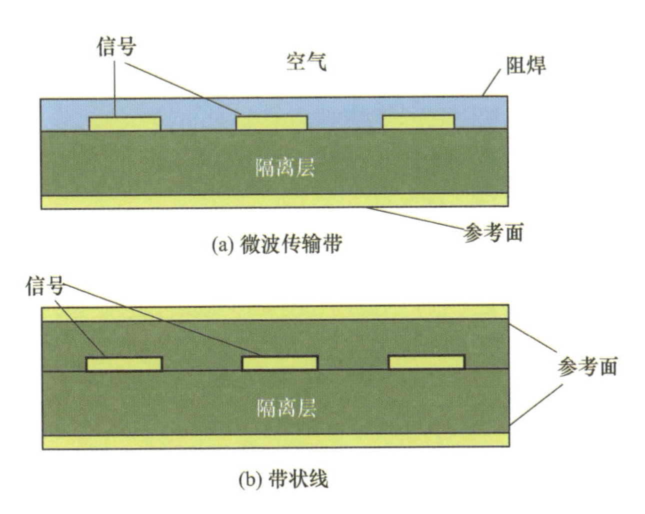

(a) 微波传输带

(b) 带状线

图 7.16　微波传输带和带状线

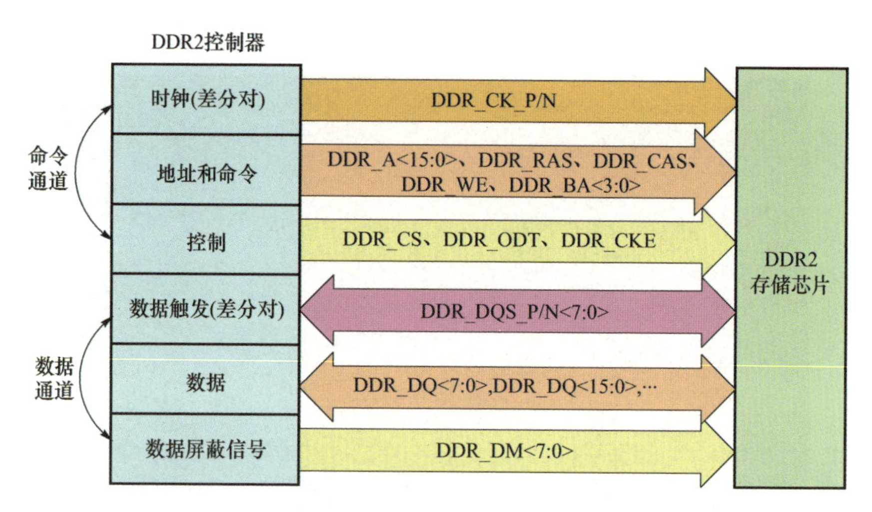

图 7.17　DDR2 信号分类

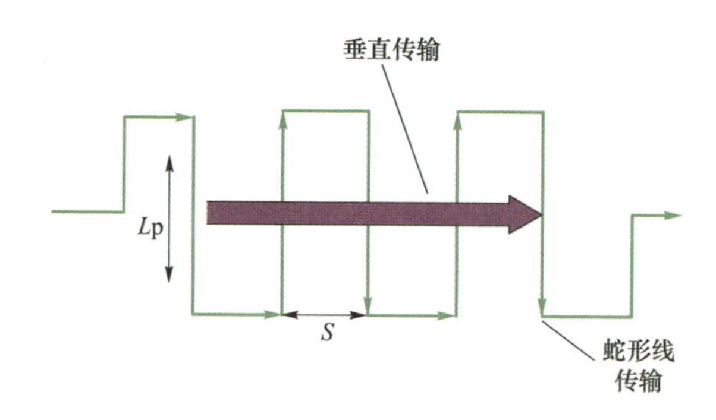

图 7.18　蛇形线传输

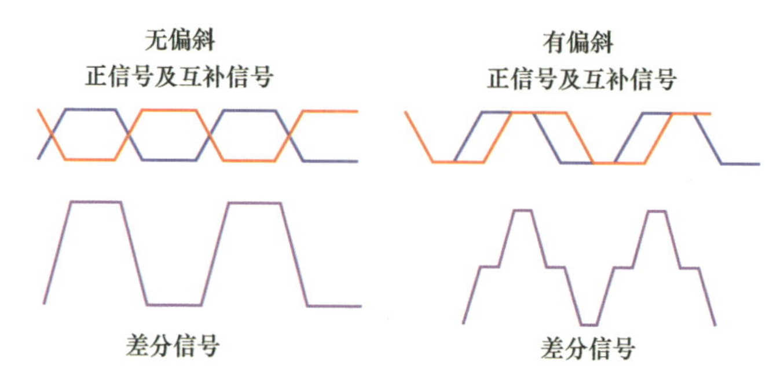

图 7.19　差分对的偏斜对信号的影响

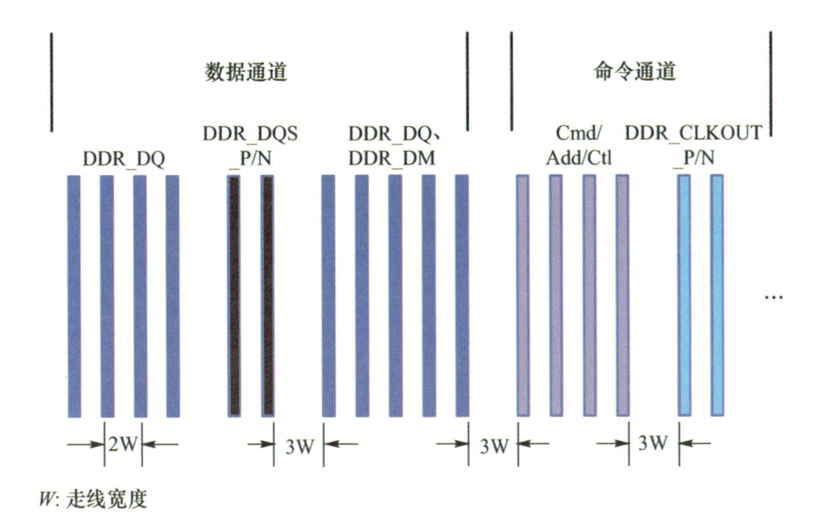

图 7.20　线间距

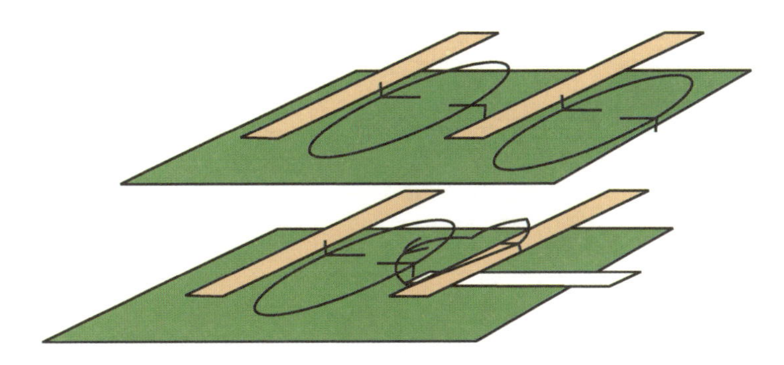

图 7.21　在分割处的串扰

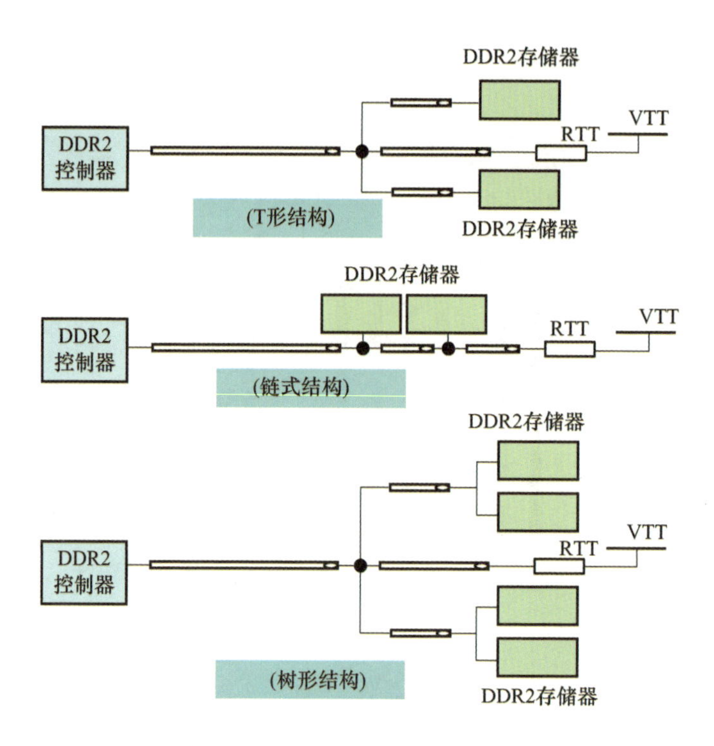

图 7.23　地址/命令/控制信号结构示图

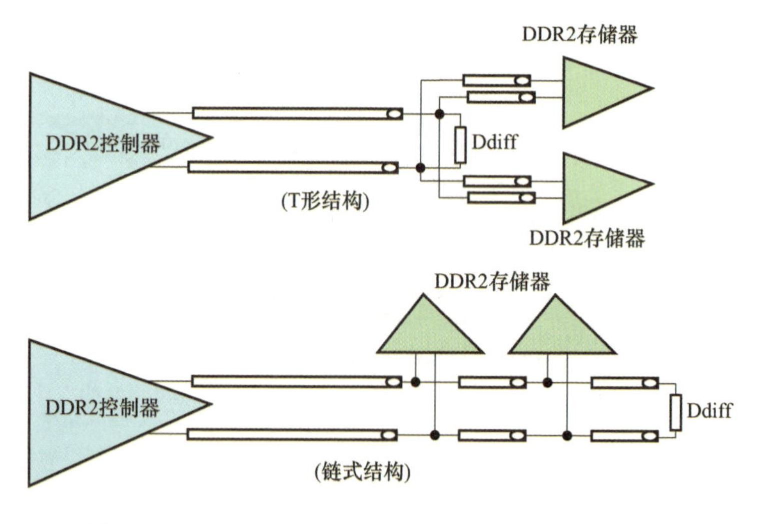

图 7.24　DDR_CK_P/N 结构示意图(T 形结构和链式结构)

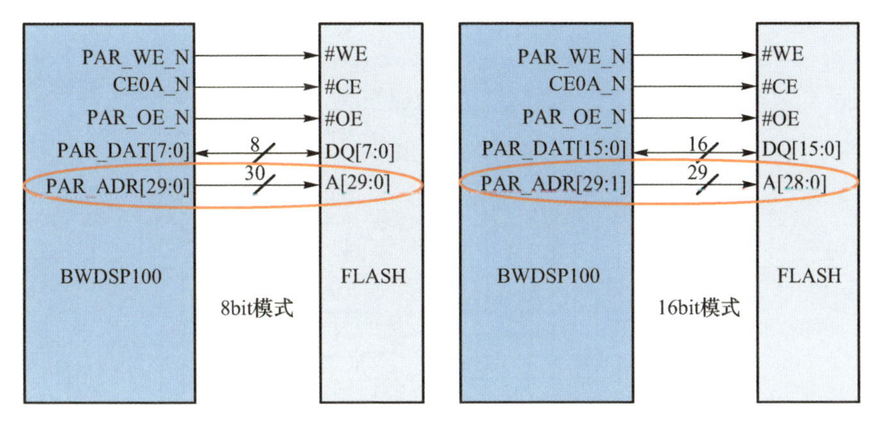

图 7.35　8bit 与 16bit 加载时 DSP 与 FLASH 的连接关系

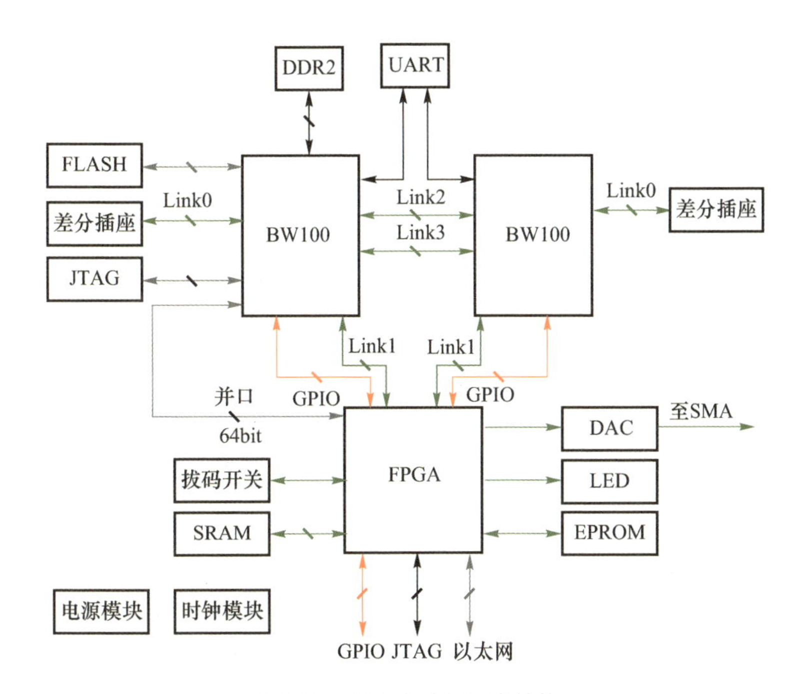

图 7.37　开发实验板基本结构

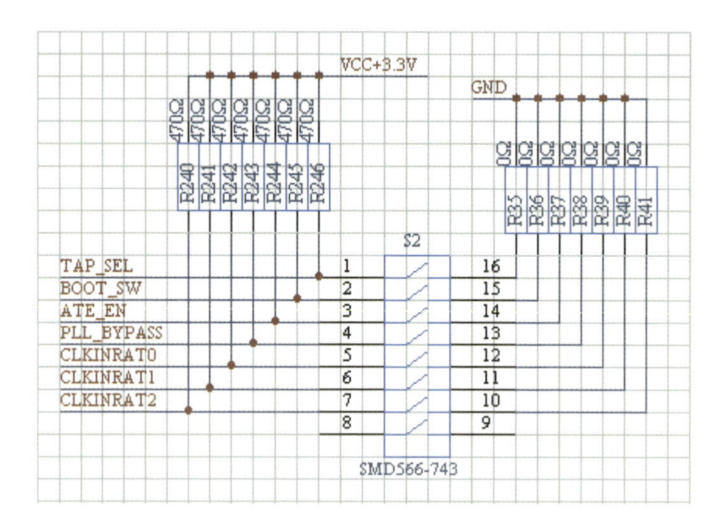

图 7.39　DSP 工作模式设置

图 9.1　“魂芯一号”Demo 实验平台

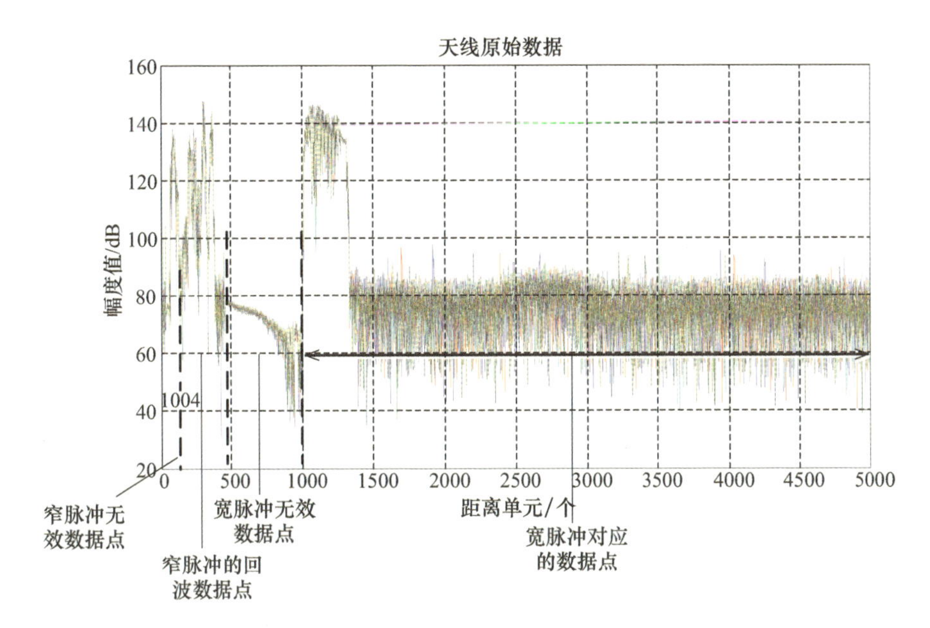

图 9.6　原始数据的模值(取对数)

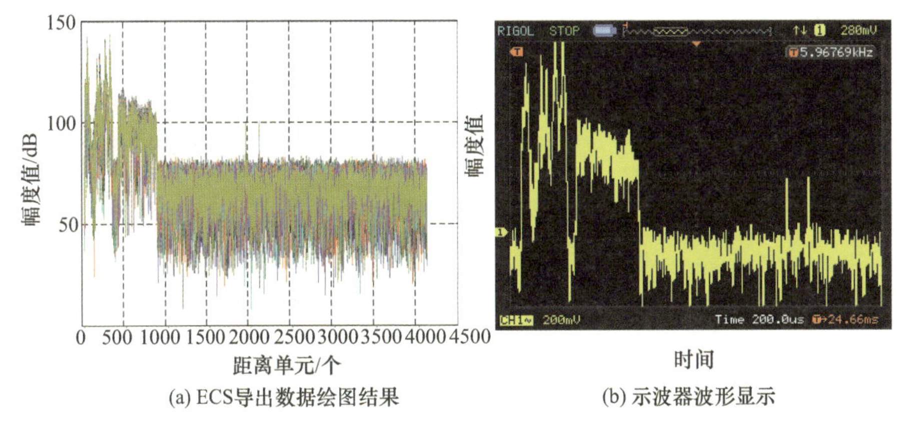

图 9.9　“魂芯一号”脉冲压缩结果

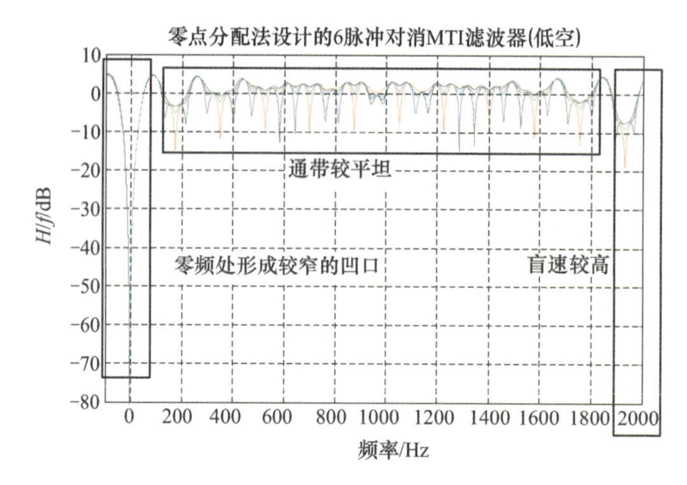

图 9.10　MTI 滤波器幅频响应

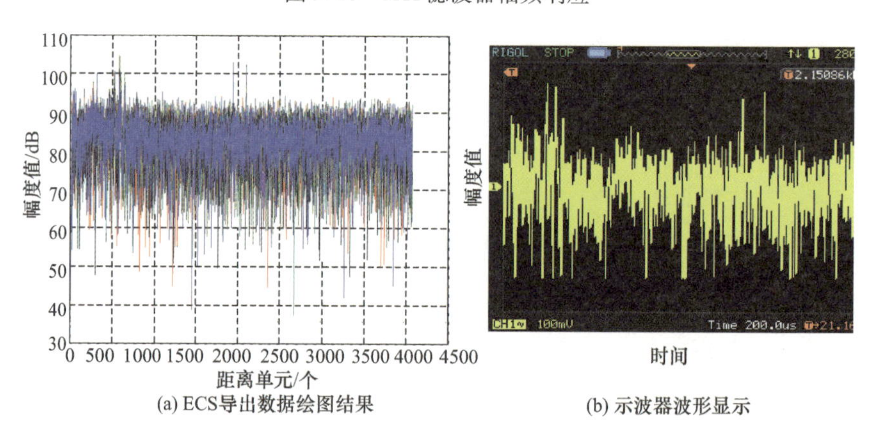

图 9.11　6 脉冲对消处理结果

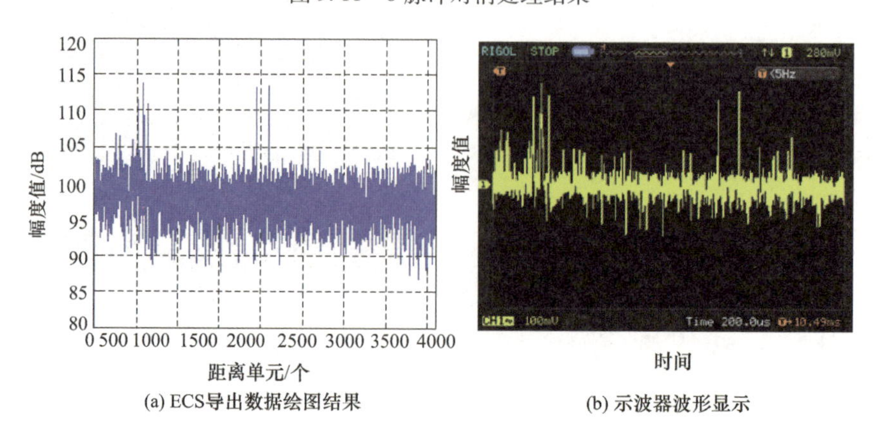

图 9.12　“魂芯一号”非相干积累结果

DSP第9行天线低空数据进行恒虚警处理前后结果
CACFAR前信号
CACFAR门限
CACFAR结果
幅度值/dB
距离单元/个
120
115
110
105
100
95
90
85
80
0
500
1000
1500
2000
2500
3000
3500
4000

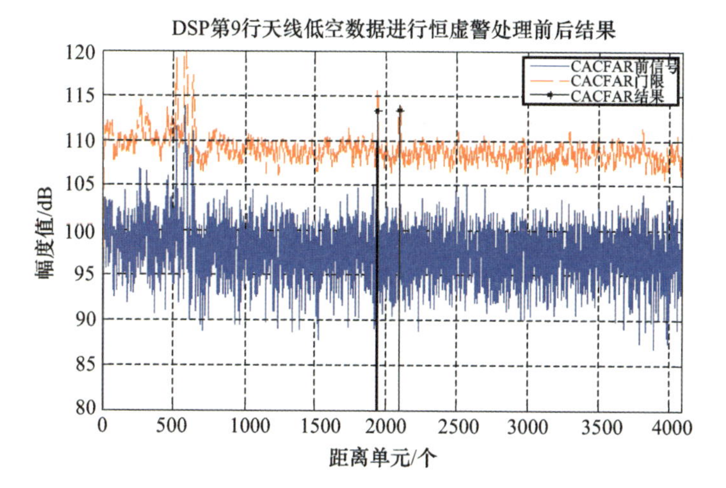

图 9.14 “魂芯一号”CFAR 处理前后信号

实时参数
发送参数
接收参数
直线距离（km）
角度（度）
速度（m/s）
相对坐标
X坐标
Y坐标
Z坐标

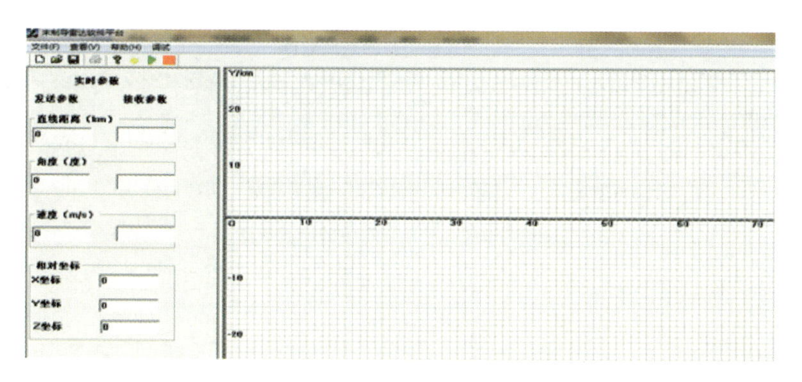

图 9.16 终端软件演示平台

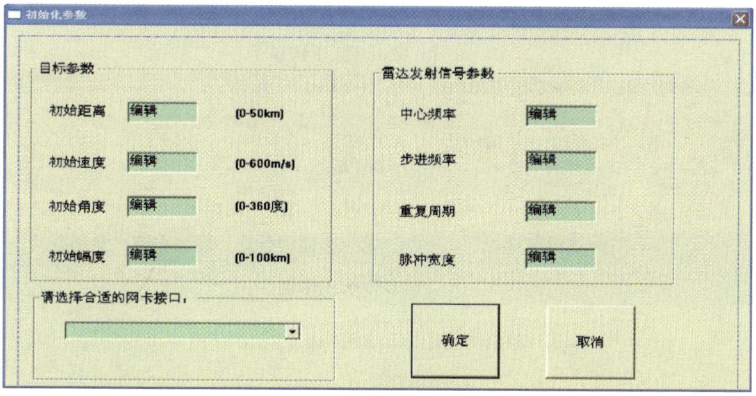

初始化参数
目标参数
初始距离
编辑
(0-50km)
初始速度
编辑
(0-600m/s)
初始角度
编辑
(0-360度)
初始幅度
编辑
(0-100km)
雷达发射信号参数
中心频率
编辑
步进频率
编辑
重复周期
编辑
脉冲宽度
编辑
请选择合适的网卡接口：
确定
取消

图 9.17 参数配置窗口

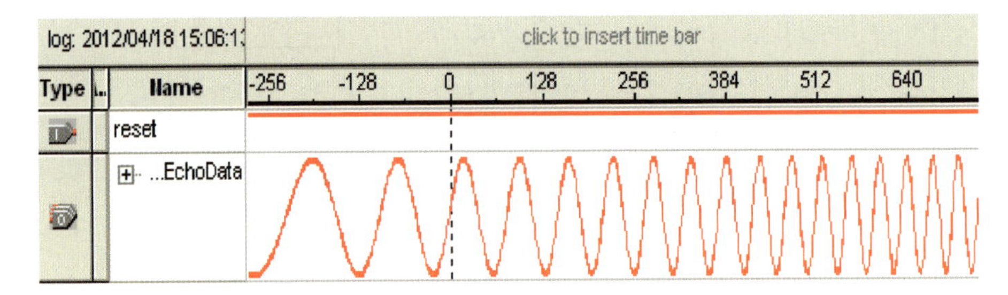

图 9.20　线性调频信号 Signaltap 采样结果

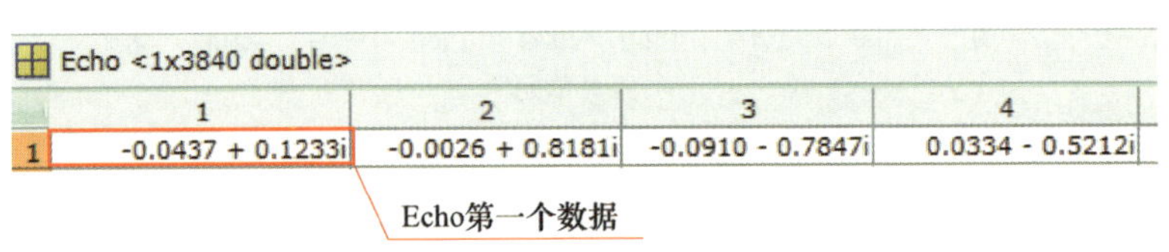
Echo <1x3840 double>

	1	2	3	4
1	-0.0437 + 0.1233i	-0.0026 + 0.8181i	-0.0910 - 0.7847i	0.0334 - 0.5212i

Echo第一个数据

(a) Matlab模拟的回波数据

Memory 1

Address	0	1	2	3	4	5	6	7
[00400000]	0.123309	-0.043667	0.818141	-0.002619	-0.784654	-0.090978	-0.521222	0.033385

Echo首地址　　第一个回波数据，虚部在前，实部在后

(b) “魂芯一号”内存中的回波数据

图 9.21　原始数据对比

pc <8x480 double>

	1	2	3	4	5
1	3.8154 + 5.0891i	-8.0529 - 5.1714i	4.6759 + 7.1273i	-8.5747 + 3.6153i	3.1231 + 2.2978i
2	-3.3659 - 2.8772i	1.5406 - 2.4699i	6.1198 + 6.1142i	-9.6439 - 4.0539i	-11.7449 - 10.3770i

pc第1个数据

(a) Matlab脉压结果

Memory 1

Address	0	1	2	3	4	5
[0020C200]	3.815380	5.089056	-8.052823	-5.171404	4.675856	7.127205
[0020C206]	-8.574656	3.615275	3.123092	2.297829	3.047794	1.359226
[0020C20C]	-6.447602	0.015087	-0.758021	-7.530842	-3.470025	0.948452
[0020C212]	3.561838	1.739612	-4.783967	14.052864	5.739132	6.269701

pc数组首地址　　第一个回波数据，虚部在前，实部在后

(b) DSP脉压结果

图 9.22　Matlab 和 DSP 脉压结果对比

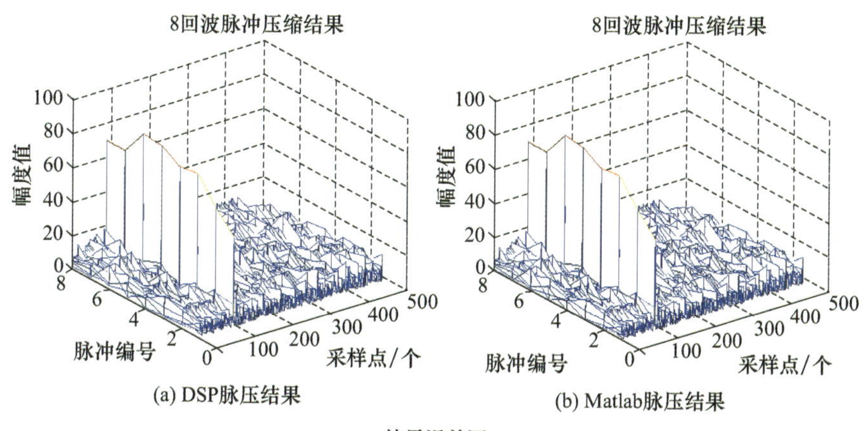

(a) DSP脉压结果

(b) Matlab脉压结果

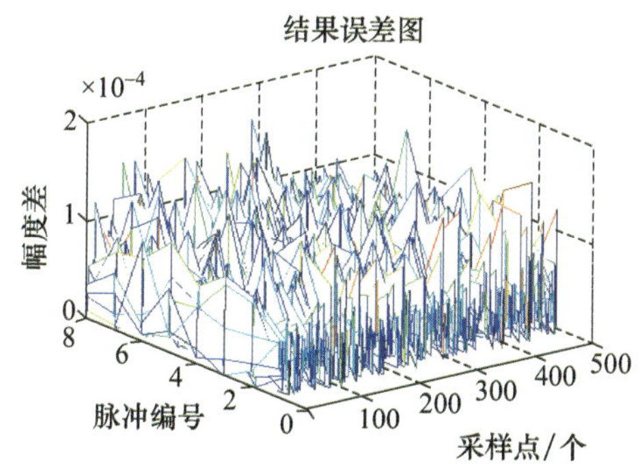

(c) 图(a)、(b)中数值的绝对误差

图 9.23　Matlab 和 DSP 脉压结果比较

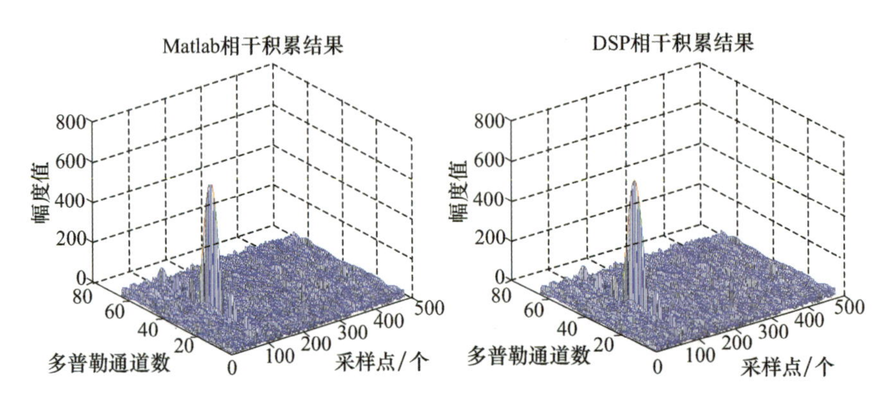

(a) Matlab相干积累结果

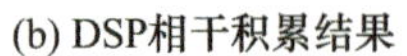
(b) DSP相干积累结果

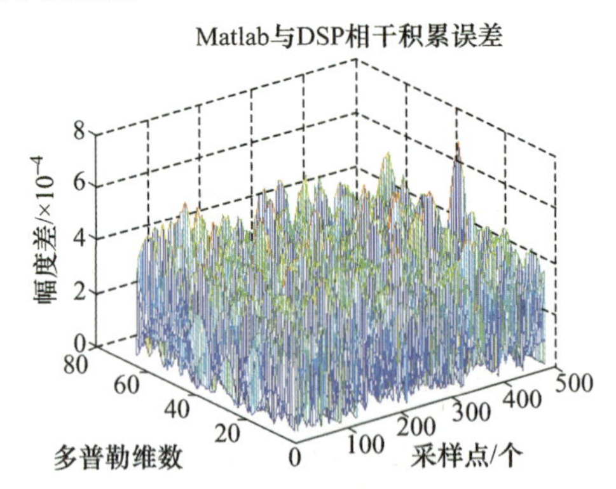

(c) Matlab和DSP处理误差$\Delta y=|y_a-y_b|$

图 9.25　相干积累处理结果

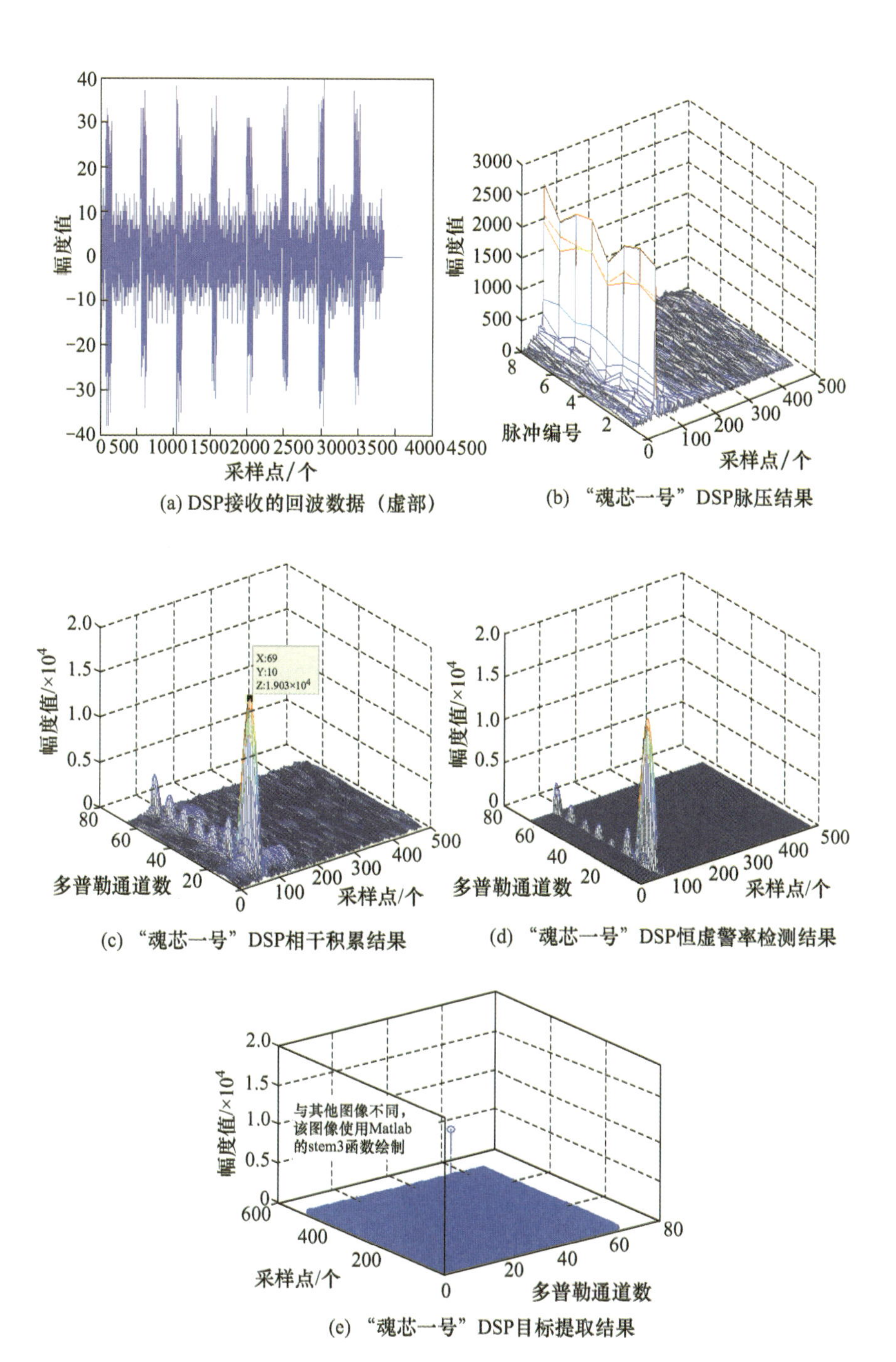

(a) DSP接收的回波数据（虚部）

(b) “魂芯一号”DSP脉压结果

(c) “魂芯一号”DSP相干积累结果

(d) “魂芯一号”DSP恒虚警率检测结果

(e) “魂芯一号”DSP目标提取结果

图 9.33 “魂芯一号”处理结果